高等院校光电类专业系列规划教材

U0692926

光学材料与元件制造

叶辉　侯昌伦　著

ZHEJIANG UNIVERSITY PRESS
浙江大学出版社
·杭州·

图书在版编目(CIP)数据

光学材料与元件制造 / 叶辉，侯昌伦著. —杭州：浙江大学出版社，2014.1(2024.7 重印)
ISBN 978-7-308-12698-4

Ⅰ.①光… Ⅱ.①叶… ②侯… Ⅲ.①光学材料②光学元件—制造 Ⅳ.①TB34②TH74

中国版本图书馆 CIP 数据核字(2013)第 312780 号

光学材料与元件制造
叶 辉 侯昌伦 著

责任编辑 杜希武
封面设计 续设计
出版发行 浙江大学出版社
(杭州市天目山路 148 号 邮政编码 310007)
(网址：http://www.zjupress.com)
排　　版 浙江大千时代文化传媒有限公司
印　　刷 浙江新华数码印务有限公司
开　　本 787mm×1092mm 1/16
印　　张 26.25
字　　数 639 千
版 印 次 2014 年 1 月第 1 版 2024 年 7 月第 7 次印刷
书　　号 ISBN 978-7-308-12698-4
定　　价 65.00 元

高等院校光电类专业规划教材编委会

序　言

20世纪后期，光学的发展摆脱了光学只与机械相结合的古典模式，转变成光学与电子学相结合的现代光学（也可称为光电子学）。前者是德国光学工业和科技界在第二次世界大战后所走的道路，后者是日本光学工业发展所走的道路。20世纪后半期，日本光学（光电结合）迅速发展，在很短的时间内，超过德国而成为世界领先。

传统的光学利用了光学的透过、反射、折射的特性，而现代光学已经从单纯的可见光发展到不可见光、荧光、激光，以及光电转换、辐射线电子波与光的转换等更多方面，拓展了光学的研究和应用范围，研究成功的光学仪器和工业产品更多，成为一支极有生命力的产业支柱，自成体系，遍及军事工业和民用工业。现今，光电信息产业已成为人类社会科学进步的重要标志。

随着现代光学的迅猛发展，作为它基础的光学材料和元器件加工工艺，在近数十年来也有了迅速的发展。除对原有的晶体和玻璃等传统光学材料赋予新的用途外，还开发出很多拥有新性能的新型光学材料。其类型已从晶体、玻璃扩展到非晶态、半导体、有机材料，其形状也从单纯的块状、片状的三维进入到二维、一维以至零维（有人将量子点、纳米材料称为零维），且光学材料的加工也进入了新的工艺技术时代。

浙江大学叶辉教授等编著的《光学材料与元件制造》一书就是适应光学进入新世纪时代，从光学工程的角度写成的。它总结了近数十年来各种新型光学材料的基本特性与用途，以及新发展的制备和加工技术。经过细致的选择和分析，从光学工程的要求出发，分门别类，从原理、性能、制造方法以及可能的用途等方面出发写成此书，对光学工程技术工作者来说无疑是一本很好的参考书，而对学生来说无疑是一本很好的教材。

有人认为大学阶段要求学生能达到三个目的：

第一，对所学的内容要有正确的基本概念。

第二，要学会自学，了解专业知识基础。

第三，要掌握查找所需的资料、手册和数据的手段。

这样进入社会的学生可以成为一个自力更生有用的人才。

以前曾当过清华大学校长的蒋南翔曾将学生比喻为“猎人”，把学校教的知识比喻为“干粮”，自学能力比喻为“猎枪”，如果只给“猎人”“干粮”，“干粮”总是会吃完的，如果给“猎人”“猎枪”，教他野外生存打猎的本领，那么“猎人”就能源源不绝地取得猎物生存下去。

《光学材料与元件制造》一书，我认为其编写方法很符合上面所述的要求，都是先将材料的物质结构基础与光学特性关系、用途等系统的基本概念介绍给读者，还为读者进一步自学时提供了相关著作，且在书中对各种材料提供了一些主要基本参数。此外，该书还有一个特点，就是读者在阅读本书时，可以收到同时阅读几本不同专业书籍的效果。

中国科学院院士

2013 年春

前　言

2010年的诺贝尔物理学奖授予了英国曼彻斯特大学物理学家安德烈·海姆(A. Geim)和康斯坦丁·诺沃肖洛夫(K. Novoselov),以表彰他们在石墨烯(graphene)研究方面的卓越贡献;2009年华裔物理学家高锟由于"有关光在纤维中的传输以用于光学通信方面"的杰出贡献而获得诺贝尔物理学奖;2000年马克迪尔米德(A. G. MacDiarmid)、白川英树(H. Shirakawa)和黑格(A. J. Heeger)等人则因为导电高分子材料方面的工作分享了当年的诺贝尔化学奖。以上提及的杰出成就对应了三类可用于光学及光电子领域的材料,分别属于晶体、玻璃及有机物。光学玻璃及光学晶体是最经典的光学材料。冕牌、火石类光学玻璃已经被广泛地应用于各类光学仪器,石英玻璃纤维则成为了光通讯最重要的传输材料;磷酸二氢钾(KDP)、方解石($CaCO_3$)等晶体是制作偏振光学器件、旋光器件、双折射器件的重要材料。

进入21世纪,光学材料的发展非常迅猛,多种新型光学及光电子材料不断问世,如应用于高分辨光刻设备的紫外光学玻璃,实用新型的光学非线性晶体、电光晶体等。特别值得一提的是,有机材料在光学领域正发挥着越来越重要的作用,有机电致发光、有机光伏器件的研究、应用进展与新材料的研发息息相关。针对光学工程专业的本科生、研究生及相关研究人员来说,了解光学材料的原理、结构和性能,以及光学元件的加工工艺就显得非常必要。

本书是在浙江大学光学工程专业本科生课程"光学材料与元件制造"讲义的基础上编撰而成的,经过了对原讲义内容多次的修改及增删。全书共分10章,分别包括光学玻璃、光学晶体、光学有机材料的结构性能阐述以及多种古典及现代光学元件加工工艺的介绍。本书具有以下特点。

一、将光学材料与光学元件加工两部分内容结合在一起。目前已出版的类似教材都是侧重材料或元件加工,很少能兼顾两者。本书将光学材料性能与相应材料的加工方法一一对应,使学生从材料基本物理出发,通过对材料性能与应用的学习,结合对元件加工工艺的了解,达到对于各知识点深刻理解的目的。

二、本书的论述是按照:"基本材料物理——材料关键光电性能——典型材料介绍——材料在器件方面的应用实例——材料加工工艺"的次序进行展开。如涉及光学非线性材料时,从光学非线性原理开始,依次论述晶体的光学非线性性能、光学非线性晶体、光学非线性在集成光子器件上的应用等内容。

三、内容中既包括了经典的光学材料与传统元件加工方法，也引用了近十年来在材料及加工方面的新成果和新进展，如光集成、光互连材料与器件，新型光电有机分子，微纳结构新材料，磁流变抛光技术，微光学加工技术等。同时，对传统的光学材料和基本加工工艺内容进行了精简，使之更具针对性。

全书由浙江大学光电信息系叶辉与侯昌伦著，其中叶辉负责第 1 至第 7 章内容的撰写，侯昌伦负责第 8 至第 10 章内容的撰写，苏州大学马韬副教授帮助编写了第 10 章中“精密玻璃模压制造技术”的内容。在本书的编写过程中，中国科学院上海光机所姜中宏院士给予了作者非常大的鼓励与支持。中科院半导体所余金中研究员在半导体材料方面，浙江大学光电信息系曹天宁教授在元件加工技术方面给予了大力支持。浙江大学光电信息系刘向东教授、王晓萍教授均对本书的编写提供了热情帮助。作者的学生张磊博士、尹伊博士、皇甫幼睿博士、张冲硕士、詹文博硕士、方旭博士生、夏亮硕士生等对于“光学材料”部分大量的原始图表绘制提供了大力协助；田丰博士、赵双双博士、周巧芬硕士及廉文秀硕士生则对于“元件制造”部分的文字整理及编辑方面付出了辛勤工作，在此一并表示感谢。

由于作者的水平有限，本书的错误与缺点在所难免，敬请读者谅解与指正。

叶辉　侯昌伦

2013 年 12 月

于浙江大学

目　录

第1章

光学玻璃的物理化学基础

1.1 玻璃结构

自然界存在着的固体状态物质，按照物质形态区分，不外乎两种状态，即结晶态和非晶态。固态金属(Cu，Au，Al 等)、天然宝石、水晶等都是结晶态物质，而我们常见的玻璃就是典型的非晶态物质。当然，还有许多的固态物质既包含了结晶态部分，又包含了非晶态部分，如陶瓷、水泥等。区分结晶态与非晶态物质的最本质特征就是构成该物质的原子或分子的排列是远程有序还是远程无序的。玻璃作为非晶态的无机物质，是熔体经过冷却作用而形成的，在冷却的过程中，熔体黏度逐渐变大，玻璃可以被看作过冷却的液体，避免了析晶的可能。玻璃具备较高的硬度，较大的脆性和一定光谱范围较高的透过率。一般来说，玻璃具有各向同性的物理性能，与晶体所表现的各向异性完全不同。另外，玻璃还具备性能渐变性，从熔融状态到固体状态的性质变化是连续和可逆的；玻璃还具有介稳性，与晶体相比，玻璃具有更高的内能，在一定条件下有自动晶体化的趋势。以上提及的玻璃的通用特性是由玻璃所具备的远程无序的结构所决定的。

我们日常生活中每天都会接触到许多玻璃制品，包括窗玻璃、眼镜、汽车挡风玻璃、照相机镜头、望远镜、显微镜、玻璃光纤等。根据用途不同，组成玻璃的成分会有很大的变化，单组分的 SiO_2 石英玻璃在紫外-近红外较宽的光谱范围内表现出优良的透过特性；Na_2O-B_2O_3-SiO_2 是大多数日用玻璃的基础成分；在红外领域有广泛用途的卤化物玻璃，其阴离子 O^{2-} 部分或全部被卤素离子取代；在强激光系统中，人们经常采用稀土离子掺杂的硅酸盐、磷酸盐玻璃或氟磷酸盐玻璃系统作为固态激光工作介质；在近红外至中红外光谱范围具有高透过率的硫系化合物玻璃；等等。近年来，人们还研究了金属玻璃、有机玻璃态物质、玻璃化碳等新材料，在各自领域发挥着重要的作用。图 1-1 显示的是光学玻璃的几种主要组成部分。

1.1.1 玻璃的结构学说

玻璃态物质的结构是人们一直以来所关心的重要问题。自 20 世纪初以来，有许多研究者对于玻璃结构进行过系统、深入的研究，提出了许多结构模型和学说，用于解释玻璃中的许多物理特性。到目前为止，为人们所认可的玻璃结构学说主要包括无规网络学说、晶子学说与新的无规网络学说等。

无规网络学说是 1932 年由查哈里阿生(Zachariasen)提出的。针对最常见的硅酸盐玻

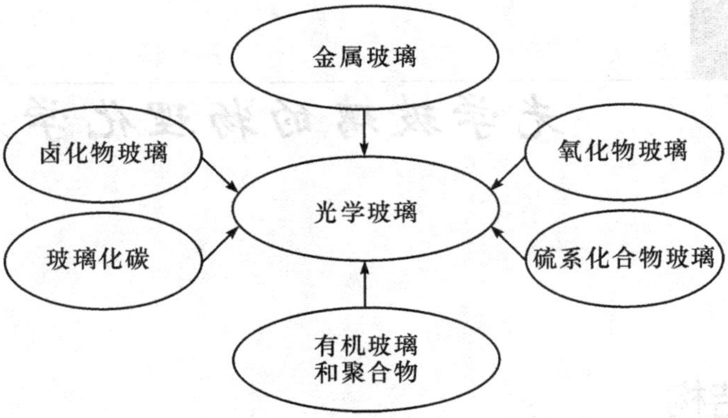

图 1-1 光学玻璃的组成结构

璃系统，无规网络模型认为组成该类玻璃的最基本单元是一个硅原子与周围四个氧原子所形成的硅氧四面体[SiO_4]，如图 1-2 所示。各硅氧四面体之间按照顶角相互连接的方式在三维空间范围形成无序的网络结构，整个玻璃中不存在对称性与周期性体系。一般来说，同时连接两个硅氧四面体的氧原子，或两个四面体共顶点的那个氧原子被称为桥氧，而非共顶点的氧原子则为非桥氧。熔石英玻璃就是由硅氧四面体组成的无规则网络。当硅酸盐玻璃中存在碱金属与碱土金属氧化物(Na_2O，K_2O，BaO，CaO)时，硅氧四面体的无规网络就会被打断，网络因而变得支离破碎，在某些[SiO_4]之间的空隙中便会均匀而无序地分布着碱金属离子或碱土金属离子。当然，还有一些玻璃是非硅酸盐系统，如磷酸盐玻璃、硼酸盐玻璃等。无规网络理论认为，组成这些玻璃的基本结构单元是磷氧四面体、硼氧三角体等，同样能够形成三维或层状的无规网络结构。此学说的提出能够很好地解释玻璃的各向同性，内部性质的均匀性，随成分变化玻璃性质变化连续等基本特征。

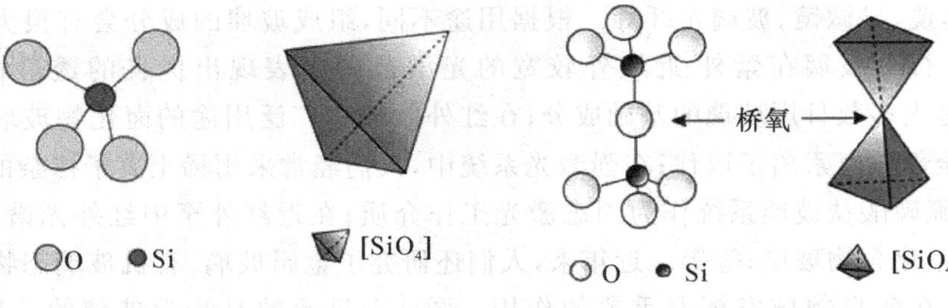

图 1-2 硅酸盐玻璃中的硅氧四面体结构(左)，两个硅氧四面体的共顶点连接(右)

然而，人们逐渐发现了玻璃中还是存在着局部的微不均匀性，如分层、分相及结构的近程有序性。由此，兰德尔、列别捷夫等人发展了玻璃的“晶子学说”。该学说认为，玻璃是由无数的“晶子”及非晶态物质所组成的，其中晶子不同于一般意义上的微晶，而是带有点阵变形的有序排列区域，晶子分散于非晶介质中，从晶子区到非晶区的过渡是逐渐完成的，之间并没有明显的界限。晶子学说揭示了玻璃中存在着结构的近程有序性与微不均匀性。但是，晶子学说自身还有两个关键问题没有解释清楚，即晶子的大小与数量以及晶子的化学成分是什么。

玻璃的无规网络学说经过许多工作者的努力，得到很大的发展，出现新的无规网络学说。该学说强调离子电场强度与配位数对玻璃形成及其性质变化的影响。孙观汉等人根据阳离子与氧离子键的单键力大小把形成玻璃的氧化物分成三类：能独立形成网络的玻璃生成体氧化物（单键强度大于 334.94kJ/mol），在一定条件下能进入网络的中间体氧化物（单键强度在约 250kJ/mol 到 330kJ/mol 之间），只能破裂网络的网络外体氧化物（单键强度小于 251.21kJ/ mol）。表 1-1 给出的是元素与氧结合的单键能大小的数据，根据单键能大小，可以判断该氧化物在玻璃结构中所起的作用。

新的无规网络学说认为，阳离子在无规则的玻璃网络中所处的位置不是任意的，而是有一固定的配位关系。多面体单元的排列也有一定的规律，在玻璃中可能不只存在一种网络，因而此理论也就承认了玻璃结构中近程有序和微不均匀性。可以认为，玻璃是具有近程有序（晶子），远程无序的非晶物质，即具有非晶-晶子结构。

表 1-1　作为玻璃组分的氧化物键能

类型	元素	原子价	每个 MO_x 的分解能 E_d/kJ	配位数	M—O 单键能 E_{M-O}(kJ/mol)
网络形成体 (glass formers)	B	3	1489.5	3	497.9
	B	3		4	372.4
	Si	4	1774.0	4	433.5
	Ge	4	1803.3	4	451.9
	P	5	1849.3	4	464.4～368.2
	V	5	1878.6	4	468.6～376.6
	As	5	1460.2	4	364.0～292.9
	Sb	5	1460.2	4	355.6～284.5
	Al	3	1326.3～1682.0	4	330.5～422.6
网络中间体 (intermediates)	Zn	2	602.5	2	301.2
	Pb	2	606.7	2	305.4
	Al	3	1326.3～1682.0	6	211.8～280.3
	Be	2	857.7	4	263.6
	Zr	4	2029.2	8	255.2
	Cd	2	497.9	2	251.0
网络外体 (modifiers)	Na	1	426.8	6	83.7
	K	1	481.2	9	54.4
	Ca	2	1075.3	8	133.9
	Mg	2	928.8	6	154.8
	Ba	2	1087.8	8	138.1
	Zn	2	602.5	4	150.6
	Pb	2	606.7	4	151.7
	Li	1	602.5	4	150.6
	Sc	3	1514.6	6	251.0
	La	3	1698.7	7	242.7
	Y	3	1669.4	8	209.2
	Sn	4	1163.2	6	192.5
	Ga	3	1121.3	6	188.3
	Rb	1	481.2	10	50.2
	Cs	1	477.0	12	41.8

1.1.2 氧化物玻璃的结构

图 1-3 是单元系统 SiO_2 玻璃的结构示意图，二氧化硅玻璃又称熔石英玻璃，由硅氧四面体[SiO_4]组成的三维无规骨架构成。该网络结构完整、坚实，决定了熔石英玻璃具有非常高的熔融温度、软化温度，较强的机械强度以及较低的热膨胀系数。熔石英玻璃还具备了化学性能稳定、光谱透射范围宽、耐高温变形、电绝缘等特性，是一种在光学上得到广泛应用、性能优异的光学介质材料。

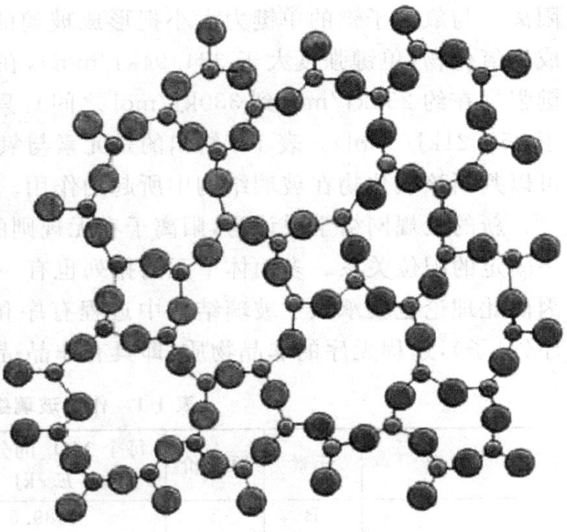

图 1-3 熔石英玻璃的结构

从表 1-1 中得知，三氧化二硼(B_2O_3)也是一种玻璃形成体，由于硼的配位数是 3，所得到的 B_2O_3 玻璃是由硼氧三角体[BO_3]为基本结构单元所组成的无序层状结构和链状结构，所以玻璃态的 B_2O_3 具有较低的软化温度、较差的化学稳定性与较大的热膨胀系数。基于这样的特性，B_2O_3 单组分玻璃一般没有实用价值，常常与氧化硅、碱金属氧化物一起形成多组分玻璃，以调节玻璃的结构以及玻璃的物理化学性质。在多组分玻璃中，B_2O_3 通常以前述的平面型的硼氧三角体[BO_3]或立体状的硼氧四面体[BO_4]的形式存在，不同的硼氧结构影响着玻璃的整体结构和性能。值得一提的是，当将 B_2O_3 加入到 SiO_2-R_2O 玻璃系统中时，随着 B_2O_3 含量的增加，玻璃的物理化学性质，如折射率、化学稳定性、热膨胀系数等都会产生反常的现象，出现极大值或极小值。这样的反常现象(被称为硼反常)源于硼原子在玻璃中的配位数随着硼含量的变化而发生变化。

五氧化二磷(P_2O_5)也是常用的玻璃形成体，磷酸盐玻璃在光学玻璃领域占有重要的地位。P_2O_5 在形成玻璃的过程中是以磷氧四面体[PO_4]的立体形式存在，同时由于 P 原子外层电子数是 5，因此磷氧四面体的四个键有一个是双键，使[PO_4]四面体产生变形。四面体以顶角相连，但是在双键的一端四面体连接断裂。因此，相对于结构较完整的硅氧四面体，以[PO_4]为基本玻璃形成体单元组成的磷酸盐玻璃的玻璃软化温度与化学稳定性都较低。在光学上，磷酸盐玻璃常被作为低色散光学玻璃使用。值得注意的是，磷酸盐玻璃及氟磷酸盐玻璃由于其优良、稳定的物理化学性质而被广泛应用于稀土离子掺杂的激光基质玻璃系统，在高能高功率激光玻璃、光纤激光器、光纤放大器及上转换发光基质材料等领域得到很好的应用。

单元玻璃系统(如 SiO_2)中加入作为网络外体的碱金属氧化物 R_2O 及碱土金属氧化物 RO 后，硅氧四面体间的一端连接断裂，碱金属离子与碱土金属离子就会失去对氧离子的控制，游离于四面体网络的空隙中，使得原本牢固、完整的三维网络变得破碎，从而能够有效地降低玻璃的熔融温度，降低玻璃的制备成本。同时，在熔石英玻璃中加入碱金属与碱土金属氧化物能降低玻璃的软化温度、化学稳定性，增加热膨胀系数。在光学上，由于玻璃结构的变化，会影响到玻璃的折射率、紫外吸收、红外吸收、色散等众多特性，具体将在以下的章节中论述。图1-4中给出了结构远程有序的石英晶体，远程无序的单组分熔石英玻璃，以及双组分的 SiO_2-Na_2O 玻璃的结构。

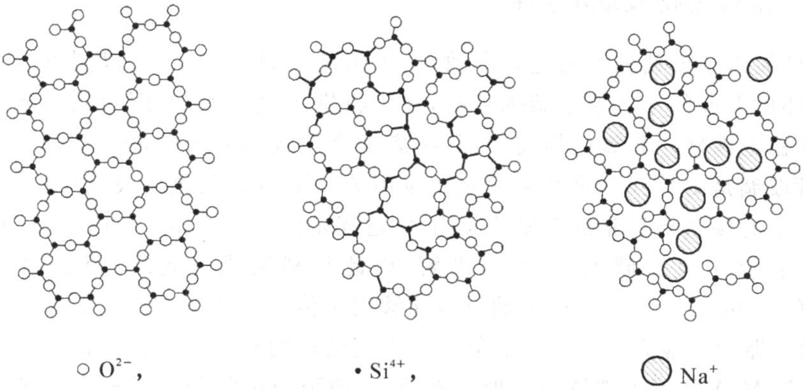

图1-4　石英晶体(左)，熔石英玻璃(中)，以及 SiO_2-Na_2O 玻璃(右)的结构

除了极少数单元系统及二元系统玻璃以外，大多数实用化的玻璃均为多组分的玻璃系统。结构中将会包括不止一种玻璃生成体和中间体氧化物，以及多种玻璃的网络外体氧化物。如常见的K9冕牌玻璃的基础成分为 $15(K_2O+Na_2O)\cdot 10B_2O_3\cdot 75SiO_2$(数字代表了氧化物的摩尔百分数)。氧化物玻璃结构主要由三种氧化物组成：

(1)网络形成体，包括 SiO_2，GeO_2，P_2O_5，B_2O_3 等，能构成[SiO_4]，[GeO_4]，[PO_4]，[BO_3]等基本结构单元，从而形成三维或者二维的连续骨架结构。

(2)网络中间体，如 BeO，Al_2O_3，Ga_2O_3，TiO_2，ZnO，MgO 等氧化物，当中间体氧化物获得由碱金属或碱土金属氧化物所提供的游离氧时，能形成四面体进入网络。

(3)网络外体，包括 Li_2O，Na_2O，K_2O，Rb_2O，Cs_2O，CaO，SrO，BaO，In_2O_3，Y_2O_3，La_2O_3，ZrO_2，HfO_2，在玻璃中能给出游离氧，而金属离子游离于网络的间隙，当游离氧不足时中间体的作用相当于网络外体。

图1-5所展示的是两种常用成分的玻璃结构。可以看到，玻璃结构中有多种生成体单元，包括硅氧四面体、硼氧四面体、硼氧三角体，以及作为中间体参加网络的[AlO_4]，[GaO_4]，[BeO_4]，[TiO_4]等，碱金属与碱土金属氧化物将会失去氧离子而作为金属离子填充

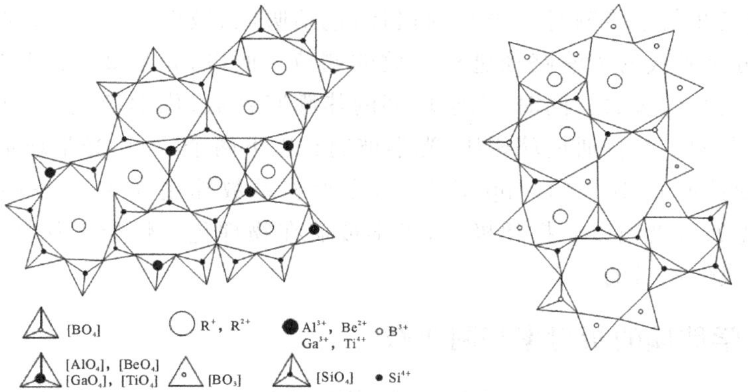

图1-5　Na_2O-Al_2O_3-SiO_2 系统玻璃结构(左)与 Na_2O-B_2O_3-SiO_2 系统玻璃结构(右)

于网络中间。同样，如果中间体氧化物失去了氧离子，也会变成游离的金属离子而成为网络外体，修饰着无规网络，也会影响玻璃的物理化学性质。

1.1.3 非氧化物玻璃的结构

氧化物玻璃占了玻璃种类的绝大多数，由于阴离子只有 O^{2-}，所以制备过程相对简单，一般在大气环境下或氧化气氛中熔炼获得，无需特别的气氛保护，因而制造成本低、玻璃结构紧密、化学稳定性好。非氧化物玻璃，其阴离子全部或部分为卤素离子，硫、硒、碲等Ⅵ族阴离子，或者玻璃是由Ⅵ族单质及多元化合物组成。虽然非氧化物玻璃所占的种类不算太多，但是在特定的领域却有非常重要的应用，如透光范围从 0.2μm 一直到中红外 7～8μm 的氟锆酸盐玻璃，该组成玻璃无毒，不易潮解，以此材料制成的光纤最低损耗已经达到了 0.65dB/km(2.59μm)。而 As_2S_3 玻璃材料能够用于传输高功率 CO 激光器(5.3μm)和 CO_2(10.6μm)激光器的传能光纤。对于非氧化物玻璃结构的研究同样也是必要的。

S 和 Se 等 VIA 族元素能够单独形成玻璃，一般形成链状的非晶聚合物 S_{∞}，Se_{∞}。其中对于硫的玻璃态结构的研究表明由 8 个硫原子构成一种螺旋链的结构较为常见，而硒也常常生成 8 元分子环以及每圈含 3 个原子的长的螺旋链，以及环与链的混合。对于硫化物、硒化物(如 As_2S_3，As_2Se_3)以及碲化物玻璃而言，一般是形成链状或者层状的玻璃结构，因而玻璃的熔化温度、软化温度都较低，热膨胀系数较高。如果在这些玻璃中加入 Ge，Si 等元素后，由于玻璃中会形成[$GeSe_4$]，[$SiSe_4$]四面体等结构，能够大大改善玻璃的物理化学性质。

氟化物玻璃中，ZrF_4，BeF_2 等能够形成四面体结构，通过顶角相连，BaF_2 等物质能够有效地修饰网络，而碱金属氟化物起到打断网络的作用，使得玻璃结构趋向于层状或链状，而加入较多量的碱土金属氟化物，能使玻璃不易析晶和分相。

1.2 光学玻璃的命名与化学成分

光学玻璃是应用最为广泛的光学材料，从传统的眼镜镜片、各种透镜到各类光纤、红外瞄准具、大尺寸高质量的激光工作介质等，各种成分、型号的光学玻璃均在其中发挥着重要作用。作为传输光的介质材料(绝大部分的光学玻璃都是极好的光学介质材料)，光学玻璃要求特定波长的光在其中传输时有极小的损耗，包括吸收、散射与反射，而玻璃本身又具有一定的折射率，可对光线的传输路径进行有效的调节。所以，光学玻璃的折射率、色散与吸收成为人们最为关心的参数。同时，光学玻璃的热膨胀系数、化学稳定性、硬度等物理化学性质也是极为重要的。与普通玻璃相比，光学玻璃有以下两个特点：光学玻璃原料的纯度很高，有害物质必须控制在 10^{-4}(100ppm)以下，光吸收系数控制在 10^{-2}～10^{-5} cm^{-1} 的范围内，从而保证了光通过玻璃以后损耗极小；光学玻璃在物理化学性质上保持高度均匀性，以满足光学系统中成像质量的要求。

1.2.1 光学玻璃的折射率与阿贝数

在定义光学玻璃的折射率时，由于历史的原因，经常会用到几条标准谱线作为特定的波长，如 D 线(λ=589.29nm，钠黄线)，F 线(λ=486.13nm，氢蓝线)，C 线(λ=656.3nm，氢红线)等，部分国家采用 D 线折射率 n_D 作为光学玻璃的折射率，而德国 Schott 公司采用 d 线折射率 n_d(λ=587.56nm，氦黄线)。表 1-2 中列出的是在光学玻璃领域经常用到的一些元素的特征发光谱线。

表 1-2　光学玻璃中经常使用的一些元素特征谱线波长

波长 λ/nm	名称	所用光谱线	元素
2325.42		红外汞线	Hg
1970.09		红外汞线	Hg
1529.582		红外汞线	Hg
1060.0		钕玻璃激光器	Nd
1013.98	t	红外汞线	Hg
852.11	s	红外铯线	Cs
706.5188	r	氦红线	He
656.2725	C	氢红线	H
643.8469	C′	镉红线	Cd
632.8		氦-氖气体激光器	He-Ne
589.2938	D	钠黄线	Na
587.5618	d	氦黄线	He
546.0740	e	汞绿线	Hg
486.1327	F	氢蓝线	H
479.9914	F′	镉蓝线	Cd
435.8343	g	汞蓝线	Hg
404.6561	h	汞紫线	Hg
365.0146	i	紫外汞线	Hg
334.1478		紫外汞线	Hg
312.5663		紫外汞线	Hg
296.7278		紫外汞线	Hg
280.4		紫外汞线	Hg
248.3		紫外汞线	Hg

阿贝(Abbe)数又称平均色散系数，是德国物理学家恩斯特・阿贝发明的物理参数，也称“γ 数”，用来衡量介质的光线色散程度。对于光学玻璃而言，阿贝数的定义为

$$\gamma_D=\frac{n_D-1}{n_F-n_C} \tag{1-1}$$

式中：n_D，n_F和 n_C 为物质在光谱 D，F 和 C 谱线下的折射率，n_F-n_C 称为平均色散。另外，还有用 d 线折射率 n_d 及汞绿线(546.07nm，e 线)测定的折射率中 n_e 计算的阿贝数 γ_d 和 γ_e。

$$\gamma_d=\frac{n_d-1}{n_F-n_C} \tag{1-2}$$

$$\gamma_e=\frac{n_e-1}{n_F-n_C} \tag{1-3}$$

光线色散程度越大，阿贝数越小；反之，光线色散程度越小，阿贝数越大。光学玻璃的两个重要参数即为折射率和阿贝数。各国按照玻璃阿贝数的大小将无色光学玻璃分成冕牌光学玻璃(Crown，简称 K)与火石光学玻璃(Flint，简称 F)。大致分界线为 $\gamma_D=50$，$\gamma_D>50$ 为冕牌光学玻璃，而 $\gamma_D<50$ 为火石光学玻璃。冕牌光学玻璃的基本组成为 $R_2O\text{-}B_2O_3\text{-}SiO_2$(R 为一价的碱金属)，属于硼硅酸盐玻璃系统与铝硅酸盐玻璃系统，此类玻璃曾经因为珍贵与光泽璀璨而常常被用于皇冠上的装饰。从阿贝数来看，冕牌玻璃的色散较小，在光学元件中被广泛应用，如 K9 玻璃就是冕牌玻璃中最具知名度的光学玻璃。火石玻璃的基本组成是 $K_2O\text{-}PbO\text{-}SiO_2$，由于最初原料中常含有氧化铅而被称为“燧石”或“火石”玻璃，此类玻璃具有较大的色散。近年来，人们发现氧化铅由于在玻璃熔制过程中极易挥发而对环境有较大的破坏，为环境不友好材料，为了取代火石玻璃中的氧化铅，同时为了保证其色散，人们采用了多种替代物质，如含氧化钛、氧化铌的火石玻璃。

除了阿贝数以外，光学玻璃行业还定义了针对不同波长范围的一系列相对部分色散，以 p_{xy} 表示。即 $P_{xy}=\frac{n_x-n_y}{n_F-n_C}$，其中 x,y 分别代表了不同的谱线波长(见表 1-2)。比较常用的相对部分色散为 P_{Ct}，P_{gF}，P_{Cs} 等，如 P_{gF} 代表蓝光区域光学玻璃的相对部分色散，P_{Cs}，P_{Ct} 是红光至近红外区域的相对部分色散。对于大多数光学玻璃而言，存在如下的一种线性关系。

$$P_{xy}\approx a_{xy}+b_{xy}\cdot\gamma_D \tag{1-4}$$

每一种玻璃的相对部分色散与阿贝数均位于这条直线的周围不远处，因此式(1-4)所描述的直线是光学玻璃该种相对色散的“标准线”(normal lines)。以 K7 和 F2 两种光学玻璃的相对部分色散为标准，人们标定了各主要标准线的方程为

$$P_{gF}=0.6438-0.00168\gamma_D$$

$$P_{Ct}=0.5450+0.004743\gamma_D$$

$$P_{Cs}=0.4029+0.002331\gamma_D$$

图 1-6 是德国 Schott 玻璃公司多种品牌的光学玻璃的 P_{gF} 与其阿贝数的关系。从图中能够看到各玻璃的相对部分色散与标准线之间的偏差，该偏差值即为 ΔP_{xy}，也可以写作

$$P_{xy}=a_{xy}+b_{xy}\cdot\gamma_D+\Delta P_{xy} \tag{1-5}$$

光学玻璃的 ΔP_{xy} 是校正光学系统二级光谱的重要参数，各国光学玻璃的目录中均给出了每种玻璃的相对部分色散偏离于标准线的数值 ΔP_{xy}。

1.2.2 光学玻璃的品牌及其组分

按照应用范围区分，光学玻璃一般分为无色光学玻璃与有色光学玻璃。针对不同的类型，无论是国内还是国外，光学玻璃都有着不同的品牌命名原则，各国具有不同的品牌号及玻璃代号。

无色光学玻璃的牌号由三部分组成，下面以著名的肖特(Schott)公司的光学玻璃牌号为例说明。

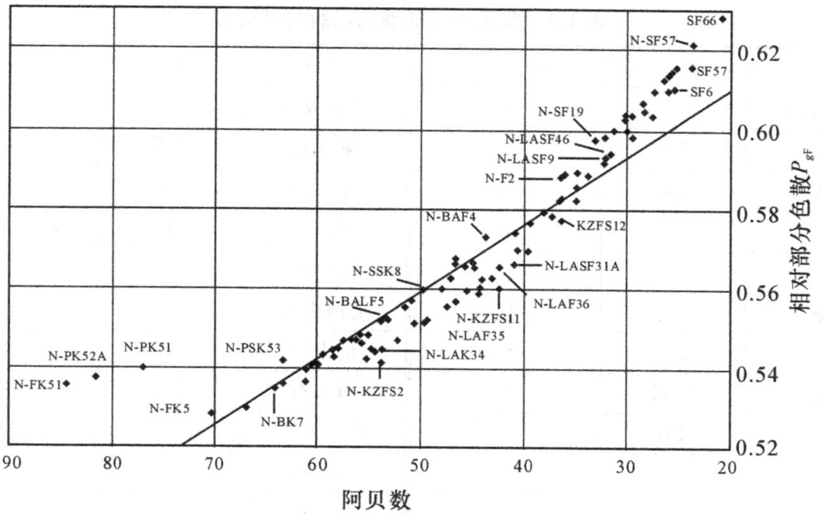

图 1-6　Schott 光学玻璃的 P_{gF} 标准线以及各品牌玻璃的 P_{gF} 与 γ 之间的关系

第一部分一般标为“N-”、“P-”、或缺失，代表了玻璃是否环保。其中“N-”代表了该玻璃是不含铅(Pb)及砷(As)等易挥发有害物质，为环保玻璃(中国光学玻璃以“H-”表示，日本Ohara 公司以“S-”表示)，在德国肖特公司所公布的 105 个无色光学玻璃品牌中，带有 N 符号的环保玻璃占有 79 个；“P-”(Ohara 公司以“L-”表示)代表了此类玻璃有较低的玻璃化转变温度 T_g[玻璃化转变温度(transformation temperature)是指非晶物体由玻璃态到高弹态转变时所对应的温度]，因而易于被精密加工成型(precision molding)，所有“P-”玻璃也是不含铅和砷的环保玻璃；缺失的品牌玻璃就是传统的含有铅和砷的光学玻璃。

第二部分符号代表了玻璃的类型，分别为：F 火石，K 冕，B 硼，BA 钡，LA 镧，P 磷，Z 锌，S 重，L 轻，SS 超重，LL 超轻。玻璃的“轻重”指的是其折射率的高低，如 SK 指的是重冕玻璃，LAF 为含稀土镧的火石玻璃。

第三部分通常用数字表示，用以区分同一类型玻璃中的不同小类，该数字的高低从原则上来讲与玻璃的折射率高低有一定的关系。

所有的光学玻璃同时还具有一个世界范围内通用的数字代号，表现为 AB. C。其中“A”是折射率 n_d 小数点后三位数，而 B 为阿贝数 γ_d 的前三位数，C 则代表该玻璃密度的前三位。如 N-SF5 玻璃的代号为 673323.286，代表该玻璃是重火石类，折射率 $n_d=1.673$，阿贝数 $\gamma_d=32.3$，密度 $\rho=2.86\text{g/cm}^3$。N-BK7 的玻璃代号是 517642.251，代表了其折射率 $n_d=1.517$，阿贝数 $\gamma_d=64.2$，密度 $\rho=2.51\ \text{g/cm}^3$。

中国的光学玻璃品牌命名规则与其他各国类似，只是符号与数字有所不同，以汉语拼音的第一个字母区分玻璃的类型，如 K 冕牌，F 火石，Q 轻，Z 重，T 特，F 氟，P 磷，Ba 钡，La 镧，Ti 钛。同样，此处轻和重代表了折射率的低与高，而每一个玻璃类型中的数字大小与折射率高低有一定的关系，如中国品牌的 K9 玻璃的折射率高于 K1～K8 的冕牌玻璃。表 1-3 给出的是我国光学玻璃的品牌与牌号数。

表 1-3　我国光学玻璃的品牌与牌号数

名称	牌号	玻璃牌号数	名称	牌号	玻璃牌号数
冕牌玻璃		58	火石玻璃		83
氟冕	FK	2	冕火石	KF	4
轻冕	QK	3	轻火石	QF	8
磷冕	PK	2	火石	F	9
冕	K	14	钡火石	BaF	10
钡冕	BaK	11	重钡火石	ZBaF	14
重冕	ZK	13	重火石	ZF	13
镧冕	LaK	12	镧火石	LaF	10
特冕	TK	1	重镧火石	ZLaF	5
			钛火石	TiF	4
			特火石	TF	6

图 1-7 与图 1-8 分别是中国与德国肖特(Schott)公司的光学玻璃阿贝图，其折射率与阿贝数都是以 d 线波长来表征的。由于分类方式的不同，两图的区域划分有一些差异，每一个区域的玻璃品牌数也有较大的不同，如肖特公司将冕牌 K 与含有氧化硼的冕牌 BK 分开，以示 K 区域内的冕牌玻璃不含氧化硼；而中国的光学玻璃阿贝图中不存在独立的硼冕系统，代之以较为宽区域的冕牌 K 系统。各国的光学玻璃由于是独立研制发展，所以在命名、成分等方面均有不同，但是一些重要性能的光学玻璃各国均有研究，如中国的冕牌玻璃 K9，对应于德国的 BK7、日本的 BSC7。中国的重火石玻璃 ZF2，对应于德国的 SF5、日本的 FD5 等。表1-4列出的是中国主要的光学玻璃的成分，值得注意的是，即使是阿贝图中相似位置坐标的玻璃，各国的具体玻璃成分也会有较大的不同，且即使是同一公司的产品，随着研制过程的发展，同一牌号的玻璃成分也会产生相应的变化，如对于氧化铅的摒弃、新的氧化物的应用，等等。

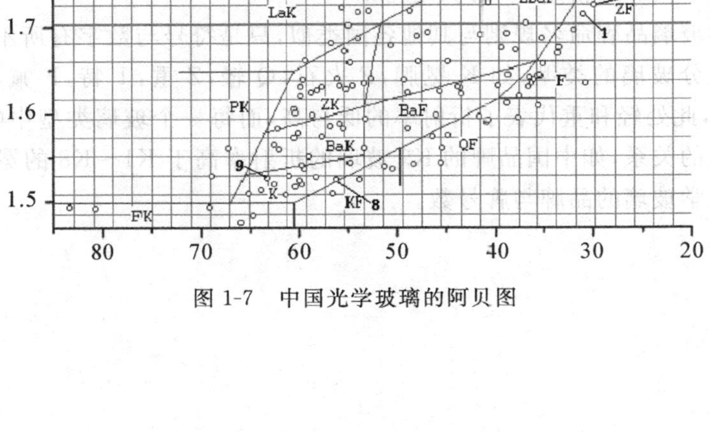

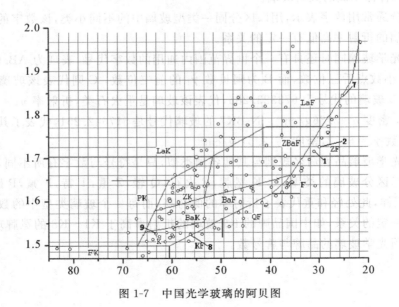

图 1-7　中国光学玻璃的阿贝图

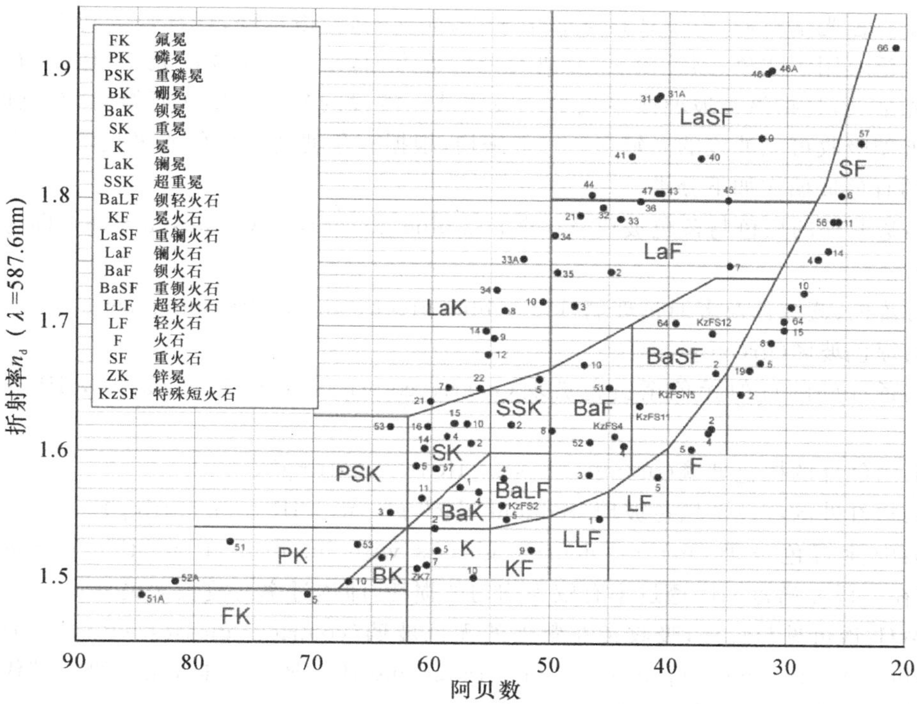

图 1-8　德国肖特公司的光学玻璃阿贝图

表 1-4　我国各牌号无色光学玻璃的主要成分

FK	RF-RF_2-RPO_3-R$(PO_3)_3$
QK	R_2O-B_2O_3-SiO_2　R_2O-B_2O_3-Al_2O_3-SiO_2-RF
PK	R_2O-RO-B_2O_3-Al_2O_3-P_2O_5
K	R_2O-RO-B_2O_3-SiO_2
BaK	R_2O-BaO(ZnO,CaO)-B_2O_3-SiO_2
ZK	BaO(ZnO,CaO)-B_2O_3-SiO_2
LaK	RO-La_2O_3-B_2O_3-SiO_2
TK	RF-RF_3-As_2O_3
KF	R_2O-PbO-B_2O_3-SiO_2　R_2O-PbO-B_2O_3-SiO_2-RF
QF	R_2O-PbO-SiO_2　R_2O-PbO-B_2O_3-SiO_2-TiO_2-RF
F	R_2O-PbO-SiO_2
BaF	R_2O-BaO-PbO-B_2O_3-SiO_2
ZBaF	BaO(ZnO)-PbO(TiO_2)-B_2O_3-SiO_2
ZF	PbO(TiO_2)-SiO_2
TiF	R_2O-PbO-B_2O_3-TiO_2-SiO_2-RF
TF	R_2O-Sb_2O_3-B_2O_3-SiO_2　PbO-Al_2O_3-B_2O_3

至于有色光学玻璃，由于其具有截止吸收、选择吸收、透紫外、透红外等功能，因此一直以来被广泛应用于滤色、颜色校正、分离与补偿等方面，是一种重要的光学材料。有色玻璃也称滤光玻璃，是指该类玻璃或多或少地吸收某一波段的光。而狭义所指的“有色玻璃”是由于该玻璃吸收可见波段的光辐射。一般来说，根据有色玻璃的颜色或吸收特性，肖特公司将商用的有色玻璃作如下分类。

UG：透紫外的黑色与蓝色玻璃(black and blue glasses, UV transmitting)，即为紫外带通滤光片。

BG：蓝色、蓝绿色及多通带玻璃(blue, blue-green, and multiband glasses)。

VG：绿色玻璃(green glass)。

GG：透红外的近似无色至黄色玻璃(nearly colorless to yellow glasses, IR transmitting)。

OG：透红外的橙色玻璃(orange glasses, IR transmitting)。

RG：透红外的红色至黑色玻璃(red and black glasses, IR transmitting)。

NG：中性暗色玻璃(neutral density glasses with uniform attenuation in the visible range)(在一段光谱范围内透过率有较为均匀的损耗，即透过率与波长无关)。

N-WG：透可见与红外，吸收带在紫外的无色玻璃(colorless glasses with different cut-offs in the UV, transmitting in the visible range and the IR)。同样，此处的“N-”代表了该类玻璃为环保类型，没有使用铅与砷等成分。

KG：红外吸收，可见光高透的无色玻璃[virtually colorless glasses with high transmission in the visible and absorption in the IR (heat protection filters)]，即为“短波通”滤光片。

而按照着色机理，有色玻璃一般可以分成三类，即：

(1)基质玻璃(base glasses)，即为 N-WG 玻璃，吸收带在紫外，表现为无色透明，成分中没有可见光范围的着色剂。

(2)离子着色玻璃(ionically colored glasses)，该类玻璃的成分中含有显色的重金属离子或稀土离子，玻璃的颜色取决于掺杂离子种类、掺杂浓度、离子价态和基质玻璃成分，如 UG, BG, VG, NG 与 KG 玻璃，RG9 与 RG1000 的显色就属于此类型。

(3)胶体着色玻璃(colloidally colored glasses)，此类玻璃在熔体冷却成型之后是不显色的，当其经过适当温度的热处理之后，会显示不同的颜色。该玻璃的吸收光谱中存在一条非常陡峭的吸收边，且显色深浅(吸收边的位置)与掺杂离子种类与浓度、热处理温度与时间密切相关。此类玻璃的一个代表种类是含Ⅱ～Ⅵ半导体成分的滤光片，能够表现出从黄色—橙色—红色—黑色等不同的颜色。该类玻璃包括 GG, OG 以及除了 RG1000 以外的 RG 玻璃。此类玻璃基本上都是“长波通”滤光片。

表 1-5 给出的就是德国肖特公司目前研制并生产的 50 种商品化的滤光片玻璃，各牌号玻璃的具体光谱参数与物理化学指标，包括折射率、密度、热膨胀系数、折射率的温度系数等均可以方便地在肖特公司的产品手册上查到。

表 1-5　德国肖特公司目前生产的滤光片玻璃的种类

UG1	BG3	VG9	GG395	OG515	RG9	NG1	N-WG280	KG1
UG5	BG7		GG400	OG530	RG610	NG3	N-WG295	KG2
UG11	BG18		GG420	OG550	RG630	NG4	N-WG305	KG3
	BG25		GG435	OG570	RG645	NG5	N-WG320	KG5
	BG36		GG455	OG590	RG665	NG9		
	BG38		GG475		RG695	NG11		
	BG39		GG495		RG715			
	BG40				RG780			
	BG42				RG830			
					RG850			
					RG1000			

注：长波通滤光片 GG，OG，RG，N-WG 中的序号代表了该玻璃短波吸收限对应的波长值（RG9 除外）。

图 1-9～图 1-11 给出的分别是肖特公司的长波通滤光片（GG，OG，RG，N-WG），短波通滤光片（KG）以及中性暗色玻璃（NG）的典型透过率光谱曲线

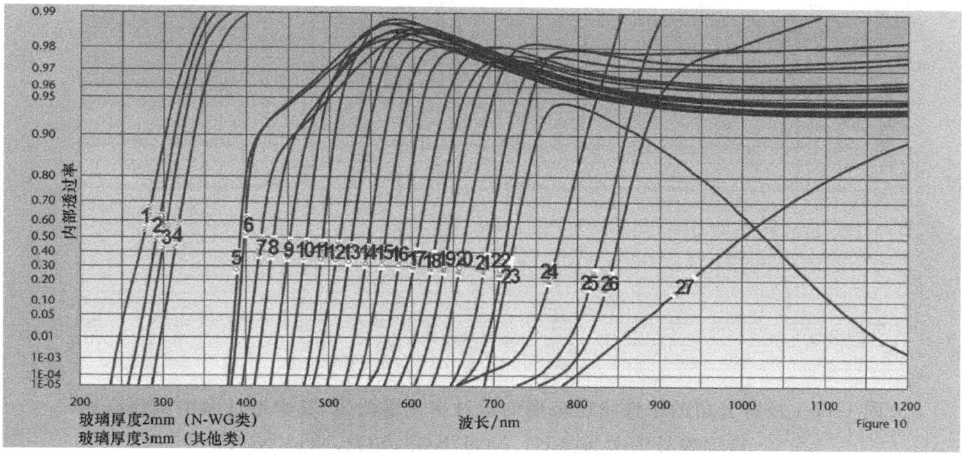

图 1-9　肖特公司的"长波通"滤光片的光谱曲线

图 1-9 中数字对应的滤光片型号见表 1-6。

表 1-6　图 1-9 中数字对应的滤光片型号

1	N-WG280	7	GG420	13	OG530	19	RG645	25	RG830
2	N-WG295	8	GG435	14	OG550	20	RG665	26	RG850
3	N-WG305	9	GG455	15	OG570	21	RG695	27	RG1000
4	N-WG320	10	GG475	16	OG590	22	RG715		
5	GG395	11	GG495	17	RG610	23	RG9		
6	GG400	12	OG515	18	RG630	24	RG780		

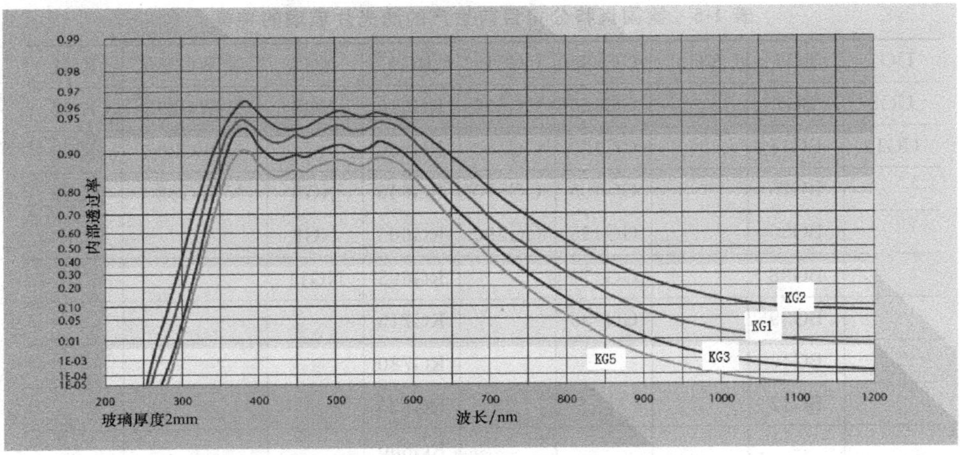

图 1-10 肖特公司的“短波通”滤光片的光谱曲线,其中透过率由低到高的玻璃牌号依次为:KG5,KG3,KG1,KG2

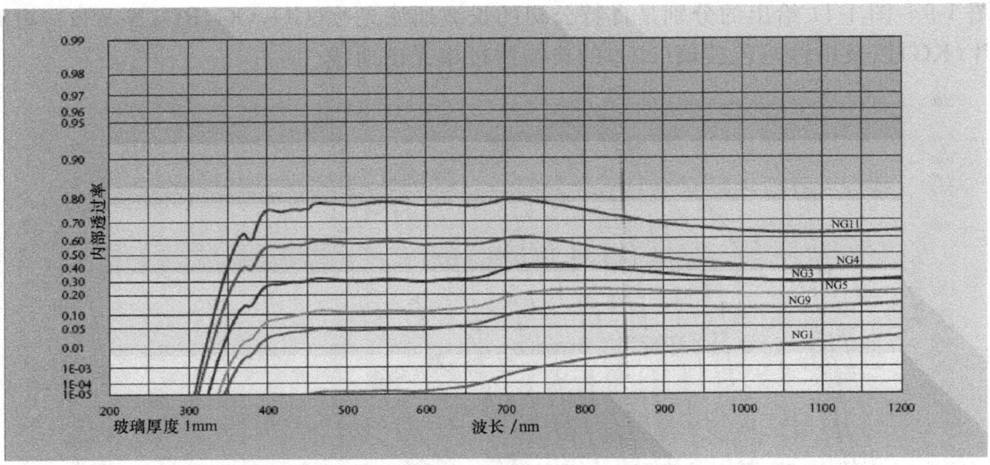

图 1-11 肖特公司的中性暗色玻璃的透过率光谱曲线,其中透过率由低到高的玻璃牌号依次为:NG1,NG9,NG5,NG3,NG4,NG11

我国对于有色玻璃牌号的命名是以英文字母加数字构成的,牌号前面的字母代表了玻璃的性质与颜色,最后一个字母 B 代表玻璃。如 HWB 代表透红外的玻璃,JB 代表黄色(金色)玻璃,而 AB 则代表了中性(暗色)玻璃。表 1-7 简要地介绍了我国有色玻璃的牌号与使用范围。关于我国有色玻璃的物理化学特性,可以参照相关的光学技术手册。值得一提的是,各国的重要有色玻璃牌号之间也存在对应关系。比如,中国的黄色玻璃 JB6 对应德国的 GG475 滤光片,中性暗色玻璃 AB6 对应德国的 NG5。

表 1-7　我国有色玻璃的牌号与使用范围

玻璃名称	使用范围	玻璃牌号
透紫外玻璃	光谱仪器、照明	ZWB1,ZWB2
透红外玻璃	夜视仪器	HWB1,HWB2,HWB3,HWB4
紫色玻璃	瞄准器	ZB1,ZB2,ZB3,ZB4
蓝色(青色)玻璃	显微镜、照明等	QB1～QB22
绿色玻璃	测量仪器、观察仪器、测距机等	LB1～LB16
黄色(金色)玻璃	照相、摄影等	JB1～JB8
橙色玻璃	雾天照明、观察仪器、测距机等	CB1～CB7
红色玻璃	远距离照相、摄影等	HB1～HB16
防护玻璃	防护眼镜	FB1～FB7
中性(暗色)玻璃	观察仪器、瞄准仪等	AB1～AB10
透紫外白色玻璃	锐截止滤光片	BB1～BB8

思考题

1. 什么是玻璃的网络形成体、网络中间体与网络外体？举例说明氧化物玻璃中存在的结构类型。
2. 熔石英玻璃有什么结构及性能特征？
3. 光学玻璃的 n_d，γ_d，P_{xy}，ΔP_{xy} 分别代表了什么方面的性能？
4. 光学玻璃的牌号及代号有什么具体的含义？

参考文献

[1] 干福熹. 光子学玻璃及其应用. 上海：上海科学技术出版社，2011.
[2] 干福熹等著. 光学玻璃(第二版). 北京：科学出版社，1982.
[3] 姜中宏主编. 新型光功能玻璃. 化学工业出版社，2008.
[4] 黄德群，单振国等著. 新型光学材料. 北京：科学出版社，1991.
[5] 郑国培. 有色光学玻璃及其应用. 北京：轻工业出版社，1990.
[6] Alexander J. Marker III, chair/editor. Properties and characteristics of optical glass III. Bellingham, Washington: SPIE, 1994.
[7] Fuxi Gan, Lei Xu. Photonic glasses. Singapore, New Jersey: World Scientific, 2006.
[8] Glass Filters-Catalogue. http://www. schott. com /advanced-optics.
[9] Mohammed Saad, chair/editor. Infrared glass optical fibers and their applications. Bellingham, Washington: SPIE, 1998.
[10] Optical Glass Datasheets. http://www. schott. com /advanced-optics.
[11] Optical Glass. http://www. hoyaoptics. com/pdf/OpticalGlass. pdf.
[12] Schott Technology Information TIE29: refractive index and dispersion. http://www. schott. com/advanced-optics.

第2章 光学玻璃的物理化学性质

2.1 光学玻璃的折射率与色散

2.1.1 色散理论

经典色散理论证明，凡是在可见光范围内无色透明的物质，它们的色散曲线形式上很相似，如图 2-1 所示，在此光谱范围内，n 随 λ 呈现单调下降的趋势，称为正常色散，而在强烈吸收的波段，色散曲线的形状呈现出反常的特征，如图 2-2 所示的吸收带附近折射率的变化一样。光学玻璃的色散理论可以用经典的原子气体模型来解释。

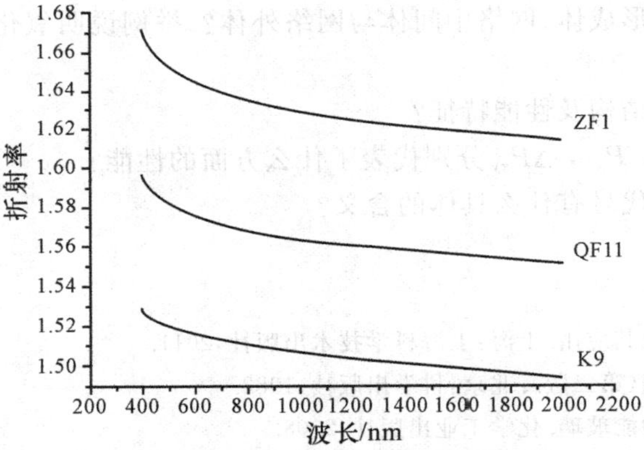

图 2-1 K9，QF11，ZF1 玻璃的色散曲线

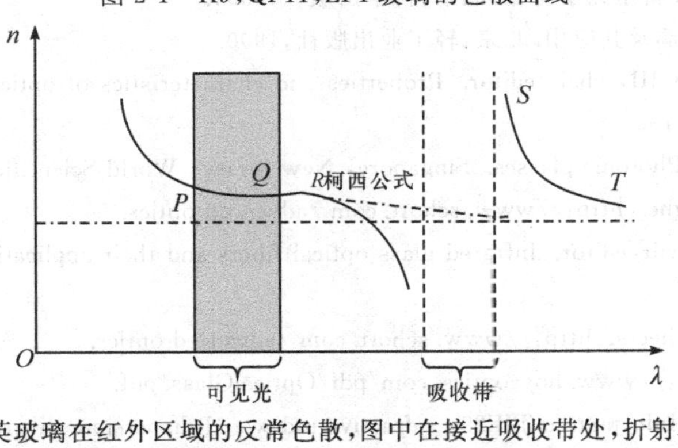

图 2-2 石英玻璃在红外区域的反常色散，图中在接近吸收带处，折射率不再符合柯西方程，而呈现快速下降的趋势，过了吸收带，色散曲线再次符合柯西公式

经典的振子模型认为，在无外场时振子的运动方程可以表示为

$$m\ddot{r}+g\dot{r}+kr=0 \tag{2-1}$$

式中：m 为电子质量，r 为位移，g 为阻力系数，k 为弹性常数，式中第二项为阻尼力，第三项为弹性恢复力。当 $g\to 0$ 时，电子以固有频率 $\tilde{\omega}_0=\sqrt{\dfrac{k}{m}}$ 作简谐运动，而 $g\neq 0$ 时作阻尼运动。当有圆频率为 ω 的外来电磁波时，振子的运动方程变为

$$m\ddot{r}+g\dot{r}+kr=-eE_0\mathrm{e}^{-\mathrm{i}\omega t} \tag{2-2}$$

式中：$-e$ 为电子电荷，E_0 为电场的幅值。式(2-2)的特解，即电子在外场作用下的位移为

$$r=\frac{eE_0}{m}\frac{1}{\omega^2-\omega_0^2+\mathrm{i}\omega\gamma}\mathrm{e}^{-\mathrm{i}\omega t} \tag{2-3}$$

其中，$\gamma=g/m$ 为阻尼常数。电子的运动将引起介质的极化，设单位体积内有 N 个原子，每个原子有 Z 个电子，因每个位移为 r 的电子产生电偶极矩 $-er$，所以介质的极化强度为

$$\tilde{P}=-NZer=-\frac{NZe^2}{m}\frac{\tilde{E}}{\omega^2-\omega_0^2+\mathrm{i}\omega\gamma} \tag{2-4}$$

其中，$\tilde{E}=E_0\mathrm{e}^{-\mathrm{i}\omega t}$。因为电极化率 $\tilde{\chi}_e=\tilde{P}\big/\varepsilon_0\tilde{E}$，而相对介电常数 $\tilde{\varepsilon}=1+\tilde{\chi}_e$，由式(2-4)可以得到

$$\tilde{\varepsilon}=1-\frac{NZe^2}{\varepsilon_0 m}\frac{1}{\omega^2-\omega_0^2+\mathrm{i}\omega\gamma} \tag{2-5}$$

在光频范围内存在 $\tilde{n}=\sqrt{\varepsilon}$，又由于复折射率可以写作 $\tilde{n}=n(1+\mathrm{i}k)$，即 $\tilde{n}^2=n^2(1-k^2)+\mathrm{i}2n^2k$，将该式的实部和虚部与式(2-5)一一对应，则存在以下的关系

$$\begin{cases} n^2(1-k^2)=1-\dfrac{NZe^2}{\varepsilon_0 m}\dfrac{\omega^2-\omega_0^2}{(\omega^2-\omega_0^2)^2+(\omega\gamma)^2} \\ 2n^2k=\dfrac{NZe^2}{\varepsilon_0 m}\dfrac{\omega\gamma}{(\omega^2-\omega_0^2)^2+(\omega\gamma)^2} \end{cases} \tag{2-6}$$

在这儿，我们可以假设振子的阻尼力很小，即 $\gamma\ll\omega_0$，则在此情况下，$k\ll 1$，上式可以简化为

$$\begin{cases} n^2=1-\dfrac{NZe^2}{\varepsilon_0 m}\dfrac{\omega^2-\omega_0^2}{(\omega^2-\omega_0^2)^2+(\omega\gamma)^2} \\ 2n^2k=\dfrac{NZe^2}{\varepsilon_0 m}\dfrac{\omega\gamma}{(\omega^2-\omega_0^2)^2+(\omega\gamma)^2} \end{cases} \tag{2-7}$$

若用波长 $\lambda=2\pi c/\omega$ 及 $\lambda_0=2\pi c/\omega_0$ 来表示式(2-7)，则能够得到

$$\begin{cases} n^2=1+\dfrac{NZe^2}{\varepsilon_0 m}\dfrac{\lambda_0^2\lambda^2(\lambda^2-\lambda_0^2)}{(2\pi c)^2(\lambda^2-\lambda_0^2)^2+\gamma^2\lambda_0^4\lambda^2} \\ 2n^2k=\dfrac{NZe^2}{\varepsilon_0 m}\dfrac{1}{2\pi c}\dfrac{\gamma\lambda_0^4\lambda^3}{(2\pi c)^2(\lambda^2-\lambda_0^2)^2+\gamma^2\lambda_0^4\lambda^2} \end{cases} \tag{2-8}$$

分别以 n 和 $2n^2k$ 对波长 λ 作图(见图 2-3)，可以清晰地得到振子的色散曲线与共振吸收曲线，在共振波长 λ_0 处，出现了明显的反常色散与共振吸收。由于强烈的吸收，色散曲线中虚线所标的那段折射率迅速上升的部分是很难在实验中观察到的。

实际的玻璃中由于存在不止一种固有频率的振子(如紫外吸收、红外本征吸收)，式(2-8)可以推广为对于玻璃中存在的所有不同频率的振子的类型求和。

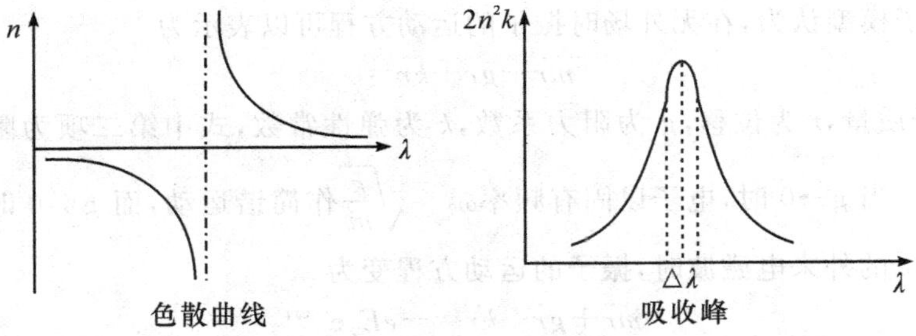

图 2-3 振子的色散和共振吸收曲线

$$\begin{cases} n^2 = 1 + \dfrac{NZe^2}{\varepsilon_0 m}\sum_j f_i \dfrac{\lambda_j^2\lambda^2(\lambda^2-\lambda_j^2)}{(2\pi c)^2(\lambda^2-\lambda_j^2)^2+\gamma_j^2\lambda_j^4\lambda^2} \\ 2n^2k = \dfrac{NZe^2}{\varepsilon_0 m}\dfrac{1}{2\pi c}\sum_j f_j \dfrac{\gamma_j\lambda_j^4\lambda^3}{(2\pi c)^2(\lambda^2-\lambda_j^2)^2+\gamma_j^2\lambda_j^4\lambda^2} \end{cases} \tag{2-9}$$

其中，f_j 是第 j 种振子的数量，且有 $\sum_j f_j = Z$。在每个共振波长处，都会产生折射率的突变，而在相邻两个共振波长（吸收带）之间远离共振吸收的区域，折射率 n 呈现单调下降的趋势。式(2-9)说明了透明介质中由于存在多种不同频率的吸收带，折射率就会在相邻两个吸收带之间单调下降，每次经过一个吸收带，折射率均会急剧加大，总的趋势是曲线随着波长的增加而抬高，如图 2-4 所示。对于光学玻璃而言，由于存在紫外与近红外的共振频率，导致玻璃在紫外与近红外的光学吸收，折射率在此段范围内就会符合我们常见的正常色散现象。

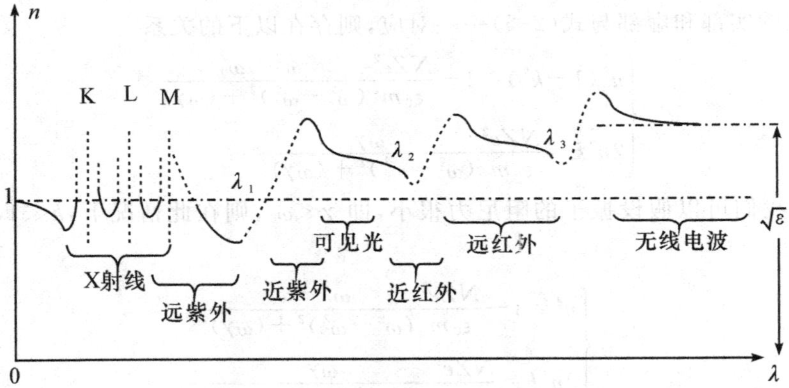

图 2-4 一种媒质的全部色散曲线

从式(2-9)中能够推导出著名的柯西(Cauchy)色散公式，即

$$\begin{cases} n(\lambda)=A_n+\dfrac{B_n}{\lambda^2}+\dfrac{C_n}{\lambda^4}+\cdots \\ k(\lambda)=A_k+\dfrac{B_k}{\lambda^2}+\dfrac{C_k}{\lambda^4}+\cdots \end{cases} \tag{2-10}$$

对于光学玻璃而言，色散公式也可以使用由塞耳迈耶尔(Sellmeier)所推导出来的公式，Sellmeier 公式是 Cauchy 方程的综合，特别适用于透明材料与红外半导体材料。它的形式为

$$n(\lambda)=\left(A_n+\frac{B_n\lambda^2}{\lambda^2-C_n^2}\right)^{1/2} \tag{2-11}$$

式(2-10)与式(2-11)中的 A_n，B_n，C_n 等参数为拟合参数。对于光学玻璃而言，色散公式与相应的拟合参数是表征该牌号光学玻璃的重要性能指标。肖特公司使用 Sellmeier 公式的6 个参数 B_1，B_2，B_3，C_1，C_2，C_3 来表征其主要光学玻璃的色散特性(公式中波长单位是 μm)。

$$n^2(\lambda)-1=\frac{B_1\lambda^2}{\lambda^2-C_1}+\frac{B_2\lambda^2}{\lambda^2-C_2}+\frac{B_3\lambda^2}{\lambda^2-C_3} \tag{2-12}$$

而我国对于光学玻璃色散的描述采用以下形式的 Cauchy 方程，需要确定 $A_0 \sim A_5$ 这 6 个参数(公式中波长单位是 nm)：

$$n^2(\lambda)=A_0+A_1\lambda^2+A_2\lambda^{-2}+A_3\lambda^{-4}+A_4\lambda^{-6}+A_5\lambda^{-8} \tag{2-13}$$

在各自的光学玻璃目录中我们能够方便地找到各牌号玻璃所对应的拟合参数，从而对该牌号玻璃的色散特性有直观的了解。

2.1.2　折射率、色散与玻璃成分的关系

如前所述，折射率与色散是光学玻璃最重要的两个光学参数。在实际应用过程中，人们对于折射率、色散与玻璃成分的关系比较关心，了解折射率、色散的成分关系，不仅有助于光学工作者正确选择所用的光学玻璃，而且可对新品种光学玻璃的设计、制造提供必要的理论依据。

光学玻璃的折射率从微观角度来看，决定于玻璃的分子体积 V_m 与分子折射度，在研究玻璃折射率与成分的关系时，必须同时考虑玻璃成分中的阴阳离子对玻璃的分子体积与分子折射度的影响。

玻璃的分子体积指的是玻璃结构的紧密度。由于玻璃的结构往往被认为是由一些四面体、三角体共顶点所形成的三维(二维)无规网络，网络的间隙随机填充着一些碱金属、碱土金属离子，所以分子体积就取决于结构网络的体积以及网络外空隙的填充程度，而这两种因素均与组成玻璃的各种阳离子半径的大小有关。对于相同原子价的氧化物来说，其阳离子半径越大，玻璃的分子体积就越大(对网络内结构形成体的离子是增加网络体积，对网络外离子是扩张了网络)。

玻璃的分子折射度是组成玻璃的各离子极化度的总和。对于阳离子而言，其极化度(电子位移极化)取决于该阳离子的半径与外层电子结构。原子价相同的阳离子如果半径越大，说明原子核对于外层电子的控制越弱，其吸引力也就越弱，所以在光电场作用下其电子云就越容易发生畸变，从而使得离子极化率越高。外层电子含有惰性电子对(如Pb^{2+}，Bi^{3+}等)或 18 电子结构(Zn^{2+}，Cd^{2+}，Hg^{2+})的阳离子比惰性气体电子层结构的离子有较大的极化率。此外，离子的极化率还受到周围离子极化率的影响，这对阴离子来说尤为显著。作为绝大多数阴离子的 O^{2-} 与阳离子的键力越大，则氧离子的外层电子就越容易被固定，所以极化率就越小。而氧离子与阳离子之间的键力是随着阳离子半径的增大而减弱的，所以当阳离子半径增加时，不仅自身的极化率增加，而且氧离子的极化率也同样增加，从而玻璃的分子折射度迅速增加。

综上所述，当原子价相同的阳离子半径增加时，由于分子体积与分子折射度同时增加，前者对于玻璃的折射率的贡献是负的(随阳离子半径增加而减少)，后者对于折射率的贡献是正的(随阳离子半径增加而增加)，所以玻璃的折射率与离子半径大小的关系不是简单线性的，而是呈现如图 2-5 所示的中间低、两边高的形状。离子半径小的氧化物对于降低分子

体积起主要作用，而离子半径大的氧化物对于提高极化率起主要作用，因此离子半径小与离子半径大的氧化物均有较大的折射率，而离子半径居中的氧化物具有较低的折射率。

玻璃中阴离子的成分对于折射率的贡献非常大，特别是当玻璃中没有特别易极化的阳离子，如 Ti，Bi，Tl，Pb 存在的情况下，阴离子对于折射率的贡献超过了玻璃中作为中间体与外体的阳离子的贡献。一般来说，氟化物玻璃具有较小的折射率，BeF_2 单组分玻璃是已知折射率数值最小的玻璃，且非常容易吸潮。在其中加入碱金属、碱土金属以及铝的氟化物能够有效改善其化学稳定性，同时折射率也会有少量的增加。在氟化物玻璃中加入重金属氟化物（ZrF_4，InF_3）能够较大程度增加折射率，在阿贝图上与氧化物玻璃的低折射率区域有重叠，卤化物玻璃的折射率随着阴离子 F，Cl，Br，I 的顺序增加。硫属化合物玻璃具有最高的折射率，而氧化物玻璃的折射率位于氟化物及硫属化合物玻璃之间。

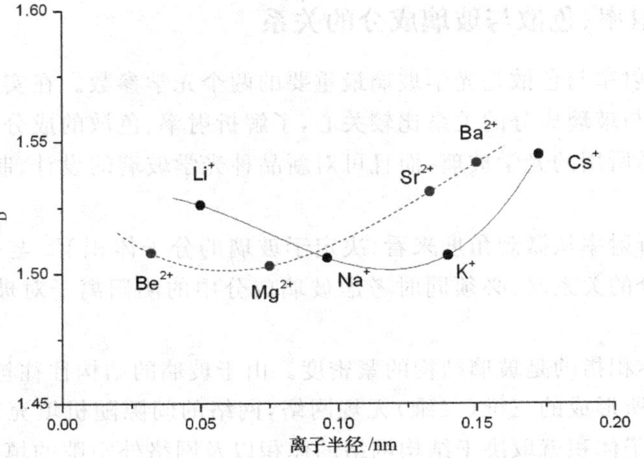

图 2-5 不同阳离子半径对玻璃折射率的影响

（虚线代表 $18Na_2O \cdot 12RO \cdot 70SiO_2$，实线代表 $30R_2O \cdot 70SiO_2$）

如前所述，光学玻璃的色散是由于共振吸收带附近玻璃的折射率产生的强烈变化，从而在非共振区域玻璃的折射率与入射光的频率符合式(2-9)的关系。在可见光区域玻璃的色散曲线主要取决于在紫外区域电子跃迁的本征吸收与红外区域玻璃结构网络振动的共振吸收，因此可以将式(2-9)简写成

$$n_\omega^2 - 1 = \frac{F_1}{\omega_1^2 - \omega^2} + \frac{F_2}{\omega_2^2 - \omega^2} \tag{2-14}$$

式中：ω_1，ω_2 分别为紫外与红外的共振吸收频率，F_1，F_2 分别为与共振吸收相关的振子力。玻璃色散曲线的形状主要取决于 ω_1，ω_2 的值，即决定于玻璃的紫外与红外吸收波长。后面还要提到，折射率较低的玻璃其紫外吸收截止波长较短，意味着玻璃在近紫外区域有较高的透过率，促使其在可见光区域折射率起伏较小（折射率起伏的范围较大），所以玻璃有较小的色散。而折射率较大的玻璃，因为相应的紫外截止波长较长，所以在可见光范围内折射率变化较大，造成色散曲线陡峭，是色散较大的玻璃。有关玻璃成分与色散的关系比较复杂，一般来说，玻璃中含有 PbO，TiO_2，Nb_2O_5 等成分能够有效地增加玻璃的色散（同时也是高折射率玻璃），而 B_2O_3，P_2O_5 以及氟化物则能够有效地减少玻璃中的色散。通过以上的分析，我们很容易地就能得知折射率、色散与吸收之间是紧密相关的。

2.1.3 外场作用下玻璃光学常数的变化

在光学玻璃的使用过程中，不可避免地受到外场(如电、声、光、热、力)的作用，使得玻璃的光学常数(如折射率、色散)产生变化。如折射率随温度的变化而变化(折射率的温度系数)，应力夹持状态下折射率的变化(光弹系数)，光场作用下折射率的变化(非线性折射率)等，虽然这些效应导致的变化量极小，但是往往会使光学系统产生畸变而影响光学质量。

1. 折射率的温度系数

折射率的变化可以写成

$$\delta n=\frac{(n^2-1)(n^2+2)}{6n}\left[\frac{\delta\rho}{\rho}+\frac{\delta\gamma}{\gamma}\right] \tag{2-15}$$

其中 ρ 与 γ 分别代表了玻璃的密度与分子折射度，上式表示了玻璃折射率的变化可以归结为其密度与极化率的变化。不同的外场对于密度与极化率的影响程度是不同的，其中

$$\beta=\frac{\partial n}{\partial T}=\frac{(n^2-1)(n^2+2)}{6n}\left(\frac{1}{\gamma}\frac{\mathrm{d}\gamma}{\mathrm{d}T}-3\alpha\right) \tag{2-16}$$

式(2-16)是折射率对于温度的微分，β 即为折射率的温度系数，其中 α 是玻璃的热膨胀系数。我们在讨论玻璃的折射率温度系数时，发现其与玻璃的结构、成分紧密相关。当温度升高时，玻璃的热膨胀使得密度减小，式(2-16)的第二项为正，而同时由于电子跃迁的本征频率(一般位于紫外波长范围)随温度的上升而下降，导致玻璃的紫外吸收限移向长波方向，从而玻璃的极化率上升，造成式(2-16)的第一项也为正。因此 β 值随温度上升是正是负取决于以上提到的两种效应之和。

折射率的温度系数与玻璃的成分及结构紧密相关。如前所述，玻璃态的氧化硼与氧化磷由于存在着非紧密的层状结构或变形的三维结构，导致结构松散，热膨胀系数过大，从而使得折射率的温度系数为负值。而作为另一种极端情况，熔石英由于紧密的三维结构而导致较小的热膨胀系数，故折射率的温度系数是正的。对于大多数光学玻璃而言，其 α 值都是相差不多的($60\times10^{-7}\sim80\times10^{-7}$)，故 β 值的大小与正负源于玻璃紫外吸收限的位置(这将在下一部分详细提及)。一般来说，紫外吸收限位于长波的玻璃随着温度的上升，折射率上升的幅度更大。研究光学玻璃的折射率温度系数，对于一些需经历较大温度变化的大型精密光学系统来说显得非常重要，比如大型光学天文望远镜，就需要 β 值极小的轻冕玻璃(QK2)。

各主要光学玻璃生产公司对于各牌号的折射率温度系数都有精确的测量与标定，在其光学玻璃的手册上均能查到在一定温度范围、一定波长范围的折射率温度系数。如肖特公司定义了应用于常压(1.013×10^5 Pa)的相对折射率温度系数 $\mathrm{d}n_{\mathrm{rel}}/\mathrm{d}t$ 与应用于真空的绝对折射率温度系数 $\mathrm{d}n_{\mathrm{abs}}/\mathrm{d}t$，定义为

$$\frac{\mathrm{d}n_{\mathrm{abs}}(\lambda,T)}{\mathrm{d}T}=\frac{n^2(\lambda,T_0)-1}{2n(\lambda,T_0)}\cdot\left(D_0+2D_1\Delta T+3D_2\Delta T^2+\frac{E_0+2E_1\Delta T}{\lambda^2-\lambda_{TK}^2}\right) \tag{2-17}$$

式中：T_0 为参考温度 20℃，T 为实际温度，ΔT 为相对于 T_0 的温度差，λ 为真空中的波长(以 μm 为单位)，而 $D_0,D_1,D_2,E_0,E_1,\lambda_{TK}$ 为与玻璃种类、成分相关的系数。此公式对应的各系数在 −100～140℃的温度范围，0.365～1.014μm 的波长范围内有效。图 2-6 显示的是肖特公司的 N-FK51(环保型氟冕玻璃)在 g，F′，e，d，C′处的折射率温度系数，可以看出，在 −100～140℃温度范围内，其折射率温度系数是负值，可能与该品牌玻璃较短波长的紫外吸收限与较松散的玻璃结构有关。值得注意的是，虽然折射率的温度系数的数值在 10^{-6} 数量级，但对

于大型精密光学元件，在温度变化较大时仍需要重点关注折射率的变化。

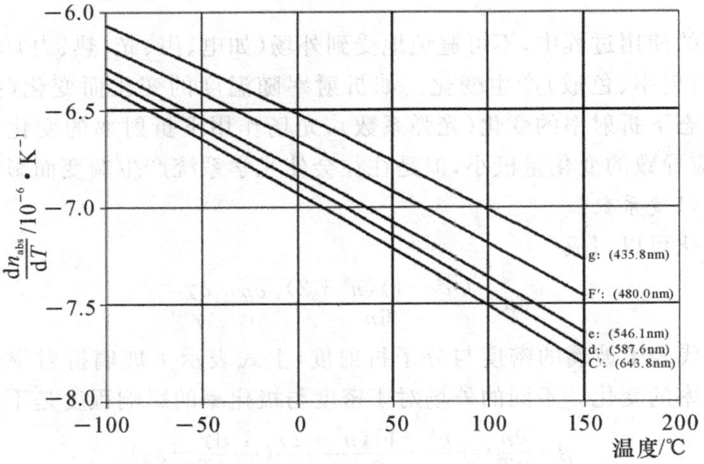

图 2-6 N-FK51 光学玻璃在一些特定波长处的绝对折射率温度系数

由于玻璃是由熔体经冷却而成型的非晶态物质，因此属于介稳状态。一般来说，为了消除玻璃中残存的应力，调整玻璃结构，需对玻璃进行后期的退火（annealing process）。具体的退火过程就是将玻璃从室温升至其转变温度 T_g 以下的某一温度，再以合适的速率降到室温的过程。合理的退火过程能够有效地消除玻璃中的大部分应力，提高玻璃的机械性能。众多的研究发现，光学玻璃的折射率不仅仅取决于玻璃的化学组成，也取决于退火的速率。显然，退火的过程就是玻璃结构调整的过程，经过退火后，玻璃的密度与分子极化率都会发生变化。慢的退火速率能造成较大的折射率，因为较慢的退火速率使得结构调整有足够的时间来进行。玻璃的折射率与退火速率之间存在着的关系为

$$n_d(h_x)=n_d(h_0)+m_{nd}\cdot\log(h_x/h_0) \tag{2-18}$$

式中：h_0 为原来的退火速率，h_x 为新的退火速率，m_{nd} 为折射率退火速率系数，该系数与玻璃的类型有关。图 2-7 就是几种冕牌玻璃的折射率随退火速率的变化情况。此处原来的退火速率设定为 7K/h。

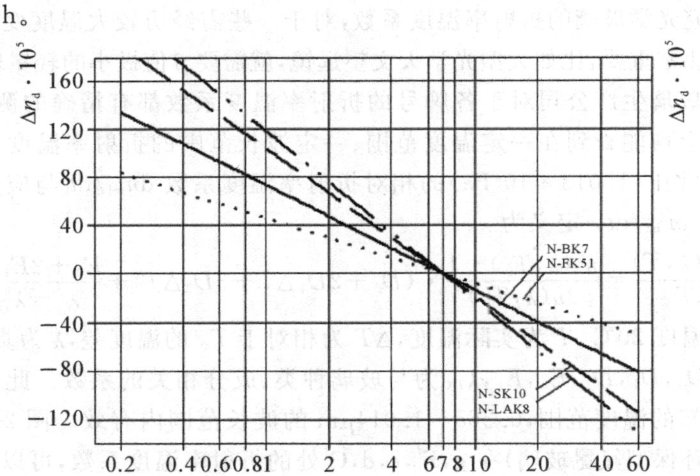

图 2-7 几种冕牌玻璃的折射率与退火速率之间的关系

类似地，玻璃的阿贝数也能够随着退火速率的变化而产生一定的变化。

$$\gamma_{\mathrm{d}}(h_x)=\gamma_{\mathrm{d}}(h_0)+m_{\gamma\mathrm{d}}\cdot\log(h_x/h_0) \tag{2-19}$$

式中：$m_{\gamma\mathrm{d}}$为阿贝数的退火速率系数，该系数与折射率退火速率系数 $m_{n\mathrm{d}}$的关系为

$$m_{\gamma\mathrm{d}}=[m_{n\mathrm{d}}-\gamma_{\mathrm{d}}(h_0)\times m_{n\mathrm{F}-n\mathrm{C}}]/(n_{\mathrm{F}}-n_{\mathrm{C}}) \tag{2-20}$$

此处，系数 $m_{n\mathrm{F}-n\mathrm{C}}$能够通过数次实验获得。在图 2-8 中，我们能够看到玻璃的阿贝数随着退火速率的改变而有规律地变化，原始退火速率是 7K/h，大部分光学玻璃的阿贝数随着退火速率的降低而增加，即玻璃的色散减小。在图中可以发现一个很有意思的现象，同为重火石的玻璃，SF6(805254.518)与 N-SF6(805254.337)，前者是含氧化铅的传统火石，因而比重较大，后者是环保型的无铅火石，比重较轻。虽然 n_{d} 与 γ_{d} 完全相同，但它们的阿贝数退火速率系数却截然相反，其中 N-SF6 表现了反常的性质，可能由玻璃结构中结构调整对于环境有不同的影响所致。在选择光学玻璃时，我们必须针对其应用环境，充分考虑到外场对玻璃光学常数的影响，并且能够在容许范围之内(tolerance range)使用退火的手段对光学玻璃的折射率及阿贝数进行微调。

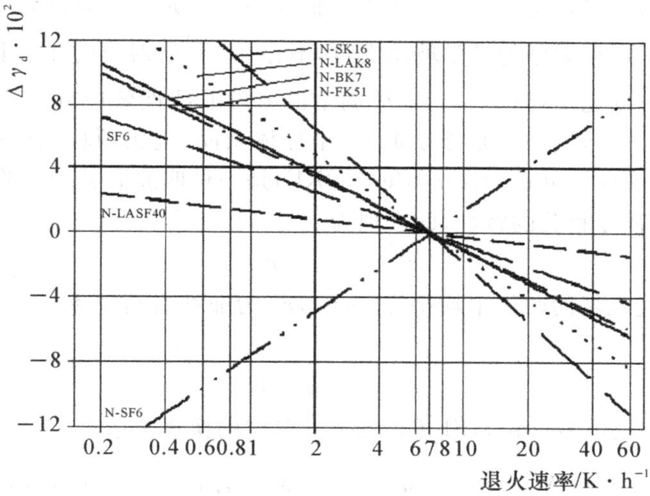

图 2-8　几种光学玻璃的阿贝数与退火速率之间的关系

2. 光弹系数

当光学玻璃受到应力作用，如处于夹持状态或受到声光作用的伸缩力时，玻璃的折射率同样会发生变化，此时需考虑光弹系数。光弹系数指的是物质的折射率与应变的关系。在应力场中材料由于弹性应变而能够引起折射率的改变，其表达式为：

$$\Delta\left(\frac{1}{n^2}\right)_m=\sum_{m,n}p_{mn}S_n \quad (m,n=1\sim 6) \tag{2-21}$$

这是一个普适性的公式，对于各向同性(如玻璃)及各向异性(如晶体)材料都适用。其中带有 m,n 等下标的物理量均为张量，张量的定义将会在晶体材料部分进行详细论述。式(2-21)中，p_{mn}是光弹系数张量，由 36 个分量组成，而 S_n 是应变张量。对于均质的玻璃材料而言，p_{mn}张量中只存在 3 种非零分量，即为 p_{11}，p_{12}，$p_{11}-p_{12}$(详见本书“晶体的弹光效应”内容)。当玻璃在各向均匀受压时，玻璃的折射率随光弹系数张量变化的规律可以表示为

$$\rho\frac{\mathrm{d}n}{\mathrm{d}\rho}=\frac{n^3}{6}(p_{11}+2p_{12}) \tag{2-22}$$

在玻璃手册上能够查询到光学玻璃的 p_{11}，p_{12}，$p_{11}-p_{12}$ 等数值。一般来说，不同成分的光学玻璃的 p_{11} 值变化较大，它与玻璃中离子的极化率总和 γ 有关，而 p_{12} 的值变化很小，在 0.20～0.25 之间，$p_{11}-p_{12}$ 的值决定于玻璃中氧离子的摩尔数，随着氧离子摩尔数的增加而增加，说明了在应变情况下阴离子容易变形而形成极化率的各向异性。

3. 光学非线性折射率

在入射光的作用下，光学玻璃的折射率也会发生变化，其中的一个主要原因在于玻璃中存在着光学非线性效应。在强光场作用下，物质的极化强度与电场的关系除了人们所知的线性项以外，还包含了非线性项，即存在与所加电场的高阶次方相关的极化分量，可表示为

$$\begin{aligned}P(\omega)=&\chi^{(1)}(\omega)E(\omega)+\chi^{(2)}(\omega=\omega_1+\omega_2)E(\omega_1)E(\omega_2)\\&+\chi^{(3)}(\omega=\omega_1+\omega_2+\omega_3)E(\omega_1)E(\omega_2)E(\omega_3)+\cdots\end{aligned} \tag{2-23}$$

式中：$\chi^{(n)}$ 为介电极化率张量，是 $n+1$ 阶张量，与材料的微结构（包括电子结构与核结构）密切相关，$\chi^{(2)}$ 为材料的二阶非线性极化率张量，仅存在于一些不具反演中心的晶体材料中，如 $LiNbO_3$，KH_2PO_4，BaB_2O_4 等。近年来虽然人们在熔石英光纤中观察到了 $\chi^{(2)}$ 的出现，但对于一般的近程有序、远程无序的光学玻璃而言，不存在 $\chi^{(2)}$ 所对应的光学非线性效应。

$\chi^{(3)}$ 存在于所有的光学材料中，光学玻璃中的三阶非线性效应分为两类，一类是均质块状玻璃中的非线性效应，另一类是掺杂玻璃（半导体微晶、金属颗粒、有机分子掺杂）的非线性效应。光学克尔效应（optical Kerr effect，OKE）是一种四波混频的三阶光学非线性效应，材料的折射率具有强度相关的特性，即表现为

$$n=n_0+n_2\langle E^2\rangle \tag{2-24}$$

式中：$\langle E^2\rangle$ 为入射光电场的时间平均平方（esu），n_2 为非线性折射率。在 SI 单位制下，上式可以表示为

$$n=n_0+n_2 I \tag{2-25}$$

此处 I 是入射光的光强（W/m^2），SI 单位与 esu 单位的换算关系为

$$n_2(m^2/W)=40\frac{\pi}{cn_0}n_2(cm^2/erg)=4.19\times10^{-7}n_2(esu) \tag{2-26}$$

对于一个频率为 ω 的线偏振单色光以及各向同性的介质（如光学玻璃），非线性折射率 n_2(esu) 与 $\chi^{(3)}$ 的实部相关，即

$$n_2=\frac{12\pi}{n_0}\mathrm{Re}\,\chi^{(3)}_{1111}(-\omega,\omega,\omega,-\omega) \tag{2-27}$$

式(2-25)所描述的强度相关的折射率效应是光学玻璃中强度相关自聚焦现象的原因，在高能激光装置中由于非线性效应导致的自聚焦现象会导致系统激光玻璃的损伤，需要尽量使用低 n_2 的光学玻璃系统；而具有高非线性折射率的光学玻璃能够在全光开关器件等领域有重要的应用，所以必须研究玻璃成分与非线性折射率之间的关系。

很多研究者采用了一些简单、半经验的、自洽的模型来计算光学玻璃的非线性折射率。在非共振的可见至近红外区域，最简单的公式是米勒（Miller）近似，即

$$\chi^{(3)}=[\chi^{(1)}]^4\times10^{10}(esu) \tag{2-28}$$

$$\chi^{(1)}=\frac{n_0^2-1}{4\pi} \tag{2-29}$$

说明了具有较大线性折射率的玻璃系统往往具备大的非线性折射率，这是因为大线性折射率的玻璃具有较大的分子极化率，同时玻璃中各种离子的非线性极化程度较高，即围绕原子核平均位置的电子轨道易发生较大的非线性畸变。Boling，Glass 等人提出了一种简单的非谐振共振模型，认为玻璃的非线性折射率与 d 线折射率及阿贝数均相关。

$$n_2(10^{-13}\text{esu})=\frac{K(n_d-1)(n_d+2)^2}{\gamma_d[1.52+(n_d^2+2)(n_d+1)\gamma_d\times\frac{1}{6}n_d]^{1/2}} \tag{2-30}$$

其中 K 值通过对一些氧化物玻璃及晶体的测试数据拟合得到，利用该式预测玻璃的非线性折射率与测试值误差在 10%～20%。

玻璃的成分与非线性折射率之间的关系一直是人们关心的内容，由于玻璃往往是多组分材料，因此成分与性能之间的关系较为复杂。一般来说，光学玻璃的非线性折射率与成分的关系可以参照其线性折射率与成分之间的关系。硫系玻璃具有非常高的非线性折射率，氧化物玻璃以及氟化物玻璃次之，玻璃中存在易极化的阳离子，如 d 轨道未填满的过渡金属离子能够有效增加玻璃的 n_0，n_2。图 2-9 给出了氟化物、氧化物及硫系玻璃的折射率、阿贝数分布，根据式(2-30)计算出各自区域的非线性折射率 n_2 的等高线，图中能够清晰地看到 n_0，n_2 与玻璃系统之间的关系。

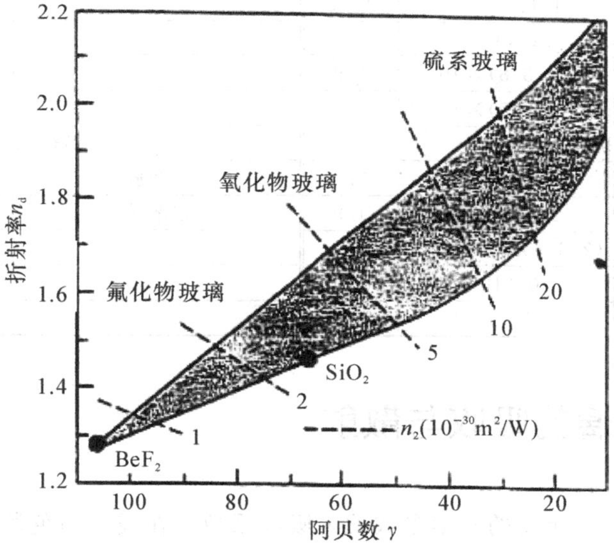

图 2-9　氟化物玻璃、氧化物玻璃以及硫系玻璃的折射率与阿贝数分布，图中的虚线为各类玻璃的光学非线性折射率等高线

对于掺杂玻璃而言，其非线性效应主要来源于所掺杂的物质。目前受到关注的掺杂玻璃有三类，分别是半导体微晶掺杂玻璃、金属微粒掺杂玻璃以及有机分子掺杂低温玻璃。半导体微晶掺杂玻璃的非线性来源于当入射光子能量接近于半导体带隙能量时(共振区)，由于量子限制效应(半导体尺寸较小，而玻璃是电子的陷阱)产生了一些短寿命的自由电子等离子体，由于填带效应，造成玻璃中产生非常大的光学非线性极化率($\chi^{(3)}\approx10^{-8}\sim10^{-9}$ esu)及快速响应时间($<10^{-11}$s)，其 $\chi^{(3)}$ 数值与微晶尺寸紧密相关；而金属微粒掺杂玻璃的非线

性效应来源于表面调制等离子共振效应，在尺寸为3～30nm金属微粒掺杂玻璃中测量到$\chi^{(3)}\approx 5\times 10^{-8}$esu，响应时间为皮秒量级；而有机分子掺杂低温玻璃的非线性来源于共轭有机分子电子非局域化。以上提及的这些掺杂玻璃材料，在光电子领域有广泛的应用价值，如高速光开光、光调制器件等。表2-1是一些具有代表性玻璃的$\chi^{(3)}$测试数据。

表2-1 氟化物、氧化物、硫族均质玻璃以及染料、半导体、金属掺杂玻璃的三阶非线性极化率和测试波长

玻璃类型	$\chi^{(3)}$/esu	波长/μm	玻璃类型	$\chi^{(3)}$/esu	波长/μm
氟化物玻璃			有机染料掺杂玻璃		
BeF_2	7.8×10^{-16}	1.06	荧光素掺杂硼酸盐玻璃	1.4(290K)	0.458
BeF_2-KF-CaF_2-AlF_3	1.1×10^{-15}	1.06	吖啶黄掺杂氟磷酸盐玻璃	0.08	0.476
$Al(PO_3)_3$-NaF-CaF_2	3.1×10^{-15}	1.06	吖啶橙掺杂氟磷酸盐玻璃	0.39	0.514
氧化物玻璃			半导体掺杂玻璃		
SiO_2	3.6×10^{-15}	1.06	CdSSe掺杂硼硅酸盐玻璃	9.0×10^{-12}	1.9
Schott SF6	4.5×10^{-14}	0.65	CdSSe掺杂硅酸盐玻璃	1.0×10^{-12}	1.9
Schott SF59	7.5×10^{-14}	1.06	Corning CS 2～73	$\sim 5\times 10^{-9}$	0.58
Schott SF59	1.1×10^{-13}	0.65	Corning CS 3～68	$\sim 1.3\times 10^{-8}$	0.53
PbO-SiO_2	0.8×10^{-13}	1.06	Schott RG 695	$\sim 3\times 10^{-9}$	0.69
PbO-GeO_2	1.1×10^{-13}	1.06			
PbO-Bi_2O_3-Ga_2O_3	4.2×10^{-13}	1.06			
SiO_2-TeO_2	$(2.4\sim 3.8)\times 10^{-13}$	1.9			
Li_2O-TiO_2-TeO_2	$(3.4\sim 8.0)\times 10^{-13}$	1.9			
硫族玻璃			金属掺杂玻璃		
As_2S3	7.2×10^{-12}	2.0	金溶胶	1.5×10^{-8}	0.53
Ge-S	2.0×10^{-12}	1.9	银溶胶	0.24×10^{-8}	0.40
Ge-As-S	$(2.3\sim 3.0)\times 10^{-12}$	1.9			
Ge-As-S-Se	7.0×10^{-12}	1.9			
As-S-Ge	14.1×10^{-12}	1.9			

2.2 光学玻璃的吸收与散射

光学玻璃中另一个重要的光学参数就是吸收系数。在玻璃的色散来源叙述中，我们知道玻璃的吸收来源于其结构内部多个固有频率的振子的共振。在共振波长处，折射率出现突变，消光系数出现极大值，导致吸收的产生与色散的出现。光学系统要求在所应用的波长范围有尽可能少的损耗，减小因为吸收、散射等原因所带来的能量损失。对于光学玻璃而言，吸收是无法避免的，特别是位于紫外与近红外的吸收是本征的，由玻璃的结构、化学组成所引起。了解玻璃的吸收性能，尤其是了解玻璃的成分和结构与其吸收的关系是非常重要的。目前备受重视的红外光学玻璃，在应用时需要知道成分与吸收峰位置的关系，以避开吸收波段，同时又使得玻璃具有优良的化学稳定性和机械性能。

当光线进入某种材料后，由于材料的吸收会引起入射光强度的改变。

$$\frac{dI}{I_0}=-\alpha dx \tag{2-31}$$

$$T=\frac{I}{I_0}=\exp(-\alpha x) \tag{2-32}$$

式中：I_0 为初始光强度，I 为透过材料后的强度，x 为光程，α 为吸收系数。对于光学材料而言，吸收系数与波长是相关的，而光学玻璃中最重要的吸收是紫外、可见与红外吸收。图 2-10展示的是常用的 N-BK7 冕牌玻璃的紫外—可见—近红外透射光谱，玻璃的厚度是 25mm，位于 400～1060nm 区域内的内透过率可以高达 99%以上，保证了玻璃在可见与近红外应用时能量不被玻璃吸收，但是在紫外陡峭的吸收边与近红外较宽的吸收带都是由玻璃中本征的吸收效应所造成的。

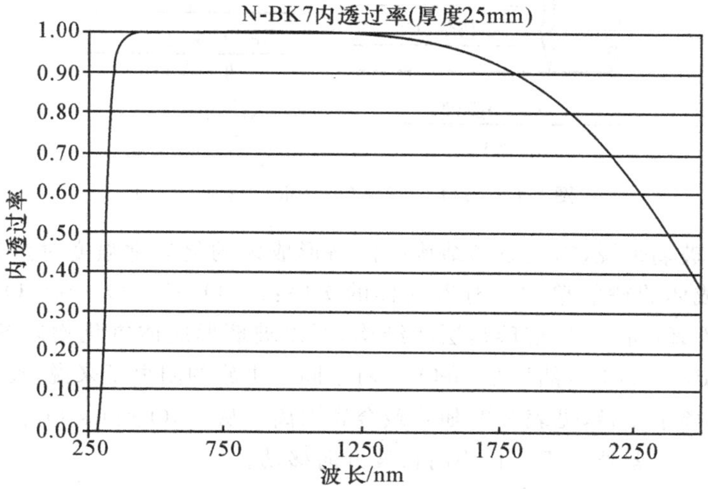

图 2-10　石英玻璃的光学常数与波长的关系

2.2.1　玻璃的紫外吸收

在紫外区域玻璃有一个吸收系数迅速增长的吸收极限，称为玻璃的紫外吸收限（紫外截止波长，如图 2-10 所示的 300～350nm 透过率的变化）。该吸收是与玻璃中的电子跃迁紧密相关的。对于理想的离子键晶体而言（如石英晶体），材料的紫外吸收对应于电子从阴离子 O^{2-} 轨道激发到阳离子 Si^{4+} 轨道。但玻璃是极性共价键的物质，以结构最简单的 SiO_2 玻璃为例，如果从分子轨道的模型考虑，玻璃的紫外吸收相当于电子从 Si—O 的成键轨道跃迁到 Si—O 的反键轨道（11.7eV，106nm）。但由于 SiO_2 玻璃中还存在一些非桥氧键，电子的跃迁就从非桥氧的 O^{2-} 轨道开始激发。由于非桥氧的存在，相比于从 Si—O 成键轨道激发，电子从非桥氧激发就会降低跃迁的能量，从而使得紫外吸收限移向长波方向（10.5eV，118nm），如图 2-11 所示。如果玻璃中加入了碱金属氧化物，如 Na_2O，我们已经知道玻璃的三维无规网络将会断裂，一方面非桥氧的数量增加，另一方面玻璃中还会存在一个 8.5eV（145nm）从非桥氧的 Na—O 键的成键轨道到反键轨道的电子跃迁，使紫外吸收限进一步向长波方向移动。

玻璃的紫外吸收与其成分的关系较为复杂。一般来说，玻璃的成分越复杂，杂质能级就越多。对于紫外吸收波长起主要作用的是非桥氧离子，玻璃中非桥氧离子越多，紫外吸收限对应的波长就会越长。一些中间体氧化物引入玻璃网络，因为能够使得断裂的网络连接起来，所以使紫外吸收波长在一定程度上蓝移，而具有高极化率的阳离子如 Pb^{2+}，Bi^{3+}，Tl^{+} 能够增加紫外吸收限波长。对于阴离子来说，氟化物玻璃的紫外吸收限短于石英玻璃，而硫化物玻璃的吸收限相比于氧化物玻璃更加移向长波方向，甚至到达可见区域。

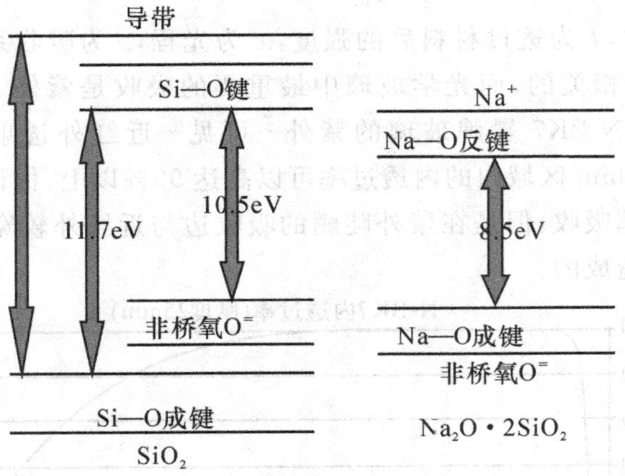

图 2-11 SiO_2 和 $Na_2O \cdot 2SiO_2$ 玻璃的能级

对于氧化物玻璃来说，构成玻璃结构的网络形成体的化学键强度对紫外吸收波长的影响较大，玻璃形成体的桥氧单键力有着这样的次序：P—O＞B—O＝Si—O＞Ge—O。由于 P_2O_5 中含有非桥氧，而 B_2O_3 玻璃是层状结构，所以玻璃形成体氧化物以 SiO_2 的紫外吸收限最短，次之为 P_2O_5，B_2O_3，然后是 GeO_2。对于同一主族的阳离子来说，玻璃的紫外吸收限主要取决于阴阳离子半径，见表 2-2，随着碱金属阳离子从 Li_2O 到 Cs_2O，无论是硅酸盐还是磷酸盐、硼酸盐玻璃，紫外截止波长均向长波方向移动。

表 2-2 二元氧化物玻璃的紫外截止波长 λ_0(nm)

碱金属氧化物	玻璃系统		
	$25R_2O \cdot 75SiO_2$	$R_2O \cdot P_2O_5$	$20R_2O \cdot 80B_2O_3$
Li_2O	＜180	225	190
Na_2O	215	270	207
K_2O	250	—	211
Rb_2O	—	—	215
Cs_2O	—	—	218

图 2-12 是 N-PK52A，N-SF57，SF57 光学玻璃的透过率光谱，值得注意的是 N-SF57 与 SF57 玻璃的折射率和厚度相同，但前者为了满足环保的需要而不加入 PbO，代之以 TiO_2 或 Nb_2O_5，结果发现 N-SF57 比传统的重火石 SF57 玻璃有更长的紫外吸收截止波长，说明了原子序数大的金属氧化物对玻璃的紫外吸收有较大的影响。

除了成分之外，玻璃中的杂质也会影响到截止波长的位置，实际应用中最典型的例子就是石英玻璃中 Fe^{3+} 对紫外截止波长的影响。如前所述，石英玻璃由于紫外吸收限较短而成为优秀的紫外应用材料。但是石英玻璃中常常会混入 Fe^{3+}，Fe^{3+} 在 240nm 有强烈的吸收，直接影响到了石英玻璃的紫外应用，所以石英玻璃的除铁离子成为重要的工艺手段。

从式(2-31)得知，玻璃的吸收与其厚度紧密相关。紫外透过率依赖于样品的厚度，玻璃越薄，测得的紫外透过波长越短。一般我们利用样品厚度与紫外吸收波长的关系，外推至厚度为零时的吸收波长 λ_s，称为紫外本征吸收波长。

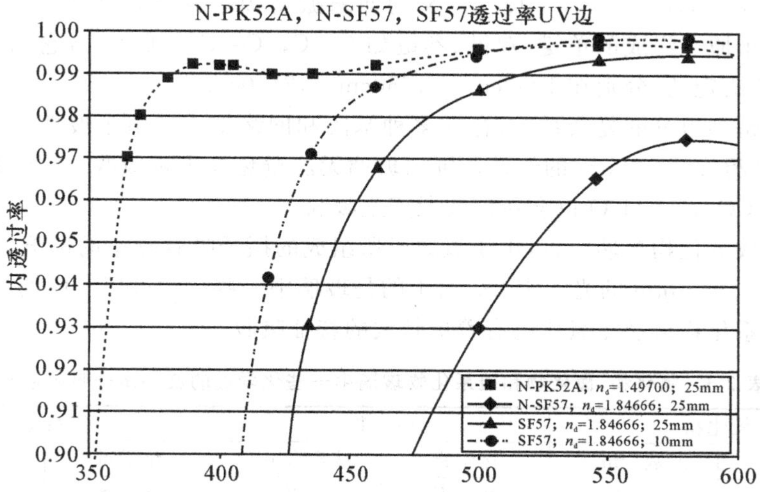

图 2-12　Schott 公司的数种光学玻璃的紫外吸收截止波长

2.2.2　玻璃的红外吸收

玻璃在红外波段的吸收同样是本征的，来源于玻璃结构网络的振动，即玻璃中原子和离子的不同振动模式。物质每种分子都具有特定的电子运动能级、分子振动能级与分子转动能级，在这些能量中以电子能级的能量最大，能级间的跃迁需要有较大能量的光子来激发，所以吸收光谱一般出现在紫外至可见区域。对于玻璃来说，电子运动能级间的跃迁能量对应了其特征的紫外吸收截止波长(对于一些硫系玻璃紫外吸收限可能位于可见区域)。分子的振动能量较小，欲产生振动能级间的跃迁需要较长波长的光来激发，振动光谱出现在中红外区域，而转动能级的能量最小，纯的转动光谱一般出现在远红外区域。由于分子的振动与转动能级位于红外波长区，且具有一一对应的关系，所以红外光谱一般在物质结构的研究过程中被充当一些特定基团、分子存在的有力证据。分子振动存在着不同的振动模式，对应着不同的能量，包括伸缩振动、变形振动、摇摆振动、扭绞振动等。

红外光谱中波长除了使用 nm 为单位以外，还经常使用波数 γ(厘米$^{-1}$)作单位，两种单位的关系为

$$\gamma(\text{cm}^{-1})=\frac{1}{\lambda(\text{cm})}=\frac{10^4}{\lambda(\mu\text{m})}=\frac{10^7}{\lambda(\text{nm})} \tag{2-33}$$

可以用一个简单的线性谐振子来描述振子伸缩振动的频率，即

$$\gamma=\frac{1}{2\pi c}\sqrt{\frac{k}{\mu}} \tag{2-34}$$

其中 μ 是振子的约化质量，k 是力常数。振子的约化质量可以写为

$$\mu=\frac{m_1\times m_2}{m_1+m_2}\times\frac{1}{N} \tag{2-35}$$

从式(2-34)与式(2-35)可以清楚地看到，振动频率随着基团的约化质量的增大而减少，随着力常数的增大而增大。也就是说，重的原子将有低的振动频率，而原子间的键能越大，振动频率就越高。例如 O—H 伸缩振动大约出现在 3700cm^{-1}，而 O—D 的伸缩振动出现在 2600cm^{-1}。由于氢原子质量较小，使得 C—H，O—H，N—H 等键的伸缩振动频率较高

(3700～2800cm^{-1})，而 C—C，C—O，C—N 的伸缩振动频率就会降低到 1300－1000cm^{-1}。质量相等的两个原子组成的单键、双键、叁键如 C—C，C═C，C≡C，它们的伸缩振动频率由键能(k)所决定的，分别在 1050cm^{-1}，1650cm^{-1}，2100cm^{-1}。

无机玻璃是多组分的复杂系统，存在多种基团和网络结构。由于玻璃中多个化学键的振动与转动，使得在 2～50μm 的红外范围内玻璃无法避免地出现吸收，当然，玻璃中所吸附的气体分子如 CO_2，O_2，H_2O 也会在该波段产生吸收。

对于大多数氧化物玻璃而言，由于氧原子所组成的振子吸收频率的影响，氧化物玻璃样品只能透过小于 5～6μm 的光。表 2-3 给出的是玻璃中一些化学键所对应的波长值，可见卤化物玻璃与硫系化物玻璃比氧化物有着更长波的特征吸收。

表 2-3　氧化物，卤化物和硫系化物玻璃中一些化学键的红外本征吸收波长

氧化物		卤化物		硫系化物	
化学键	波数/cm^{-1}	化学键	波数/cm^{-1}	化学键	波数/cm^{-1}
B—O	1320	Be—F	800	As—S	300
P—O	1250	Al—F	650	Ge—S	350
Si—O	1050	Zr—F	550	As—Se	220
Ge—O	800	Th—Cl	300	Ge—Se	230
Te—O	700	Zn—Cl	110	P—S	530

由公式(2-34)和式(2-35)可以看出，组成玻璃的阴阳离子的质量越大，离子间的吸引力越小，则玻璃的吸收带频率就越小，红外透过波长越远。

除成分对玻璃的红外吸收波长的影响外，玻璃在熔制的过程中，会溶解吸收大量的气体，气体以化学结合状态溶解于玻璃中，对玻璃红外光谱产生重要的影响。表 2-4 列出了一些常见的气体分子或离子的吸收波长，可以看出 2.7μm 附近的吸收峰来自于玻璃中吸附的水。研究发现，玻璃中结合水的多少与碱金属氧化物的含量有关，重冕、超重冕、重火石玻璃中少含或不含碱金属氧化物，故红外透过较宽。

表 2-4　玻璃中的一些气体与离子团在红外区域的吸收带

吸收带/μm	2.7	2.75	2.9	3.5	3.65	4.0	4.25	4.45
离子团	CO_2	CO_2，$[OH]^{-1}$	$[OH]^{-1}$	$[CO_3]^{-2}$	$[NO_3]^{-1}$	$[CO_3]^{-2}$	CO_2	$[OH]^{-1}$

2.2.3　玻璃的可见吸收

与玻璃的紫外、红外吸收所不同的是，玻璃在可见光波长范围内的吸收不是本征的。若要避免玻璃在可见光区域的吸收，通过合理选择玻璃组分和提高熔炼工艺等手段是完全可以做到的。当然，如前所述，有色玻璃是光学玻璃中重要的组成部分，人们也可以通过成分控制选择可见光波长范围的吸收。因此，研究玻璃的可见光吸收来源以及成分与吸收的关系就显得非常重要。

玻璃在可见光波长区域的吸收主要有两个来源，成分中过渡金属与稀土离子所产生的选择性吸收以及熔炼过程中铂坩埚所带来的白金污染在可见光的吸收。

过渡金属元素(如 V，Cr，Mn，Fe，Co，Ni，Cu)的一个重要特点是其 d 电子层未填满，稀土元素则是 f 电子层未填满，未填满的电子能级提供了在可见光区域跃迁的可能性，从而产生吸收的过程。过渡金属离子对光的吸收不仅仅与单个离子和其氧化态有关，还受到周围离子环境以及配位数的影响，因为 d 电子位于最外层，易受到近邻离子的攻击，那些具有较强极化能力的离子对过渡金属离子的吸收影响更大。比如，大多数过渡金属硫化物在玻璃中都是有色的，而相应的氧化物很多都是无色的或者吸收较小，而相应的卤化物的吸收强度是按照 $I^- > Br^- > Cl^- > F^-$ 次序的。如果某种过渡金属在玻璃中同时存在多种氧化态，则在玻璃中会呈现强烈的吸收（如 Fe_3O_4 黑色，Cr_2O_3 红色等）。因此可以通过过渡金属离子在不同的玻璃成分与结构中的不同吸收特性制备出满足不同需要的颜色玻璃。相对而言，稀土离子的吸收过程受周围环境影响较小，因为 f 电子位于内层，其外层还有电子的屏蔽作用。图 2-13 是玻璃中的一些过渡金属离子的吸收光谱。从图中可以看到，过渡元素离子的吸收带宽而强。稀土离子的吸收带很窄且吸收系数也较小，其吸收带常出现在镧系光学玻璃中。

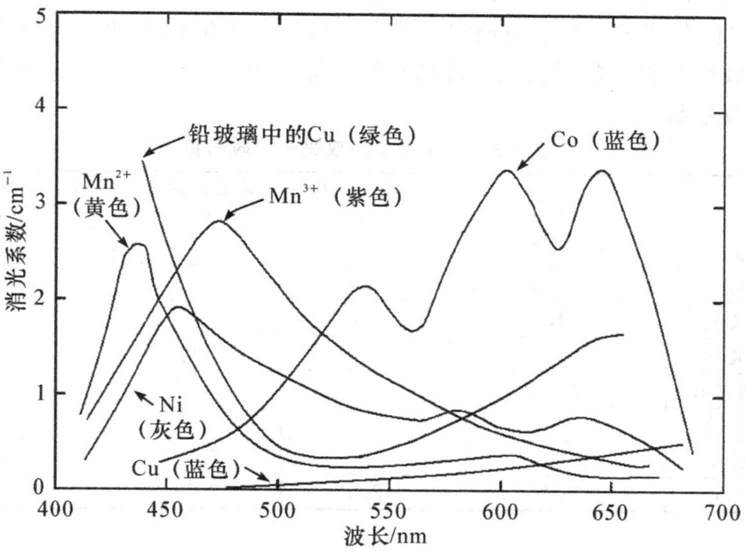

图 2-13 一些离子在玻璃中的消光系数

在玻璃的熔炼过程中还很容易存在铂污染的情况，这是由于在熔制过程中玻璃液与铂坩埚发生了反应，引起铂对玻璃的沾污，特别是在 PbO，ZnO，CdO 含量较高的玻璃中容易产生这种现象，玻璃中会有大小不均的铂颗粒甚至 PtO_2 存在，以散射（较大的铂颗粒）或吸收（较小的铂颗粒或 PtO_2）的形式影响玻璃的透过率（特别是紫外及蓝紫光范围）。当然这种杂质吸收可以通过工艺的改进来获得解决。

2.2.4 玻璃的非线性吸收

光学玻璃中除以上提及的紫外、可见、红外的线性吸收外，还存在一种非线性的吸收过程。对于线性吸收，可以通过改变式(2-31)，可以写成

$$\frac{dI}{dx} = -\alpha I \tag{2-36}$$

非线性吸收与非线性折射率一样，是一种光学非线性效应。在介质中，入射光强与传输路径的导数不仅与光强有线性的关系，还存在非线性项：

$$\frac{dI}{dx} = -\alpha I - \alpha_2 I^2 \tag{2-37}$$

式中：α_2 是非线性吸收系数，与光学克尔效应类似，发生在共振区域附近的双光子吸收（two photon absorption，TPA），是玻璃中存在的主要非线性吸收。这是一种强度相关的吸收过程。与电子能带对应频率的高次谐波的多个光子被同时吸收的过程为多光子吸收。对于入射的线偏振单色光而言，可以证明

$$\alpha_2 = \frac{96\pi^2\omega}{n^2c^2}\mathrm{Im}\,\chi_{1111}^{(3)}(-\omega,\omega,\omega,-\omega) \tag{2-38}$$

可见双光子吸收系数与三阶非线性极化率的虚部相关。当具有较大非线性折射率 n_2 的光学玻璃应用于全光非线性器件时，双光子吸收一般被人们认为是一种对器件性能有害的材料特性，它不仅会使光在材料中产生额外的能量损失，而且会增加光电器件的开关阈值。尤其对于半导体材料而言，双光子吸收能够产生大量的自由载流子，导致器件的非线性响应减慢（自由载流子的非线性响应可以慢至纳秒级），所以往往在半导体材料中需要额外引入 p-i-n 结构来耗尽自由载流子。光学玻璃中虽然自由载流子数量较少，但是针对器件应用而言，光学玻璃的非线性吸收系数是必须关注的材料性能。表 2-5 给出的是一些较典型的光学玻璃的非线性吸收系数。

表 2-5 光学玻璃的双光子吸收数据

玻璃类型	玻璃牌号	玻璃吸收边/eV	双光子能量/eV	非线性吸收系数 α_2/cm·GW^{-1}
石英玻璃	Corning 7940	7.8	7.07	<0.0005
石英玻璃	透明石英(suprasil)	7.8	9.32	0.017
硼硅酸盐玻璃	BK7	3.9	7.07	0.006
硼硅酸盐玻璃	—	4.0	4.66	0.0029
硅酸盐玻璃:Nd	LG630	—	2.33	0.004
铅硅酸盐玻璃	SF6	3.3	4.66	23
铅硅酸盐玻璃	—	—	2.33	0.0007
硫化物玻璃	As_2S_3	2.3	3.56	14

2.2.5 光学玻璃的光散射

光学玻璃中存在的光散射现象同样能够引起玻璃中的能量损失。在玻璃熔制过程中由于工艺的问题有时会出现气泡、结石、条纹以及严重的物理不均匀性都能够引起光散射，而以上提及的缺陷的尺寸在波长量级以上，属于宏观的丁达尔散射与米氏散射，这部分光能的损失是能够通过改进工艺加以解决的。对于高度均匀的玻璃来说，还存在分子散射，即瑞利散射现象，是由于玻璃中微区组成和密度起伏导致的折射率变化所致。瑞利散射发生在尺寸$r<\lambda/10$的散射颗粒中，也是玻璃中的一种本征散射。瑞利散射的特点是：散射光的强度 I 与入射光的波长 λ 的关系为 $I\propto 1/\lambda^4$，即较长波长的入射光造成的散射损失较小；散射光是偏振的，其中与入射光垂直方向的散射光是全偏振的；散射光的强度与角度相关，即某个角度的散射光强度可以表示为：$I_\theta = I_{90^\circ}(1+\cos\theta^2)$。

光学玻璃中与入射光成 90°方向的散射系数 ρ_{90° 是表征瑞利散射性能的重要参数。由于存在

$$\rho_\varphi = \rho_{90^\circ}(1+\cos^2\varphi) \tag{2-39}$$

$$\sigma = 2\pi\int_0^{2\pi}\rho_\varphi \sin\varphi \mathrm{d}\varphi \tag{2-40}$$

可以得知

$$\sigma = \frac{16}{3}\pi\rho_{90°} \tag{2-41}$$

这样，就能获得各个方向散射光的强度，即

$$I = I_0 e^{-\sigma l} \tag{2-42}$$

以上各式中，ρ_φ 是在角度为 φ 时的散射系数(cm^{-1})，σ 为散射损耗系数(cm^{-1})，l 为垂直于散射面的光程。通过测试玻璃样品的散射系数 $\rho_{90°}$，就能够对玻璃中存在的瑞利散射特性有很好的了解。通过对光学玻璃散射系数的测量及比较，人们发现，散射系数与玻璃的平均色散有密切的关系，随着平均色散 $n_F - n_C$ 的增加，玻璃的散射系数 $\rho_{90°}$ 会上升。在 580nm 处，冕牌玻璃的散射系数在$(2\sim10)\times10^{-6}cm^{-1}$范围内，而火石玻璃的散射系数在$(10\sim50)\times10^{-6}cm^{-1}$范围内。

思考题

1. 光学玻璃的折射率及色散有什么特点，与玻璃的成分有什么样的关系？举例说明高折射率、低折射率、大色散玻璃具有怎样的成分。
2. 什么是玻璃的光弹效应？利用该效应可以构成什么样的光电器件？
3. 什么成分的光学玻璃可能具有较大的光学非线性折射率？
4. 光学玻璃的紫外、可见、红外区域吸收的主要来源是什么？如何获得通过成分调节玻璃的吸收范围？
5. 什么是玻璃中的双光子吸收？

参考文献

[1] 干福熹等著. 光学玻璃(第二版). 北京：科学出版社，1982.
[2] 刘颂豪主编. 光子学技术及应用(上册). 广州：广东科技出版社，2006.
[3] 王承遇编著. 玻璃材料手册. 北京：化学工业出版社，2008.
[4] 赵凯华，钟锡华著. 光学(下册). 北京：北京大学出版社，1984.
[5] Boling N. L., Glass A. J., Owyoung A. Empirical relationships for predicting nonlinear refractive index changes in optical solids. IEEE, J. Quant. Eletron., 1978, QE－14：601－608.
[6] Fournier J. T., Snitzer E. The nonlinear refractive index of glass. IEEE J. Quant. Eletron., 1974, QE－10：473－475.
[7] Hache F., Richard D., Flytzanis C. Optical nonlinearities of small metal particles：surface－mediated resonance and quantum size effects. J. Opt. Soc. Am, 1986, B3：1647－1655.
[8] Jain R. K., Lind R. C. Degenerate four wave mixing in semiconductor－doped glasses. J. Opt. Soc. Am, 1983, 73：647－653.
[9] Kingery W. D. Introduction to ceramics. New York：John Wiley & Sons, Inc., 1960.
[10] Schott Technology Information TIE29：refractive index and dispersion. http://www.schott.com/advanced-optics.
[11] Schott Technology Information TIE－35：transmittance of optical glass. http://www.schott.com/advanced-optics.
[12] Solomon Musikant. Optical materials, an introduction to selection and application. New York：Marcel Dekker, Inc., 1985.
[13] Vogel E. M. Nonlinear optical phenomena in glass. Physics and chemistry of glasses, 1991, 32(6)：231－253.

第3章 光学玻璃系统

3.1 紫外光学玻璃

随着半导体技术的飞速发展，对于微光刻技术提出了更高的要求。为了获得更小尺度的精细结构，提高图形分辨率，迫切需要减小光刻机的光源波长。目前光刻的光源波长已经从436nm(G线)、365nm(i线)的近紫外(NUV)进入248nm(KrF)、193nm(ArF)的深紫外(DUV)。相应地，获得能够用于紫外波段的光学材料就成为其中重要的环节。光学玻璃在紫外光波段存在本征的吸收，限制了其在紫外区域的应用。但是，人们可以通过分析影响紫外吸收的因素，设计玻璃成分，获得相对较短的紫外截止波长，满足特定波段的需要。

为了表征光学玻璃的紫外透过率高低，往往定义两个色码(color code)参量λ_{80}/λ_5，表示玻璃的透过率(包括反射损耗)达到0.8与0.05时所对应的波长(玻璃的厚度为10mm)。这两个参量一般以$\lambda/10$的形式出现在玻璃手册上，如Schott公司的N-BK7玻璃的λ_{80}/λ_5为33/29，表示其在330nm和290nm附近透过率的值分别达到0.8和0.05。对于一些折射率较大($n_d>1.83$)的玻璃而言，根据菲涅尔定律$R=\left(\frac{n-1}{n+1}\right)^2$，玻璃的反射损耗较大，可以将色码定义为$\lambda_{70}/\lambda_5$。世界上各大玻璃公司均有自己的紫外应用玻璃，以Schott公司为例，该公司开发了专门为微光刻技术应用的光学材料，分别为i线玻璃，熔石英与CaF_2晶体。

3.1.1 i线紫外玻璃

满足i线高透过率($\lambda_i=365.0146$nm，见表1-2)的光学玻璃的牌号是FK5HT，LLF1HT和LF5HHT，分别属于氟冕，超轻火石与轻火石玻璃(牌号中的后缀HT和HHT分别代表了该玻璃在可见区域，特别是在短波范围内透过率达到高等级与超高等级)，这三种玻璃除可见区域的高透过外，在i线波长处内透过率达到99%以上，其λ_{80}/λ_5值分别为30/27，33/31，34/31。从以上三种玻璃的牌号看，它们都具有较低的折射率。表3-1较为详细地列出了Schott公司生产的微光刻应用的FK5HT，LLF1HT和LF5HHT紫外光学玻璃的一些光学常数，如折射率、阿贝数、透过率以及密度、玻璃化温度，同时给出了光学石英与CaF_2晶体的相应光学常数。

3.1.2　光学石英

最常用的透紫外光学玻璃是高质量的光学石英，由于玻璃成分简单，石英玻璃的紫外吸收限波长就对应于 Si—O 成键轨道到反键轨道的跃迁，而且因为玻璃的无规结构较为完整，所以非桥氧能级开始的电子跃迁会被大大地抑制。相比于一般的光学玻璃，石英玻璃在 260～320nm的透过率相当高。由于光学石英同时又是高质量的近红外光学材料，因此其应用于紫外与红外对于材料的成分、熔制方法的要求会不一样。对于紫外应用的光学石英，要求 Fe^{3+} 的含量得到有效控制，所以熔制过程中需要特别的除铁工艺，它是用液体四氯化硅在高纯度氢氧焰中直接熔化成高质量的光学石英玻璃，这种玻璃可以做到完全无气泡，具有优良的透紫外性能，特别是在短波紫外区，其透过性能远远胜过所有其他玻璃，在 185nm 处的透过率可达 85%，是 185～2500nm 波段范围内的优良光学材料。但是由于这种玻璃含有 OH 基团，所以红外透过性能差，特别是在 2.7μm 附近有一很大的吸收峰。同样，如果石英需要应用于红外区域，就首先要在工艺上考虑控制玻璃中的 OH^- 含量，如使用无氢火焰、气相沉积法制备，对于杂质离子的紫外吸收要求就不会很高。按照光谱特征与制备工艺，我国与国际学术及工业领域对于石英玻璃有如表 3-2 所示的分类。图 3-1 是三种光学石英玻璃的光谱透过率曲线，从图中能看到用于紫外的石英玻璃Ⅲ在 300nm 以下的高透过率以及用于红外的石英玻璃Ⅰ在 2～3μm 的高透过率。

表 3-1　Schott 公司部分透紫外光学玻璃及 CaF_2 晶体的相关光学常数

玻璃牌号	代号	n_d	n_F	n_c	γ_d	λ_{80}/λ_5	ρ/ g·cm^{-3}	T_g/ ℃
N-FK5	487704.245	1.48749	1.492270	1.485350	70.41	30/27	2.45	466
LLF1	548458.294	1.54814	1.556550	1.544570	45.75	33/31	2.94	431
LF5	581409.322	1.58144	1.591460	1.577230	40.85	34/31	3.22	419
Lithosil-Q	458678.220	1.45844	1.46310	1.45634	67.83	17/16	2.20	980
Lithotec-CaF_2	434952.318	1.43385	1.43702	1.43246	95.23	14/12	3.18	0

玻璃牌号	色散方程常数 $n^2(\lambda)-1=\frac{B_1\lambda^2}{\lambda^2-C_1}+\frac{B_2\lambda^2}{\lambda^2-C_2}+\frac{B_2\lambda^2}{\lambda^2-C_3}$					
	B_1	B_2	B_3	C_1	C_2	C_3
N-FK5	0.844309338	0.344147824	0.910790213	0.0047511195	0.0149814849	97.8600293
LLF1	1.21640125	0.13366454	0.883399468	0.00857807248	0.0420143003	107.59306
LF5	1.28035628	0.163505973	0.893930112	0.00929854416	0.0449135769	110.493685
Lithosil-Q	0.67071081	0.433322857	0.877379057	0.00449192312	0.0132812976	95.8899878
Lithotec-CaF_2	0.617617011	0.421117656	3.79711183	0.00275381936	0.0105900875	1182.67444

玻璃牌号	内透过率(10mm)							
	700nm	660nm	500nm	400nm	365nm			
N-FK5	0.998	0.998	0.997	0.998	0.997	0.971@320nm	0.4@280nm	0.07@270nm
LLF1	0.999	0.998	0.998	0.997	0.992	0.618@320nm	0.24@310nm	0.02@300nm
LF5	0.999	0.999	0.998	0.997	0.981	0.32@320nm	0.04@310nm	
Lithosil-Q	0.999	0.999	0.999	0.999	0.999	1.0@300nm	1.0@280nm	1.0@260nm
Lithotec-CaF_2	0.999	0.999	0.999	0.999	0.999	1.0@300nm	1.0@280nm	1.0@260nm

表 3-2 光学石英玻璃的牌号与名称

名称	国际牌号	应用光谱范围/nm	中国牌号	制备工艺
红外光学石英玻璃	Silica Glass Ⅰ	760～3500	JGS3	电热法熔制
紫外光学石英玻璃	Silica Glass Ⅱ	220～2500	JGS2	氢-氧火焰熔制
远紫外光学石英玻璃	Silica Glass Ⅲ	185～2500	JGS1	氢-氧 CVD 合成
紫外光学石英玻璃	Silica Glass Ⅳ			等离子体 CVD 合成

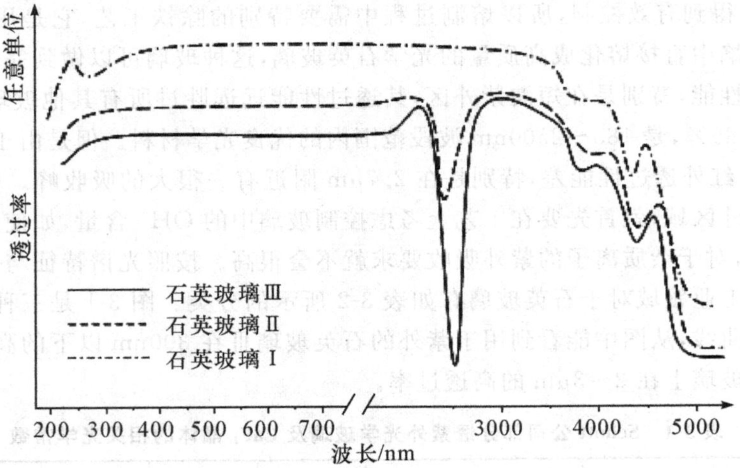

图 3-1 光学石英玻璃的光谱透射曲线

3.1.3 氟化钙晶体

从表 3-1 上还能够看到另一种性能优异的紫外应用光学材料，氟化钙（CaF_2）晶体。光学玻璃由于自身结构与成分的关系，已经很难满足 200nm（真空紫外）以下高透过率的要求，此时应该考虑紫外光学晶体。表 3-1 同时给出了 Schott 公司专门应用于微光刻的 CaF_2 晶体的重要光学常数，可以得知，氟化钙晶体的 λ_{80}/λ_5 值能够达到 14/12，即 10mm 的 CaF_2 晶体在 140nm 时内部透过率能够达到 80%，120nm 时能够达到 5%，无疑是优秀的真空紫外材料。表 3-3 给出了部分应用于紫外的光学晶体的紫外吸收限波长值。

表 3-3 部分紫外光学晶体的紫外吸收限

光学晶体	NaCl	KCl	LiF	NaF	CaF_2	SiO_2	Al_2O_3
紫外吸收限/nm	170	180	105	130	130	180	200

3.2 红外光学玻璃

所谓红外光学玻璃，并不是指在整个红外波段均具有高透过率。由于玻璃结构和成分的原因，玻璃在红外区域不可避免地存在吸收，我们所研究、应用的红外玻璃，指的是在红外的某一波段内具有一定的高透过率。目前，红外光学材料研究发展的重点区域是 1～3μm，

3～5μm，8～14μm 这些波段，因为上述波段的红外线在大气中的衰减最小，因而被称为重要的“大气窗口”。由于玻璃中的红外吸收源于玻璃结构中存在的化学键的振动、转动以及玻璃中所吸附的气体分子的振动、转动，且阴阳离子的质量越大，离子间的吸引力越小，则离子的吸收带频率越小，红外透过波长越远。根据这样的原则，可以总结出以下的红外玻璃系统选择的依据。

(1)选择较小化学键强度的玻璃形成体氧化物。玻璃形成体中化学键的强度按照从大到小的顺序有这样的排列：B—O>P—O>Si—O>Ge—O>Al—O>As—O。由于化学键强度越小，离子间吸引力越小，红外透过波长越长，其中铝酸盐和砷酸盐生成的系统有毒，因而常常选择硅酸盐、锗酸盐和碲酸盐作为红外玻璃的基础系统。

(2)玻璃的网络外体氧化物应该选择原子序数大的重金属氧化物，如 BaO，PbO 和 Bi_2O_3。

(3)如要进一步扩大红外透过范围，需要提高阴离子的质量，此时常常选择比氧离子质量大的阴离子，形成非氧化物红外玻璃，如硫化物玻璃、硒化物玻璃等。

目前常用的红外玻璃主要有三类：硅酸盐红外光学玻璃(包括光学石英)、非硅酸盐红外光学玻璃(主要包括铝酸盐、镓酸盐、锗酸盐及碲酸盐光学玻璃)、非氧化物红外光学玻璃，如图 3-2 所示。

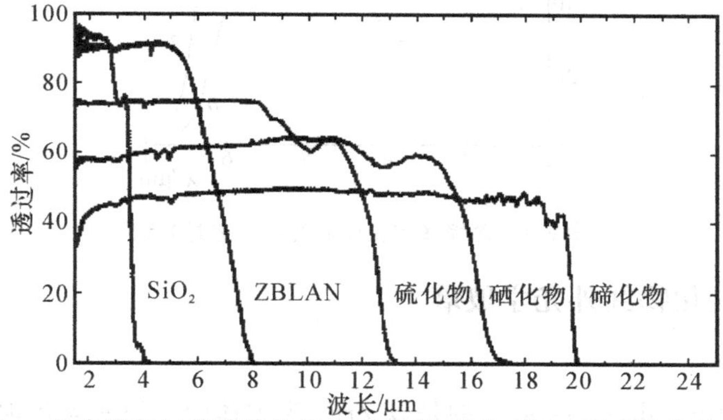

图 3-2　一些常用的红外玻璃的透过率光谱，其中 ZBLAN 表示 ZrF_4-BaF_2-LaF_3-AlF_3-NaF 氟化物玻璃(值得注意的是红外玻璃较低的透过率是由于该玻璃较大的折射率而导致的反射损失)

3.2.1　硅酸盐红外光学玻璃

硅酸盐红外光学玻璃包括光学石英，玻璃中不含碱金属氧化物的重冕、超重冕、重火石等硅酸盐玻璃。如前所述，光学石英不仅在紫外有较高的透过率，同时也是较理想的近红外光学材料。为了除去石英玻璃中的 OH^-，一般采用无氢火焰或电热法熔制，此类玻璃在 4.7μm 以前均能够保持较高的透过率。而重冕、超重冕、重火石等类型的光学玻璃由于不含碱金属氧化物，所以能够避免由于碱金属氧化物的吸附水汽特性而带来的 2.7μm 的吸收带。组分为 SiO_2-B_2O_3-P_2O_5-PbO 的硅酸盐玻璃其透明波段为 0.3～3μm，能够被用于制备窗口、透镜、棱镜等光学元件。由于硅酸盐玻璃所具有的优异的机械性能、热性能以及经济性，使得硅酸盐玻璃在近红外区域依然得到广泛应用。

3.2.2 非硅酸盐红外光学玻璃

由于玻璃形成体具有较小的化学键强度，所以属于非硅酸盐的锗酸盐（BaO-TiO_2-GeO_2-ZrO_2-La_2O_3）、铝酸盐（CaO-BeO-MgO-Al_2O_3）、碲酸盐（BaO-ZnO-TeO_2）玻璃具有比硅酸盐玻璃更加宽的红外透明区域，能够用于中近红外光学系统。其中碲酸盐玻璃近年来受到人们广泛的关注，TeO_2 在一般情况下，[TeO_6]八面体是共边连接的，不能单独形成玻璃，但当加入其他氧化物时，即可形成具有[TeO_4]的碲酸盐玻璃。BaO-TeO_2，BaO-ZnO-TeO_2，PbO-TeO_2 系统玻璃红外透过波段不小于 6μm，其折射率高，但是化学稳定性较差，热膨胀系数较高，可以作截止可见与近红外光而能透过 2.5～3.5μm 红外滤光片材料，在武器的夜视系统中起着重要的作用。图 3-3 是含锌碲酸盐玻璃的透过率谱，其中曲线 a 代表普通工艺获得的含锌碲酸盐玻璃，而曲线 b 是经过脱水处理以后的含锌碲酸盐玻璃的红外透过曲线。

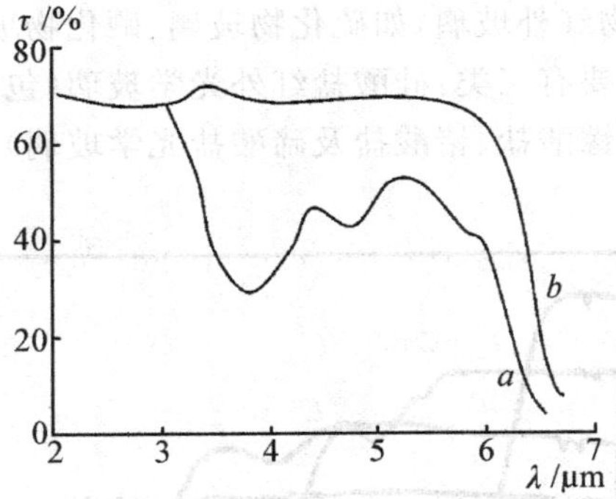

图 3-3 含锌碲酸盐玻璃的红外透过光谱

3.2.3 非氧化物红外光学玻璃

1. 氟化物玻璃

氟化物玻璃（fluoride glasses）指的是以 ZrF_4 为主体的一类非氧化物光学玻璃（一些常用的氟化物玻璃的成分见表 3-4），由于 Zr—F 之间的化学键强较弱，Zr—F 组成的玻璃红外吸收边比 Si—O 组成的玻璃的吸收边更趋于长波方向，导致氟化物玻璃在 0.2～7μm 的波长范围均有较高的透过率。另外，氟化物玻璃如果工作在较长的波长范围（3～4μm），则瑞利散射值会低于 SiO_2 玻璃材料。如果采用氟化物玻璃制成光纤，则在 2.55μm 处的理论损耗值会低至 0.001dB/km，从而能够实现 1000km 无中继的光通讯传输，这无疑是一个令人激动的目标。虽然由于制造困难、材料的稳定性较差等原因至今还未获得商用化低损耗氟化物光纤，但是氟化物玻璃材料仍然有望在 3～4μm 范围内成为极低损耗的光纤材料，并能成为传输大功率 HF，CO，CO_2 激光的理想材料，在激光加工和医疗领域有广泛的用途。

2. 硫系玻璃

要使玻璃的红外透过范围更宽，即使得玻璃的红外特征吸收限移向更长波方向，需要将阴离子替换成比氧离子更大的硫、硒、碲等离子，通常这类材料被称为硫系玻璃（chalcogenide glass）。由于硫属阴离子易挥发，易被氧化，因此需要特别的熔制工艺，如真空或氮气的气氛保护，得到的玻璃软化点低，热膨胀系数较大，化学稳定性较差，但是红外透明区域较

表 3-4　氟化物玻璃的化学成分(摩尔比)

玻璃名称	ZrF_4	ThF_4	InF_3	AlF_3	LaF_3	YF_3	MgF_2	CaF_2	SrF_2	BaF_2	NaF	ZnF
ZBLAN	53			3	4					20	20	
AYR				40		15	10	20	10	10		
IZBS		5	40						20	20		20
ZBYA	55			5		20				20		
ZBLA	52			5	23					20		

宽,可以达到十几甚至二十微米。表 3-5 给出的就是部分硫系玻璃的一些主要性能参数。而图 3-4 是 As_2S_3 玻璃与 92%Se,8%As 的硒-砷玻璃的红外透过光谱,此类玻璃在中红外区域得到广泛的应用。图 3-5 是 As_2S_3 玻璃的折射率与色散,可见此类玻璃由于较大的阴阳离子半径而具有较大的折射率,并且因为玻璃-空气界面较大的折射率差而导致很大的反射,正如图 3-2 中显示的那样,所以在实际使用过程中经常需在玻璃表面镀制减反射薄膜(antireflecting film)。

表 3-5　一些硫系玻璃的主要性能

玻璃成分	透过范围/μm	折射率 (λ=5μm)	软化温度/℃	线膨胀系数 ($\alpha\times10^6$,$℃^{-1}$)
$As_{40}S_{60}$	1～11	2.40	210	250
$Ge_{40}S_{60}$	0.9～12	2.30	420	140
$Ge_{30}P_{10}S_{60}$	2～8	2.15	520	150
As_8Se_{92}	1～19	2.48	70	340
$As_{50}S_{20}Se_{30}$	1～13	2.53	218	200
$Ge_{28}Sb_{12}Se_{60}$	1～15	2.62	326	150
$Se_{10}As_{20}Te_{70}$	2～20	3.55	178	180
$Sb_{15}Ge_{10}As_{25}Te_{50}$	2～12.5	3.06	320	100
$As_{35}S_{10}Se_{35}Te_{20}$	1～12	2.70	176	250

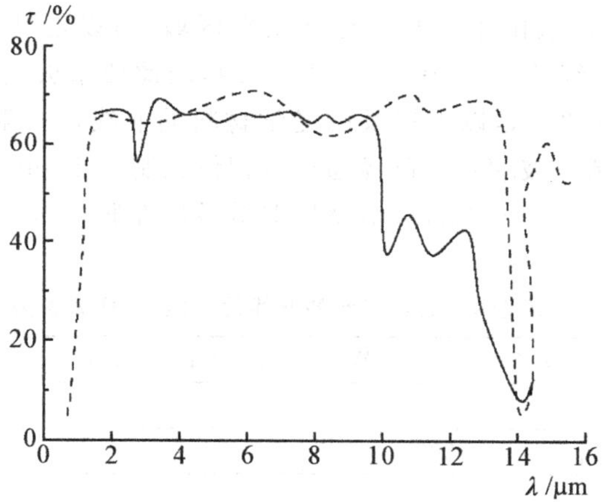

图 3-4　As_2S_3 玻璃(厚 6.05mm,实线)与组成为 92%Se,8%As 的硒-砷玻璃(虚线)的红外光谱透过曲线

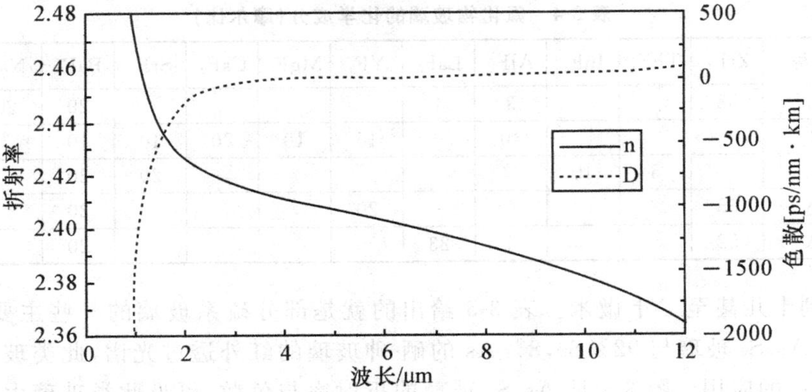

图 3-5 As_2S_3 玻璃的折射率与色散

硫系玻璃除红外光谱范围高透的特性外，还具备光敏性(photosensitivity)以及高光学非线性响应等性能。硫系玻璃中硫族原子在成键(共价双键)过程中通常具有一对未成键孤对电子，在入射光子作用下其化学键的性能很容易发生变化，导致材料的光学带隙结构与光学常数(折射率、消光系数等)极易受到入射光子的诱发改变，产生所谓的光暗(photo darking)、光漂白(photo bleaching)等现象。利用硫系玻璃的光敏性，可以制备光波导、表面光栅等器件，也能够在光存储领域得到很好的应用。

硫系玻璃一般都具有较高的光学克尔效应，即具有较高的光学非线性折射率 n_2，能够用于超快全光器件。As_2S_3 和 As_2Se_3 玻璃的非线性折射率分别达到 $2.92\times10^{-18}\,m^2/W$ 和 $1.2\times10^{-17}\,m^2/W$，而 SiO_2 玻璃的 n_2 是 $2.2\times10^{-20}\,m^2/W$。硫系玻璃在近红外区域的双光子吸收(TPA)是需要特别关注的，因为如前所述，TPA 效应会导致材料中产生自由载流子，从而降低器件的响应时间。人们定义了非线性优值(nonlinear figure of merit, FOM)，即

$$FOM=\frac{n_2}{\alpha_2\lambda}>1$$

在近红外区域($\lambda=1.5\mu m$ 附近)，即硫系玻璃近带隙处，As_2S_3 和 As_2Se_3 玻璃的 *FOM* 分别是>10 和~2，SiO_2 玻璃由于吸收带边在紫外区域，所以近红外区不会产生双光子吸收，而半导体 Si 材料在近红外区的 *FOM* 值仅为 0.4，因此硫系玻璃在高速全光器件应用方面有很大的材料优势。表 3-6 是以上提及的光学材料的非线性折射率、非线性吸收系数以及非线性优值的比较。硫系玻璃目前已经通过自相位调制(self phase modulation, SPM)以及交叉相位调制(cross phase modulation, XPM)等效应在脉冲压缩以及波长转换方面得到很好的应用。

表 3-6 三阶光学非线性材料的非线性性能，工作波长为 1.5μm

材料	n_2($\times10^{-20}\,m^2/W$)	α_2($\times10^{-12}\,m/W$)	*FOM*
硫系玻璃(As_2S_3)	290	<0.01	>10
硫系玻璃(As_2Se_3)	1200	1	2
Bi_2O_3	110	—	—
半导体 Si	440	8.4	0.4
SiO_2	2.2	—	—

3.3　激光玻璃

3.3.1　激光器对于激光玻璃的要求

所谓激光玻璃，指的是由激活离子与基质玻璃所组成的主-客体系统。激活离子一般是发光谱带窄，色纯度高，转换效率高，荧光寿命跨度大，具有四能级(或三能级系统)的稀土元素或离子。而基质玻璃是具有优良光学性能、机械性能以及热性能的光学玻璃如钡冕、硬冕、磷冕玻璃等硅酸盐玻璃，硼酸盐及硼硅酸盐玻璃，磷酸盐玻璃和氟磷酸盐玻璃。1961 年在掺钕钡冕玻璃中第一次观察到了激光振荡。相比单晶而言，玻璃系统由于光学均匀性好，容易制备成大体积材料，又比晶体容易加工成型，且玻璃成分能够在很宽的范围内改变，以适应激光应用的需要，因此钕玻璃激光器成为获得高能量和高峰值功率激光的首选固体激光器。在中国，钕玻璃多级激光放大器已被成功地应用在激光核聚变装置上。图 3-6 展示的是我国自行研制的稀土离子掺杂高功率激光玻璃。美国、法国等国家近年来已经相继建造了名为 LLNL，NIF，LMJ 等惯性约束聚变(inertial confinement fusion，ICF)的激光装置，使用除铂颗粒和脱水功能的磷酸盐掺钕激光玻璃。该激光装置的能量为 1.8MJ，在 3.5ns 脉冲内得到的峰值功率为 5.0×10^{14} W。

图 3-6　掺杂 Nd^{3+} 的激光玻璃

激光玻璃的物理化学性质主要由基质玻璃决定，而光谱性质则由激活离子所决定，但是基质玻璃和激活离子之间存在着相互作用。作为激光器工作物质的激光玻璃，必须具备以下基本要求：

(1)激活离子的发光机构中必须存在亚稳态，形成三能级及四能级机构。亚稳态必须有较长的寿命，使粒子数易于积累，达到反转。三能级系统和四能级系统示意图如图 3-7 所示。在三能级系统中，激光下能级就是基态，或是非常靠近基态的能级，由于热发射而有较多的粒子数；在四能级系统中，激光下能级和基态之间仍然存在着一个跃迁，通常为无辐射跃迁，终态能级与基态能级之间的能量间隔大于 $1000cm^{-1}$。Nd^{3+} 离子是目前最佳的激活离子，为四能级结构，能量间距达 $1950cm^{-1}$。在稳定状态下，三能级系统需要较高的泵浦功率以获得粒子数反转，因此三能级系统的阈值功率较四能级的高。这是通常人们愿意采用四能级系统的原因所在。

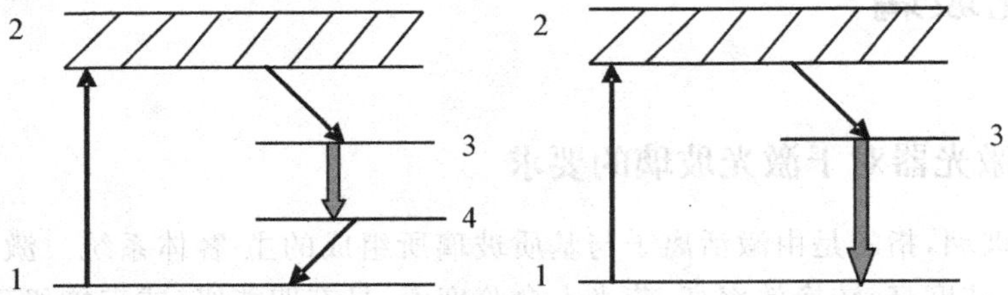

图 3-7 四能级系统和三能级系统

(2)激光玻璃必须具有各种合适的光谱性质。包括在激发光源的辐射光谱内有宽而多的吸收带，高的吸收系数，玻璃的吸收光谱带与光源的辐射谱带的峰值尽可能地重合，有利于充分利用泵浦能量。玻璃的荧光谱带少而窄，这样输出的能量不致分散。荧光量子效率尽可能要高，内部的能量损耗尽可能小。

(3)基质玻璃必须有良好的透明度，对激光波长的吸收尽可能小。基质玻璃的透明度高，能够使得光泵的能量尽可能被激活离子所吸收，转化为激光。如果光泵谱带在可见区域，就要求基质玻璃不含过渡金属离子，特别是要避免玻璃在溶质过程中所带来的铂污染的问题。

(4)激光玻璃应该具有极低的光学非线性折射率。由于激光玻璃经常应用于强激光系统，泵浦光与辐射光具有极高的强度，玻璃的非线性折射率会造成较大的光学畸变，从而严重影响光学质量。

(5)激光玻璃要求具有良好的光学均匀性，避免由局部化学成分不同而引起的气泡、结石和条纹以及由内部应力或热历史不同而造成的折射率的不均匀性等问题。

(6)激光玻璃必须具备良好的热光稳定性。玻璃由于激活离子的非辐射跃迁和基质玻璃的紫外、红外吸收，光泵的一部分能量转化为使玻璃温度升高的热能。同时，由于吸热和冷却条件的不同，在玻璃棒的径向就会出现温度梯度。以上这些因素不仅会导致玻璃光学均匀性降低，还会使激光玻璃由于热机械性能不好而损坏。

(7)激光玻璃必须具有良好的物理化学性能。包括失透性好，化学稳定性高，良好的机械强度，便于制造大尺寸的样品等。

3.3.2 稀土元素原子的电子层结构和光谱性质

稀土(rare earth)元素指的是镧系元素加上元素周期表上同属ⅢB族的钪(Sc)和钇(Y)，共17种元素。其中镧系元素指的是原子序数从57至71号的15种元素，它们的外层电子构型基本相同，均具有内层4f电子能级，稀土化合物的发光是基于它们的4f电子在内层f－f或f－d组态之间的跃迁。具有未充满的4f壳层的稀土原子或离子，其光谱大约有30000条可观察到的谱线。

镧系元素原子的电子层构型为 $1s^2 2s^2 2p^6 3s^2 3p^6 3d^{10} 4s^2 4p^6 4d^{10} 4f^{0\sim14} 5s^2 5p^6 5d^{0\sim1} 6s^2$。镧系元素电子层的特点是电子在外数第三层的4f轨道上填充，由于4f的角量子数 $l=3$，磁量子数 m 可取0，±1，±2，±3这7个值，所以4f亚层共有7个4f轨道。依据洪特(Hund)定则，4f轨道最多可容纳14个电子，每个轨道上4f电子数目为0，7或14时最稳定，且稀土元素在化学反应中易于在5d，6s，4f亚层失去3个电子成为＋3价态离子。

描述稀土化合物的发光性质，主要是描述稀土离子 4f 轨道上电子的运动状态和能级性质。对于不同的镧系元素，当 4f 电子依次填入不同磁量子数的轨道时，除要了解它的电子构型外，还需要了解其基态的光谱项$^{2s+1}L_J$。

镧系稀土元素的光谱项是通过角量子数 l，磁量子数 m 以及它们之间的不同组合来表示与电子排布相联系的能级关系的符号$^{2s+1}L_J$。对于 $4f$ 电子，根据量子理论，电子的状态可用 n(主量子数)，l(角量子数)，m(磁量子数)，m_s(自旋磁量子数)这四个量子数来确定，此处 $n=4$，$l=0,1,2,3$，$m=0,\pm1,\pm2,\pm3$，$m_s=\pm1/2$。光谱项中 $L=\sum m$，代表了 $4f$ 轨道磁量子数的总和，而 $S=\sum m_s$，代表了原子或离子的总自旋量子数沿着 Z 轴磁场方向分量的最大值，J 表示了轨道和自旋角动量总和的大小，$J=L\pm S$（若 $4f$ 电子<7，$J=L-S$；若 $4f$ 电子$\geqslant 7$，$J=L+S$）而其中 L 的数值与大写英文字母的对应关系为

字母	S	P	D	F	G	H	I	K	L
L	0	1	2	3	4	5	6	7	8

^{2s+1}L 称为光谱项，而$^{2s+1}L_J$ 则称为光谱支项，J 的取值分别为 $L+S,(L+S-1),\cdots,(L-S)$，每一支项相当于一定的状态或能级。例如 Nd 的最外层电子排布为 $4f^4 6S^2$，失去 3 个电子后成为+3 价的 Nd^{3+}，有 3 个未成对电子 $4f^3$。$L=\sum m=3+2+1=6$，$S=\sum m_s=3\times1/2=3/2$，$2S+1=4$，$J=L-S=6-3/2=9/2$，所以 Nd^{3+} 的基态光谱项是$^4I_{9/2}$，共有 4 个光谱支项，按照能级从低到高依次为$^4I_{9/2}$，$^4I_{11/2}$，$^4I_{13/2}$，$^4I_{15/2}$。表 3-7 是三价镧系离子基态电子分布与光谱项，从中可以看出，以 Gd^{3+} 为中心，Gd^{3+} 以前的 f^n（$n=0\sim6$）和 Gd^{3+} 以后的 f^{14-n} 是一对共轭元素，Gd^{3+} 两侧离子的 4f 未成对电子数相等，能级结构相似。

表 3-7 三价镧系离子基态电子分布与光谱项

	4f 电子数	4f 轨道的磁量子数 m							L	S	J	$^{2s+1}L_J$	Δ/cm^{-1}	ζ_{4f}/cm^{-1}
		3	2	1	0	−1	−2	−3						
											$J=L-S$			
La^{3+}	0								0	0	0	$^1S_0$		
Ce^{3+}	1	↑							3	1/2	2/5	$^2F_{5/2}$	2200	640
Pr^{3+}	2	↑	↑						5	1	4	$^3H_4$	2150	750
Nd^{3+}	3	↑	↑	↑					6	3/2	2/9	$^4I_{9/2}$	1900	900
Pm^{3+}	4	↑	↑	↑	↑				6	2	4	$^5I_4$	1600	1070
Sm^{3+}	5	↑	↑	↑	↑	↑			5	5/2	2/5	$^6H_{5/2}$	1000	1200
Eu^{3+}	6	↑	↑	↑	↑	↑	↑		3	3	0	$^7F_0$	350	1320
											$J=L+S$			
Gd^{3+}	7	↑	↑	↑	↑	↑	↑	↑	0	7/2	7/2	$^8S_{7/2}$	—	1620
Tb^{3+}	8	↑↓	↑	↑	↑	↑	↑	↑	3	3	6	$^7F_6$	2000	1700
Dy^{3+}	9	↑↓	↑↓	↑	↑	↑	↑	↑	5	5/2	15/2	$^6H_{15/2}$	3300	1900
Ho^{3+}	10	↑↓	↑↓	↑↓	↑	↑	↑	↑	6	2	8	$^5I_8$	5200	2160
Er^{3+}	11	↑↓	↑↓	↑↓	↑↓	↑	↑	↑	6	3/2	15/2	$^4I_{15/2}$	6500	2440
Tm^{3+}	12	↑↓	↑↓	↑↓	↑↓	↑↓	↑	↑	5	1	6	$^3H_6$	8300	2640
Yb^{3+}	13	↑↓	↑↓	↑↓	↑↓	↑↓	↑↓	↑	3	1/2	7/2	$^2F_{7/2}$	10300	2880
Lu^{3+}	14	↑↓	↑↓	↑↓	↑↓	↑↓	↑↓	↑↓	0	0	0	$^1S_0$	—	

注：ζ_{4f}表示自旋一轨道耦合系数，Δ 表示基态与其上最近邻多重态的能级差。

3.3.3 Nd^{3+}掺杂的激光玻璃

目前，人们已经在多种基质玻璃中实现了激光振荡，这些玻璃激光振荡的有关特性见表 3-8。由于激活离子振荡的终态和基态能级相距很近，因此大多数只能在液氮(77K)温度下才能产生振荡。Nd^{3+}离子的$^4F_{3/2}\rightarrow{}^4I_{11/2}$的跃迁由于量子效率高，在室温下能够产生激光振荡。

表 3-8 各种基质玻璃中能产生激光的部分三价稀土离子的激光波长、相应的能级跃迁和工作温度

离子	跃迁	激光波长/μm	工作温度/K	基质玻璃
Nd^{3+}	$^4F_{3/2}$ $^4I_{9/2}$	0.921	77	硅酸盐、硼酸盐
	$^4F_{3/2}$ $^4I_{11/2}$	1.047～1.08	300	硅酸盐、硼酸盐、铁酸盐、磷酸盐、氟磷酸盐、氟化物、碲酸盐、氯化物
	$^4F_{3/2}$ $^4I_{13/2}$	1.32～1.37	300	硼酸盐、硅酸盐、磷酸盐、氟化物
Ho^{3+}	$^5I_7$ $^5I_8$	1.95～2.08	77	硅酸盐、氟化物
Er^{3+}	$^4I_{13/2}$ $^4I_{15/2}$	1.54－1.55	77	硅酸盐、磷酸盐
			300	氟化物
Tm^{3+}	$^3H_4$ $^3H_6$	1.85～2.02	77	硅酸盐、氟化物
Yb^{3+}	$^2F_{5/2}$ $^2F_{3/2}$	1.01～1.06	77	硼酸盐、硅酸盐
Gd^{3+}	$^6P_{7/2}$ $^8S_{7/2}$	0.312	77	硅酸盐

掺 Nd 的激光工作物质是研究最广泛的激光材料。Nd 离子掺杂到晶体或者玻璃等基质材料中时，在配位场的作用下，Nd 离子的能级会发生分裂。图 3-8 为 Nd 离子的能级示意图。其中 Nd 离子在 808nm 左右的吸收峰(吸收泵浦光后，从基态$^4I_{9/2}$能级激发到$^4F_{5/2}$能级)能很好地与 $Ga_xAl_{1-x}As$ LD 的发射波长相匹配。Nd 离子吸收泵浦光能量后，被激发到$^4F_{5/2}$能级，然后自发辐射到$^4F_{3/2}$能级，通常 Nd 可以从$^4F_{3/2}$能级实现 4 个能级跃迁：$^4F_{3/2}\rightarrow{}^4I_{9/2}$，$^4F_{3/2}\rightarrow{}^4I_{11/2}$，$^4F_{3/2}\rightarrow{}^4I_{13/2}$，$^4F_{3/2}\rightarrow{}^4I_{15/2}$，其中$^4F_{3/2}\rightarrow{}^4I_{15/2}$的跃迁很弱，一般不能实现激光输出。通常情况下，广泛研究的有 3 个跃迁：$^4F_{3/2}\rightarrow{}^4I_{9/2}$，$^4F_{3/2}\rightarrow{}^4I_{11/2}$，$^4F_{3/2}\rightarrow{}^4I_{13/2}$，但是并不是所有的掺 Nd 的激光工作物质都能实现 3 个波长的激光输出。其中$^4F_{3/2}\rightarrow{}^4I_{11/2}$的跃迁就是我们熟悉的 1.06μm 的激光输出。

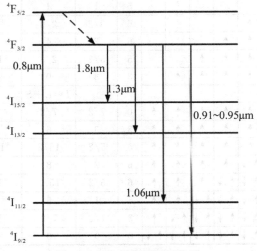

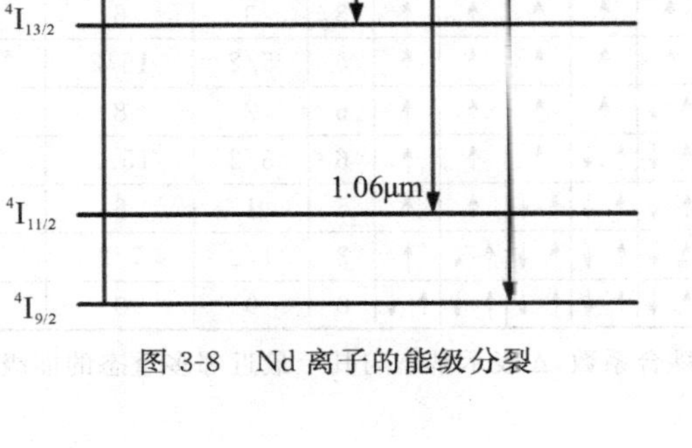

图 3-8 Nd 离子的能级分裂

随着激光技术的发展,特别是近年来用于光纤通讯的光纤放大器的发展,对于激光玻璃提出了更高的要求。为了增加激光玻璃的能量转换效率,人们对玻璃的敏化发光进行了研究。所谓敏化,指的是在玻璃中将两种激活离子共掺杂,其中一种激活离子能够将光泵的能量通过辐射和共振跃迁的形式传给发光的激活离子。最常见的是 EDFA(掺 Er^{3+} 光纤放大器)中 Yb^{3+} 与 Er^{3+} 的双掺,由于 Yb^{3+} 的 Δ 值大于 Er^{3+},Tm^{3+},Ho^{3+} 等稀土离子(见表 3-7),利用 Yb^{3+} 作为敏化离子将能量传递给 Er^{3+},一方面能够有效提高能量转换效率,另一方面,由大量的实验证明,Yb^{3+} 的掺入能够有效地提高玻璃中 Er^{3+} 的掺杂浓度,增加激活离子的数量。

3.3.4 激光玻璃的光谱性质

对于四能级机构的激光玻璃,根据速率方程可以获得激光器在脉冲稳态工作状态下的光泵阈值能量和振荡能量的公式为

$$E_p^0 = 4\pi n^2 (\sigma + \ln \frac{1}{R}) h\gamma_p \frac{\Delta\gamma_t \tau}{\eta\lambda^2 K_p \Delta\gamma_p} \tag{3-1}$$

$$E = \frac{1-R}{(\sigma + \ln \frac{1}{R})} \frac{\lambda_p}{\lambda} \eta_1 K_p \Delta\gamma_p (E_p - E_p^0) \tag{3-2}$$

式中:E_p^0 为光泵辐射阈值能量,E_p 为光泵辐射能量,E 为振荡输出能量,$\Delta\gamma_p$,$\Delta\gamma_t$ 为激光带和荧光带的宽度,K_p 为激光玻璃对 λ_p 波长的吸收系数,τ 为荧光寿命,η 为荧光量子效率,η_1 为从激发态转变为亚稳态的工作效率,$\sigma = 2/a$ 是光在工作物质中来回一次的损耗,a 为振荡波长上的非激活损耗系数,R 为输出腔片的反射率。从以上的公式可以看出,必须使 E_p^0 尽可能小和 E 尽可能大,这就要求激光玻璃必须有窄的荧光线宽 $\Delta\gamma_t$,短的荧光寿命 τ,大的荧光量子效率 η,强而宽的激光吸收带 $K_p \Delta\gamma_p$,较小的内部损耗 σ 和较大的转换效率 η_1。一方面可以通过增加光学玻璃的 η 和 η_1 来提高玻璃的激发性能,另一方面,通过设计合适的基质玻璃,对稀土离子的荧光寿命进行调控。激光玻璃系统对荧光寿命的要求比较复杂,一般来说,较小的 τ 值可以使光泵阈值能量降低,但同时也限制了振荡能量的提高,并且 τ 太小容易使得上工作能级不能成为亚稳态,不能达到粒子束反转。所以对于工作在光泵水平较低的激光器,希望 τ 较小;而光泵水平较高的激光器,要求 τ 大一些。一般稳态自由振荡脉冲激光器所用的激光玻璃,τ 值为几百微秒;而巨型脉冲激光器所用的激光玻璃,τ 值可达到 2ms 以上。

所谓荧光寿命 τ,指的是激活离子被激发以后,在亚稳态停留的平均时间。相应的荧光寿命与量子效率可以用公式表示为

$$\tau = \frac{1}{A_{31} + A_{32} + d_3} \tag{3-3}$$

$$\eta_0 = \frac{A_{31} + A_{32}}{A_{31} + A_{32} + d_3} \tag{3-4}$$

$$\eta_{32} = \frac{A_{32}}{A_{31} + A_{32} + d_3} \tag{3-5}$$

式中:η_0 和 η_{32} 分别为总的荧光量子效率和亚稳态至终态的荧光量子效率,A_{31} 和 A_{32} 分别为亚稳态 3 能级跃迁到能级 1 和能级 2 的几率,而 d_3 为无辐射跃迁的几率。在实验上,测出

了亚稳态所发荧光的时间，也就测出了它的荧光寿命。而量子效率指的是激活离子所发射的荧光量子数与吸收的激发光量子数的比值。钕玻璃的荧光寿命 τ 和量子效率 η，已被实验证明与激发光波长无关，但是与激活离子有关，也与基质玻璃有关，并且基质玻璃对 τ 和 η 的影响更大，所以合适选择基质玻璃，对于提高激光玻璃的性能是至关重要的。

一般来说，基质玻璃的网络形成体对 τ 和 η 的影响很大，硅酸盐玻璃的 τ 和 η 较大，而硼酸盐玻璃的 τ 和 η 较小，如表 3-9 中显示的那样。而网络外体对于 τ 和 η 的影响是随着网络外体（碱金属与碱土金属）离子半径的增大和电价的下降，使荧光寿命增加。另外，τ 和 η 的值还会随着玻璃中各成分的变化而在一定范围内变化，与玻璃的结构有较大的关系。

表 3-9　Nd^{3+} 在不同玻璃基质中的荧光特性

玻璃基质	荧光波长/nm	相对荧光强度	荧光寿命/μs	荧光线宽/nm
氟化物	1.058	99～153	420～600	27
磷酸盐	1.057	79～208	180～310	22～39
硅酸盐	1.066	50～410	150～1000	24～48
硼酸盐	1.066	20～46	53～100	35
碲酸盐	1.068	>500	～159	28
锗酸盐	1.070	140～236	160～413	35
铝酸盐			200～250	40.8

如前所述，由于稀土离子的发光是缘于其 4f—4f 能级跃迁，而稀土离子的 4f 电子被它外层的 5s5p 电子所屏蔽，外界配位场对它的影响较小，所以稀土掺杂的激光玻璃的光谱特性受外场影响较小，具体表现为稀土离子的吸收光谱、荧光光谱及激发光谱的位置（波长值）基本上不随基质玻璃成分的变化而产生较大的变化，只是表现在各个峰值强度会随着玻璃成分的变化而变化。以 Nd^{3+} 离子为例，最常用的激光玻璃系统为硅酸盐、硼酸盐、磷酸盐玻璃系统。如 Schott 公司专门为高能固态激光系统所研制的磷酸盐激光玻璃系统 LG750，LG760，LG770，硅酸盐玻璃系统 LG630，LG680 等；Hoya 公司的磷酸盐激光玻璃 LHG-5，LHG-7，LHG-8，硅酸盐玻璃系统 LHG-10 等均具有高激光发射截面、低非线性折射率、优良的热光稳定性以及不含残余铂杂质。

1. 硅酸盐系统

硅酸盐系统钕玻璃具有较长的荧光寿命，较高的量子效率，而且具有一系列优良的物理化学特性：失透倾向小，化学稳定性好，机械强度高，制造工艺简单成熟，易获得大尺寸高度光学均匀性的样品，广泛用于高能输出和高功率输出的激光系统。主要成分如：K_2O-BaO-SiO_2 的钡冕，R_2O-CaO-SiO_2 的钙冕，Li_2O-CaO(MgO)-Al_2O_3-SiO_2 的高弹性玻璃。

2. 硼酸盐及硼硅酸盐系统

含硼玻璃荧光寿命较短，量子效率较低，但是 Nd^{3+} 在硼玻璃中吸收系数较高，在此类玻璃中易获得较低的阈值能量。玻璃的膨胀系数较低，制造工艺简单成熟，必须注意的是由于硼的配位数会随着碱金属氧化物与氧化硼含量比值变化而产生变化，会导致玻璃结构的改变（硼反常现象），而通过调整成分，能够有效地对玻璃的 τ 和 η 进行调控。典型的成分如：BaO-B_2O_3-SiO_2，BaO-La_2O_3-B_2O_3，Li_2O-CaO-B_2O_3 等。

3. 磷酸盐系统

磷酸盐系统包括磷酸盐与氟磷酸盐系统，受激发射截面大，非线性折射率小，荧光量子寿命较短，荧光谱线窄。Nd^{3+} 在磷酸盐玻璃中的近红外吸收较强，有利于光泵能量的充分利用，可以通过成分调控获得热光系数很低的性能，是一种较好的连续工作和重复频率工作的激光玻璃，已广泛应用于聚变研究的超高功率激光系统。成分以 P_2O_5-Al_2O_3-M_2O-MO，P_2O_5-B_2O_3-M_2O-MO 等为主。

思考题

1. 什么是玻璃的色码？常用的紫外光学玻璃及光学晶体有哪些类型？各有什么特点？
2. 红外光学玻璃系统的成分选择有什么样的依据？
3. 什么是硫系玻璃？它有什么优异的光学性能？
4. 稀土元素有什么共同的特征？稀土离子的光谱项符号的含义是什么？
5. 为什么 Nd^{3+}，Er^{3+} 成为人们在发光领域关注的稀土离子？

参考文献

[1] 曹志峰. 特种光学玻璃. 北京：兵器工业出版社，1993.

[2] 姜中宏. 用于激光核聚变的玻璃. 中国激光，2006，33(9)：1161—1176.

[3] 姜中宏主编. 新型光功能玻璃. 北京：化学工业出版社，2008.

[4] 周公度，段连运编著. 结构化学基础(第二版). 北京：北京大学出版社，1995.

[5] Bureau B., Zhang X. H., et. al. Recent advances in chalcogenide glasses. Journal of Non-Crystalline Solids, 2004, 345&346: 276—283.

[6] Capmbell J. H., Suratwala T. I. Nd-doped phosphate glasses for high-energy/high-peak-power lasers. J. Non-Cryst. Solids, 2000, 263&264: 318—341.

[7] Gan F. Optical properties of fluoride glasses: a review. J. Non-cryst. Solids., 1995, 184: 9—20.

[8] Michel J. F. Digonnet. Rare-earth-doped fiber lasers and amplifiers revised and expanded. 2nd edition. London: Taylor & Francis, 2001.

[9] Schott Technology Information TIE—35: transmittance of optical glass. http://www.schott.com/advanced-optics.

[10] Seddon A. B. Chalcogenide glasses: a review of their preparation, properties and applications. Journal of Non-Crystalline Solids, 1995, 184: 44—50.

[11] Taeed V. G. Ultrafast all-optical chalcogenide glass photonic circuits. Opt. Exp., 2005, 15(15): 9207—9221.

第4章 光学晶体的结构

4.1 晶体结构

晶体是自然界存在的另一类重要的固态物质，与非晶态物质相比，晶体的最大特征是其组成单元(原子或分子)在空间中具有周期性和对称性的排布，这种原子或分子的性质及其在空间的排布方式决定了晶体的几何特征与独特的物理化学性能，如由各向异性而导致的晶体双折射现象很早被人们认识并利用，由晶体材料所组成的晶体偏振器、位相延迟片等均成为经典的光学元件。光学晶体的线性光学性能、非线性光学性能、介电性能、半导体特性等为该类材料在光学的各领域应用提供了极大的便利。可以这么说，晶体只有应用于光学领域才真正地体现了它的价值。

所谓晶体，指的是在较大的原子距离范围内原子周期性重复排列的物质，晶体中的每个原子都与它的最近邻的原子通过化学键连接。所有的金属、很多陶瓷以及一些聚合物材料都是晶体。由于晶体的主要特征是结构的周期性和长程有序，使得晶体在宏观上表现为自范性、均一性、异向性、对称性及稳定性。

图 4-1 加工过的钻石呈现出规则的多面体结构

自范性是指晶体具有自发地形成封闭的几何多面体外形，并以此为其占有空间范围的性质。任何晶态物质都倾向于以凸多面体(convex polyhedron)的形式存在，如图 4-1 所示的钻石，呈现规则的多面体结构，由于各面对光线具有折射作用而使得钻石看上去璀璨夺目。均一性指的是晶体在各个不同部分表现出相同性质的特性。由于晶体的结构单元(晶胞)是三维有序周期性排布，晶体中的任何一部分都包含了相同的结构单元，所以晶体学的研究可以简化到对结构单元的研究。异向性指的是因观测方向不同晶体性质有所差异的性质，在不同的方向上表现出不同的宏观性质。图 4-2 是最简单的立方晶体结构示意图，如果假设立方体的边长是 a，则能够清晰地看到在边长方向是每隔距离 a 出现一个原子，而面对角线方向则为每隔$\sqrt{2}a$ 距离出现一个原子，同理体对角线方向是每隔$\sqrt{3}a$ 距离出现一个原子。对称性指的是晶体在某些特定方向上具有异向同性，晶体中一定存在某些对称要素。稳定性指的是在相同的热力学条件下，晶体的内能最小，从而是最稳定的。而非晶态的玻璃则是内能较高亚稳态，在一定的条件下能够自发析晶，反之则不行。以上这些特征的根本原因在于晶体微观上的规则排列。

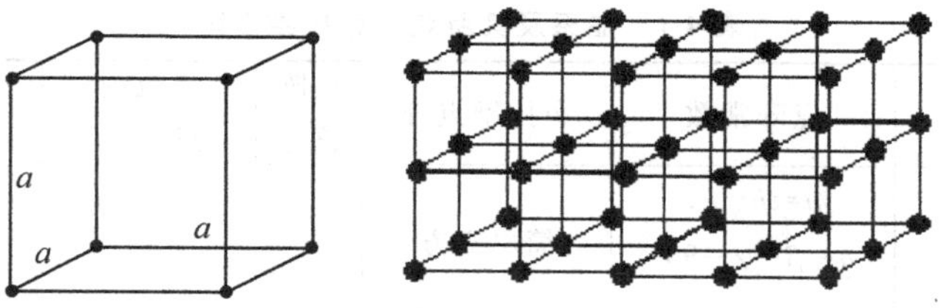

图 4-2　简单立方晶体结构，其中左图是一个单胞

4.1.1　点阵与单胞

点阵（或称晶格，lattice）是指与原子位置相一致的三维质点排列。为了表达结构的周期性，可以将重复排列的原子团（如图 4-2 所示）用一个点来代表，则晶体中的许多原子团就变成了许多没有体积的点，这些点在三维方向的周期排布反映了晶体的周期性。而单胞（unit cell）则指的是组成晶体的基本结构单元，通常具有平行六面体结构。该结构单元的选择能够反映晶体的对称性，晶体中所有的原子位置都能够通过该单胞沿着其边长方向作边长的整数倍距离的平移而获得。单胞能够保持晶体的结构特性。作为单胞的平行六面体由六个要素组成，即它们的边长 a,b,c 与它们之间的夹角 α,β,γ（a,b 之间的夹角为 γ，b,c 之间的夹角为 α，a,c 之间的夹角为 β），这 6 个参数被称为点阵常数。

4.1.2　晶系和布拉维点阵

根据单胞的几何特征及原子的排布，可以将所有的晶体划分为数个晶系（crystal systems）。用于描述晶系的点阵参数有以下几个：单胞边长 a,b,c，晶面夹角 α,β,γ。根据这些点阵参数，并根据一定的规则，即只有某些形状的单胞才能够在空间周期性重复并填满空间，可以将其分为 7 个晶体系统，分别为：三斜（triclinic），单斜（monoclinic），正交（orthorhombic），三方（trigonal），四方（tetragonal），六方（hexagonal），立方（cubic）。按照以上的次序，此 7 个晶系的晶体对称性越来越好。如三斜晶系 $a\neq b\neq c,\alpha\neq\beta\neq\gamma$，单胞共有 6 个自由改变的量 $a,b,c,\alpha,\beta,\gamma$，所以单胞是任意形状的平行六面体；而对于立方晶系来说，存在着 $a=b=c,\alpha=\beta=\gamma=90^\circ$，此时单胞只存在 1 个自由量 a，是对称性最高的立方体。

布拉维点阵（Bravais lattices）是将晶体结构单元取为和点对称性一致的尽可能小的单位，也被称为晶胞。这样的晶胞可以分成简单（P）、面心（F）、体心（I）或底心（C）。这样，面心晶胞带有四个阵点，体心晶胞带有两个阵点，底心晶胞带有两个阵点，而简单晶胞只有一个阵点（即为单胞）。三维布拉维点阵共计有 14 种，按照晶系的顺序，分别为：简单三斜、简单单斜、底心单斜、简单正交、底心正交、体心正交、面心正交、三方、简单四方、体心四方、六方、简单立方、体心立方与面心立方点阵。并不是所有的带心点阵都能成为布拉维点阵，如底心四方点阵，由于底心四方点阵可以划分成更小的不带底心的单胞并能够仍然保持其四方特征，因此底心四方点阵是不存在的。同理，很容易就能证明，面心四方点阵也可以划分成更小的不带底心而带体心的晶胞并能保持其四方特征。表 4-1 给出了 7 大晶系的点阵参数特点以及相应的布拉维点阵示意图。

表 4-1 晶系及其所属的布拉维点阵

晶系	点阵常数	布拉维点阵	点阵符号	单位内点阵点数	布拉维点阵形状
立方晶系 (cubic) 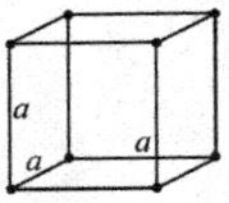	$a=b=c$, $\alpha=\beta=\gamma=90^\circ$	简单立方	P	1	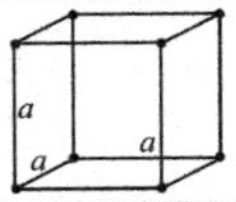
		体心立方	I	2	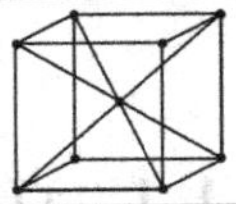
		面心立方	F	4	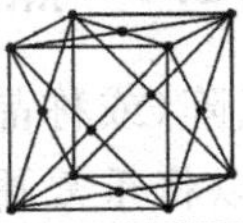
六方晶系 (hexagonal) 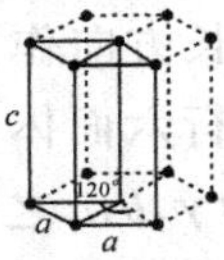	$a=b\neq c$, $\alpha=\beta=90^\circ,\gamma=120^\circ$	六方	P	1	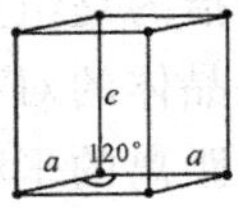
四方晶系 (tetragonal) 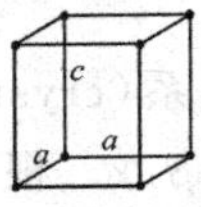	$a=b\neq c$, $\alpha=\beta=\gamma=90^\circ$	简单四方	P	1	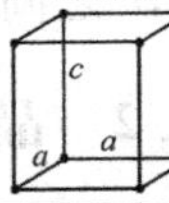
		体心四方	I	2	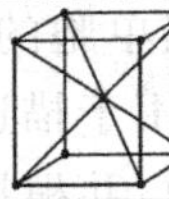
三方晶系 (trigonal) 	$a=b=c$, $\alpha=\beta=\gamma\neq 90^\circ$	三方	P	1	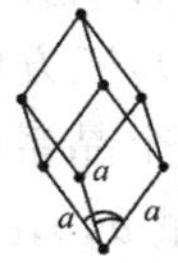
正交晶系 (orthorhombic) 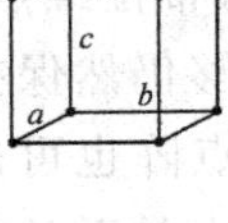	$a\neq b\neq c$, $\alpha=\beta=\gamma=90^\circ$	简单正交	P	1	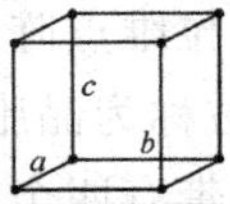
		底心正交	C	2	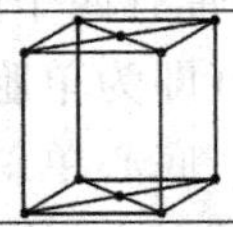
		体心正交	I	2	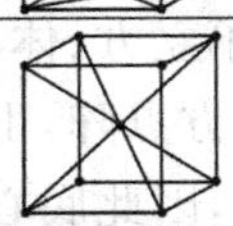
		面心正交	F	4	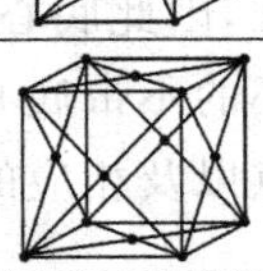

续表

晶系	点阵常数	布拉维点阵	点阵符号	单位内点阵点数	布拉维点阵形状
单斜晶系 (monoclinic) 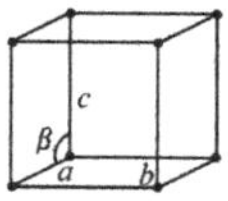	$a\neq b\neq c$, $\alpha=\gamma=90°$, $\beta\neq 90°$	简单单斜	P	1	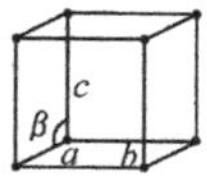
		底心单斜	C	2	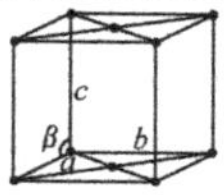
三斜晶系 (triclinic) 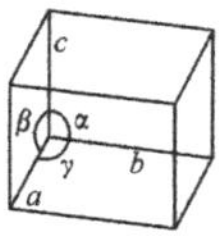	$a\neq b\neq c$, $\alpha\neq\beta\neq\gamma$	简单三斜	P	1	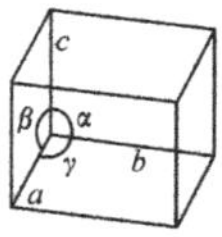

4.1.3　晶向与晶面

晶向(crystallographic directions)指的就是晶体中的某一个方向，即以从原点出发的一个向量 $l=ua+vb+wc$，其中 a,b,c 分别代表单胞的边长，这样的向量以 $[uvw]$ 来表示，此处 uvw 要约化为最简整数。对于立方晶系而言，由于 $a=b=c$，所以使用同样的指数表示的晶向都是等价的，如 [100]，[010]，[001]，$[\bar{1}00]$，$[0\bar{1}0]$，$[00\bar{1}]$ 都是等价的，可以统一由 ⟨100⟩ 来表示，即立方晶体中晶向指数与前后次序和正负符号无关。但是对于立方晶体以外的晶系，前两项规定无效，如四方晶系 $a=b\neq c$，则 [100] 和 [010] 是等价的，但是 [100] 和 [001] 是不等价的。图 4-3 所示的单胞中，向量在 x,y,z 上的投影分别是 $a/2,b,0$，则该晶向即为 $[\frac{1}{2}10]$，化成最简的正整数即为 [120]。如果晶体的单胞是六方结构，此时一般常用四轴坐标系，如图 4-4 所示，其中 a_1,a_2,a_3 轴位于同一平面内，互相成 120°，z 轴垂直于该平面，此四轴坐标系中的晶向使用 $[uvtw]$ 来表征，由于 a_1,a_2,a_3 轴在同一平面，因此很容易能够证明任何晶向指数的 $u+v+t=0$。四轴坐标系可以通过一定的坐标变化成为三轴系参数 $[u'v'w']\rightarrow[uvtw]$，即

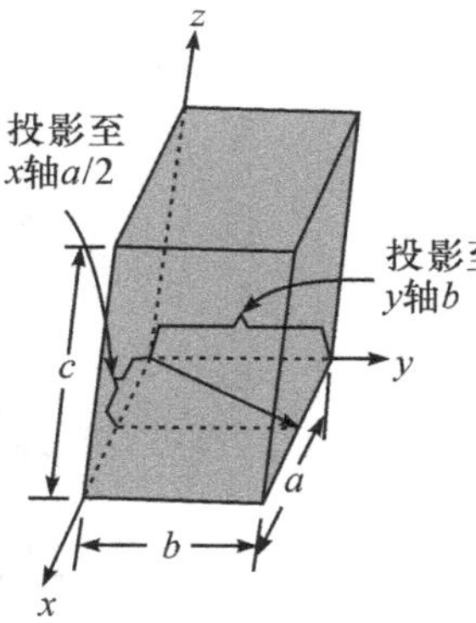

图 4-3　单胞中[120]晶向情况

$$\begin{cases} u=\dfrac{n}{3}(2u'-v') \\ v=\dfrac{n}{3}(2v'-u') \\ t=-(u+v) \\ w=nw' \end{cases} \tag{4-1}$$

这里的 n 作为一个必要的参数保证得到的晶向指数 $[uvtw]$ 成为最小整数。如可以通过这样的变换使得 $[\bar{1}2\bar{1}0]$ 变成 [010]，如图 4-5 所示。

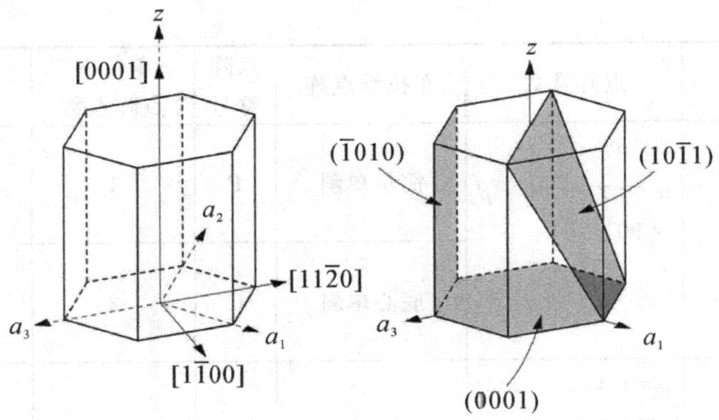

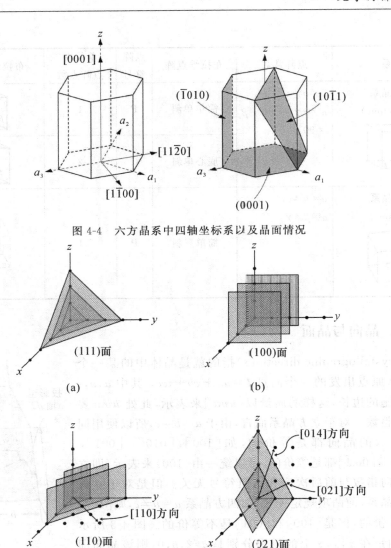

图 4-4　六方晶系中四轴坐标系以及晶面情况

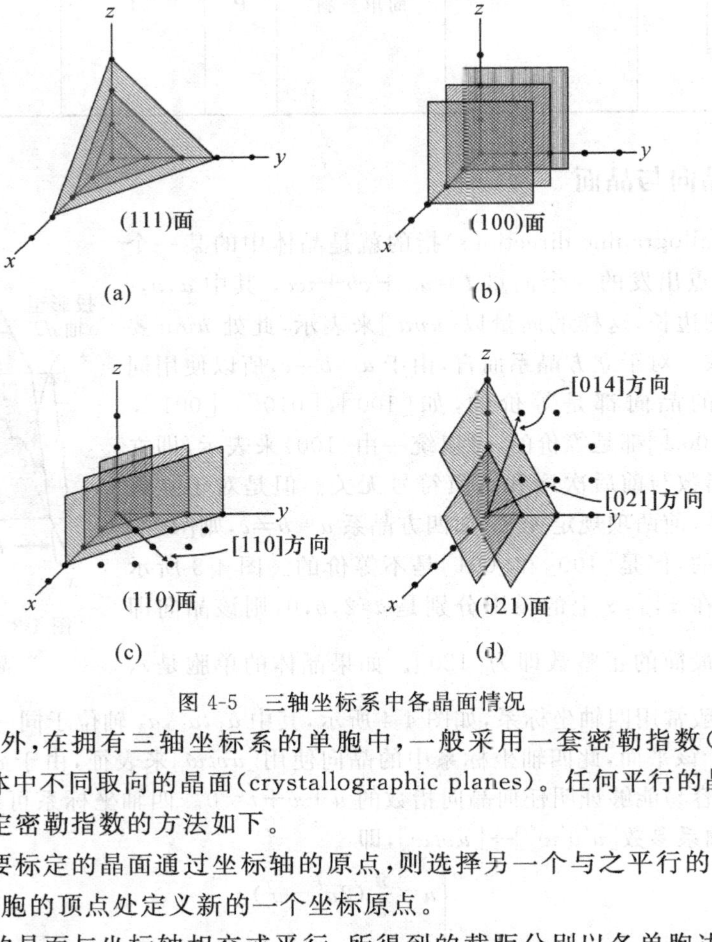

图 4-5　三轴坐标系中各晶面情况

除六方晶系外，在拥有三轴坐标系的单胞中，一般采用一套密勒指数(Miller indices)(hkl)来表征晶体中不同取向的晶面(crystallographic planes)。任何平行的晶面都具有相同的密勒指数，决定密勒指数的方法如下。

(1)如果所要标定的晶面通过坐标轴的原点，则选择另一个与之平行的晶面进行标定，或者在另一个单胞的顶点处定义新的一个坐标原点。

(2)所标定的晶面与坐标轴相交或平行，所得到的截距分别以各单胞边长的倍数来表征，如 $m(a)$，$n(b)$，$p(c)$。与坐标轴平行的面与该轴的截距定为∞。

(3)将各截距取倒数，其中与坐标轴平行的面的截距倒数为 0。

(4)对获得的$\frac{1}{m}$，$\frac{1}{n}$，$\frac{1}{p}$乘或除以一个公共的系数，得到的最小互质整数即为该面的密勒指数(hkl)。

(5)对于六方晶系,采用四轴坐标系,$\vec{a}_1$,$\vec{a}_2$,$\vec{a}_3$在同一平面,互相成 120°角,有$\vec{a}_1+\vec{a}_2+\vec{a}_3=0$ 的关系,$\vec{c}$垂直于此平面,晶体中的某一面在这四个坐标轴上截距倒数的最简整数比为面指数。

(6)同样,对于立方晶系,由于 $a=b=c$,(100),(010),(001),($\bar{1}$00),(0 $\bar{1}$0),(00 $\bar{1}$)都是等价的,可以用{100}来表示,但是对于立方晶系以外不完全适用,如四方晶系的(100)与(010)等价,(100)与(001)就不能等价。

图 4-4 和图 4-5 分别是四轴坐标系与三轴坐标系晶面的表示与标定。

4.1.4　对称操作要素

物体经过一定的操作之后,它的空间性质能够复原,这种操作称为对称操作。晶体的对称操作包括旋转对称性和平移对称性。在进行对称操作时,如果至少有一点保持不动,称为点对称操作。点对称操作可以归纳为两大类:旋转对称和旋转反演对称。旋转对称性指的是存在一个不动的轴作为对称要素,如果空间物体绕这个轴转动 360°/n 之后图形复原,则称此旋转对称轴为 n 次旋转对称轴。根据晶体对称轴定律,晶体中只可能存在 5 种旋转对称轴(1,2,3,4,6),不存在 5 次旋转对称轴的原因在于,五边形的几何图案不能填满整个空间。旋转反演对称指的是旋转和反演相组合的操作,与此相关联的对称要素称为像转对称轴,晶体中同样存在 5 种旋转反演对称轴($\bar{1}$,$\bar{2}$,$\bar{3}$,$\bar{4}$,$\bar{6}$)。其中$\bar{1}=i$,$\bar{2}=m$,$\bar{3}=3+i$,$\bar{6}=3+m$,此处 i 指的是反演中心,m 指的是对称面,而旋转反演对称操作$\bar{3}$,$\bar{6}$不是独立的基本对称要素。图 4-6 较直观地显示了这 10 种对称操作,对于选择反演对称来说,一次完整的操作必须包括旋转一定的角度之后再对中心的反演。从图中还能够看出$\bar{4}$是独立的对称操作,不能像$\bar{3}$,$\bar{6}$一样是两个对称操作的组合。以上点对称操作一共为 10 种,其中只有 8 种基本的点对称要素(1,2,3,4,6,i,m,$\bar{4}$),任何宏观晶体所具有的对称性都是这 8 种基本对称要素的组合。

4.1.5　点群

在实际晶体中,有时不只存在一种对称要素,可以是多种对称要素共同存在于一个晶体中。由 8 种对称要素按照一定的规则进行组合,经研究发现,可能的组合数量是有限的,这样的组合一共只有 32 种,称 32 种对称类型,或称 32 个点群(point group)。组合成点群时,对称轴之间的夹角、对称轴的数目受到严格限制,比如若存在一个 n 重轴和与之垂直的 2 次轴,就一定存在 n 个与之垂直的 2 次轴。又比如一个 2 次轴和一个对称面垂直相交,则其交点必定是一个对称中心。任何点群中两个 2 重轴之间的夹角只能是 30°,45°,60°,90°等。点群共存在两种表示法:国际符号与熊夫利斯(Schöenflies)符号。国际符号用存在于某些特定方向上的对称元素来表示,比如立方晶系的国际符号用$\vec{c}$(001),$\vec{a}+\vec{b}+\vec{c}$(111),$\vec{a}+\vec{b}$(110)这三个方向上存在的对称元素来表示点群。表 4-2 给出了各晶系点群国际符号的特定方向定义,点群符号中如在第二位出现"3",则可以判断该点群一定属于立方晶系,如 23,432,$m3m$ 等,这是因为立方晶系晶体在$\vec{a}+\vec{b}+\vec{c}$方向一定具有 3 次对称轴,如图 4-7 所示,而点群符号中第一位是"3","4","6"的晶体一定分别属于三方、四方和六方的中级晶族晶体(也是光学单轴晶),因为这些晶体中唯一的高次对称轴均出现在$\vec{c}$方向,而低级晶族晶体(光学双轴晶)的点群符号中不会出现任何高次对称轴。关于熊夫利斯符号中一些字符的含义、

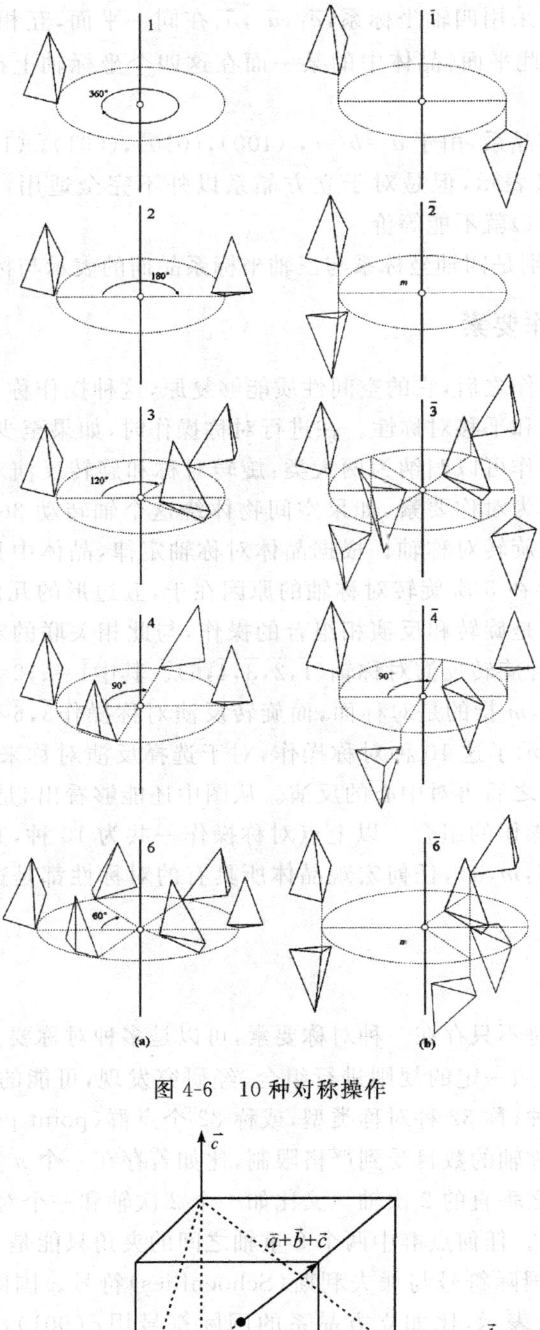

图 4-6　10 种对称操作

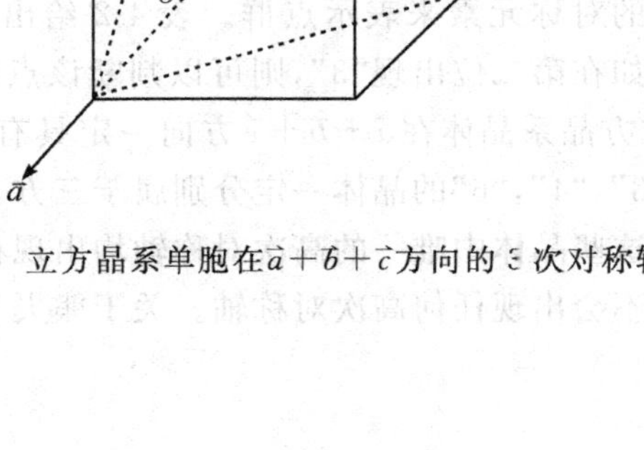

图 4-7　立方晶系单胞在$\vec{a}+\vec{b}+\vec{c}$方向的 3 次对称轴

各对称元素符号的含义均在本书附录 1 中给出了详细的说明。表 4-3 是 32 种晶体的点群符号及对称元素组合。

表 4-2　7 大晶系晶体点群符号的方向定义

晶系	第一方向	第二方向	第三方向
立方	$\vec{c}$	$\vec{a}+\vec{b}+\vec{c}$	$\vec{a}+\vec{b}$
六方	$\vec{c}$	$\vec{a}$	$2\vec{a}+\vec{b}$
四方	$\vec{c}$	$\vec{a}$	$\vec{a}+\vec{b}$
三方*	$\vec{c}$	$\vec{a}$	
正交	$\vec{c}$	$\vec{a}$	$\vec{b}$
单斜	$\vec{b}$		
三斜	因为对称要素只包含 1 或 i,故无特殊方向		

* 其中三方晶系的第一方向与第二方向取自包含菱形素单胞的六方复单胞的$\vec{c}$与$\vec{a}$方向,见本章参考文献[5]的 pp. 39－41。

表 4-3　32 种点群及对称元素组合

晶族	晶系	特征对称元素	所属点群（熊夫利斯）	所属点群（国际符号）	对称元素
高级晶族	立方晶系	4 个 3 次轴	T,O,Th,Td,Oh	$23,432,m3\ \bar{4}3m,$ $m3m$	$4G_3 3G_2$, $3G_4 4G_3 6G_2$, **$4G_3 3G_2 3PC$**, $4G_3 3G_2(3G_{i4})6P$, **$3G_4 4G_3 6G_2 9PC$**
中级晶族	六方晶系	1 个 6 次轴或 1 个$\bar{6}$ (3+m)	C_{3h}, C_6, C_{6h}, D_{3h}, C_{6v}, D_6, D_{6h}	$\bar{6},6,6/m,\ \bar{6}2m,$ $6mm,622,\ 6/mmm$	G_{i6}, G_6, **$G_6 PC$**, $G_{i6}3G_2 3P$, $G_6 6P$, $G_6 6G_2$, **$G_6 6G_2 7PC$**
	四方晶系	1 个 4 次轴或一个$\bar{4}$	C_4, C_{4h}, D_{2d}, C_{4v}, D_4, D_{4h}, S_4	$4,4/m,\ \bar{4}2m,4mm,$ $422,4/mmm,\bar{4}$	G_4, **$G_4 PC$**, $G_{i4}2G_2 2P$, $G_4 4P$, $G_4 4G_2$, **$G_4 4G_2 5PC$**, G_{i4}
	三方晶系	1 个 3 次轴或 1 个$\bar{3}$ (3+i)	C_3, C_{3i}, C_{3v}, D_3, D_{3d}	$3,\bar{3}\ ,3m,32,\bar{3}m$	G_3, **$G_3 C$**, $G_3 3P$, $G_3 3G_2$, **$G_3 3G_2 3PC$**
低级晶族	正交晶系	不少于 3 个 2 次轴或对称面	C_{2v}, D_2, D_{2h}	$mm2,222,mmm$	$G_2 2P$, $3G_2$, **$3G_2 3PC$**
	单斜晶系	不少于 1 个 2 次轴或对称面	C_s, C_2, C_{2h}	$m,2,2/m$	P, G_2, **$G_2 PC$**
	三斜晶系	只有一次轴或对称中心	C_1, C_i	$1,\bar{1}$	G_1, **$G_1 C$**

注:对称元素符号:G_n (n=1,2,3,4,6)代表 n 次对称轴,P 代表对称面,C 代表对称中心,G_{in} (n=3,4,6)代表 n 次对称反演轴,符号前的数字代表这种对称元素的数量,如 $G_4 4G_2 5PC$ 代表一个四次轴,4 个 2 次轴,5 个对称面和一个对称中心。

4.1.6　倒易点阵

在描述晶体结构与性能时,除应用单胞与点阵参数 $a,b,c,\alpha,\beta,\gamma$ 外,经常要用到另一套点阵参数 $a^*,b^*,c^*,\alpha^*,\beta^*,\gamma^*$,由这六个带 * 的参数决定的点阵称为倒易点阵。倒易点阵及其参数的定义为

$$\begin{cases}\vec{a}\cdot\vec{a}^*=2\pi,\vec{a}\cdot\vec{b}^*=0,\ \vec{a}\cdot\vec{c}^*=0\\ \vec{b}\cdot\vec{a}^*=0,\vec{b}\cdot\vec{b}^*=2\pi,\ \vec{b}\cdot\vec{c}^*=0\\ \vec{c}\cdot\vec{a}^*=0,\vec{c}\cdot\vec{b}^*=0,\ \vec{c}\cdot\vec{c}^*=2\pi\end{cases}\tag{4-2}$$

可以很方便地推出

$$\begin{cases}\vec{a}^*=\dfrac{2\pi}{v}[\vec{b}\times\vec{c}]\\ \vec{b}^*=\dfrac{2\pi}{v}[\vec{c}\times\vec{a}]\\ \vec{c}^*=\dfrac{2\pi}{v}[\vec{a}\times\vec{b}]\end{cases}\tag{4-3}$$

其中 $v=[\vec{b}\times\vec{c}]\cdot\vec{a}=[\vec{c}\times\vec{a}]\cdot\vec{b}=[\vec{a}\times\vec{b}]\cdot\vec{c}$是单胞的体积,即$\vec{a}^*$是与$\vec{b}$,$\vec{c}$垂直的,$\vec{b}^*$是与$\vec{a}$,$\vec{b}$垂直的,而$\vec{c}^*$是与$\vec{a}$,$\vec{b}$垂直的。而倒易关系不仅存在于矢量之间,它们的单位体积也互为倒易,即存在

$$\begin{cases}v=\dfrac{1}{v^*}\\ v^*=abc\sqrt{1-\cos^2\alpha-\cos^2\beta-\cos^2\gamma+2\cos\alpha\cos\beta\cos\lambda}\end{cases}\tag{4-4}$$

$\vec{a}^*$,$\vec{b}^*$,$\vec{c}^*$的长度分别为

$$\begin{cases}a^*=2\pi\dfrac{bc\sin\alpha}{v}\\ b^*=2\pi\dfrac{ca\sin\beta}{v}\\ c^*=2\pi\dfrac{ab\sin\gamma}{v}\end{cases}\tag{4-5}$$

倒易点阵参数$\vec{a}^*$,$\vec{b}^*$,$\vec{c}^*$的单位是 Å^{-1},同理,可以从正点阵参数求得倒易点阵夹角参数α^*,β^*,γ^*,得

$$\begin{cases}\cos\alpha^*=\dfrac{\cos\beta\cos\gamma-\cos\alpha}{\sin\beta\sin\gamma}\\ \cos\beta^*=\dfrac{\cos\gamma\cos\alpha-\cos\beta}{\sin\gamma\sin\alpha}\\ \cos\gamma^*=\dfrac{\cos\alpha\cos\beta-\cos\gamma}{\sin\alpha\sin\beta}\end{cases}\tag{4-6}$$

倒易点阵中的每一个倒易点的位置可以用一个倒易矢量$\vec{G}(hkl)=h\vec{a}^*+k\vec{b}^*+l\vec{c}^*$来表征。如果 h,k,l 都是互质的整数,则可以证明 $G(hkl)$是垂直于正点阵中的(hkl)平面,并且该矢量的长度等于该平面点阵族的晶面间距 $d(hkl)$的倒数,即 $G(hkl)=1/d(hkl)$。

如图 4-8 所示,设晶面(hkl)与 x,y,z 三轴相交于 A,B,C 三点,截距长度 OA,OB,OC 分别为 a/h, b/k, c/l,又假设正点阵和倒易点阵有相同的原点,倒易矢量$\vec{G}$与面(hkl)相交于 P 点,如果将$\vec{G}(hkl)$与矢量$\overrightarrow{AB}$点乘,即

$$\begin{aligned}\vec{G}(hkl)\cdot\overrightarrow{AB}&=\vec{G}(hkl)\cdot(\overrightarrow{OB}-\overrightarrow{OA})\\&=(h\vec{a}^*+k\vec{b}^*+l\vec{c}^*)\cdot\left(\frac{\vec{b}}{k}-\frac{\vec{a}}{h}\right)\\&=0\end{aligned}\tag{4-7}$$

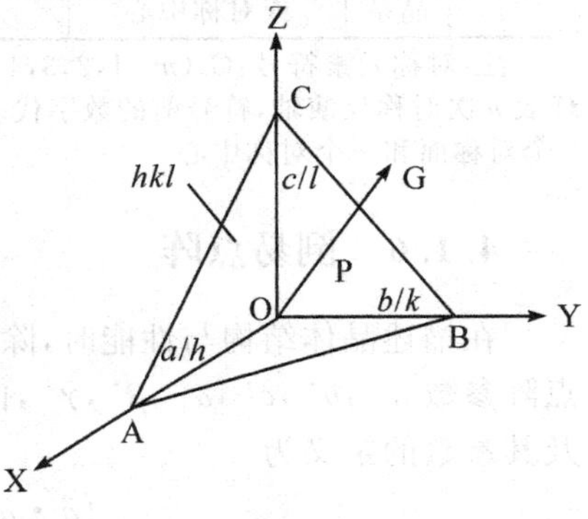

图 4-8 倒易矢量$\vec{G}(hkl)$与正点阵平面点阵族(hkl)的关系

同理可以证明$\vec{G}(hkl)\cdot\overrightarrow{BC}=0$，即倒易矢量$\vec{G}(hkl)$同时与$\overrightarrow{AB}$，$\overrightarrow{BC}$垂直，则$\vec{G}(hkl)$垂直于$(hkl)$面，设晶面$(hkl)$的面间距为$d(hkl)$，即为$OP$，而$OP$为$OA$在$G(hkl)$上的投影，设$\zeta$为倒易矢量$\vec{G}$与$OA$之间的夹角，$\vec{g}$为$\vec{G}$的单位矢量，则有

$$d_{hkl}=OP=OA\cos\xi=\overrightarrow{OA}\cdot\vec{g}=\frac{\vec{a}}{h}\cdot\vec{g}=\frac{a}{h}\left[\frac{ha^*+kb^*+lc^*}{G(hkl)}\right]=\frac{1}{G(hkl)} \tag{4-8}$$

即

$$G(hkl)=\frac{1}{d_{hkl}} \tag{4-9}$$

由此可见，倒易点阵及倒易矢量能够较为直观地表征晶面及晶面间距，利用倒易点阵在表征晶体衍射方向时显得更加方便与直观。

利用式(4-3)～式(4-6)，从正点阵的点阵参数及它们之间的关系可以算出倒易点阵参数及参数之间的关系，并能够得到倒易点阵的对称性。以对称性最高的立方晶系的正点阵为例，由于$a=b=c$，$\alpha=\beta=\gamma=90°$，可以算得：

$$a^*=2\pi\frac{bc\sin\alpha}{v}=\frac{2\pi}{a}$$

$$\cos\alpha^*=\frac{\cos\beta\cos\gamma-\cos\alpha}{\sin\beta\sin\gamma}=0,\alpha^*=90° \tag{4-10}$$

同理$a^*=b^*=c^*=\frac{2\pi}{a}$，$\alpha^*=\beta^*=\gamma^*=90°$，所以立方晶胞的倒易晶胞也具有立方对称性，利用同样的方法可以算得其他各晶系的倒易晶胞，具体结果见表 4-4。图 4-10 显示的分别是三斜晶系的二维与三维正点阵及倒易点阵示意图，两套点阵共用同一个原点。

表 4-4　正、倒晶胞间的对称关系

晶系	a^*,b^*,c^*	$\alpha^*,\beta^*,\gamma^*$	对称性
立方	$a^*=b^*=c^*=\frac{2\pi}{a}$	$\alpha^*=\beta^*=\gamma^*=90°$	立方
六方	$a^*=b^*=\frac{2}{\sqrt{3}}\frac{2\pi}{a},c^*=\frac{2\pi}{c}$	$\alpha^*=\beta^*=90°,\gamma^*=60°$	六方
四方	$a^*=b^*=\frac{2\pi}{a},c^*=\frac{2\pi}{c}$	$\alpha^*=\beta^*=\gamma^*=90°$	四方
三方	$a^*=b^*=c^*=2\pi\frac{a^2\sin\alpha}{v}$	$\alpha^*=\beta^*=\gamma^*=\cos^{-1}\left[\frac{\cos\alpha(\cos\alpha-1)}{\sin^2\alpha}\right]$	三方
正交	$a^*=\frac{2\pi}{a},b^*=\frac{2\pi}{b},c^*=\frac{2\pi}{c}$	$\alpha^*=\beta^*=\gamma^*=90°$	正交
单斜	$a^*=\frac{2\pi}{a\sin\beta},b^*=\frac{2\pi}{b},c^*=\frac{2\pi}{c\sin\beta}$	$\alpha^*=\gamma^*=90°,\beta^*=\pi-\beta$	单斜
三斜	$a^*\neq b^*\neq c^*$	$\alpha^*\neq\beta^*\neq\gamma^*$	三斜

如果三维晶胞结构是带心的复晶胞，则能够证明该复晶胞的倒易点阵同样是带心的复晶胞。值得注意的是体心点阵的倒易是面心点阵，而面心点阵的倒易是体心点阵。6 种形式的点阵在倒易变换以后的型式及其点阵参数见表 4-5 和图 4-10。

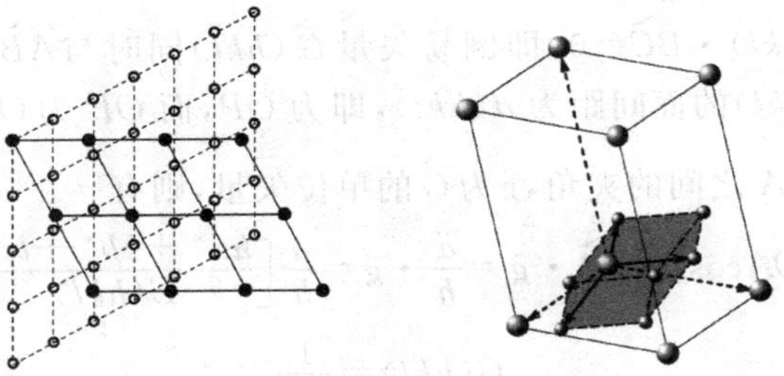

图 4-9　正、倒点阵的倒易(左图为二维点阵,右图为三维点阵)

表 4-5　6 种型式正点阵单位的倒易变换

正点阵		变换后的倒易点阵		
单位型式	单位边长	倒易单位型式	倒易单位边长	倒易单位体积
P 简单型	a,b,c	P 简单型	a^*,b^*,c^*	V^*
A 底心型	a,b,c	A 底心型	$a^*,2b^*,2c^*$	$4V^*$
B 底心型	a,b,c	B 底心型	$2a^*,b^*,2c^*$	$4V^*$
C 底心型	a,b,c	C 底心型	$2a^*,2b^*,c^*$	$4V^*$
I 体心型	a,b,c	F 面心型	$2a^*,2b^*,2c^*$	$8V^*$
F 面心型	a,b,c	I 体心型	$2a^*,2b^*,2c^*$	$8V^*$

注:A,B,C 指的是不同型式的底心点阵,底心分别在相对的 A 面,B 面,C 面上。

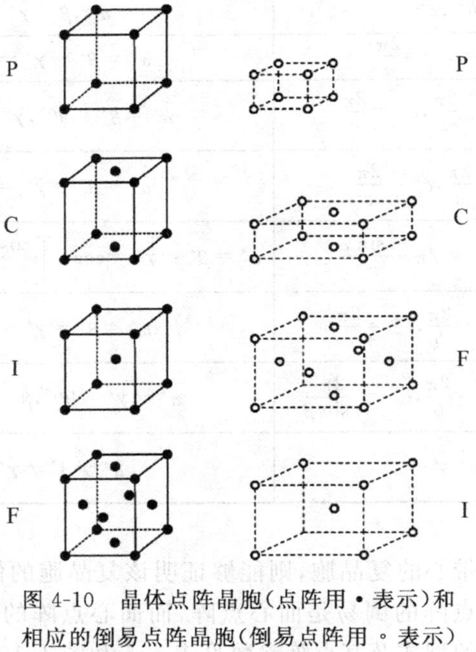

图 4-10　晶体点阵晶胞(点阵用 • 表示)和相应的倒易点阵晶胞(倒易点阵用 。表示)

4.1.7　一些典型的晶体结构

大部分的简单氧化物结构都是氧离子组成近似紧密堆积，而阳离子往往填充于间隙，下面举几个典型的晶体结构例子。

1. 岩盐结构

许多卤化物和氧化物都具有岩盐结构(rock salt)，是由两组面心立方晶格交错而成，如图 4-11 所示。较大的阴离子形成立方密堆积，所有的八面体空隙位置填充了较小尺寸的阳离子，具有此类晶体结构的氧化物有：NaCl，MgO，CaO，SrO，BaO，CdO，MnO，FeO，CoO，NiO 等，除了 CsCl，CsBr，CsI 以外的所有的碱金属卤化物，以及碱土金属硫化物均具有这样的岩盐结构。

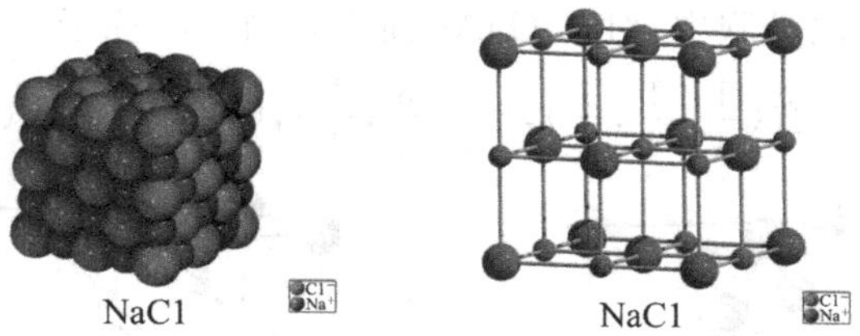

图 4-11　氯化钠晶体结构模型(左图为阴阳离子的密堆积，右图为晶体点阵结构)

2. 氯化铯结构

如图 4-12 所示，由于氯离子与铯离子半径尺寸相差不大，阴阳离子间满足 8 配位，形成氯化铯(cesium chloride)结构，即 Cl^- 离子位于简单立方的顶角位置，而 Cs^+ 离子位于立方体的中心。CsCl，CsBr，CsI 等晶体具有该结构。

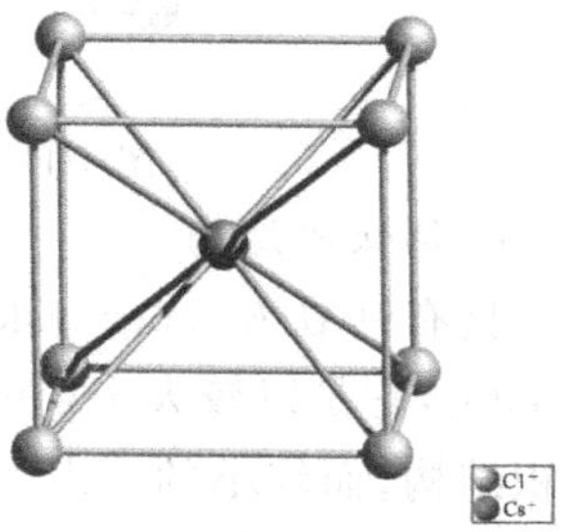

图 4-12　氯化铯晶体结构模型

3. 金红石结构

金红石 (rutile) 结构晶体属于四方晶系，为 AX_2 型化合物的典型结构。O^{2-} 作近似六方最紧密堆积，Ti^{4+} 填充其半数变形的八面体空隙。Ti^{4+} 占据晶胞的角顶和中心，Ti 与 O 分别为 6 配位和 3 配位，[TiO_6]八面体共棱联结成平行于 c 轴的链，链间八面体共角顶，如图 4-13所示。主要物质有 TiO_2，GeO_2，PbO_2，SnO_2，MnO_2 等。

4. 纤锌矿结构

纤锌矿结构(wurtzite)晶体的代表物质为 ZnS，阴阳离子之间是 4 配位关系，如图 4-14 所示。此结构基于阴离子与阳离子两组六方密堆积晶格交错组成，代表物质为 ZnS 与 CdS 等典型Ⅱ～Ⅵ族半导体晶体。

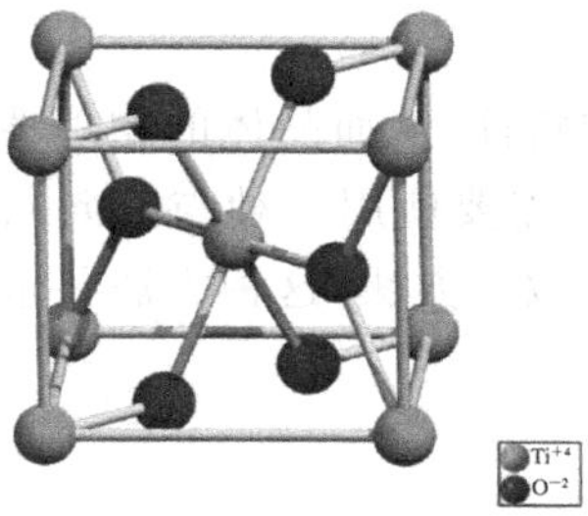

图 4-13　金红石晶体结构模型

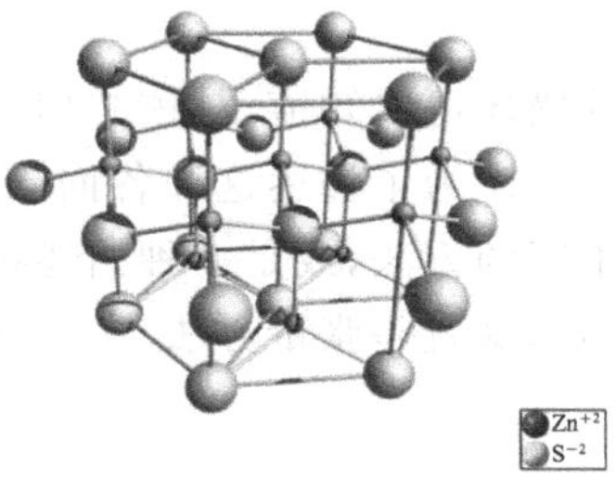

图 4-14　纤锌矿晶体结构模型

5. 闪锌矿结构与金刚石结构

金刚石(diamond)结构中每一个碳原子都有 4 个最近邻的碳原子,配位数是 4,一个晶胞中,碳原子占据面心立方的顶角与面心位置(共有 $8\times\frac{1}{8}+6\times\frac{1}{2}=4$ 个碳原子),另外 4 个原子分别位于相对的体对角线 1/3 处,也可以将金刚石结构看作两套面心立方结构的交错。金刚石以及硅、锗等重要半导体材料都属于金刚石结构。

闪锌矿(zinc blende)结构与金刚石结构大致相同。两者的差异在:金刚石结构的单位晶胞中,8 个原子都是相同元素,而闪锌矿结构则包含两种元素。若将此结构视为两组面心立方(FCC)结构,则每种元素各占有一组 FCC 位置,如图 4-15 所示。目前在光电子领域应用较多的Ⅲ～Ⅴ族化合物半导体,大部分都具有闪锌矿结构。例如目前广泛应用的半导体 ZnS,GaAs 结构,在一单位晶胞中,对于 GaAs 而言,4 个 Ga 原子分别占有 8 个顶角与 6 个面,另外 4 个 As 原子则占有$(\frac{1}{4},\frac{1}{4},\frac{1}{4})$,$(\frac{3}{4},\frac{3}{4},\frac{1}{4})$,$(\frac{1}{4},\frac{3}{4},\frac{3}{4})$,$(\frac{3}{4},\frac{1}{4},\frac{3}{4})$位置。

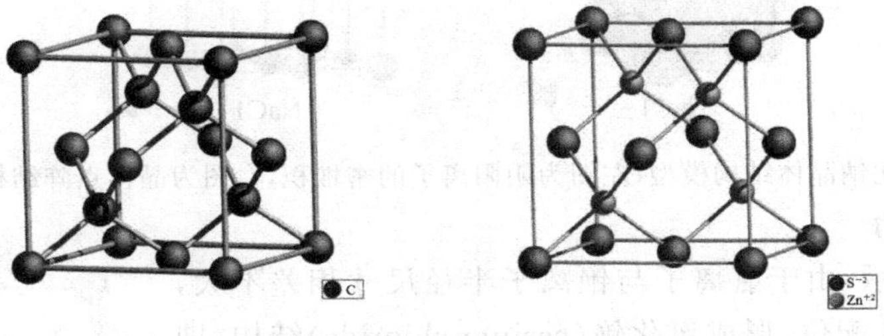

图 4-15　金刚石晶体(左图)与闪锌矿晶体(右图)的结构模型

6. 钙钛矿结构

具有钙钛矿(perovskite)结构的晶体中最常见的是 $CaTiO_3$,它是以较大半径的 Ca^{2+} 与 O^{2-} 离子分别组成立方密堆积结构,而较小的 Ti^{4+} 离子则位于八面体的中心,如图 4-16 所示,每个 O^{2-} 被 4 个 Ca^{2+} 离子以及 8 个 O^{2-} 离子所包围,而每个 Ca^{2+} 离子则被 12 个 O^{2-} 离子所包围,在单胞中,尺寸最小的 Ti^{4+} 位于立方体中心,Ca^{2+} 位于立方体顶角而 O^{2-} 位于立方体的面心位置。许多具有压电效应的晶体均具有钙钛矿结构。

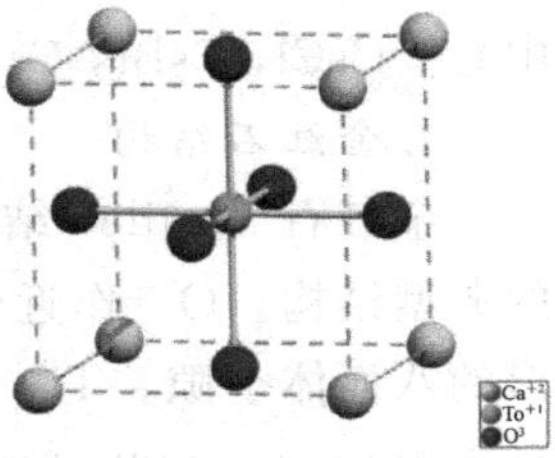

图 4-16　钙钛矿晶体结构模型

4.2　张量的基本知识

从以上的描述可以知道,晶体结构具有各向异性的特征,从而晶体的物理性质也就具有各向异性的性质。为了描述这种各向异性的物理性质,需要使用一种与各向同性物质中描述物理定律不同的方法,或是一种描述各向异性性质的数学方法,这种方法要求既简捷又直观,并便于理解,这就是张量方法。

4.2.1　标量、矢量与二阶张量

在物理学上没有方向性的量，如物体的密度、温度，仅需要一个数值就能描述，这些完全与方向无关的物理量称为标量(scalars)。后面还要提到，标量也可以被称为零阶张量。

矢量(vector)则是被定义为需要指明其大小与方向的物理量，如人们熟悉的机械力，常常使用一个特定长度与方向的带箭头符号来表示。一般选取三轴的直角坐标系 OX_1，OX_2，OX_3，任何方向的矢量可以分解为沿着轴 OX_1，OX_2，OX_3 的分量，如电场 $\vec{E}$ 在三轴上的分量分别是 E_1，E_2，E_3，我们可以写作：$\vec{E}=[E_1,E_2,E_3]$。同样，矢量也可以被称为一阶张量。

为了定义二阶张量，我们先来看一个普遍性的例子：如果对一个导体施加一个电压 $\vec{E}$，自然地在导体中就会形成电流，如果该导体是各向同性的，则导体中电流密度就能够用著名的欧姆定律表征：$\vec{J}=\sigma\vec{E}$，或可以写成这样的形式：$j_1=\sigma E_1$，$j_2=\sigma E_2$，$j_3=\sigma E_3$。这里 $\vec{j}=[j_1,j_2,j_3]$ 是在电场 $\vec{E}[E_1,E_2,E_3]$ 三个坐标轴方向的电流密度分量，此时电流密度与电场的方向一致，如图 5-17(a)所示。但是如果该导体是各向异性的物质，比如四方晶系的晶体，那么此时 $\vec{j}$ 与 $\vec{E}$ 之间的关系就变为

$$\begin{cases} j_1=\sigma_{11}E_1+\sigma_{12}E_2+\sigma_{13}E_3 \\ j_2=\sigma_{21}E_1+\sigma_{22}E_2+\sigma_{23}E_3 \\ j_3=\sigma_{31}E_1+\sigma_{32}E_2+\sigma_{33}E_3 \end{cases} \tag{4-11}$$

其中 σ_{11}，σ_{12}，…等系数均有确定的物理意义，每一个电流密度 $\vec{j}$ 的分量都与电场 $\vec{E}$ 的分量线性相关，此时晶体中电流与电场方向就可能不同，产生一定的夹角，如图 4-17(b)中所示。后面还会提到，此夹角随着晶体位置的不同还会产生具有一定规律的变化。如果电场沿着 x_1 方向，即 $\vec{E}=[E_1,0,0]$，该式就变为

$$\begin{cases} j_1=\sigma_{11}E_1 \\ j_2=\sigma_{21}E_1 \\ j_3=\sigma_{31}E_1 \end{cases} \tag{4-12}$$

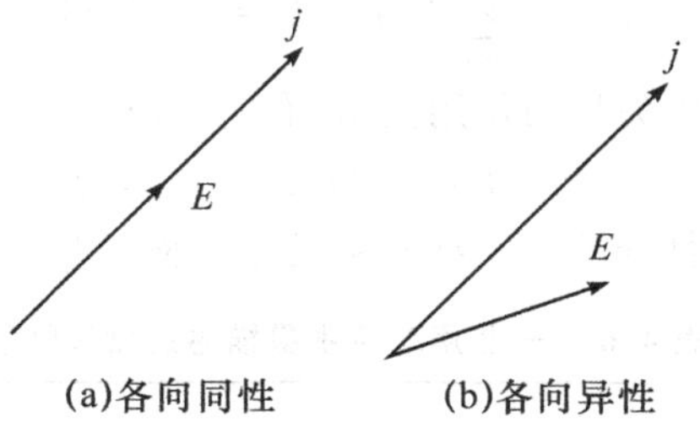

(a)各向同性　　(b)各向异性

图 4-17　导体中电流密度与电场强度之间的关系

可以看到，此时 $\vec{j}$ 的分量不仅沿着 x_1 方向，而且还沿着其他坐标轴方向，如图 4-18 所示。$\vec{j}$ 的分量由 σ_{11} 以及两个横向的分量 σ_{21}，σ_{31} 所构成。同理 σ_{23} 的含义就是如果电场方向沿着 x_3 轴，在该晶体中所测得的平行于 x_2 方向的电流密度分量的大小。

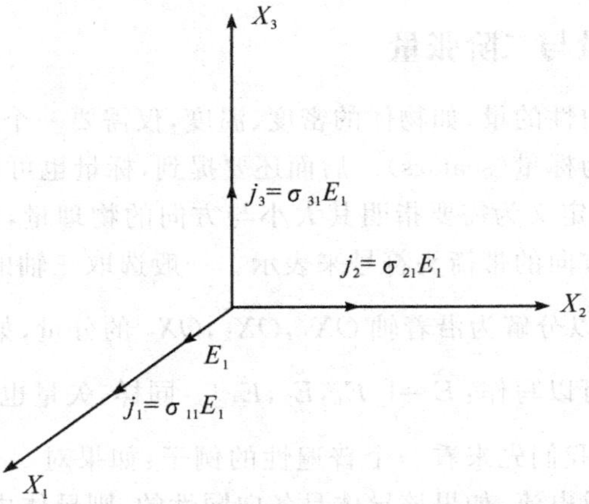

图 4-18 当电场方向沿着 X_1 轴时，电流密度的分量

于是可以方便地将以上 9 个关于电导率的系数写成

$$\begin{bmatrix} \sigma_{11} & \sigma_{12} & \sigma_{13} \\ \sigma_{21} & \sigma_{22} & \sigma_{23} \\ \sigma_{31} & \sigma_{32} & \sigma_{33} \end{bmatrix} \tag{4-13}$$

这样的用方括号包含的阵列称为二阶张量(tensors of the second rank)，其中 σ_{11}，σ_{12}，…称为张量的分量(components)。分量中出现的第一个下标代表了行，第二列下标代表列，而 σ_{11}，σ_{22}，σ_{33}是张量的对角分量。

除以上提到的电导率张量外，晶体物理中引入了许多二阶张量，见表 4-6。一般来说，如果一种物理性质 T 与两个矢量$\vec{p}=[p_1,p_2,p_3]$以及$\vec{q}=[q_1,q_2,q_3]$按如下的形式相关联，即

$$\begin{cases} p_1=T_{11}q_1+T_{12}q_2+T_{13}q_3 \\ p_2=T_{21}q_1+T_{22}q_2+T_{23}q_3 \\ p_3=T_{31}q_1+T_{32}q_2+T_{33}q_3 \end{cases} \tag{4-14}$$

其中 T_{11}，T_{12}，…共 9 个分量组成的物理量 $\begin{bmatrix} T_{11} & T_{12} & T_{13} \\ T_{21} & T_{22} & T_{23} \\ T_{31} & T_{32} & T_{33} \end{bmatrix}$ 称为二阶张量。上式可以写为

$$p_i=\sum_{j=1}^{3}T_{ij}q_j \quad (i=1,2,3) \tag{4-15}$$

矢量$\vec{p}$,$\vec{q}$ 分别被称为感生矢量与作用矢量。有时，我们可以方便地将式(4-15) 写为

$$p_i=T_{ij}q_j \quad (i,j=1,2,3) \tag{4-16}$$

表 4-6 列出的是各向异性介质中一些常见的用二阶张量表示的物理量。

表 4-6 一些用二阶张量描述的物理性质

张量性质(T_{ij})	作用矢量(q_{ij})	感生矢量(p_{ij})	关系式 $p_i=\sum_{j=1}^{3}T_{ij}q_j$
电导率(σ_{ij})	电场强度(E_j)	电流密度(j_i)	$j_i=\sum_{j=1}^{3}\sigma_{ij}E_j$
介电常数(ε_{ij})	电场强度(E_j)	电感应强度(D_i)	$D_i=\sum_{j=1}^{3}\varepsilon_{ij}E_j$

续表

介电不渗透性(β_{ij})	电感应强度(D_j)	电场强度(E_i)	$E_i = \sum_{j=1}^{3}\beta_{ij}D_j$
热导率(k_{ij})	温度梯度($-\frac{\partial T}{\partial x_j}$)	热流密度(h_i)	$h_i = -\sum_{j=1}^{3}k_{ij}(\frac{\partial T}{\partial x_j})$
电极化率(χ_{ij})	电场强度(E_j)	电极化强度(p_i)	$p_i = \varepsilon_0\sum_{j=1}^{3}\chi_{ij}E_j$

我们观察式(4-16)，下标 j 在等式右边出现了两次，被称为哑下标(dummy suffix)，而式中的 i 则是自由下标(free suffix)。需要说明的是，以式(4-16)这样的符号方式表达方程式时，在等式的左右每一项自由下标的符号必须一致，而哑下标在每一项中都必须成对出现，如

$$A_{ij}+B_{ik}C_{kl}D_{lj}=E_{ik}F_{kj} \tag{4-17}$$

式中：i,j 为自由下标，k,l 为哑下标，因为 k,l 等号两边均成对出现。值得注意的是，相乘的各项的先后次序不同不影响结果，如上式等号左边第二项可以写作 $C_{kl}B_{ik}D_{lj}$，但是人们习惯上将相乘的各项的哑下标写成成对出现的形式，正如式(4-17)中表现的那样。

4.2.2　坐标系的变换

式(4-14)所表示的是作用矢量$\vec{q}$的三个分量是如何通过系数 T_{ij} 来决定感生矢量$\vec{p}$的各个分量的值。在这里，坐标系的选择是任意的，只要是互相垂直的三维坐标系统。如果我们变换一套不同的坐标系，则式(4-14)中的张量的各个分量的值都要跟着改变，但是，必须强调的是，这两套不同的坐标系所描述的物理性质本身是不会随着坐标系的变换而产生变化，只是其表现形式产生了变化。我们的任务就是要知道当参考的坐标系变化以后，该物理性质的 9 个分量产生怎样的变化。

首先假设从一套三轴相互垂直坐标系 $x_1x_2x_3$ 通过共同的原点经旋转变换到另一套坐标系 $x_1'x_2'x_3'$，变换过程中各轴的长度单位不变，如图 4-19 所示。可以通过表 4-7 中的方向余弦表来表征新旧坐标系之间的角度关系，表中新坐标系用 $x_1'x_2'x_3'$ 表征，而旧坐标系使用 $x_1x_2x_3$ 表征，a_{21}，a_{22}，a_{23} 分别代表 x_2'轴与 x_1，x_2，x_3 轴的方向余弦，正如图 4-19 中标定的那样。同样，旧的 x_3 轴与 x_1'，x_2'，x_3'轴之间的方向余弦分别为表中的 a_{13}，a_{23}，a_{33}。所以表 4-7 中方向余弦 a_{ij} $(i,j=1,2,3)$表示坐标轴 x_i'与 x_j 之间的方向余弦，它是跨居两套坐标系的方向余弦矩阵，a_{ij} 的第一个下标代表“新”坐标系，而第二个下标则代表了“旧”坐标系。a_{ij} 的 9 个分量相互之间存在一定的关联。

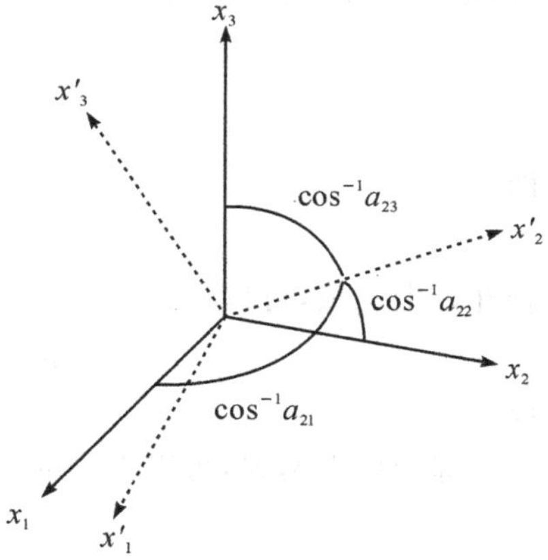

图 4-19　坐标系变换

表 4-7 新旧坐标系之间的转换关系

		旧坐标		
		x_1	x_2	x_3
新坐标	x_1'	a_{11}	a_{12}	a_{13}
	x_2'	a_{21}	a_{22}	a_{23}
	x_3'	a_{31}	a_{32}	a_{33}

假设一个矢量$\vec{q}$在 x_1, x_2, x_3 坐标系中的三个分量分别是 p_1, p_2, p_3，则可以证明该矢量在新坐标系 x_1', x_2', x_3'中的表达式为

$$\begin{cases} p_1' = a_{11}p_1 + a_{12}p_2 + a_{13}p_3 \\ p_2' = a_{21}p_1 + a_{22}p_2 + a_{23}p_3 \\ p_3' = a_{31}p_1 + a_{32}p_2 + a_{33}p_3 \end{cases} \tag{4-18}$$

或者可以写作

$$p_i' = a_{ij}p_j \tag{4-19}$$

同样，如果要使用新坐标系的方向来表示一个旧坐标系中的矢量，可以得到

$$\begin{cases} p_1 = a_{11}p_1' + a_{21}p_2' + a_{31}p_3' \\ p_2 = a_{12}p_1' + a_{22}p_2' + a_{32}p_3' \\ p_3 = a_{13}p_1' + a_{23}p_2' + a_{33}p_3' \end{cases} \tag{4-20}$$

或

$$p_i = a_{ji}p_j' \tag{4-21}$$

比较式(4-18)～(4-21)，应该能够注意到如果需要表示一个矢量从 x_1, x_2, x_3 坐标系→x_1', x_2', x_3' 坐标系，即“旧”→“新”转换后该矢量的表达形式[式(4-19)]，公式中的哑下标是相连的，而要表达“新”→“旧”矢量时[式(4-21)]，哑下标是分开的。

现在来看公式 4.14～4.16，前面已经提及 T_{ij} 的值是与坐标系的选择有关的，坐标系变换以后，张量 T_{ij} 的各分量数值会产生变化，假设 x_1, x_2, x_3 旧坐标系→x_1', x_2', x_3'新坐标系，则张量 T_{ij} 所对应的作用矢量与感生矢量在两套坐标系中存在的关系为

$$p' \xrightarrow{\text{式(4-19)}} p \xrightarrow{\text{式(4-16)}} q \xrightarrow{\text{式(4-21)}} q'$$

即

$$\begin{cases} p_i' = a_{ik}p_k \\ p_k = T_{kl}q_l \\ q_l = a_{jl}q_j' \end{cases}$$

合并以上三项，可以得到

$$p_i' = a_{ik}p_k = a_{ik}T_{kl}q_l = a_{ik}T_{kl}a_{jl}q_j' \tag{4-22}$$

或

$$p_i' = T_{ij}'q_j' \tag{4-23}$$

综合以上两式，可以得到因为坐标变换张量的变换公式：

$$T_{ij}' = a_{ik}a_{jl}T_{kl} \tag{4-24}$$

反之，如果从 x_1', x_2', x_3'新坐标系→x_1, x_2, x_3 旧坐标系的变换，则：

$$T_{ij} = a_{ki}a_{lj}T_{kl}' \tag{4-25}$$

式(4-24)和式(4-25)就是重要的二阶张量变换定律，该公式适合于所有的二阶张量。反过来我们可以这样定义二阶张量：若有 9 个数 T_{ij} 经过坐标变换后变成 T_{ij}'，且满足式(4-24)和式(4-25)，则这一组数构成一个二阶张量。

因此，总结以上提到的矢量与二阶张量在不同坐标系之间的变换关系，并推广至更高阶

的张量，可以得到如表 4-8 所示的张量变换定律。

表 4-8　张量的变换定律

名称	张量阶数	张量变换定律	
		x_1,x_2,x_3 旧→x_1',x_2',x_3' 新	x_1',x_2',x_3' 新→x_1,x_2,x_3 旧
标量	0	$\Phi'=\Phi$	$\Phi=\Phi'$
矢量	1	$p_i'=a_{ij}p_j$	$p_i=a_{ji}p_j'$
	2	$T_{ij}'=a_{ik}a_{jl}T_{kl}$	$T_{ij}=a_{ki}a_{lj}T_{kl}'$
	3	$T_{ijk}'=a_{il}a_{jm}a_{kn}T_{lmn}$	$T_{ijk}=a_{li}a_{mj}a_{nk}T_{lmn}'$
	4	$T_{ijkl}'=a_{im}a_{jn}a_{kp}a_{lq}T_{mnpq}$	$T_{ijkl}=a_{mi}a_{nj}a_{pk}a_{ql}T_{mnpq}'$

各向异性介质中的高阶张量如压电系数、线性电光系数、二阶光学非线性极化率等三阶张量，以及如杨氏模量、电致伸缩系数、三阶光学非线性极化率等四阶张量。观察表 4-8，可以找到以下的规律：如果使用旧坐标系中张量的定义来表示新坐标系中张量的值(即 x_1,x_2,x_3 旧→x_1',x_2',x_3'新)，各哑下标尽可能地靠近[如式(4-24)中哑下标 k,l 分别位于第 4,6,7,8 的位置]，反之(x_1',x_2',x_3'新→x_1,x_2,x_3 旧)，则哑下标彼此尽可能分开[如式(4-25)中哑下标 k,l 分别位于第 3,5,7,8 的位置]。

4.2.3　对称张量的性质

如果一个张量 T_{ij} 的分量存在 $T_{ij}=T_{ji}$，则该张量称为对称张量，由于 $T_{12}=T_{21}$，$T_{13}=T_{23}$，$T_{13}=T_{31}$，所以二阶对称张量只有 6 个独立分量，有时，可以将对称张量写成

$$T=\begin{bmatrix} T_1 & T_6 & T_5 \\ T_6 & T_2 & T_4 \\ T_5 & T_4 & T_3 \end{bmatrix} \tag{4-26}$$

同样，如果一个张量 T_{ij} 的分量存在 $T_{ij}=-T_{ji}$，则该张量称为反对称张量，这就意味着 $T_{11}=T_{22}=T_{33}=0$，也可以将反对称张量写作

$$T=\begin{bmatrix} 0 & T_6 & -T_5 \\ -T_6 & 0 & T_4 \\ T_5 & -T_4 & 0 \end{bmatrix} \tag{4-27}$$

关于对称张量的性质，以下的两个定理是显而易见的：

定理 1：如果一个张量是对称的或者反对称的，则该张量的对称性与坐标轴的选择无关，亦即如果 $T_{ij}=\pm T_{ji}$，则必然有：$T_{ij}'=\pm T_{ji}'$。

定理 2：任何张量总可以分解成一个对称张量和一个反对称张量之和，并且分解的方法是唯一的。

1. 对称张量的示性面

一般来说，由于晶体存在着对称性，而晶体物理性质的对称性必须要高于或至少不低于晶体所属点群的对称性，所以描述晶体物理性质的张量都是对称张量。

先考虑方程

$$S_{ij}x_ix_j=1 \tag{4-28}$$

其中 S_{ij} 是系数，我们在这里先不定义 S_{ij} 是张量的分量，将式(4-28)展开，可以得到

$$S_{11}x_1^2+S_{12}x_1x_2+S_{13}x_1x_3+S_{21}x_2x_1+S_{22}x_2^2+S_{23}x_2x_3+S_{31}x_3x_1+S_{32}x_3x_2+S_{33}x_3^2=1 \tag{4-29}$$

我们假设 $S_{ij}=S_{ji}$，则上式可以变成

$$S_{11}x_1^2+S_{22}x_2^2+S_{33}x_3^2+2S_{23}x_2x_3+2S_{31}x_3x_1+2S_{12}x_1x_2=1 \tag{4-30}$$

式(4-30)所描述的是一个二次曲面，即为椭球或双曲面，如图 4-20 所示。

通过坐标变换($x_1,x_2,x_3 \rightarrow x_1',x_2',x_3'$)，即式(4-28)所表征的二次曲面中的任一点的 x_i 值的变换关系为

$$\begin{cases} x_i=a_{ki}x_k' \\ x_j=a_{lj}x_l' \end{cases} \tag{4-31}$$

我们可以得到 $$S_{ij}a_{ki}a_{lj}x_k'x_l'=1 \tag{4-32}$$

也可以写作 $$S'_{kl}x_k'x_l'=1$$

其中 $$S_{kl}'=a_{ki}a_{lj}S_{ij} \tag{4-33}$$

将式(4-33)与二阶张量变换定律式(4-25)比较，两者完全一致。可见式(4-28)中的 S_{ij} 实际上是二阶对称张量的分量，而式(4-28)所描述的二次曲面称为二阶对称张量的示性面(representation quadric)。示性面可以用来描述任何二阶对称张量的几何性质，从而能够使用示性面描述以该张量表征的晶体物理性能。

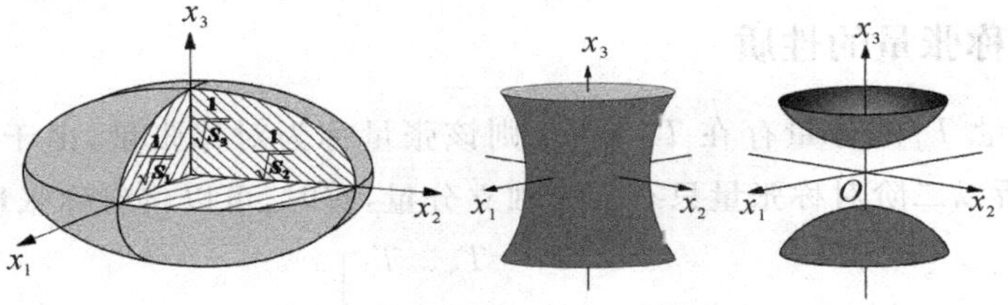

图 4-20　张量[S_{ij}]的示性面(从左至右分别为椭球，单叶双曲面和双叶双曲面)

二次曲面的一个重要特点就是存在三个相互垂直的长轴。对于对称张量，经过一定的坐标变换以后，一定可以将式(4-28)写成

$$S_1x_1^2+S_2x_2^2+S_3x_3^2=1 \tag{4-34}$$

即总能找到一种坐标变换($x_1,x_2,x_3 \rightarrow x_1',x_2',x_3'$)，使得 $\begin{bmatrix} S_{11} & S_{12} & S_{13} \\ S_{21} & S_{22} & S_{23} \\ S_{31} & S_{32} & S_{33} \end{bmatrix} \rightarrow \begin{bmatrix} S_1 & 0 & 0 \\ 0 & S_2 & 0 \\ 0 & 0 & S_3 \end{bmatrix}$，

此时二阶对称张量只有三个独立的分量，位于主对角线的方向。虽然张量的形式变得简单、直观，但是该张量本身的性质却没有发生变化。示性面中椭球的三个长轴(长度分别为 $\frac{1}{\sqrt{S_1}}$，$\frac{1}{\sqrt{S_2}}$，$\frac{1}{\sqrt{S_3}}$)正好与三个相互垂直的坐标轴重合(当 S_1,S_2,S_3 均为正值时)，此时的坐标轴称为主轴，而 S_1,S_2,S_3 则是张量的主值。当然 S_1,S_2,S_3 不一定全为正值，如果有两个主值为正，该张量的示性面则为如图 4-20 中的单叶双曲面，如果其中有两个主值为负，该张量的示性面则为如图 4-20 中的双叶双曲面，而如果三个主值均为负，示性面就是一个虚数的椭球面。为了简便与直观，我们的讨论限于椭球面的情况。

现在我们仍然以电导率张量为例说明张量示性面上一点的径矢及法矢之间的关系及其

物理意义。设电导率张量在主轴坐标系中具有以下的形式：$\sigma=\begin{bmatrix}\sigma_1 & 0 & 0\\ 0 & \sigma_2 & 0\\ 0 & 0 & \sigma_3\end{bmatrix}$，设电场方向为 $\vec{E}=[l_1E,l_2E,l_3E]$，l_1,l_2,l_3 分别为电场矢量的方向余弦，根据电导率张量的表达式，可知电流密度矢量为 $\vec{j}=[\sigma_1l_1E,\ \sigma_2l_2E,\ \sigma_3l_3E]$，电流密度 $\vec{j}$ 的方向余弦就能推知正比于 σ_1l_1，σ_2l_2，σ_3l_3。如果 p 是电导率张量示性面椭球上的一点，并使得 op 方向与电场方向一致，于是 p 点满足

$$\sigma_1x_1^2+\sigma_2x_2^2+\sigma_3x_3^2=1 \tag{4-35}$$

如果我们对函数 $F(x_1,x_2,x_3)=\sigma_1x_1^2+\sigma_2x_2^2+\sigma_3x_3^2=1$ 在 p 点作梯度运算 $(\nabla F)_p$，就能得到 p 点法线的方向余弦，如图 4-21 中虚线表示的方向。

$$(\nabla F)_p=\left\{(\frac{\partial F}{\partial x_1}),(\frac{\partial F}{\partial x_2}),(\frac{\partial F}{\partial x_3})\right\}_p=(2\sigma_1l_1E,2\sigma_2l_2E,2\sigma_3l_3E) \tag{4-36}$$

可见 p 点法线方向与电流密度方向一致。于是可以得知，如图 4-21 所示，在 $\vec{J}_i=\sigma_{ij}\vec{E}_j$ 所表征的各向异性介质欧姆定律中，如果 $\vec{E}$ 为通过张量椭球面上一点的径矢，则 $\vec{J}$ 即为通过该点的法矢。推而广之，我们就能得到关于张量的一个重要结论：如果对称张量 $[T_{ij}]$ 以如下的形式关联着两个矢量 $\vec{p}$ 和 $\vec{q}$：$p_i=T_{ij}q_j$，而若 $\vec{q}$ 为通过张量椭球面上一点的径矢，则 $\vec{p}$ 即为通过该点的法矢。

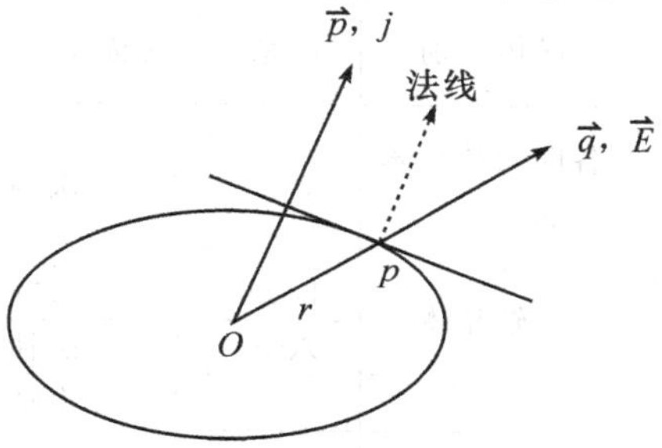

图 4-21　示性面径矢与法矢的关系

张量的径矢与法矢的关系有助于我们在晶体的任何方向快速、直观地获取某些物理性质的方向。值得注意的是，在张量的主轴方向，即椭球上长轴方向上径矢与法矢方向一致。

将张量主轴化就是要找到一种坐标变换，使得该张量在此坐标系中具有简单的形式，并以此确定晶体中的一些特定方向，探究该特定方向晶体的物理性能，可用如下所述方法求张量的主值与主轴。由于在张量的主轴方向，径矢与法矢的方向相同，则

$$p_i=\sum_{j=1}^{3}T_{ij}q_j=\lambda q_i\quad(i=1,2,3) \tag{4-37}$$

其中 λ 为常数，上式可以写成

$$\sum_{j=1}^{3}(T_{ij}-\lambda\delta_{ij})q_j=0\quad(i=1,2,3) \tag{4-38}$$

该式为 q_1,q_2,q_3 的齐次线性方程组，其非零解条件为

$$\begin{bmatrix}T_{11}-\lambda & T_{12} & T_{13}\\ T_{21} & T_{22}-\lambda & T_{23}\\ T_{31} & T_{32} & T_{33}-\lambda\end{bmatrix}=0 \tag{4-39}$$

根据上式可以解得 λ 的三个根，将每一个 λ 值代入式(4-37)可以得到一组 q_j，即为一个主轴的方向，经过坐标变换，张量 $\vec{T}$ 可以变成对角线形式，即

$$\overrightarrow{T}=\begin{bmatrix}\lambda_1 & 0 & 0\\ 0 & \lambda_2 & 0\\ 0 & 0 & \lambda_3\end{bmatrix}$$

此处 $\lambda_1,\lambda_2,\lambda_3$ 即为 λ 的三个根，可见 λ 的三个根即为张量的主值。

2. 晶体的对称性对二阶张量性质的影响

二阶对称张量针对任意坐标系有 6 个独立的分量，同时由于晶体本身具有对称性，张量的独立分量数将会进一步减少，所以有必要研究张量的示性面是如何与晶体的对称要素之间存在联系的。晶体学中的诺伊曼原理(Neumann's Principle)指出：晶体所具有的每一种对称要素都必须包含在晶体物理性质的对称性中，亦即描述晶体物理性质的张量的示性面，其对称性必然高于晶体结构的对称性。表 4-9 列出的是 7 大晶系晶体的二阶张量受晶体对称性制约的结果。

表 4-9 晶体的对称性对于二阶对称张量所代表的物理性质的制约

晶体类别	晶系	对称要素	示性面性质与取向	张量独立分量数	张量表达式(以晶体对称轴为坐标系)
各向同性晶体(isotropic)	立方	4 个 3 次轴	球	1	$\begin{bmatrix}s&0&0\\0&s&0\\0&0&s\end{bmatrix}$
单轴晶体(uniaxial)	四方	1 个 4 次轴	旋转椭球(主轴 x_3 平行于晶体 z 轴)	2	$\begin{bmatrix}s_1&0&0\\0&s_1&0\\0&0&s_3\end{bmatrix}$
	六方	1 个 6 次轴			
	三方	1 个 3 次轴			
双轴晶体(biaxial)	正交	3 个相互垂直的 2 次轴	一般椭球(3 个主轴分别平行于晶体的二次轴，$x_1,x_2,x_3 /\!/ x,y,z$)	3	$\begin{bmatrix}s_1&0&0\\0&s_2&0\\0&0&s_3\end{bmatrix}$
	单斜	1 个 2 次轴	一般椭球(1 个主轴平行于晶体的 2 次轴，$x_2 /\!/ y$)	4	$\begin{bmatrix}s_{11}&0&s_{31}\\0&s_{22}&0\\s_{31}&0&s_{33}\end{bmatrix}$
	三斜	1 个对称中心或无对称性	一般椭球，主轴与晶体轴没有固定关系	6	$\begin{bmatrix}s_{11}&s_{12}&s_{31}\\s_{12}&s_{22}&s_{23}\\s_{31}&s_{23}&s_{33}\end{bmatrix}$

注：其中 x_1,x_2,x_3 指的是示性面主轴，而 x,y,z 指的是晶体单胞坐标轴(通常是晶体的对称轴)。

对于对称性最高的立方晶系而言，由于立方晶系有 4 个 3 次对称轴，而唯一包含 4 个 3 次对称轴的二次曲面就是球，所以立方晶系晶体的物理性质是各向同性的。

对于四方、六方、三方等中级晶族的晶体而言，因为一般椭球本身就具备了 3 个相互垂直的 2 次轴，3 个垂直于 2 次轴的对称面以及 1 个对称中心(相当于正交的 mmm 点群)，如果该椭球还具有一个 4,6 或 3 次对称轴，则该椭球必然是 1 个高次轴平行于 z 轴的旋转椭球，张量只需要两个分量就能完全描述，所以中级晶族的晶体是单轴晶，高次轴即为晶体的光轴。我们也可以通过以下的方法求出四方晶系二阶张量的形式：考虑四方点群 4(C_4)中的某二阶张量 T_{ij}，假设 G_4 轴平行于 x_3 轴，可以很方便地求出坐标轴的变换矩阵为

$$(a_{ij})=\begin{bmatrix}0 & 1 & 0\\ -1 & 0 & 0\\ 0 & 0 & 1\end{bmatrix} \tag{4-40}$$

即 $x_1 \to x_2, x_2 \to -x_1, x_3 \to x_3$，于是二阶张量分量的变换为

$$\begin{cases} T_{11}' = a_{12}a_{12}T_{22} = T_{22} \\ T_{12}' = a_{12}a_{21}T_{21} = -T_{21} \\ T_{13}' = a_{12}a_{33}T_{23} = T_{23} \\ \quad\vdots \end{cases}$$

即
$$T_{ij}' = \begin{bmatrix} T_{22} & -T_{21} & T_{23} \\ -T_{12} & T_{11} & -T_{13} \\ T_{32} & -T_{31} & T_{33} \end{bmatrix} \tag{4-41}$$

又因为晶体本身有对称性，应该有 $T'_{ij} = T_{ij}$，即：$T_{22} = T_{11}$，$T_{21} = -T_{12}$，$T_{33} = T_{33}$，$T_{13} = T_{23} = T_{31} = T_{32} = 0$，同时又因为($T_{ij}$)是对称张量，$T_{12} = T_{21} = 0$，所以四方晶系二阶对称张量应该有的形式为

$$T_{ij} = \begin{bmatrix} T_{11} & 0 & 0 \\ 0 & T_{11} & 0 \\ 0 & 0 & T_{33} \end{bmatrix} \tag{4-42}$$

正交晶系、斜方晶系及三斜晶系都属于低级晶族，其本身的对称性均低于示性面的对称性(mmm)，此类晶体通常具有两个光轴，因此又被称为双轴晶。其中正交晶系的 3 个互相垂直的 2 次轴分别被取作示性面的主轴，而单斜晶系唯一的二次轴取平行于 x_3 轴，而三斜晶系由于只存在对称中心或反演中心，所以主轴与晶体轴没有固定关系。

思考题

1. 与玻璃相比，晶体的结构有什么特点？
2. 立方、六方、四方和三方晶系的晶体点群符号分别有什么共同的特征？
3. 试证明逆介电常数张量的示性面是折射率椭球。
4. 为什么立方晶系所有二阶张量表示的物理量都是各向同性的？
5. 试证明在具有反演中心的点群晶体中，所有的奇数阶张量是不存在的。
6. 推导八种对称要素对应的坐标轴变换矩阵。

参考文献

[1] 陈刚，廖理几. 晶体物理学基础(第二版). 北京：科学出版社，2007.
[2] 蒋民华. 晶体物理. 济南：山东科学技术出版社，1980.
[3] 金石琦. 晶体光学. 北京：科学出版社，1995.
[4] 马礼敦. 近代 X 射线多晶体衍射——实验技术与数据分析. 北京：化学工业出版社，2004.
[5] 俞文海，刘皖育. 晶体物理学. 北京：中国科学技术大学出版社，1998.
[6] Callister W. D. Materials science and engineering an introduction. 4th. Edition. New York: John Wiley & Sons, Inc., 1997.
[7] Kingery W. D. Introduction to ceramics. New York: John Wiley & Sons, Inc., 1960.
[8] Nye J. F. Physical properties of crystals. New York: Oxford University Press, 1985.
[9] Van Vlack L. H. Elements of materials science and engineering. 5th Edition. New Jersey: Addison-Wesley, 1985.
[10] Yariv A., Yeh P. Optical waves in crystals. New York: John Wiley & Sons, Inc., 1984.

第 5 章

介电光学晶体

5.1 晶体的力学性能

5.1.1 应力张量

所谓应力，指的是当物体受到压缩、拉伸或扭转、弯曲的作用而发生形变时，在物体的内部的任一部分和它周围相邻部分之间产生相互作用力，力的大小与相接触部分表面积的大小成正比，而力与接触的面积之比就称为应力(stress)。如图 5-1 所示，我们为应力规定了一定的符号 σ_{ij} $(i,j=1,2,3)$，此处第一个下标 i 表示力作用在 i 方向，第二个下标 j 代表了力作用在垂直于 j 方向的面上，如 σ_{22} 即代表了沿着 OX_2 方向，作用于垂直 OX_2 的平面内的应力，而 σ_{32} 则代表了同样在该平面内，沿着 OX_3 方向的应力。由于应力是均匀的，作用于图 5-1 所示的小立方体上相对的三个面上的应力应该是大小相等，方向相反的，图中只画出了三个面上的应力，背面的三个面上也有与相对面上相等但方向相反的应力。图中 σ_{11}，σ_{22}，σ_{33} 均为与作用面垂直的应力，称为正应力(normal stress)，而 σ_{12}，σ_{21}，σ_{13} 等是沿着面的应力，称为切应力(shear stress)，应力符号前的"＋"代表的是张应力(tensile stress)，而"－"代表的是压应力(compressive stress)。

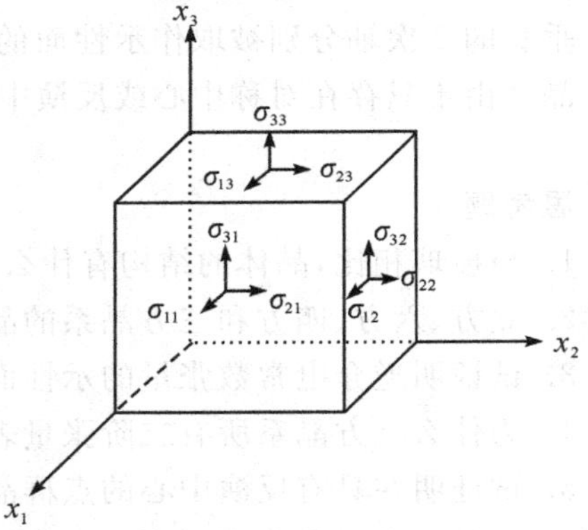

图 5-1　晶体的应力张量

可以证明 σ_{ij} 构成一个二阶张量，称为应力张量。又能够根据力的平衡条件证明在不存在扭矩的情况下[σ_{ij}]为二阶对称张量。

5.1.2 应变张量

我们先来看一根可拉伸的弦，观察其在应力的作用下的变形，以此来定义一维应变。如图 5-2 所示，当弦被拉伸时，弦上一点 P 被拉伸至 P' 点，而靠近 P 的点 Q 则被拉伸至 Q'，如果假设 $OP=x$，$OP'=x+u$，令 $PQ=\Delta x$，则 $P'Q'=\Delta x+\Delta u$。则定义 P 点的应变为

$$e=\lim_{\Delta x\to 0}\frac{\Delta u}{\Delta x}=\frac{\mathrm{d}u}{\mathrm{d}x} \tag{5-1}$$

这是一维情况下的应变(strain)表达式，应变是位置对坐标的导数。

对于二维应变的描述可以考虑一张受拉伸的平面薄片的形变，同样在应力作用下，$P(x_1,x_2)$点移动到了P'点(x_1+u_1,x_2+u_2)，矢量u_i即为P点的位移，如图 5-3 所示。为了得到二维薄片的应变，先定义

$$e_{11}=\frac{\partial u_1}{\partial x_1},e_{12}=\frac{\partial u_1}{\partial x_2},e_{21}=\frac{\partial u_2}{\partial x_1},e_{22}=\frac{\partial u_2}{\partial x_2} \tag{5-2}$$

或

$$e_{ij}=\frac{\partial u_i}{\partial x_j}\quad (i,j=1,2) \tag{5-3}$$

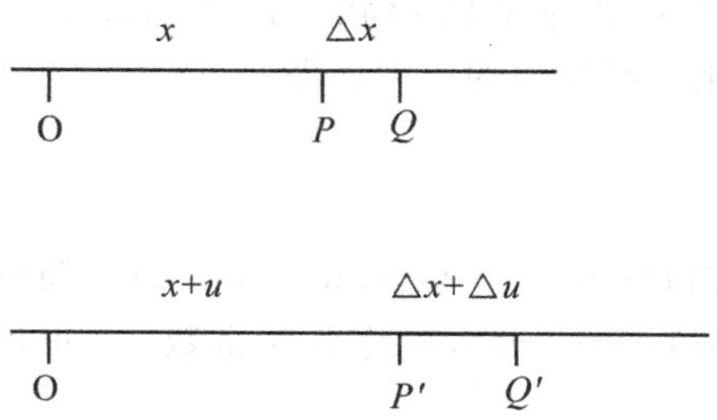

图 5-2　可拉伸的弦的变形

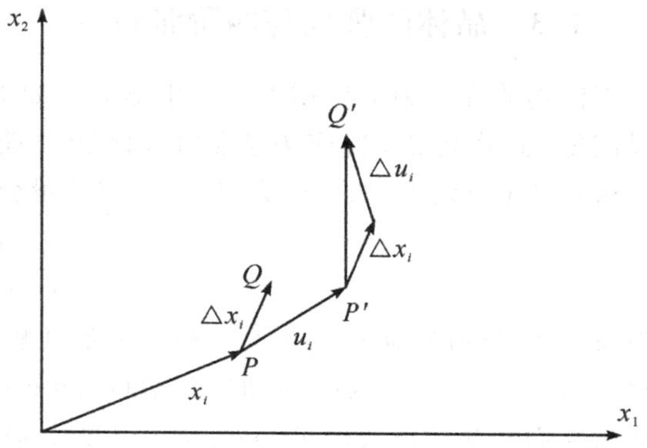

图 5-3　二维应变

可以证明，$[e_{ij}]$构成二阶张量，如果将张量$[e_{ij}]$分解成一个对称张量与一个反对称张量(张量的性质，这种分法是唯一的)，那么张量$[e_{ij}]$可以写作

$$[e_{ij}]=[S_{ij}]+[A_{ij}] \tag{5-4}$$

其中$[S_{ij}]$代表了对称张量(symmetry)，而$[A_{ij}]$代表了反对称张量(asymmetry)，则可以证明张量$[e_{ij}]$中对称部分$[S_{ij}]$是二维应变张量，而反对称部分$[A_{ij}]$是薄片的纯刚体转动部分，即二维应变张量可以写作

$$[S_{ij}]=\begin{bmatrix}S_{11} & S_{12}\\ S_{21} & S_{22}\end{bmatrix}=\begin{bmatrix}e_{11} & \frac{1}{2}(e_{12}+e_{21})\\ \frac{1}{2}(e_{12}+e_{21}) & e_{22}\end{bmatrix} \tag{5-5}$$

同样可以定义对角线分量是沿着坐标轴方向的正应变，非对角线分量是切应变。

推而广之，三维物体的应变张量可以表达为

$$[S_{ij}]=\begin{bmatrix}S_{11} & S_{12} & S_{13}\\ S_{21} & S_{22} & S_{23}\\ S_{31} & S_{32} & S_{33}\end{bmatrix}=\begin{bmatrix}e_{11} & \frac{1}{2}(e_{12}+e_{21}) & \frac{1}{2}(e_{13}+e_{31})\\ \frac{1}{2}(e_{12}+e_{21}) & e_{22} & \frac{1}{2}(e_{23}+e_{32})\\ \frac{1}{2}(e_{13}+e_{31}) & \frac{1}{2}(e_{23}+e_{32}) & e_{33}\end{bmatrix} \tag{5-6}$$

其中

$$e_{ij}=\frac{\partial u_i}{\partial x_j}\quad (i,j=1,2,3) \tag{5-7}$$

e_{11},e_{22},e_{33}分别表示平行于x_1,x_2,x_3方向的单位长度的伸长，e_{12}表示平行于x_2的线单元向x_1转动的角度，其他以此类推。应变张量$[S_{ij}]$定义为$[e_{ij}]$的对称部分。

由于应变张量是对称张量，因而可以主轴化，经过坐标变换，总能够找到一种新的坐标

系，使得应变张量具有以下的形式：$\begin{bmatrix} S_{11} & S_{12} & S_{13} \\ S_{21} & S_{22} & S_{23} \\ S_{31} & S_{32} & S_{33} \end{bmatrix} = \begin{bmatrix} S_1 & 0 & 0 \\ 0 & S_2 & 0 \\ 0 & 0 & S_3 \end{bmatrix}$。此时 $S_1 S_2 S_3$ 称为主应变，其几何意义如下：若在形变物体中取一个棱平行于主轴的单位立方体，则在应变时，该单位立方体中的棱仍保持直角，棱长则变为 $(1+S_1)(1+S_2)(1+S_3)$，于是单位立方体体积的变化（体膨胀）为：$\Delta \approx S_1 + S_2 + S_3$。

5.1.3 晶体的弹性与四阶张量

固体物质在应力的作用下会产生形变。如果应力低于一定的数值，即弹性极限，应变就可以恢复，也就是说，当应力去除时，该物质能够恢复到原来的形状。普适的虎克定律（Hooke's Law）认为，如果应力足够小，应变量会正比于所施加的应力。即

$$\begin{cases} S = \lambda\sigma \\ \sigma = cS \end{cases} \tag{5-8}$$

式中：σ 与 S 分别为应力与应变，λ 被称为弹性顺服常数（elastic compliance constant，简称顺服常数），而 $c=1/\lambda$ 称为弹性劲度常数（elastic stiffness constant，简称劲度常数），c 也可以被称为人们熟知的杨氏模量（Young's modulus）。

在晶体中均匀的应力与均匀的应变均为二阶张量。人们发现，如果一个均匀的应力 σ_{ij} 施加在晶体上，所产生的应变 S_{ij} 其每一个分量都与应力的所有分量线性关联，如

$$\begin{aligned} S_{11} = &\lambda_{1111}\sigma_{11} + \lambda_{1112}\sigma_{12} + \lambda_{1113}\sigma_{13} + \lambda_{1121}\sigma_{21} + \lambda_{1122}\sigma_{22} + \lambda_{1123}\sigma_{23} \\ &+ \lambda_{1131}\sigma_{31} + \lambda_{1132}\sigma_{32} + \lambda_{1133}\sigma_{33} \end{aligned} \tag{5-9}$$

还能够写出另外的 8 个关系式，则晶体中的虎克定律就可以写作

$$\begin{cases} S_{ij} = \lambda_{ijkl}\sigma_{kl} \\ \sigma_{ij} = c_{ijkl}S_{kl} \end{cases} \tag{5-10}$$

λ_{ijkl} 与 c_{ijkl} 分别有 81 个系数。

为了理解 λ_{ijkl} 的物理意义，在晶体上施加各种简单的应力，当施加切应力 σ_{12} 时，如果不存在体扭矩，则 σ_{12} 与 σ_{21} 应该成对施加，此时：$S_{11} = \lambda_{1112}\sigma_{12} + \lambda_{1121}\sigma_{21} = (\lambda_{1112} + \lambda_{1121})\sigma_{12}$，$\lambda_{1112}$ 与 λ_{1121} 总是成对出现，不可能将两者分开。因此，为了避免引入任意常数，我们假设此两个分量相等，即：$\lambda_{1112} = \lambda_{1121}$，以此类推，必有

$$\lambda_{ijkl} = \lambda_{ijlk} \tag{5-11}$$

即后两个下标是对称的。

另一方面，如果施加 OX_3 方向的单向拉伸应力，此时只有 $\sigma_{33} \neq 0$，应变分量的形式为

$$\begin{cases} S_{11} = \lambda_{1133}\sigma_{33},\ S_{22} = \lambda_{2233}\sigma_{33},\ S_{33} = \lambda_{3333}\sigma_{33} \\ S_{12} = \lambda_{1233}\sigma_{33},\ S_{21} = \lambda_{2133}\sigma_{33},\ S_{13} = \lambda_{1333}\sigma_{33},\ S_{31} = \lambda_{3133}\sigma_{33} \\ S_{23} = \lambda_{2333}\sigma_{33},\ S_{32} = \lambda_{3233}\sigma_{33} \end{cases} \tag{5-12}$$

由于应变张量是对称张量，所以 $S_{12} = S_{21}$，$S_{13} = S_{31}$，$S_{23} = S_{32}$，即

$$\lambda_{1233} = \lambda_{2133},\ \lambda_{1333} = \lambda_{3133},\ \lambda_{2333} = \lambda_{3233}$$

即
$$\lambda_{ijkl} = \lambda_{jikl} \tag{5-13}$$

前两个下标也是对称的。由此可见，在 81 个 λ_{ijkl} 分量中，只有 36 个是独立的。

由于晶体中应力与应变均为二阶张量，必然有

$$S_{ij}'=a_{ik}a_{jl}S_{kl} \tag{5-14}$$

$$S_{kl}=\lambda_{klmn}\sigma_{mn} \tag{5-15}$$

$$\sigma_{mn}=a_{om}a_{pn}\sigma_{op}' \tag{5-16}$$

其中式(5-14)表示从 x_1,x_2,x_3 旧坐标系→x_1',x_2',x_3'新坐标系，式(5-16)表示从 x_1',x_2',x_3'新坐标系→x_1,x_2,x_3 旧坐标系的张量变换规则，综合以上三式，可以很容易地得到：

$$\lambda_{ijkl}'=a_{im}a_{jn}a_{ko}a_{lp}\lambda_{mnop} \tag{5-17}$$

式(5-17)正好与表 4-8 中四阶张量的坐标变换法则一致，即可以证明弹性顺服常数 λ_{ijkl} 及弹性劲度常数 C_{ijkl} 的分量可以组成一个四阶张量。推而广之，如果两个二阶张量 A_{ij} 与 B_{kl} 通过以下的方程相互关联，即

$$A_{ij}=C_{ijkl}B_{kl} \tag{5-18}$$

则 C_{ijkl} 的分量组成一个四阶张量。

需要说明的是，为了紧凑与简单地表示顺服常数与劲度常数等四阶张量，通常采用矩阵形式。先对应力与应变二阶张量进行简化

$$\begin{bmatrix}\sigma_{11} & \sigma_{12} & \sigma_{13}\\ \sigma_{21} & \sigma_{22} & \sigma_{23}\\ \sigma_{31} & \sigma_{32} & \sigma_{33}\end{bmatrix}\rightarrow\begin{bmatrix}\sigma_1 & \sigma_6 & \sigma_5\\ \sigma_6 & \sigma_2 & \sigma_4\\ \sigma_5 & \sigma_4 & \sigma_3\end{bmatrix},\quad\begin{bmatrix}S_{11} & S_{12} & S_{13}\\ S_{21} & S_{22} & S_{23}\\ S_{31} & S_{32} & S_{33}\end{bmatrix}\rightarrow\begin{bmatrix}S_1 & \frac{1}{2}S_6 & \frac{1}{2}S_5\\ \frac{1}{2}S_6 & S_2 & \frac{1}{2}S_4\\ \frac{1}{2}S_5 & \frac{1}{2}S_4 & S_3\end{bmatrix} \tag{5-19}$$

对于顺服常数 λ_{ijkl} 与劲度常数 C_{ijkl} 而言，其前两个下标与后两个下标能够通过这样的简化各变成一个 1～6 的下标，因此四阶张量就能写成一个类似于 6×6 的矩阵形式 λ_{mn}，c_{mn} $(m,n=1\sim6)$，令

$$\begin{matrix}11, & 22, & 33, & \underbrace{23,32} & \underbrace{31,13} & \underbrace{12,21}\\ \downarrow & \downarrow & \downarrow & \downarrow & \downarrow & \downarrow\\ 1, & 2, & 3, & 4, & 5, & 6\end{matrix}$$

并且在这样的简化过程中引入一些系数，如

$$\begin{cases}\lambda_{ijkl}=\lambda_{mn}，当\ m,n\ 为\ 1,2,3\\ 2\lambda_{ijkl}=\lambda_{mn}，当\ m,n\ 其中之一为\ 4,5,6\\ 4\lambda_{ijkl}=\lambda_{mn}，当\ m,n\ 均为\ 4,5,6\end{cases}$$

这样引入的系数，能够保证四阶张量顺服常数 λ_{ijkl} 与劲度常数 C_{ijkl} 有以下直观的形式(请自行证明)，即

$$\sigma_m=c_{mn}S_n,\ S_m=\lambda_{mn}\sigma_n\quad(m,n=1\sim6) \tag{5-20}$$

于是四阶张量 λ_{ijkl} 和 C_{ijkl} 可以写成的矩阵形式为

$$\begin{bmatrix}\lambda_{11} & \lambda_{12} & \lambda_{13} & \lambda_{14} & \lambda_{15} & \lambda_{16}\\ \lambda_{21} & \lambda_{23} & \lambda_{23} & \lambda_{24} & \lambda_{25} & \lambda_{26}\\ \lambda_{31} & \lambda_{32} & \lambda_{33} & \lambda_{34} & \lambda_{35} & \lambda_{36}\\ \lambda_{41} & \lambda_{42} & \lambda_{43} & \lambda_{44} & \lambda_{45} & \lambda_{46}\\ \lambda_{51} & \lambda_{52} & \lambda_{53} & \lambda_{54} & \lambda_{55} & \lambda_{56}\\ \lambda_{61} & \lambda_{62} & \lambda_{63} & \lambda_{64} & \lambda_{65} & \lambda_{66}\end{bmatrix},\quad\begin{bmatrix}c_{11} & c_{12} & c_{13} & c_{14} & c_{15} & c_{16}\\ c_{21} & c_{22} & c_{23} & c_{24} & c_{25} & c_{26}\\ c_{31} & c_{32} & c_{33} & c_{34} & c_{35} & c_{36}\\ c_{41} & c_{42} & c_{43} & c_{44} & c_{45} & c_{46}\\ c_{51} & c_{52} & c_{53} & c_{54} & c_{55} & c_{56}\\ c_{61} & c_{62} & c_{63} & c_{64} & c_{65} & c_{66}\end{bmatrix}$$

需要注意的是，λ_{mn}和c_{mn}虽然只有两个下标，但它们不是二阶张量。且根据诺伊曼原理，随着晶体对称性的增加，该6×6矩阵的独立分量数将会进一步减少。如立方晶系中的顺服常数与劲度常数的独立分量只有三个，其完整的矩阵形式为

$$\lambda_{mn}=\begin{bmatrix} \lambda_{11} & \lambda_{12} & \lambda_{12} & 0 & 0 & 0 \\ \lambda_{12} & \lambda_{11} & \lambda_{12} & 0 & 0 & 0 \\ \lambda_{12} & \lambda_{12} & \lambda_{11} & 0 & 0 & 0 \\ 0 & 0 & 0 & \lambda_{44} & 0 & 0 \\ 0 & 0 & 0 & 0 & \lambda_{44} & 0 \\ 0 & 0 & 0 & 0 & 0 & \lambda_{44} \end{bmatrix} \tag{5-21}$$

可见，虽然立方晶系中二阶张量都是各向同性的，但是四阶张量却是各向异性的。各晶系四阶张量λ_{ijkl}和C_{ijkl}的矩阵形式可以在许多参考书中查阅得到，此处不再赘述。

5.2 介电晶体的电学性能

晶体依其电学性能可以分成导电晶体（如Au，Ag，Cu，Pt等金属）、半导体晶体（如GaAs，Si，ZnS等）、介电晶体（如$LiNbO_3$，KDP等）和超导体（如$YBa_2Cu_3O_7$等）。其中电介质材料的特点就是以感应极化的方式传递电的作用与影响，在外电场的作用下，正负束缚电荷的重心不再重合，从而引起了电极化。以下的公式是我们熟知的各向同性电介质中对于电极化的描述。

$$\vec{P}=\varepsilon_0\chi\vec{E} \tag{5-22}$$

$$\vec{D}=\varepsilon_0\vec{E}+\vec{P}=\varepsilon_0(1+\chi)\vec{E}=\varepsilon\vec{E} \tag{5-23}$$

$$\varepsilon=\varepsilon_0(1+\chi) \tag{5-24}$$

式中：$\vec{P}$和$\vec{D}$为电极化强度（polarization）和电位移（electric displacement）矢量，而ε和χ则分别为介电常数（permittivity）与介电极化率（dielectric susceptibility），在各向同性介质中都是标量，因而矢量$\vec{D}$与$\vec{E}$是同方向的。电极化从微观上来看可以归结为电子的位移极化，离子的位移极化及固有电矩的取向极化。由于这三种极化均有一定的频率响应，如低频下三种极化均起作用，而高频下后两种极化的贡献就会减小，所以电介质材料的介电常数与极化率均与作用场的频率紧密相关。

5.2.1 电极化率、介电常数张量与逆介电常数张量

在各向异性的晶体中，我们能够得到以下的替代式(5-22)～(5-24)的表达式：

$$P_i=\varepsilon_0\chi_{ij}E_j \tag{5-25}$$

$$D_i=\varepsilon_{ij}E_j \tag{5-26}$$

$$\varepsilon_{ij}=\varepsilon_0(\delta_{ij}+\chi_{ij}) \tag{5-27}$$

式中：ε_{ij}与χ_{ij}分别为介电常数张量与电极化率张量，它们都是二阶张量，且可以用能量守恒定律证明ε_{ij}与χ_{ij}张量都是对称张量，即有：$\varepsilon_{ij}=\varepsilon_{ji}$，$\chi_{ij}=\chi_{ji}$。它们都只有六个独立的分量，经

过主轴化后可以得到三个主介电常数与三个主极化率。

特别要说明的是在光频场的作用下，此时由于存在：$n=\sqrt{\mu\varepsilon}$，对于非磁性介质来说 $\mu\approx 1$，故有：$n=\sqrt{\varepsilon}$，所以对于介电常数张量 ε_{ij} 而言，根据定义，其示性面方程可以写作

$$\varepsilon_{ij}x_ix_j=1 \tag{5-28}$$

通过选择合适的坐标系，即经过主轴化以后，总能够找到一种变换将上式转变成：

$$\varepsilon_1x_1^2+\varepsilon_2x_2^2+\varepsilon_3x_3^2=1 \tag{5-29}$$

即

$$\frac{x_1^2}{\left(\frac{1}{n_1}\right)^2}+\frac{x_2^2}{\left(\frac{1}{n_2}\right)^2}+\frac{x_3^2}{\left(\frac{1}{n_3}\right)^2}=1 \tag{5-30}$$

其中

$$n_1^2=\varepsilon_1,n_2^2=\varepsilon_2,n_3^2=\varepsilon_3 \tag{5-31}$$

所以我们得到这样的结论：介电常数张量的示性面是折射率倒数椭球，亦称为非涅尔椭球。在这里还需要强调的是，从式(5-30)中很容易推导出晶体中折射率是各向异性的，且如表 4-9 所示，随着晶体对称性的不同，折射率的各向异性也是不同的，立方晶系的晶体折射率就是各向同性的。虽然晶体中折射率存在各向异性的特点，但是可以证明，晶体中的折射率不是张量，因为它不符合张量变换定律。

由于介电常数张量的示性面是折射率倒数椭球，表达不够直观。为了得到光率体，即折射率椭球，人们往往定义另一个二阶张量，即逆介电常数张量或介电不渗透张量[β_{ij}]。其定义如下，将电场强度$\overrightarrow{E}$和电位移矢量$\overrightarrow{D}$的关系式表示为

$$E_i=\beta_{ij}D_j\quad(i,j=1,2,3) \tag{5-32}$$

β_{ij} 连接着两个矢量，并且可以证明其服从二阶张量的变换规则，所以[β_{ij}]是二阶张量。而且张量[ε_{ij}]与[β_{ij}]存在的关系为

$$\varepsilon_{ij}\beta_{ik}=\delta_{jk} \tag{5-33}$$

同样，逆介电常数张量的示性面方程为

$$\beta_{ij}x_ix_j=1 \tag{5-34}$$

经过坐标变换，能够找到一种坐标系，使得

$$\begin{cases}\beta_1x_1^2+\beta_2x_2^2+\beta_3x_3^2=1\\ \dfrac{x_1^2}{n_1^2}+\dfrac{x_2^2}{n_2^2}+\dfrac{x_3^2}{n_3^2}=1\end{cases} \tag{5-35}$$

式中：β_1,β_2,β_3 与 n_1,n_2,n_3 分别被称为逆介电常数与主折射率，且存在

$$\begin{cases}\beta_1=\dfrac{1}{\varepsilon_1}=\dfrac{1}{n_1^2}\\ \beta_2=\dfrac{1}{\varepsilon_2}=\dfrac{1}{n_2^2}\\ \beta_3=\dfrac{1}{\varepsilon_3}=\dfrac{1}{n_3^2}\end{cases} \tag{5-36}$$

值得注意的是，只有在主坐标系中该式才能成立。所以光率体是光频下逆介电常数张量的示性面，从光率体中可以方便地得到晶体在任意方向的折射率以及离散角，这方面的理论可以参阅 Yariv 与 Pochi Yeh 的很经典的论著 *Optical Waves in Crystals*。

5.2.2 压电效应与三阶张量

电介质晶体中有一部分具有这样有趣的物理性质，即在外力作用下，晶体发生了形变，同时在晶体的某些表面上出现异号的极化电荷。这种现象最早是在1880年由居里兄弟首次在α石英晶体上发现，于是人们就定义这种没有电场作用，只是由于应变而在晶体内部产生电极化的现象称为压电效应(piezoelectric effects)。压电效应可以描述为这部分晶体当应力不太大时，由压电效应所产生的电极化强度矢量$\vec{P}$与所施加的应力张量σ_{ij}之间以式(5-37)的形式线性相连，即

$$P_i=d_{ijk}\sigma_{jk}\quad(i,j,k=1,2,3)\tag{5-37}$$

此处$\vec{P}$为矢量，即为一阶张量，而σ_{jk}是二阶张量，d_{ijk}被称为压电系数，代表了该晶体在应力作用下的极化能力，其单位是c/N。能够很方便地证明d_{ijk}是三阶张量，共有27个分量，d_{ijk}服从表4-8中所列出的三阶张量的坐标变换法则，即

$$d_{ijk}'=a_{il}a_{jm}a_{kn}d_{lmn}\tag{5-38}$$

这是我们所接触到的第一个三阶张量，与前述的二阶、四阶等偶数阶张量不同的是，奇数阶张量(包括一阶、三阶张量)并不能存在于所有对称型的晶体中，凡是具有对称中心的晶类，即所属点群中包含中心反演($\bar{1}$或i)者，必不可能有奇数阶张量。这可以通过以下方法证明(以压电系数为例)。

中心反演操作的变换矩阵为

$$(\alpha_{ij})=(\bar{1})=\begin{bmatrix}-1&0&0\\0&-1&0\\0&0&-1\end{bmatrix}\tag{5-39}$$

由式(5-38)，经过这样的变换以后，$[d_{ijk}]$的每一个分量都有

$$d_{ijk}=\alpha_{ii}\alpha_{jj}\alpha_{kk}d_{ijk}=(-1)^3d_{ijk}=-d_{ijk}$$

所以$d_{ijk}=0$，说明凡是有反演中心操作的点群晶体均无压电效应。此结论适用于所有的奇数阶张量。

在32种点群中有11种点群具有对称中心(参见表4-3中对称元素一列中带有黑体的部分)，因此可能有压电效应者只有21种，同时立方晶系中432(O)点群($3G_4 4G_3 6G_2$)虽然没有对称中心，但其对称性很高，点对称操作很多，其压电系数的分量均为0，也不具备压电性，所以有压电效应的晶体只属于20种点群。

由于$[\sigma_{jk}]$是二阶对称张量，其两个下标可以对调，从而导致三阶张量$[d_{ijk}]$的后两个下标也可以对调，因此$[d_{ijk}]$的独立分量数就减少到18个。同时，压电系数的分量数还受所属点群对称性的影响。如求点群$\bar{4}2m$的晶体(四方晶系，对称操作为$G_{i4}2G_2 2P$，见表4-3)的压电系数独立张量个数，其18个可能的独立分量为

$$\left\{\begin{matrix}d_{111}&d_{112}&d_{113}&d_{211}&d_{212}&d_{213}&d_{311}&d_{312}&d_{313}\\&d_{122}&d_{123}&&d_{222}&d_{223}&&d_{322}&d_{323}\\&&d_{133}&&&d_{233}&&&d_{333}\end{matrix}\right\}\tag{5-40}$$

先看$\bar{4}2m$的2次对称轴，它是OX_2方向的对称轴，其变换矩阵可以很方便地写出

$$(\alpha_{ij})=(2)=\begin{bmatrix}-1 & 0 & 0\\ 0 & 1 & 0\\ 0 & 0 & -1\end{bmatrix} \tag{5-41}$$

只有 $\alpha_{11},\alpha_{22},\alpha_{33}$ 不等于零，即 $x_1\to -x_1'$，$x_2\to x_2'$，$x_3\to -x_3'$，于是经式(5-38)的坐标变换后：$d_{111}=\alpha_{11}\alpha_{11}\alpha_{11}d_{111}=-d_{111}$，于是 $d_{111}=0$；$d_{123}=\alpha_{11}\alpha_{22}\alpha_{33}d_{123}=d_{123}$，因此 $d_{123}\neq 0$。

经过这样的变换后，只有 8 个分量不为零，即为

$$\left\{\begin{matrix}0 & d_{112} & 0 & d_{211} & 0 & d_{213} & 0 & d_{312} & 0\\ & 0 & d_{123} & & d_{222} & 0 & & 0 & d_{323}\\ & & 0 & & & d_{233} & & & 0\end{matrix}\right\} \tag{5-42}$$

再进行 OX_3 方向的四次反演轴的对称操作，其变换矩阵为

$$(\alpha_{ij})=(\bar{4})=\begin{bmatrix}0 & -1 & 0\\ 1 & 0 & 0\\ 0 & 0 & -1\end{bmatrix} \tag{5-43}$$

即 $x_1\to -x_2'$，$x_2\to x_1'$，$x_3\to -x_3'$，同样经过式(5-38)的坐标变换后，得到

$$\begin{cases}d_{112}=\alpha_{12}\alpha_{12}\alpha_{21}d_{221}=d_{221}=0\\ d_{123}=\alpha_{12}\alpha_{21}\alpha_{33}d_{213}=d_{213}\neq 0\\ d_{211}=\alpha_{21}\alpha_{12}\alpha_{12}d_{122}=d_{122}=0\\ d_{222}=\alpha_{21}\alpha_{21}\alpha_{21}d_{111}=d_{111}=0\\ d_{233}=\alpha_{21}\alpha_{33}\alpha_{33}d_{133}=d_{133}=0\\ d_{312}=\alpha_{33}\alpha_{12}\alpha_{21}d_{321}=d_{321}\neq 0\\ d_{323}=\alpha_{33}\alpha_{21}\alpha_{33}d_{313}=d_{313}=0\end{cases} \tag{5-44}$$

总结式(5-42)与式(5-44)，压电系数张量的独立分量数只有 2 个，即为 $d_{123}=d_{213}$，d_{312}，式(5-42)可以写作

$$\left\{\begin{matrix}0 & 0 & 0 & 0 & 0 & d_{213} & 0 & d_{312} & 0\\ & 0 & d_{123} & & 0 & 0 & & 0 & 0\\ & & 0 & & & 0 & & & 0\end{matrix}\right\} \tag{5-45}$$

对三阶张量同样可以进行下标简化，使其成为矩阵形式，可以将 d_{ijk} 的后两个下标简化成一个，即将 $jk\to n(n=1,2,\cdots,6)$，使得

$$d_{in}=\begin{cases}d_{ijk} & (当\ n=1,2,3)\\ 2d_{ijk} & (当\ n=4,5,6)\end{cases} \tag{5-46}$$

其中

$$\begin{matrix}11, & 22, & 33, & \underbrace{23,32} & \underbrace{31,13} & \underbrace{12,21}\\ \downarrow & \downarrow & \downarrow & \downarrow & \downarrow & \downarrow\\ 1, & 2, & 3, & 4, & 5, & 6\end{matrix}$$

引入因子 2 的目的同样是为了用 d_{in} 写出表达式时更为简捷，于是式(5-37)可以写作

$$P_i=d_{in}\sigma_n \quad (i=1,2,3;n=1,2,3,4,5,6) \tag{5-47}$$

用矩阵写出的压电系数张量的形式为

$$(d_{in})=\begin{bmatrix}d_{11} & d_{12} & d_{13} & d_{14} & d_{15} & d_{16}\\ d_{21} & d_{22} & d_{23} & d_{24} & d_{25} & d_{26}\\ d_{31} & d_{32} & d_{33} & d_{34} & d_{35} & d_{36}\end{bmatrix} \tag{5-48}$$

将式(5-47)写成矩阵的形式，即

$$\begin{bmatrix}P_1\\P_2\\P_3\end{bmatrix}=\begin{bmatrix}d_{11}&d_{12}&d_{13}&d_{14}&d_{15}&d_{16}\\d_{21}&d_{22}&d_{23}&d_{24}&d_{25}&d_{26}\\d_{31}&d_{32}&d_{33}&d_{34}&d_{35}&d_{36}\end{bmatrix}\begin{bmatrix}\sigma_1\\\sigma_2\\\sigma_3\\\sigma_4\\\sigma_5\\\sigma_6\end{bmatrix} \tag{5-49}$$

式(5-45)就可以写作

$$(d_{in})=\begin{bmatrix}0&0&0&d_{14}&0&0\\0&0&0&0&d_{14}&0\\0&0&0&0&0&d_{36}\end{bmatrix} \tag{5-50}$$

这是四方晶系的$\bar{4}2m$点群晶体的压电系数矩阵，以此类推，20种点群晶体的压电系数矩阵的独立分量列于表5-1中。值得注意的是d_{in}是三阶张量d_{ijk}的矩阵形式，其本身不是二阶张量。

当将电场加到压电晶体上时，晶体中会产生应变，这一效应与压电效应相反，称为逆压电效应(converse piezoelectric effect)，即当所加电压不是很大，电场不是很强的情况下，一级近似下由电场引起的应变与电场强度的关系是线性的，即为

$$S_{jk}=d_{ijk}E_i \quad (i,j,k=1,2,3) \tag{5-51}$$

若应力很大，或电场很强时，由电场引起的应变与电场之间还存在非线性的关系，即

$$S_{jk}=d_{ijk}E_i+\gamma_{iljk}E_iE_l \quad (i,j,k,l=1,2,3) \tag{5-52}$$

请注意式(5-51)与式(5-52)中的下标次序以及代表逆压电系数张量的符号d_{ijk}。式(5-51)与式(5-52)均描述了晶体中的应变与所加电场之间的关系，与压电方程(5-37)相比，代表压电系数与逆压电系数的符号是一样的。根据热力学证明，连接电场和应变的逆压电系数与连接应力和电极化强度的压电系数是相同的，将式(5-51)中的S_{jk}简化成S_n，d_{ijk}同样能够简化成矩阵形式的d_{in}，于是式(5-51)可以写作

$$S_n=d_{in}E_i \quad (i=1\sim3,n=1\sim6) \tag{5-53}$$

用矩阵的形式表达，就是

$$\begin{bmatrix}S_1\\S_2\\S_3\\S_4\\S_5\\S_6\end{bmatrix}=\begin{bmatrix}d_{11}&d_{21}&d_{31}\\d_{12}&d_{22}&d_{32}\\d_{13}&d_{23}&d_{33}\\d_{14}&d_{24}&d_{34}\\d_{15}&d_{25}&d_{35}\\d_{16}&d_{26}&d_{36}\end{bmatrix}\begin{bmatrix}E_1\\E_2\\E_3\end{bmatrix} \tag{5-54}$$

请注意式(5-54)中的$[d_{in}]$矩阵是式(5-49)中压电系数矩阵的转置，转置是为了保持逆压电系数符号与压电系数张量一致。

表 5-1　具有压电性的 20 种点群晶体的压电系数矩阵

晶系	点群	压电系数矩阵	独立分量个数
三斜	1	$d=\begin{bmatrix} d_{11} & d_{12} & d_{13} & d_{14} & d_{15} & d_{16} \\ d_{21} & d_{22} & d_{23} & d_{24} & d_{25} & d_{26} \\ d_{31} & d_{32} & d_{33} & d_{34} & d_{35} & d_{36} \end{bmatrix}$	18
单斜	m $m\perp x_2$	$d=\begin{bmatrix} d_{11} & d_{12} & d_{13} & 0 & d_{15} & 0 \\ 0 & 0 & 0 & d_{24} & 0 & d_{26} \\ d_{31} & d_{32} & d_{33} & 0 & d_{35} & 0 \end{bmatrix}$	10
单斜	2 $2\parallel x_2$	$d=\begin{bmatrix} 0 & 0 & 0 & d_{14} & 0 & d_{16} \\ d_{21} & d_{22} & d_{23} & 0 & d_{25} & 0 \\ 0 & 0 & 0 & d_{34} & 0 & d_{36} \end{bmatrix}$	8
正交	$mm2$	$d=\begin{bmatrix} 0 & 0 & 0 & 0 & d_{15} & 0 \\ 0 & 0 & 0 & d_{24} & 0 & 0 \\ d_{31} & d_{32} & d_{33} & 0 & 0 & 0 \end{bmatrix}$	5
正交	222	$d=\begin{bmatrix} 0 & 0 & 0 & d_{14} & 0 & 0 \\ 0 & 0 & 0 & 0 & d_{25} & 0 \\ 0 & 0 & 0 & 0 & 0 & d_{36} \end{bmatrix}$	3
三方	3	$d=\begin{bmatrix} d_{11} & -d_{11} & 0 & d_{14} & d_{15} & -2d_{22} \\ -d_{22} & d_{22} & 0 & d_{15} & -d_{14} & -2d_{11} \\ d_{31} & d_{31} & d_{33} & 0 & 0 & 0 \end{bmatrix}$	6
三方	$3m$ $m\perp x_1$	$d=\begin{bmatrix} 0 & 0 & 0 & 0 & d_{15} & -2d_{22} \\ -d_{22} & d_{22} & 0 & d_{15} & 0 & 0 \\ d_{31} & d_{31} & d_{33} & 0 & 0 & 0 \end{bmatrix}$	4
三方	32	$d=\begin{bmatrix} d_{11} & -d_{11} & 0 & d_{14} & 0 & 0 \\ 0 & 0 & 0 & 0 & -d_{14} & -2d_{11} \\ 0 & 0 & 0 & 0 & 0 & 0 \end{bmatrix}$	2
四方	4	$d=\begin{bmatrix} 0 & 0 & 0 & d_{14} & d_{15} & 0 \\ 0 & 0 & 0 & d_{15} & -d_{14} & 0 \\ d_{31} & d_{31} & d_{33} & 0 & 0 & 0 \end{bmatrix}$	4
四方	$4mm$	$d=\begin{bmatrix} 0 & 0 & 0 & 0 & d_{15} & 0 \\ 0 & 0 & 0 & d_{15} & 0 & 0 \\ d_{31} & d_{31} & d_{33} & 0 & 0 & 0 \end{bmatrix}$	3
四方	$\bar{4}$	$d=\begin{bmatrix} 0 & 0 & 0 & d_{14} & d_{15} & 0 \\ 0 & 0 & 0 & -d_{15} & d_{14} & 0 \\ d_{31} & -d_{31} & 0 & 0 & 0 & d_{36} \end{bmatrix}$	4

续表

晶系	点群	压电系数矩阵	独立分量个数
四方	$\bar{4}2m$	$d=\begin{bmatrix}0&0&0&d_{14}&0&0\\0&0&0&0&d_{14}&0\\0&0&0&0&0&d_{36}\end{bmatrix}$	2
四方	422	$d=\begin{bmatrix}0&0&0&d_{14}&0&0\\0&0&0&0&-d_{14}&0\\0&0&0&0&0&0\end{bmatrix}$	1
六方	6	$d=\begin{bmatrix}0&0&0&d_{14}&d_{15}&0\\0&0&0&d_{15}&-d_{14}&0\\d_{31}&d_{31}&d_{33}&0&0&0\end{bmatrix}$	4
六方	$6mm$	$d=\begin{bmatrix}0&0&0&0&d_{15}&0\\0&0&0&d_{15}&0&0\\d_{31}&d_{31}&d_{33}&0&0&0\end{bmatrix}$	3
六方	$\bar{6}$	$d=\begin{bmatrix}d_{11}&-d_{11}&0&0&0&-2d_{22}\\-d_{22}&d_{22}&0&0&0&-2d_{11}\\0&0&0&0&0&0\end{bmatrix}$	2
六方	622	$d=\begin{bmatrix}0&0&0&d_{14}&0&0\\0&0&0&0&-d_{14}&0\\0&0&0&0&0&0\end{bmatrix}$	1
立方	23	$d=\begin{bmatrix}0&0&0&d_{14}&0&0\\0&0&0&0&d_{14}&0\\0&0&0&0&0&d_{14}\end{bmatrix}$	1
立方	$\bar{4}3m$	$d=\begin{bmatrix}0&0&0&d_{14}&0&0\\0&0&0&0&d_{14}&0\\0&0&0&0&0&d_{14}\end{bmatrix}$	1

再来看看逆压电效应中的非线性部分，即式(5-52)中最后一项代表电致伸缩效应，γ_{iljk}被称为电致伸缩系数(electrostrictive coefficient)，可以证明γ_{iljk}是四阶张量。与压电系数张量不同的是，电致伸缩效应同样存在于具有中心对称的晶体中，对于具有中心对称的晶体来说，电场作用时，同样会产生应变，并且该应变纯粹来自于电致伸缩效应。γ_{iljk}是四阶张量，其数值大小与压电系数比一般小数个数量级，如果电场较弱，电致伸缩效应对于应变的贡献很小，甚至会被忽略，但如果在电场较强的情况下，式(5-52)的最后一项就会变得较大而不能被忽略。四阶张量的电致伸缩系数同样有 81 个分量，但由于应变张量的对称以及所加电场的次序可变，能够简化成 $6\times6=36$ 个分量，而晶体的对称性同样能够大大减少其中的独立分量数。

值得强调的是，当对处于自由状态的晶体施加压力的情况下，晶体可以自由地产生形变，这时，晶体一方面由于正压电效应而产生极化现象，另一方面由于这种极化能够产生电场而又通过逆压电效应，使得晶体再次产生应变，该应变又会因为晶体的弹性而产生内部的应力，从而再次产生次级的压电效应，通常次级压电效应比初级的小得多，说明了处于自由状态的晶体中往往包含了正压电效应、逆压电效应、次级压电效应等多种综合效应，使得测量压电系数 d_{ijk} 的数值变得不够准确。如果晶体处于夹持状态，即使之不产生形变，就能有效地消除次级效应的产生，从而能够较为精确地测定压电常数。

晶体的压电效应已经被人们广泛应用于各类振荡器、滤波器、惯性传感器、表面波器件、水声器件、电声器件、超声器件以及压电马达、压电变压器与压电发电机等，材料涉及各类压电单晶（如 $BaTiO_3$，$LiNbO_3$ 等）、压电陶瓷（如常见的 $PbZr_xTi_{1-x}O_3$，即 PZT）与压电高聚物（如聚偏氟乙烯 PVDF 及其共聚物）。在光学领域，近年来人们利用压电材料的电控形变来获得可变形的微反射镜单元及阵列，实时可控地改变镜面面形，用于校正波前误差，是自适应光学系统中的重要组成结构。作为微光机电系统（MOEMS）中经常用到的功能器件，基于压电效应的材料在微电子和微机械装置的作用下能够对光束进行会聚、衍射和反射等控制，从而实现光开关、衰减、扫描和成像等功能。

图 5-4 是利用绝缘体上的硅（SOI）衬底上沉积的 PZT 薄膜而制备的两种压电鼓膜的结构示意图，分别是电极位于压电薄膜上下层的单压电片（unimorph）结构和采用环形叉指电极的 IDT 结构。单压电片结构可以在驱动电压下，将横向压电应变转化为在极化方向上的弯曲形变。在大多数情况下，压电层的应变是由于压电系数 d_{31} 或 d_{33} 诱导产生的。由压电系数 d_{31} 产生的压电效应可以造成横向的应变（垂直于极化方向），目前大多数微驱动器阵列均采用这种 d_{31} 模式（平行平板电极结构）。但另一方面，在钙钛矿型压电体中，压电系数 d_{33} 的值将近是 d_{31} 的两倍。因此，在相同的外界驱动水平下，采用 d_{33} 模式的压电鼓膜有望获得更高的驱动能力，而利用 d_{33} 压电效应最简单的方法就是使用环形叉指电极（IDT）。该构型可以同时利用 d_{31} 和 d_{33} 压电效应产生形变。注意到和平行平板电极结构不同，采用 IDT 电极结构的鼓膜单压电片属于二维结构，不需要底电极，因此可以将压电效应和极间电容产生的静电作用分离开来。

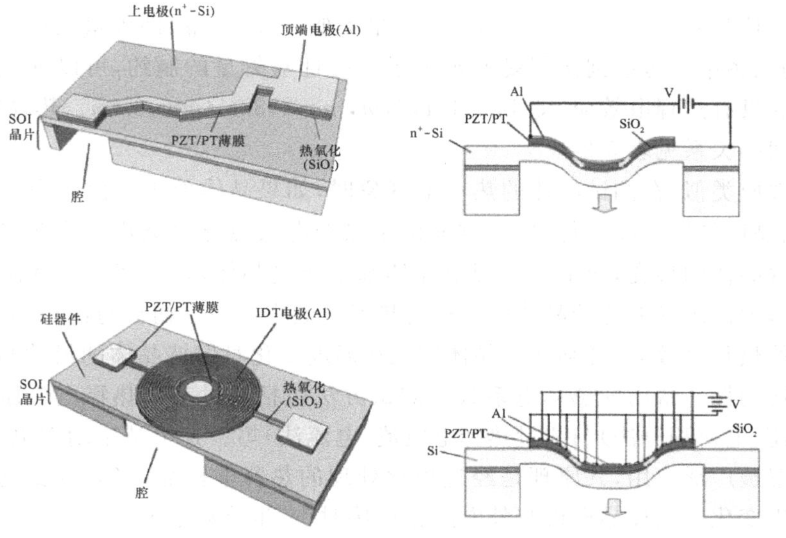

图 5-4　基于 PZT 薄膜的 d_{31} 模式及 IDT 模式的微驱动器单元三维结构（左）和截面（右）

图 5-5 是对于以上两种结构器件的电驱动形变量的测试结果，形变量可随外加电场的增大而增大，两种模式的压电鼓膜在 15V 下均可产生超过 2μm 大小的形变。而且在外加电压的幅值低于 15V 时，两种模式压电鼓膜的形变随外加电压均表现出良好的线性变化特点。但是当外加电压幅值达到 20V 时，d_{31} 模式压电鼓膜的形变随电压的变化曲线呈现明显的回线结构，这个现象可能源于 PZT 压电层在外加电场下内部产生的电畴旋转(domain rotation)。而对于 IDT 模式压电鼓膜，其在较高电压下形变曲线的回线特征并不明显，这可能是由于 IDT 电极之间较大的间距，使得 PZT 膜层内部的电场较低，不易产生电畴旋转的原因造成的。

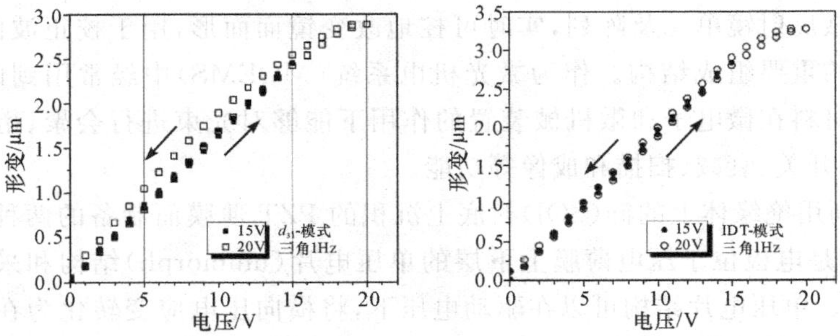

图 5-5　d_{31} 和 IDT 两种模式压电鼓膜的最大形变量随外加电场的变化

5.2.3　热释电效应与一阶张量

压电晶体中的一些晶体当温度改变时，会导致该类晶体所具有的自发极化强度发生改变，这就是热释电效应(pyroelectricity)。如果晶体上均匀地经历较小的温度改变 ΔT，则该晶体中的极化强度矢量会产生 ΔP_i 的变化，即

$$\Delta P_i = p_i \Delta T \quad (i=1,2,3) \tag{5-55}$$

式中：p_i 为热释电系数，是一个具有 3 个分量的矢量，也被称为一阶张量，在国际单位制中热释电矢量的单位是 $C \cdot m^{-2} \cdot K^{-1}$。与三阶张量类似，一阶张量(即矢量)只能出现在没有反演中心($\bar{1}$)的晶系中。考虑到诺伊曼原理关于对称性对矢量的制约，可以证明只有 10 类点群的晶体能够具有热释电效应，即 1,2,3,4,6,m，$mm2$,3m,4mm,6mm。热释电矢量的方向与对称轴之间的关系见表 5-2。

与压电效应类似，在测试晶体的热释电现象时，如果晶体处于自由状态，即晶体未受到夹持作用，当晶体经历温度变化时，一方面由于热释电效应导致极化的改变，另一方面由于热胀冷缩导致晶体的形变，而由于热释电晶体都是压电晶体，该形变会导致附加的极化(次级极化)产生，因此未受夹持的晶体中测得的热释电效应往往是初级与次级两项之和。要精确测定晶体的热释电效应，必须夹持晶体使之在温度变化时保持晶体的尺寸与形状不变，且保持温度的均匀性。常用的热释电系数的测试方法包括通过测试热释电电压(电压法)，测量热释电电荷(电荷积分法)与测量热释电电流(电流法)等。其中基于动态电流法测试热释电系数的方案被广泛应用，其原理是经过极化处理的热释电样品，当温度变化时，其自发极化强度也发生变化。当样品电极与外电路相连接时，产生热释电电流。

表 5-2　21 种不具反演中心的点群晶体的热释电系数的方向

晶系	热释电系数坐标系 (x_1,x_2,x_3) 与晶体坐标系 (x,y,z) 之间的关系	点群（21 种不具反演中心的点群）	热释电矢量的方向	热释电矢量方向表达式
三斜	无直接关系	1	$\vec{p}$ 的方向无对称性限制	(p_1,p_2,p_3)
单斜	x_2 // 二次旋转或反演轴 (y)	2	$\vec{p}$ ∥ 二次轴	$(0,p,0)$
		m	p 位于对称面平面内的任意方向	$(p_1,0,p_3)$
正交	x_1,x_2,x_3 分别平行于晶体的 x,y,z 轴	$mm2$	$\vec{p}$ 平行于二次轴	$(0,0,p)$
		222		$(0,0,0)$
四方 三方 六方	x_3 // z	$4,4mm$, $3,3m$, $6,6mm$	$\vec{p}$ 平行于四次轴 $\vec{p}$ 平行于三次轴 $\vec{p}$ 平行于六次轴	$(0,0,p)$
		$\bar{4},\bar{4}2m,422,32,\bar{6},\bar{6}m2,622$		$(0,0,0)$
立方		$432,\bar{4}m,23$		$(0,0,0)$

$$I_p=A\times\frac{\mathrm{d}P_s}{\mathrm{d}t}=A\times\frac{\mathrm{d}P_s}{\mathrm{d}T}\times\frac{\mathrm{d}T}{\mathrm{d}t}=A\times p\times\frac{\mathrm{d}T}{\mathrm{d}t}\tag{5-56}$$

式中：A 为样品的电极面积，$\mathrm{d}T/\mathrm{d}t$ 为温度的变化率。从上式可看出，只要测出 I_p 和 $\mathrm{d}T/\mathrm{d}t$，即可确定热释电系数 p。

利用图 5-6 所示的装置可以精确地测定晶体的热释电系数，其中温度控制部分由温度控制器、加热炉、样品夹具、热电阻感温器、温度测试仪等组成，以保证晶体受到恒温控制，而微电流放大器可以将热释电电流放大到 pA，电流表可以精确读取的数量级，并通过输入输出电压与电流的关系，获得热释电电流实时值。

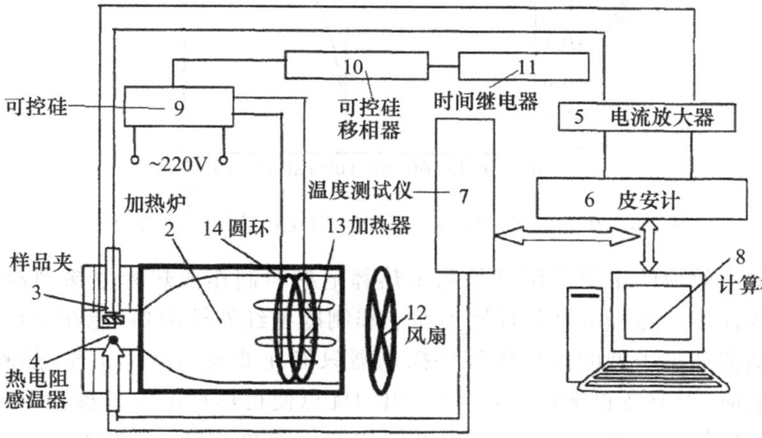

图 5-6　动态电流法测试热释电系数的装置

另一种方法被称为动力学法（dynamic method），装置如图 5-7 所示，将红外光束加以调制形成方波后照射在晶体样品上，晶体单位面积上的电流可以表达为

$$i=\left(\frac{\mathrm{d}P_s}{\mathrm{d}t}\right)=\left[\left(\frac{\mathrm{d}P_s}{\mathrm{d}T}\right)\left(\frac{\mathrm{d}T}{\mathrm{d}t}\right)\right]_{t=T}\tag{5-57}$$

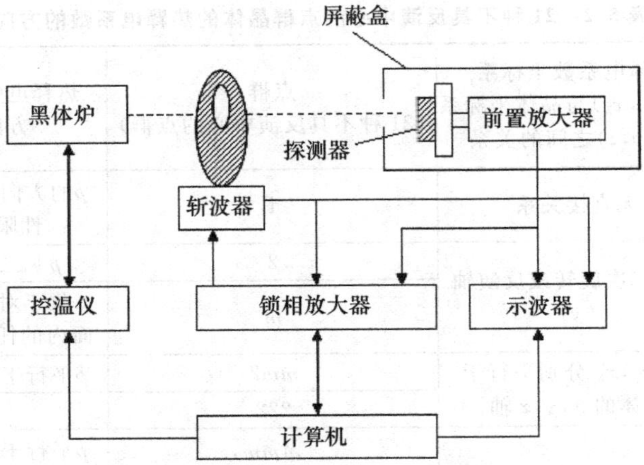

图 5-7 动力学法测试热释电系数的装置

当红外光刚刚加载到样品上的瞬间 $t=0$，其温度迅速上升，此时$(dT/dt)_{t=0}$的值最大。当样品上的温度达到一个新的平衡时，(dT/dt)趋近于零，同时热释电电流也产生类似(dT/dt)的变化趋势。当光照结束时，晶体开始冷却，此瞬间(dT/dt)的值达到负的极大值，然后平滑地达到原来的温度。热释电电流的变化在一个方波周期如图 5-8 所示。

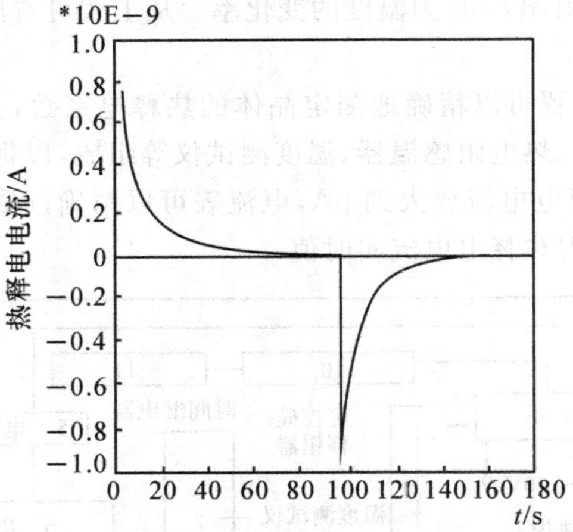

图 5-8 在一个亮-暗方波周期内热释电电流随时间的变化

晶体的热释电效应的主要应用就是利用热释电材料制作成热释电探测器、热释电显像管等红外热探测仪器。热释电红外探测器属于非制冷型红外探测器，能在室温下工作，而大部分的红外探测器如量子型的半导体红外探测器只能在液氮温度下工作，热释电红外探测器还具有广谱响应，没有波长选择性，这些突出的优点使得热释电红外探测器成为目前颇受重视的红外探测器件。一般对热释电材料性能的评价参数有电压响应优值 $F_v=p'/(C_v\varepsilon_r)$ 和探测度优值 $F_D=p'/C_v(\varepsilon_r \mathrm{tg}\delta)^{1/2}$，其中 p' 为热释电系数，C_v 是材料的体积热容，ε_r 是材料的相对介电常数，而 $\mathrm{tg}\delta$ 是该材料的介电损耗。因此在选择材料的过程中，要求具有较大的热释电系数，较低的介电常数，较低的介电损耗以及较低的体积热容。

表 5-3 列出了部分典型的热释电材料的性能。TGS(硫酸三甘肽)和 DTGS(氘化的 TGS)具有很高的电压响应优值，被大量用于高性能的单个热释电探测器，但是该材料介电

损耗较大，故探测度优值不高，材料易水解，需要密封，加工不太方便。$LiTaO_3$ 是铌酸锂结构型的晶体，虽然热释电系数不是很高，但由于介电损耗小使得探测度优值相当高，介电常数较小，材料稳定，晶体易于生长，已被广泛用于单个热释电探测器。SBN-50 是钨青铜结构的晶体，热释电系数大(其中 SBN-75 晶体的热释电系数可以达到 $31\times10^{-4}C\cdot m^2\cdot K^{-1}$)，介电损耗较小，所以探测度优值相当高，但是由于其介电常数很大，所以不适合大面积的单个器件，适合于探测器阵列中的小面积器件，缺点是晶体的生长较为困难。PVDF 与其二聚物 P(VDF-TrFE)是聚合物材料，虽然热释电系数不大，但介电常数也小，所以电压响应优值并不低，但是由于介电损耗较大，探测度优值就会严重下降，该类材料最大的优点在于非常容易获得大面积的薄膜($<6\mu m$)，不需要减薄与抛光工艺，成本大大降低。

一般来说，对于厚度固定在 $30\mu m$ 的大面积($100mm^2$)热释电探测器，首先需要考虑材料具有低的介电常数，因而 TGS 是非常突出的候选材料，继之以 $LiTaO_3$，SBN-50 晶体和 $PbZrO_3$(PZ)陶瓷，PVDF 与 PZ 性能类似，PVDF 高频时的性能优于低频；当探测器的尺寸在 $1mm^2$ 的范围时(最常用的热释电探测器尺寸)，此时没有一种材料在所有频率范围内都占优势，在 10～100Hz 范围内，SBN-50 与 TGS 比 $LiTaO_3$ 与 PZ 稍好；当探测器的尺寸在 $0.01mm^2$ 的范围(探测器阵列)时，由于需要与探测器单元及放大器相匹配，要求材料具有较大的电容，因而高介电常数材料更具优势，铌酸锶钡晶体 SBN-50 由于具有高热释电系数与介电常数而成为小面积探测器的首选材料。

表 5-3 部分热释电材料的性能

材料	p' ($10^{-4}C\cdot m^2\cdot K^{-1}$)	ε @1kHz	$\tan\delta$ @1kHz	C_v ($10^6J\cdot m^{-3}\cdot K^{-1}$)	T_c (℃)	F_v ($m^2\cdot C^{-1}$)	F_D ($10^{-5}Pa^{-1/2}$)
TGS	5.5	55	0.025	2.6	49	0.43	6.1
PVDF	0.27	12@10Hz	0.015@10Hz	2.43	80	0.1	0.88
$LiTaO_3$	2.3	47	$10^{-4}\sim5\times10^{-3}$	3.2	665	0.17	35.2～4.9
SBN-50	5.5	400	3×10^{-3}	2.34	121	0.07	7.2
PGO	1.1	40	5×10^{-4}@100Hz	2.0	178	0.16	13.1
PZFNTU	3.8	290	2.7×10^{-3}	2.5	230	0.06	5.8

注：TGS 为 $(NH_2CH_2COOH)_3H_2SO_4$ 硫酸三甘肽晶体，PVDF 为聚偏氟乙烯聚合物，SBN-50 为 $Sr_{0.5}Ba_{0.5}Nb_2O_6$ 铌酸锶钡单晶，PGO 为 $Pb_5Ge_3O_{11}$ 单晶，而 PZFNTU 为 UO_3 掺杂的 $PbZrO_3$-$PbTiO_3$-$PbFe_{1/2}Nb_{1/2}O_3$ 陶瓷材料。

5.2.4 铁电效应与铁电晶体

热释电晶体中有一类在外电场的作用下，其自发极化的方向可以逆转或可以重新取向，这一类热释电晶体被称为铁电(ferroelectricity)晶体。具有自发极化的晶体由于能量最低的需要，晶体中将分成若干个小区域，每个小区域内部的电偶极子沿着同一方向，但各个小区域中的电偶极子方向是不同的。这些小区域被称为电畴(domain)，电畴的间界是畴壁(domain wall)。在铁电晶体中，一般包含着若干个电畴，而每个电畴中的极化强度方向和这个区域中晶体的极轴方向有关。对于多晶体，不同电畴中极化强度的相对取向可以是没有规律的，但对于单晶体，不同电畴中极化强度的相对取向之间就存在简单的关系。电畴的出现能够使得晶体的静电能与应变能降低。

与一般的介质极化过程不同的是，铁电体的极化随电场的变化而变化，特别是在电场较强的时候，极化与电场之间不再像图 5-9(左)表示的线性关系，而是如图 5-9(右)所呈现的回线结构，称为电滞回线(hysteresis loop)，与磁滞回线类似。当外加电场较弱时，极化强度 P 随 E 的变化为线性关系，但当 E 增强时，P 与 E 之间出现非线性关系，随着外场的进一步增加，极化强度 P 趋向于饱和。如果当达到饱和后，使电场 E 减为 0 时，极化强度并不为 0，而有一定的数值，称为剩余极化强度 P_r。为了去掉铁电体中的剩余极化，必须加反向电场，当反向电场达到 $-E_c$ 时，铁电体中的极化强度才降为 0，这个 E_c 的数值称为矫顽场。若继续加大反向场，铁电体中的极化强度也反向，然后逐渐达到反向饱和。

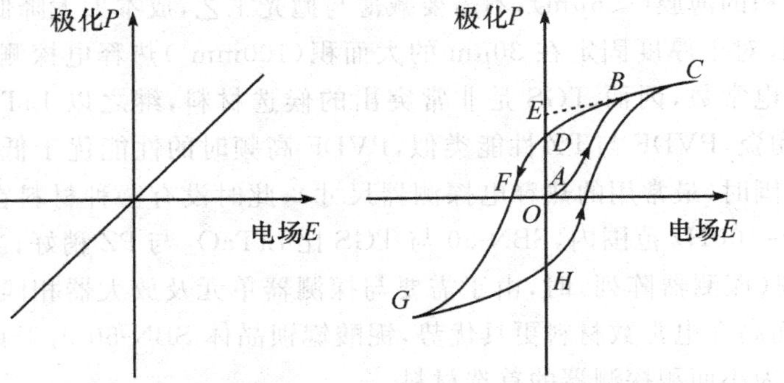

图 5-9 非铁电材料(左)及铁电材料(右)的极化强度与外加电场之间的关系

晶体的铁电性通常只存在于一定的温度范围内，当温度超过某一值时，自发极化消失，铁电相就会变成如图 5-9(左)所表示的顺电相(paraelectricity)。铁电相与顺电相之间的转变通常被称为铁电相变，在铁电相变的同时还会发生晶体结构的改变，相变对应的温度被称为居里温度或居里点(Curie Point)。有些铁电晶体具有不止一个铁电相，如 $BaTiO_3$ 晶体在 120℃以上是顺电相，属立方晶系的 $m3m$ 点群；在 120～5℃的范围内，变成四方的 $4mm$ 点群的铁电相；而在 5～－90℃时成为正交晶系的 $mm2$ 点群；在－90℃以下则是三方的 $3m$ 点群。所以 120℃是 $BaTiO_3$ 晶体的居里温度，5℃，－90℃是各个铁电相之间的转变温度。罗息盐在 24～－18℃为铁电相，属单斜晶系 2 点群，在此之外均为顺电相，为正交晶系 222 点群，所以有两个居里温度分别为上居里点和下居里点。表 5-4 列出了一些具有代表性的铁电晶体的相变温度，自发极化强度以及对应各相的点群类型。

表 5-4 一些铁电晶体的基本特性

铁电材料化学式	点群	相变温度/℃	自发极化强度/$\mu C \cdot cm^{-2}$
$BaTiO_3$	$m3m \to 4mm \to mm2 \to 3m$	120，5，－90	26
$PbTiO_3$	$m3m \to 4mm$	490	57
$KNbO_3$	$m3m \to 4mm \to mm2 \to 3m$	435，225，－10	30
$LiNbO_3$	$\bar{3}m \to 3m$	1210	71
$LiTaO_3$	$\bar{3}m \to 3m$	665	50
$BiFeO_3$	$m3m \to 3m$	850	～60
$Sr_{0.6}Ba_{0.4}Nb_2O_6$	$(4/m)mm \to 4mm \to m$	75，－213	32
$Ba_2NaNb_5O_{15}$	$(4/m)mm \to 4mm \to mm2$	560，300	40

续表

铁电材料化学式	点群	相变温度/℃	自发极化强度/$\mu C \cdot cm^{-2}$
$K_{0.6}Li_{0.4}NbO_3$	$(4/m)mm \to 4mm$	430	～40
SbSI	$mmm \to mm2$	22	25
$BaCoF_4$	$mmm \to 2mm$	高于熔点	8.0
$BaZnF_4$	$mmm \to 2mm$	高于熔点	9.7
HCl	$m3m \to m2m$	−175	3.6
$SC(NH_2)_2$	$mmm \to m2m$	−71	3.2
$NaNO_2$	$mmm \to mm2$	165	8.5
β-$Gd_2(MoO_4)_3$	$\bar{4}2m \to mm2$	159	0.17
$C(NH_2)_3Al(SO_4)_2 \cdot 6H_2O$ (GASH)	$3m$	无	15.0
KH_2PO_4(KDP)	$\bar{4}2m \to mm2$	−150	−4.8
$CaB_3O_4(OH)_3 \cdot H_2O$	$2/m \to 2$	−24.5	0.65
$LiH_3(SeO_3)_2$	m	无	15.0
$(NH_2CH_3COOH)_3 \cdot H_2SO4$ (TGS)	$2/m \to 2$	49	3.0
NH_4HSO_4	$2/m \to m$	−3	0.8
$NaKC_4H_4O_6 \cdot 4H_2O$（罗息盐）	$222 \to 2 \to 222$	−18,24	0.25
KTiOPO4(KTP)	$mmm \to mm2$	934	17

晶体处于居里温度以上的顺电相时，其介电常数在接近居里温度时会迅速增加，遵循居里-外斯定律：

$$\varepsilon=\frac{C}{T-\theta}+\varepsilon_e \tag{5-58}$$

其中 C 为居里常数，θ 为特征温度，对于大多数情况 $\theta\approx T_c$，ε_e 是电子对于极化的贡献，如果以 $1/\varepsilon$ 对 $(T-T_c)$ 作图，通过实验，可以得到一条线性度很好的直线。特别地，对于 $BaTiO_3$ 晶体，在居里温度附近，其介电常数可以高达 $10^4\sim10^5$。

软模(soft mode)理论认为，铁电性的产生源于布里渊区中心某个光学横模的“软化”。在这里，软化指的是振子的频率降低，软化到频率为零时，原子就不能回复到原来的平衡位置，称为冻结或凝结。软化的原因在于振动着的离子受到短程力和长程库仑力作用，该两种力具有相反的符号，在温度适当时，它们的数值相等，使振动频率趋近于零。光学模表示正负离子相向振动，而布里渊区（倒易空间即 k 空间中将原点和所有倒格子的格矢之间连线的垂直平分面围起来的区域称为晶体的布里渊区）中心的模即波矢为零的模（该处由于波矢为零，波长就是无穷大）。在布里渊区中心的光学模中，每个晶胞中对应的离子在同一时刻有相同的位相。如果这种模冻结，每个晶胞中正负离子将保持同样的静态相对位移，于是整个晶体呈现均匀的自发极化。

铁电材料目前主要的应用在于存取存储器与铁电微波调谐器件。存取存储器包括非挥发性铁电随机存取存储器 FRAM(ferroelectric random access memories)与铁电动态随机存取存储器 DRAM(dynamic random access memories)，其中的 FRAM 是利用铁电材料固有的双稳态电滞回线结构来制备永久性（非挥发）存取存储器。在每个铁电存储单元中含有一个晶体管和一个铁电电容(1T+1C),通过正向、反向的交替极化来实现信息的写入和读取。由于其非挥发性和基于自发极化的取向,有断电后保存存储数据的特性,存取速度快,可以达到10ns数量级,能耗低,存取靠电压驱动而非电流驱动,制备工艺与现有半导体工业兼容,将逐步取代现有的存储器而成为主流。目前在非挥发FRAM方面应用得较多的材料是PZT($PbZr_xTi_{1-x}O_3$)和SBT($SrBi_2Ta_2O_9$)。PZT是传统含铅的铁电材料,其剩余极化较大,电滞回线矩形度较好,但是由于PZT与电极的界面缺陷易于发生疲劳(fatigue),使得材料易于失效,且因为其含铅而成为环境不友好材料。SBT是近年来受到人们重视的铁电材料,其最大优点在于经过百万次以上的正反向交替极化,其电滞回线形状几乎不发生改变,所以被称为无疲劳(non-fatigue)铁电材料,满足非挥发铁电存储器的寿命要求。在DRAM方面,为了增加存储密度,需要缩小DRAM中电容器的尺寸,就必须考虑使用高介电常数的铁电体如介电常数在200~800的BST($Ba_xSr_{1-x}TiO_3$)薄膜取代常用的$SiO_2/Si_3N_4/SiO_2$薄膜,可以使得DRAM的密度提高50倍以上。

在铁电微波调谐器件方面,人们发现BST薄膜具有介电非线性,即介电常数随着偏置电场强度的变化而变化,且在一定的温度与微波频率范围内介电损耗较低、介电调谐率较高、介电调谐响应快,可望以此材料为基础获得高机械品质的谐波器件。

5.3 晶体的非线性光学性能

非线性光学现象自从20世纪60年代被发现以来,受到了人们广泛的关注。"线性化使物理学的规律看起来显得很优美,然而非线性却使物理学充满了使人兴奋的内容。"对于非线性光学现象的认识能够增长我们对于光及物质相互作用的知识。每一种非线性光学过程都可以由两个部分组成,强光首先在介质内感应出非线性响应,然后介质在产生反作用时非线性地改变该光场。

5.3.1 晶体的光学非线性极化率

一般来说,我们熟知的晶体中线性光学性质指的是在光电场$E(\omega)$作用下,在晶体中引起的电极化强度P与感生它的电场E之间的关系是线性的,即

$$P_i=\varepsilon_0\chi_{ij}E_j \quad (i,j=1,2,3) \tag{5-59}$$

这里χ_{ij}是材料的线性极化率,在电偶极矩近似下,材料的线性极化率与位置变量及光场的波矢均无关,而晶体的电位移矢量D与E是线性相关的。事实上,这种线性关系只是一种近似,而这种近似在光电场不太强的传统光源情况下是成立的。

线性极化的经典模型认为介质是由简谐振子的集合组成的,每单位体积有N个这样的振子,在有驱动力F存在时,简谐振子的运动方程可以写作

$$\frac{d^2x}{dt^2}+\Gamma\frac{dx}{dt}+\omega_0^2x=F \tag{5-60}$$

我们考察这种振子对一个具有频率为$\pm\omega_1$和$\pm\omega_2$的傅里叶分量的外加场的反应,即

$$F=\frac{q}{m}\left[E_1(e^{-i\omega_1t}+e^{i\omega_1t})+E_2(e^{-i\omega_2t}+e^{i\omega_2t})\right]$$

此处 q 为电荷电量，m 为振子质量，可以方便地求解式(5-60)，得到

$$x(\omega_i)=\frac{(q/m)E_i}{(\omega_0^2-\omega_i^2-\mathrm{i}\omega_i\Gamma)}\mathrm{e}^{-\mathrm{i}\omega_i t} \tag{5-61}$$

被感应的电极化强度为

$$P(\omega_i)=Nqx(\omega_i)=\frac{N(q^2/m)E_i}{(\omega_0^2-\omega_i^2-i\omega_i\Gamma)}\mathrm{e}^{-\mathrm{i}\omega_i t} \tag{5-62}$$

由以上的结果可以知道，在线性介质中，由于电子受到的恢复力是简谐性的，因此电子极化产生的位移和介质的电极化强度都和光电场呈线性关系。如果 $E(\omega)$ 为正弦波，则极化波也是正弦波。因此以某确定的频率 ω 的光照射介质，不论反射、折射，还是透射都是相同频率的光，这是线性光学的经典理论。

非线性光学理论则认为上面所指的振子是非简谐的，即介质是由非简谐振子的集合组成，式(5-60)中应该加上非简谐项，即

$$\frac{\mathrm{d}^2x}{\mathrm{d}t^2}+\Gamma\frac{\mathrm{d}x}{\mathrm{d}t}+\omega_0^2x+ax^2=F \tag{5-63}$$

假设非简谐项 ax^2 很小，在求解运算的逐次近似中，可以将非简谐项作微扰来处理，即

$$x=x^{(1)}+x^{(2)}+x^{(3)}+\cdots \tag{5-64}$$

将式(5-61)得到的 $x^{(1)}$ 用 $ax^{(1)2}$ 来代替式(5-63)中的 ax^2，由此得到二次解

$$x^{(2)}=x^{(2)}(\omega_1+\omega_2)+x^{(2)}(\omega_1-\omega_2)+x^{(2)}(2\omega_1)+x^{(2)}(2\omega_2)+x^{(2)}(0)+\mathrm{c.\,c.} \tag{5-65}$$

其中

$$\begin{cases}x^{(2)}(\omega_1\pm\omega_2)=\dfrac{-2a(q/m)^2E_1E_2}{(\omega_0^2-\omega_1^2-\mathrm{i}\omega_1\Gamma)(\omega_0^2-\omega_2^2\mp\mathrm{i}\omega_2\Gamma)[\omega_0^2-(\omega_1\pm\omega_2)^2-i(\omega_1\pm\omega_2)\Gamma]}\mathrm{e}^{-\mathrm{i}(\omega_1\pm\omega_2)t}\\ x^{(2)}(2\omega_i)=\dfrac{-a(q/m)^2E_i^2}{(\omega_0^2-\omega_i^2-\mathrm{i}\omega_i\Gamma)^2(\omega_0^2-4\omega_i^2-i2\omega_i\Gamma)}\mathrm{e}^{-\mathrm{i}2\omega_i t}\\ x^{(2)}(0)=-a(\dfrac{q}{m})^2\dfrac{1}{\omega_0^2}[\dfrac{E_1^2}{\omega_0^2-\omega_1^2-\mathrm{i}\omega_1\Gamma}+\dfrac{E_2^2}{\omega_0^2-\omega_2^2-\mathrm{i}\omega_2\Gamma}]\end{cases} \tag{5-66}$$

用逐次迭代，也能够得到更高级的解，在二级解中能够看到，由于电场同振子通过非简谐项产生的二次相互作用，在频率为 $\omega_1\pm\omega_2$，$2\omega_1$，$2\omega_2$ 和 0 处都出现了极化强度的新频率分量，而这些振荡新极化分量将产生和辐射频率为 $\omega_1\pm\omega_2$，$2\omega_1$，$2\omega_2$ 的新电磁波，这就是非线性光学中的和频，差频与二次谐波产生(second harmonic generation，SHG)，零频的极化强度分量的出现被称为光学整流。

按照这样的模型，总的极化强度可以写为

$$\begin{aligned}P&=P^{(1)}+P^{(2)}+P^{(3)}+\cdots=Nq[x^{(1)}+x^{(2)}+x^{(3)}+\cdots]\\&=\varepsilon_0[\chi^{(1)}E+\chi^{(2)}EE+\chi^{(3)}EEE+\cdots]=P^{(1)}+P^{\mathrm{NL}}\end{aligned} \tag{5-67}$$

式中：P^{NL} 为极化强度的非线性部分，$\chi^{(1)}$，$\chi^{(2)}$，$\chi^{(3)}$ 分别为线性极化率、二阶非线性极化率和三阶非线性极化率，在 SI 制下其单位是 m/V(通常表示为 pm/V)，或 esu[两者之间的换算见式(2-26)]。非线性极化率是多种频率的函数，其中二阶非线性极化的表达式可以写为

$$P_i^{(2)}(\omega_3)=\chi_{ijk}^{(2)}(\omega_1,\omega_2,\omega_3)E_j(\omega_1)E_k(\omega_2)\quad(i,j,k=1,2,3) \tag{5-68}$$

在物理上，$\chi^{(n)}$ 是与介质的微观结构紧密相连的，可以证明，二阶非线性极化率 $\chi_{ijk}^{(2)}$ 是三阶张量，而三阶非线性极化率 $\chi_{ijkl}^{(3)}$ 是四阶张量。从张量的阶数可以初步判断，晶体中只有不含反演中心

的晶系才具有奇数阶的$\chi_{ijk}^{(2)}$，而所有的晶体甚至包括非晶态的介质中都存在偶数阶的$\chi_{ijkl}^{(3)}$。

二阶非线性光学极化率$\chi_{ijk}^{(2)}$张量$[\chi_{ijk}^{(2)}]$有 27 个分量，但是由于作用于介质的两个光电场先后次序对极化强度 $P^{(2)}$ 无影响，因此$\chi_{ijk}^{(2)}$的后两个下标具有对称性，于是同样可以引入简化下标，使得能够用矩阵的形式($\chi_{in}^{(2)}$)表示此三阶张量，其中 $i=1\sim3$，$n=1\sim6$，于是式(5-67)可以写成

$$\begin{bmatrix} P_1^{(2)} \\ P_2^{(2)} \\ P_3^{(2)} \end{bmatrix} = \begin{bmatrix} \chi_{11}^{(2)} & \chi_{12}^{(2)} & \chi_{13}^{(2)} & \chi_{14}^{(2)} & \chi_{15}^{(2)} & \chi_{16}^{(2)} \\ \chi_{21}^{(2)} & \chi_{22}^{(2)} & \chi_{23}^{(2)} & \chi_{24}^{(2)} & \chi_{25}^{(2)} & \chi_{26}^{(2)} \\ \chi_{31}^{(2)} & \chi_{32}^{(2)} & \chi_{33}^{(2)} & \chi_{34}^{(2)} & \chi_{35}^{(2)} & \chi_{36}^{(2)} \end{bmatrix} \begin{bmatrix} E_1E_1 \\ E_2E_2 \\ E_3E_3 \\ 2E_2E_3 \\ 2E_3E_1 \\ 2E_1E_2 \end{bmatrix} \tag{5-69}$$

这样，矩阵$[\chi_{in}^{(2)}]$就只有 18 个分量，晶体的对称性对于$\chi_{in}^{(2)}$的影响完全等同于对压电系数 d_{in} 的影响(不考虑克莱门规则的近似)。因而，可以认为所有的压电晶体(共 20 种点群)都应该有二阶光学非线性效应，表 5-1 可以同样用来表征晶体的二阶光学非线性极化率。

对于三阶光学非线性极化率张量$\chi_{ijkl}^{(3)}$，由于其具有 81 个分量，因此同样可以通过晶体的对称性简并其分量数。表 5-5 给出了某些常遇到的介质类型的$\chi_{ijkl}^{(3)}$张量的分量数，注意在各向同性的介质中(包括玻璃)也存在三阶关系非线性极化率张量，且有 4 个独立的非零分量。

表 5-5　某些对称类型的晶体的三阶光学非线性极化率张量$\chi_{ijkl}^{(3)}$的非零独立元

对称性	非零独立分量
三斜	所有 81 个分量全是独立和非零的
四方 422,4mm (4/m)mm,$\bar{4}2m$	$\chi_{1111}=\chi_{2222}$，χ_{3333}， $\chi_{2233}=\chi_{3322}$，$\chi_{3311}=\chi_{1133}$，$\chi_{1122}=\chi_{2211}$，$\chi_{2323}=\chi_{3232}$， $\chi_{3131}=\chi_{1313}$，$\chi_{1212}=\chi_{2121}$，$\chi_{2332}=\chi_{3223}$，$\chi_{3113}=\chi_{1331}$，$\chi_{1221}=\chi_{2112}$
立方 23 m3	$\chi_{1111}=\chi_{2222}=\chi_{3333}$，$\chi_{2233}=\chi_{3311}=\chi_{1122}$， $\chi_{3322}=\chi_{2211}=\chi_{1133}$，$\chi_{3232}=\chi_{1313}=\chi_{2121}$， $\chi_{2323}=\chi_{3131}=\chi_{1212}$，$\chi_{3223}=\chi_{1331}=\chi_{2112}$，$\chi_{2332}=\chi_{3113}=\chi_{1221}$
立方 432 $\bar{4}3m$ $m3m$	$\chi_{1111}=\chi_{2222}=\chi_{3333}$， $\chi_{2233}=\chi_{3322}=\chi_{3311}=\chi_{1133}=\chi_{1122}=\chi_{2211}$， $\chi_{2323}=\chi_{3232}=\chi_{3131}=\chi_{1313}=\chi_{2121}=\chi_{1212}$， $\chi_{2332}=\chi_{3223}=\chi_{3113}=\chi_{1331}=\chi_{1221}=\chi_{2112}$
六方 622,6mm (6/m)mm $\bar{6}m2$	χ_{3333}，$\chi_{1111}=\chi_{2222}=\chi_{1122}+\chi_{1221}+\chi_{1212}$， $\chi_{1122}=\chi_{2211}$，$\chi_{1221}=\chi_{2112}$，$\chi_{1212}=\chi_{2121}$， $\chi_{2233}=\chi_{1133}$，$\chi_{3322}=\chi_{3311}$，$\chi_{3223}=\chi_{3113}$， $\chi_{2332}=\chi_{1331}$，$\chi_{2323}=\chi_{1313}$，$\chi_{3232}=\chi_{3131}$
各向同性	$\chi_{1111}=\chi_{2222}=\chi_{3333}$， $\chi_{2233}=\chi_{3322}=\chi_{3311}=\chi_{1133}=\chi_{1122}=\chi_{2211}$， $\chi_{2323}=\chi_{3232}=\chi_{3131}=\chi_{1313}=\chi_{2121}=\chi_{1212}$， $\chi_{2332}=\chi_{3223}=\chi_{3113}=\chi_{1331}=\chi_{1221}=\chi_{2112}$， $\chi_{1111}=\chi_{1122}+\chi_{1221}+\chi_{1212}$

表 5-6 列出了一些典型的光学非线性效应以及对应非线性阶数，如光学克尔效应。OKE 指的是光场诱导双折射或强度相关折射效应，与后面将要提及的电光克尔效应类似，强激光场将会通过 OKE 诱导出与光强相关的折射率，即

$$n = n_0 + n_2 I \tag{5-70}$$

此处 n_2 与 $\chi^{(3)}$ 的关系为

$$n_2 = \frac{16\pi^2 \chi^{(3)}}{c n_0^2} \tag{5-71}$$

式中：n_2 为非线性折射率，c 为光速，n_2 与 $\chi^{(3)}$ 的单位都是 esu。

表 5-6　一些光学非线性效应

光学非线性效应	阶数
n 次谐波产生，n^{th} harmonic generation (NHG)	n
光学整流，rectification	2
和频与差频发生，sum- and difference-frequency generation	2
拉曼散射，Raman scattering	2
布里渊散射，Brillouin scattering	2
双光子吸收，two photon absorption (TPA)	3
强度相关折射(非线性折射)，intensity-dependent refraction	2,3
光学参量振荡，optical parametric oscillation (OPO)	2
相位共轭，phase conjugation	3
诱导失透，induced opacity	2
诱导反射，induced reflectivity	2
n 波混频(如四波混频 FWM)，n-wave mixing	$n-1$

5.3.2　位相匹配

在二次非线性极化的倍频过程中，假设基频光与二次倍频光沿着同一方向在晶体内传播(这种情形经常发生)，则可设倍频光与基频光的波矢差为

$$\Delta \vec{k} = \vec{k}_{2\omega} - 2\vec{k}_{\omega}, \quad k = n\omega/c \tag{5-72}$$

式中：$\vec{k}_{2\omega}$ 与 $\vec{k}_{\omega}$ 分别为倍频光与基频光的波矢，n 为材料的折射率。晶体中二次谐波的强度可以表征为

$$I_2 = \frac{512\pi^2}{n_2 n_1^2 \lambda_1^2 c} \chi_{\text{eff}}^2 I_1^2 L^2 \left[\frac{\sin(\Delta k L/2)}{\Delta k L/2}\right]^2 \tag{5-73}$$

式中：I_2 为倍频光强度，I_1 为泵浦光强度，L 为光程，χ_{eff} 为晶体的有效光学非线性极化率，n_1，n_2 分别为基频光与倍频光的折射率。一般情况下，如果将倍频光强度看作是倍频与基频光波矢差(即位相失配)Δk 的函数，则根据式(5-73)很容易得知倍频光强度 I_2 在 $\Delta k=0$ 时达到极大值，此时二次谐波与基频光位相一致而得到加强相干，称为位相匹配(phase matching)。而在 Δk 为非零值时，I_2 迅速振荡衰减，一般我们定义 I_2 衰减到最大值的 50% 处对应的 Δk 的宽度为位相失配峰宽度 $\Delta k_{1/2}$，如图 5-10 所示。该位相失配峰宽度表征了在位相匹配的过程中各参数必须严格调整以达到的匹配容忍度。可以很容易地证明

$$\Delta k_{1/2} = 5.6/L \tag{5-74}$$

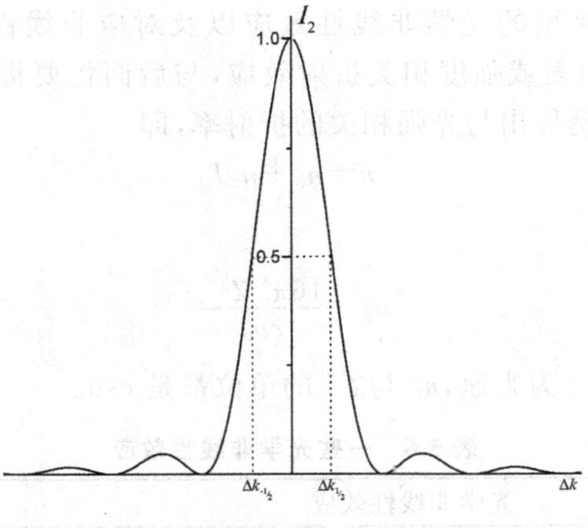

图 5-10 晶体中二次谐波强度与相位失配之间的关系

由于位相匹配时 $\Delta k=0$，即 $\vec{k}_1+\vec{k}_1=2\vec{k}_1=\vec{k}_2$，根据能量守恒，倍频光与基频光应该满足

$$\omega_1+\omega_1=2\omega_1=\omega_2$$

则可以证明，位相匹配时：$2n_1\omega_1=n_2\omega_2=2n_2\omega_1$，即

$$n_1(\omega_1)=n_2(\omega_2) \tag{5-75}$$

其中 $n_1(\omega_1)$ 和 $n_2(\omega_2)$ 分别是基频光的折射率与倍频光的折射率，这说明要在光的传播方向产生倍频效应，基频光与倍频光的折射率必须相等。对于光学各向同性的立方晶体（如 23，$\bar{4}3m$ 晶系），由于存在着正常色散，倍频光的相速度一般落后于基频光，所以不可能在这些晶体中产生位相匹配。相反，对于各向异性晶体而言，由于有自然双折射，则可能在某些特定方向上，基频光与倍频光有相等的速度和折射率。

利用晶体的光线面，即表征晶体在各个方向上传播速度的双层曲面图就能够方便地确定位相匹配的方向，如图 5-11 所示。对于正光性晶体，由于基频 e 光的光线面和倍频 o 光的光线面有可能相交，则在相交的方向（图中 *PM* 方向）存在基频光与倍频光的折射率相等，即为位相匹配方向；对于负光性晶体，位相匹配方向是基频 o 光和倍频 e 光相交的方向。当然也可以通过温度导致双折射效应实现晶体的位相匹配。

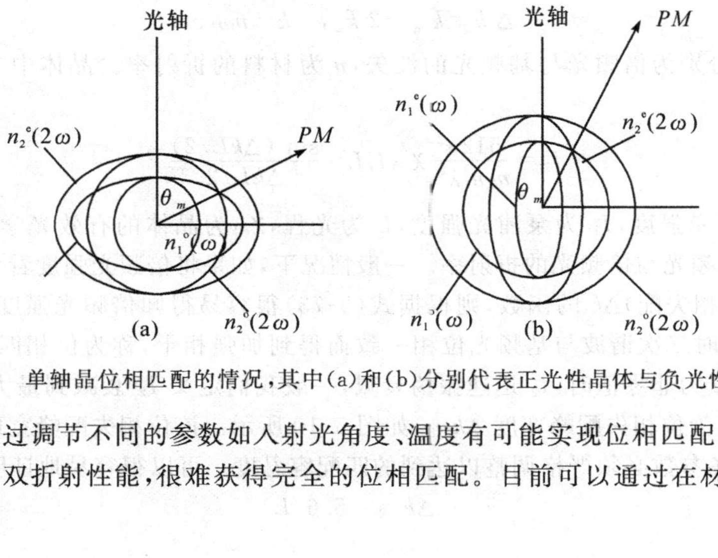

图 5-11 单轴晶位相匹配的情况，其中(a)和(b)分别代表正光性晶体与负光性晶体

虽然能够通过调节不同的参数如入射光角度、温度有可能实现位相匹配，但是有时由于材料具有较小的双折射性能，很难获得完全的位相匹配。目前可以通过在材料内部构筑非

线性极化率光栅结构以补偿基频光与倍频光的速度差，实现准位相匹配（quasi phase matching，QPM）。

5.3.3　非线性光学材料

非线性光学材料有许多种类，可以是晶体、玻璃、有机物（小分子和聚合物）材料，可以是介质、半导体、金属材料，也可以是块状、薄膜、量子线及量子点，其中根据非线性光学效应阶数可以将材料分为二阶光学非线性材料与三阶光学非线性材料。如前面所提到的，由于二阶非线性极化率是三阶张量，只能存在于不含反演中心的 20 类点群晶体中，而三阶非线性极化率是四阶张量，可存在于所有的晶体与非晶态的各向同性材料中。

1. 二阶光学非线性（nonliner optical，NLO）材料

光学非线性晶体可以通过二次谐波发生（second harmonic generation，SHG）、和频、差频、光学参量振荡（optical parametric oscillation，OPO）等效应来产生新的频率。目前被重点研究的非线性光学晶体已经达到 77 种，而其中属于 $mm2$ 点群的双轴晶达到 22 种，$\bar{4}2m$ 点群的单轴晶达到 20 种，这两类点群的非线性晶体竟然占了总数的 55%。在实际工作中，为了设计高效率的倍频器及参量振荡器件，对非线性光学晶体有如下的要求：

（1）所用波长的透过率高，即线性吸收系数、双光子吸收系数小；

（2）在所用的波长范围易于实现相位匹配；

（3）非线性光学系数[$\chi_{in}^{(2)}$]高，一般要求 $\chi_{in}^{(2)}$ 接近或高于磷酸二氢钾（KH_2PO_4，简称 KDP）晶体的 $\chi_{36}^{(2)}$；

（4）晶体有高的激光损伤阈值，即晶体不易产生光学损伤；

（5）容易获得大块、高光学质量的晶体；

（6）硬度大、化学稳定性好、不易潮解。

表 5-7 为一些典型的光学非线性晶体的性能及应用。

表 5-7　一些典型的光学非线性晶体的性能及应用

晶体	点群	透明波长范围/μm	二阶光学非线性系数 $\chi_{in}^{(2)}$/pm/V	线性吸收系数（波长）/cm^{-1}	光损伤阈值（波长）/$\times 10^{12} W \cdot m^{-2}$	应用情况
硒化镉 CdSe	$6mm$	0.75～25	18(χ_{31}) 36(χ_{33})	5×10^{-4}(10.6μm) 0.01(3.9μm)	0.6(10.6μm) 0.5(2.36μm)	红外光学参量振荡
硒化镓 GaSe	$\bar{6}m2$	0.62～20	54(χ_{22})	0.081(10.6μm) <0.1(2μm)	0.3(10.6μm) >0.05(2.36μm)	红外混频和光学参量振荡
α-碘酸锂（α-$LiIO_3$）	6	0.28～6	4.4(χ_{31}) 4.5(χ_{33})	0.1(1.06μm) 0.3(0.53μm)	190(1.06μm) 50(0.53μm)	可见和中红外激光频率转换
磷酸二氢钾（KDP）KH_2PO_4	$\bar{4}2m$	0.178～1.45	0.39(χ_{36})	0.05(1.06μm) 0.01(0.5μm) 0.03(0.35μm)	30～70(1.06μm) 170(0.53μm)	紫外至近红外大能量激光频率转换

续表

晶体	点群	透明波长范围/μm	二阶光学非线性系数 $\chi_{in}^{(2)}$ /pmV	线性吸收系数(波长)/ cm^{-1}	光损伤阈值(波长)/ $\times 10^{12}$ W·m^{-2}	应用情况
磷酸二氘钾(DKDP) KD_2PO_4	$\bar{4}2m$	0.2～2.1	0.37(χ_{36})	0.004(1.06μm) 0.004(0.53μm) 0.035(0.266μm)	80(1.06μm) 170(0.53μm) >100(0.266μm)	用于可见和近红外激光高效频率转换
磷酸二氢铵(ADP) $NH_4H_2PO_4$	$\bar{4}2m$	0.18～1.53	0.47(χ_{36})	0.208(1.06μm) 5×10^{-5}(0.53μm) 0.07(0.266μm)	5(1.06μm) >7.5(0.53μm) >100(0.266μm)	用于紫外和可见激光频率转换
银镓硒 $AgGaSe_2$	$\bar{4}2m$	0.71～19	33(χ_{36})	0.01～0.06(10.6μm) <0.002(5～11μm) 0.012(2μm)	0.1～0.2(10.6μm) 0.33(9.5μm) 0.2(2μm)	用于中红外激光频率转换，效率高
尿素 Urea $CO(NH_2)_2$	$\bar{4}2m$	0.2～1.43	1.13(χ_{36})	0.02(1.06μm) 0.04(0.266μm) 0.1(0.213μm)	50(1.06μm) 30(0.53μm) 5(0.266μm)	用于紫外，可见和近红外激光频率转换
β-相偏硼酸钡(BBO) β-BaB_2O_4	3m	0.189～3.5	±2.3(χ_{22}) ∓0.16(χ_{31})	0.5(2.55μm) 0.01(0.53μm)	100(1.06μm) 70(0.53μm) >1.2(0.266μm)	用于紫外，可见和近红外激光频率转换，波长范围宽，但效率中等
铌酸锂(LN) $LiNbO_3$	3m	0.4～5.5	2.1(χ_{22}) −4.35(χ_{31}) −27.2(χ_{33})	0.002(1.06μm) 0.02(0.53μm)	>1(1.06μm) >3.5(0.5μm)	用于可见和中红外激光频率转换，中等能量
掺镁铌酸锂(MLN) MgO：$LiNbO_3$	3m	0.4～5	−4.69(χ_{31})	0.003(1.06μm) 0.02(0.53μm)	6.1(1.06μm) 3.4(0.5μm)	用于可见和中红外激光频率转换，中等能量
淡红银矿 Ag_3AsS_3	3m	0.6～13	16.6(χ_{22}) 10.4(χ_{31})	0.16(10.6μm) 0.53(9.3μm) 0.30(5.3μm) 0.1(1.06μm)	0.53(10.6μm) >0.1(2.1μm) 1×10^{-6}(1.06μm)	用于红外激光频率转换
三硼酸锂(LBO) LiB_3O_5	mm2 (2∥x_2)	0.155～3.2	∓0.67(χ_{21}) ±0.85(χ_{23}) ±0.04(χ_{33})	3.5×10^{-4}(1.06μm) 3.1×10^{-3}(0.53μm)	>9(1.06μm) >2.2(0.53μm) >1.3(0.355μm) >0.4(0.266μm)	用于紫外和可见和近红外激光频率转换
铌酸钾(KN) $KNbO_3$	mm2 (2∥x_3)	0.4～4	−11.9(χ_{21}) −13.7(χ_{23}) −20.6(χ_{33})	1.8×10^{-3}(1.06μm) 1.5×10^{-2}(0.8μm) <0.05(0.4μm)	1.5−1.8(1.06μm) 0.55(0.53μm)	用于可见和近红外激光频率转换，效率高

目前被广泛应用的无机非线性晶体是上表中的ADP，KDP，BBO等晶体，它们的$\chi_{in}^{(2)}$数值不算大，决定了应用时需要较长的相互作用长度，但是它们均具有从紫外到近红外区域较宽的透明范围，且有非常大的光损伤阈值，保证了这些材料在高功率、短脉冲辐射产生方面的应用价值。铌酸锂单晶($LiNbO_3$)是另一种非常吸引人的二阶光学非线性材料，虽然由于其较大的光折变效应导致光损伤阈值较低(1×10^{12} W/cm^2)，但它的大非线性极化率数值使得铌酸锂在低功率频率转换方面有巨大的应用潜力，目前已经在铌酸锂、钽酸锂单晶中获得

了转换效率高达 10%的准相位匹配的二次谐波发生。铌酸锂晶体还具有较全面的光电特性，包括较大的线性电光系数（本章第 4 节将要提及）、较高的近红外透过率、较大的压电系数以及出色的机电耦合性能。铌酸锂近年来在集成光电子器件方面有非常广泛的研究及应用前景。值得一提的是，在铌酸锂单晶上进行离子、质子交换，或在钽酸锂衬底上异质外延生长铌酸锂单晶薄膜能够形成光电效应优良的条形波导器件。

另一类重要的二阶光学非线性晶体材料是有机单晶体(organic single crystal)，相比于无机晶体，有机晶体材料往往具备更大的光学非线性极化率，甚至能够比最好的无机晶体的 $\chi_{in}^{(2)}$ 大数个数量级。符合大非线性系数的有机分子要求具备较长的分子共轭距离，分子结构呈现不对称，共轭分子两端连接电子施主与受主基团，便于整个分子结构电子的非局域化。在本书的第 7 章将对有机非线性材料进行详细的论述。

2. 三阶光学非线性材料

三阶光学非线性材料可以是各类晶体，也可以是各向同性的玻璃材料。目前应用较多的三阶非线性材料包括半导体材料，具有量子限制效应(quantum confinement effect)的半导体微晶、金属颗粒、有机分子（包括有机晶体、聚合物、主-客体分子掺杂系统）以及无机玻璃。其中无机玻璃中的三阶光学非线性效应已经在本书第 2 章中加以论述，而半导体材料与有机材料的三阶非线性效应与应用将分别在本书的第 6 章及第 7 章中进行讨论。

5.4　晶体的电光效应与弹光效应

电光效应(electrooptic effects)又称电致双折射效应，指的是在外加电场作用下，材料中出现了双折射，或是材料中本来存在的双折射现象随着外场作用而发生了性质改变，是一种人工双折射的现象。根据双折射的改变与外加电场之间的不同关系，可以将电光效应区分为线性电光效应（又称 Pockels 效应）与二次电光效应（又称 Kerr 效应）。电光效应近年来已经在集成光电子器件方面有广泛的应用，利用电光效应对于光的强度调制与相位调制，可以获得性能优异的光开关、高频波导型电光调制器、电光型光束偏转器等。

弹光效应(elastooptic effects)也称应力双折射效应，指的是对于晶体施加一定的应力之后，光学各向同性的晶体会具有单轴晶的光率体特性，而单轴晶晶体会具有双轴晶的光率体特性。弹光效应对应的弹光系数具有四阶张量的形式，像电致伸缩系数一样，将会出现于所有的点群晶体及各向同性固体中。近年来发现该类人工双折射效应在声光偏转与声光调制技术方面有重要的应用前景。

电光效应的一般简化表达式为

$$\frac{1}{n^2}=\frac{1}{n_0^2}+\gamma E+hE^2 \tag{5-76}$$

其中等号右边第二项为线性电光效应，而第三项即为二次电光效应。值得注意的是，除了被称作初级效应的线性电光与二次电光效应之外，置于电场中晶体的折射率还会受到次级效应的影响。这样的次级效应与晶体中的应变有关。我们知道，将介电晶体置于电场中，一定会由于逆压电效应（20 种非中心对称晶体，$S=dE$）或电致伸缩效应（所有晶体，$S=\gamma E^2$）而产生应变，继而会由于弹光效应产生次级折射率变化，而且次级效应与晶体对称性的关系和初级效应与对称性关系完全一样。电光效应的初级及次级效应可能具有不同的符号，导致次级电光效应可能会增强，也可能会削弱初级电光效应。如果工作电压为低频，特别是外加场频率与声波频率共振时，由于晶体中较大的应变，次级电光效应可能会大至与初级效应相同，甚至更大，而当工作电压频率较高，材料无法产生足够大的宏观应变，此时次级电光效应可以忽略不计。

5.4.1 线性电光效应

无论是线性电光效应还是二次电光效应，从本质上都是一种光学非线性效应，只不过是将作用于材料上的一个或多个光场的频率降低至低频或直流后所产生的一种极化强度的非线性现象。

式(5-68)表述的是晶体材料在频率分别为 ω_1 与 ω_2 的入射光作用下所产生的非线性极化效应。如果将其中一束光的频率降低至低频或零(直流)，则该式可以写作

$$P_i^{(2)}(\omega',\omega,\Omega)=\chi_{ijk}^{(2)}(\omega',\omega,\Omega)E_j(\omega)E_k(\Omega) \tag{5-77}$$

式中：ω 为光电场频率，Ω 为被降低的外场频率，$\Omega\ll\omega$，由于

$$D=\varepsilon E(\omega)=\varepsilon_0 E(\omega)+P=\varepsilon_0 E(\omega)+[P^{(1)}+P^{(2)}+\cdots]=\varepsilon_0\{1+[\chi^{(1)}+\chi^{(2)}E(\Omega)+\cdots]\}E(\omega)$$

$$\varepsilon=\varepsilon_0[1+\chi^{(1)}+\chi^{(2)}E(\Omega)]$$

则可以得到

$$\varepsilon_{ij}-\varepsilon_{ij}^0=\chi_{ijk}^{(2)}E_k(\Omega) \tag{5-78}$$

如果用逆介电常数张量 β_{ij} 来代替 ε_{ij}，则可以证明 $\beta_{ij}-\beta_{ij}^0=\gamma_{ijk}E_k$ (5-79)

或者可以表示为

$$\Delta\beta_{ij}=\gamma_{ijk}E_k\quad(i,j,k=1,2,3) \tag{5-80}$$

式中：γ_{ijk} 为线性电光系数，是一个三阶张量，与前述的压电模量及二阶非线性极化率张量一样，只能存在于不含反演中心的($\bar{1}$)点群晶体中。由于逆介电常数张量 β_{ij} 是对称张量，所以张量 γ_{ijk} 对于前两个下标是对称的，与其他三阶张量的处理方式类似，可以引入以下的简化下标。

$$\begin{array}{cccccc} ij=11, & 22, & 33, & \underbrace{23,32} & \underbrace{31,13} & \underbrace{12,21} \\ \downarrow & \downarrow & \downarrow & \downarrow & \downarrow & \downarrow \\ m=1, & 2, & 3, & 4, & 5, & 6 \end{array}$$

这样可以将式(5-80)写成

$$\Delta\beta_m=\gamma_{mk}E_k\quad(m=1,2,3,\cdots,6;k=1,2,3) \tag{5-81}$$

如果写成矩阵形式则为

$$\begin{bmatrix}\Delta\beta_1\\\Delta\beta_2\\\Delta\beta_3\\\Delta\beta_4\\\Delta\beta_5\\\Delta\beta_6\end{bmatrix}=\begin{bmatrix}\gamma_{11}&\gamma_{12}&\gamma_{13}\\\gamma_{21}&\gamma_{22}&\gamma_{23}\\\gamma_{31}&\gamma_{32}&\gamma_{33}\\\gamma_{41}&\gamma_{42}&\gamma_{43}\\\gamma_{51}&\gamma_{52}&\gamma_{53}\\\gamma_{61}&\gamma_{62}&\gamma_{63}\end{bmatrix}\begin{bmatrix}E_1\\E_2\\E_3\end{bmatrix} \tag{5-82}$$

与压电模量矩阵(d_{in})($i=1\sim3,n=1\sim6$)及二阶光学非线性极化率张量矩阵 $\chi_{in}^{(2)}$($i=1\sim3,n=1\sim6$)不同的是，γ_{mk}($m=1\sim6,k=1\sim3$)是一个 6×3 的矩阵，在从 γ_{ijk} 简化为 γ_{mk} 的过程中，没有引入“2”的因子，而在 d_{ijk} 到 d_{in} 的简化过程中，当 $n=4,5,6$ 时有 $d_{in}=2d_{ijk}$。晶体的对称性同样会简并该三阶张量的分量数，32 种点群中带有反演中心及对称性较高 432 点群晶体中均不可能产生线性电光效应，且可以证明，凡是具有压电效应的晶体也一定有线

性电光效应。附录 3 中给出了 20 类具有线性电光效应(Pockels 效应)晶体的电光系数矩阵的具体形式。

磷酸二氢钾(KH_2PO_4,简称 KDP)是一种性能优异的线性电光晶体,属于水溶性单晶,能够较容易地从溶液中得到较大尺寸的晶体。虽然 KDP 有一些性能上的缺点,如容易潮解,但是可以通过封装及表面镀制保护膜的方法加以解决,因此 KDP 晶体成为了目前应用最广泛的电光晶体。KDP 属于$\bar{4}2m$ 点群,其光率体是规则椭球,光轴与$\bar{4}$轴重合。在未加电场之前,其逆介电常数 β_{ij} 的示性面方程可以写作

$$\beta_1^0(x_1^2+x_2^2)+\beta_3^0 x_3^2=1 \tag{5-83}$$

根据附录 3,关于$\bar{4}2m$ 晶体的线性电光系数矩阵表达式为

$$\gamma_{mk}(\bar{4}2m)=\begin{bmatrix}0 & 0 & 0\\ 0 & 0 & 0\\ 0 & 0 & 0\\ \gamma_{41} & 0 & 0\\ 0 & \gamma_{41} & 0\\ 0 & 0 & \gamma_{63}\end{bmatrix}$$

则有

$$\begin{bmatrix}\Delta\beta_1\\ \Delta\beta_2\\ \Delta\beta_3\\ \Delta\beta_4\\ \Delta\beta_5\\ \Delta\beta_6\end{bmatrix}=\begin{bmatrix}\beta_1-\beta_1^0\\ \beta_2-\beta_2^0\\ \beta_3-\beta_3^0\\ \beta_4\\ \beta_5\\ \beta_6\end{bmatrix}=\begin{bmatrix}0 & 0 & 0\\ 0 & 0 & 0\\ 0 & 0 & 0\\ \gamma_{41} & 0 & 0\\ 0 & \gamma_{41} & 0\\ 0 & 0 & \gamma_{63}\end{bmatrix}\begin{bmatrix}E_1\\ E_2\\ E_3\end{bmatrix} \tag{5-84}$$

因此有

$$\begin{cases}\beta_1-\beta_1^0=0,\beta_1=\beta_1^0=\dfrac{1}{n_o^2}\\ \beta_2-\beta_2^0=0,\beta_2=\beta_2^0=\dfrac{1}{n_o^2}\\ \beta_3-\beta_3^0=0,\beta_3=\beta_3^0=\dfrac{1}{n_e^2}\\ \beta_4=\gamma_{41}E_1\\ \beta_5=\gamma_{41}E_2\\ \beta_6=\gamma_{63}E_3\end{cases} \tag{5-85}$$

这样,在电场作用下,晶体的光率体方程改变为

$$\beta_1^0(x_1^2+x_2^2)+\beta_3^0 x_3^2+2\gamma_{41}(E_1x_2x_3+E_2x_3x_1)+2\gamma_{63}E_3x_1x_2=1 \tag{5-86}$$

显然该方程所表示的光率体已经从四方的规则椭球变成了一般椭球,即由单轴晶变为双轴晶,而且从上式可以看到 γ_{41} 只与 E_1 及 E_2 有关,γ_{63} 只与 E_3 有关,即$\bar{4}2m$ 点群晶体中 γ_{41} 是描述电场垂直于光轴的电光效应,γ_{63} 是描述电场平行于光轴的电光效应。

1. 纵向电光效应

我们现在先考虑电场加在光轴方向,即式(5-86)中只有 E_3 存在,上式就变成

$$\beta_1^0(x_1^2+x_2^2)+\beta_3^0 x_3^2+2\gamma_{63}E_3x_1x_2=1 \tag{5-87}$$

将此光率体方程进行坐标轴转换，以进行主轴化。可以看到，式(5-87)中只有 x_1x_2 的交叉项，说明了新坐标系的 x_3'轴与旧坐标系 x_3 轴重合，x_1'与 x_2'相对于 x_1 与 x_2 轴转动 θ 角，如图 5-12 所示，新旧坐标系的关系为

$$\begin{cases} x_1 = x_1'\cos\theta - x_2'\sin\theta \\ x_2 = x_1'\sin\theta + x_2'\cos\theta \\ x_3 = x_3' \end{cases} \tag{5-88}$$

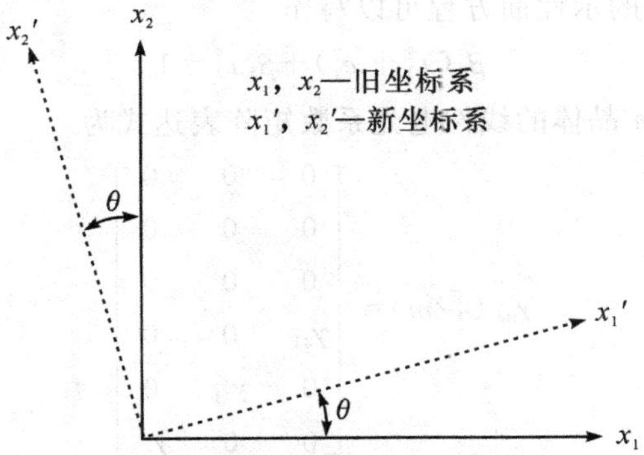

图 5-12 KDP 晶体中当电场加于 x_3 方向，其 x_1，x_2 轴的旋转关系

将式(5-88)代入式(5-87)，并取交叉项 $x_1'x_2'$的系数为 0，则容易得知 $\theta=45°$，经过坐标轴变换，得到

$$(\beta_1^0+\gamma_{63}E_3)x_1'^2+(\beta_1^0-\gamma_{63}E_3)x_2'^2+\beta_3^0x_3'^2=1 \tag{5-89}$$

因此光率体主系数的变化为

$$\begin{cases} \Delta\beta_1=(\beta_1^0+\gamma_{63}E_3)-\beta_1^0=\gamma_{63}E_3 \\ \Delta\beta_2=(\beta_1^0-\gamma_{63}E_3)-\beta_1^0=-\gamma_{63}E_3 \\ \Delta\beta_3=\beta_3^0-\beta_3^0=0 \end{cases} \tag{5-90}$$

由于 $\Delta\beta$ 很小，可以利用微分关系

$$\Delta\beta=\Delta(\frac{1}{n^2})=-2n^{-3}\Delta n,\quad \Delta n=-\frac{1}{2}n^3\Delta\beta \tag{5-91}$$

这样，就能得到

$$\begin{cases} \Delta n_1=n_1'-n_1^0=-\frac{1}{2}n_o^3\gamma_{63}E_3 \\ \Delta n_2=n_2'-n_2^0=\frac{1}{2}n_o^3\gamma_{63}E_3 \\ \Delta n_3=n_3'-n_3^0=0 \end{cases} \tag{5-92}$$

从而获得沿新光率体主轴方向的双折射，即

$$\begin{cases} bx_1'=n_2'-n_3'=(n_o-n_e)+\frac{1}{2}n_o^3\gamma_{63}E_3 \\ bx_2'=n_1'-n_3'=(n_o-n_e)-\frac{1}{2}n_o^3\gamma_{63}E_3 \\ bx_3'=n_2'-n_1'=n_o^3\gamma_{63}E_3 \end{cases} \tag{5-93}$$

此处 bx_1'指的是光沿着新的 x_1'轴传播所产生的双折射。可见，在电场加于光轴方向(E_3)时，在光轴方向的入射光所产生的双折射最大，且与自然双折射(n_o-n_e)无关，仅有 γ_{63} 所引起的人工双折射，我们称这样的电光应用为纵向电光效应，即所加电场与光传输方向平行，

如图 5-13 所示。电光效应的纵向应用所引起的位相差可以表示为

$$\Gamma_{纵向}=\frac{2\pi}{\lambda}(n_2{}'-n_1{}')d=\frac{2\pi}{\lambda}n_o^3\gamma_{63}E_3d=\frac{2\pi}{\lambda}n_o^3\gamma_{63}V \tag{5-94}$$

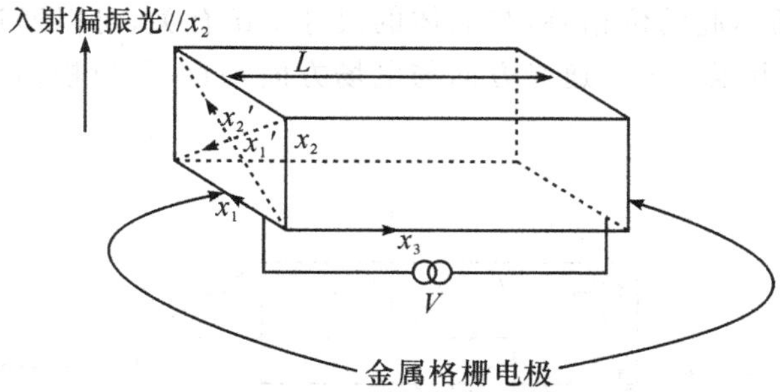

图 5-13　KDP 晶体的线性电光效应的纵向应用

由此可见，在 KDP 晶体中，E_3 方向所加电场的纵向电光应用所引起的位相差仅仅与所加的电压有关，而与晶体的厚度无关。在电光应用中，使得两个光波产生半波长光程差，即 $\Gamma=\pi$ 时所加的电压称为半波电压，可表示为

$$V_\pi=\frac{\lambda}{2n_o^3\gamma_{63}} \tag{5-95}$$

对于 KDP 晶体而言，其 $n_o=1.512$，$\gamma_{63}=-10.5\text{pm/V}$，可以得知在 632.8nm 的半波电压为 8.72kV。KDP 晶体可以通过电光效应的纵向应用实现半波片的功能，就像图 5-14 中显示得那样，最初的入射光是沿着 x_2 轴方向的线偏振光，能够通过电光效应的位相延迟将偏振方向旋转 90°，当电压从 0V 逐渐增加到 V_π 的过程中，偏振态随不同的位相延迟产生不同的变化。

在纵向应用的过程中，镀在晶体上的电极必须能够透光，一般可以选择透明导电薄膜如 ITO(In_2O_3，SnO_2 混合物)、ZnO，或采用金属格栅电极。

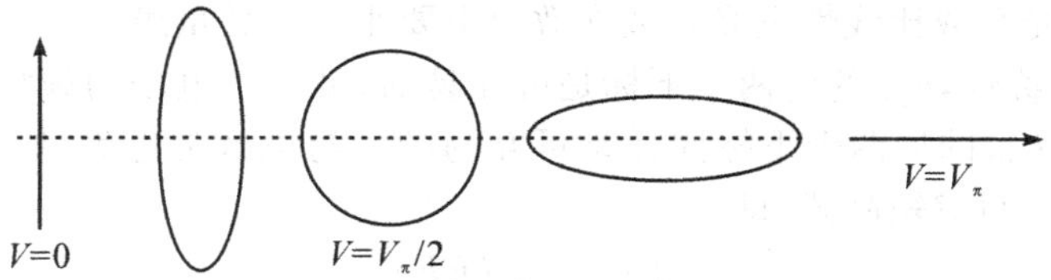

图 5-14　电光效应的应用过程中，由于不同的位相延迟造成的入射光偏振态的变化

2. 横向电光效应

同样当电场加于光轴方向(E_3)，光传输方向垂直于电场方向时，有

$$\begin{cases} n_1{}'=n_1^0-\dfrac{1}{2}n_o^3\gamma_{63}E_3=n_o-\dfrac{1}{2}n_o^3\gamma_{63}E_3 \\ n_2{}'=n_1^0+\dfrac{1}{2}n_o^3\gamma_{63}E_3=n_o+\dfrac{1}{2}n_o^3\gamma_{63}E_3 \\ n_3{}'=n_3^0=n_e \end{cases} \tag{5-96}$$

所以，在 $x_1{}'$ 轴方向的双折射引起的位相差为

$$\Gamma_{横向}=\frac{2\pi}{\lambda}(n_2{}'-n_3{}')l=\frac{2\pi l}{\lambda}(n_o-n_e)+\frac{\pi}{\lambda}\cdot\frac{l}{d}n_o^3\gamma_{63}V \tag{5-97}$$

此即为 KDP 晶体中电场在 E_3 方向的横向电光应用，如图 5-15 所示。我们可以看到，上式右边第一项与晶体的自然双折射有关，而晶体的自然双折射所引起的位相差很容易受到温度波动而产生变化，所以在实际工作中需要特别注意精确保持晶体的温度。而上式第二项为电光系数张量 γ_{63} 所引起的位相差，与晶体的尺寸 l/d 有关，可以通过合理选择晶体的尺寸比来有效降低半波电压。由于通光方向与电场方向垂直，所以横向应用对电极的透光性没有特别要求。

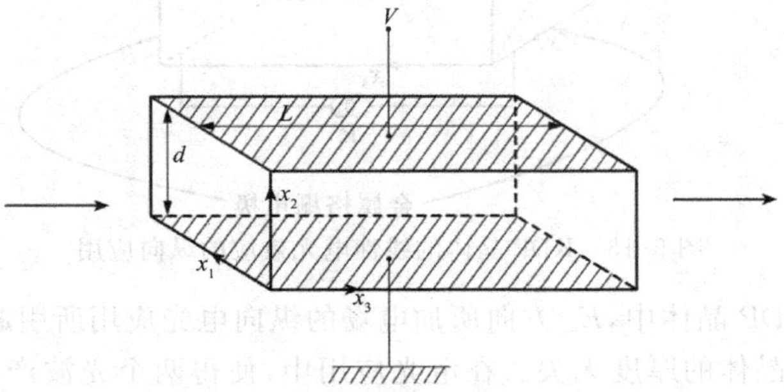

图 5-15　KDP 晶体电光效应的横向应用

5.4.2　二次电光效应

如前所述，除了线性电光效应之外，还存在一种与外加低频电场平方有关的人工双折射，即为二次电光效应，或称为克尔效应，可以表示为

$$\Delta\beta_{ij}=h_{ijkl}E_kE_l \quad (i,j,k,l=1,2,3) \tag{5-98}$$

克尔效应从本质上来讲是一种三阶光学非线性效应，即

$$P_i^{(3)}=\chi_{ijkl}^{(3)}E_j(\omega_1)E_k(\omega_2)E_l(\omega_3)$$

式(5-98)中四阶张量 h_{ijkl} 为二次电光系数(quadratic electrooptic coefficient)或克尔系数。与线性电光系数 γ_{ijk} 不同的是，该四阶张量能够存在于所有 32 种点群的晶体与其他各向同性介质中，二次电光系数比线性电光系数在数值上要小数个数量级。

由于 $\Delta\beta_{ij}$ 的对称性，h_{ijkl} 的前两个下标是可互易的，又由于电场的施加顺序可以交换，即 $E_kE_l=E_lE_k$，所以 h_{ijkl} 的后两个下标同样是可互易的。与电致伸缩系数一样，可以简化 h_{ijkl} 的下标，将式(5-98)写成矩阵式，即

$$\Delta\beta_m=h_{mn}(EE)_n \tag{5-99}$$

$$h_{mn}=\begin{cases}h_{ijkl}, n=1,2,3\\ 2h_{ijkl}, n=4,5,6\end{cases} \tag{5-100}$$

(h_{mn}) 是一个 6×6 矩阵，它与电致伸缩系数矩阵具有完全相同的形式，晶体的对称性会进一步简并该矩阵的非零分量数。如立方晶系的 $m3m$ 点群由于具有反演中心，不具备线性电光效应，但是该点群晶体拥有三个独立分量的克尔系数矩阵，即

$$(h_{mn})_{m3m}=\begin{bmatrix}h_{11} & h_{12} & h_{12} & 0 & 0 & 0\\ h_{12} & h_{11} & h_{12} & 0 & 0 & 0\\ h_{12} & h_{12} & h_{11} & 0 & 0 & 0\\ 0 & 0 & 0 & h_{44} & 0 & 0\\ 0 & 0 & 0 & 0 & h_{44} & 0\\ 0 & 0 & 0 & 0 & 0 & h_{44}\end{bmatrix} \tag{5-101}$$

人们发现，在一些钙钛矿(perovskite)的铁电材料中，当其工作于居里温度以上时，即工作于顺电相时，例如 $BaTiO_3$ 晶体工作于 120℃以上的温度，如果使用诱导晶格极化 P(induced lattice polarization)代替式(5-98)中的外加电场来表征二次电光效应，即

$$\Delta\beta_{ij} = g_{ijkl}P_kP_l \quad (i,j,k,l=1,2,3) \tag{5-102}$$

$$\Delta\beta_m = g_{mn}(PP)_n \quad (m,n=1,2,3,\cdots,6) \tag{5-103}$$

由于 $P_i = \varepsilon_0(\varepsilon_{ij}-1)E_k$，如果只考虑介电常数的对角分量，即 $\varepsilon_{ii}=\varepsilon_i$，则两种不同表示方法的二次电光系数存在以下的关系：

$$h_{ijkl} = \frac{1}{4\pi^2}(\varepsilon_k-1)(\varepsilon_l-1)g_{ijkl} \tag{5-104}$$

二次电光系数 g_{mn} 呈现出了温度不敏感性，且不同材料的 g_{mn} 差别较小，基本上都在 0.1m^4/C^2 数量级范围，所以一般均用式(5-102)或式(5-103)表征晶体的二次电光效应。

以居里温度以上顺电相的 $m3m$ 点群 $BaTiO_3$ 晶体为例，未加电场时，晶体的光率体是球，对于所有二阶张量来说都是各向同性的。如果电场加在 x_1 轴方向，即 $E_1\neq0$，$E_2=E_3=0$，则有

$$\begin{bmatrix}\Delta\beta_1\\\Delta\beta_2\\\Delta\beta_3\\\Delta\beta_4\\\Delta\beta_5\\\Delta\beta_6\end{bmatrix} = \begin{bmatrix} g_{11} & g_{12} & g_{12} & 0 & 0 & 0\\ g_{12} & g_{11} & g_{12} & 0 & 0 & 0\\ g_{12} & g_{12} & g_{11} & 0 & 0 & 0\\ 0 & 0 & 0 & g_{44} & 0 & 0\\ 0 & 0 & 0 & 0 & g_{44} & 0\\ 0 & 0 & 0 & 0 & 0 & g_{44}\end{bmatrix}\begin{bmatrix}E_1E_1\\0\\0\\0\\0\\0\end{bmatrix} = \begin{bmatrix}g_{11}E_1^2\\g_{12}E_1^2\\g_{12}E_1^2\\0\\0\\0\end{bmatrix} \tag{5-105}$$

从而得到由于二次电光效应，相应的光率体变形为

$$\left(\frac{1}{n_o^2}+g_{11}E_1^2\right)x_1^2+\left(\frac{1}{n_o^2}+g_{12}E_1^2\right)(x_2^2+x_3^2)=1 \tag{5-106}$$

显然这是一个规则椭球，坐标系没有发生变化，该光率体光轴为 x_1 轴，各主轴折射率为

$$\begin{cases} n_1{}'=n_o-\dfrac{1}{2}n_o^3g_{11}E_1^2\\ n_2{}'=n_3{}'=n_o-\dfrac{1}{2}n_o^3g_{12}E_1^2\end{cases} \tag{5-107}$$

所以，当电场加在 x_1 轴方向，通光方向也是 x_1 轴时，没有双折射产生，而通光方向垂直于 x_1 轴时，存在双折射现象，即

$$\begin{cases} b_{x_1}=n_2{}'-n_3{}'=0\\ b_{x_2}=b_{x_3}=n_2{}'-n_1{}'=\dfrac{1}{2}n_o^3E^2(g_{11}-g_{12})\end{cases} \tag{5-108}$$

这就是 $m3m$ 点群晶体的二次电光效应。由上式可以看到，$g_{11}-g_{12}$ 往往会成为人们所感兴趣的克尔系数。一般来说，铁电晶体在顺电相时有较明显的克尔效应，而一旦低于其居里温度，在所加电场强度不太大的情况下，会被淹没于线性电光效应中。

5.4.3　电光晶体材料

根据结晶学与物理性能分类，电光晶体可以分成四类：①KDP，ADP 及其同构体；②具有氧八面体结构的 ABO_3 型晶体；③具有立方或六方 ZnS 结构的 AB 型半导体；④其他杂类晶体。

1. KDP-ADP 型晶体

前面已经提到，磷酸二氢钾（KDP）晶体是性能非常优异的光学非线性晶体。KDP 及磷酸二氢铵（ADP）是目前应用最广泛的电光材料，它们均是于室温下在水溶液中生长得到的，不像其他在高温熔体中生长的晶体那样有很大的内应力。

KDP 晶体与 ADP 晶体在室温下都属于$\bar{4}2m$点群，且均具有压电效应，但是 KDP 有一个非常低的居里温度（123K），在该温度以下是铁电相，一般室温下使用 KDP 的电光效应是工作在其顺电相。ADP 有一个 148K 的反铁电相转变温度，室温下使用也是工作在顺电相。这两种晶体由于转变温度过低，其铁电相或反铁电相的电光效应没有被系统研究过。

KDP 型的晶体其成分中的 K，H，P 均可以被周期表中相应其他原子所取代而不改变晶体的基本结构。其中特别值得注意的是，当氢（H）被同位素氘（D）所部分取代后，材料的介电性能会发生剧烈的变化，如成分为 $KD_{2x}H_{2(1-x)}PO_4$ 的晶体其居里温度可以用公式表示为

$$T_c \approx (123+106x)\,K \tag{5-109}$$

通过同位素成分的部分取代可以调制晶体的居里温度。

表 5-8 给出了 KDP 型晶体在 T_c 以上的$\bar{4}2m$点群的电光系数及其他介电性能数据，表中电光系数标识（T）指的是在恒定应力的状态下测得的数据，（S）指的是在恒定应变，即前述较高频率工作电压下测得的电光系数。从附录 3 及 5.4.1 的描述可知，$\bar{4}2m$点群的晶体其线性电光系数张量矩阵只有 γ_{41} 与 γ_{63} 两个非零分量，其中 γ_{41} 只与 E_1 及 E_2 有关，而 γ_{63} 只与 E_3（电场施加于光轴方向）有关。在 632.8nm 处，KDP 晶体的光损耗可以低至 0.5dB/m，几乎可以与性能最好的熔石英相比。正如在表 5-7 中列出的，KDP 晶体在近紫外区域有很好的透明性，是性能优越的近紫外光学非线性材料及电光晶体。对于几乎所有的 KDP 及其同位素取代晶体而言，$\gamma_{63}/(\varepsilon_3-1)$ 的值几乎相等，且不随温度的变化而改变，而我们都知道铁电晶体在居里温度以上其介电常数会遵循式（5-58）所描述的居里-外斯定律。这样，就可以通过选择晶体的工作温度接近 T_c 或选择合适的同位素晶体，用 T_c 接近于室温的方法来获得较大的 γ_{63} 值以降低电光器件的半波电压。然而，在晶体的使用过程中，还必须注意其损耗 tan δ，由于 tan δ 数值在居里温度附近也会有较大增加，所以对于某些应用来说会受到一定的限制。

表 5-8　一些 KDP 型电光晶体在 T_c 以上的相关物理性质

	T_c	γ_{63}	γ_{41}	n_3	n_1	ε_3	ε_1	tan δ_3	tan δ_1
KH_2PO_4 (KDP)	123	−10.5(T) 9.7(S)	8.6(T)	1.47	1.51	21(T) 21(S)	42(T) 44(S)	7.5×10^{-3}(S)	4.5×10^{-3}(S)
KD_2PO_4 (DKDP)	222	26.4(T)	8.8(T)	1.47	1.51	50(T) 48(S)	58(S)	1.0×10^{-1}(S)	2.5×10^{-2}(S)
KH_2AsO_4 (KDA)	97	10.9(T)	12.5(T)	1.52	1.57	21(T) 19(S)	54(T) 53(S)	8.0×10^{-3}(S)	7.5×10^{-3}(S)
RbH_2AsO_4 (RDA)	110	13.0(T)		1.52	1.56	27(T) 24(S)	41(T) 39(S)	5.0×10^{-2}(S)	3.0×10^{-2}(S)
$NH_4H_2PO_4$ (ADP)	148	−8.5(T) 5.5(S)	24.5(T)	1.48	1.53	15(T) 14(S)	56(T) 58(S)	6.0×10^{-3}(S)	7.0×10^{-3}(S)

注：T_c 的单位是 K，其中 ADP 的 T_c 是反铁电相变温度，γ_{mn} 的单位是 10^{-12} m/V，（T）恒定应力，（S）恒定应变，折射率是在 0.546μm 时测得的。

2. ABO_3 型晶体

ABO_3 型晶体是一类非常重要的介电晶体，其共同特征是晶体结构中存在 BO_6 的氧八面体或变形的氧八面体单元，通常具有 $A^{2+}B^{4+}O_3$ 或 $A^{1+}B^{5+}O_3$ 的分子式。钙钛矿型(perovskite-type)，铌酸锂型(lithium niobate-type)和钨青铜型(tungsten bronze-type)是三类重要的 ABO_3 晶体。它们通常表现出优异的铁电特性、较大的折射率及介电常数，在 0.4～6μm 范围透明。它们的红外吸收来源于 BO_6 氧八面体的振动，紫外吸收来源于氧离子间的电子跃迁。在居里点温度以上的顺电相，钙钛矿晶体一般具有立方相的 $m3m$ 点群，特别在居里温度附近有较大的二次电光效应(克尔效应)，而在居里温度以下的铁电相，晶体要么具有四方的 $4mm$ 点群，C 轴沿着原立方体的边长方向(钙钛矿型与钨青铜型)，要么具有三方的 $3m$ 点群，C 轴沿着原立方体的体对角线方向(铌酸锂型)，均表现出了非常优异的线性电光性能。

表 5-9 给出了部分工作于顺电相的 $m3m$ 点群晶体的相关物理性质，可以看到 $SrTiO_3$ 及 $KTaNO_3$ 由于其居里温度远低于室温而限制了其使用，相反 $BaTiO_3$ 晶体需要加热至 401K 以上才能应用其克尔效应。值得关注的是 $KTa_{0.65}Nb_{0.35}O_3$(KTN)晶体，它是$KTaNO_3$ 与 $KNaNO_3$ 的固溶体，前者的 T_c 低于室温，后者高于室温，通过合理的成分调节，就能够将 KTN 的居里温度调至室温附近(283K)，再通过居里-外斯定律得到该晶体较大的介电常数，从而获得较大的克尔效应。

表 5-9　部分 $m3m$ 钙钛矿晶体的二次电光系数

	T_c	g_{11}	g_{12}	$g_{11}-g_{12}$	g_{44}	n
$BaTiO_3$	401	+0.12	$-\lvert<0.01\rvert$	+0.13 0.088(T) 0.031(S)		2.4
$SrTiO_3$	很低			+0.14		2.38
$KTaO_3$	4			+0.16	+0.12	2.24
$KTa_{0.65}Nb_{0.35}O_3$	～283	+0.136	−0.038	0.174	+0.147	2.29

注：其中 T_c 的单位是 K，g_{mn} 的单位是 m^4/C^2，除了特别标识以外，所有的 g_{mn} 数据均是在低频下(恒定应力)测得的。

当 $BaTiO_3$(BT)工作于室温时，它处于 $4mm$ 点群的铁电相，其线性电光系数矩为

$$\gamma_{mk}(4mm)=\begin{bmatrix} 0 & 0 & \gamma_{13} \\ 0 & 0 & \gamma_{13} \\ 0 & 0 & \gamma_{33} \\ 0 & \gamma_{51} & 0 \\ \gamma_{51} & 0 & 0 \\ 0 & 0 & 0 \end{bmatrix} \tag{5-110}$$

当电场加在光轴方向 E_3 时，与 E_3 有关的电光系数分量是 γ_{13} 和 γ_{33}，可以很方便地得知，此时 E_3 方向通光，即电光效应的纵向应用将不会产生双折射，而横向应用将与横向有效电光系数 $\gamma_c=\gamma_{33}-\left(\frac{n_o}{n_e}\right)^3\gamma_{13}$ 有关，所以经常给出了晶体在低频(恒定应力)及高频(恒定应

变)工作电压下的横向有效电光系数 $\gamma_c(\mathrm{T})$ 和 $\gamma_c(\mathrm{S})$。当电场加在 x_1 或 x_2 方向时，与光轴垂直方向电场对应的电光系数分量是 $\gamma_{51}=\gamma_{42}$，可以推导当加上 E_1 时，光率体坐标系将在 x_1x_3 平面内主轴旋转一个较小的角度，即

$$\theta=\arctan\frac{\gamma_{51}E_1n_e^2n_o^2}{(n_e^2-n_o^2)}\approx\frac{\gamma_{51}E_1n_e^2n_o^2}{(n_e^2-n_o^2)} \tag{5-111}$$

此时通光如果在光轴方向，则为横向应用。$BaTiO_3$ 晶体比较吸引人们注意的应用是其具有非常大的 γ_{51} 值，特别是在四方相与正交相的转变温度 0℃附近，γ_{51} 值迅速增大，而 γ_{13} 和 γ_{33} 的值却没有很强的温度敏感性。在室温附近，$BaTiO_3$ 晶体的 γ_{51} 能够达到 800pm/V，是其 γ_{33} 值的 30 倍，是目前所知 γ_{51} 值最大的电光晶体，见表 5-10。

表 5-10 部分 ABO_3 电光晶体的光学性能

晶体	点群	γ_{ij}/pm·V^{-1}	V_π(T)/kV	λ/μm	n	透明区域/μm
$BaTiO_3$	$4mm$	108 γ_c(T) 23 γ_c(S) 1640 γ_{51}(T)		0.546	2.44 n_o 2.37 n_e	0.45～0.7
		820 γ_{51}(S)	0.48	0.67	2.44 n_o 2.36 n_e	
$Sr_{0.25}Ba_{0.75}Nb_2O_6$	$4mm$	41 γ_c(S)	1.34	0.633	2.3144 n_o 2.2596 n_e	
$Sr_{0.5}Ba_{0.5}Nb_2O_6$		205 γ_c(T) 90 γ_c(S)	0.25	0.633	2.3123 n_o 2.2734 n_e	
$Sr_{0.75}Ba_{0.25}Nb_2O_6$		1300 γ_{33}(T) 60 γ_{13}(T) 40 γ_{51}(T) 1400 γ_c(T) 1066 γ_c(S)	0.037	0.633	2.3117 n_o 2.2987 n_e	
$LiNbO_3$	$3m$	8.6 γ_{13}(S) 30.8 γ_{33}(S) 28 γ_{51}(S) 3.4 γ_{22}(S) 7 γ_{22}(T) 21 γ_c(S) 19 γ_c(T)	2.8	0.633	2.286 n_o 2.210 n_e	0.4～5
$LiTaO_3$	3m	7 γ_{13}(S) 30.3 γ_{33}(S) 20 γ_{51}(S) 24 γ_c(S)	2.7	0.633	2.176 n_o 2.180 n_e	0.9～2.9 3.2～4.0

铌酸锶钡($Sr_xBa_{1-x}Nb_2O_6$，简称 SBN100x)，是 $SrNb_2O_6$ 与 $BaNb_2O_6$ 的固溶体，可以通过 x 值的变化改变铌酸锶钡晶体的许多重要特性，如居里温度、介电常数、电光系数、热释电系数等。铁电相的铌酸锶钡晶体属于钨青铜结构的 $4mm$ 点群，如图 5-16 所示。$[NbO_6]$八面体组成基本构架，八面体之间形成了不同种类的空隙结构，如较大的 A1，A2 空隙，较小的 C 空隙以及氧八面体中心位置的 B1，B2 空隙，一个单胞包含 2 个 A1 空隙和 4 个 A2 空隙。

ⅡA 族的 Sr^{2+}，Ba^{2+} 填充于 A1，A2 空隙，但单胞中只有 5/6 的 A 空隙被填满，所以铌酸锶钡晶体的未填满特性导致其抗激光损伤阈值较低，人们通常采用 Li^{+}，Na^{+}，K^{+}，Bi^{3+}，La^{3+} 及其他稀土离子填充 SBN 的剩余空隙，如$(K_xNa_{1-x})_{0.4}(Sr_yBa_{1-y})_{0.8}Nb_2O_6$（$0.5<x<0.75$，$0.3<y<0.9$，简称 KNSBN）晶体就能够表现出非常优异的抗激光损伤性能。

铌酸锶钡晶体在 $x=0.75$ 时，表现出了非常大的 γ_{33} 和相应的 γ_c 数值，意味着将电场加于光轴方向的横向电光效应非常明显，如表 5-10 中显示。以 SBN 单晶及 SBN 择优取向生长的薄膜可以获得性能优异的调制器件。

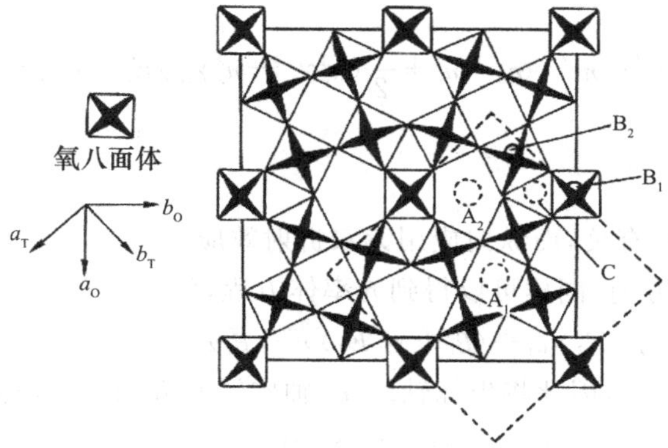

图 5-16 钨青铜结构在(001)面上的投影(其中虚线标识的范围是四方相的结构单元)

$LiNbO_3$ 及 $LiTaO_3$ 晶体在居里温度以下均属于 $3m$ 点群，具有如图 5-17 所示的层状晶体结构，它们均具有非常高的居里温度［$T_{c(LiNbO_3)}=1210℃$，$T_{c(LiTaO3)}=620℃$］，并具有非常好的化学稳定性，不溶于水及有机溶剂，有非常好的机电耦合系数和极低的声损耗，它们已经被证明是非常出色的高频换能器和表面声波器件(SAW)材料。另外，正如前述，$LiTaO_3$ 晶体具有非常好的热释电电压响应度优值与探测度优值，可以作为红外探测器材料。更重要的是 $LiNbO_3$ 及 $LiTaO_3$ 能够获得大尺寸的高质量晶体，可以说 $LiNbO_3$ 优异的电光系数、非线性光学系数、红外高透过率以及高频响应特性使得铌酸锂成为光学和光电子领域，特别是集成光电子行业重要的“工业标准”材料。

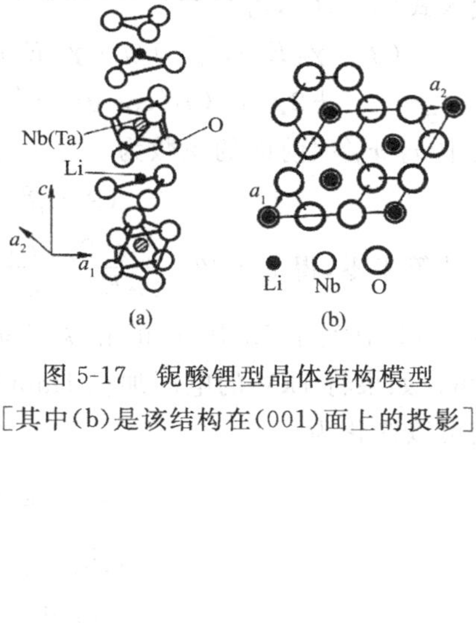

图 5-17 铌酸锂型晶体结构模型
[其中(b)是该结构在(001)面上的投影]

$3m$ 点群的线性电光系数张量矩阵的表达式为

$$\gamma_{mk}(3m)=\begin{bmatrix} 0 & -\gamma_{22} & \gamma_{13} \\ 0 & \gamma_{22} & \gamma_{13} \\ 0 & 0 & \gamma_{33} \\ 0 & \gamma_{51} & 0 \\ \gamma_{51} & 0 & 0 \\ -\gamma_{22} & 0 & 0 \end{bmatrix} \tag{5-112}$$

如果将电场加在光轴方向，则光率体方程将变为

$$(\beta_1^0+\gamma_{13}E_3)(x_1^2+x_2^2)+(\beta_3^0+\gamma_{33}E_3)x_3^2=1 \tag{5-113}$$

可见，加 E_3 方向电场后，其示性面仍为旋转椭球，且主轴不变，即

$$\begin{cases} n_o{}'=n_1{}'=n_2{}'=n_o+\Delta n_1=n_o-\dfrac{1}{2}n_o^3\gamma_{13}E_3 \\ n_e{}'=n_3{}'=n_e+\Delta n_3=n_e-\dfrac{1}{2}n_e^3\gamma_{33}E_3 \end{cases} \tag{5-114}$$

因此电致双折射为

$$\begin{cases} bx_1{}'=bx_2{}'=n_o{}'-n_e{}'=n_o-n_e+\dfrac{1}{2}(n_e^3\gamma_{33}-n_o^3\gamma_{13})E_3=(n_o-n_e)+\dfrac{1}{2}n_e^3\gamma_c E_3 \\ bx_3{}'=0 \end{cases} \tag{5-115}$$

可见横向电光效应与 γ_c 有关，而纵向应用无双折射效应。

如果电场加在 E_2 方向，同样可以得到光率体方程，但其将变为

$$(\beta_1^0-\gamma_{22}E_2)x_1^2+(\beta_1^0+\gamma_{22}E_2)x_2^2+\beta_3^0x_3^2+2\gamma_{51}E_2x_2x_3=1 \tag{5-116}$$

由于交叉项只有 x_2x_3，因此将坐标轴绕 x_1 轴旋转 θ 角，由坐标变换矩阵

$$\begin{bmatrix} x_2 \\ x_3 \\ x_1 \end{bmatrix}=\begin{bmatrix} \cos\theta & -\sin\theta & 0 \\ \sin\theta & \cos\theta & 0 \\ 0 & 0 & 1 \end{bmatrix}\begin{bmatrix} x_2{}' \\ x_3{}' \\ x_1{}' \end{bmatrix}$$

代入式(5-116)，可得

$$\begin{aligned} &(\beta_1^0-\gamma_{22}E_2)x_1'^2+(\beta_1^0+\gamma_{22}E_2)(x_2{}'\cos\theta-x_3{}'\sin\theta)^2+\beta_3^0(x_2{}'\sin\theta+x_3{}'\cos\theta)^2 \\ &\quad+2\gamma_{51}E_2(x_2{}'\cos\theta-x_3{}'\sin\theta)(x_2{}'\sin\theta+x_3{}'\cos\theta)=1 \end{aligned} \tag{5-117}$$

其中 $x_2{}'x_3{}'$ 项前面的系数为

$$(\beta_3^0-\beta_1^0-\gamma_{22}E_2)\sin 2\theta+2\gamma_{51}E_2\cos 2\theta$$

令其等于零，得 $\tan 2\theta=\dfrac{2\gamma_{51}E_2}{\gamma_{22}E_2-(\beta_3^0-\beta_1^0)}$，可见该角度 θ 是一个与外加电场有关的值。结合表 5.11 中关于 $LiNbO_3$ 的相关数据，有 $\gamma_{51}=28\text{pm/V}$，$\gamma_{22}=3.4\text{pm/V}$，$n_e=2.21$，$n_o=2.286$。如果将 1kV 的电压加在 1mm 厚的晶体上，则可以计算得到 θ 是一个非常小的角度值，则可以简化为

$$\begin{cases} \sin\theta\approx\theta\approx\dfrac{1}{2}\tan 2\theta=\dfrac{\gamma_{51}E_2}{\gamma_{22}E_2-(\beta_3^0-\beta_1^0)} \\ \sin^2\theta\approx 0 \\ \cos\theta\approx 1 \end{cases}$$

并去除式(5-117)中含有 γ_{51}^2 的高阶小项，我们能够得到

$$\begin{cases} n_1{}'=n_o+\dfrac{1}{2}n_o^3\gamma_{22}E_2 \\ n_2{}'=n_o-\dfrac{1}{2}n_o^3\gamma_{22}E_2 \\ n_3{}'=n_e \end{cases} \tag{5-118}$$

同样能够得到横向与纵向电光应用均与 γ_{22} 分量有关。

3. AB 型半导体

AB 型晶体材料一般都是半导体，在光电子领域，特别是在集成光有源器件方面有重要的应用价值。它们一般都具有六方的纤锌矿结构(见图 4-14)和立方的闪锌矿结构(见图 4-15)，晶体分别属于 $6mm$ 和 $\bar{4}3m$ 点群。对于 $6mm$ 点群，其线性电光系数矩阵与四方的 $4mm$ 点群有完全相同的形式，因此可以依据前述 $4mm$ 点群($BaTiO_3$，$Sr_xBa_{1-x}Nb_2O_6$ 晶体)的处理方式构造线性电光效应的应用。对于 $\bar{4}3m$ 点群来说，虽然属于对称性最高的立方晶系，但是该点群的对称要素中由于不具有反演中心而可以产生非零的三阶张量分量。

$$\gamma_{mk}(6mm)=\begin{bmatrix}0 & 0 & \gamma_{13}\\ 0 & 0 & \gamma_{13}\\ 0 & 0 & \gamma_{33}\\ 0 & \gamma_{51} & 0\\ \gamma_{51} & 0 & 0\\ 0 & 0 & 0\end{bmatrix},\quad \gamma_{mk}(\bar{4}3m)=\begin{bmatrix}0 & 0 & 0\\ 0 & 0 & 0\\ 0 & 0 & 0\\ \gamma_{41} & 0 & 0\\ 0 & \gamma_{41} & 0\\ 0 & 0 & \gamma_{41}\end{bmatrix}$$

表 5-11 给出了部分Ⅱ～Ⅵ族和Ⅲ～Ⅴ族半导体材料的电光系数及其不同波长的折射率数据，我们发现虽然这些半导体的电光系数均不大(<10pm/V)，但是由于半导体有较大的折射率，导致了电致双折射表达式中 $n^3\gamma_{mk}$ 的乘积较大，同样能够带来明显的调制效果。其中值得注意的是 GaAs 半导体，GaAs 晶体是具有非常大载流子迁移率的直接带隙半导体材料，是唯一能从同一衬底上制作从光源、各种功能器件到探测器的整个集成光路的材料，基于 GaAs 衬底的最简单的波导型电光调制器结构如图 5-18 所示。当 GaAs 与 Ag 以外的金属接触时，会在接触区形成肖特基势垒，当加上反向电压时，势垒中的载流子耗尽，将提高势垒区的折射率，形成波导结构，而由于 GaAs 折射率较高，其 $n_0^3\gamma_{41}=60\text{pm/V}$，在如图所示的电场方向，对于 x_3 方向传输的光波形成有效调制，半波电压大小与 $LiNbO_3$ 上应用类似。

$$\Delta n=n^3\gamma_{41}\frac{V}{2t_g} \tag{5-115}$$

表 5-11　AB 型半导体电光材料的光学性能

晶体	点群	电光系数		折射率		介电常数 ε_i
		$\gamma_{mk}/\text{pm}\cdot\text{V}^{-1}$	$\lambda/\mu\text{m}$	n	$\lambda/\mu\text{m}$	
ZnO	$6mm$	2.6　γ_{33}(S) −1.4　γ_{13}(S)	0.633	$n_1=n_2=2.106$ $n_3=2.123$	0.45	$\varepsilon_1=\varepsilon_2=8.15$(S) $\varepsilon_3=8.15$(S)
ZnS	$\bar{4}m$	1.2　γ_{41}(T) 2.0　γ_{41}(T) 2.1　γ_{41}(T)	0.4 0.546 0.65	$n_o=2.471$ $n_o=2.364$ $n_o=2.315$	0.45 0.60 0.8	16(T) 12.5(S) 8.3
	$6mm$	1.85　γ_{33}(S) −0.92　γ_{13}(S)	0.633	$n_1=n_2=2.705$ $n_3=2.709$ $n_1=n_2=2.363$ $n_3=2.368$	0.36 0.60	
ZnSe	$\bar{4}3m$	2.0　γ_{41}(T)	0.546	$n_o=2.66$	0.546	9.1 8.1
ZnTe	$\bar{4}3m$	4.55　γ_{41}(T) 3.95　γ_{41}(T) 4.3　γ_{41}(S)	0.59 0.69 0.63	$n_o=3.1$ $n_o=2.91$	0.57 0.70	10.1

续表

晶体	点群	电光系数		折射率		介电常数 ε_i
		γ_{mk}/pm·V^{-1}	λ/μm	n	λ/μm	
CuCl	$\bar{4}3m$	6.1 γ_{41}(T) 1.6 γ_{41}(T)		$n_o=1.996$ $n_o=1.933$	0.535 0.671	10(T) 8.3(S) 7.7(S)
CuBr	$\bar{4}3m$	0.85 γ_{41}(T)		$n_o=2.16$ $n_o=2.09$	0.535 0.656	
GaP	$\bar{4}3m$	0.5 γ_{41}(S) 1.06 γ_{41}(S)	0.63	$n_o=3.4595$ $n_o=3.315$	0.54 0.60	10 12
GaAs	$\bar{4}3m$	0.27～1.2 γ_{41}(T) 1.3～1.5 γ_{41}(S—T) 1.2 γ_{41}(S) 1.6 γ_{41}(T)	1～1.8 1～1.8 0.9～1.08 3.39 和 10.6	$n_0=3.60$ $n_0=3.50$ $n_0=3.42$ $n_0=3.30$	0.90 1.02 1.25 5.0	12.5(T) 10.9(S) 11.7(S)
CdS	6mm	3.7 γ_{51}(T) 4 γ_c(T) 2.4 γ_{33}(S) −1.1 γ_{13}(S)	0.589 0.589 0.63 0.63	$n_1=n_2=2.743$ $n_3=2.726$ $n_1=n_2=2.493$	0.515 0.515 0.60	$\varepsilon_1=10.6$(T) $\varepsilon_3=7.8$(T) $\varepsilon_1=8.0$(S) $\varepsilon_3=7.7$(S)

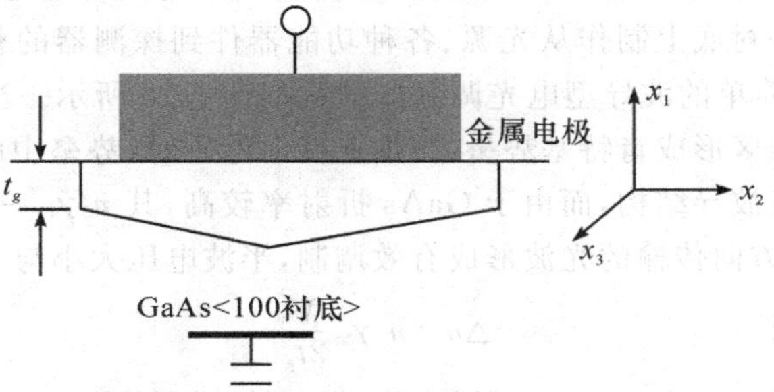

图 5-18 GaAs 衬底上肖特基势垒型电光波导调制器

4. 其他杂类晶体

表 5-12 列出了部分实用的杂类电光晶体材料，点群从立方晶系的$\bar{4}3m$，23(只有 γ_{41})到对称性较低的单斜 2 点群(8 个非零独立电光系数分量)。这些晶体的种类较多，也有各自独特的用途，相关的应用可以自行推导，而材料特性可以查阅相关的论文，此处不再赘述。

表 5-12 部分杂类电光晶体材料的光学性能

晶体	点群	电光系数		折射率	
		γ_{mk}/pm·V^{-1}	λ/μm	n	λ/μm
$Bi_4(GeO_4)_3$	$\bar{4}3m$	1.03 γ_{41}(T)	0.45—0.62	$n_o=2.07$	
$C_6H_{12}N_4$-(HMT)	$\bar{4}3m$	4.18 γ_{41}(T) 0.8 γ_{41}(T) 7.3 γ_{41}(T)	0.365—0.60 0.546 0.547	$n_o=1.591$	0.589
$NaClO_3$	23	0.4 γ_{41}(T)	0.589	$n_o=1.515$	
$LiKSO_4$	6	1.6 γ_c(T)	0.546	$n_3\approx n_1=n_2=1.474$	0.546

续表

晶体	点群	电光系数		折射率	
		γ_{mk}/pm·V^{-1}	λ/μm	n	λ/μm
电气石	3m	0.3 γ_{22}(T)	0.589	$n_1=n_2=1.63$ $n_3=1.65$	
SiO_2 石英晶体	32	−0.47 γ_{11}(T) 0.2 γ_{41}(T) 0.23 γ_{11}(S) 计算 0.1 γ_{11}(S)	0.409～0.605	$n_1=n_2=1.546$ $n_3=1.555$	0.546
罗息盐	222	−2.0 γ_{41}(T) −1.7 γ_{52}(T) 0.3 γ_{63}(T)	0.589 0.589 0.589	$n_1=1.491$ $n_2=1.493$ $n_3=1.497$	0.589 0.589 0.589
$Ca_2Nb_2O_7$	2	14 $\left\|\gamma_{22}-\frac{n_3^3}{n_2^3}\gamma_{32}\right\|$ (T) 12 $\left\|\gamma_{22}-\frac{n_1^3}{n_2^3}\gamma_{12}\right\|$ (T) 13 $\left\|\gamma_{22}-\frac{n_3^3}{n_2^3}\gamma_{32}\right\|$ (S)	0.63	$n_1=1.97$ $n_2=2.16$ $n_3=2.17$	

5.4.4 晶体的弹光效应

1. 晶体的弹光系数

如前所述，弹光效应是一种应力双折射，可以表示为

$$\begin{cases}\Delta\beta_{ij}=\pi_{ijkl}\sigma_{kl}\\ \Delta\beta_{ij}=p_{ijkl}S_{kl}\end{cases} \tag{5-120}$$

前者是逆介电常数张量与应力张量之间的关系，π_{ijkl} 称为应力弹光系数；后者是逆介电常数张量与应变张量之间的关系，p_{ijkl} 称为应变弹光系数。可见弹光系数是一个四阶张量，存在于所有对称性的点群晶体中，也能够存在于玻璃、有机物等均质材料中。晶体的对称性对于各点群弹光系数分量简并的影响与二次电光系数完全一样，所以两者有完全一样的矩阵形式。同样，能够通过张量下标的对称性来简化下标，可以写成矩阵的形式

$$\begin{cases}\Delta\beta_m=\pi_{mn}\sigma_n\\ \Delta\beta_m=p_{mn}S_n\end{cases}\quad(m,n=1,2,3,\cdots,6) \tag{5-121}$$

同属于立方晶系的 $m3m$，432，$\bar{4}3m$ 由于 c 方向是 4 次轴，所以弹光系数有三个非零独立分量，如式(5-122)所示；而 23，$m3$ 点群由于 c 方向是 2 次轴，弹光系数有 4 个非零独立分量，如式(5-123)。当在 x_1 方向施加应力 $\sigma=\sigma_1$ 时，前者会使得光率体球变成规则椭球，而后者则变成一般椭球。对于均质固体而言，弹光系数矩阵只有两个独立的非零分量，且($p_{11}-p_{12}$)是重要的参数，如式(5-124)所示。

$$p_{mn}=\begin{bmatrix}p_{11}&p_{12}&p_{12}&0&0&0\\p_{12}&p_{11}&p_{12}&0&0&0\\p_{12}&p_{12}&p_{11}&0&0&0\\0&0&0&p_{44}&0&0\\0&0&0&0&p_{44}&0\\0&0&0&0&0&p_{44}\end{bmatrix}(m3m,432,\bar{4}3m) \tag{5-122}$$

$$p_{mn}=\begin{bmatrix} p_{11} & p_{12} & p_{13} & 0 & 0 & 0 \\ p_{13} & p_{11} & p_{12} & 0 & 0 & 0 \\ p_{12} & p_{13} & p_{11} & 0 & 0 & 0 \\ 0 & 0 & 0 & p_{44} & 0 & 0 \\ 0 & 0 & 0 & 0 & p_{44} & 0 \\ 0 & 0 & 0 & 0 & 0 & p_{44} \end{bmatrix}(m3,23) \tag{5-123}$$

$$p_{mn}=\begin{bmatrix} p_{11} & p_{12} & p_{12} & 0 & 0 & 0 \\ p_{12} & p_{11} & p_{12} & 0 & 0 & 0 \\ p_{12} & p_{12} & p_{11} & 0 & 0 & 0 \\ 0 & 0 & 0 & \frac{1}{2}(p_{11}-p_{12}) & 0 & 0 \\ 0 & 0 & 0 & 0 & \frac{1}{2}(p_{11}-p_{12}) & 0 \\ 0 & 0 & 0 & 0 & 0 & \frac{1}{2}(p_{11}-p_{12}) \end{bmatrix}(\text{均质材料}) \tag{5-124}$$

值得注意的是在光学玻璃中，由于受到静力或声光作用下的伸缩力，玻璃的折射率同样会由于弹光效应产生变化。当玻璃在三维各向均匀受压的情况下，玻璃的折射率随密度的变化与弹光系数存在的关系为（关于光学玻璃的弹光效应，见本书 2.1.3 的相关内容）

$$\rho\frac{\mathrm{d}n}{\mathrm{d}\rho}=\frac{n^3}{6}(p_{11}+2p_{12}) \tag{5-125}$$

表 5-13 给出了数种较典型的弹光效应材料的弹光系数值，这些材料将在声光效应中有重要的应用价值，如 $LiNbO_3$，$LiTaO_3$，YAG，YIG，TiO_2，α-Al_2O_3 等材料具有很低的声损耗及较高的折射率，保证了这些材料在声光应用中有较高的衍射效率。

表 5-13　一些材料的弹光系数值

材料	$\lambda/\mu m$	p_{11}	p_{12}	p_{44}	p_{31}	p_{13}	p_{33}	p_{41}	p_{14}	p_{66}
熔石英	0.63	+0.121	+0.270	−0.075						
GaP	0.63	−0.151	−0.082	−0.074						
GaAs	1.15	−0.165	−0.140	−0.072						
TiO_2	0.63	0.011	0.172		0.0965	0.168	0.058			
$LiNbO_3$	0.63	0.036	0.072		0.178	0.092	0.088	0.155		
YAG	0.63	−0.029	+0.0091	−0.0615						
YIG	1.15	0.025	0.073	0.041						
$LiTaO_3$	0.63	0.0804	0.0804	0.022	0.086	0.094	0.150	0.024	0.03	
As_2S_3 玻璃	0.63	+0.277	+0.277							
	1.15	+0.308	+0.299							
SF-4	0.63	+0.232	+0.256							
α-Al_2O_3	0.63	~0.20	~0.08	0.085	~0	~0	0.252			
CdS	0.63	0.142	0.066	0.054	0.041					

续表

材料	$\lambda/\mu m$	p_{11}	p_{12}	p_{44}	p_{31}	p_{13}	p_{33}	p_{41}	p_{14}	p_{66}
β-ZnS	0.63	+0.091	～−0.01	+0.075						
ADP	0.63	0.302	0.246		0.195	0.236	0.263			0.075
KDP	0.63	0.251	0.249		0.225	0.246	0.221			0.058
Te 玻璃	10.6	0.155	0.130							
H_2O		～0.31								

2. *声光效应*

声光效应是弹光效应的一种重要的表现形式，广泛应用于光电子技术、激光技术和光信息处理技术等领域。当光波与声波同时投射到晶体上时，声波在介质中传播会引起介质内的应变，再通过前述的弹光效应，引起折射率的周期变化。此周期变化可以看作一组条纹光栅，光栅的栅距等于声波的波长。而光波则会在通过此光栅时，产生光的衍射，称为声光衍射。

按照声波与光波作用距离的长短区分，声光衍射效应可以分为拉曼-奈斯(Raman-Nath)衍射与布拉格(Bragg)衍射。其中拉曼-奈斯衍射发生时声光作用距离较短，存在多种高级次衍射光，其衍射效率较低，如图 5-19 所示。而布拉格衍射由于声光作用距离较长，意味着有较多粒子参与激发衍射波，相当于体衍射光栅，各高级衍射光将互相抵消，以一级衍射光为主，因而具有较高的衍射效率，如图 5-20 所示。

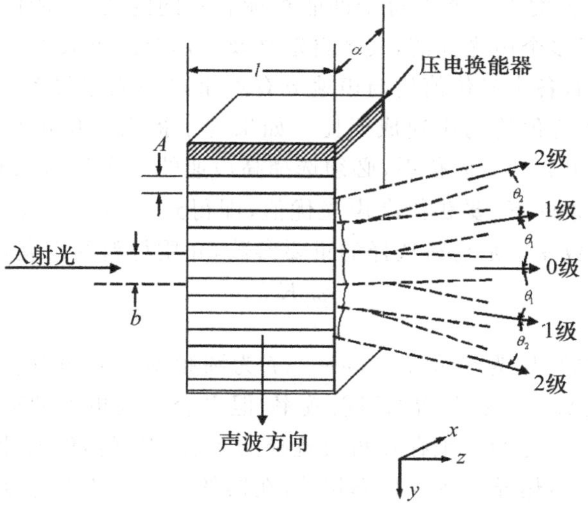

图 5-19　拉曼-奈斯型声光调制器的基本结构

声光衍射效应能够构造声光偏转器、声光调制器、可调声光滤波器等多种光电子器件，各器件由于应用范围的不同会有不同的器件参数要求，从而对于材料产生具体不同的性能要求及优值(figure of merit)要求。一般来说，声光衍射器件要求有较高的衍射效率 η，较宽的频率带宽或调制带宽 Δf 及所适用一定值的声中心频率 f_a。涉及材料的声学特性包括声速 v，声衰减系数 α 等；光学特性包括折射率 n，特定方向与特定偏振方向的弹光系数 p 等。

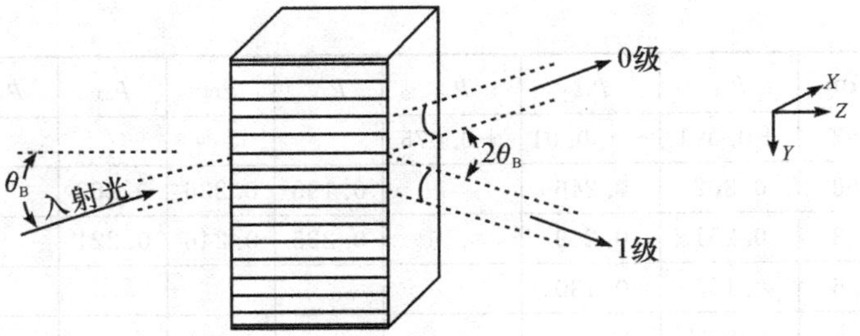

图 5-20 布拉格型声光调制器的基本结构

3. 声光材料与器件

如果只考虑声光衍射器件的固有衍射效率，可以证明，器件中衍射光的功率正比于 $n^6p^2/v^3\rho$，表明衍射光功率主要由声速 v 和材料的基本参数（光折射率 n，光弹系数 p 及材料密度 ρ）确定，即

$$\eta=\frac{\pi^2}{2\lambda_0^2}M_2P_a\frac{L}{H} \tag{5-126}$$

其中

$$M_2=n^6p^2/v^3\rho \tag{5-127}$$

式中：λ_0 为自由空间光波波长，P_a 为声波功率，L 为声光互作用长度，而 H 为声波高度。M_2 已被广泛用来比较声光材料性能优劣的基本参数。如果只考虑器件的衍射效率，可以按照 M_2 值来选择材料，但是各类声光器件对于性能指标有不同的要求，所以针对不同类型的声光衍射器件，人们提出了多个声光优值，其各自定义及使用范围见表 5-14。

从表 5-14 可以得知，各声光优值均与声速 v 有着重要的依存关系，其中除了 M_4 与 M_6 与 v 成正比，其余的声光优值均与声速成反比。如果为了提高单位声功率的光衍射效率或减小由声非线性效应所引起的二阶衍射，必须选择高声速的介质材料来制作器件。相反，在不考虑以上两种情况的条件下，要获得高声光优值，即得到高的衍射效率，必须选用低声速的介质材料。声衰减系数 α 也是材料选择的重要参数，介质材料的声衰减系数可表示为

$$\alpha=\frac{\gamma\omega^2KT}{\rho v^5} \tag{5-128}$$

式中：γ 是 Grüneison 常数，K 为热传导率，$\omega=2\pi f$ 为圆频率。可知声衰减系数与声速 v 的 5 次方成反比，低声速的材料虽然会增加衍射效率，但也会导致更大的声损耗。因此在声光优值 M，声损耗 α 与声速 v 之间必须存在折衷选择的问题，根据器件的性能与需要进行参数优化。同样，由于声损耗与热导率及声频率相关，在器件设计上还需充分考虑热传导及声频率对于器件性能的影响。此外，声光优值还取决于光波的特性，如折射率与弹光系数，一般来说，高折射率与大弹光系数的材料有大的声光优值，但是高折射率与弹光系数的获得是相互制约的。从各声光优值的表达式看，显然折射率对于优值的影响更大（$M\propto n^{4\sim8}$），高折射率对于大声光优值的贡献远大于弹光系数的贡献。所以在只知道材料的折射率及弹光系数，而不知道材料的声光优值的情况下，可以放心选择大折射率的材料，以获得优良的声光衍射效果。

表 5-14 声光优值 M 的定义及其适用的器件类型

声光优值 M	声光效率表达式	M 表达式	符号说明	适用声光器件
M_1	$2f_a\cdot\Delta f\cdot\eta=\frac{1.8\pi^2 M_1 P_a}{\lambda_0^3 H\cos\theta_0}$	$M_1=\frac{n^7 p^2}{\rho v}$	f_a:声波中心波长,Δf:3dB 衍射带宽,θ_0:布拉格衍射角	需考虑最佳衍射效率带宽积的器件
M_2	$\eta=\frac{\pi^2}{2\lambda_0^2}M_2 P_a\frac{L}{H}$	$M_2=\frac{n^6 p^2}{v^3\rho}$		只考虑衍射效率的器件
M_3	$\eta=\frac{\pi^2 M_3}{2\lambda_0 f_a^{3/2}\tau^{1/2}}P_a\frac{l}{h}$	$M_3=\frac{n^7 p^2}{\rho v^2}$	$h=H\Big/[v(\tau/f_a)]$ τ:声渡越时间	声光偏转器用材料:需同时考虑 η,Δf 和声波横越过光束所需的时间 τ
M_4	$\eta=P_d l^2(\frac{\pi^2}{2\lambda_0^4 f_a^4})M_4$	$M_4=\frac{n^8 p^2 v}{\rho}$	P_d:声功率密度 $l=L\Big/L_0$ $L_0=\Lambda^2 n\Big/\lambda_0\cos\theta_0$ Λ:声波波长	高速声光调制器用材料:需要考虑声功率密度的器件
M_5	$\eta=TA\Delta\Omega\frac{\lambda_0}{\Delta\lambda}\propto AM_5$	$M_5=M_2 n^2=\frac{n^8 p^2}{\rho v^3}$	T:声光滤波器的透射率:$T\propto M_2$ A:光学孔径 $\Delta\Omega\frac{\lambda_0}{\Delta\lambda}\propto n^2$:频谱分辨率与立体孔径角之积	可调声光滤波器用材料
M_6	$I_2\propto\frac{\beta\lambda_0^2 f_a^3\tau}{n^4 p v}=\lambda_0^2 f_a^3\tau\Big/M_6$	$M_6=\frac{n^4 p v}{\beta}$	I_2:由于声非线性效应导致的二阶非线性衍射光强度 β:二阶声非线性参量	需避免由于声非线性效应导致损耗的高频声光器件

玻璃是目前最常见、应用最为广泛的声光介质材料,虽然玻璃是各向同性的,但正如前述,玻璃中存在弹光效应。玻璃作为声光介质材料的优点在于容易制备及加工大尺寸的材料,且工艺成熟,成本低廉;经过热退火以后,光学均匀性较好,光损耗小。但是玻璃还存在声损耗较大、折射率较低及弹光系数较小等缺点,直接导致较小的声光优值,同时由于玻璃中声衰减较大,而据式(5-128)所示,声衰减与声波频率成正比,因而玻璃材料只适合声频小于 100MHz 的声光器件。表 5-15 给出了常用的熔石英玻璃、重火石玻璃及一些硫属化合物玻璃材料的声光特性与声光优值。

表 5-15　某些玻璃介质的声光性能

玻璃材料	密度 ρ/g·cm^{-2}	声波性能			光波性能				声光优值		
		声模	声速 v	声衰减 α	透光区/μm	偏振方向	折射率 n	测量波长/μm	M_1	M_2	M_3
熔石英	2.20	L	5.96	12	0.2～4.5	⊥	1.457	0.633	8.05	1.55	1.35
Te 玻璃	5.87	L	3.4	170	0.47～2.7	//	2.089	0.633	58.1	28.9	17.1
SF-59	6.17	L	3.26	1200	0.46～2.5	//	1.95	0.633	39	19	12
SF-4	3.59	L	3.63		0.38～1.8	⊥	1.618	0.633	1.83	4.51	3.97
$As_{12}Se_{55}Ge_{33}$	4.40	L	2.52	29	1～14	⊥	2.7	1.06	418	248	165
As_2S_3	3.20	L	2.6	170	0.6～11	//	2.46	1.153	619	347	236
							2.61	0.633	762	433	293
As_2Se_3	4.64	L	2.25	280	0.9～11	//	2.893	1.153	1600	1090	710
无定型硒	4.27	L	1.83		1.0～20	⊥	2.497	1.153	1012	1206	552

注：表中声速单位是($\times10^5$ cm/s)，声衰减单位是(dB/cmGHz^2)，声光优值 M_1 的单位是($\times10^{-7}$ cms/g)，M_2 的单位是($\times10^{-15}$ s^3/g)，M_3 的单位是($\times10^{-12}$ cms^2/g)。声模 L 指的是纵模，光波偏振方向定义为平行或垂直于散射面，而后者为由声波传播方向及光波 k 矢量所决定的平面。

与玻璃相比，单晶是最重要的一类声光材料，见表 5-16。许多单晶的声衰减非常小(≤15dB/cmGHz^2)，同时声光优值较大。与玻璃材料相比，单晶的 M/α 的值要高得多，特别适合制造频率大于 100MHz 的高频率声光器件，对于高频大带宽的声光器件而言，必须选用优质单晶材料。但是晶体材料同时存在制造成本高、生长周期长的缺点，特别是不易获得大尺寸的单晶。目前受到人们重视的单晶声光材料主要为钼酸铅($PbMoO_4$)、二氧化碲(TeO_2)及氯化汞($HgCl_2$)。

表 5-16　某些单晶声光材料的主要性能参数(各参数单位同表 5-15)

单晶材料	密度 ρ/g·cm^{-2}	声波性能			光波性能				声光优值		
		声模及传播方向	声速 v	声衰减 α	透光区/μm	偏振方向	折射率 n	测量波长/μm	M_1	M_2	M_3
$LiNbO_3$	4.64	L[100]	6.57	0.15	0.4～4.5		2.2	0.633	66.5	7.0	10.1
$PbMoO_4$	6.95	L[001]	3.63	15	0.42～5.5	//	2.26	0.633	105	36.3	29.8
TeO_2	6.00	L[001]	4.20	15	0.35～5.0	⊥	2.26	0.633	133	35.5	32.8
	6.00	S[110]	0.62	17.9	0.35～5.0	任意	2.26	0.633	13.1*	795*	127*
GaP	4.13	L[110]	6.32	6	0.6～10	//	3.31	0.633	590	44.6	93.5
$Bi_{12}GeO_{20}$	9.22	L[110]	3.42	4.8	0.45～7.5	任意	2.55	0.633	29.5	9.9	8.6
α-HIO_3	5.0	L[001]	2.44	10	0.3～1.8	[100]	2.0	0.633		55*	32*
TiO_2	4.23	L[001]	10.3	0.55	0.46～6	⊥	2.55	0.633	44	1.52	4.0
$HgCl_2$	7.18	L[100]	1.62		0.38～28	//	2.0	0.633			
α-HgS	8.1	L[001]	2.45	28.5	0.62～16	⊥	2.89	0.633	1670	980	680
Tl_3AsS_4	6.2	L[001]	2.15	29	0.6～12	//	2.83	0.633	1040	800	480
Ge	5.33	L[111]	5.5	30	2～20	//	4.00	10.6	10200	840	1850
Te	6.24	L[100]	2.2	60.0	5～20	//	4.8	10.6	10200	4400	4640

* 表示相对于熔石英的优值。

图 5-21 显示的是 Kuhn 等人报道的第一个混合型波导声光调制器，衬底采用 y 切 α 石英（$n=1.54$），由于 α 石英具有较大的压电系数，在其上沉积叉指状金属电极构成叉指换能器，利用逆压电效应，通过施加电场在衬底激励应力与应变，产生超声波的声场。通过溅射在石英衬底上 0.8μm 厚的高折射率（$n=1.73$）玻璃薄膜构成光波导，而波长为 632.8nm 的入射光经过图中的光栅耦合器耦合入玻璃波导中。频率为 191MHz 的声波在石英衬底上沿 x 方向传播，其声波波长（或光栅周期）为 $\Lambda=16\mu m$。由于弹光效应产生的布拉格光栅将对光波进行衍射，该构型的器件所报道的布拉格衍射效率在声波功率为 0.18W 时可以达到 $\eta_B=66\%$。

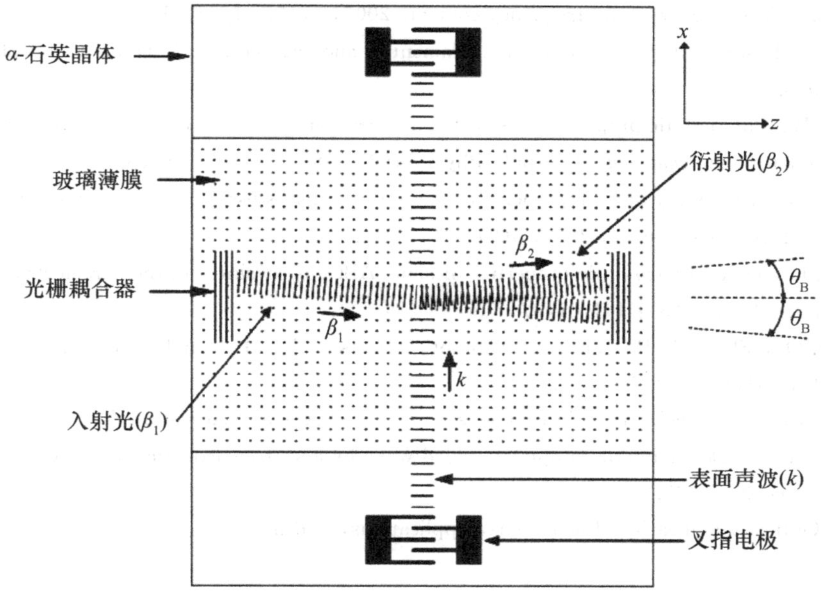

图 5-21 混合型波导声光调制器的结构

思考题

1. 如何定义材料的应变张量？
2. 试推导 $4mm$ 点群晶体的压电系数矩阵，并说明其逆压电系数矩阵具有怎样的形式？
3. 举例说明压电效应、热释电效应在光学上的应用。
4. 什么是铁电材料，铁电体的极化与所加电场存在怎样的关系？
5. 二阶光学非线性效应与三阶光学非线性效应分别出现在什么点群的晶体中？为什么？
6. 怎样应用 $BaTiO_3$ 晶体与 $Sr_xBa_{1-x}Nb_2O_6$ 晶体的电光效应才能获得最佳电光调制的效果？
7. 为什么玻璃能够用于声光调制器件？与晶体材料相比，有什么优缺点？

参考文献

[1] 董孝义，高希才. 电光学及其应用. 半导体光电，1991，12(3)：303－311.
[2] 高希才. 声光材料及其应用. 功能材料，1992，23(3)：129－139.
[3] 沈元壤著. 非线性光学原理. 北京：科学出版社，1987.
[4] 俞文海，刘皖育. 晶体物理学. 北京：中国科学技术大学出版社，1998.
[5] 张福学主编. 现代压电学. 北京：科学出版社，2001.
[6] 钟维烈. 铁电体物理学. 北京：科学出版社，1996.

[7] Bertocco M., *et al*. Robust and accurate real-time estimation of sensors signal parameters by a DSP approach. IEEE Trans. Instrum. Meas., 2000, 49: 685—890.

[8] Bruce W. W. Ferroelectric epitaxial thin films for integrated optics. Annu. Rev. Mater. Res., 2007, 37: 659—679.

[9] Butcher P. N., Cotter D. The element of nonlinear optics. London: Cambridge University Press, 1990.

[10] Coquin G. A., *et al*. Physical properties of lead molybdate relevant to acousto-optic. Device Applications, 1970, 42(6): 2162—2168.

[11] David Binnie T., *et al*. An integrated 16×16 PVDF pyroelectric sensor array. IEEE transactions on ultrasonics, ferroelectrics, and frequency control, 2000, 47(6): 1413—1420.

[12] Davis C. C. Lasers and electro—optics, fundamentals and engineering. London: Cambridge University Press, 1996.

[13] Dixon R. W. Photoelastic prcperties of selected materials and their relevance for applications to acoustic light modulators and scanners. J. Appl. Phys., 1967, 38(13): 5149—5153.

[14] Ferrari V., *et al*. Array of PZT pyroelectric thick-film sensors for contactless measurement of *XY* position. IEEE Sensors Journal, 2003, 3(2): 212—217.

[15] Geusic J. E., *et al*. Eletro-optic properties of some ABO_3 perovskites in the paraelectric phase. Appl. Phys. Lett., 1964, 4(8): 141—143.

[16] James H. O., Sliker T. R. Linear electro-optic effects in KH_2PO_4 and its isomorph. J. Opt. Soc. Am., 1964, 54(12): 1442—1444.

[17] Kohli M., *et al*. Pyroelectric thin-film sensor array. Sensors and Actuators A, 1997, 60: 147—153.

[18] Kuhn L., *et al*. Deflection of an optical guided wave by a surface acoustic wave. Appl. Phys. Lett., 1970, 17(6): 265—267.

[19] Nie W. Optical nonlinearity: Phenomena, applications, and materials. Adv. Mater., 1993, 5(7/8): 520—545.

[20] Nye J. F. Physical properties of crystals: Their representation by tensors and matrices. London: Oxford university press, 1985.

[21] Pinnow D. A. Guide lines for the selection of acousto-optic materials. IEEE Journal of quantum electronics, 1970, QE—6(4): 223—238.

[22] Robert L. B. Nonlinear optical phenomena and materials. Annu. Rev. Mater. Sci., 1974, 4: 147—190.

[23] Scott J. F. Ferroelectric memories. Science, 1989, 246: 1400—1405.

[24] Solymar L., Walsh D. Electrical properties of materials. 6th Edition. London: Oxford University Press, 1998.

[25] Uchida N. Acoustooptic deflection materials and techniques. Proc. IEEE, 1973, 61(8): 1073—1092.

[26] Xu Y. H. Ferroelectric materials and their applications. Haarlem: North—Holland, 1990.

[27] Yariv A., Yeh P. Optical waves in crystals. New Jersey: John Wiley, 2003.

[28] Yin Y., Ye H. Determination of refractive indices and thicknesses of $Ba_{0.7}Sr_{0.3}TiO_3$ lms with and without MgO (001) buffer layer on silicon substrate. J. Appl. Phys., 2009, 106: 074103.

[29] Yin Y., Ye H. Preparation and characterization of unimorph actuators based on piezoelectric $Pb(Zr_{0.52}Ti_{0.48})O_3$ materials. Sensors and Actuators A: Physical, 2011, 171: 332—339.

[30] Yoshikazu Hishinuma, *et al*. Piezoelectric unimorph MEMS deformable mirror for ultra—large telescopes. Proceedings of SPIE Vol. 5717, MEMS/MOEMS Components and Their Applications II, 2004: 21—29.

第6章

半导体光学晶体

半导体材料在光学领域得到了广泛的应用，如发光、光调制、光探测以及非线性光学器件。近年来，随着光伏产业与半导体照明产业的迅速崛起，对于半导体材料的要求也越来越高。作为光学材料的半导体，其物质形态可以是块状、薄膜、微纳结构，也可以是单晶态、多晶态和非晶态。其成分可以是元素半导体，如 Si，Ge 等，也可以是化合物半导体，如Ⅲ～Ⅴ族的 GaAs，GaN，InP 等。Ⅱ～Ⅵ族的 ZnS，CdSe 等，当然还存在一些三元系、四元系的固溶体化合物，如 $Al_{0.47}Ga_{0.53}As$ 等。

6.1 半导体物理基础

6.1.1 能带理论

1. 周期势场中电子的运动

能带理论是研究固体中电子运动的一个主要理论。它是单电子近似的理论，即将每个电子的运动看成在一个独立的等效势场中的运动，此时固体中的电子不再束缚于个别的原子，而能够在整个固体内运动，这样的电子称为共有化电子。由于理想晶体中晶格排列的有序性和周期性，晶体中的电子可以被看作在一个具有周期性的等效势场中运动，而描述电子行为的波动方程为

$$\left[-\frac{\hbar^2}{2m}\nabla^2+V(\vec{r})\right]\Psi=E\Psi \tag{6-1}$$

其中

$$V(\vec{r})=V(\vec{r}+\vec{R}_n) \tag{6-2}$$

式中：Ψ 为电子运动的波函数，$\vec{r}$ 为空间某点的矢径，$\vec{R}_n$ 为任意的晶格矢量。式(6-2)表示势场的周期性。式(6-1)是晶体中电子运动的基本方程式，如能解出这个方程，便能得到电子的波函数及能量，但是获得实际晶体的 $V(\vec{r})$ 很困难，只能采取一些近似方法求解。

布洛赫定理认为，势场具有晶格周期性时，波动方程的解的表达形式为

$$\Psi(\vec{r}+\vec{R}_n)=e^{i\vec{k}\cdot\vec{R}_n}\Psi(\vec{r}) \tag{6-3}$$

式(6-3)表示当平移晶格矢量 $\vec{R}_n$ 时，波函数 Ψ 只增加了位相因子 $e^{i\vec{k}\cdot\vec{R}_n}$，该式就是布洛赫定理。根据布洛赫定理可以把波函数写为

$$\Psi(\vec{r})=e^{i\vec{k}\cdot\vec{R}_n}u(\vec{r}) \tag{6-4}$$

其中 $$u(\vec{r}+\vec{R}_n)=u(\vec{r}) \tag{6-5}$$

式(6-4)表示该波函数是平面波与周期函数的乘积。$\vec{k}$为简约波矢，它的物理意义为表示原胞之间波函数相位的变化。

为了获得晶体中电子运动波函数 Ψ 与能量 E，往往采用近自由电子近似，通过最简单的一维模型来求解。所谓近自由电子近似是假设周期势场的起伏较小，作为零级近似，可以通过势场平均值$\bar{V}$代替 $V(x)$，把周期起伏$[V(x)-\bar{V}]$作为微扰来处理。则零级近似下有

$$-\frac{\hbar^2}{2m}\frac{\mathrm{d}^2}{\mathrm{d}x^2}\Psi^0+\bar{V}\Psi^0=E^0\Psi^0 \tag{6-6}$$

在恒定势场$\bar{V}$中自由电子的解为

$$\Psi_k^0(x)=\frac{1}{Na}\mathrm{e}^{ikx},E_k^0=\frac{\hbar^2k^2}{2m}+\bar{V} \tag{6-7}$$

式中：N 为原胞数目，a 为一维情况下原子间距。如果引入周期性边界条件，则可以证明 k 只能取分立的以下值，即

$$k=\frac{l}{Na}(2\pi)\quad l\text{ 为整数} \tag{6-8}$$

波函数满足正交归一化条件：$\int_0^{Na}\Psi_{k'}^0\Psi_k^0\mathrm{d}x=\delta_{kk'}$。

根据微扰理论，波动方程本征值的一级与二级修正可以写为

$$E_k^{(1)}=\langle k\mid\Delta V\mid k\rangle \tag{6-9}$$

$$E_k^{(2)}=\sum_{k'}\frac{|\langle k'\mid\Delta V\mid k\rangle|^2}{E_k^0-E_{k'}^0} \tag{6-10}$$

而波函数的一级修正可以写为

$$\Psi_k^{(1)}=\sum_{k'}\frac{\langle k'\mid\Delta V\mid k\rangle}{E_k^0-E_{k'}^0}\Psi_{k'}^{(0)} \tag{6-11}$$

即在原来零级的波函数 Ψ_k^0 和能量E_k^0 中，掺入了其他波矢 k' 的零级波函数$\Psi_{k'}^0$ 和能量$E_{k'}^0$。可以证明，能量的一级修正值 $E_k^{(1)}=\int|\Psi_k^0|^2[V(x)-\bar{V}]\mathrm{d}x=\int|\Psi_k^0|^2V(x)\mathrm{d}x-\bar{V}=0$，而经过波函数的一级修正与能量的二级修正以后，波函数及能量可以分别写为

$$\Psi_k=\Psi_k^0+\Psi_k^{(1)}=\frac{1}{\sqrt{Na}}\mathrm{e}^{ikx}\left\{1+\sum_n\frac{V_n}{\frac{\hbar^2}{2m}[k^2-(k+\frac{n}{a}2\pi)^2]}\mathrm{e}^{\mathrm{i}\frac{2\pi n}{a}x}\right\} \tag{6-12}$$

$$E=E_k^0+E_k^{(2)}=(\frac{\hbar^2k^2}{2m}+\bar{V})+\sum_n\frac{|V_n|^2}{\frac{\hbar^2}{2m}[k^2-(k+\frac{n}{a}2\pi)^2]} \tag{6-13}$$

其中 V_n 是矩阵元$\langle k'|\Delta V|k\rangle$在 $k'=k+\frac{n}{a}2\pi$ 时的值，能够证明，只有当 k'与 k 相差为$\frac{n}{a}2\pi$时，它们之间的矩阵元才是非零的。根据布洛赫定理，式(6-12)等式右边大括号内的内容等同于一维情况下式(6-4)中的周期函数 $u(\vec{r})$，这样式(6-12)可以看作自由粒子的波函数与具有晶格周期性函数的乘积。

值得注意的是，式(6-13)中当 $k^2=(k+\frac{n}{a}2\pi)^2$，即 $k=-\frac{n\pi}{a}$时，$E_k^{(2)}\to\pm\infty$。也就是 k 值为 π/a 的整数倍时，能量值趋向于无穷大，说明了以上的微扰方法 k 在此处发散，弱周期势

微扰论不适用，必须采用简并微扰的近似方法求解薛定谔方程。

所谓简并微扰的方法，指的是在处理 $k=-\frac{n\pi}{a}$ 状态时，取接近于 $-\frac{n\pi}{a}$ 的 k 状态，如

$$k=-\frac{n\pi}{a}(1-\Delta),\quad \Delta\ll 1 \tag{6-14}$$

在周期性势场微扰下，起主要影响的是掺入了和它能量接近的状态 k'：

$$k'=k+\frac{n}{a}(2\pi)=\frac{n\pi}{a}(1+\Delta) \tag{6-15}$$

此时忽略其他掺入的状态，波函数可以写成以上两个简并态之间的线性组合：

$$\Psi=a\Psi_{k'}^0+b\Psi_k^0 \tag{6-16}$$

将波函数的表达式式(6-16)代入波动方程式(6-1)，能够确定 a，b 的值和本征值，具体的求解过程可以参阅固体物理的相关内容。

$$E_{\pm}=\frac{1}{2}\left\{E_k^0+E_{k'}^0\pm\left[2|V_n|+\frac{(E_{k'}^0-E_k^0)^2}{4|V_n|}\right]\right\} \tag{6-17}$$

将 k 与 k' 的表达式(6-14)和(6-15)代入，可以得到

$$E_{\pm}=\bar{V}+T_n\pm|V_n|\pm\Delta^2T_n\left(\frac{2T_n}{|V_n|}+1\right) \tag{6-18}$$

其中 $T_n=\frac{\hbar^2}{2m}\left(\frac{n\pi}{a}\right)^2$。

由式(6-18)可以看出，当 $\Delta\to 0$ 时，$E_{\pm}$ 分别是以抛物线方式趋近于 $\bar{V}+T_n\pm|V_n|$。原来 Ψ_k^0 态$\left[k=-\frac{n\pi}{a}(1-\Delta)\right]$的能量 E_k^0 受到 $\Psi_{k'}^0\left[k'=\frac{n\pi}{a}(1+\Delta)\right]$态的微扰后能量下降，变成 E_-，而原来 $\Psi_{k'}^0$ 态的能量 $E_{k'}^0$ 受到 Ψ_k^0 态的微扰后能量上升，变成 E_+。即在 k 值为 π/a 的整数倍附近，两个相互影响的状态 Ψ_k^0 与 $\Psi_{k'}^0$ 微扰后，能量在 $k=\pm\frac{n\pi}{a}$ 处产生断裂，原来能量较高的 k' 态提高，原来能量较低的 k 态下降，相当于能级间产生了相互"排斥"，能量的突变为 $2|V_n|$。能量的微扰及能级之间的排斥可以从图 6-1 和图 6-2 中得到显示，图 6-2 反映出 $\Delta>0$ 与 $\Delta<0$时能量的微扰。

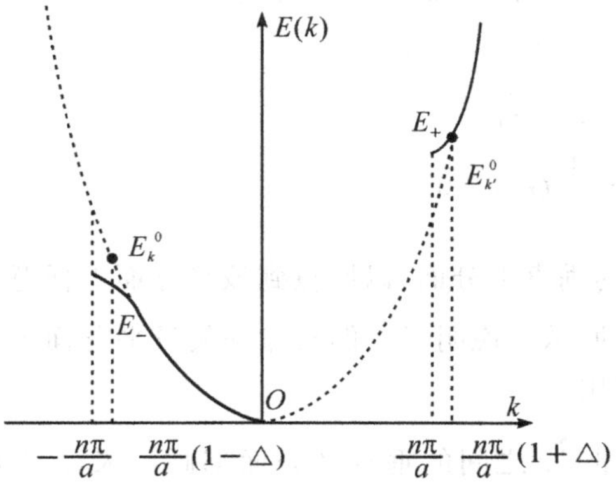

图 6-1　能量的微扰

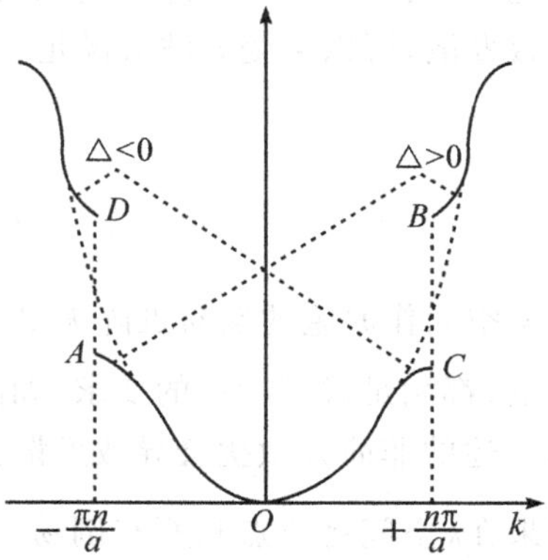

图 6-2　$k=\pm\frac{n\pi}{a}$处的微扰

根据式(6-8)，$\vec{k}$只能选取分立的波矢值，对应固体中分立的能级。当 N 值很大时，k 的取值将会非常密集，相应的能级也非常密集，称之为准连续能级。该准连续能量在 $k=\pm\frac{n\pi}{a}$处被分裂成一系列的能带，如图 6-3 所示，这些能带分别对应于

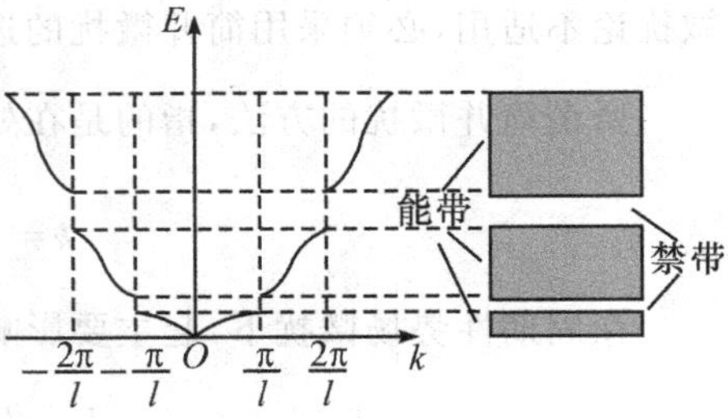

图 6-3 能带结构

$-\frac{\pi}{a}<k<\frac{\pi}{a}$，带 1

$-\frac{2\pi}{a}<k<-\frac{\pi}{a}$，$\frac{\pi}{a}<k<\frac{2\pi}{a}$，带 2

$-\frac{3\pi}{a}<k<-\frac{2\pi}{a}$，$\frac{2\pi}{a}<k<\frac{3\pi}{a}$，带 3

…

各能带之间突变的能量间隔称为带隙(band gap)，在带隙中不存在能级。各带的带隙值分别为$|2V_1|$，$|2V_2|$，$|2V_3|$，…因此，通过解周期势场中运动电子的薛定谔方程，通过一定的微扰近似，能够得到能级分布形成能带的结论。能带理论是固体物理，特别是半导体物理重要的理论基础。

2. 布里渊区

与前述一维情况类似，可以证明，在三维情况下，只有当$\vec{k}'$与$\vec{k}$之间相差一个倒易点阵矢量$\vec{G}_n$时，

$$\vec{k}'-\vec{k}=\vec{G}_n=n_1\vec{a}^*+n_2\vec{b}^*+n_3\vec{c}^* \quad (n_1,n_2,n_3 \text{ 为整数}) \tag{6-19}$$

矩阵元 $\langle k'\mid V(r)\mid k\rangle=\frac{1}{v_0}\int_{\text{原胞}}^{e^{-iG_n\cdot\xi}}V(\xi)\mathrm{d}\xi=V_n$ 才不为零。

在一维情况下，当 k 的取值接近于$\frac{n\pi}{a}$时，一级微扰计算会导致发散的结果，而采用了前述的简并微扰计算以后，本征值在这些 k 值发生突变，形成带隙结构，而类似的结果出现在三维情况，即两个相互有矩阵元的状态$\vec{k}$和$\vec{k}+\vec{G}_n$的零级能量相等时，$\Psi_k^{(1)}$ 和 $E_k^{(2)}$ 趋于∞，同样导致发散，所以突变处波矢满足

$$|\vec{k}|^2=|\vec{k}+\vec{G}_n|^2 \tag{6-20}$$

或

$$\vec{G}_n\cdot(\vec{k}+\frac{1}{2}\vec{G}_n)=0 \tag{6-21}$$

在 k 空间作原胞的倒易点阵矢量$-\vec{G}_n$的垂直平分面，以原点到该平分面上任意一点所作的矢量$\vec{k}$都满足式(6-21)的要求，如图 6-4 所示。说明了在倒易点阵矢量平分面上及其附近的$\vec{k}$，前述的非简并微扰会导致发散而不适用。

如果在$\vec{k}$空间将原点和所有倒易点阵矢量$\vec{G}_n$之间的垂直平分面都画出来，k 空间就会被分割成很多小区域，而每个小区域内能量 E 对于 k 都是连续变化的，而在这些区域的边界处 $E(k)$ 函数会发生突变，这些被分隔的小区域称为布里渊(Brillouin)区，其中，距原点最近的一个区域为第一布里渊区。

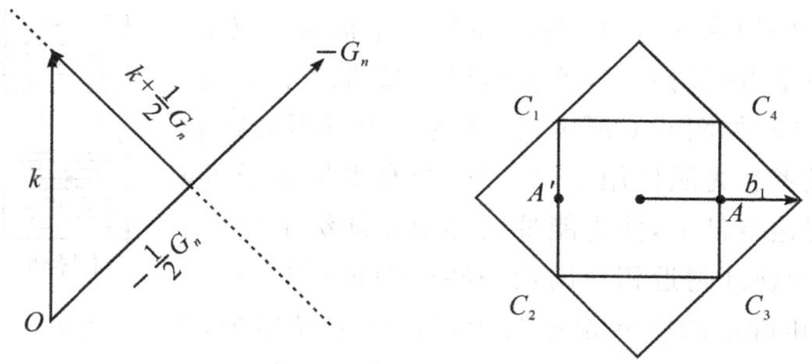

图 6-4　满足式(6-21)的矢量$\vec{k}$以及简单立方晶格的倒格子空间的平面

很容易能够证明，晶格平移矢量$\vec{R}_m$和倒易点阵矢量$\vec{G}_n$满足

$$e^{i\vec{R}_m\cdot\vec{G}_n}=1\text{，则有}\quad e^{i(\vec{k}+\vec{G}_n)\cdot\vec{R}_m}=e^{i\vec{k}\cdot\vec{R}_m}\times e^{i\vec{G}_n\cdot\vec{R}_m}=e^{i\vec{k}\cdot\vec{R}_m}\tag{6-22}$$

式(6-22)说明，相差倒易点阵$\vec{G}_n$的两个$\vec{k}$矢量代表了同一个状态，为了表示晶体中不同的电子态，只需要把$\vec{k}$限制在第一布里渊区就可以了。在第一布里渊区的平面波波矢$\vec{k}$也被称为简约波矢$\vec{k}$，而第一布里渊区同样也可以被称为简约布里渊区。

图 4-10 给出了一些晶体点阵晶胞和相应的倒易点阵晶胞的结构，可以看到，简单立方点阵的倒易点阵仍然是简单立方，长度为$2\pi/a$，其第一布里渊区是原点与 6 个近邻格点连线的垂直平分面所围成的立方体。体心立方点阵的倒易点阵是面心立方，长度是$4\pi/a$，它的第一布里渊区是原点和 12 个近邻点阵的连线的垂直平分面所围成的正十二面体，如图 6-5(a)所示。面心立方的倒易点阵是体心立方，长度为$4\pi/a$，同样，其简约(第一)布里渊区的形状是如图 6-5(b)所示的十四面体，或称为截角八面体，该十四面体由 6 个垂直于＜100＞方向的正四边形和 8 个垂直于＜111＞方向的正六边形所组成。

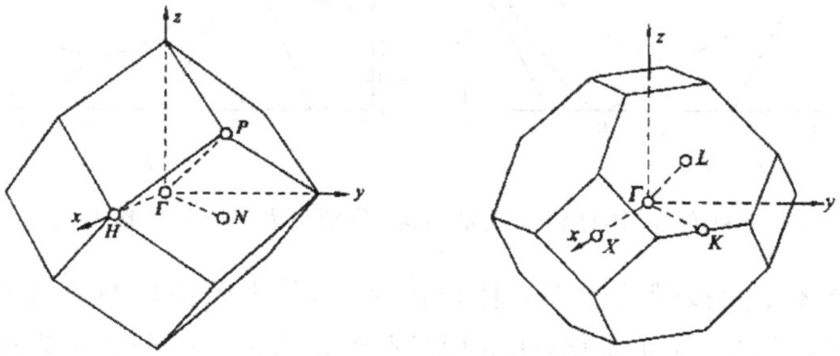

图 6-5　体心立方点阵(a)与面心立方点阵(b)的第一布里渊区

从图 6-5 中我们能看到一些表示简约布里渊区中对称点、轴所习惯采用的符号，其中原点为Γ，6 个对称的＜100＞轴用Δ表示，8 个＜111＞轴表示为Λ，12 个＜110＞轴以Σ表示。分别采用X,L,K来表示＜100＞，＜111＞，＜110＞轴与布里渊区边界的交点。

3. 导带与价带

从能带论来看，电子能量的变化，就是电子从一个能级跃迁到另一个能级。如果一个能带上所有的能级都被电子占据，称为满带。对于满带而言，在外电场作用下，满带中的电子不能形成电流，因而对导电没有贡献。被材料价电子完全占满的满带称为价带。金属材料具有被电子部分占满的能带，因而在外电场作用下电子能够从外场吸收能量跃迁到未被占据的能级去，形成电流，因此金属是优良导体。一般我们称未被完全占满的能带为导带。

绝缘体(介质材料)和半导体类似,在热力学温度为零时,均具有被价电子完全占据的满带(价带),以及禁带之上完全未被占据的空带(导带),如图 6-6 所示,在外场作用下不会导电。但是当温度升高或者有光照作用下,满带中会有少量电子可能被激发越过带隙到达空带中,使得能带底部附近能级上出现一些电子,同时在满带顶部附近相应出现一些空的量子状态——空穴,导带的电子和价带的空穴都参与导电。在半导体中,由于禁带宽度较小(小于 3eV),在室温下已经有不少电子被激发到导带中,而绝缘体由于禁带宽度较大,激发电子需要较高的能量,在通常的温度下,能激发到导带中的电子数目很少,因而导电性能很差。

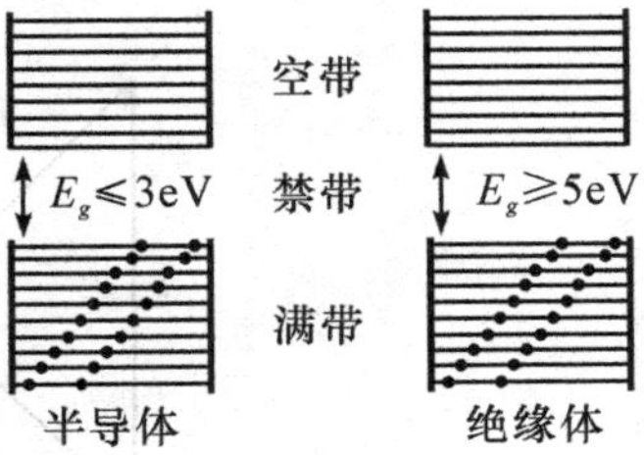

图 6-6 半导体与绝缘体的能带结构

半导体按照其禁带宽度附近能带状态在 k 空间的相对位置,可以分为直接带隙(direct bandgap)半导体和间接带隙(indirect bandgap)半导体。前者导带的最低能量状态和价带的最高能量状态位于 k 空间的同一位置,通常是在原点 Γ 附近,这一类半导体有 GaN,InN,InP,GaAs,InAs,GaSb,InSb 以及所有Ⅱ～Ⅵ族半导体。后一类半导体,导带的最低能量状态和价带的最高能量状态位于 k 空间不同位置,包括 Ge,Si,BP,AlP,GaP,Bas,AlAs,AlSb 等材料。如图 6-7 所示为 GaP(间接带隙)与 GaAs(直接带隙)半导体材料的能带结构。

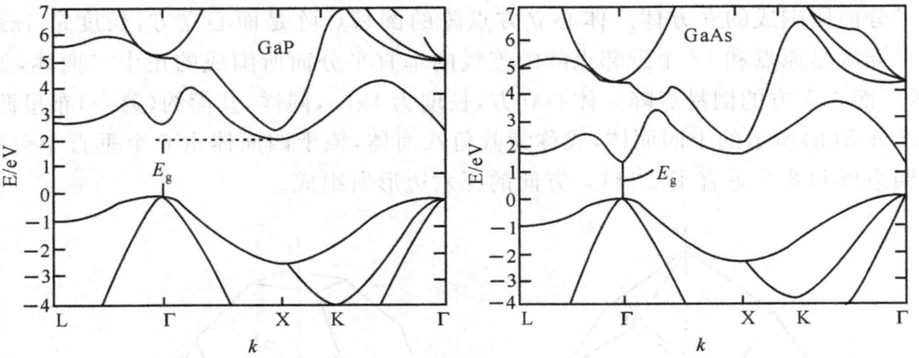

图 6-7 GaP(左)与 GaAs(右)晶体材料的能带结构(分别代表了间接带隙与直接带隙半导体)

无论是直接带隙还是间接带隙的半导体块体材料,其带隙值均与温度有一定的依赖关系,即带隙值会随着温度的改变而变化,能够用经验性的 Varshni 公式来表征,即

$$E_g(T)=E_g(T=0)-\frac{\alpha T^2}{T+\beta} \tag{6-23}$$

式中:α 及 β 均为 Varshni 参数。虽然此式是经验性的,需要确定每种材料的 α 及 β 值,但是它对于大多数的半导体材料都是足够精确的。

6.1.2 半导体中载流子的分布

1. 状态密度

半导体的导带与价带中,存在数目相当多的能级,能级之间的能量间隔非常小,约为 10^{-22}eV 数量级,所以近似地可以认为能带中的能级是准连续的。假定在能带中能量 $E\sim E+\Delta E$之间无限小的能量间隔内有 ΔZ 个量子态,那么可以定义状态密度 $g(E)$为

$$g(E)=\lim_{\Delta E\to 0}\frac{\Delta Z}{\Delta E} \tag{6-24}$$

由式(6-8)可以得知，周期性势场中电子的允许能量状态用分立的波矢$\vec{k}$来表示，k 的允许值可表示为

$$\begin{cases} k_x=\dfrac{2\pi l_x}{L} & (l_x=0,\pm 1,\pm 2,\cdots) \\ k_y=\dfrac{2\pi l_y}{L} & (l_y=0,\pm 1,\pm 2,\cdots) \\ k_z=\dfrac{2\pi l_z}{L} & (l_z=0,\pm 1,\pm 2,\cdots) \end{cases} \tag{6-25}$$

式中：l_x,l_y,l_z 都为整数，$L=N\times a$ 为半导体晶体的尺寸(此处假设为立方结构)，$L^3=V$ 为晶体的体积。

以波矢$\vec{k}$的三个相互正交的分量 k_x,k_y,k_z 为坐标轴的直角坐标系所描述的k 空间，能够较为形象地表述电子允许的状态。在 k 空间中，每一个坐标点(l_x,l_y,l_z)均对应一定的波矢$\vec{k}$，就是电子允许的能量状态。在一定的尺寸范围内，k 空间有多少个分立的点就表示有多少个被允许的能量状态。

状态在 k 空间的分布是均匀的，每个 k 值都和近邻的点组成大小一样的立方体，其体积为$\frac{2\pi}{L}\cdot\frac{2\pi}{L}\cdot\frac{2\pi}{L}=\frac{(2\pi)^3}{V}$，表示在体积为$(2\pi)^3/V$ 的立方体中有一个允许的能量状态，因而 k 空间中状态分布密度为$\frac{V}{(2\pi)^3}$。如果计入电子的自旋，则 k 空间中每一个代表点可以代表自旋方向相反的两个量子态，密度是$\frac{2V}{(2\pi)^3}$。

所以在能量为 $E\sim E+\Delta E$ 之间的状态数目可以表示为

$$\Delta Z=\frac{V}{(2\pi)^3}\int \mathrm{d}S\mathrm{d}k \tag{6-26}$$

积分符号内的表达式代表了 k 空间等能面薄层的体积，$\mathrm{d}k$ 表示两个等能面间的垂直距离，$\mathrm{d}S$ 为面积元，可知

$$\mathrm{d}k\,|\nabla_k E|=\Delta E \tag{6-27}$$

其中$|\nabla_k E|$表示沿着等能面法线方向能量的改变率。由此，式(6-26) 可以写为

$$\Delta Z=\left[\frac{V}{(2\pi)^3}\int\frac{\mathrm{d}S}{|\nabla_k E|}\right]\Delta E \tag{6-28}$$

因而，能态密度的一般表达式为

$$N(E)=\frac{V}{4\pi^3}\int\frac{\mathrm{d}S}{|\nabla_k E|} \tag{6-29}$$

此时考虑了电子自旋的两种状态。从式(6-29) 可以得知，如果材料的 $E(k)$ 与 k 的关系已知，则很容易就能得到能态密度。

如果是自由电子，则有 $E(k)=\frac{\hbar^2k^2}{2m}$，即 $E(k)$ 与 k 为抛物线关系，则 k 空间等能面是球面，即

$$|\nabla_k E|=\frac{dE}{dk}=\frac{\hbar^2 k}{m}$$

是一个常数,所以有

$$N(E)=\frac{V}{4\pi^3}\int\frac{\mathrm{d}S}{|\nabla_k E|}=\frac{V}{4\pi^3|\nabla_k E|}\int\mathrm{d}S=\frac{V}{4\pi^3}\frac{m}{\hbar^2 k}4\pi k^2=\frac{V}{2\pi^2}(\frac{2m}{\hbar^2})^{3/2}E^{1/2} \tag{6-30}$$

如果计算半导体导带底部附近的状态密度(对于半导体来说,起作用的常常是接近于底部或能带顶部的电子),必须先得到在导带底部附近 $E(k)$ 与 k 的关系式。用泰勒级数展开可以近似求得极值附近 $E(k)$ 与 k 的关系。考虑最简单的情况,能带极值(导带最低点及价带最高点)在 $k=0$ 处,等能面是球面,可以得到

$$E(k)=E(0)+(\frac{\mathrm{d}E}{\mathrm{d}k})_{k=0}k+\frac{1}{2}(\frac{\mathrm{d}^2E}{\mathrm{d}k^2})_{k=0}k^2+\cdots \tag{6-31}$$

由于 $k=0$ 时能量极小,所以 $(\mathrm{d}E/\mathrm{d}k)_{k=0}=0$,上式只取到 k^2 项,所以有

$$E(k)-E(0)=\frac{1}{2}(\frac{\mathrm{d}^2E}{\mathrm{d}k^2})_{k=0}k^2 \tag{6-32}$$

其中 $E(0)$ 即为导带底的能量,对于给定的半导体,$(d^2E/dk^2)_{k=0}$ 是一个定值,令

$$\frac{1}{\hbar^2}(\frac{\mathrm{d}^2E}{\mathrm{d}k^2})_{k=0}=\frac{1}{m_n^*} \tag{6-33}$$

m_n^* 被称为能带底电子的有效质量(其中的下标 n 代表了电子,如果是空穴的有效质量,则以 m_p^* 表示),由于 $E(k)>E(0)$,所以能带底电子有效质量是正值,则式(6-32)可以写为

$$E(k)-E(0)=\frac{\hbar^2k^2}{2m_n^*} \tag{6-34}$$

同理,我们可以推出能带顶部附近 $E(k)$ 表达式与式(6-34)一样,只是此时能带顶部电子有效质量 m_n^* 是负值。式(6-34)与自由电子的能量表达式非常相似,除了以电子有效质量取代自由电子质量外。类似地,可以推导得到能带底部附近量子状态密度为

$$N_c(E)=\frac{\mathrm{d}Z}{\mathrm{d}E}=\frac{V}{2\pi^2}(\frac{2m_n^*}{\hbar^2})^{3/2}(E-E_c)^{1/2} \tag{6-35}$$

其中 $E_c=E(0)$,为导带底部能量。式(6-35)表示了导带底部附近单位能量间隔内的量子态数目,随着电子的能量增加以抛物线的关系增加,电子能量越高,则状态密度也越大。

当然,实际半导体的能量状态密度分布要复杂得多。首先,导带底部可能并不位于 $k=0$ 处,且等能面也可能不是球面,此时可以通过重新定义有效质量的方法得到与式(6-35)同样的态密度表达式。

2. *费米分布函数和玻尔兹曼分布函数*

半导体中的电子在不同能量的量子态上统计分布概率是一定的,遵循费米统计率。对于能量为 E 的一个量子态被一个电子所占据的概率可以表示为

$$f(E)=\frac{1}{1+\exp(\frac{E-E_F}{k_0T})} \tag{6-36}$$

式中:$f(E)$ 为电子的费米分布函数,E_F 为费米能级,这是以一个人名为定义的物理量,而 k_0 为玻尔兹曼常数,T 为热力学温度。费米分布函数描写的是在热力学平衡的状态下,电子在允许的量子态上是如何分布的。

可以看到,当 $T=0$K 时,若 $E<E_F$,则 $f(E)=1$;若 $E>E_F$,则 $f(E)=0$,说明了此时费米能级是量子态是否被电子占据的界限。而当 $T>0$K 时,若 $E<E_F$,则 $f(E)>1/2$;若 $E=E_F$,则 $f(E)=1/2$;若 $E>E_F$,则 $f(E)<1/2$,说明了在温度高于热力学温度零度时,费

米能级是量子态被电子占据概率为 50%的能级，它标志着电子填充能级的水平。对于相同的电子能量，其填充量子态概率的大小与系统的温度有着直接的关系。

当 $E-E_F \gg k_0T$ 时，由于 $\exp(\frac{E-E_F}{k_0T}) \gg 1$，根据费米分布函数的定义，我们知道此时量子态被电子占据的概率很小，所以 $1+\exp(\frac{E-E_F}{k_0T}) \approx \exp(\frac{E-E_F}{k_0T})$，式(6-36)可以写为

$$f_B(E)=\exp\left(-\frac{E-E_F}{k_0T}\right)=\exp\left(\frac{E_F}{k_0T}\right)\exp\left(-\frac{E}{k_0T}\right)=A\exp\left(-\frac{E}{k_0T}\right) \tag{6-37}$$

此处令 $A=\exp\left(\frac{E_F}{k_0T}\right)$，对于给定的半导体来说 $\exp\left(\frac{E_F}{k_0T}\right)$ 是一个常数，式(6-37)是一个典型的玻尔兹曼统计分布函数。这个公式说明在一定的温度下，电子占据能量为 E 的量子态概率能够用电子玻尔兹曼分布函数 $f_B(E)$ 表示。

同样，量子态被空穴所占据的概率可以写为

$$1-f(E)=\frac{1}{1+\exp\left(\frac{E_F-E}{k_0T}\right)} \tag{6-38}$$

当 $E_F-E \gg k_0T$ 时，可以得到

$$1-f(E)=B\exp\left(\frac{E}{k_0T}\right) \tag{6-39}$$

其中 $B=\exp\left(-\frac{E_F}{k_0T}\right)$。式(6-39)为空穴的玻尔兹曼分布函数，它说明了当 E 远低于 E_F 时，空穴占据能量为 E 的量子态概率很小，这些量子态几乎都被电子占据了。

对于费米能级 E_F 位于禁带内的半导体材料而言(如大多数的未掺杂本征半导体)，费米能级距离导带底与价带顶的距离均大于 k_0T，所以对于导带中的量子态而言，被电子占据的概率 $f(E) \ll 1$，此时导带中电子分布可以用前述电子玻尔兹曼分布函数表示，且随着 E 的增大，$f(E)$ 迅速减小，这说明了导带中绝大多数电子分布于导带底附近。同理价带中绝大多数空穴将分布于价带顶附近。

3. 载流子浓度

半导体中载流子的浓度直接影响到器件的性能，在已知量子状态密度和载流子占据量子态的概率以后，半导体中载流子浓度的计算就变得可能。

由于导带中电子大多数分布于导带底部附近，而相应的空穴位于价带顶附近，因此导带中电子浓度可以表示为

$$dN=f_B(E)N_c(E)dE=\frac{V}{2\pi^2}\left(\frac{2m_n^*}{\hbar^2}\right)^{3/2}(E-E_c)^{1/2}\exp\left(-\frac{E-E_F}{k_0T}\right)dE \tag{6-40}$$

经过积分及适当的数学推导，能够得到导带中电子浓度为

$$n=N_c\exp\left(-\frac{E_c-E_F}{KT}\right) \tag{6-41}$$

其中 $N_c=2\left(\frac{m_n^*k_0T}{2\pi\hbar^2}\right)^{3/2}$，称为导带有效状态密度。式(6-41)中指数因子是经典统计中电子占据能量为 E_c 的量子态的概率，而 N_c 可以看作单位体积导带电子的数目，它们都集中在导带底 E_c 附近，这样导带的电子密度正好是式(6-41)中两个因子的乘积，这也是为什么将 N_c

称作导带有效状态密度的原因。

与计算导带中电子浓度的方法完全类似，价带中空穴浓度为

$$p=N_v\exp(-\frac{E_F-E_v}{KT}) \tag{6-42}$$

其中 $N_v=2(\frac{m_p^* k_0 T}{2\pi\hbar^2})^{3/2}$，同样可以被称作价带有效状态密度，$m_p^*$ 是空穴的有效质量。

将式(6-41)与式(6-42)相乘，就能够得到半导体材料的载流子浓度乘积，即

$$np=N_cN_v\exp(-\frac{E_c-E_v}{k_0T})=N_cN_v\exp(-\frac{E_g}{k_0T}) \tag{6-43}$$

如果将 N_c，N_v 的表达式以及 $\hbar$，k_0 的值代式(6-42)，可以得到

$$np=2.33\times10^{31}\left(\frac{m_n^* m_p^*}{m_0^2}\right)^{3/2}T^3\exp(-\frac{E_g}{k_0T}) \tag{6-44}$$

所以，导带中的电子和价带中的空穴浓度的乘积与费米能级无关，对于一定的半导体，电子与空穴浓度的乘积只取决于温度 T，而与所含的杂质无关。当半导体处于热平衡状态时，载流子浓度的乘积保持恒定，如果电子浓度增加，空穴浓度自然就会减少；电子浓度减少，空穴浓度则会相应增加。

对于本征半导体而言，由于其完全没有杂质和缺陷，在 $T=0$K 时，价电子充满了价带，价带是满带，而导带是空带。这时，温度的升高或光吸收会导致电子从价带跃迁到导带，这种激发是带间的本征激发，每激发一个电子到导带，就会相应产生价带中的一个空穴，所以电子和空穴都是成对产生的，导带中电子的浓度必然等于价带中空穴的浓度，即

$$n=p \tag{6-45}$$

分别将电子与空穴的表达式代入，我们能够得到

$$N_c\exp(-\frac{E_c-E_F}{k_0T})=N_v\exp(-\frac{E_F-E_v}{k_0T})$$

即

$$E_F=\frac{1}{2}(E_c+E_v)+\frac{1}{2}k_0T\ln\frac{N_v}{N_c} \tag{6-46}$$

同样，将 N_c，N_v 的表达式代入式(6-46)，得到

$$E_i=E_F=\frac{1}{2}(E_c+E_v)+\frac{3}{4}k_0T\ln\frac{m_p^*}{m_n^*} \tag{6-47}$$

由于位于室温附近的 k_0T($k_0T\approx0.026$eV)的值较小，所以对于大多数的本征半导体材料而言，其费米能级 E_i 位于禁带中心处附近，而

$$n_i=n=p=(N_cN_v)^{1/2}\exp(-\frac{E_g}{k_0T}) \tag{6-48}$$

$$n_i^2=np \tag{6-49}$$

表 6-1 给出了本征半导体 Si，Ge，GaAs 在 300K 时的本征载流子浓度。

表 6-1 300K 时 Si，Ge，GaAs 晶体的本征载流子浓度

半导体 参数	E_g/eV	m_n^*	m_p^*	N_c/cm^{-3}	N_v/cm^{-3}	n_i/cm^{-3} 计算值	n_i/cm^{-3} 测量值
Si	1.12	$1.062m_0$	$0.59m_0$	2.8×10^{19}	1.1×10^{19}	7.8×10^{9}	1.02×10^{10}
Ge	0.67	$0.56m_0$	$0.29m_0$	1.05×10^{19}	3.9×10^{18}	1.7×10^{13}	2.33×10^{13}
GaAs	1.428	$0.0635m_0$	$0.47m_0$	4.5×10^{17}	8.1×10^{18}	2.3×10^{6}	1.1×10^{7}

实际应用的半导体材料，多数是掺杂型的，如掺入含有施主杂质的 n 型半导体和受主杂质的 p 型半导体。假设所掺入的杂质只是浅能级的，对于 n 型半导体而言，同时存在着电子从价带到导带的本征激发与电子从施主能级到导带的杂质电离过程。由于后者所需的能量一杂质电离能比前者所需的能量一禁带宽度小一到两个数量级，因此，除非较高的温度环境，载流子的主要来源是从施主激发到导带的电子。当 n 型半导体工作于杂质全部电离(或称杂质饱和电离)而本征激发被忽略的温度时，可以近似地认为，导带的电子浓度等于施主浓度，也就是

$$n=N_d \tag{6-50}$$

其中，N_d 是施主浓度，此时价带中的空穴依然来自本征激发，则空穴浓度 p 可以表示为

$$p=\frac{n_i^2}{n}=\frac{n_i^2}{N_d} \tag{6-51}$$

在饱和电离的温度下，可以知道，n 型掺杂半导体的电子浓度将远远高于空穴浓度，此时导带电子(由杂质电离所致)被称为多数载流子，而价带空穴(由本征激发所致)被称为少数载流子。此时半导体的费米能级可以通过将式(6-50)代入式(6-41)得到，即

$$E_{\mathrm{F}}=E_c-k_0T\ln\frac{N_c}{N_d} \tag{6-52}$$

说明 n 型半导体的费米能级位于导带底以下，本征费米能级以上，施主浓度越高，则费米能级越靠近导带底；温度越高，费米能级越远离导带底。

对于 p 型掺杂半导体而言，类似地可以认为，价带中的空穴是多数载流子，其浓度为

$$p=N_a \tag{6-53}$$

式中：N_a 为受主浓度，来源于受主杂质的饱和电离，而导带中电子浓度为

$$n=\frac{n_i^2}{p}=\frac{n_i^2}{N_a} \tag{6-54}$$

来源于本征激发，同样，p 型掺杂半导体的费米能级可以表示为

$$E_{\mathrm{F}}=E_v+k_0T\ln\frac{N_v}{N_a} \tag{6-55}$$

说明 p 型半导体的费米能级在价带顶之上，本征费米能级以下，受主浓度越高，费米能级越靠近价带顶；温度越高，费米能级越远离价带顶。图 6-8 给出了半导体材料在不同的掺杂情况下其费米能级的位置，与式(6-47)，式(6-52)和式(6-55)所描述的一致。

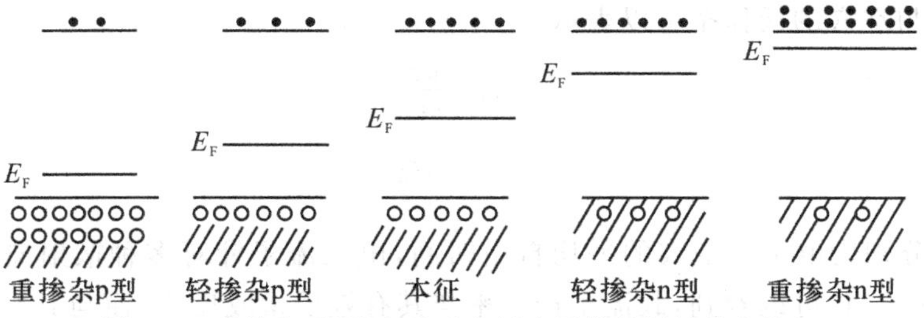

图 6-8 重掺杂、轻掺杂以及本征半导体材料的费米能级

当半导体中同时存在施主杂质与受主杂质时，由于受主能级能量比施主能级能量低，施主能级上的电子将会首先填充受主能级，从而削弱了施主向导带提供电子及受主向价带提供空穴的能力，这时的半导体其浓度小的杂质即使在极低的温度下也是全部电离的。

如果 $N_d>N_a$，此时全部的受主都是电离的，我们可以认为此时施主能级与导带内的电子总数是 N_d-N_a，而这种情况与只含一种施主杂质，其施主浓度为 N_d-N_a 的半导体类似，于是，能够得知

$$n=N_d-N_a \tag{6-56}$$

$$p=\frac{n_i^2}{n}=\frac{n_i^2}{N_d-N_a} \tag{6-57}$$

$$E_F=E_c-k_0T\ln\frac{N_c}{N_d-N_a} \tag{6-58}$$

同样，对于 $N_a>N_d$ 的半导体，有

$$p=N_a-N_d \tag{6-59}$$

$$n=\frac{n_i^2}{p}=\frac{n_i^2}{N_a-N_d} \tag{6-60}$$

$$E_F=E_v+k_0T\ln\frac{N_v}{N_a-N_d} \tag{6-61}$$

4. 载流子迁移率

在外加电场作用下，半导体内部的载流子会产生漂移运动，其中电子的漂移方向与电场方向相反，空穴的漂移方向与电场方向一致。半导体中的导电作用应该是电子导电与空穴导电之和，总的电流密度可以写为

$$J=J_n+J_p=(nq\mu_n+pq\mu_p)E \tag{6-62}$$

式中：J 为半导体材料在外电场强度 E 作用下的电流密度，J_n 和 J_p 分别为电子和空穴的电流密度，μ_n 与 μ_p 被称为电子和空穴的迁移率，分别代表了单位场强下的电子和空穴的平均漂移速度，单位是 $m^2/V\cdot s$ 或 $cm^2/V\cdot s$。而材料的电导率 σ 的表达式为

$$\sigma=nq\mu_n+pq\mu_p \tag{6-63}$$

载流子的漂移运动是电场加速和不断碰撞（或称散射）的结果，迁移率一方面取决于载流子的有效质量（加速作用），另一方面取决于散射的几率（载流子平均自由时间）。载流子在运动过程中会遇到各种散射作用，如电离杂质散射、晶格振动（声子）散射、载流子-载流子散射等，使得载流子在定向运动过程中不断改变运动方向和速度，形成定向运动与无序散射运动的叠加。

载流子迁移率是半导体重要的性能参数，在实际应用中能够决定材料、器件的光电性能的优劣。电子与空穴的迁移率可以表示为

$$\begin{cases}\mu_n=\dfrac{q\tau_n}{m_n^*}\\[2ex]\mu_p=\dfrac{q\tau_p}{m_p^*}\end{cases} \tag{6-64}$$

式中：τ_n 和 τ_p 分别为电子和空穴的平均自由时间，由载流子针对多种散射碰撞的散射概率所决定。从式(6-64)可以看到，载流子迁移率与其有效质量成反比，而与其平均自由时间成正比。前者取决于能带结构，如有些金属化合物晶体（InSb，GaAs）的电子有效质量只有电子质量的1/100左右，所以能够带来高达几十万 $cm^2/V\cdot s$ 的电子迁移率；而后者与杂质浓度、温度有密切的关系，在较低温时，杂质散射起主要作用，而温度升高后，晶格振动散射又会占主导作用，这些都能够造成载流子迁移率与温度、杂质的波动关系。表 6-2 给出了部分

Ⅳ族、Ⅲ～Ⅴ族以及Ⅱ～Ⅵ族半导体材料的电子和空穴室温(300K)迁移率及峰值迁移率。

表 6-2　一些Ⅳ族，Ⅲ～Ⅴ族，Ⅱ～Ⅵ族半导体材料电子和空穴的 300K 迁移率与峰值迁移率

体系	材料	μ_n^{300K}/ $cm^2 \cdot V^{-1} \cdot s^{-1}$	$\mu_n^{峰值}$/ $cm^2 \cdot V^{-1} \cdot s^{-1}$	μ_p^{300K}/ $cm^2 \cdot V^{-1} \cdot s^{-1}$	$\mu_p^{峰值}$/ $cm^2 \cdot V^{-1} \cdot s^{-1}$
Ⅳ	金刚石	2800	9000(T～80K)	1500	6000(T～110K)
	Si	1750	500000(T～8K)	450	350000(T～6K)
	Ge	2300	530000(T～11K)	2400	550000(T～8K)
	α-Sn		80800(T=4.2K)		25800(T=25K)
	3C-SiC	980	3000(T～66K)	～60	～80(T～210K)
	6H-SiC	375	10940(T=50K)	100	240(T～150K)
Ⅲ～Ⅴ	BP	190	190(T=300K)	500	500(T=300K
	AlP	80	80(T=300K)	450	
	AlAs	294	294(T=300K)	105	105(T=300K)
	AlSb	200	700(T=77K)	420	5000(T～50K)
	α-GaN	1245	7400(T～60K)	370	500(T～250K)
	β-GaN	760	11000(T～50K)	350	1250(T～120K)
	GaP	189	3100(T～70K)	140	2050 (T～55K)
	GaAs	9340	400000(T=28～40K)	450	28000(T～22K)
	GaSb	12040	12700(T=77K)	1624	13300(T～25K)
	InP	6460	400000(T～45K)	180	3000(T～60K)
	InAs	30000	170000(T=77K)	450	1200(T～70K)
	InSb	77000	1100000(T～50K)	1100	29000(T～20～30K)
Ⅱ～Ⅵ	ZnO	226	2400(T=40K)		
	α-ZnS	140	300(T=185K)		
	β-ZnS	107		72	
	ZnSe	1500	13600(T=55.6K)	355	596(T=77K)
	ZnTe	600		100	6500(T=35K)
	w-CdS	390	70000(T=1.8K)	48	
	w-CdSe	900	20000(T=23K)	50	
	CdTe	1050	100000(T～30K)	104	1200(T=170K)
	HgTe	26500	1400000(T=4.2K)	320	45000 (T～10K)

5. 非平衡载流子

半导体中在热平衡时，单位体积($/cm^3$)中电子数与空穴数的乘积能够用式(6-43)描述。

$$n_0 p_0 = N_c N_v \exp\left(-\frac{E_c - E_v}{k_0 T}\right) = N_c N_v \exp\left(-\frac{E_g}{k_0 T}\right)$$

式(6-43)中，用下标“0”表示热平衡状态的载流子。然而在一定的外界条件下，有可能使得电子浓度 n 与空穴浓度 p 偏离平衡值，比如光吸收导致电子-空穴对的产生。此时，半导体中的载流子浓度分别为

$$\begin{cases} n = n_0 + \Delta n \\ p = p_0 + \Delta p \end{cases} \tag{6-65}$$

此处 Δn 和 Δp 分别代表了外界条件所导致的非平衡载流子数，由电中性条件可知：$\Delta n = \Delta p$。图 6-19 示意的是平衡载流子及非平衡载流子。一般而言，非平衡载流子的数目对于

半导体中多数载流子(多子)与少数载流子(少子)的影响是完全不同的。多子数量一般非常大,非平衡载流子的引入一般不会对多子的数量产生显著的影响;而对于少子来说,可能会由于非平衡载流子的引入而从根本上改变少子的数量。

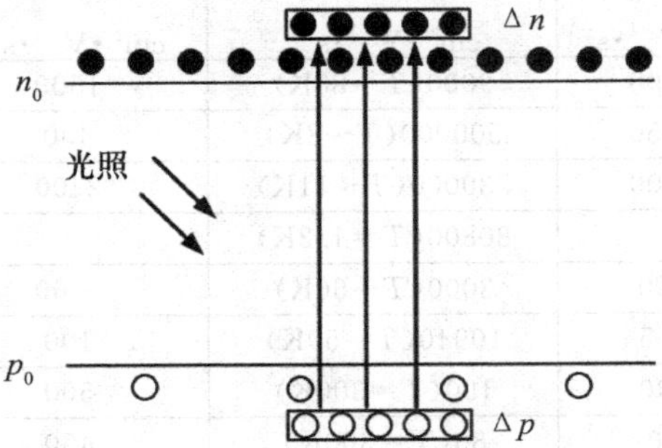

图 6-9 半导体在光照射下所产生的非平衡载流子

非平衡载流子从产生后就会自发复合,使得导带电子回到价带,导致电子-空穴对消失,经历一个由非平衡状态到平衡状态的过程,而此复合的过程是非平衡载流子随时间按照指数衰减,可描述为

$$\Delta n=(\Delta n)_0 e^{-\frac{t}{\tau}} \tag{6-66}$$

式中:$(\Delta n)_0$为在外界条件(如光照)作用下的非平衡载流子浓度,τ为非平衡载流子存在的时间,也称为非平衡载流子的寿命。

前述电场作用下,载流子会产生漂移运动,形成漂移电流。而半导体中的载流子还能够形成另一种形式的电流——扩散电流,由于载流子浓度不均匀而造成的扩散运动,是非平衡载流子的主要运动形式,而非平衡载流子的扩散运动能够影响 PN 结的性能。

6.1.3 PN 结

1. 空间电荷区

PN 结是许多半导体器件的核心。所谓 PN 结(PN junction),指的是在一块半导体材料中,一部分是 n 型区,一部分是 p 型区,在两者界面处形成的空间电荷区。单独的 n 型和 p 型半导体都是电中性的,当两块半导体结合形成 PN 结时,由于它们之间存在载流子浓度梯度,必然会导致空穴从 p 区向 n 区的扩散,以及电子从 n 区向 p 区的扩散运动。在 p 区空穴离开后,留下了不可动的带负电荷的电离受主,使得在 PN 结 p 区一侧出现了一个负电荷区。同理,在 n 区一侧也会出现由不会动的电离施主构成的正电荷区。这些在 PN 结附近由电离施主和电离受主构成的区域就是空间电荷区,如图 6-10 所示。空间电荷区中的这些电荷产生了从 n 区指向 p 区的电场,称为内建电场。在内建电场作用下,载流子作漂移运动,同时由于浓度梯度的缘故,载流子会同时作扩散运动,两种运动的方向正好相反。因此,内建电场起着阻碍电子与空穴继续扩散的作用。

随着扩散运动的进行,空间电荷逐渐增多,空间电荷区也逐渐扩展,同时内建电场相应增强,而载流子的漂移运动也逐渐加强。因此,如果在没有外加电场的情况下,载流子的漂移运动与扩散运动最终将达到动态平衡,没有电流通过 PN 结,空间电荷区保持一定的宽度。此时称为热平衡状态下的 PN 结。

当两块半导体结合而形成 PN 结时，电子将从费米能级高的 n 区流向费米能级低的 p 区，空穴则从 p 区流向 n 区，造成了 n 区的费米能级 E_{Fn} 不断下移，同时 p 区的 E_{Fp} 不断上移，直到 $E_{Fn}=E_{Fp}$，这时 PN 结有统一的费米能级 E_F，平衡状态的 PN 结能带结构如图 6-11 所示。事实上，E_{Fn} 随着 n 区能带一起下移，而 E_{Fp} 则随 p 区能带一起上移，产生能带相对移动的主要原因在于 PN 结空间电荷区存在着内建电场，由于空间电荷两端间存在电势差 V_d，相应的电子电势能之差即为能带的弯曲量区 eV_d。

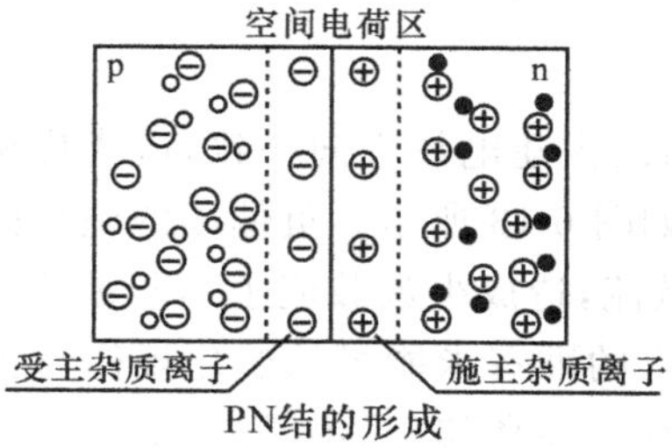

图 6-10　PN 结的空间电荷区

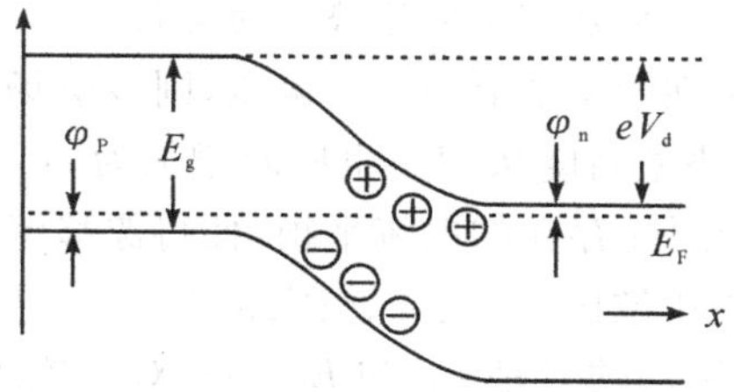

图 6-11　平衡状态的 PN 结能带

从图 6-11 可以看到，在 PN 结的空间电荷区能带发生了弯曲，电子从势能较低的 n 区向势能较高的 p 区运动时，必须克服一定的势垒，而同理空穴从 p 区向 n 区运动的过程中，也必须克服这一 PN 结的势垒，所以空间电荷区也被称之为势垒区，所以 eV_{bi} 又被称为 PN 结的势垒高度。在势垒区中，可以计算得到载流子的浓度比起 n 区和 p 区的多数载流子浓度要小得多，好像已经被耗尽，所以势垒区通常也被称作耗尽区。

2. 正向偏压下 PN 结势垒的变化

当在 *PN* 结上加正向偏压时，因为势垒区（耗尽区）内载流子浓度很低，所以电阻很大，外加正向偏压基本降落在势垒区，正向偏压在势垒区中产生了与内建电场相反的电场，削弱了势垒区中的电场强度，表明空间电荷相应减少，势垒区的宽度也减少，同时势垒高度从 eV_d 下降为 $e(V_d-V)$，如图 6-12 所示。

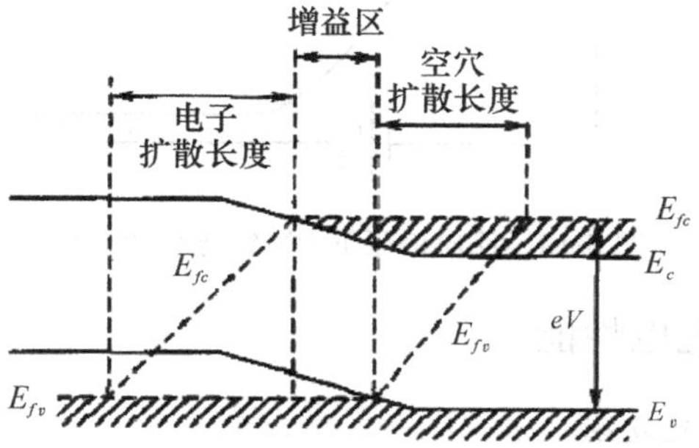

图 6-12　正向偏压下 PN 结势垒的变化

正向偏压的存在使得势垒区的电场减弱，导致了载流子的扩散运动与漂移运动之间原先存在的平衡被打破，使得扩散运动大于漂移运动，所以此时多数载流子流向对方——如 n 区的电子被注入至 p 区，而 p 区的空穴被注入 n 区，成为对方的非平衡少数载流子。即 PN 结的 n 区和 p 区都有非平衡少数载流子的注入。在非平衡载流子存在的区域，必须用电子的准费米能级 E_{Fn} 和空穴的准费米能级 E_{Fp} 取代原来平衡时的统一费米能级 E_F。对于 p 区来说，空穴是多数载流子，所以空穴的准费米能级 E_{Fp} 变化不大，但是增多的少数载流子（电子)是非平衡载流子,它在电子扩散长度范围内的分布是不均匀的,因此 p 区中描述电子分布的准费米能级 E_{Fn}是倾斜的。同样对于 n 区而言,电子的准费米能级 E_{Fn}变化不大,空穴的准费米能级 E_{Fp}在空穴扩散长度范围内却变化明显。结果,如图 6-13 显示的那样,在 n 区中的费米能级相对于 p 区中的费米能级被抬高了 eV,即 $E_{Fn}-E_{Fp}=eV$。

在 PN 结中加上正向偏压,会导致势垒区电子的位能高于空穴的位能。这样,势垒区附近会产生一个粒子数反转分布的区域,这个区域同时被称之为增益区,载流子可能通过辐射复合的方法产生光发射的过程。

3. 反向偏压下 PN 结势垒的变化

如果在 PN 结上加上负偏压,则该电场与 PN 结的内建电场方向一致,造成势垒区的宽度增加,势垒高度从 eV_D 也同时增加为 $e(V_D+V)$,如图 6-13 所示。负偏压的施加同样打破了 PN 结原先存在的电流平衡,使得漂移流大于扩散流,造成少数载流子不断被抽取。而同样在电子扩散区、势垒区、空穴扩散区中,电子与空穴的准费米能级的变化规律与正向偏压时类似,不同的只是 E_{Fn}和 E_{Fp}的相对位置产生了变化。在负偏压的情况下,E_{Fp}高于 E_{Fn}。

PN 结在反向偏压下工作特性能够用于对光子信号的探测。一个入射光子在结区被吸收,会产生一个自由电子和一个空穴,电子和空穴将会在外场驱动下漂移过结区,分别到达 p 区和 n 区,形成一定的光电流,达到探测光信号的目的。

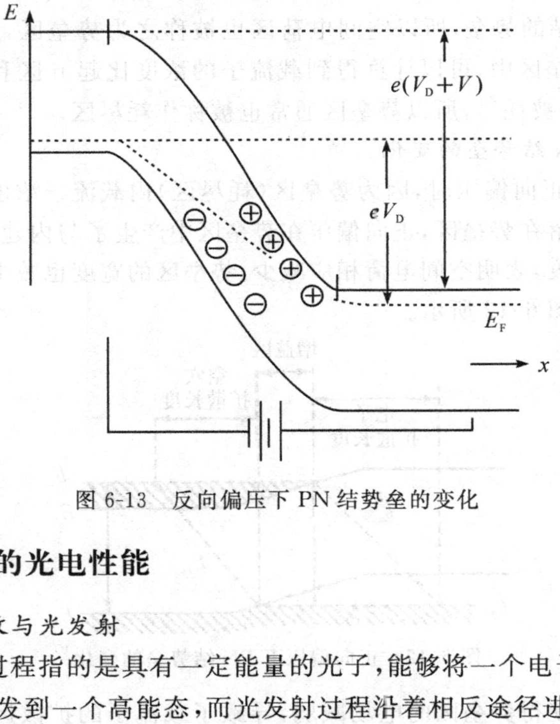

图 6-13 反向偏压下 PN 结势垒的变化

6.1.4 半导体的光电性能

1. 半导体的光吸收与光发射

半导体的光吸收过程指的是具有一定能量的光子,能够将一个电子(或是一种晶格振动模式)从一个低能态激发到一个高能态,而光发射过程沿着相反途径进行。如果光子的能量足够大使得电子越过禁带跃迁如空的导带,而在价带中留下一个空穴,这种跃迁所形成的吸收过程称为本征吸收。

要发生本征吸收,必须满足

$$\hbar\omega \geqslant \hbar\omega_0 = E_g \tag{6-67}$$

说明光子能量必须大于或等于禁带宽度 E_g,对于本征吸收光谱而言,在低频端必然会出现

一个频率界限 ω_0(或是存在一个长波界限 λ_0),低于该频率的光子不可能产生本征吸收。本征吸收过程必然伴随着非平衡载流子的产生以及光电导现象的出现。图 6-14 给出了 GaAs 以及 Ge 材料的吸收光谱。从图中可以看出两种不同类型的吸收边线形,分别代表两种不同类型的带间跃迁,即直接带隙跃迁与间接带隙跃迁。直接带隙跃迁可以发生在没有其他准粒子参与的情况下完成,而间接带隙跃迁因动量守恒的要求,需要其他准粒子的协助才能完成,间接带隙跃迁的跃迁概率较小。对比图 6-14 的 GaAs 与 Ge 的吸收曲线,我们能够看到,对于直接带隙的 GaAs 而言,当光子能量大于 $\hbar\omega_0$ 时,马上就会有强烈的吸收过程,因而吸收系数很陡峭地产生变化。而对于非直接带隙的 Ge 来说,当光子能量等于 $\hbar\omega_0$ 时,本征吸收开始,随着光子能量增加,吸收系数先上升到了一段比较平缓的区域,对应于间接跃迁,随着光子能量进一步提高,吸收系数再一次陡升,表示了直接跃迁的开始。

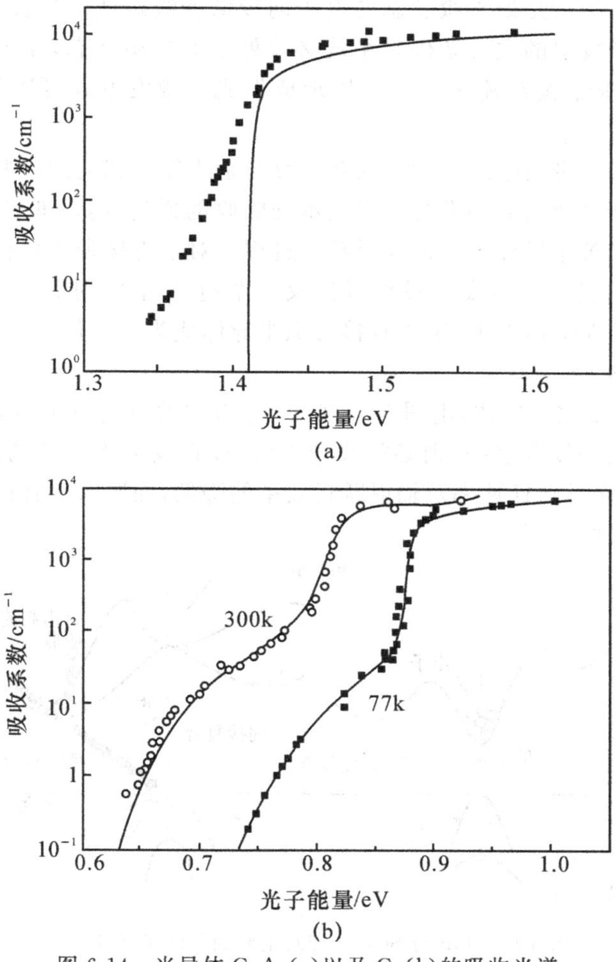

图 6-14　半导体 GaAs(a)以及 Ge(b)的吸收光谱

在半导体中,当光子能量小于带隙时,价带电子受激发后虽然跃出了价带,但是还不足以进入导带而成为自由电子,依然受到了空穴的库仑场作用,这样受激电子与空穴互相束缚成为激子(exciton),此时的吸收过程称为激子吸收。激子一旦在晶体中形成,就会在整个晶体中运动,激子吸收不像本征吸收一样会伴随着光电导,且不会产生电流。激子在运动过程中可能通过热激发或其他能量的激发而分离成为自由的电子与空穴;也可能通过电子与空穴之间的复合,使激子消失同时发射光子或同时发射光子与声子。激子的能态与氢原子类似,由一系列的能级组成,所以在吸收光谱上表现为在吸收长波限以外的数个分立的激子吸收峰。

除了本征吸收与激子吸收外,半导体中还存在自由载流子吸收、杂质吸收与晶格振动吸收等。其中自由载流子吸收为自由载流子在同一带内的跃迁,吸收依然发生在长波限以外,一般是红外吸收,并且伴随着声子的吸收或发射;杂质吸收是束缚在杂质能级上的电子或空穴吸收光子产生跃迁的过程,载流子在跃迁过程中产生位于本征吸收限以外长波方向连续的吸收光谱;晶格振动吸收是由于吸收光子能量而转变为晶格振动动能所致,吸收光谱往往出现在远红外区。

半导体的光发射指的是处于激发态的电子向较低能级跃迁的过程,以光辐射的形式释放出能量。产生光子发射的主要条件是系统必须处于非平衡状态,在半导体中需要有某种激发过程存在,通过非平衡载流子的复合以形成发光。激发方式可以是电致发光、光致发光、阴极发光等。

辐射跃迁可以分为带与带之间的本征跃迁及与杂质能级相关的一些非本征跃迁。基于带与带之间的电子跃迁所引起的发光过程是本征吸收的逆过程,图 6-15 展示的分别是直接带隙半导体及间接带隙半导体的本征辐射跃迁过程。对于直接带隙材料来说,跃迁不涉及 k 值改变,本征跃迁是直接跃迁,发光过程只涉及一个电子-空穴对和一个光子,辐射效率很高,这就是为什么 GaAs, InP, GaN 等直接带隙半导体成为半导体二极管激光器、发光二极管等器件的首选材料。

Si,Ge 等是间接带隙半导体,由图 6-15 所见,导带中的自由电子布居于 X 谷的位置,如果要实现电子与空穴的复合过程,则必须改变 k 值,即在发射光子的同时,必须有声子的发射或吸收,从而引起光学跃迁速率及辐射跃迁效率的降低,而同时存在的非辐射跃迁将包括自由载流子吸收、俄歇复合等。

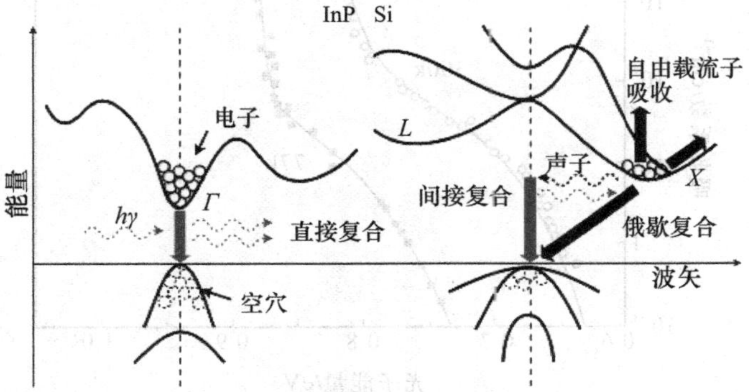

图 6-15 InP 与 Si 的能带及主要的载流子跃迁过程

2. 半导体的光调制

光场与材料中的电子及声子相互作用能够导致材料的极化,由光信号的电场与材料原子外层电子发生共振而产生偶激子激发,如果考虑了非线性极化的成分,极化的表达式依然可用式(5-67)表示。

$$P=P^{(1)}+P^{(2)}+P^{(3)}+\cdots=\varepsilon_0[\chi^{(1)}E+\chi^{(2)}EE+\chi^{(3)}EEE+\cdots]=P^{(1)}+P^{NL} \quad (6\text{-}67)$$

对于其中的一阶极化率 $\chi^{(1)}$ 来说，它的数值与束缚电子(bound electrons)及自由电子(free electron)分别对极化的贡献有关。$\chi^{(1)}$ 是个复数，其实部与线性折射率的实部相关，而 $\chi^{(1)}$ 的虚部同样描述了损耗或增益。Lorentz 提出了一个简单的模型来描述束缚电子对于极化的贡献。对于一个含有 N 个偶极子的系统，有

$$\chi_{\text{Lorentz}}^{(1)}=\frac{\omega_{\mathrm{L}}^{2}}{\omega_0^2-\omega^2+\mathrm{i}\gamma_{\mathrm{L}}\omega} \tag{6-68}$$

式中：ω_0 为束缚电子的共振频率，γ_{L} 为相关的阻尼系数，ω_{L} 为 Lorentz 等离子频率，表示为

$$\omega_{\mathrm{L}}^{2}=\frac{Nq^2}{\varepsilon_0 m_e}$$

式中：q 为电荷量，m_e 为共振电荷的有效质量。

同样，自由载流子也吸收光子并对极化产生贡献，而自由载流子的偶极子激发能够用 Drude 模型表示，即

$$\begin{cases}\chi_{\text{Drude}}^{(1)}=\dfrac{\omega_{\mathrm{D}}^{2}}{-\omega^2+\mathrm{i}\gamma_{\mathrm{D}}\omega}\\[2ex] \omega_{\mathrm{D}}^{2}=\dfrac{Nq^2}{\varepsilon_0 m_e}\end{cases} \tag{6-69}$$

式(6-69)中的等离子频率 ω_{D} 及阻尼系数 γ_{D} 的数值都将与式(6-68)中的 ω_{L}、γ_{L} 不同。

Lorentz 模型与 Drude 模型分别描述了束缚电子与自由载流子与光子作用时对于线性极化的贡献。对于非磁性介质，我们可以将材料的折射率写为

$$n^2=1+\chi_{\text{Lorentz}}^{(1)}+\chi_{\text{Drude}}^{(1)} \tag{6-70}$$

上式说明材料折射率的变化与波长及载流子浓度 $N(N_e,N_h)$ 相关，即

$$n(\lambda,N_e,N_h)=n_0(\lambda)+\Delta n_f(N_e,N_h)-\mathrm{i}\frac{\lambda}{4\pi}\Delta\alpha_f(N_e,N_h) \tag{6-71}$$

式中：$n_0(\lambda)$ 为波长与折射率的关系，即为色散，而 Δn_f 及 $\Delta\alpha_f$ 分别为自由载流子折射率(free carrier index, FCI)变化和自由载流子吸收(free carrier absorption, FCA)变化。

半导体中，存在着多种光调制的物理效应，如表 5-11 中列出的部分Ⅱ～Ⅵ族及Ⅲ～Ⅴ族半导体中(AB 型)表现出的线性电光特性，即 Pockels 效应。这一类材料主要由于折射率较大，虽然电光系数并不算出色，但是较大的 $n^3\gamma_{mk}$ 的乘积能够促使材料有效地对入射光进行调制，在集成光学器件上有重要的应用价值。

近年来，半导体材料的自由载流子色散效应(free carrier dispersion effect)逐渐被人们所重视。所谓载流子色散效应指的是载流子的注入或抽取导致半导体自由载流子浓度产生变化，从而引起半导体中折射率产生相应的改变，即由式(6-71)所描述的 FCI 和 FCA 变化而导致的调制效应。如果用 Drude 模型进行分析，则折射率的变化(Δn)及吸收系数的变化($\Delta\alpha$)是电子浓度变化(ΔN_e)和空穴浓度变化(ΔN_h)的函数，即

$$\begin{cases}\Delta n_f=-\dfrac{e^2\lambda^2}{8\pi^2c^2\varepsilon_0 n}\left(\dfrac{\Delta N_e}{m_e^*}+\dfrac{\Delta N_h}{m_h^*}\right)\\[2ex] \Delta\alpha_f=-\dfrac{e^3\lambda^2}{4\pi^2c^3\varepsilon_0 n}\left(\dfrac{\Delta N_e}{(m_e^*)^2\mu_e}+\dfrac{\Delta N_h}{(m_h^*)^2\mu_h}\right)\end{cases} \tag{6-72}$$

式中：m_e^* 和 m_h^* 分别为电子与空穴的有效质量，μ_e 与 μ_h 则分别为电子及空穴的迁移率。

在半导体中还存在一种电致吸收(electroabsorption, EA)及电致折射率变化(electrorefraction, ER)的效应——Franz-Keldysh(F-K)效应,即外加强电场会导致材料的复介电常数产生变化,这种变化往往发生在吸收边对应的波长范围。F-K 效应是通过光子诱导的隧道效应实现的。由于理想的本征半导体,尤其是直接带隙半导体的吸收边非常陡峭,在外加电场作用下,F-K 效应会表现出吸收边随电场的改变而移动的现象,对于接近吸收边的波长处,会产生较大的吸收系数变化。如图 6-16 所示的 GaAs 晶体其吸收边随着外加强电场的变化而不断红移。针对某些半导体材料,如本征 InP,实验发现其 F-K 效应所造成的电光调制优值$\frac{\Delta n}{E}=240\text{pm/V}$,远远大于 Pockels 效应所引起的$\frac{\Delta n}{E}=\frac{1}{2}n^3\gamma_{41}=26\text{pm/V}$,甚至大于 $LiNbO_3$ 晶体的 Pockels 效应$\frac{\Delta n}{E}=\frac{1}{2}n_e^3\gamma_{33}=164\text{pm/V}$。如果在 InP 的 PN 结耗尽层加上反向偏压,则能够获得更大的调制优值。

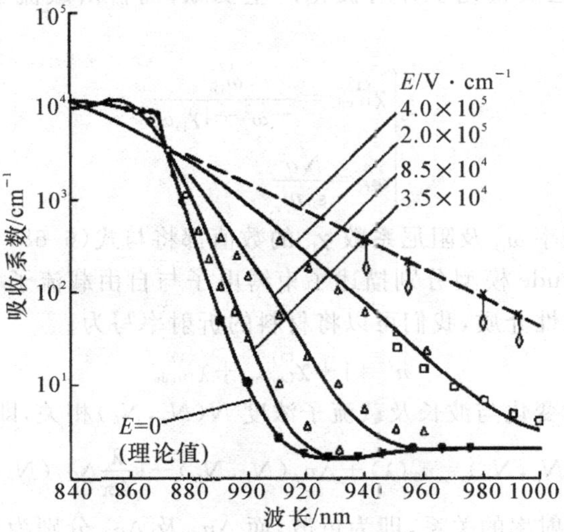

图 6-16 300K 温度下 GaAs 晶体吸收边随外加电场的变化

(实线为电吸收表达式所作的理论曲线)

3. 半导体的光学非线性性能

半导体材料的二阶光学非线性性能与晶体的对称性紧密相关,由于对应的二阶非线性极化率$\chi_{ijk}^{(2)}$是三阶张量,所有含有反演对称中心的点群晶体其$\chi_{ijk}^{(2)}$分量均为 0,如具有 $m3m$ 点群的 Si,Ge 等Ⅳ族半导体。另外一些点群的材料,如$\bar{4}3m$ 的 GaAs,ZnSe 等,只存在$\chi_{14}^{(2)}$,$6mm$ 点群的 α-GaN,ZnO 等晶体,将存在$\chi_{31}^{(2)}$,$\chi_{33}^{(2)}$ 和$\chi_{15}^{(2)}$ 分量。

半导体材料的三阶光学非线性性能一直被广泛应用,根据不同频率光子的相互作用,会产生许多不同的光学非线性现象,如自相位调制(self-phase modulation, SPM)、交叉相位调制(cross-phase modulation, XPM)、双光子吸收(two-phcto absorption, TPA)、三次谐波产生(third-harmonic generation, THG)、四波混频(four-wave mixing, FWM)、受激拉曼散射(stimulated Raman scattering, SRS)等。假设入射光电场可以写成三个不同频率分量的组合,即

$$\boldsymbol{E}(\boldsymbol{r},t)=\sum_{k=1}^{3}\boldsymbol{E}_k=\sum_{k=1}^{3}[\boldsymbol{E}_{\omega_k k}(\boldsymbol{r},\omega_k)e^{i\omega_k t}+\text{c. c.}]=\sum_{k=1}^{3}[\boldsymbol{E}_{\omega_k k}(\boldsymbol{r},\omega_k)e^{i\omega_k t}+\boldsymbol{E}^*_{\omega_k k}(\boldsymbol{r},\omega_k)e^{-i\omega_k t}] \tag{6-73}$$

此处 c. c 代表复共轭，将式(6-73)代入非线性极化率表达式(5-67)的 $P^{(3)}$ 中，可以得到一系列具有新的频率的 $P^{(3)}$ 表达式。

$$\begin{aligned}
P^{(3)}=&\frac{3}{4}\varepsilon_0\chi^{(3)}(|\boldsymbol{E}_{\omega_1}|^2\boldsymbol{E}_1+\therefore)\quad \text{SPM}\\
&+\frac{6}{4}\varepsilon_0\chi^{(3)}[(|\boldsymbol{E}_{\omega_2}|^2+|\boldsymbol{E}_{\omega_3}|^2)\boldsymbol{E}_1+\therefore]\quad \text{XPM}\\
&+\frac{1}{4}\varepsilon_0\chi^{(3)}[(\boldsymbol{E}_{\omega_1}^3\mathrm{e}^{\mathrm{i}3\omega_1 t}+\mathrm{c.\,c})+\therefore]\quad \text{THG}\\
&+\frac{3}{4}\varepsilon_0\chi^{(3)}\left[\frac{1}{2}(\boldsymbol{E}_{\omega 1}^2\boldsymbol{E}_{\omega_2}\mathrm{e}^{\mathrm{i}(2\omega_1+\omega_2)t}+\mathrm{c.\,c})+\therefore\right]\quad \text{FWM}\\
&+\frac{3}{4}\varepsilon_0\chi^{(3)}\left\{\frac{1}{2}[\boldsymbol{E}_{\omega 1}^2\boldsymbol{E}_{\omega_2}^*\mathrm{e}^{\mathrm{i}(2\omega_1-\omega_2)t}+\mathrm{c.\,c}]+\therefore\right\}\quad \text{FWM}\\
&+\frac{6}{4}\varepsilon_0\chi^{(3)}\left\{\frac{1}{2}[\boldsymbol{E}_{\omega 1}\boldsymbol{E}_{\omega_2}\boldsymbol{E}_{\omega_3}^*\mathrm{e}^{\mathrm{i}(\omega_1+\omega_2-\omega_3)t}+\mathrm{c.\,c}]+\therefore\right\}\quad \text{FWM}\\
&+\frac{6}{4}\varepsilon_0\chi^{(3)}\left\{\frac{1}{2}[\boldsymbol{E}_{\omega 1}\boldsymbol{E}_{\omega_2}\boldsymbol{E}_{\omega_3}\mathrm{e}^{\mathrm{i}(\omega_1+\omega_2+\omega_3)t}+\mathrm{c.\,c}]+\therefore\right\}\quad \text{FWM}
\end{aligned}\tag{6-74}$$

式中：∴表示频率的各种可能的组合，等式右边的每一项都代表了一种非线性过程，也就是三个光子诱导偶极子跃迁到激发态，偶极子弛豫后释放出第四个光子。各种三阶光学非线性相关的偶极子跃迁示意图如图 6-17 所示。

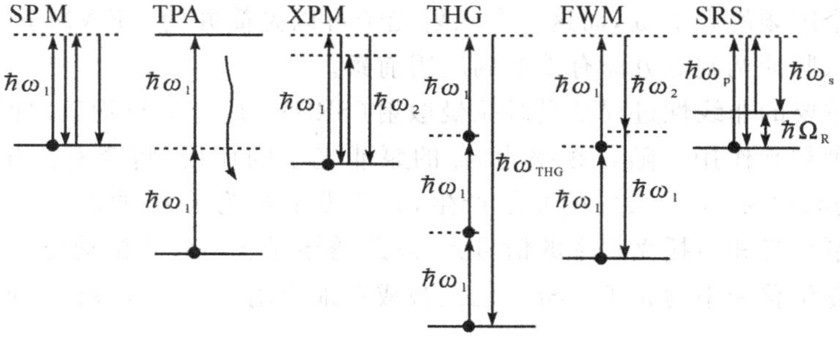

图 6-17　半导体中与三阶光学非线性极化率相关的多种非线性现象

式(6-74)等式右边第一项是自相位调制(SPM)，是由三个相同频率的光子(如 ω_1)所引起的，SPM 过程通过光子与物质相互作用，由光学克尔效应导致强度相关的折射率变化 $\Delta n=n_2 I$，而折射率变化会导致入射光脉冲的频率(相位)随时间的变化，SPM 在激光与光通讯系统中经常用于产生超短脉冲。产生 SPM 的光子同样能够将偶极子激发到更高的能级(导带)，造成所谓的双光子吸收 TPA 过程，TPA 会导致与强度相关的吸收变化 $\Delta\alpha=\alpha_2 I$，通过双光子吸收，能够在导带中产生额外的自由载流子而可能造成 FCI 与 FCA 改变，从而产生调制作用。值得注意的是，双光子吸收产生的自由载流子会造成 FCI，FCA 变化响应时间较长，会影响到半导体器件的响应速度。

自相位调制及双光子吸收分别带来了强度相关的折射率改变及吸收系数改变，因而材料的复折射率可以写为

$$n=n_0+n_2 I-\mathrm{i}\frac{\lambda}{4\pi}(\alpha_0+\alpha_2 I)\tag{6-75}$$

式中：n_2 与 α_2 分别与材料的三阶非线性极化率的实部和虚部相关，即

$$n_2=\frac{1}{cn_0^2\varepsilon_0}\frac{3}{4}\mathrm{Re}[\chi^{(3)}]$$

$$\alpha_2=\frac{-\omega}{c^2n_0^2\varepsilon_0}\frac{3}{2}\mathrm{Im}[\chi^{(3)}] \tag{6-76}$$

为了避免双光子吸收效应带来的响应速度限制，在半导体光学非线性器件的设计过程中，引入了一个优值(*FOM*)来评价器件性能，即

$$FOM_n=\frac{1}{\lambda}\frac{n_2}{\alpha_2} \tag{6-77}$$

为了获得大优值的器件，在选择材料及使用波长范围的时候必须充分考虑材料的 n_2 和 α_2 与波长的关系，因为它们都随着光子能量的变化而改变。

式(6-74)等式右边第二项是交叉相位调制(XPM)，即频率为 ω_1 的光子信号会通过光学Kerr效应影响到频率为 ω_2 的光子信号的相位。从公式中也能够看到由XPM引起的折射率改变是SPM引起的折射率变化的2倍，因此人们经常利用XPM的技术实现半导体光放大器中的波长转换。

式(6-74)中的第三项是三次谐波产生(THG)，即通过三阶非线性效应，能够使得频率为 ω_1 的光子产生新的频率光子 $\omega_{THG}=3\omega_1$。如采用 $1.55\mu m$ 的红外入射光能够通过THG产生绿色三次谐波信号。

式(6-74)中的第四项以后是四波混频(FWM)，三个入射光子通过四波混频的相互作用产生了第四个闲频的光子 ω_i，而这三个入射光子可以是简并的。FWM过程超快，在波长转换、参量放大、脉冲调制等方面有重要的应用前景。

另有一种重要的非线性过程是受激拉曼散射(SRS)，是光子与物质之间发生的类似非弹性碰撞的一种相互作用。随着频率为 ω_p 的泵浦光子的作用，将会有产生了斯托克位移(Stock shift)的频率 $\omega_s=\omega_p-\Omega_R$ 的光子产生，并激发能量为 $\hbar\Omega_R$ 的声子。要产生SRS，必须同时入射强泵浦光和斯托克频率的信号光，以此诱导强烈的分子振动(产生声子)，并能够激发具有斯托克位移频率的光子。SRS已经被成功地应用于光放大及激光产生领域。

6.2 Ⅳ族半导体光电材料

Ⅳ族半导体，包括了位于元素周期表ⅣA族的元素半导体(element semiconductor)C(金刚石)，Si，Ge，α-Sn，化合物半导体(compound semiconductor)SiC等，其中的Si与Ge在光学与光电子领域有着重要的应用，如基于单晶硅、多晶硅、非晶硅的多种太阳能电池，基于SOI(绝缘体上的硅，silicon on insulator)的硅波导器件，基于Si、Ge的可见-近红外光探测器以及近年来被人们深入研究的多种硅基光集成器件等。目前，利用硅光子器件实现信息的传输、调制、接收、显示已经在光通讯、光计算及能源、自动控制、航空航天等领域得到广泛应用，硅光子学的发展将在信息社会中具有重要的战略地位。

6.2.1 Ⅳ族半导体材料的基本物理参数

1. 晶体结构

表6-3是一些Ⅳ族半导体材料的晶体结构数据。其中Si和Ge以及它们之间所形成的

组分完全均匀分布的固溶体 $Si_{1-x}Ge_x$ 合金都是金刚石结构，其原子的外层都有 4 个电子。当 Si，Ge 构成固体时就会形成非常稳定的共价键，并且是完全对称的，使得它们的晶体结构具有非常稳定的特征。

Si，Ge 以及同族的金刚石(C)，α-Sn 等晶体均具有 $m3m(O_h)$ 点群，其中 Si 与 Ge 的晶格常数分别是 0.54310nm 和 0.56579nm，而 $Si_{1-x}Ge_x$ 固溶体的晶格常数随着合金中 Ge 的组分 x 增大而单调上升，合金的晶格常数可以由线性内插法求得。

$$a_{SiGe}=a_{Si}+(a_{Ge}-a_{Si})x=0.5431+0.0227x(\mathrm{nm}) \tag{6-78}$$

当两种不同的材料在一起形成异质结构的晶体材料时，由于两者之间晶格常数的不同，在界面附近两种材料的晶格常数会发生变化(产生应力)或者会产生结构缺陷(应力释放)，称为晶格失配(lattice mismatch)。对于 Si(衬底)与 Ge(外延薄膜)来说，它们的晶格失配度为

$$\Delta=\frac{a_{Si}-a_{Ge}}{\bar{a}}=\frac{2(a_{Si}-a_{Ge})}{a_{Si}+a_{Ge}}=4.18\% \tag{6-79}$$

在单晶硅衬底上外延生长 Ge 薄膜或 $Si_{1-x}Ge_x$ 合金薄膜将会面临晶格失配的问题，尤其是外延 Ge 薄膜时，较大的晶格失配会造成外延层中出现应力。如果外延层的厚度足够厚，应力会积累到足够大，从而使界面附近的 Ge 薄膜产生位错(dislocation)，释放出应力，此时异质结构就会发生弛豫。

SiC 晶体由于其优良的导电、导热以及与 GaN 晶格的匹配而成为目前备受人们重视的新型半导体材料。SiC 晶体有多种不同的晶体结构，如立方闪锌矿结构的 3C-SiC，六方结构的 6H-SiC 以及三方的 15R-SiC。这些成分相同，结构和物理特性有差异的晶体称为 SiC 的同质多相变体。SiC 多相变体是由数字和符号组成的，其中 C，H，R 分别代表立方、六方、三方晶格结构，字母前的数字代表堆积周期中 SiC 原子的密排层数目。3C-SiC 与 6H-SiC 材料在 20 世纪 80 年代以前是黄色及蓝色 LED 的发光材料，但是由于 SiC 是间接带隙半导体，利用在其中掺入作为发光中心的杂质来实现发光，发光效率较低，很快地就被 GaN 基 LED 所取代。然而作为氮化物 LED 的衬底材料，SiC 依然在光电子领域发挥着重要的作用。

表 6-3 一些Ⅳ族半导体材料的晶体结构、点群以及晶格常数

材料	晶体结构	点群	a/nm	c/nm
C(金刚石)	金刚石 d	$m3m(O_h)$	0.35670	
Si	金刚石 d	$m3m(O_h)$	0.54310	
Ge	金刚石 d	$m3m(O_h)$	0.56579	
α-Sn	金刚石 d	$m3m(O_h)$	0.64892	
3C-SiC	闪锌矿 Zb	$\bar{4}3m(T_d)$	0.43596	
6H-SiC	六方 h	$6mm(C_{6v})$	0.30806	1.151173
15R-SiC	三方 rh	$3m(C_{3v})$	0.30790	3.3778($\alpha=13°54.5'$)

2. 能带结构

Si 和 Ge 都是间接带隙的半导体材料，电子、空穴等载流子在跃迁过程中，往往需要改变波矢 k 值，因而为了保持能量守恒和动量守恒，需要声子参与，即部分能量转变为晶格振动的热能。声子的参与就使得电-光能量转换效率很低，所以从一般意义上来说，Ⅳ族元素半导体 Si，Ge 等间接带隙的半导体不适合作为发光器件。图 6-18 分别是 Ge，Si 的能带图。

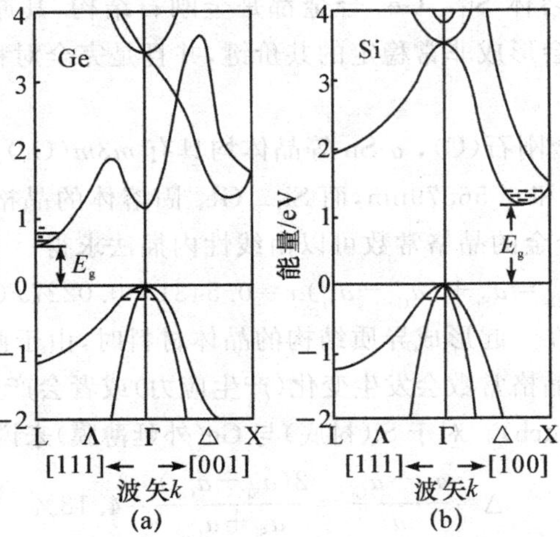

图 6-18 Ⅳ族半导体 Ge(a)以及 Si(b)的能带结构

室温下，Ge 的能隙为 0.664eV，Si 为 1.12eV。Ge 的导带底在布里渊区的 L 点，Si 的导带底在 Δ 点，它们的价带顶都在 Γ 点($k=0$)。对于 Si 来说，Γ 点的直接带隙为 3.4eV，需要紫外光激发。而相比之下 Ge 的直接带隙只比间接带隙高约 136meV，达到 0.8eV[见图 6-18(a)]，有利于通过能带改造而改善发光性能。同样，$Si_{1-x}Ge_x$ 合金也是间接带隙半导体。当 Ge 组分 x 小于 0.85 时，合金材料的晶体结构为类 Si 材料，导带极小值位于 X 点；Ge 组分 x 大于 0.85 时，晶体结构为类 Ge 结构，导带极小值在 L 点。

3. 载流子迁移率

表 6-2 列出了 Si，Ge 等Ⅳ族半导体材料的室温与最大载流子迁移率。值得注意的是，由于载流子有效质量及散射机制的影响，Ge 无论是电子还是空穴的迁移率都远远高于 Si，再加上 Ge 的直接带隙与间接带隙的能量差较小，决定了利用半导体 Ge 有可能实现高频、高速的集成光电子元件。

对于 $Si_{1-x}Ge_x$ 合金来说，除了 Si 和 Ge 元素半导体中的各种散射机制影响迁移率外，合金散射也是影响迁移率的重要因素。$Si_{1-x}Ge_x$ 合金的能带结构及声子散射的变化都会影响合金中其他散射机制和载流子有效质量的变化。实验表明，$Si_{1-x}Ge_x$ 合金中的 Ge 成分 $x<0.85$ 时，电子的迁移率随 x 值的增加而下降；在 $x=0.85$ 处发生了突变；而当 $x>0.85$ 时，电子迁移率会随着 x 值的增加而上升。这是由于 $x=0.85$ 处是晶体结构及合金能带结构的转折点。在由类 Si 结构转变成类 Ge 结构的过程中，电子有效质量变小了，导致迁移率的增加。对于空穴来说，在应变的类体材料 $Si_{1-x}Ge_x$ 中，空穴的迁移率随着 Ge 成分 x 的增加而单调增加，在 $x=0.4$ 附近，$Si_{1-x}Ge_x$ 空穴迁移率达到了 Ge 体材料的值，合金的空穴迁移率受空穴有效质量和合金散射作用的共同影响，且有效质量的影响更加显著。

6.2.2 Si，Ge 材料的光子学应用

Si 是地球上丰度排列第二的元素，是一种目前被广泛应用的电子材料，用 Si 制成的电子元件与集成电路已经深入人们日常生活的很多领域。Si 的晶体生长、提纯等技术非常成熟，目前已经能够商业化生产直径为 12 英寸(300mm)，杂质浓度低至 $10^{11}\ cm^{-3}$ 数量级的硅

片。Si 的微电子加工工艺及设备也非常成熟，半导体集成电路的特征加工尺寸在生产线上已经能够达到 45nm，单片微处理器的晶体管数目能够达到 2×10^8 晶体管/片。然而由于 Si 是间接带隙、非极性半导体材料，发光效率很低，电光系数很小，限制了有源光子器件的发展，并间接地影响了硅无源器件的研发。近年来，随着硅基光电子技术的发展，以 $Si_{1-x}Ge_x$ 材料为基础的光电子器件研究正在逐步成为半导体领域的热点。

1. 硅波导

Si 的带隙 $E_g=1.12eV$，所以本征硅材料对于能量小于 1.12eV 的光子都是透明的，光损耗小于 0.1dB/cm，特别是对于近红外通信波段 1.55μm 的光信号，硅材料能够有效地作为光传输介质。在集成光学系统中，波导(waveguide)是重要元件。最早的硅波导出现在 20 世纪80 年代中期，分别有掺杂硅上的硅波导、宝石衬底上的硅波导、硅衬底上的锗硅波导以及 SOI 光波导。其中 SOI 光波导成为目前最为人们关注的硅光子器件。

SOI 指的是将一薄层 Si 置于一个绝缘衬底上，这一薄层 Si 称为器件层(device layer)，各种微电子器件或光电子器件就制备在此器件层上。可以通过多种手段，如键合-背面腐蚀技术、注氧隔离技术等制作含有一定厚度埋入层 SiO_2 和顶层 Si 的 SOI 材料。

SOI 的顶层 Si 和埋入层 SiO_2 在近红外波长的折射率分别是 3.477 和 1.444，相差非常大，所以由它们组成的波导的光学限制很强，这就有可能使得 SOI 光波导的尺寸大大降低。SOI 单模光波导的截面面积非常小，可以小至单模光纤的百分之一，这么小截面的波导促使器件结构紧凑，功耗小，集成度高，整个波导制作过程与 CMOS 工艺充分兼容。将 SOI 光波导与硅基光源、硅基光调制器、硅基光探测器等集成在同一芯片上，在光通信、光互联领域将会有非常重要的应用前景。图 6-19 显示的就是基于 SOI 的脊型光波导结构。根据材料的折射率以及单模要求，Soref 等人提出了波导的单模条件为

$$\frac{W}{H}\leqslant 0.3+\frac{r}{\sqrt{1-r^2}}\quad(0.5\leqslant r<1) \tag{6-80}$$

式中：r 为条形高度与整个脊高之比，W/H 为波导宽度与整个脊高之比，当然这样的单模条件适用于浅蚀刻($r>0.5$)以及波导尺寸大于光波长的结构。

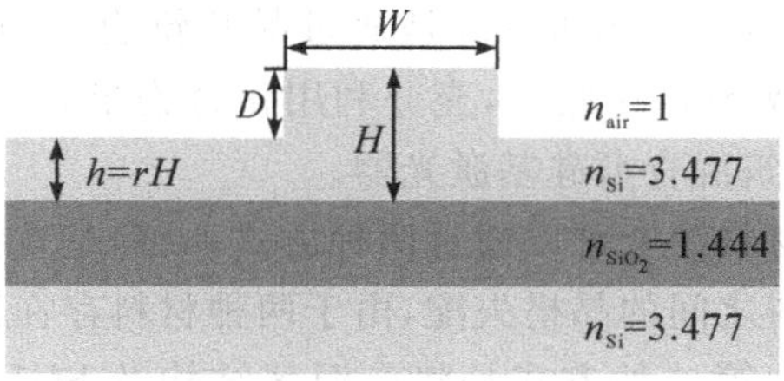

图 6-19　基于绝缘体上硅的脊型波导结构

2. 硅基光源

硅基光源的研究是整个硅光子学领域的关键，如果能够解决硅基光源的困难，就有可能实现在同一块芯片上集成所有的光子器件，真正实现单片集成。近年来，人们在这一具有挑战性的领域取得了一系列突出的研究成果，包括硅拉曼激光器，稀土掺杂 Si/SiO_2 发光二极管，通过晶片键合(wafer bonding)的技术制造的混合型硅激光器以及硅基外延锗的直接带隙发光等。

硅拉曼激光器是利用 SRS 效应实现的，如图 6-20 所示。器件结构由 SOI 上总线波导

(bus waveguide)、方向耦合器(directional coupler)及谐振环(ring cavity)组成,整个器件结构与 p-i-n 结紧密结合。泵浦光为 1550nm,将泵浦光与具有斯托克位移的触发信号光同时耦合至脊型总线波导,就能够激发其余的拉曼斯托克光子。如果泵浦功率超过激射阈值,就能够实现波长至 1686nm 的拉曼激光出射。泵浦光子的能量必须小于 Si 的带隙,以避免电子被跃迁到导带,并造成自由载流子吸收(FCA)。如果泵浦光的功率过大,又很容易造成双光子吸收(TPA),同样会引起严重的 FCA。由于自由载流子较长的寿命会影响到硅拉曼激光器的性能,为了有效降低泵浦阈值并避免双光子吸收,器件设计采用了高 Q 值跑道型环形谐振腔与 p-i-n 二极管结构,共振腔能够有效增强腔内光场,并利用方向耦合器对于 1550nm 及 1686nm 光子不同的耦合效率来获得较低的激光阈值,p-i-n 结构的设计是为了在波导两侧加上反向偏置,从而有效减少自由载流子的数目。采用以上设计,第一次实现了连续光(CW)Si 拉曼激光发射,在 25V 反向偏压下,泵浦阈值可以低至 182mW。

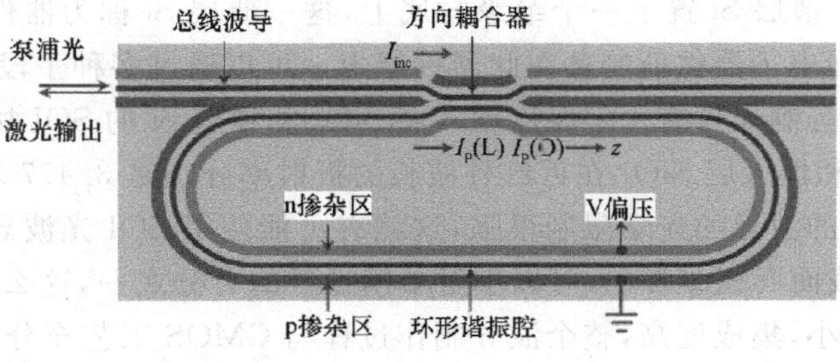

图 6-20 具有微谐振腔结构和 p-i-n 结结构的硅拉曼激光器设计

将硅纳米晶颗粒与稀土 Er^{3+} 离子共同掺入 SiO_2 介质材料中,形成 Si/Er^{3+} 为客体(guests)、SiO_2 为主体(host)的复合材料系统,并在此基础上制备光波导的结构及高 Q 值环形谐振腔,在光泵条件下就能够成功获得 1550nm 附近的发光甚至受激发射。采用硅纳米晶颗粒是为了利用硅基纳米结构和量子化效应,提高复合效率,增加光学增益;掺 Er^{3+} 离子 SiO_2 可以提供直接跃迁的能级;环形谐振腔能够起到增益放大作用,使掺 Er 能级间的辐射发光得到放大,形成激射。整个器件的制作能够很好地与硅材料结构兼容及制备工艺兼容。

混合型硅激光器(hybrid silicon laser)是通过晶片键合的方法将化合物半导体如 AlGaInP 多量子阱结合到硅或 SOI 衬底上,充分利用化合物半导体优越的增益特性与硅波导优异的光传输特性,共同构筑混合型硅基激光器。

将硅与直接带隙增益材料结合可以通过两种方式,一种是直接异质外延生长,但是必须克服硅衬底与直接带隙材料之间的晶格失配,由于两种材料存在巨大的物理化学性质差异,直接生长被证明是困难的。第二种方式是将有源区结构及 SOI 波导分别采用成熟工艺制备,然后经过晶片键合得到混合集成器件,如图 6-21 所示为加州大学圣巴巴拉分校与 Intel 合作研发的混合型硅基光泵浦脉冲激光器,由Ⅲ～Ⅴ族的 AlGaInAs 多量子阱(multiple quantum well,MQW)激光器和硅基 SOI 波导组成,量子阱激光器中出射的光子通过倏逝波耦合可以越过键合界面进入 SOI 波导中,通过改变波导宽度能够有效地将光子限制在波导内,从而形成激光输出。

由于半导体锗的间接带隙与直接带隙的能量差很小($<0.2eV$),有可能通过能带工程使得导带的 Γ 谷向价带顶的复合跃迁几率大大增加,从而实现间接带隙到直接带隙材料的转变。比较有效的方法是在硅基锗膜的生长过程中引入拉伸应变(tensile strain)以及采用 n

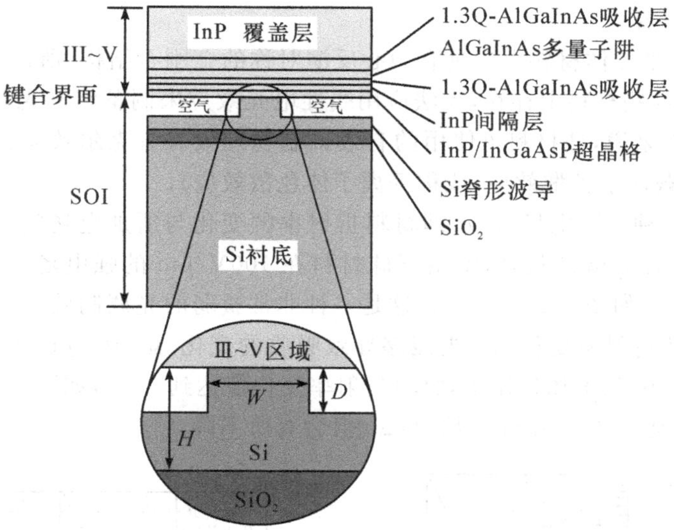

图 6-21　混合型硅激光器的结构

型掺杂。人们发现，相比于体材料锗，硅上锗膜由于衬底与薄膜之间的膨胀系数差别，薄膜在生长完成并冷却至室温后，会产生一定的拉伸应变。而经过理论计算，含有 0.2%～0.25%拉伸应变的锗膜，能够使直接带隙与间接带隙的能量差缩小到 115mV，这是由于一定的拉伸应变能使 Γ 处的直接带隙收缩，如图 6-22 所示。同时，拉伸应变能使带边的轻空穴价带与重空穴价带分裂，而这样的分裂由于轻空穴价带较低的态密度而容易实现粒子数反转，从而对发光有利。另外，如果将拉伸应变锗膜进行 n 型掺杂($n=7.6\times10^{19}\,cm^{-3}$)，则注入的电子就有可能在填平 L 谷后被填充至 Γ 谷，并通过直接带隙跃迁的方法进行辐射复合。所以在实际薄膜生长过程中，采用某些工艺，使得硅上锗产生一定的拉伸应变，对于锗的发光无疑是有益的。

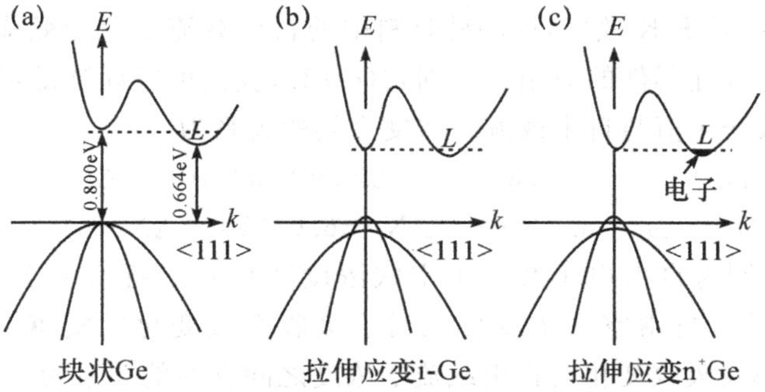

图 6-22　块状 Ge、0.25%拉伸应变 Ge 薄膜以及 n 型掺杂拉伸应变 Ge 薄膜的能带

2010 年美国麻省理工学院 L. C. Kimerling 研究小组首次报道了硅上锗激光器，利用选择性生长的方法在硅衬底上获得低位错密度的锗薄膜，通过引入 0.24%拉伸应变以及 $1\times10^{19}\,cm^{-3}$磷掺杂，在室温下成功获得来源于 0.76eV 的直接带隙光发射，在波长 1064nm，脉冲能量 50μJ 的泵浦光作用下，能够清晰地观察到 1600nm 附近多个发射峰。

3. 硅基光调制器

Si,Ge 等Ⅳ族半导体材料由于具有中心反演对称的金刚石结构,所以三阶张量的 Pockels 效应将不能在这些材料中存在,无法应用线性电光效应来制备锗硅光调制器。对于最常用的电场调制器件来说,硅材料可使用的有效调制物理效应有克尔效应、Franz-Keldysh(F-K)效应以及自由载流子色散效应(或称等离子体色散效应)。

克尔效应是一种二阶电场效应,即材料折射率的变化与所加电场的平方成正比。经过理论计算发现,在 1.3μm 波长处,室温下硅材料在 100V/μm 的强电场作用下,其折射率的变化值也只有 10^{-4},如图 6-23(a)所示,这是一种非常微弱的光调制效应。而 F-K 效应所加电场不仅能够导致折射率变化 Δn,更能够导致吸收的变化 $\Delta\alpha$,在 1μm 波长附近,F-K 效应能够导致在 20V/μm 的电场作用下,材料折射率变化值达到 10^{-4},如图 6-23(b)所示。值得注意的是,当波长延长至 1.3μm 波长处,Δn 值会有所下降。

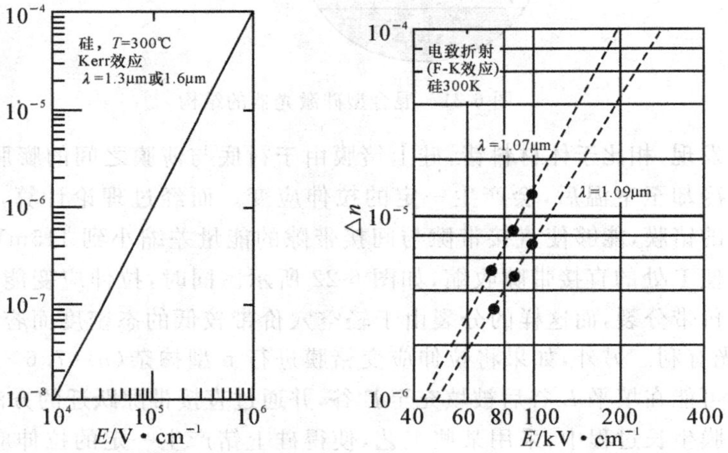

图 6-23 单晶硅材料中克尔效应(a)与 F-K 效应(b)所导致的折射率变化与外加电场之间的关系

相比于克尔效应及 F-K 效应,单晶硅材料中的自由载流子色散效应所对应的折射率与吸收变化更大,更适合硅器件的应用。根据式(6-72),我们可以计算得到在 1.55μm 波长处,其折射率、吸收系数变化值与自由载流子浓度之间的关系为

$$\Delta n=\Delta n_e+\Delta n_h=-8.8\times10^{-22}\Delta N_e-8.5\times10^{-18}(\Delta N_h)^{0.8}$$
$$\Delta\alpha=\Delta\alpha_e+\Delta\alpha_h=8.5\times10^{-18}\Delta N_e+6.0\times10^{-18}\Delta N_h \tag{6-81}$$

式中:Δn_e 和 Δn_h 分别为自由电子及自由空穴浓度变化对于折射率变化的贡献,而 $\Delta\alpha_e$ 和 $\Delta\alpha_h$ 分别为自由电子及自由空穴浓度变化对于吸收系数变化的贡献。同样,在波长为 1.3μm 处,硅的折射率及吸收变化与自由载流子浓度之间存在的关系为

$$\Delta n=\Delta n_e+\Delta n_h=-6.2\times10^{-22}\Delta N_e-6.0\times10^{-18}(\Delta N_h)^{0.8}$$
$$\Delta\alpha=\Delta\alpha_e+\Delta\alpha_h=6.0\times10^{-18}\Delta N_e+4.0\times10^{-18}\Delta N_h \tag{6-82}$$

如图 6-24(b)所示,室温下 1.55μm 处当自由载流子密度变化约为 $5\times10^{17}\text{cm}^{-3}$ 时,将导致 -1.66×10^{-3} 的折射率改变,相比于前述的 Kerr 效应及 F-K 效应,自由载流子色散效应能够更有效地应用于硅基集成光调制器。

利用自由载流子色散效应能够构筑干涉型与共振型的硅光调制器,前者以马赫-曾德干涉仪(Mach-Zehnder interferometer, MZI)为代表,它是通过调制光传输的两臂折射率差以

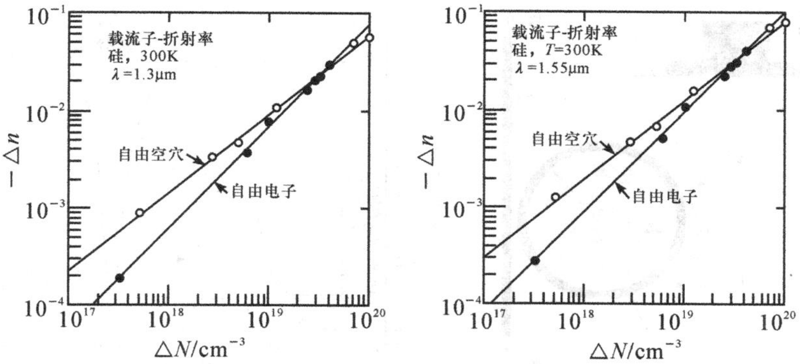

图 6-24　自由载流子浓度变化所导致的折射率改变，其中(a)与(b)分别是波长为 1.3μm 和 1.5μm

调节相对相位，从而形成相干或相消来实现调制效果；而后者是在器件中引入谐振环结构，通过材料折射率变化来改变器件共振条件，实现调制效果。

IBM 公司在 2007 年报道了一种结构新颖的集成硅马赫-曾德电光调制器，如图 6-25 所示。本征硅脊型波导两侧分别是重掺杂的 p 型与 n 型硅作为阳极和阴极，通过载流子的注入改变调制器一个臂的光学常数，器件能够达到的调制优值为 $V_\pi \cdot L=0.36$Vmm，调制速率可达 10Gb/s，而功率消耗可低至 5pJ/bit。

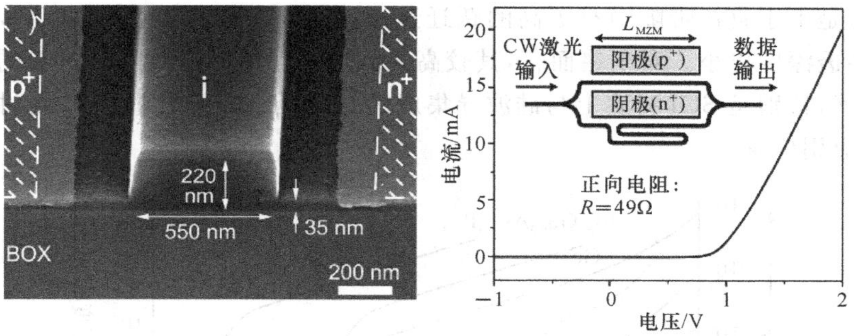

图 6-25　硅 p^+-i-n^+ 马赫-曾德电光调制器的结构

第一个基于微环共振结构的高速硅光调制器在 2005 年第一次报道，如图 6-26 所示。微环的脊波导两侧引入了 p-i-n 结构，通过正向(注入)或反向(抽取)自由载流子来调制折射率的变化，掺杂浓度(磷和硼)分别高达 10^{19}cm^{-3}，微环的直径是 12μm，脊型波导的宽度是 450nm，高度是 250nm，而直波导与微环之间的间隔是 200nm。在 1573.9nm 的波长处，实验发现，只要改变偏置电压 0.3V，就能够达到 97%(15dB)的调制效果，该器件实现了 1.5Gb/s的调制速率。目前 MZI 型硅光调制器的调制速率可以达到 30～40Gb/s，而微环型硅光调制器的调制速率能够达到 10Gb/s 以上。

4. 硅基锗探测器

硅的能带结构决定了其对于通讯波段光子是完全透明的，而锗由于相对较窄的带隙使得其对于通讯波段光子是强烈吸收的，因此硅衬底 SiGe/Si 异质结构光探测器能够探测波长小于 1.6μm 的光子。特别值得注意的是，硅基锗探测器由于具备了与 CMOS 工艺兼容的优势而比现存的Ⅲ～Ⅴ族光电探测器更具应用潜力，所以近年来，基于硅基的锗探测器，包括光电二极管(photo diode,PD)、p-i-n 光电二极管(p-i-n photo diode,pin-PD)、雪崩光电二

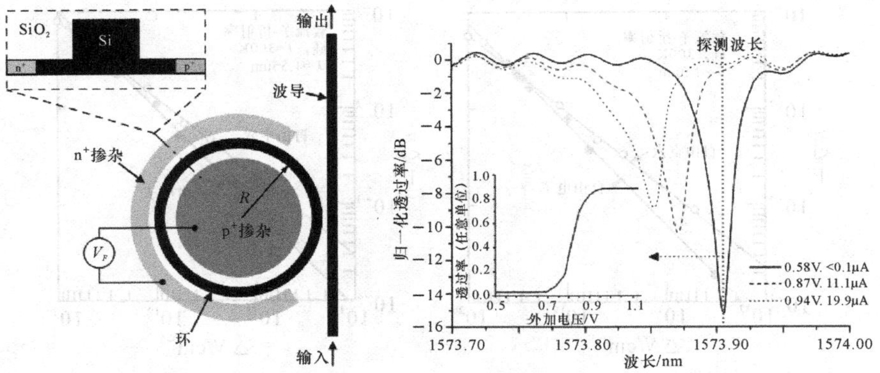

图 6-26 第一个被报道的微环共振型硅光调制器的结构

(a)以及该器件的电致透过率变化的调制效果(b)

极管(avalanche photo diode,APD)以及金属-半导体-金属(metal-semiconductor-metal,MSM)光电探测器被人们深入研究,期待获得高光电响应度、低暗电流密度、高 3dB 带宽的硅基集成光探测器。

图 6-27 是 Si,Ge,GaAs,$In_{0.7}Ga_{0.3}As_{0.64}P_{0.36}$ 和 $In_{0.53}Ga_{0.47}As$ 的吸收系数、穿透深度与波长的关系。从图中可以看出,Ⅲ～Ⅴ族直接带隙材料的吸收系数 α 比间接带隙材料 Si,Ge 陡峭得多,这是由于直接带隙中有更高的跃迁速率,因此在同样的光子能量下,吸收系数更大,亦即光穿透深度更小。对于锗而言,其较高的载流子迁移率以及与硅材料的兼容使得锗硅红外探测器,特别是 SOI 衬底上与硅波导集成的锗探测器具有比Ⅲ～Ⅴ族材料制备的器件有更好的应用前景。

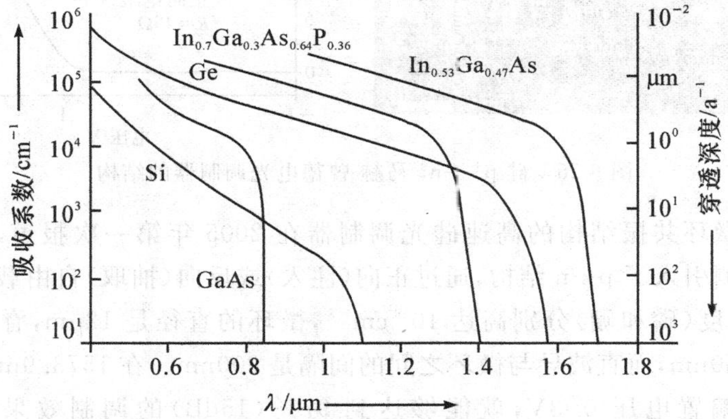

图 6-27 一些常用的半导体材料的吸收系数及穿透深度

影响硅上锗光探测器性能的关键因素在于硅衬底上锗薄膜的外延质量,硅与锗存在 4.2%的晶格失配。如果直接在硅衬底上生长锗薄膜,将会在 Ge 和 Si 的界面处产生极高的失配位错(dislocation)密度,以及高粗糙度的表面。这些结构缺陷将成为载流子的复合中心,造成器件较大的暗电流密度,影响锗器件与硅微电子器件的集成。所以获得低位错密度、小表面粗糙度的锗外延薄膜是推动器件性能提高的首要因素。

近年来多个研究小组有效地改进了硅上锗的生长性能,如采用硅锗成分梯度的缓冲层结构,低温锗/高温锗两步生长法,循环退火工艺,选择性区域生长及利用张应力等手段,目的都是为了通过滑移、闭合线位错而达到结构失配的弛豫。其中值得一提的是美国麻省理工学院 Kimerling 的研究小组采用高低温两步法生长结合循环退火工艺成功地将线位错密度降至 $7\times10^{6}cm^{-2}$ 以下。目前基于硅单片集成的锗探测器能够达到 40GHz 以上的 3dB 带宽,并有可能很快达到 100GHz,在 1.55μm 附近的器件响应度可以达到近 1A/W。更值得注意的是,近年来工业界一些著名的企业如 IBM,Intel 等对该领域表现出了浓厚的兴趣,极大地推动了研究的进展。如 2010 年 IBM 公司 S. Assefa 等人报道了一种与硅波导耦合的锗 APD,具有 10dB 的增益,3V 偏压下其增益带宽乘积可以达到 350GHz。

硅上锗探测器结构按照光入射方向分为垂直入射器件和波导耦合器件两大类,其中垂直入射光探测器的光传输方向与偏压所加的方向一致,器件结构较为简单,且能够制备一维或二维的探测器阵列,适用于短波长红外(1～2μm)成像器件。但是为了保证与入射光纤的耦合,器件的尺寸不能太小,而大尺寸的器件会带来较大的电阻和暗电流值,严重地限制了带宽及探测灵敏度。同时由于 Ge 膜厚度方向即为光传输方向,又是偏压电场方向,为了增加器件的光电响应度,就必须提高材料对光子的吸收,这自然要求 Ge 膜厚度较大,但是过厚的薄膜又会导致载流子漂移距离过长,降低器件的响应速度,所以在器件设计过程中,必须权衡器件的量子效率与速度,以获得最佳的结构设计。图 6-28 给出的是典型的硅基垂直入射锗 p-i-n 光电探测器的结构。在 p 型硅衬底上先用低温(室温－350℃)生长,再经过高温(850℃)退火,以消除硅衬底与锗界面的线位错密度,之后依次采用分子束外延(molecule beam epitaxy, MBE)的方法生长高质量的 p^{+},i,n^{+} 薄膜,掺杂浓度达到 $1\times10^{20}cm^{-3}$,其中本征有源层的厚度为 300～700nm,这样的垂直入射器件能够在 0 偏压的情况下达到 25GHz 左右的 3dB 带宽,且能够在波长小于 1.6μm 的波长范围内得到较高的量子效率。

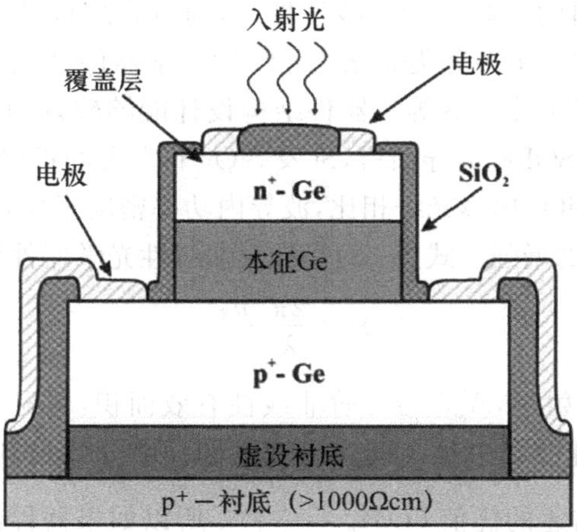

图 6-28 垂直入射型的硅上锗 p-i-n 探测器的结构

波导耦合的锗探测器是在 SOI 衬底上将 Si 脊型波导与 Ge 探测器通过多种方式耦合在一起,以便通过 Si 波导传输的光子能够以倏逝波耦合的方式进入锗探测器。波导与探测器的耦合方式可以是探测器在波导的上方、探测器在波导的下方,也可以是两者对接耦合(butt coupled)。由于锗材料的折射率略微高于硅波导的折射率,所以前两种耦合方式在同一衬底上能够实现,而对接耦合需要波导与探测器之间存在模式匹配,因此都对器件的结构提出了要求。

波导耦合的锗探测器由于光传输方向不必与偏压方向一致，所以能够保证探测器对于入射光子有较长的吸收距离，同时又不会影响载流子的漂移距离，所以能够得到高速器件，以及近100%的量子效率。另外，由于与波导集成在一起，因此，探测器的光耦合不会存在问题，器件尺寸可以做得很小，暗电流自然下降。图6-29是一种探测器位于波导上方的集成器件，同样探测器采用p-i-n的构型，对于波长为1550nm的光子，在−2V偏压下3dB带宽超过31.3GHz，响应度接近于1A/W。

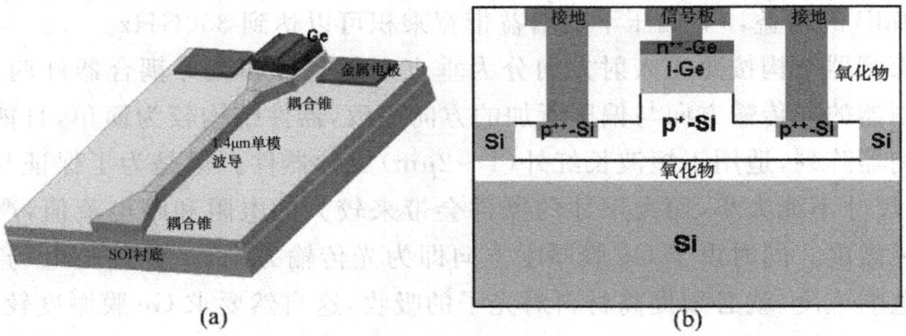

图6-29　(a)波导耦合锗探测器的结构，其中探测器位于波导的上方，(b)器件的剖面结构

5. 硅基光学非线性器件

硅锗材料高对称性的立方结构导致了材料中二阶光学非线性极化率张量的所有分量都为零，虽然2006年曾经报道了利用硅上沉积Si_3N_4薄膜带来张应力以及利用独特的光子晶体波导结构等手段破坏了晶体结构的对称性，在硅波导中获得增强的二阶非线性效应，但是这样的材料改性还未引起后续的重视。

目前，人们利用硅材料的三阶光学非线性性能，通过合理设计器件结构，特别是利用SOI衬底上的波导结构，已经实现了多种集成化的非线性光学器件，用于全光逻辑门、波长转换、脉冲压缩及超连续光产生、光子传感器等。器件结构设计能够较好地解决硅材料三阶非线性系数不是很大的问题。对于SOI硅波导而言，Si及SiO_2非常大的折射率差异导致了单模硅波导尺寸小于1μm，与传统的SiO_2单模光纤相比，波导内功率密度至少高1000倍，如此强烈的限制效应将会引起非线性效应的增强。式(6-83)是针对非线性光学器件设计的优值γ。

$$\gamma = \frac{2\pi}{\lambda}\frac{n_2}{A_{\text{eff}}^{(3)}} \tag{6-83}$$

式中：n_2为光学非线性折射率，$A_{\text{eff}}^{(3)}$为三阶非线性有效面积，可见SOI硅波导能够很有效地提高器件的优值γ。然而硅波导中过高的功率密度同样会导致强烈的双光子吸收(TPA)，必须同时考虑式(6-77)所描述的优值$FOM_n = \frac{1}{\lambda}\frac{n_2}{\alpha_2}$，所以如果器件的工作频率小于1GHz，且对于由双光子吸收引起的信号畸变能够容忍的话，可以选择SOI硅条形波导作为器件结构，如图6-30(a)所示。该结构的优点在于γ大，波导色散小，且制备工艺简单，要消除SOI硅条形波导中的FCA或FCI效应，可以适当增加波导的尺寸，或引入p-i-n的二极管结构，通过反向偏置耗尽自由载流子，如图6-20中所示的拉曼激光器的结构设计。另一种光学非线性器件设计是基于条形硅波导与包层(clading)有机非线性材料的结合，如图6-30(b)所示。由于硅波导很薄(小于波长值)，其中的光场TM模分布将会延伸至波导顶部的包层内，如果将既具有高非线性折射率n_2，又具有较小非线性吸收系数α_2的有机非线性材料涂覆于波导的包层，那么这样的无机-有机混合型结构能够保证器件的 γ 值与 FOM_n 值均较大，满足高速全光非线性器件的要求。第三种光学非线性器件设计是基于缝隙波导(slot waveguide)结构，如图 6-30(c)所示。同样，两个硅条形波导之间的缝隙不仅能够将光场 TE 模限定在其中，而且能够进一步增强电场，在槽波导中填充有机非线性材料同样能够避免硅材料中的双光子吸收与其他自由载流子效应，能够保证全光器件在高速应用过程中具有高的信号质量。如果将硅缝隙波导与光子晶体结构结合，如图 6-30(d)所示，则缝隙不仅能够约束光场，更能够利用光子晶体结构的慢光效应进一步增强器件的光学非线性响应。

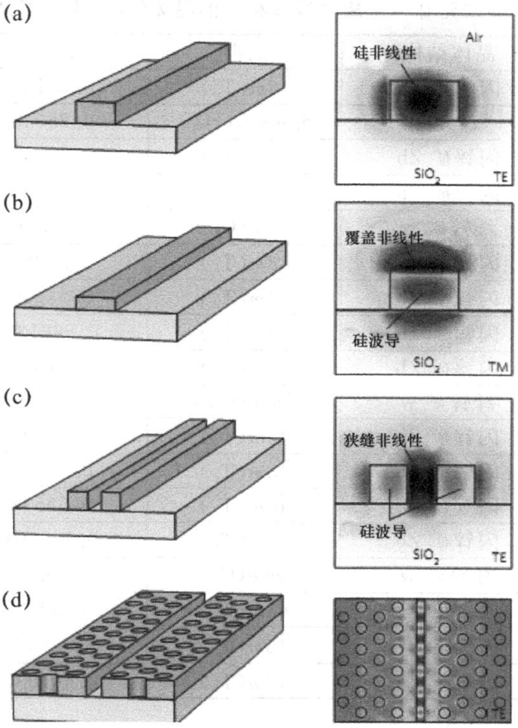

图 6-30　硅基集成光学非线性器件的四种可实现的波导结构
(a)为条形波导，(b)为含有有机材料包层的条形波导，
(c)为填充有机材料的狭缝波导，(d)为狭缝慢光波导

6.3　Ⅲ～Ⅴ族半导体光学材料

6.3.1　Ⅲ～Ⅴ族半导体材料的基本物理参数

Ⅲ～Ⅴ族半导体，指的是位于元素周期表ⅢA 与ⅤA 族元素组合而形成的二元、三元与四元化合物半导体材料，如我们熟知的 GaAs，GaN，InP，$In_{0.47}Ga_{0.53}As$，$Al_{0.03}Ga_{0.97}As$，$In_{0.76}Ga_{0.24}As_{0.55}P_{0.45}$等材料。目前已经有众多的Ⅲ～Ⅴ族半导体材料在光电子领域得到了应用，如基于宽带隙氮化物半导体材料的发光二极管(LED)和激光二极管(LD)，基于 GaAs，InP 材料的半导体激光器，以及光电探测器、光伏器件、电光调制器等。很多Ⅲ～Ⅴ族

半导体都是直接带隙材料，具有较大的载流子迁移率，并且该类材料的电光系数、非线性光学系数等重要物理参数都优于硅材料，能够保证其在光发射、高速光调制等领域发挥巨大的作用。Ⅲ～Ⅴ族化合物半导体往往能够形成多元固熔体化合物，便于形成多量子阱结构。而且Ⅲ～Ⅴ族半导体是比较理想的单片集成材料，尤其是 InP，GaAs 及其三元、四元化合物半导体系列最有发展前景，是目前唯一能够在同一衬底上制备从光源、调制器、探测器等多种功能器件的集成光电子材料。表 6-4 给出了一些典型的Ⅲ～Ⅴ族半导体材料的晶体结构、点群以及晶格常数。

表 6-4　一些二元Ⅲ～Ⅴ族半导体材料的晶体结构、点群以及晶格常数

材料	晶体结构	点群	a/nm	c/nm
c-BN	闪锌矿 Zb	$\bar{4}3m(T_d)$	0.36155	
h-BN	六方 h	$6/mmm(D_{6h})$	0.25040	0.66612
BP	闪锌矿 Zb	$\bar{4}3m(T_d)$	0.45383	
BAs	闪锌矿 Zb	$\bar{4}3m(T_d)$	0.4777	
w-AlN	纤锌矿 w	$6mm(C_{6v})$	0.3112	0.4982
c-AlN	闪锌矿 Zb	$\bar{4}3m(T_d)$	0.438	
AlP	闪锌矿 Zb	$\bar{4}3m(T_d)$	0.54635	
AlAs	闪锌矿 Zb	$\bar{4}3m(T_d)$	0.566139	
AlSb	闪锌矿 Zb	$\bar{4}3m(T_d)$	0.61355	
α-GaN	纤锌矿 w	$6mm(C_{6v})$	0.31896	0.51855
β-GaN	闪锌矿 Zb	$\bar{4}3m(T_d)$	0.452	
GaP	闪锌矿 Zb	$\bar{4}3m(T_d)$	0.54508	
GaAs	闪锌矿 Zb	$\bar{4}3m(T_d)$	0.56533	
GaSb	闪锌矿 Zb	$\bar{4}3m(T_d)$	0.609593	
InN	纤锌矿 w	$6mm(C_{6v})$	0.3548	0.576
InP	闪锌矿 Zb	$\bar{4}3m(T_d)$	0.5869	
InAs	闪锌矿 Zb	$\bar{4}3m(T_d)$	0.60583	
InSb	闪锌矿 Zb	$\bar{4}3m(T_d)$	0.647937	

1. 非氮化物Ⅲ～Ⅴ族半导体材料

非氮化物Ⅲ～Ⅴ族半导体材料包括 GaAs，InP，$In_{1-x}Ga_xAs_zP_{1-z}$ 等，不含氮元素，其中 GaAs 是目前为止最为人们关注的化合物半导体材料，它属于闪锌矿型的 $\bar{4}3m$ 点群，晶格常数是 0.56533nm，与Ⅳ族半导体锗的晶格常数非常匹配，可以在锗单晶衬底上生长高质量的外延 GaAs 薄膜。GaAs 晶体非常容易在{100}面方向劈裂，也能够在{111}方向以及介于{111}和{011}之间的方向劈裂，导致 GaAs 易碎。GaAs 通常能够被用于充当其他Ⅲ～Ⅴ族半导体材料的衬底，如 InGaAs 和 GaInNAs 体系。

相对于别的半导体材料，GaAs 的能带结构被人们研究得更为透彻，如图 6-31 所示。GaAs 是直接带隙的材料，0K 时 Γ 处的直接带隙值 1.519eV，其温度依赖系数 $\alpha=0.5405$meV/K，$\beta=204$K，在室温时带隙能为 1.43eV 左右。其室温载流子迁移率值可见表 6-2，值得注意的是 GaAs 的室温电子迁移率是 Si 材料的 4～5 倍，决定了由 GaAs 构成的器件能够在高于 250GHz 的频率下工作，且噪声小于硅材料构成的器件。GaAs 另一个突出的优点在于其能够在高达 350℃ 的温度环境下正常工作，相比于只能承受 200℃ 的 Si 而言，GaAs 器件具有更高的环境承受温度。

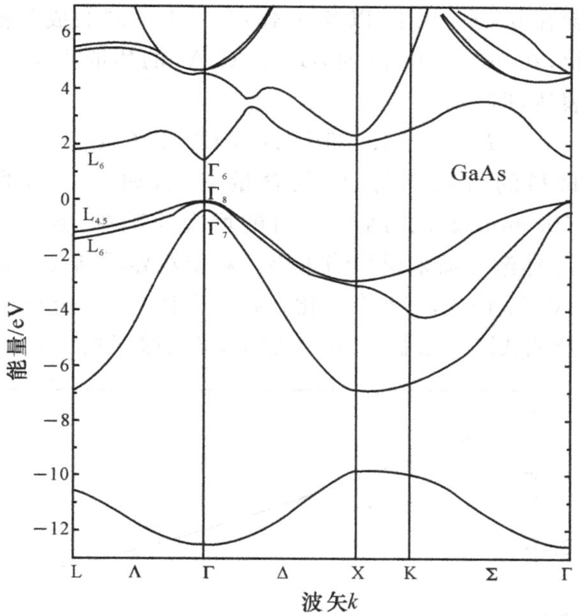

图 6-31　GaAs 在带隙附近的能带结构

由于经常与 GaAs 材料形成异质结构(heterostructures),AlAs 同样也是非常重要的电子及光电子材料。与 GaAs 不同的是,AlAs 是间接带隙的半导体材料,它属于立方闪锌矿结构,室温时的晶格常数 $a=0.5661$nm,与 GaAs 的晶格常数基本相同(a=0.56531nm),两者可以构成重要的三元化合物 $Ga_{1-x}Al_xAs$。用 $Ga_{1-x}Al_xAs$ 与 GaAs 所构成的异质结所具有的应力和产生的缺陷都较小,因而由两者构成的多层薄膜可获得性能优良的发光二极管(LED)。

在三元化合物 $Ga_{1-x}Al_xAs$ 中 x 能够在 0～1 的范围内调节,但是必须注意的是,由于 GaAs 是直接带隙材料,其 Γ, L,X 点导带谷底能量值次序是 Γ,L,X[$E_g^{\Gamma}(T=0)=1.519$eV,$E_g^{L}(T=0)=1.815$eV,$E_g^{X}(T=0)=1.981$eV],而 AlAs 是间接带隙材料,其 Γ, L, X 点导带谷底能量值的次序正好相反,因此在由两者构成三元化合物时,需特别注意如图 6-32 中所出现的 $x=0.45$ 附近的转型点(crossover point),在此成分处,合金材料的 Γ, X

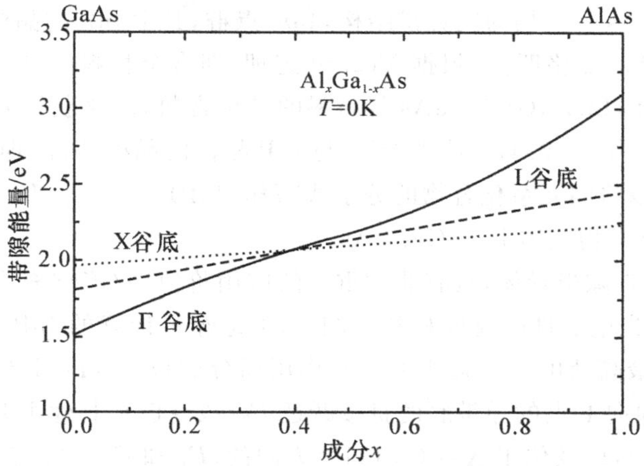

图 6-32　$Ga_{1-x}Al_xAs$ 三元合金材料的 Γ, L, X 点导带谷底能量值与成分之间的关系

谷底能量值相等。因而在 $0<x<0.45$ 以及 $0.45<x<1$ 不同的成分范围，三元合金的带隙变化会呈现不同的规律，在 $0<x<0.45$ 时，$Ga_{1-x}Al_xAs$ 的禁带宽度 E_g 与 Al 含量的关系可以用以下的经验公式表达，即

$$E_g(x)=1.439+1.042x+0.468x^2 \tag{6-84}$$

另外，三元合金材料的折射率与 Al 的含量有关，如图 6-33 所示，在近 GaAs 端，$Ga_{1-x}Al_xAs$ 的折射率（0.9μm 处）会随着 x 值的增大而减少，这点对于构成基于 GaAs/$Ga_{1-x}Al_xAs$ 异质结半导体激光器来说相当重要。对于双异质结激光器而言，有源区由 GaAs 及位于其两侧的 $Ga_{1-x}Al_xAs$ 构成，三元合金化合物具有比 GaAs 材料更大的带隙能以及更小的折射率，既能够有效地把载流子限制在 GaAs 层中，又能够把光子限制在该层范围内。

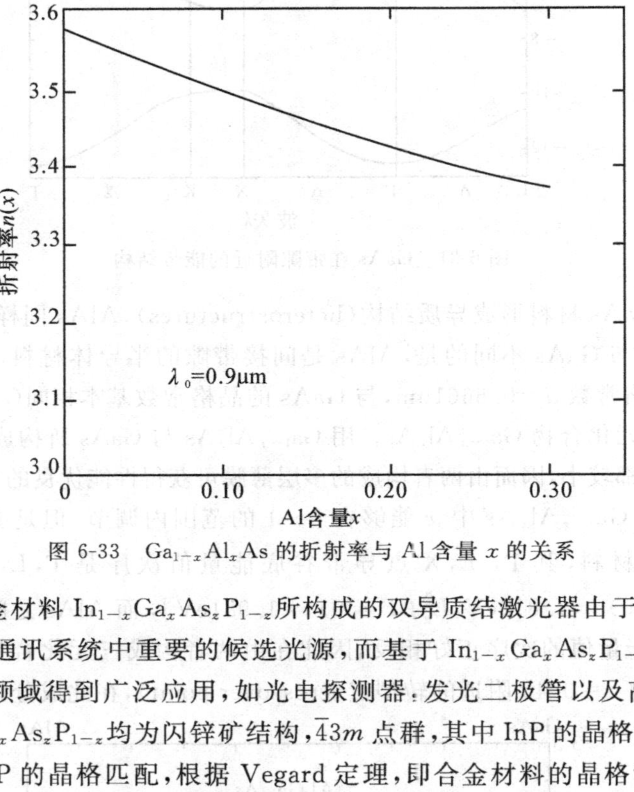

图 6-33　$Ga_{1-x}Al_xAs$ 的折射率与 Al 含量 x 的关系

InP 与四元合金材料 $In_{1-x}Ga_xAs_zP_{1-z}$ 所构成的双异质结激光器由于发射范围在 1.3～1.7μm 而成为光纤通讯系统中重要的候选光源，而基于 $In_{1-x}Ga_xAs_zP_{1-z}$/InP 的材料体系同样在很多光电子领域得到广泛应用，如光电探测器、发光二极管以及高速异质结晶体管等。InP 及 $In_{1-x}Ga_xAs_zP_{1-z}$ 均为闪锌矿结构，$\bar{4}3m$ 点群，其中 InP 的晶格常数是 0.5869nm。

为了满足与 InP 的晶格匹配，根据 Vegard 定理，即合金材料的晶格常数与成分呈现线性的关系，并结合 InP，InAs，GaP，GaAs 等材料的晶格常数，能够获知四元合金化合物半导体 $In_{1-x}Ga_xAs_zP_{1-z}$，当 $x=0.47z$ 时，将满足与 InP 晶体的晶格匹配，即晶格常数值达到 0.5869nm。所以也可以将四元系化合物的分子式写作 $(InP)_{1-z}(Ga_{0.47}In_{0.53}As)_z$，当 $z=1$ 时，就是典型的三元系化合物晶体 $In_{0.53}Ga_{0.47}As$。

InP 材料是直接带隙半导体，具有非常重要的应用价值，它能够充当工作于光通讯波长 1.55μm 的绝大多数光电器件的衬底材料。图 6-34 是经过计算的 InP 晶体的能带结构，从图中可见，Γ 点价带最高处由于自旋轨道相互作用而分裂成 Γ_8^γ，Γ_7^γ，InP 的基本带边吸收对应于从 Γ 点的价带顶向 Γ 点的导带底的直接跃迁 $E_0(\Gamma_8\rightarrow\Gamma_6)$，其他主要的光学跃迁过程还包括 $E_0+\Delta_0(\Gamma_7\rightarrow\Gamma_6)$，以及位于 Λ 线（<111>方向的）$E_1$ 和 $E_1+\Delta_1$ 等。InP 的低温直接带隙能是 1.423eV，其温度依赖系数 $\alpha=0.363$meV/K，$\beta=162$K，在室温时带隙能为 1.35eV

左右。InP 的载流子室温迁移率略低于 GaAs 材料，见表 6-2。

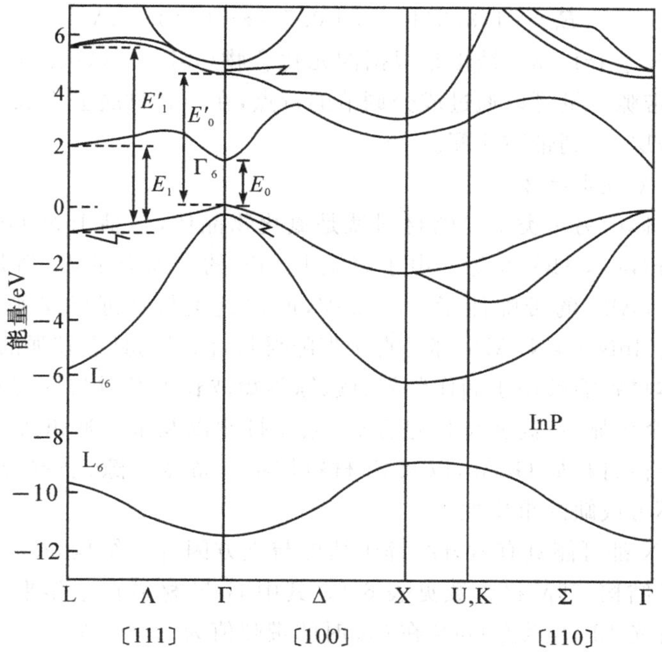

图 6-34　InP 材料的能带结构

与 InP 晶格匹配的 $In_{1-x}Ga_xAs_zP_{1-z}$ 四元合金[如 $(InP)_{1-z}(Ga_{0.47}In_{0.53}As)_z$，此时 $x=0.47z$]是非常重要的光电子材料，针对不同成分与 InP 晶格匹配的四元化合物晶体，人们研究其带隙能量值与成分的关系，并获得了一系列相关的经验公式。图 6-35 就是室温下三种不同成分并与 InP 晶格匹配的四元化合物带隙能量与 z 值的关系。一般来说，$(InP)_{1-z}(Ga_{0.47}In_{0.53}As)_z$ 在 0K 时两者的经验公式可以表达为

$$E_g=[1.436(1-z)+0.816z+0.13z^2]\text{eV}$$

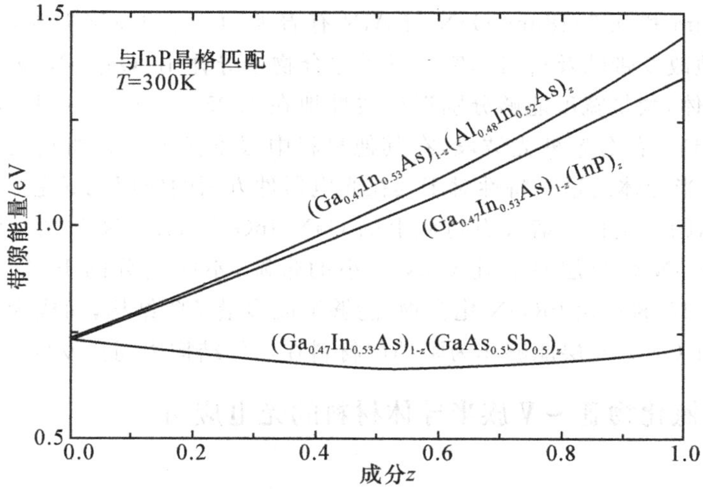

图 6-35　三种不同成分与 InP 晶格匹配的四元化合物晶体的带隙能量与成分 z 的关系

而在室温时(300K),带隙能量与成分的关系为

$$E_g=[1.353(1-z)+0.737z+0.13z^2]\text{eV}$$

$In_{1-x}Ga_xAs_zP_{1-z}$/InP 异质结正是根据四元化合物$(InP)_{1-z}(Ga_{0.47}In_{0.53}As)_z$晶格常数与 InP 一致,同时带隙能量可以通过成分调节的特点.在 InP 衬底上生长不同成分的四元化合物有源层及覆盖层,达到带隙匹配。

2. 氮化物Ⅲ～Ⅴ族半导体

Ⅲ～Ⅴ族半导体中另一类重要的材料就是氮化物晶体,包括 InN,GaN,AlN 以及一些三元系化合物如 InGaN,AlGaN 等。由于室温下 InN 的带隙能量 E_g 值是 1.9eV ,GaN 的带隙能量为 3.4eV,AlN 的带隙能量为 6.2eV,所以这类材料通常又被称为宽带隙(wide band gap)半导体。InN,GaN,AlN 都是直接带隙材料,同时均具有较强的键合力,所以氮化物Ⅲ～Ⅴ族半导体材料能够用于制作紫外、蓝、绿等短波长光发射与探测器件以及高温晶体管,广泛地应用于全色显示,高密度信息存储、激光打印以及水底通讯等重要的领域。而传统的Ⅲ～Ⅴ族半导体材料如 GaAs,以及 Si 材料均不具备宽带隙、强键合力等特点,所以氮化物半导体具有不可或缺的重要性。

InN,GaN,AlN 都可能具有六方纤锌矿结构与立方闪锌矿结构,在一般情况下,它们都会生长成为纤锌矿结构,其晶格常数见表 6-4。其中 GaN 材料在近年来已经被成功地应用于蓝光激光器与蓝光 LED,六方 GaN 在 0K 时的带隙值为 3.507eV,其 Varshni 温度系数为 $\alpha=0.909$meV/K,$\beta=830$K。GaN 中存在的激子结合能为 23meV。AlN 一般很少单独用于器件制造,常常作为三元系的 AlGaN 而存在。由于带隙及折射率的匹配有效地充当氮化物光电子器件的阻挡层,因此六方纤锌矿 AlN 是已知含 Al 的Ⅲ～Ⅴ族直接带隙半导体中带隙能量值最大的材料,但是仍然被人们看作是半导体。在 5K 时,AlN 的 E_g 值是 6.28eV,Varshni 温度系数为 $\alpha=1.799$meV/K,$\beta=1462$K。同样,InN 也很少作为二元化合物单独应用于器件,它常常与 GaN 组成合金,通过吸收测量,能够得到低温 InN 的 E_g 值是 1.994eV,Varshni 温度系数为 $\alpha=0.245$meV/K,$\beta=624$K。

从表 6-4 能够看到,纤锌矿型的二元氮化物 GaN,AlN 及 InN 的晶格常数 a,分别为 0.3189nm,0.3112nm 和 0.3548nm,GaN 与 AlN 有着大约 2%的晶格失配,将 In 和 Al 掺入 GaN,能够有效地改变带隙及折射率值。三元化合物半导体 $In_xGa_{1-x}N$ 及 $Al_xGa_{1-x}N$ 都是直接带隙的半导体,禁带宽度能够分别近似线性地在 1.95～3.39eV 和从 3.39～6.2eV,覆盖了整个可见光到一部分紫外光波段,在其他材料中很难找到具有如此大可调节范围的直接带隙。GaN 基半导体的这一特性对于其在光电器件方面的应用无疑是十分重要的。

图 6-36 显示的是生长于蓝宝石衬底上的 GaN/InGaN/AlGaN 激光二极管的结构示意图,可以看到,InGaN 合金层具有比 GaN 更小的带隙,不同成分的 $In_xGa_{1-x}N$(如分别由 $x=0.02$和 $x=0.15$ 的三元 InGaN 化合物)能够组成多量子阱结构,而成为蓝光二极管激光器的芯层。而 $Al_xGa_{1-x}N$ 层能够作为阻挡层材料在器件结构中同样发挥重要的作用。

6.3.2 非氮化物Ⅲ～Ⅴ族半导体材料的光电应用

1. 光源

Ⅲ～Ⅴ族半导体材料的一个主要应用就是光源,包括半导体激光器(或称激光二极管,LD)、发光二极管(LED)等。1962 年最早报道了基于 GaAs PN 结的注入型半导体激光器,

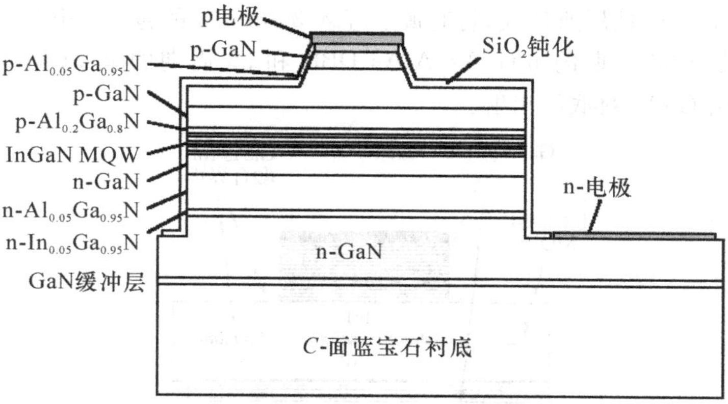

图 6-36 生长于蓝宝石衬底上的 GaN/InGaN/AlGaN 激光二极管的结构

早期的工作是利用 GaAs 或 $GaAs_{1-x}P_x$ 等材料通过扩散而实现的同质结激光器，由于其阈值注入电流较大，因此一直没有实现室温连续工作。1970 年人们制造出了双异质结(double heterojunction，DH)激光器，实现了半导体激光器的室温连续工作。图 6-37 是一种典型的 DH 激光器的结构示意与折射率分布图，将 p-$Ga_{0.98}Al_{0.02}As$ 有源层夹在 n-$Ga_{0.94}Al_{0.06}As$ 与 p-$Ga_{0.94}Al_{0.06}As$ 包覆层之间，由于有源层的半导体是窄带隙，包覆层是宽带隙，形成了势垒，注入的载流子就能够在势垒中被俘获，同时窄带隙有源层的折射率比周围包覆层的高，就像光波导所起的作用一样，所产生的光场就被限制在有源层内。上下层的重掺杂衬底及上包层是为了便于电极接触，一般来说，有源层的厚度小于 1μm，以保证粒子数反转发生在整个有源区。目前 $Ga_{1-x}Al_xAs$ 双异质结激光器的寿命已经超过 10 万小时，而波长为 1.3～1.6μm的长波长激光器也已经能够在室温下工作，最低阈值可达微安量级，有的在数毫瓦输出功率下仍能保持单模输出。

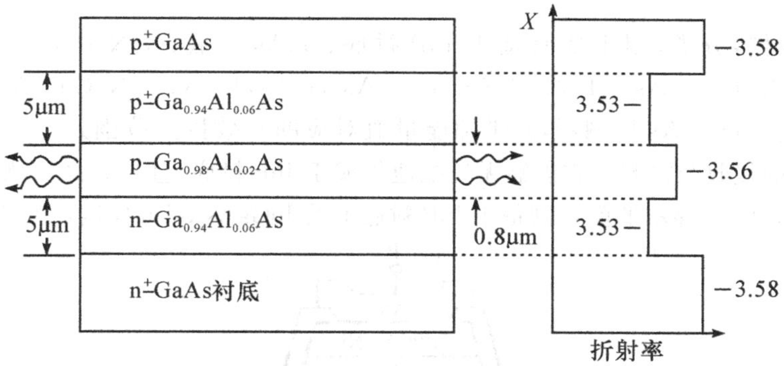

图 6-37 双异质结激光二极管的结构与折射率分布

随着光通讯技术的发展，为满足光纤系统、集成光学系统对于光源的要求，基于Ⅲ～Ⅴ族材料的 LD 发展迅速，多种新型光有源器件不断推出，如分布反馈式 LD(distributed feedback，DFB-LD)、分布布拉格反射式 LD(distributed Bragg reflector，DBR-LD)、单量子阱及多量子阱激光器、垂直腔面发射激光器(vertical cavity surface emitting laser，VCSEL)等。其中波长范围在 1.3～1.6μm 的垂直腔面发射激光器及其阵列器件受到人们的特别关注，图 6-38 显示的就是 1.55μm 室温连续波运作 VCSEL 的结构，其中有源区由 7 层厚度为 5.5nm的 1% 压应力 $In_{0.76}Ga_{0.24}As_{0.82}P_{0.18}$ 量子阱与 6 层厚度为 8nm 的 0.8% 张应力

$In_{0.76}Ga_{0.24}As_{0.82}P_{0.18}$阻挡层所构成，将有源层埋入300nm厚的包层p-InP及n-InP之间，分别在包层两侧融合28周期的n-GaAs/AlAs DBR和30周期的p-n-GaAs/AlGaAs DBR，1542nm的激光由GaAs衬底端出射。

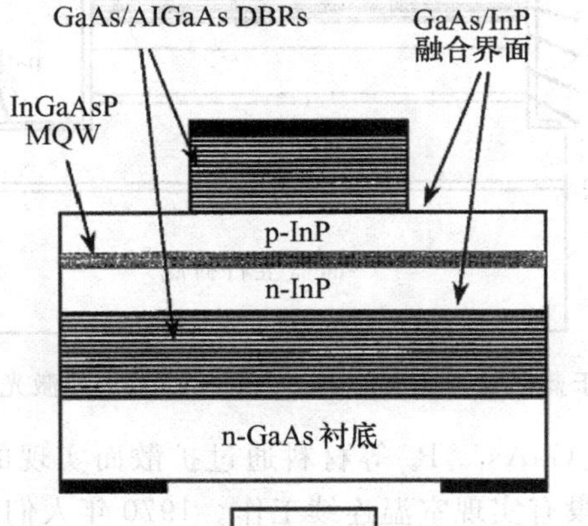

图 6-38　1.55μm 垂腔面发射激光器的结构

2. 探测器

如图6-27所示，作为直接带隙的Ⅲ～Ⅴ族化合物半导体GaAs，$In_{0.7}Ga_{0.3}As_{0.64}P_{0.36}$［即为与InP晶格匹配的$(InP)_{0.36}(In_{0.53}Ga_{0.47}As)_{0.64}$］，$In_{0.53}Ga_{0.47}As$等材料的吸收系数比间接带隙的Si，Ge更陡峭。这是由于直接带隙中有更高的跃迁速率，因此在同样的光子能量下，吸收系数更大，亦即光穿透深度更小。Ⅲ～Ⅴ化合物半导体是紫外-可见-近红外光探测器的主要材料，特别是与衬底晶格匹配且带隙满足所探测波长要求的半导体材料具有非常重要的应用价值。

如果依据材料分类，则主要有基于InP衬底、GaAs衬底、GaN衬底的集成光探测器$In_{0.53}Ga_{0.47}As/In_xGa_{1-x}As_{1-z}P_z/InP$，$Al_xGa_{1-x}As/GaAs$，$In_xGa_{1-x}N/GaN$等。特别是基于InP衬底的$In_{0.53}Ga_{0.47}As$探测器，其带隙能量值对应的有效探测范围是0.8～1.7μm，适用于光通讯信号的接收与探测。它能够无失配地集成于InP衬底，且具有高探测响应度，高3dB带宽等优点。图6-39显示的就是制备于InP衬底上的InGaAs p-i-n探测器的典型结构。

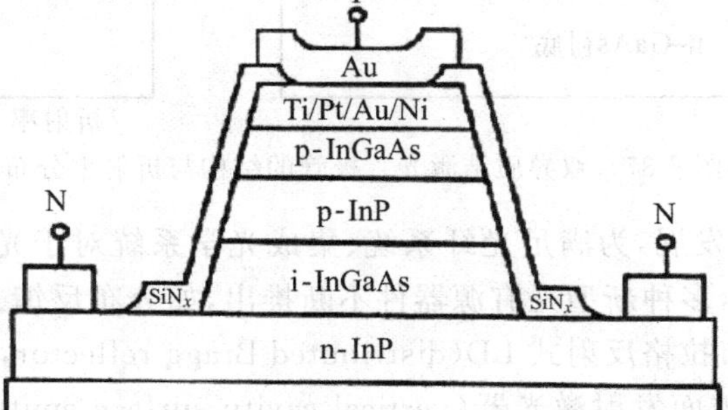

图 6-39　基于 InP 的 InGaAs 红外探测器结构

3. 太阳能电池

Ⅲ～Ⅴ族化合物半导体非常适合应用于单结(single junction)及多结(multi junction)太阳能电池,因为Ⅲ～Ⅴ半导体可以方便地通过调节成分而调制带隙宽度,而这点对于获得高能量转换效率的多结电池尤其重要。光伏应用的Ⅲ～Ⅴ族材料都是直接带隙的,与硅材料相比,能够显著提高光子吸收效率。Ⅲ～Ⅴ族半导体能够更有效地抵抗宇宙中的高能辐射,更适合在航空航天领域使用。与硅太阳能电池相比,Ⅲ～Ⅴ材料构成的器件受热性能退化较慢。这些特点使得Ⅲ～Ⅴ族材料在光伏领域,特别是多结太阳能电池方面有重要的应用前景。

根据 Shockly 等人提出的精细平衡效率极限(detailed balance limit of efficiency)模型,在 AM1.5G、1 倍太阳光强的光谱辐射下,带隙能量值在 1.4eV 的半导体制成的单结光伏电池能量转换效率为 31%,如图 6-40(a)所示。目前所报道的单晶 GaAs 单 p-n 结电池的实际转换效率已经超过 25%,GaAs 薄膜单结电池的效率也已经达到 24.7%,均超过单晶硅的转换效率。Ⅲ～Ⅴ族半导体由于其多元合金能够通过调节成分来调节晶格常数与带隙,以多种不同带隙,晶格匹配的半导体材料相互级联就能够形成高效的多结光伏电池,能够更加宽光谱地利用太阳能,提高电池的效率,如图 6-40(b)所显示的 3 结级联 AlInGaP(1.9eV)/GaAs(1.4eV)/Ge(0.66eV)电池在 AM1.5D,1000 倍太阳光强下的能量分布图。由于前述 GaAs 与 Ge 之间非常好的晶格匹配度,调节四元化合物 AlInGaP 的成分,并加以优化,能够获得理论转换效率达 50.1%(相对于 AM1.5G,1 倍太阳光强辐照下 41.4%的转换效率)的高效电池。

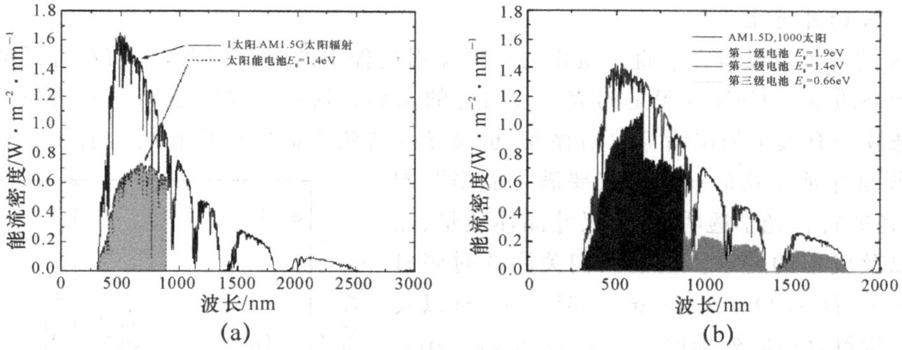

图 6-40 (a)AM1.5G,1 倍光强太阳辐射谱与单结(1.4eV)太阳能电池的能量利用谱,
(b)AM1.5D,1000 倍光强太阳辐射谱与 3 结太阳能电池的能量利用谱

目前几乎所有最高转换效率的多结电池都具有 InGaP/GaAs/Ge 的结构,实验室级的转换纪录已经突破 40%,典型的 3 结电池结构如图 6-41 所示,采用金属有机物化学气相沉积(metal organic chemical vapor deposition, MOCVD)的方法在 Ge 衬底上外延生长。值得注意的是 Ge(0.66eV)由于带隙值过小而不是最优化的底层结材料,理论计算的最优底层带隙值为 1.0eV,如果图 6-40(b)中的 3 结电池为 AlInGaP(1.9eV)/GaAs(1.4eV)/1.0eV,则效率将达到 55%,所以目前进一步提高多结电池的研究方向之一即为寻找晶格常数与 GaAs 匹配,且带隙值达到 1.0eV 附近的材料,如 $In_xGa_{1-x}As_{1-y}N_y$($x=3y$)就符合以上条件,但是还需解决材料少数载流子扩散长度过短等问题。

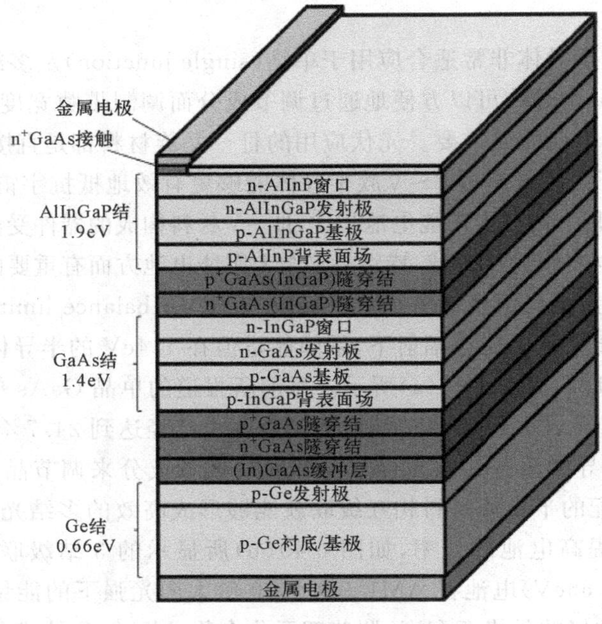

图 6-41 3结太阳能电池的截面

6.3.3 氮化物Ⅲ～Ⅴ族半导体材料的光电应用

1. GaN 的外延生长

GaN 的外延生长研究一直是氮化物材料应用过程中的关键问题，如何在合适的衬底上异质外延高质量的 GaN 薄膜是构成有效器件的基础。衬底与薄膜之间的晶格失配会导致外延的薄膜中有大量的位错等缺陷存在，也会导致薄膜表面的极度粗糙。适合于Ⅲ～Ⅴ族氮化物薄膜外延生长的衬底不仅要满足晶格匹配的要求，还要符合光学透明性、大尺寸晶体质量、热稳定性以及成本的要求。目前人们关注的衬底材料包括蓝宝石(Al_2O_3，Sapphire)，6H SiC，Si 以及带有微结构符合横向外延过度生长(epitaxial lateral overgrowth，ELOG)的图形化衬底。图 6-42 是纤锌矿 GaN(wz)，闪锌矿 GaN(cubic)，AlN，InN 以及相关衬底材料的晶格常数与带隙能量值。

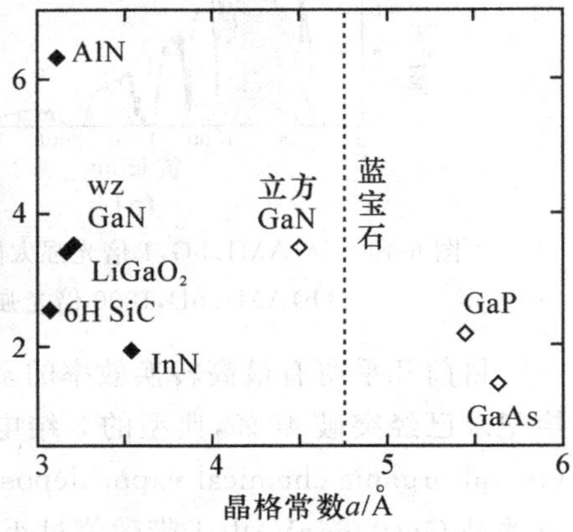

图 6-42 GaN 和相关材料的晶格常数，带隙能量值

蓝宝石衬底(三方晶系，$a=b=0.476nm$，$c=1.299nm$)是目前应用最广泛，并已经大量投入商业化生产的 GaN 薄膜的衬底材料，它的优点在于能够获得大尺寸高光学质量材料，在较宽的光谱范围内具有高度的透明性，在高温下物理化学性能稳定，晶体生长技术成熟，价格低廉；但缺点在于与 GaN，AlN 的晶格失配达到了 15%，热膨胀系数的失配率达到 80%以上。图 6-43 是生长于 Al_2O_3(0001)面的 AlN(0001)面内点阵分布情况。可见 AlN(同 GaN)的单胞相对于衬底的单胞沿 c 轴旋转了大约 30 度。如果直接在蓝宝石衬底的任意面上生长 GaN 薄膜，其晶体质量会非常差。通常在外延生长 GaN 薄

膜以前先低温生长一层缓冲层(buffer layer),GaN 外延层的质量与缓冲层的厚度及生长温度紧密相关。1983 年,Yoshida 等人报道了利用 AlN 缓冲层结构,采用两步法生长成功地在蓝宝石的 c 面上获得了高质量的 GaN 外延薄膜,其薄膜(f)与衬底(s)之间的外延关系是:$(0001)_f // (0001)_s$,$[01\bar{1}0]_f // [\bar{1}2\bar{1}0]_s$,$[\bar{1}2\bar{1}0]_f // [\bar{1}100]_s$。n 型及 p 型 GaN 薄膜分别是利用生长过程中掺杂一定含量的 Si 及 Mg 而获得。采用蓝宝石衬底所制备的 GaN 外延薄膜由于衬底与薄膜之间较大的晶格失配,依然会在外延层中留下大量的线位错密度(10^8～$10^{10}cm^{-2}$)。尽管如此,目前利用蓝宝石作为衬底,并采用金属有机物气相外延(metal organic vapor phase epitaxy, MOVPE)的方法生长 GaN 薄膜与器件依然是目前的主流。

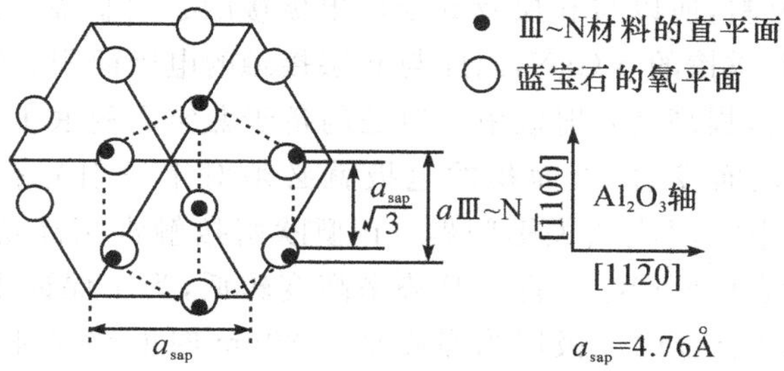

图 6-43　生长于蓝宝石(0001)面上的 AlN(0001)面的面内原子分布情况

从图 6-42 能够看到,六方结构的 6H-SiC 是与纤锌矿 GaN 晶格匹配最好的衬底材料,晶格失配率只有 3.5%,且与 AlN 的失配率更低。相比于蓝宝石衬底,SiC 具有更好的导电性,能够在薄膜生长过程中加上一定偏压,从而减少氮离子的能量。目前大尺寸高质量的 6H-SiC 衬底已经商业化,在外延生长 GaN 的过程中,经常会先生长低温 GaN 或 AlN 缓冲层。6H-SiC 衬底上生长的 GaN 薄膜比蓝宝石衬底上的薄膜具有更小的应力。

为了减少由于晶格失配及热失配带来的生长缺陷,人们提出了外延横向过度生长(ELOG)的方法,即如图 6-44 所示,在 Al_2O_3 或 SiC 衬底上先制备厚度达 1μm,宽度为 7～8μm 的条形 SiO_2 掩模,条形 SiO_2 之间的间距大约为 4μm,在此掩模上通过 MOVPE 生长较厚的 GaN 薄膜,GaN 分子首先在衬底的窗口处成核并选择性生长,当厚度增加时,GaN 分子将会横向生长于 SiO_2 条形掩模之上,在厚度达到 10μm 左右,所生长的条形外延层最终将会形成横向合并并形成连续的平面。人们发现在 SiO_2 条形掩模之上的 GaN 薄膜,其线位错密度非常低($<2\times10^7cm^{-2}$),以此材料构成的基于 InGaN/GaN/AlGaN 发光二极管的寿命将得到大幅度的提高。

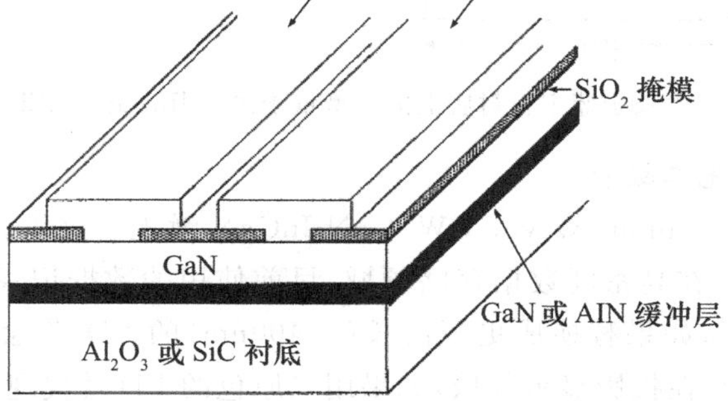

图 6-44　ELOG 衬底的结构以及 GaN 的横向过度生长

2. 氮化物发光二极管

具有六方纤锌矿结构的Ⅲ～Ⅴ族氮化物材料(包括 GaN，AlN，InN 以及由它们形成的合金化合物)，由于带隙能量值位于可见光的短波长光谱范围(从绿色到紫外)而在光发射领域受到极大的重视。目前高量子效率的基于氮化物材料的蓝光、绿光发光二极管(LED)已经商业化。图 6-45 是典型的器件结构，其中有源区可以是单量子阱结构，也可以是多量子阱结构。器件包括蓝宝石衬底 c 面上低温沉积的 GaN 或 AlN 缓冲层，3～4μm 厚掺杂 Si 的 n-GaN，单量子阱或多量子阱的有源区，100nm 厚度的掺杂 Mg 的p-AlGaN层，以及分别位于 n-层与p-层表面的金属电极层。

由于衬底是绝缘材料，所以与 p-层及 n-层的电极接触必须制备于器件的上表面，而又因为制备过程中很难得到重掺的 p-GaN，因此与 p-层接触的电极面积必然要做得很大，才能保证足够的电流传输速度，提高光发射效率。但是制备于蓝宝石衬底上的 GaN 基 LED，其大部分光线均由 p-层上表面发射，大面积的电极就必须对于发射光有足够的透过率，这是 LED 设计与制备过程中需解决的关键问题。p-型欧姆接触常用高功函数的金属材料，如 Ni，Au，Pd 和 Pt，因为它们所产生的肖特基势垒高度较低，为了保证出射光的高透明性，金属层必须很薄，如 AuNi 合金的电极层当厚度小于 30nm 时能够保证出射光的透过率大于 50%。n-GaN 的欧姆接触相对来说更容易，因为它没有透过率的要求，且由于较容易实现高掺杂浓度的 n-薄膜制备，所以常用的金属材料是 Ti/Al 以及含有 In 的材料。

随着近年来在氮化物Ⅲ～Ⅴ材料与器件结构方面的研发，GaN 基 LED 的外量子效率、流明效率、寿命等指标迅速得到提高，如采用 InGaN-AlGaN 双异质结构、Zn-Si 共掺 InGaN 有源层、单 InGaN 量子阱有源层等。

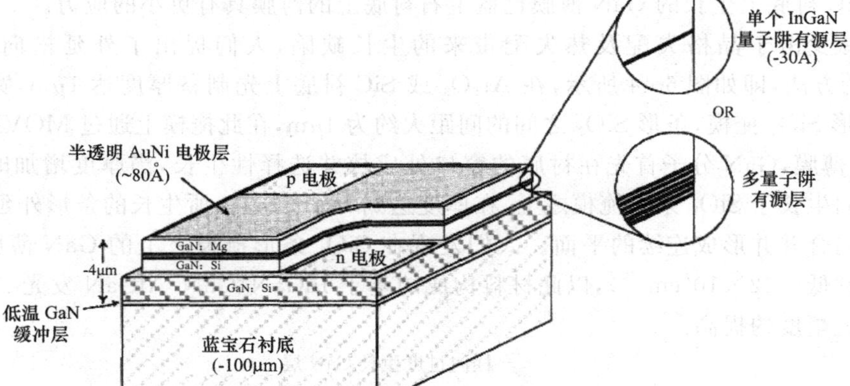

图 6-45 生长于蓝宝石衬底上的典型量子阱(AlIn)GaN LED 的结构

3. GaN-InGaN 激光二极管

短波长连续波(continuous wave, CW)GaN-InGaN 激光二极管(laser diode, LD)是非常重要的光电子器件。在高密度数据存储领域，目前使用的数据记录及读取激光二极管波长在近红外(～780nm)，如果替换成更短波长(～400nm)的 LD，将会导致更高的存储密度[$(780/400)^2$，近 4 倍]；在投影显示领域，如果用三原色的 LD 替代现有的液晶调制系统，将会使投影显示设备设计更加简单，成本更低，色彩覆盖率更宽；在激光打印方面，GaN 基激光的高输出功率及快速开关时间会比基于红外激光器的打印机具有更高的分辨率。

图 6-46 显示的是日亚化学(Nichia)在 1996 年首次报道的基于(AlIn)GaN 多量子阱紫外室温受激发射的 LD 结构。材料的生长采用常压 MOCVD 技术,衬底为 c 面(0001)的蓝宝石,先沉积低温(550℃)GaN 缓冲层,然后依次生长较厚的 n^{+}-GaN 电极接触层,n^{+}-InGaN应力释放层,n^{+}-AlGaN 包覆层以及一层用于导光的 GaN 层薄膜,之后生长 InGaN 多量子阱有源层,由多层 Si 掺杂 $In_{0.15}Ga_{0.85}N$ 组成,并分别被 Si 掺杂 $In_{0.02}Ga_{0.98}N$ 阻挡层隔开。器件的 p 侧分别由 p-AlGaN, p^{+}-GaN 导光层, p-$Al_{0.08}Ga_{0.92}N$ 包层和 p^{+}-GaN 电极接触层组成。Ni/Au(p 型)和 Ti/Al(n 型)分别用于欧姆金属接触。

以上结构的 GaN/InGaN/AlGaN 激光二极管在 CW 模式下工作寿命只有数十到数百小时,器件寿命衰减的主要原因在于 p-n 结的短路。由于外延的薄膜具有较高密度的线位错及空位,在大电流注入的情况下,p 型接触层上沉积的金属非常容易沿着位错线或空位迁移,造成器件由于短路而失效。为了解决以上问题,人们利用 AlGaN/GaN 应变超晶格层替代 AlGaN 包层结构,并结合调整掺杂浓度,能够有效地减少经常在 AlGaN 包层中出现的结构缺陷;在宝石衬底上利用前述的外延横向过度生长法制备各层薄膜,并在偏离掩模窗口处制备器件,可以显著减少线位错密度,而能够大幅度提高器件的室温工作寿命(10000 小时),并减少阈值电流密度和工作电压。

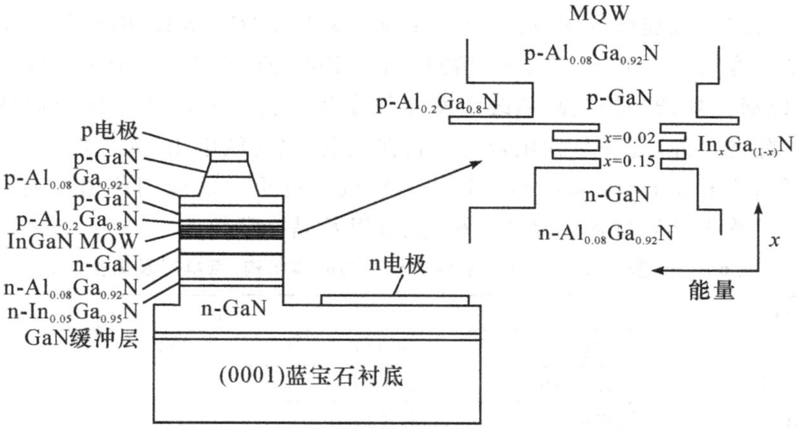

图 6-46 生长于蓝宝石衬底上的 GaN/InGaN/AlGaN 激光二极管的结构

4. 紫外光探测器

$Al_xGa_{1-x}N$ 三元化合物半导体,其直接带隙能量值随 Al 含量的改变在 3.4～6.2eV 范围内连续变化,相应的波长范围为 200～365nm,覆盖了地球上大气臭氧层吸收光谱区(230～280nm),是制作太阳盲区紫外光探测器(UV blind detector)的理想材料。AlGaN 探测器能够用于导弹羽流探测、火焰检测、臭氧监控、激光探测以及环境污染的监控。由于富含 Ga 的 AlGaN 合金材料是直接带隙半导体,所以以此材料制备的紫外探测器相比于 SiC 探测器具有更高的量子效率。AlGaN 体系非常容易形成异质结,且能够在高温下工作,这些优点使得 AlGaN 体系在紫外探测器方面有很重要的应用前景。

紫外探测器一般采用 n 型 AlGaN 作为有源层,因为电子的迁移率更高,器件的结构可以是 p-n 结,p-i-n 或肖特基势垒型,目的都是为了获得更高的光谱响应度,更低的暗电流密度以及更快的响应速度。

6.4 Ⅱ～Ⅵ族半导体光学材料

6.4.1 Ⅱ～Ⅵ族半导体材料的基本物理参数

Ⅱ～Ⅵ族半导体材料，指的是元素周期表上Ⅱ$_B$～Ⅵ$_A$族的化合物，如ZnS，ZnO，ZnSe，CdS，CdSe，CdTe，HgS，HgSe，HgTe等二元化合物，也可以是多组分固溶体所构成的多元化合物，如CdS_xSe_{1-x}，$Hg_{1-x}Cd_xTe$等三元化合物。Ⅱ～Ⅵ族半导体材料通常具有立方闪锌矿(zb)及六方纤锌矿(w)的晶体结构，每个阳离子都被周围的四个近邻阴离子所包围。由于这两种结构在几何上与能量上区别不大，所以在制备过程中，极易形成混晶或多晶形态；也容易形成连续的固溶体，为调节晶体的结构、性能提供了方便。

Ⅱ～Ⅵ族化合物半导体的价带极大值与导带极小值都位于布里渊区的Γ点($k=0$)，为直接带隙半导体，它们是以本征跃迁和本征吸收为主的，电子和光子的作用引起的跃迁不需要声子参与，决定了该类材料在光电作用下有较高的量子产率。Ⅱ～Ⅵ族化合物材料的大多数禁带宽度较宽(多数在紫外到可见区，少数在红外区)，常被称为宽带隙半导体。由于这些化合物之间可以形成连续的固溶体，其禁带宽度又是组分的函数，因此常根据组分的变化获得所需的禁带宽度值。Ⅱ～Ⅵ族化合物材料中ZnS，ZnO，CdS，ZnSe等都是很好的发光材料，并且可以通过掺杂和控制缺陷改变发光强度及波长，Hg的硫系化合物是红外探测器的常用材料。除此之外，Ⅱ～Ⅵ族化合物材料在光电导、光敏电阻、太阳能电池、透明导电薄膜、薄膜晶体管(thin film transistor，TFT)等领域都有重要的应用价值。表6-5给出了一些典型的Ⅱ～Ⅵ族半导体材料的晶体结构、点群以及晶格常数。

表6-5 一些二元Ⅱ～Ⅵ族半导体材料的晶体结构、点群以及晶格常数

材料	晶体结构	点群	a/nm	c/nm
MgO	岩盐 rs	$m3m\ (O_h)$	0.4203	
β-MgS	闪锌矿 zb	$\bar{4}3m(T_d)$	0.562	
β-MgSe	闪锌矿 zb	$\bar{4}3m(T_d)$	0.591	
β-MgTe	闪锌矿 zb	$\bar{4}3m(T_d)$	0.642	
ZnO	纤锌矿 w	$6mm(C_{6v})$	0.32495	0.5207
α-ZnS	纤锌矿 w	$6mm(C_{6v})$	0.38226	0.62605
β-ZnS	闪锌矿 zb	$\bar{4}3m(T_d)$	0.54102	
ZnSe	闪锌矿 zb	$\bar{4}3m(T_d)$	0.56692	
ZnTe	闪锌矿 zb	$\bar{4}3m(T_d)$	0.6009	
w-CdS	纤锌矿 w	$6mm(C_{6v})$	0.41367	0.67161
c-CdS	闪锌矿 zb	$\bar{4}3m(T_d)$	0.5825	
w-CdSe	纤锌矿 w	$6mm(C_{6v})$	0.42999	0.70109
c-CdSe	闪锌矿 zb	$\bar{4}3m(T_d)$	0.6077	
CdTe	闪锌矿 zb	$\bar{4}3m(T_d)$	0.6481	
β-HgS	闪锌矿 zb	$\bar{4}3m(T_d)$	0.58514	
HgSe	闪锌矿 zb	$\bar{4}3m(T_d)$	0.6084	
HgTe	闪锌矿 zb	$\bar{4}3m(T_d)$	0.64603	

1. ZnO,ZnS,ZnSe,ZnTe 半导体材料

ZnO,ZnS,ZnSe,ZnTe 这四种材料的阳离子都是 Zn,或称为 Zn 族硫系化合物晶体,它们均为宽带隙半导体。其中对于 ZnS,ZnSe 等材料的研究已经进行了多年,近年来,随着人们认识到 ZnO 晶体的一些优良特性(激子结合能、可见光区域高透过率、高电导率等),对于 ZnO 材料的制备、性能表征及应用研究迅速成为热点。表 6-6 显示的是 Zn 族硫属化合物材料的光学、电学性能以及可能的应用范围。

表 6-6　锌族硫属化合物半导体材料的光电特性及应用范围

材料	禁带宽度/eV(300K)	Varshni 温度系数 α/meV·K^{-1}	Varshni 温度系数 β/K	折射率(平均值)	电子迁移率/$cm^2\cdot V^{-1}\cdot s^{-1}$	空穴迁移率/$cm^2\cdot V^{-1}\cdot s^{-1}$	应用
ZnO	3.4	7.2	1077	2.008 2.029	226		LED,光学泵浦激光器,透明导电薄膜,TFT,压电器件,微纳传感器
α-ZnS	3.75	10	600	2.356 2.378	140		光致发光,阴极射线发光,电致发光,X 射线发光,红外窗口材料(可见—12μm)
β-ZnS	3.726	6.32	254	2.368	107	72	
ZnSe	2.721	5.58	187	2.5	1500	355	蓝光 LED 及激光器,红外窗口材料
ZnTe	2.27	5.49	159	2.72	600	100	太阳能电池,微波发生器,蓝光 LED 及激光器,电光器件,太赫兹发射

ZnS 是性能优异的荧光体材料,如果仅仅依靠外界激光能量,ZnS 晶体并非都能发出强光。要获得高效率发光,晶体中必须存在发光中心。现有多种材料能够形成发光中心,其中掺杂微量(10^{-6}级)金属离子至半导体基质中能够有效改变材料的发光效率。所掺杂的离子称为激活剂(activator);为了能够更加容易向基质扩散激活剂,还需要掺杂其他一些离子,称为共激活剂;为了加速反应,并使晶粒更好地生长,有时还需要掺杂适量的卤化物,这种卤化物称为助熔剂,如 ZnS(基质):Cu^+ Cl^-(激活剂与助熔剂)。当 ZnS 晶体获得了激发能量时,就以某些方式吸收激励并激发晶体中的电子,被激发的电子凭借发光中心回到基态。发光机理随激活剂不同而不同,以 Mn 及稀土离子作为激活剂时,发光过程是在发光中心的激发态与基态之间发生的;以 Cu^+,Ag^+,Au^+,Al^{3+} 离子作为激活剂时,发光过程是发光中心能级与基质能级之间的跃迁所形成的。能量以光的形式被释放,促使荧光体高效发光。

ZnS 发光体的光发射波长和强度与激活剂材料紧密相关,Ag^+ 的掺杂会导致 ZnS 发射峰值在 450nm 附近的蓝光;Mn^{4+} 掺杂导致波长在 590nm 左右的橙红光;Cu^+ 掺杂所引起的发光在 530nm 附近,是一种被称为夜光(glow in the dark)的绿光。

ZnO 在光发射器件领域被认为是 GaN 的竞争者,由于两者具有相似的能带间距及晶体结构。相比于已经商业化的 GaN 基发光器件,ZnO 至今还没有解决其 p 型掺杂的技术问题,在 p 型(VA 族元素掺杂)导电 ZnO 材料生长过程中,晶体掺杂质量、性能以及重复性的问题成为阻碍 ZnO 双极器件发展的瓶颈。ZnO 相对于 GaN 的另一个缺点是较小的载流子迁移率,较强的电子-声子耦合系数及较小的导热系数。但是 ZnO 有着其独特的优点,首先

是 ZnO 具有非常大的激子结合能(60meV,与之相比 GaN 的激子结合能只有 25meV),非常容易在室温甚至更高温度下实现近带边的高效激子发射,因为 ZnO 的激子结合能大约是室温热能 $k_B T = 25\text{meV}$ 的 2.4 倍,激子复合因此能够在室温以上发生。其次是 ZnO 的晶体生长技术更加简单,易于生长高质量、低成本的晶体,也较容易在衬底上生长高质量的 ZnO 外延薄膜。另外从本征 ZnO 到重 n 型掺杂的 ZnO 都表现出了在可见光谱范围的高度透明性,适合替代现有的 ITO 薄膜,成为另一种透明氧化导电薄膜应用于平板显示及太阳能电池,这对于解决目前铟的缺乏具有重要的意义。另外,基于多晶态的 ZnO 透明薄膜晶体管(TFT)也有很强的应用潜力。ZnO 材料的另一个重要优点在于非常容易获得高晶体质量、高载流子传输特性的 ZnO 纳米结构,如 ZnO 纳米线、ZnO 纳米棒等,而这些纳米 ZnO 材料在气体、生物传感器和光伏领域有重要的应用价值。

图 6-47 是 ZnO 半导体材料带隙附近的能带结构,其导带最低点是由 Zn^{2+} 的未占 4s 态或 sp3 杂化反键态所形成,导带具有 $\Gamma 7$ 对称,其电子有效质量是各向同性的,$m_e^* = (0.28 \pm 0.02) \cdot m_0$。价带最高点是由 O^{2-} 的已占 2p 轨道或 sp3 杂化成键态所形成,在自旋轨道相互作用和晶体场作用下,价带被分裂成三个如图 6-47 所示的不同对称性能的子带 $A\Gamma 7$,$B\Gamma 9$,$C\Gamma 7$。其空穴有效质量分别是 $m^*_{(h\perp,\,/\!/A,B)} = 0.59m_0$,$m^*_{(h/\!/C)} = 0.31m_0$,$m^*_{(h\perp C)} = 0.55m_0$。图 6-48 和图 6-49 分别是生长在(0001)蓝宝石衬底上的 ZnO 外延薄膜的室温透射光谱及室温、低温吸收光谱。在透射光谱中,ZnO 薄膜的吸收边非常明显,在图 6-48 的插图(吸收边光谱放大)中,可以清晰看见位于带边的激子吸收峰。而图 6-49的吸收光谱中能够看见经过热处理的 ZnO 薄膜在 295K 时有清晰的"*A*""*B*"激子吸收峰。在 77*K* 测量时,*A*,*B* 激子吸收峰变得更加尖锐,且出现了可辨识的"*C*"激子吸收峰。根据展宽的 Lorentzian 线形模型,能够获得室温激子 *A*,

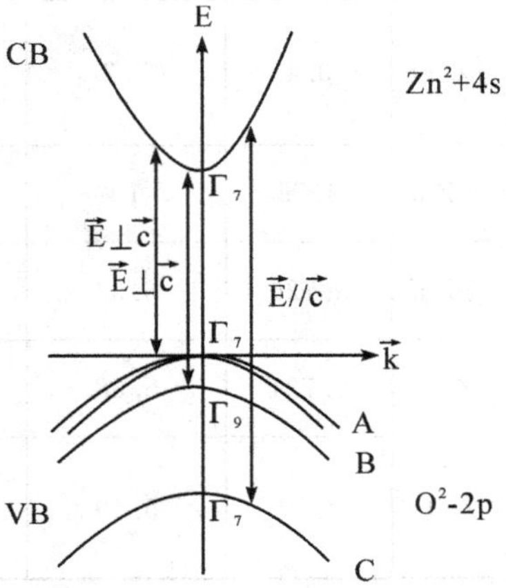

图 6-47 ZnO 晶体在带隙附近的价带与导带结构

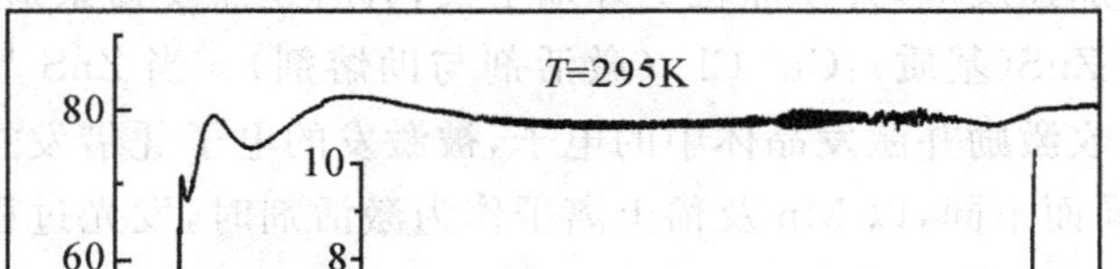

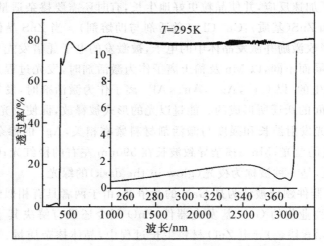

图 6-48 生长于蓝宝石衬底上的 ZnO 外延薄膜的室温透射光谱,其中插图是带隙以上的透过率

B,C 的带隙分别为 3.40eV,3.45eV,3.55eV,而各激子结合能分别达到 63.1meV,50.4meV,48.9meV。图 6-50 是该外延 ZnO 薄膜的室温与低温光致发光谱,比较了薄膜在制备过程中热处理前后光致发光谱的变化。可以看到,在室温发光谱中,未经热处理的薄膜紫外带间发光较弱,且存在明显的蓝绿带缺陷态发光;而热处理后,紫外带间发光强度增加了一个数量级,而蓝绿带发光受到了很明显的压制。低温光致发光谱中同样能够看到热处理使薄膜发光性能得到明显改善。

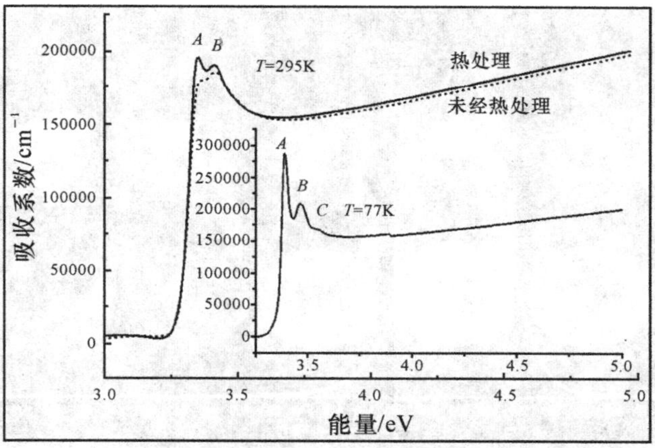

图 6-49 生长于蓝宝石衬底上的 ZnO 外延薄膜的室温吸收光谱,其中插图是 77K 低温下的吸收光谱

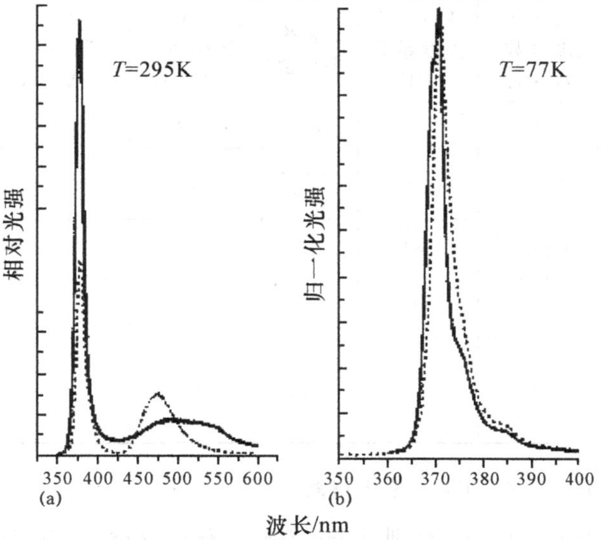

图 6-50 ZnO 外延薄膜在热处理前后的室温(a)与低温(b)光致发光谱

2. CdS,CdSe,CdTe 半导体材料

CdS,CdSe,CdTe 又被称为 Cd 族硫系化合物半导体,相比于 Zn 族材料,它们的带隙均较窄,光电响应的峰值波长均在可见光区域。它们在非掺杂生长过程中都表现出了 n 型导电,CdS 与 CdSe 能够形成固溶体材料 CdS_xSe_{1-x},使得半导体带隙与折射率能在很大范围内得到调制。Cd 族硫系化合物半导体当尺寸小于激子玻尔半径而成为纳米微晶时,会由于量

子限制效应(quantum confinement effect,QCE)而产生许多新的物理现象,如荧光光谱与量子点尺寸的相关性、光学非线性系数增加等。作为量子点材料,CdS,CdSe 及 CdTe 已经被广泛应用于量子点激光二极管、生物医学图像处理等领域。图 6-51 是不同尺寸的 CdSe 量子点材料在紫外光激发下所显示的不同荧光发射特性,反映了量子点的荧光峰值与量子点尺寸密切相关。而表 6-7 展示的是 Cd 族硫系化合物材料的光学、电学性能以及可能的应用范围。

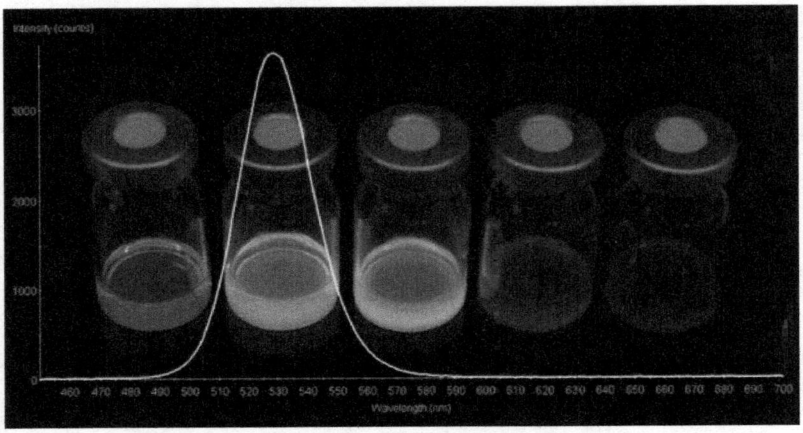

图 6-51 不同尺寸的胶体 CdSe 量子点在紫外光激发下所显示的光致发光特性

表 6-7 Cd 族硫系化合物半导体材料的光电特性及应用范围

材料	禁带宽度/eV(300K)	Varshni 温度系数 α/meV·K^{-1}	Varshni 温度系数 β/K	折射率(平均值)	电子迁移率/$cm^2 \cdot V^{-1} \cdot s^{-1}$	空穴迁移率/$cm^2 \cdot V^{-1} \cdot s^{-1}$	应用
c-CdS	2.46	3.451	208	2.5	70—85		光电导,光敏电阻器,太阳能电池,固态激光器,生物医学成像
w-CdS	2.501	4.7	230	2.506 2.529	390	48	
c-CdSe	1.675	6.96	281	2.5			量子点应用(荧光标记,生物传感),激光二极管,太阳能电池
w-CdSe	1.751	17	1150	2.5	900	50	
CdTe	1.51	5.0	180	2.72	1050	104	块体及薄膜太阳能电池,电光调制器,量子点应用,光电池

3. $Hg_{1-x}Cd_xTe$,$Hg_{1-x}Zn_xTe$ 半导体材料

$Hg_{1-x}Cd_xTe$ 与 $Hg_{1-x}Zn_xTe$ 分别是 Hg 族硫系化合物材料 HgTe 与 CdTe,ZnTe 所形成的固溶体,它们均能在很宽的红外区域进行有效的光探测、传感、图像显示,被广泛应用于军事、航天等领域。其中 $Hg_{1-x}Cd_xTe$ 半导体材料由于具备非常大的电子迁移率($>1.0\times10^5 cm^2 \cdot V/s$),带隙宽度能够随着成分 x 的变化而调制(负值~1.5eV)等特性成为目前唯一能同时应用于中波长红外窗口(middle-wave infrared, MWIR, 3~5μm)和长波红外窗口(long-wave infrared, LWIR,8~12μm)的光电探测材料,$Hg_{1-x}Cd_xTe$ 半导体还能够有效探测短波长红外(short-wave infrared, SWIR, 1.5~1.8μm, 2.2~2.4μm),甚至非常长波的

光谱范围(14～30μm)光学信号，因此也被称为除了 Si 与 GaAs 以外第三重要的半导体材料。$Hg_{1-x}Zn_xTe$ 材料同样可以应用于红外探测，与 $Hg_{1-x}Cd_xTe$ 相比，$Hg_{1-x}Zn_xTe$ 具有更优异的机械性能及热性能，所以常常充当 $Hg_{1-x}Cd_xTe$ 薄膜外延生长的衬底。

二元的 HgSe，HgTe 都是半金属材料，当 HgTe 与 CdTe 形成合金固溶体时，能够使三元化合物的带隙能量从负值(HgTe)连续调制至 1.648eV(CdTe)，而合金的晶格常数随着 x 值的改变只产生非常小的变化，保证了能够在同一块晶格匹配的衬底上获得成分不同的高质量外延薄膜和异质结结构。作为红外探测材料，$Hg_{1-x}Cd_xTe$ 的优势包括直接带隙半导体，能够获得低浓度与高浓度载流子，较小的介电常数，能够在非常宽(1～30μm)的光谱范围以及温度范围(液氦至室温)工作，可以制作不同工作模式的红外探测器(光电导型、光电二极管型、金属-绝缘体-半导体 MIS 型)等。$Hg_{1-x}Cd_xTe$ 材料的不足之处在于由于 Hg—Te 键较弱，导致块体材料，材料的表面与界面性能不稳定，在 LWIR 光谱范围器件性能的一致性、均匀性较差。

表 6-8 给出了几种重要成分的 $Hg_{1-x}Cd_xTe$ 合金材料的物理性质，而表 6-9 比较了 $Hg_{1-x}Cd_xTe$与其他几种常用的窄带隙半导体材料在红外探测器制造方面的重要物理参数。$Hg_{1-x}Cd_xTe$ 材料的电学及光学性能取决于布里渊区 Γ 点附近的能带结构。图 6-52 给出了 77K 与 300K 时不同成分的 $Hg_{1-x}Cd_xTe$ 的带隙能量、截止波长以及能带结构的结果。77K 时，HgTe($x=0$)表现出典型的半金属特性，带隙能量是负值。而在 $x=0.15$ 附近，材料的带隙值为 0，然后随着 x 值的增加，合金材料的带隙值能够连续调至 1.648eV，有许多人研究过 $Hg_{1-x}Cd_xTe$ 合金材料的带隙能量，本征载流子浓度与成分、温度之间的关系。目前公认的表达式为 Hanson 提出的经验公式，即

$$E_g(x,T)=-0.302+1.93x-0.81x^3+5.35\times10^{-4}\times(1-2x)T \tag{6-84}$$

$$n_i(x,T)=(5.585-3.82x+0.001753T-0.001364xT)\times10^{14}E_g^{3/4}T^{3/2}\exp\left(-\frac{E_g}{2KT}\right) \tag{6-85}$$

Hg 汞族窄带隙材料的电子有效质量与轻空穴有效质量数值相近，$Hg_{1-x}Cd_xTe$ 合金材料的电子及轻空穴有效质量大约为 $m_e^*/m_0\approx0.071E_g$，而重空穴质量的数值要高得多，一般测量值为 $m_{hh}^*/m_0\approx0.3\sim0.7$，与成分的关系不是很大。

表 6-8　几种重要组成的 $Hg_{1-x}Cd_xTe$ 三元合金材料的物理性质

性能	HgTe	$Hg_{1-x}Cd_xTe$						CdTe
x	0	0.194	0.205	0.225	0.31	0.44	0.62	1.0
a/nm	0.6461 77K	0.6464 77K	0.6464 77K	0.6464 77K	0.6465 140K	0.6468 200K	0.6472 250K	0.6481 300K
E_g/eV	−0.261	0.073	0.091	0.123	0.272	0.474	0.749	1.490
λ_C/μm	—	16.9	13.6	10.1	4.6	2.6	1.7	0.8
n_i/cm^{-3}	—	1.9×10^{14}	5.8×10^{13}	6.3×10^{12}	3.7×10^{12}	7.1×10^{11}	3.1×10^{10}	4.1×10^{5}
m_c/m_0	—	0.006	0.007	0.010	0.021	0.035	0.053	0.102
m_{hh}/m_0	0.40～0.53							
$(\varepsilon_s/\varepsilon_0)$	20.0	18.2	18.1	17.9	17.1	15.9	14.2	10.6

续表

性能	HgTe	$Hg_{1-x}Cd_xTe$						CdTe
$(\varepsilon_\infty/\varepsilon_0)$	14.4	12.8	12.7	12.5	11.9	10.8	9.3	6.2
n_r	3.79	3.58	3.57	3.54	3.44	3.29	3.06	2.50
μ_e/ $cm^2\cdot V^{-1}\cdot s^{-1}$	—	4.5×10^5	3.0×10^5	1.0×10^5	—	—	—	—
μ_{hh}/ $cm^2\cdot V^{-1}\cdot s^{-1}$	—	450	450	450	—	—	—	—

注：a 为晶格常数，E_g 为带隙能量，λ_C 为截止波长，n_i 为本征载流子浓度，m_c/m_0 为电子（轻空穴）有效质量，m_{hh}/m_0 为重空穴有效质量，$\varepsilon_s/\varepsilon_0$ 为低频介电常数，$\varepsilon_\infty/\varepsilon_0$ 为高频介电常数，n_r 为折射率，μ_e 为电子迁移率，μ_{hh} 为重空穴迁移率。

表 6-9　一些窄带隙半导体材料的物理性质

材料	E_g/eV		n_i/cm^{-3}		ε	$\mu_e/10^4$ $cm^2\cdot V^{-1}\cdot s^{-1}$		$\mu_h/10^4$ $cm^2\cdot V^{-1}\cdot s^{-1}$	
	77K	300K	77K	300K		77K	300K	77K	300K
InAs	0.414	0.359	6.5×10^3	9.3×10^{14}	14.5	8	3	0.07	0.02
InSb	0.228	0.18	2.6×10^9	1.9×10^{16}	17.9	100	8	1	0.08
$In_{0.53}Ga_{0.47}As$	0.66	0.75	—	5.4×10^{11}	14.6	7	1.38	—	0.05
PbS	0.31	0.42	3×10^7	1.0×10^{15}	172	1.5	0.05	1.5	0.06
PbSe	0.17	0.28	6×10^{11}	2.0×10^{16}	227	3	0.10	3	0.10
PbTe	0.22	0.31	1.5×10^{10}	1.5×10^{16}	428	3	0.17	2	0.08
$Pb_{1-x}Sn_xTe$	0.1	0.1	3.0×10^{13}	2.0×10^{16}	400	3	0.12	2	0.08
$Hg_{1-x}Cd_xTe$	0.1	0.1	3.2×10^{13}	2.3×10^{16}	18.0	20	1	0.044	0.01
$Hg_{1-x}Cd_xTe$	0.25	0.25	7.2×10^8	2.3×10^{15}	16.7	8	0.6	0.044	0.01

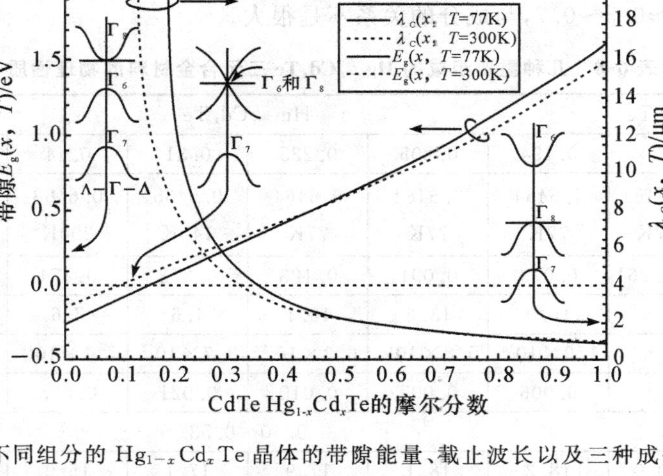

图 6-52　不同组分的 $Hg_{1-x}Cd_xTe$ 晶体的带隙能量、截止波长以及三种成分 $Hg_{1-x}Cd_xTe$ 在 Γ 点附近的能带结构（带隙能量定义为 Γ6 及 Γ8 带在 Γ=0 的能量差）

根据式(6-64)，由于 $Hg_{1-x}Cd_xTe$ 材料的电子有效质量很小，因而其电子迁移率非常高，而重空穴的迁移率相对而言要低两个数量级，因此空穴对于电导的贡献较小。在 $0.15<x<0.25$ 范围内，300K 时材料的电子迁移率与成分的关系可以用经验公式表示为

$$\mu_e = 10^4 \times (8.754x - 1.044)^{-1} \tag{6-86}$$

材料的室温空穴迁移率大约在 40～80cm^2/V·s，对成分不是很敏感，而在 77K 时空穴迁移率要高一个数量级。

图 6-53 是不同成分的 $Hg_{1-x}Cd_xTe$ 三元合金材料在带隙附近光学系数吸收系数，可见当带隙能量变小时(x 值变小)，吸收系数随波长变得平缓。这一方面是由于随着带隙变窄，导带有效质量变小，另一方面是由于吸收系数与波长存在 $\lambda^{-1/2}$ 的函数关系。

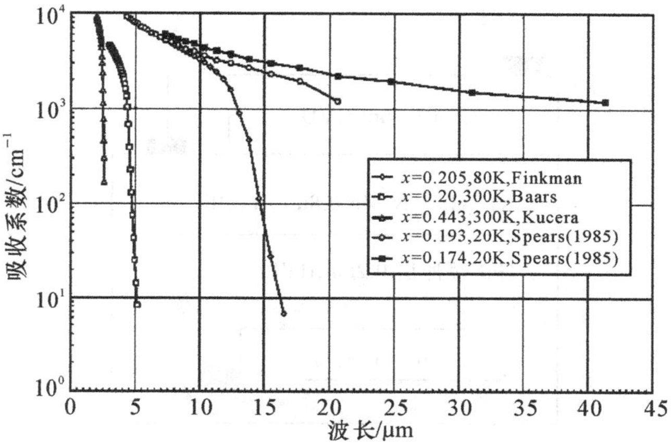

图 6-53　不同带隙能量的 $Hg_{1-x}Cd_xTe$ 材料在带隙附近吸收系数与吸收波长的关系

6.4.2　ZnO 半导体材料的光电应用

1. LED 及 LD

如前所述，由于 ZnO 具有非常高的激子结合能(60meV)，使它在光发射器件上有非常大的应用潜力，但 p 型掺杂的 ZnO 薄膜很难获得，制备的重复性很差，而成为研发 ZnO 双极光发射器件的主要障碍。为了获得高质量可靠的 p 型 ZnO 材料，材料中高密度的施主型缺陷必须避免，因为施主型缺陷是造成空穴载流子受限的主要原因，因而必须首先获得本征状态近乎完美的单晶 ZnO。其次，还需解决 p 型掺杂(如 ZnO 中掺杂 N)浓度过低(～10^{16}cm^{-3})的问题。ZnO 中的 N 是深能级受主，很难形成空穴传导，这样会导致载流子从重掺杂 n-ZnO 注入为主向轻掺杂 p-ZnO 注入为主转变，载流子的复合也将主要发生在 p-ZnO 区域，降低了复合效率，所以必须获得高掺杂(>10^{18}cm^{-3})的 p-ZnO 材料。

在目前无法获得器件质量的 p-ZnO 情况下，人们考虑采用别的 p 型半导体材料与 n-ZnO构成异质结光电子器件，如 Si，GaN，AlGaN，$SrCu_2O_2$，NiO，ZnTe，Cu_2O，CdTe，SiC 等，在一些材料构成的异质结结构中观察到了电致发光的现象。在这些非 ZnO 的 p 型材料中，GaN 由于与 ZnO 只有 1.8%的晶格失配而成为人们重点研究的对象。Alivov 等人报道了一种 n-ZnO/p-GaN 的异质结 LED 器件，其中 n-ZnO(Ga 掺杂)采用 CVD 的方法制备，p-GaN(Mg 掺杂)用 MBE 的方法制备，电子及空穴的载流子浓度分别为 4.5×10^{18} 与 3.0×10^{17}，器件的电致发光峰值在 430nm，根据能带结构及载流子特性分析，该器件的发光来自于

n-GaN 材料，因为 n-ZnO/p-GaN 的能级分布有利于电子从 n-ZnO 注入 p-GaN。

为了保证空穴注入 ZnO 材料，Alivov 等人设计了一种生长于 6H-SiC 衬底上的 n-ZnO/p-$Al_{0.12}Ga_{0.88}N$ 异质结 LED，如图 6-54 所示，器件的 *I-V* 呈现典型的二极管整流特性，开启电压为 3.2V，室温下反向漏电流约为 10^{-7}A，器件正向偏置时在 389nm 中心波长处有强烈的紫外发光，该发光在 500K 温度以内都能够保持稳定，电致发光谱如图 6-55 所示。由于 ZnO 与 $Al_{0.12}Ga_{0.88}N$ 的能带结构价带和导带偏移量不同，空穴从异质结的较宽带隙 $Al_{0.12}Ga_{0.88}N$ 侧（E_g=3.64eV）注入较窄带隙 ZnO 侧（E_g=3.3eV）比电子反向注入更加容易，因此激子复合将发生在 ZnO 材料中。该结果表明 p-AlGaN 是构成基于 ZnO 有源层的异质结 LED 的重要光学材料。

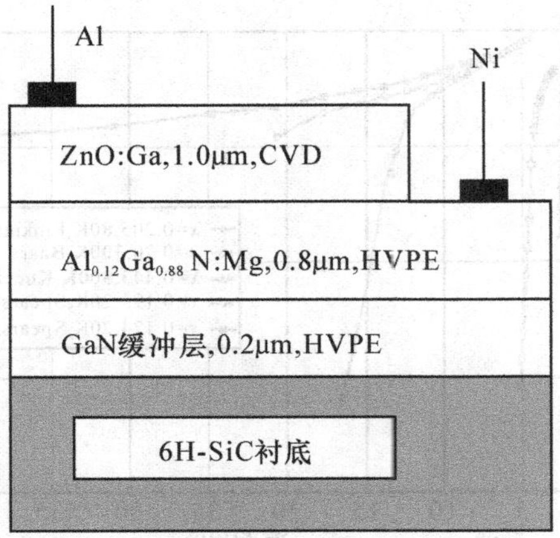

图 6-54 生长于 6H SiC 衬底上的 n-ZnO/p-$Al_{0.12}Ga_{0.88}N$ 异质结 LED 结构

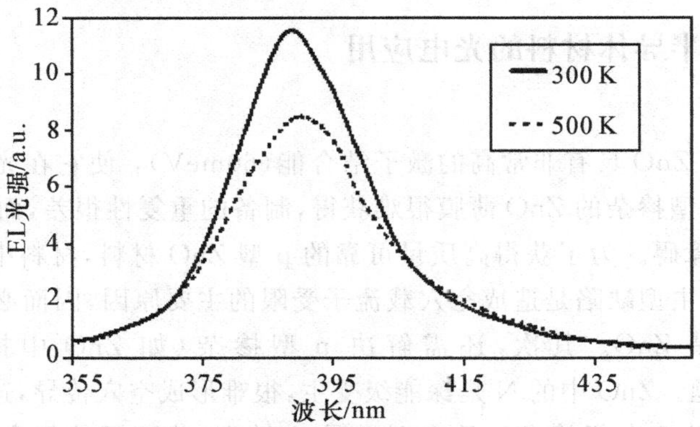

图 6-55 n-ZnO/p-$Al_{0.12}Ga_{0.88}N$ 异质结 LED 在 300K 及 500K 的电致发光谱

基于 ZnO 的光泵浦激光发射近年来多有报道，特别是光泵面发射 ZnO 分布反馈式激光器（distributed feedback laser，DFB laser）受到人们的重视，器件的设计如图 6-56 所示。其有源层的组成依次为在蓝宝石衬底上生长的厚度为 5～10nm 的 MgO 核化层，200nm 厚的 ZnO 发光层以及 120nm 厚的 Si_3N_4 光栅层。由于蓝宝石、ZnO 以及 Si_3N_4 的折射率差别，形成有源层有效的波导结构，而通过蚀刻 Si_3N_4 材料的光栅层能够保证出射光的高效耦合并形成三级衍射光栅。泵浦光为脉冲式氮分子激光器，波长为 337.1nm，峰值功率为 0.15～1.1MW/cm^2。图 6-57 显示的是该 DFB 激光器在 220K 不同泵浦功率下光发射特性的结果。激光器发射的中心波长为 383.5nm，随着泵浦光强的增加，中心波长稍有红移，同时发射峰的全高半宽值也随着泵浦光强的增加而变宽，激光器的最高峰值输出功率是 14mW，在现有的结构下能形成有效的室温单模输出，而激光器的低温泵浦阈值功率密度是 120kW/cm²。为了进一步降低阈值，近年来在器件设计上已经成功采用了多量子阱有源层结构。

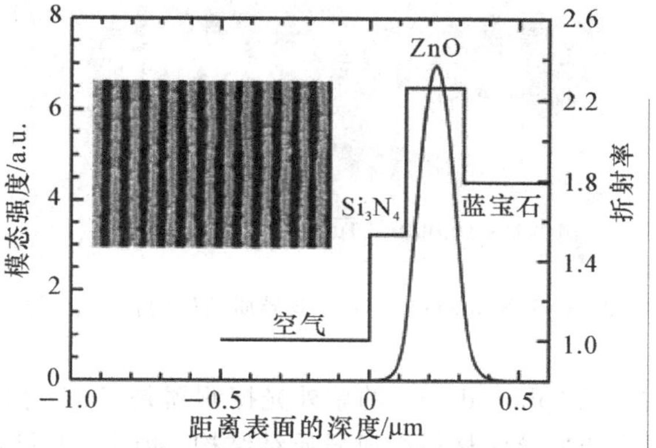

图 6-56　光泵 ZnO DFB 激光器薄膜有源区的结构，折射率分布与发射强度分布，插图为 Si_3N_4 薄膜上蚀刻的光栅结构

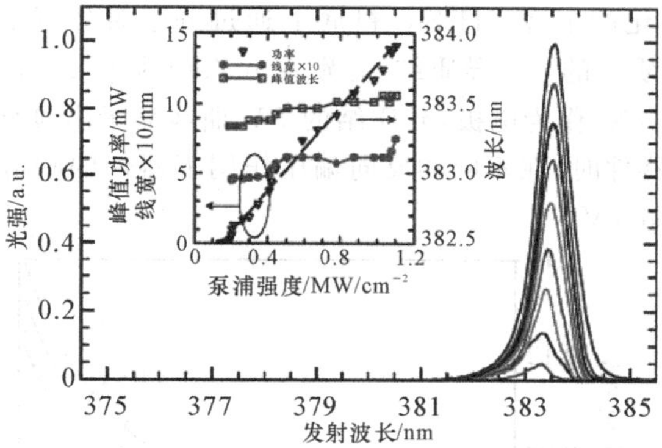

图 6-57　光泵 ZnO DFB 激光器在 220K 时在不同泵浦强度下（0.15，0.25，0.35，0.45，0.6，0.8，0.9，1.0，1.1，单位为 MW/cm²）的光发射性能，插图是发光峰值功率、线宽以及峰值波长与泵浦光强的关系

对于基于 ZnO 的激光二极管（LD）而言，由于激子的紫外跃迁过程会导致器件比其他材料有更低的阈值电流，通常采用 p-n-n 或 n-p-p 的双异质结结构（double heterostructure，简称 DH），这样一层量子阱被夹在两层更宽带隙的阻隔层之间，注入的载流子及发射的光子都能够被限制在量子阱材料中，所获得的 LD 会具有更高的内量子效率，更低的散射损耗以及发光性能对环境温度更加不敏感。近年来，一种结构为 p-GaN/n-ZnO/n-GaN 的双异质结器件被人们提出，该结构的器件具有较好的 *I-V* 特性与电致发光性能。该器件的薄膜显微结构如图 6-58 所示，在 *c* 面的蓝宝石衬底上依次沉积 0.7μm 厚的 Mg 掺杂 GaN，0.4μm 厚 n-ZnO 及 0.4μm 厚 n-GaN 薄膜，图中可见各层薄膜之间界面清晰，器件的 EL，PL 谱显示在正向偏压的情况下器件的发光主要来自于 DH 器件的 ZnO 区域，要获得高效率的基于 ZnO 的激光二极管，需要对 DH 的结构，尤其是 ZnO 薄膜的性能做进一步的优化。近年来

利用 n-ZnO 薄膜结合 p-ZnO 纳米线结构已经成功地实现了 ZnO 的电泵浦激光输出。

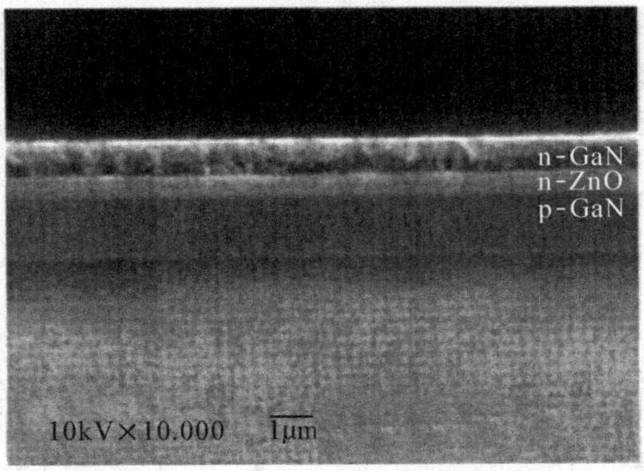

图 6-58 p-GaN/n-ZnO/n-GaN 双异质结构的扫描电子显微照片

2. 光电二极管

基于 ZnO 光电二极管(photodiode)的紫外光探测器是 ZnO 材料的另一个重要应用，选择 n-ZnO 与其他 p 型掺杂半导体材料组成异质结结构，能够实现紫外光的有效探测，基于 n-ZnO/p-Si，n-ZnO/p-NiO，n-ZnO/p-$ZnRb_2O_4$，n-ZnO/p-6H-SiC 等异质结结构的紫外光探测器都已经有报道。其中 n-ZnO/p-6H-SiC 结构由于 6H-SiC 与 ZnO 材料具有较小的晶格失配而受到重视，在商业化的 p 型 6H-SiC 衬底上通过分子束外延的方法生长 0.5μm 的 n-ZnO 薄膜，能够形成高质量的 p-n 异质结，分别在 n-ZnO 和 p-SiC 薄膜层真空沉积 30nm 的 Au/Al 和 100nm 的 Au/Ni 作为电极，异质结的 *I-V* 曲线显示出典型的二极管整流特性。当紫外光在 ZnO 侧照射器件时，在不同的反向偏压作用下器件的响应度如图 6-59 所示，其中响应度峰值出现在 3.283eV。

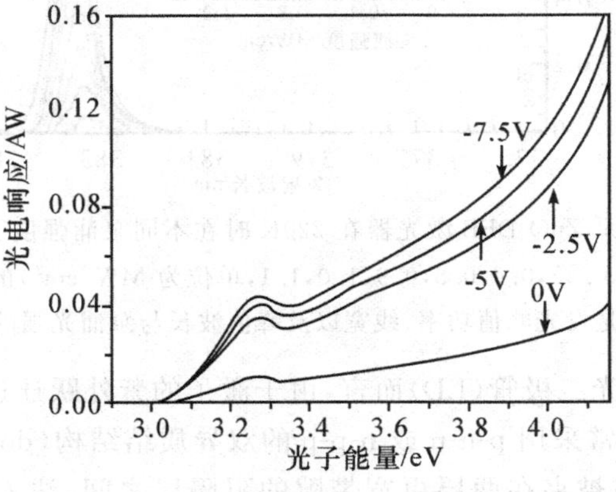

图 6-59 n-ZnO/p-6H-SiC 二极管结构在不同反向偏压下的光电响应

3. 透明导电薄膜及透明薄膜晶体管

由于 ZnO 是宽带隙的半导体，对于电磁波的可见光部分是高度透明的，因此 n 型重掺杂的 ZnO:Al 薄膜可以充当透明导电氧化物薄膜(transparent conducting oxide，TCO)，与传统的 ITO 薄膜相比，组分 Zn，Al 比 In，Sn 更加便宜，毒性更小。目前作为透明导电薄膜的 ZnO 材料的一个重要用途是在太阳能电池前表面代替金属叉指电极，能够保证光线无遮挡地进入电池材料。

ZnO 材料的另一个重要应用是透明薄膜晶体管(transparent thin film transistor, TTFT)。ZnO 能够充当 TFT 的通道层,同样由于其宽带隙的特性促使器件暴露于可见光时,不会发生目前在非晶态硅(或多晶硅)TFT 上普遍存在的性能退化的严重问题,基于 ZnO 的 TTFT 能够工作于高压、高温以及高辐射等工作环境。同时,ZnO 材料本身能够在较低的温度下非常容易在各类不同的衬底上,甚至是玻璃衬底上形成高质量的晶体薄膜,这些特点决定了 ZnO 在 TTFT 器件中有很好的应用前景。

图 6-60 显示的是在玻璃衬底上采用射频溅射的方法制备的透明 TFT 的结构,ITO 薄膜充当器件的栅极,ATO(Al,Ti 氧化物)作为栅极绝缘层,本征的 ZnO 是器件的通道层,而 ITO 分别充当源极及漏极。在薄膜沉积过程中,分别需要对 ITO 和 ZnO 薄膜进行退火处理,以保证通道的电阻率、结晶性以及透过率等性能的优化,整个器件(包括衬底)对于可见光有超过 75%的透过率,漏电流开关比达到 10^7,通道迁移率可以高达 $25cm^2/V$。

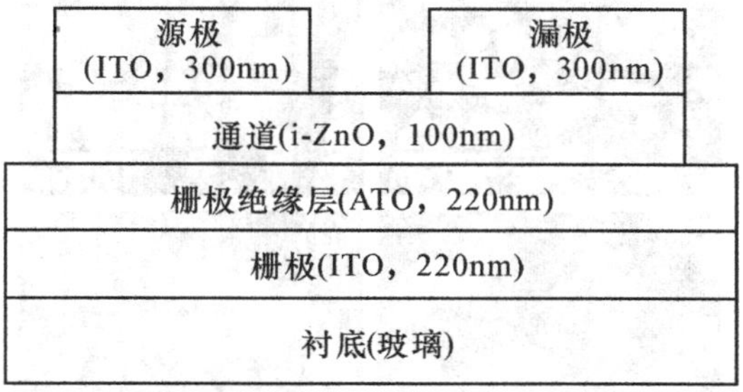

图 6-60　基于 ZnO 的透明 TFT 结构

4. ZnO 纳米结构的光电应用

半导体一维纳米结构如纳米线(nano wire)、纳米棒(nano rod)、纳米带(nano belt)、纳米环(nano ring)等由于量子限制效应而具有许多独特的物理特性,如电子的量子输运、优良的载流子辐射复合性能等。同时,与块体材料相比,纳米结构具有非常大的表面积(适合探测吸附于表面的微量物质),因此纳米结构的半导体在纳米激光器、纳米场效应晶体管、高灵敏度纳米气体探测器、纳米尺度的机电耦合器件,以及场致发射等领域有潜在的应用价值。

因为 ZnO 材料具有较高的激子结合能和机电耦合系数,以及对于恶劣环境的适应性,使得 ZnO 的一维纳米结构更加受到人们的重视。对于器件应用而言,在固态衬底上获得高质量图案化规则排列一维 ZnO 纳米结构是关键,最常用的制备方法是催化剂辅助的气-液-固(vapor-liquid-solid, VLS)生长,其制备设备如图 6-61 所示。输运气体从 Al_2O_3 管式炉的

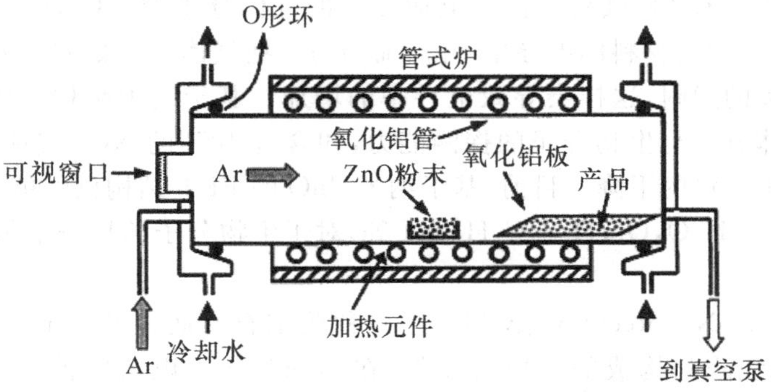

图 6-61　采用固-气相过程生长 ZnO 纳米线的管式炉

左侧通入，移向右侧并被真空泵带走，源材料 ZnO 粉末被放置于管式炉的中心位置，同时也是温度最高的位置，衬底材料被放置于温度较低的右侧区域，不同的衬底温度决定了不同类型的 ZnO 微结构。在 VLS 生长 ZnO 一维纳米结构的过程中，通常采用 Fe，Au，Sn 等金属作为催化剂，而催化剂在衬底表面的图案化形貌也决定了 ZnO 纳米结构的形貌。如果选择合适的生长机制，并且选择与 ZnO 晶格匹配的衬底材料，那么在垂直衬底表面方向就会外延生长出规则排列的一维 ZnO 纳米线结构。如在 400℃蓝宝石衬底上通过金属有机物气相外延方法(MOVPE)，可获得自组织生长的(0001)取向的 ZnO 纳米棒阵列，如图 6-62 所示。

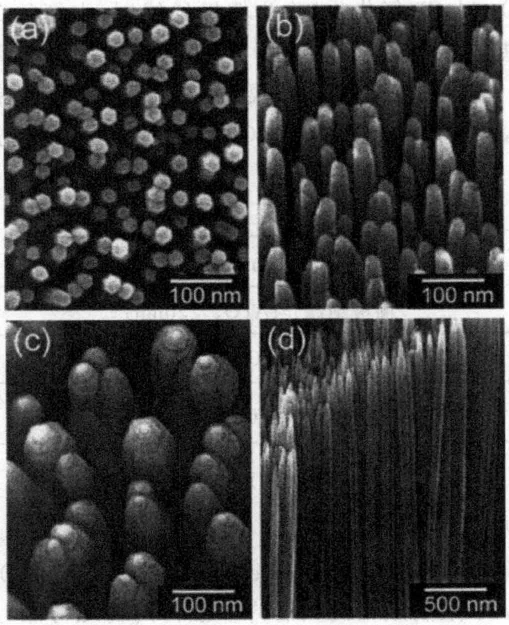

图 6-62 通过 MOVPE 的方法在蓝宝石衬底上生长的不同尺寸的 ZnO 纳米棒阵列的扫描电镜图

如前所述，由于一维 ZnO 纳米结构具有非常大的表面积/体积比例，因此纳米结构的 ZnO 具有强烈的表面吸附气体分子与生物分子的能力。如果将单根 ZnO 纳米棒做成如图 6-63 所示的场效应晶体管(field effect transistor, FET)器件，则能够成为高灵敏度气体分子及生物分子的传感器。由于 ZnO 氧平面的空位能够充当 n 型施主，该氧空位具有电学及化学活性，当 ZnO 纳米结构吸附了作为电荷受主的气体分子如 NO_2，O_2 时，电子将从导带被耗尽，使得 n 型氧化物材料的电导率下降；而当另一些气体分子如 CO，H_2 与 ZnO 所吸附的氧反应会造成氧的脱附，这样会导致电导率的增加。基于纳米结构 ZnO 的 FET 具有非常高灵敏度的气体分子与生物分子的探测能力，如含有 10^{-6} 的 NO_2 气体能够促使 ZnO 器件通道电阻率有 1.8 倍的下降。目前，基于纳米 ZnO 的 FET 结构已经能够成功探测 NO_2，NH_3，NH_4，CO，H_2，H_2O，O_3，H_2S，C_2H_5OH 等，对于生物分子的探测能够得到单分子的探测灵敏度水平。

2011 年，Nature Nanotechnology 报道了一种蓝宝石衬底上基于 n-ZnO 薄膜结合掺杂 Sb 的 p-ZnO 纳米线阵列构成的二极管器件，在 48mA 注入电流阈值之上，室温下能够在 ZnO 纳米线中观察到稳定的电泵浦紫外激光输出。该器件属于法布里-珀罗(Fabry-Perot,

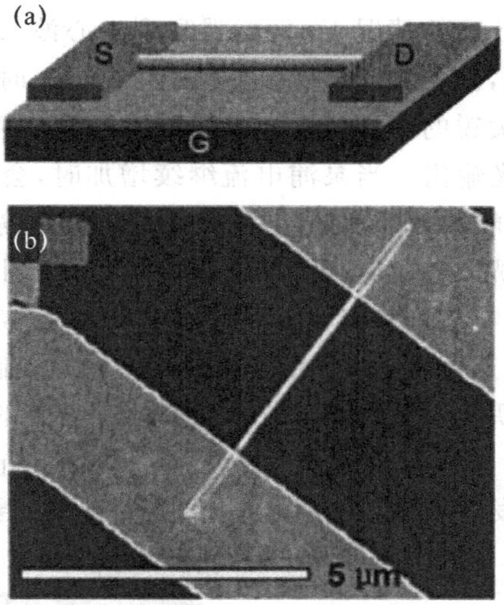

图 6-63　ZnO 纳米棒构成的场效应晶体管的结构(a)及扫描电子显微图(b),其中 ZnO 纳米棒置于 SiO_2/Si 表面,在纳米棒两端以 Au/Ti 金属电极作为源极和漏极

F-P)型激光器,器件结构以及阵列 ZnO 纳米线的微结构如图 6-64 所示。在蓝宝石衬底 c 面上首先采用等离子体辅助分子束外延(MBE)法生长 1050nm 高质量的 n-ZnO 薄膜,然后利用化学气相沉积(CVD)在其上生长 Sb 掺杂 p-ZnO 单晶纳米线阵列,p-ZnO 的 C 轴平行于下层 n-ZnO 薄膜的生长方向。纳米线的长度与直径分别是 3.2μm 和 200nm,n-ZnO 薄膜与 p-ZnO 纳米线能够形成高质量、高效的 p-n 结。在 180kW/cm^2 以上的泵浦光作用下,器件产生了中心波长在 386nm 附近的激射,而阈值时泵浦光所产生的电子-空穴对的密度约为 5.1×10^{17} cm^{-3}。

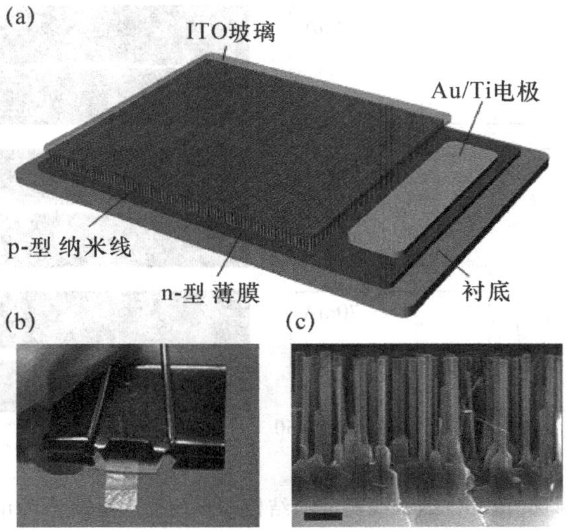

图 6-64　n-ZnO 薄膜/p-ZnO 纳米线所构成的 F-P 型激光器的结构(a),器件照片(b)和 ZnO 纳米线阵列的微结构(c)

图 6-65(a)是在 20～70mA 范围的电流注入情况下，器件的电致发光特性。从图中得知，在低注入电流(20～40mA)的情况下，只能观察到中心波长位于 385nm 宽发射峰，源于结构中自由激子自发辐射，而当泵浦电流超过阈值 50mA 时，发射光谱上出现了叠加于 385nm 宽发射峰之上非常尖锐的(线宽仅为 0.5nm)的数个激射峰，意味着增益达到足够大时产生了谐振腔模式的激光输出。当泵浦电流继续增加时，会激发更多不同长度的纳米线谐振模式，导致光谱中发射峰数量的增加，各发射峰的波长间隔约为 2.52nm。图 6-65(b)是 ZnO 纳米线 F-P 型激光器光发射的远场显微图像，在第一个图像(无电流注入)中能够看到 ZnO 纳米线阵列；而当注入电流增加时，在接近 p-ZnO 纳米线/n-ZnO 薄膜的界面处能看到清晰的发光，说明了电致发光开始于 p-n 结有源区；当注入电流继续增加，在 ZnO 纳米线的两个端面处出现了越来越明亮的发光点，这一现象具有显著的波导中纵激射模式的特征。以上结果说明了由 Sb 掺杂 p-ZnO 纳米线/n-ZnO 薄膜构成的 p-n 结结构中在室温下能够产生稳定的电泵浦紫外激光发射，ZnO 纳米线在 LD 方面有很重要的应用价值。

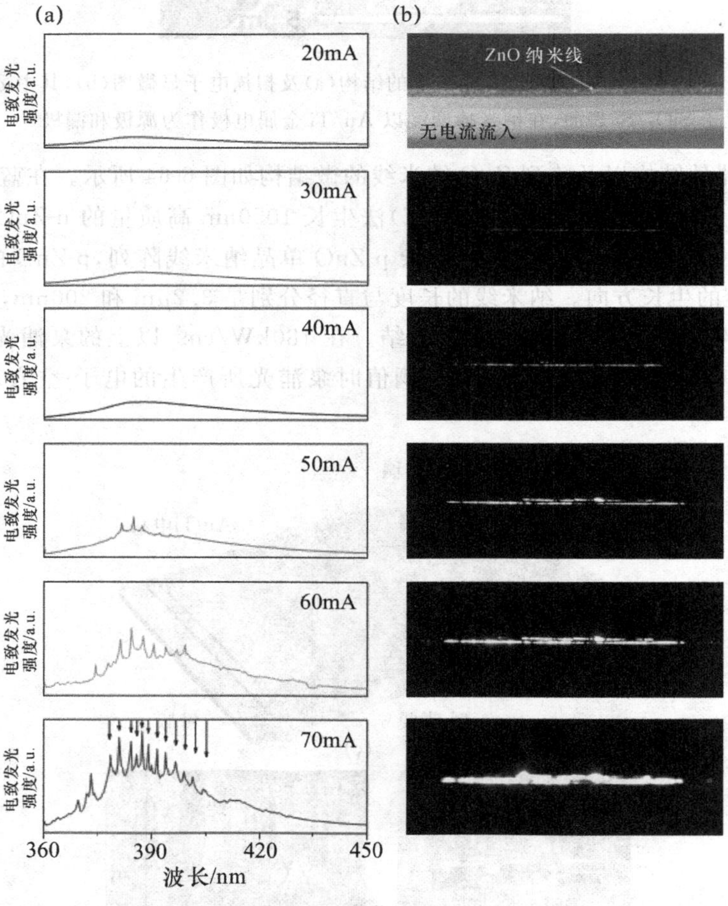

图 6-65 n-ZnO 薄膜/p-ZnO 纳米线构成的结构在不同注入电流下的电致发光谱(a)，以及光发射的远场显微图像

思考题

1. Ⅳ族半导体材料在集成光学器件领域应用有什么优点与不足？
2. 硅基集成光源的方案有哪些？混合型硅激光器有什么结构特点？
3. 如何有效抑制硅基集成光学器件中可能产生的双光子吸收？
4. InP 晶体在光电子学领域有什么样的应用价值？
5. 作为 GaN 外延生长的衬底材料，蓝宝石、碳化硅各自有什么优点与缺点？
6. ZnO 纳米结构有什么突出的特点及可能的应用？

参考文献

[1] 黄昆，谢希德. 半导体物理学. 北京：科学出版社，1958.

[2] 黄昆原著，韩汝琦改编. 固体物理学. 北京高等教育出版社，1988.

[3] 刘恩科，朱秉升，罗晋生. 半导体物理学(第七版). 北京：电子工业出版社，2011.

[4] 孟庆巨，刘海波，孟庆辉. 半导体器件物理(第二版). 北京：科学出版社，2009.

[5] Sadao Adachi. Ⅳ族、Ⅲ～Ⅴ族和Ⅱ～Ⅵ族半导体材料的特性. 季振国等译. 科学出版社，2009.

[6] 沈学础. 半导体光谱和光学性质. 北京：科学出版社，2002.

[7] Alivov Y. I. , *et al*. Fabrication and characterization of n-ZnO/p-AlGaN heterojunction light-emitting diodes on 6H-SiC substrates. Appl. Phys. Lett. , 2003, 83: 4719－4721.

[8] Alivov Y. I. , *et al*. Observation of 430nm electroluminescence from ZnO/GaN heterojunction light-emitting diodes. Appl. Phys. Lett. , 2003, 83: 2943－2945.

[9] Alivov Y. I. , Özgür Ü. Photoresponse of n-ZnO/p-SiC heterojunction diodes grown by plasma-assisted molecular-beam epitaxy. Appl. Phys. Lett. , 2005, 86: 241108.

[10] Assefa S. , Xia F. N. , Yurii A. Vlasov. Reinventing germanium avalanche photodetector for nanophotonic on-chip optical interconnects. Nature, 2010, 464: 80－84.

[11] Blakemore J. S. Semiconducting and other major properties of gallium arsenide. J. Appl. Phys. , 1982, 53(10): R123－181.

[12] Chelikowsky J. R. , Cohen M. L. Nonlocal pseudopotential calculations for the electronic structure of eleven diamond and zinc-blende semiconductors. Phys. Rev. B, 1976, 14: 556－582.

[13] Chiang H. Q. , Wager J. F. , Hoffman R. L. , *et al*. High mobility transparent thin-film transistors with amorphous zinc tin oxide channel layer. Appl. Phys. Lett. , 2005, 86(1): 013503.

[14] Chu S. , *et al*. Electrically pumped waveguide lasing from ZnO nanowires. Nano technology, 2011, 6: 506－510.

[15] Daniel S. , *et al*. Ⅲ～Ⅴ nitride semiconductors for high-performance blue and green light-emitting devices. JOM, 1997, 49(9): 18－35.

[16] Fukuda H. , *et al*. Four-wave mixing in silicon wire waveguide. Optics Express, 2005, 13(12): 4629－4637.

[17] Green W. M. J. , *et al*. Ultra-compact, low RF power, 10 Gb/s silicon Mach-Zehnder modulator. Optics Express, 2007, 15(25): 17106－17113.

[18] Hoffman R. L. , Norris B. J. , Wager J. F. High mobility transparent thin-film transistors with amorphous zinc tin oxide channel layer. Appl. Phys. Lett. , 2003, 82: 733－735.

[19] Hunsperger R. G. Integrated optics, theory and technology. Berlin: Springer, 2009.

[20] Jacobsen R. S. Strained silicon as a new electro-optic material. Nature, 2006, 441: 199－202.

[21] Jain S. C. Ⅲ-nitrides: Growth, characterization, and properties. J. Appl. Phys. , 2000, 87(3): 965－1006.

[22] Jambois O. *et al*. Current transport and electroluminescence mechanisms in thin SiO_2 films containing Si nanocluster-sensitized erbium ions. J. Appl. Phys., 2009, 106: 063526.

[23] Kasper E. High speed germanium detectors on Si. Phys. Stat. Sol. (C), 2008, 5(9): 3144—3149.

[24] Klingshirn C. ZnO: Material, physics and applications. Chem. Phys. Chem., 2007, 8: 782—803.

[25] Leuthold J., Koos C., Freude W. Nonlinear silicon photonics. Nature Photonics, 2010, 4: 535—544.

[26] Liang D., John E. Bowers. Recent progress in lasers on silicon. Nature Photonics, 2010, 4: 511—517.

[27] Liu J., Sun X., Camacho-Aguilera R. *et al*. Ge—on—Si laser operating at room temperature. Opt. Lett., 2010, 35: 679—681.

[28] Liu J. f., Lionel C. Kimerling, Thomas L. Koch, *et al*. Tensile—strained, n-type Ge as a gain medium for monolithic laser integration on Si. Opt. Express, 2007, 15: 11272—11277.

[29] Luan H. C., Lionel C. Kimerling. High-quality Ge epilayers on Si with low threading-dislocation densities. Applied Physics Letters, 1999, 75(19): 2909—2911.

[30] Michel J., Liu J. F., Lionel C. Kimerling. High-performance Ge-on-Si photodetectors. Nature Photonics, 2010, 4: 527—534.

[31] Muth J. F., Kolbas R. M. Excitonic structure and absorption coefficient measurements of ZnO single crystal epitaxial lms deposited by pulsed laser deposition. J. Appl. Phys., 1999, 85(11): 7884—7887.

[32] Norton P. HgCdTe infrared detectors. Opto-electronics review, 2002, 10(3): 159—174.

[33] Özgür Ü. ZnO devices and applications: A review of current status and future prospects. Proceedings of the IEEE, 2010, 98(7): 1255—1268.

[34] Özgür Ü., Alivov Y. I. A comprehensive review of ZnO materials and devices. J. Appl. Phys., 2005, 98: 041301.

[35] Park H., Fang A. W., Kodama S. *et al*. Hybrid silicon evanescent laser fabricated with a silicon waveguide and Ⅲ～Ⅴ offset quantum wells. Opt. Express, 2005, 13: 9460—9464.

[36] Park W. I., *et al*. Fabrication and electrical characteristics of high-performance ZnO nanorod field-effect transistors. Appl. Phys. Lett., 2004, 85: 5052—5054.

[37] Park W. I., Kim D. H. Jung S. W., *et al*. Metalorganic vapor-phase epitaxial growth of vertically well-aligned ZnO nanorods. Appl. Phys. Lett., 2002, 80: 4232—4234.

[38] Park W. I., Yi G. C., Kim M., *et al*. ZnO nanoneedles grown vertically on Si substrates by non-catalytic vapor-phase epitaxy. Adv. Mater, 2002, 14(24): 1841—1843.

[39] Piprek J., *et al*. Minimum temperature sensitivity of 1.55mm vertical-cavity lasers at-30nm gain offset. Appl. Phys. Lett., 1998, 72(15): 1814—1816.

[40] Pearton S. J., *et al*. GaN: Processing, defects, and devices. J. Appl. Phys, 1999, 86(1):1—78.

[41] Reed G. T. Silicon photonics, the state of the art. New Jersey: John Wiley & Sons, Ltd, 2008.

[42] Reed G. T., Mashanovich G., Gardes F. Y., *et al*. Silicon optical modulators. Nature Photonics, 2010, 4: 518—526.

[43] Rogalski A. HgCdTe infrared detector material: history, status and outlook. Rep. Prog. Phys., 2005, 68: 2267—2336.

[44] Rong H. *et al*. A continuous-wave Raman silicon laser. Nature, 2005, 433: 725—728.

[45] Soref R. A. Electrooptical effects in silicon. IEEE J. Quantum Electron., 1987, QE—23(1): 123—129.

[46] Soref R. A. Large single-mode rib waveguides in Ge-Si and Si-on-SiO_2. IEEE, J. Quantum Electron, 1991, 27: 1971—1974.

[47] Tanabe K. A review of ultrahigh efficiency Ⅲ～Ⅴ semiconductor compound solar cells: Multijunction tandem, lower dimensional, photonic up/down conversion and plasmonic nanometallic structures. Energies, 2009, 2: 504—530.

[48] Taylor D. M., Wilson D. O., Phillips D. H. Gallium arsenide review: past, present and future. IEE PROC, 1980, 127, Pt. I(5): 266—269.

[49] Thomas V. Optical properties of highly nonlinear silicon-organic hybrid (SOH) waveguide geometries. Optics Express, 2009, 17(20): 17357—17368.

[50] Vurgaftmana I., Meyer J. R. Band parameters for Ⅲ～Ⅴ compound semiconductors and their alloys. J. Appl. Phys., 2001, 89(11): 5815—5875.

[51] Wang Z. L. Zinc oxide nanostructures: Growth, properties and applications. J. Phys.: Condens. Matter, 2004, 16: R829—858.

[52] Wight D. R. *et al*. Limits of electro-absorption in high purity GaAs, and the optimisation of waveguide devices. IEE Proc.-J, 1988, 135: 39—44.

[53] Xu Q., Schmidt B., Pradhan S. *et al*. Micrometre-scale silicon electro-optic modulator. Nature, 2005, 435: 325—327.

[54] Xu Q. F., Lipson M. All-optical logic based on silicon micro-ring resonators. Optics Express, 2007, 15(3): 924—929.

[55] Yin T., *et al*. 31GHz Ge n-i-p waveguide photodetectors on Silicon-on-Insulator substrate. Optics Express, 2007, 15(21): 13965—13971.

第7章

有机光电材料

有机材料(organic materials)一般指的是含碳的化合物(除了一氧化碳、二氧化碳、碳酸、碳酸盐、金属碳化物、氰化物以外)或碳氢化合物(含 C—H 键)及其衍生物的总称。有机材料中具有光电功能活性的是有机光电材料，它具有一些无机光电材料不可替代的优势，如可根据需要进行分子设计，材料成型加工简便，器件响应速度快，易实现大面积器件及功能集成等。有机光电材料还具备一些与无机材料不同的物理响应机制，有望成为新一代高性能光电子器件的优选材料。

20 世纪 80 年代以来，在导电聚合物、有机电致发光二极管、有机光电转换材料、信息存储材料、有机非线性光学材料等方向，有机光电材料受到了人们的重视，各种基于有机光电材料的新型器件不断被设计、研发与优化。

7.1 有机材料物理基础

7.1.1 有机材料的分子结构

大多数的有机材料是基于碳氢化合物的，分子内的键以共价键为主，其中每一个碳原子有四个电子参与成共价键，而每一个氢原子只有一个成键电子。在甲烷分子(methane，CH_4)中每一个共价单键都是由 C，H 原子各贡献一个电子而组成。两个碳原子之间也可以共享两对及三对电子，分别形成双键与叁键的结构，如乙烯分子(ethylene，C_2H_4)的两个碳原子通过双键相互连接，而每个碳原子同时又通过单键分别与两个氢原子连接，分子式如图 7-1 所示。“—”及“═”分别代表了单共价键与双共价键，而乙炔分子(acetylene，C_2H_2)中碳原子之间通过叁键连接，每个碳原子又分别与一个氢原子通过单共价键相连，H—C≡C—H。具有双键和叁键的有机分子被称为不饱和(unsaturated)分子，这是由于与碳原子成键的其他原子未达到其能成键的最多数量。而饱和分子的碳氢化合物，所有的键都是单键。以最简单的碳氢化合物链烷烃(paraffin，C_nH_{2n+2})为例，表 7-1 是一些链烷烃化合物的分子结构与组成，虽然每一个分子的共价键键能都很强，但是分子间是以较弱的氢键或范德华键相互连接，因此这些碳氢化合物具有相对较低的熔点和沸点。从表 7-1 中能够看到，沸点随着化合物分子量的增加而升高。

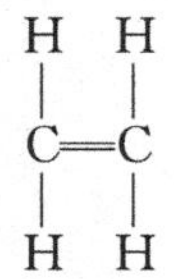

图 7-1　乙烯分子式

表 7-1　一些碳氢化合物的组成及结构

名称	组成	分子结构	沸点/℃
甲烷	CH_4	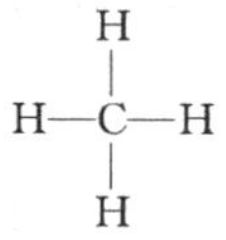 $\begin{array}{c} H \\ | \\ H-C-H \\ | \\ H \end{array}$	-164
乙烷	C_2H_6	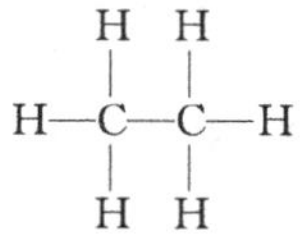 $\begin{array}{c} H\ \ H \\ |\ \ \ | \\ H-C-C-H \\ |\ \ \ | \\ H\ \ H \end{array}$	-88.6
丙烷	C_3H_8	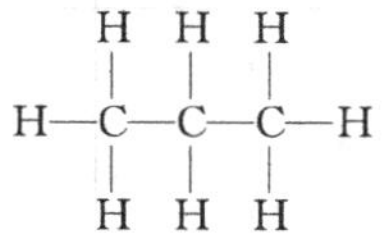 $\begin{array}{c} H\ \ H\ \ H \\ |\ \ \ |\ \ \ | \\ H-C-C-C-H \\ |\ \ \ |\ \ \ | \\ H\ \ H\ \ H \end{array}$	-42.1
丁烷	C_4H_{10}		-0.5
戊烷	C_5H_{12}		36.1
己烷	C_6H_{14}		69.0

　　分子间的范德华力指的是产生于两个分子或原子间的静电相互作用,通常其能量小于 5kJ/mol。当原子彼此紧密靠近至电子云相互重叠时,会发生强烈的相互作用,而这种相互作用与原子间距的六次方成反比,如图 7-2 所示。图中低点是范德华力维持的距离作用力最大,称范德华半径。范德华力又可以分为三种作用力:诱导力、色散力和取向力。因此,相比于基于共价键结合的半导体无机材料(力的大小与距离的平方成反比),有机材料显得柔软、熔点低、导电性能差、抗环境稳定性差,在制备过程中容易受到水汽、腐蚀物质和等离子体的影响;而无机材料就显得比较硬、脆,抗环境能力强。

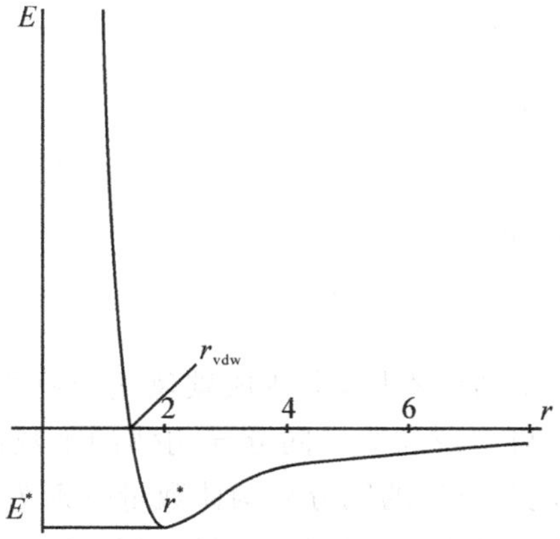

图 7-2　范德华力与原子间距之间的关系,r^* 代表了范德华半径

　　有机化合物中决定其化学性质的原子和原子团称为官能团(functional group),官能团不带电,不能够单独稳定存在。常见的官能团能够分为烃基官能团、含卤素取代基官能团、含氧官能团、含氮官能团以及含磷硫官能团。表 7-2 给出了几种有机化合物中所连接的常用官能团,代表了醇、醚、酸、醛以及芳烃等。表中的 R,R' 分别代表了在化学反应过程中能够作为一个基本单元而保持不变的有机基团,如 CH_3(甲基),C_2H_5(乙基),C_6H_5(苯基)等。

表 7-2 一些常用的有机基团

族	典型单元	代表性化合物	
醇(alcohols)	R—OH	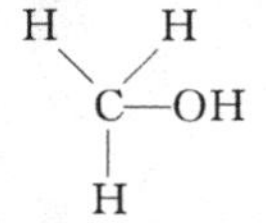	甲醇(methyl alcohol)
醚(ethers)	R—O—R′	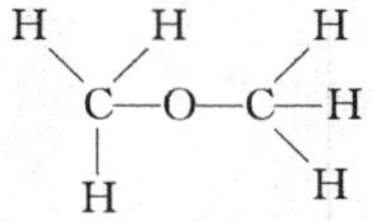	乙醚(dimethyl ether)
酸(acids)	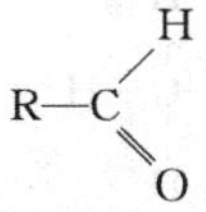	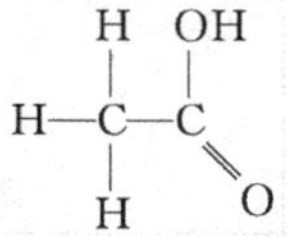	甲酸(acetic acid)
醛(aldehydes)	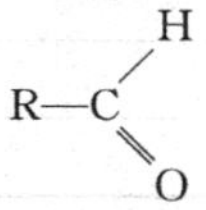	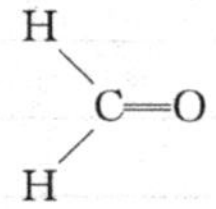	甲醛(formaldehyde)
芳烃(aromatic hydrocarbons)	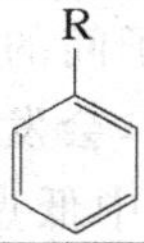	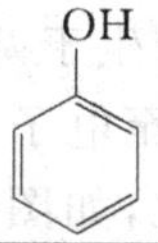	苯酚(phenol)

具有相同成分的有机化合物可能会具有不同的原子排列结构，这种现象被称为同分异构(isomerism)，如丁烷有两种异构体，一般的正丁烷具有的结构如图 7-3 所示，而异丁烷的分子式如图 7-4 所示。

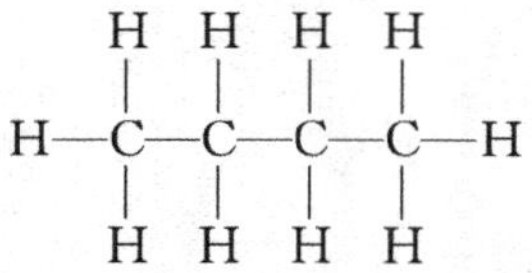

图 7-3 一般正丁烷的结构

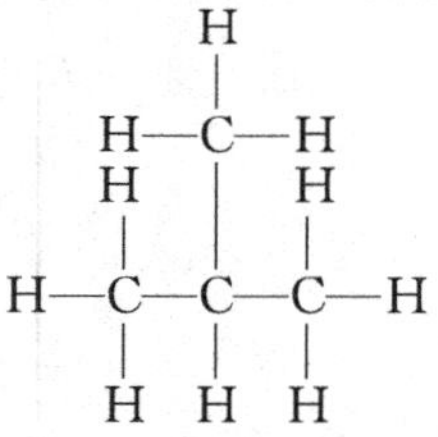

图 7-4 异丁烷的分子式

对于同分异构体而言，由于结构不同，会造成碳氢化合物物理性能的不同，如正丁烷与异丁烷的沸点分别是－0.5℃与－12.3℃。同分异构体的个数随着原子个数的增加呈现出显著增加的趋势，如丁烷、戊烷与己烷的同分异构体数量分别为 2，3，5 个。同分异构体可以分成结构异构与几何异构：结构异构指的是官能团位于分子的不同位置，如 1-丙醇与 2-丙醇属于位置异构，或相同的原子组成不同的官能团，如乙醇与甲醚属于官能团异构，可如图 7-5 所示；几何异构又称立体异构，指的是键的结构是相同的，但是原子和官能团的空间位置却是不同的，如两个异构体分子可以呈现镜面对称或非镜面对称。图 7-5 中还给出了几何异构的两种类型，包括两个分子呈现镜面对称的对映异构以及不呈镜面对称的非对映异构。

聚合物(polymer)材料是有机材料中的重要部分，由被称为单体(monomer，或称为 mer)的结构单元通过共价键相连而组成的链状或网络状的大分子(macromolecules)。聚合

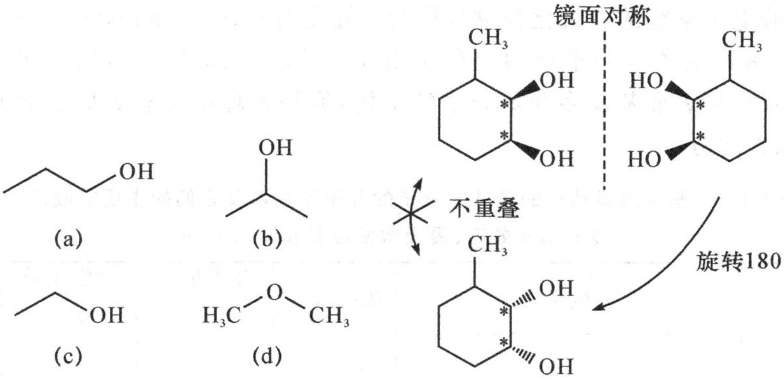

图 7-5　结构异构与几何异构，其中结构异构中(a)与(b)分别为 1-丙醇与 2-丙醇，(c)与(d)分别为乙醇与甲醚。几何异构中分别包括对映异构及非对映异构

物通常由单体经过聚合反应(包括缩合聚合反应和加成聚合反应)合成。聚合物是由大量重复结构单元(单体)所组成的具有较大分子质量的分子聚集体化合物，分子量可以从几万直到几百万或更大。相比于小分子(或低分子)有机材料，聚合物材料具有的一些共同特征，如比重小、强度大，具有高弹性和可塑性等，均是由其具有的大相对分子质量所决定的。

聚合物分子由于相对分子质量很大，因此具有“多分散性”。大多数聚合物分子都是由一种或数种单体聚合而成。聚合物分子的分子结构表现为线形结构与体形结构。线形结构的特征是分子中的原子以共价键连接成一条非常长的卷曲的“链”(称为分子链)；而体形结构的特征是分子链与分子链之间还有许多共价键交联，形成三维空间的网络结构。聚合物分子由于相对分子质量很大，通常处于固体状态，有较好的机械强度；由于聚合物分子由共价键结合而成，故有较好的绝缘性和耐腐蚀性能；由于分子链很长，较好的可塑性和高弹性。此外，溶解性、熔融性、溶液的行为和结晶性等方面和小分子有机材料也有很大的差别。

7.1.2　有机材料的电子特性

1. 共轭化合物

碳原子的基态电子构型是 $1s^2 2s^2 2p^2$，外层电子能级有四个电子，其中两个 s 电子是成对的，而两个 p 电子则是不成对的。当然，碳原子也可以形成能量较高的，由一个 2s 及三个 2p 轨道组成的四个等同的 sp^3 杂化轨道，如甲烷分子(CH_4)就是由碳原子的四个 sp^3 杂化轨道分别与氢原子的 1s 轨道在空间形成四面体取向分子轨道所组成。碳原子的 2s 轨道也可能与两个 p(p^x，p^y)轨道组合成为三个 sp^2 杂化轨道和一个未参与杂化的 p^z 轨道。这三个 sp^2 杂化轨道是共面的，彼此之间相隔 120°，而 p^z 轨道垂直于杂化轨道所在的平面。在乙烯分子 C_2H_4 中，由碳原子的 sp^2 轨道形成的键称为 σ 键，而 p^z 轨道侧向重叠所产生的键是 π 键。对于具有苯环结构的多并苯(polyacenes)分子而言，苯环中每一个碳原子的 p^z 轨道与相邻 p^z 轨道相互重叠，形成一个贯穿于整个苯环分子的连续 π 键，该 π 键在碳原子平面上下的电子是离域化(delocalized)的，电子密度具有一定规律性的分布。而在碳原子平面处形成了电子密度波节面，在波节面处电子密度是 0；与之相对应的是，sp^2 轨道产生了高度局域于碳原子平面以及碳氢原子间的电子云。π 电子(或称离域电子)对于有机分子间的电流传导起了重要的作用。

具有非局域电子系统的有机化合物被称为共轭化合物(conjugated compound)。共轭指的是如表 7-3 显示的芳香族分子结构中存在相互交替的单、双键。虽然多年来人们一直以相互交替的单双键来表征苯及多并苯分子的结构,但是苯环中所有碳原子之间的键都是等同的,已无单双键之分。

表 7-3 一些具共轭结构的多并苯分子的分子结构以及它们的主要吸收波长、荧光量子效率、最大激发波长和发射波长

分子	离域系统	吸收波长	荧光量子效率 φ_F	激发波长 λ_{ex}	发射波长 λ_{em}
苯 (benzene)	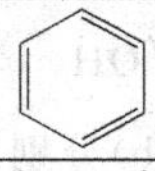	255nm	0.11	205	278
萘 (naphthalene)	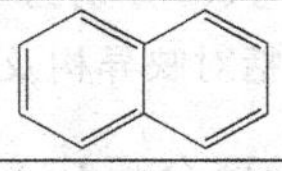	315nm	0.29	286	321
蒽 (anthracene)	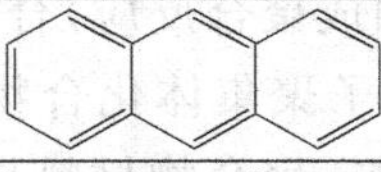	380nm	0.46	365	400
丁省 (naphthacene)	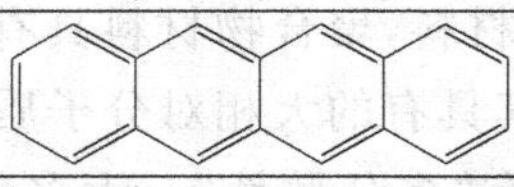	480nm	0.60	390	480
戊省 (pentacene)	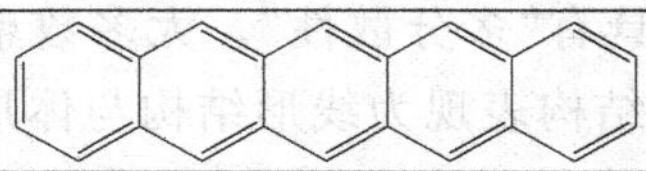	580nm	0.52	580	640

具有共轭结构的有机分子,特别是共轭聚合物种类很多。近年来,这类在传统意义上被定义为绝缘体的材料被发现能够具有无机半导体与导体材料的许多光、电、磁特性,从而引起了人们广泛的关注,如聚乙炔与 I_2,AsF_5 等分子反应以后其电导率可以高达 $10^2 \sim 10^3$ S/cm;而聚苯撑乙烯(PPV)及其衍生物在 20 世纪 90 年代被发现具有优良的电致发光功能。共轭有机材料所体现出来的优异的光电特性是与其共轭结构中的电子状态紧密相关的。图 7-6 给出了一些在光电子领域得到广泛应用的共轭聚合物的分子结构以及它们的分子式缩写。

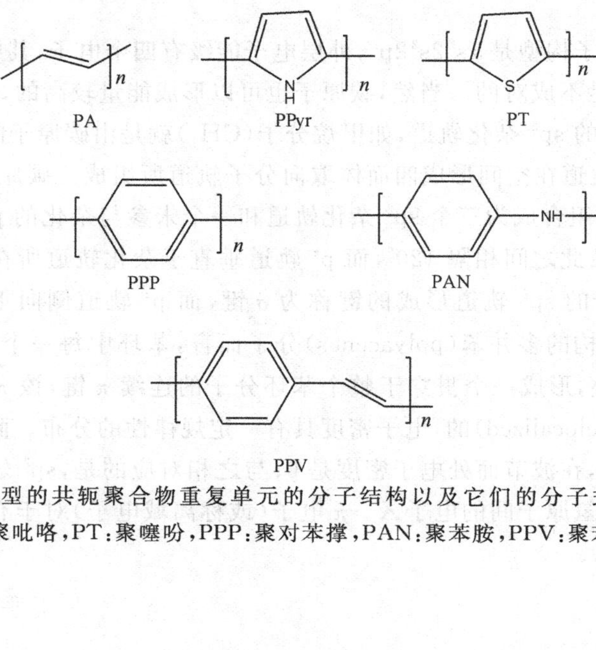

图 7-6 一些典型的共轭聚合物重复单元的分子结构以及它们的分子式缩写(PA:聚乙炔,PPyr:聚吡咯,PT:聚噻吩,PPP:聚对苯撑,PAN:聚苯胺,PPV:聚苯撑乙烯)

2. 分子轨道

有机分子的电子结构变化可以用分子轨道理论来描述。分子轨道(molecular orbit)由组成分子的原子价键轨道线性组合而成。由两个相邻原子的单一轨道进行混合可以形成两个分子轨道,其中一个分子轨道的能量低于原轨道能量,称为成键轨道;而另一个分子轨道的能量高于原轨道能量,称为反键轨道。一般来说,成键轨道被一对自旋相反的电子所占据,而反键轨道在基态的时候是未被占据的空轨道,能够被激发态的电子所占据。如图 7-7 所示,有机分子中存在成键的 σ 轨道与 π 轨道,以及反键的 σ 轨道与 π 轨道。分子轨道模型假设 σ 轨道与 π 轨道之间不存在相互作用,而且一个定域轨道只限于两个原子核之间,包含两个以上原子核的离域轨道只存在于共轭 π 键体系。

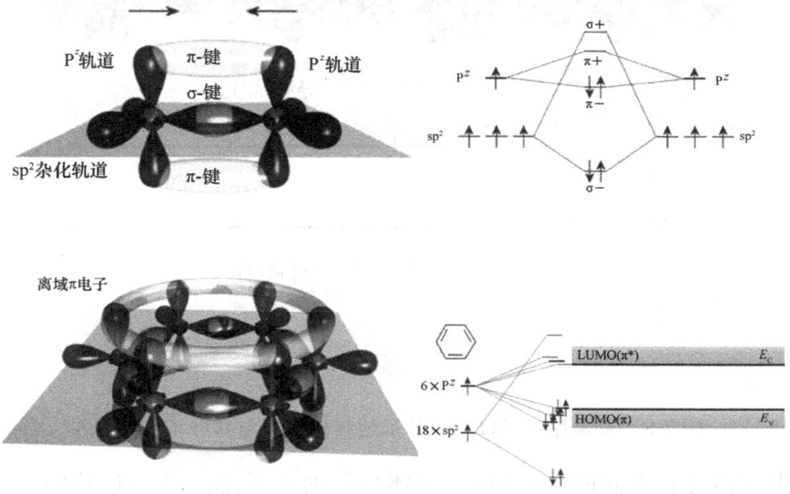

图 7-7　乙烯分子与苯分子的价键结构与分子轨道分布

在苯环结构中,离域的 π 分子轨道由六个 p^z 共价轨道经过适当的线性组合构成,其波函数(电子云密度)分别记为 $\Psi(\pi_1^b)$,$\Psi(\pi_2^b)$,$\Psi(\pi_3^b)$,$\Psi(\pi_1^*)$,$\Psi(\pi_2^*)$,$\Psi(\pi_3^*)$,其中前三个是成键轨道,后三个是反键轨道。

$$
\begin{aligned}
\Psi(\pi_1^b) &= \frac{1}{\sqrt{6}}(z_a+z_b+z_c+z_d+z_e+z_f) \\
\Psi(\pi_2^b) &= \frac{1}{2\sqrt{3}}(2z_a+z_b-z_c-2z_d-z_e+z_f) \\
\Psi(\pi_3^b) &= \frac{1}{2}(z_b+z_c-z_e-z_f) \\
\Psi(\pi_1^*) &= \frac{1}{2\sqrt{3}}(2z_a-z_b-z_c+2z_d-z_e-z_f) \\
\Psi(\pi_2^*) &= \frac{1}{2}(z_b-z_c+z_e-z_f) \\
\Psi(\pi_3^*) &= \frac{1}{\sqrt{6}}(z_a-z_b+z_c-z_d+z_e-z_f)
\end{aligned}
\tag{7-1}
$$

式中:$z_a \sim z_f$ 为六个原子的 p^z 轨道的波函数,由图 7-7 可以看到苯分子的三个 π 成键轨道与三个 π 反键轨道。当有机分子发生聚合时,分子轨道之间的相互作用会引起各能级的分裂,每一个能级分裂成彼此能量相距很小的振动能级。当有足够的分子使得这种相互作用变得非常强烈时(如在高分子聚合物中),这些振动能级的差距就会变得很小,使得它们的能量几乎可以看成是连续的。这时我们就不再叫它们能级了,而改称能带。为了便于观察,我们关注如图 7-8 所示的聚苯撑乙烯[poly(p-phenylene vinylene),PPV]分子结构,该聚合物由 $24n$ 个 sp^2 杂化轨道与 $8n$ 个 p^z 轨道线性组合组成相应的分子轨道。其中密集的 π 成键轨道构成类似半导体材料中的价带,而同样反键轨道构成类似半导体材料中的导带结构,这样的聚合物可以称之为有机半导体材料。

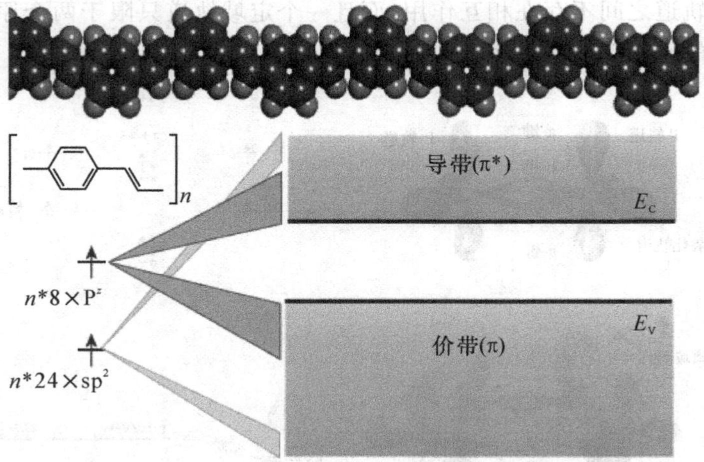

图 7-8 聚苯撑乙烯(PPV)分子的结构模型与其分子轨道分布

与无机半导体材料不同的是,有机半导体材料的分子之间是通过较弱的范德华力相互作用而联系,且整个固体的分子之间不再保持周期性的晶格排列,电子不能在整个固体内作离域的共有化运动。较弱的分子间相互作用使得电子局域在分子上,不易受到其他分子势场的影响,因此有机材料不会形成与无机半导体材料完全一样的能带结构。有机材料中特别重要的是两个特殊的分子轨道,即为最高已占据分子轨道(highest occupied molecular orbit, HOMO)和最低未占据分子轨道(lowest unoccupied molecular orbit, LUMO)。图 7-9 显示的是按照电子占有的情况对分子轨道的分类,图中 SOMO 指的是单一占据的分子轨道。与半导体材料的能带结构相比,有机分子的 HOMO 与 LUMO 就分别相当于价带顶与导带底。由于 HOMO 与 LUMO 之间没有其他的分子轨道,因此 HOMO 与 LUMO 之间的

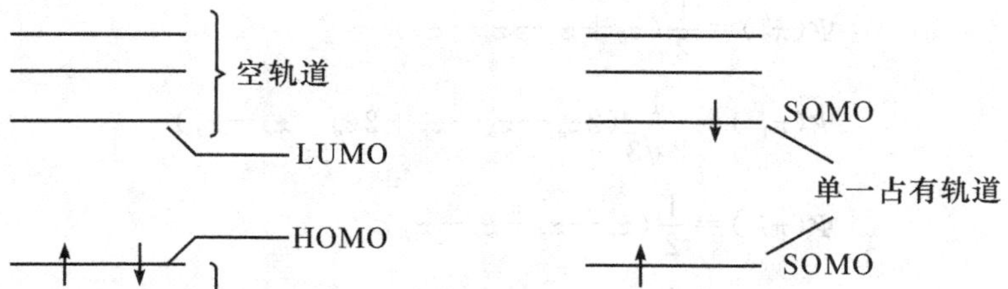

图 7-9 最低未占据分子轨道,最高已占据分子轨道与单一占据分子轨道

能量间隙就类似于半导体材料的“禁带”。有机材料的能级还可以采用电子亲和势 E_A 与第一电离能 I_P 来表征。电子亲和势指的是 LUMO 能级到真空能级间的能量值，它表征材料在发生光电效应时，电子逸出材料的难易程度，电子亲和势越小，就越容易逸出。而第一电离能则是 HOMO 到真空能级的能量差。电子亲和势与第一电离能存在的关系为

$$E_A(\text{eV}) = I_P - E_g \tag{7-2}$$

有机材料的电子亲和势与第一电离能能够通过光电子能谱和循环伏安法进行实验测量。

3. 基态与激发态

分子的基态指的是该分子的稳定状态，也是能量的最低状态。当一个分子中的所有电子的排布是按照以下的构造原则时，我们称该分子处于基态(ground state)。

(1)电子在分子中排布时总是先占据能量最低的轨道，即符合能量最低原理。

(2)电子排布时，每一个轨道只能容纳两个电子(pauli 不相容原理)，且每个轨道上运动的电子，其自旋是相反的(Hund 规则)。

如果一个分子受到外界的激励，如受到光辐射后其能量达到了一个较高的数值时，则该分子被激发，处于激发态(excited state)的分子其电子排布不完全遵照以上的构造原则。

在第 3 章介绍稀土元素的光谱项时，曾经给出分子态的光谱项以 ${}^{2s+1}L_J$ 表示，其中 $S = \sum m_s$ 表示该态的自旋状态，为总自旋，光谱项中 $2S+1$ 称为多重态。对于绝大多数化合物分子而言，基态时总自旋 $S = 0$，即 $2S + 1 = 1$，因此绝大多数分子的基态是单线态(singlet state，S_0)，但是当分子中含有两个未配对的、自旋方向相同的电子($S = \frac{1}{2} + \frac{1}{2} = 1$)时，如氧分子的基态自旋多重态 $2S + 1 = 3$，该分子基态处于三线态(triplet state，T_0)。

当分子受到激发时，电子从低能量轨道被激发到高能量轨道，此时激发态的自旋状态可能会出现不同于基态的情况。如果在激发过程中，电子的自旋状态没有被改变，则激发态分子的总自旋数依然为零，分子处于各种激发单线态，可以用 S_1，S_2，S_3 表示。在分子被激发的过程中，跃迁的电子自旋发生了翻转，则此时分子中的电子总自旋为 $S=1$，分子的多重态 $2S+1=3$，则分子就会处于激发三线态 T_1，T_2，T_3。单线态分子的能级在磁场中不裂分，在光谱中只能看到一条能级线，而三线态分子的能级在磁场中裂分(在无磁场时三线态是三重简并的)，在光谱中原来的一条能级线裂分为三条线。图 7-10 是表示有机分子基态与激发态能级的雅布伦斯基图(Jablonski diagram)，该图同时标出了各能级之间的跃迁过程。

4. 载流子

在有机材料中，存在着一些失去电子能力强的分子，称为给体(doner)，也存在一些得到电子能力强的分子，称为受体(acceptor)。有机分子中当其中的给体失去一个电子以后，其 HOMO 轨道将会空出来，相当于在 HOMO 轨道上产生了一个空穴，因此其他分子上的电子可以跳跃到这个分子的 HOMO 轨道上，这就相当于空穴在有机材料中的跳跃(hopping)传输。同样，有机材料中的受体分子当得到一个电子后，分子的 LUMO 轨道上就填充了一个电子，这个电子同样可以再次跳跃到其他分子空着的 LUMO 轨道，相当于电子在有机材料中的跳跃传输。在没有外加电场时，空穴与电子的跳跃传输在空间上是随机的。而当有外电场作用下，空穴顺着外电场方向跳跃的几率会更大，而电子在逆着外电场方向跳跃传输的几率更高，在统计上形成载流子的定向运动，从而形成宏观的电流。

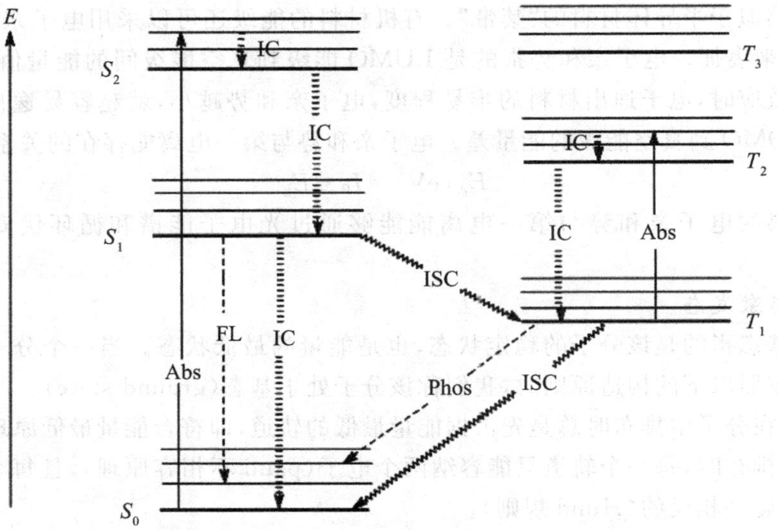

图 7-10　有机分子的雅布伦斯基图以及各能级之间的跃迁过程(Abs:吸收,FL:荧光,Phos:磷光,IC:系内转换,ISC:系间窜越)

在有机分子的单晶材料中会出现载流子在几个相邻分子之间离域的情况,而在非晶态的有机材料中,载流子只能在不同分子之间通过跳跃传输的方式完成。跳跃传输的有效程度与相邻分子之间的重叠程度有关,重叠度越高,跳跃传输的速度就会越快,相应的载流子迁移率就会越高。显然,有机分子中载流子的跳跃传输远不如无机半导体中的传输有效,所以有机材料中的载流子迁移率通常很低。室温下,无机半导体的载流子迁移率为 100～$10^4 cm^2 \cdot V^{-1} \cdot s^{-1}$,而最有序的单晶有机分子材料的载流子迁移率约为 $1 cm^2 \cdot V^{-1} \cdot s^{-1}$,而且这是上限,对于无序的有机分子体系及聚合物而言,迁移率只有上限的 10^{-3} 到 10^{-5} 倍。

由于有机分子较低的载流子迁移率,导致了其较低的电导率。要使有机分子表现出半导体,甚至导体的特征,必须使它们的共轭结构产生某些缺陷,而掺杂是最常用的产生缺陷的办法。有机半导体材料中的载流子迁移率与材料的掺杂程度有很大关系。有机半导体的掺杂就是在共轭结构的分子上发生电荷转移或氧化还原反应,分子链本身被氧化(失去或部分失去电子)相当于 p-型掺杂,而分子链被还原(得到或部分得到电子)相当于 n-型掺杂。掺杂物可以充当有机分子之间的桥梁,把一个共轭区域内的载流子快速地引到另一个共轭区域里。因此,在多数情况下,适量的掺杂可以明显地提高有机半导体材料中的载流子迁移率。

5.激子

电子与空穴载流子在电场作用下相向运动,很有可能相遇并在库仑力的作用下相互俘获而形成一种电中性的、非导电的激发态,称为激子(exciton)。当电子与空穴束缚在一起时,其能量将会比激发态分子更低。在有机共轭半导体中,激子态是一个非常重要的物理量,直接决定了分子中载流子的运动、能量传递以及材料的光吸收、光发射、激射和光学非线性等特性。

根据电子-空穴距离的大小以及电子-空穴的相互结合能,可以将激子分成 Wannier-Mott 激子、CT 激子(charge transfer,电荷转移激子)以及 Frankel 激子。Wannier-Mott 激子的特点是电子与空穴之间距离较远(4～10nm)，远大于两个分子之间的间距，一般出现在介电常数较大、带隙较小的无机半导体材料中。由于周围晶格势场的影响部分屏蔽了电子及空穴之间的相互作用力，再加上材料较小的电子空穴有效质量，导致了 Wannier-Mott 激子的结合能小于氢原子的结合能，大约在 0.01eV 数量级的范围，又由于束缚能较小，电子与空穴容易分离，因此 Wannier 激子非常不稳定。Frankel 激子则是一种电子与空穴强相互作用的近距离(<0.5nm)束缚激子，一般出现在介电常数较小的材料中，电子与空穴被束缚在同一个分子上，库仑力较大。Frankel 激子的束缚能一般在 0.1～1eV 数量级，由芳香族分子组成的有机材料中，如蒽、丁省等有机共轭半导体存在 Frankel 激子。介于这两种极端情况之间的电子空穴对能够组成 CT 激子(电荷转移激子)，其半径大约为分子大小的数倍。CT 激子的束缚能较大，可以作为一个整体运动，也可以被限制在陷阱中。图 7-11 是以上提及的三种激子的存在形式比较。

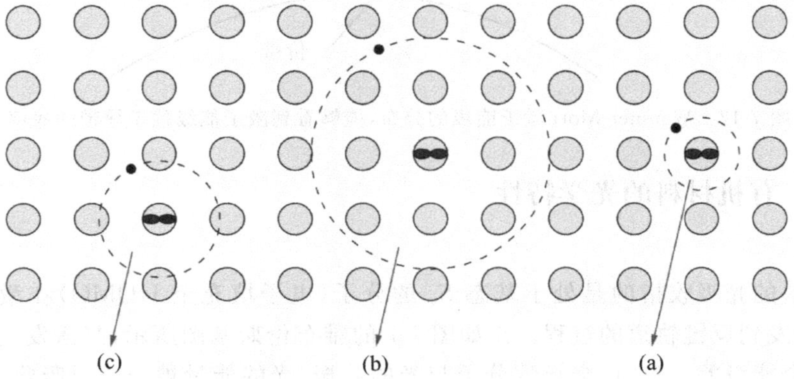

图 7-11　(a)Frankel 激子的范围只局限在一个有机分子内，(b)Wannier-Mott 激子的半径远大于相邻分子的间距，(c)CT 激子的范围介于两者之间

在半导体与有机分子的吸收光谱中，经常会观察到除了吸收带边以上产生连续谱吸收区以外，还存在着分立的吸收谱线，这些谱线即是由激子吸收所引起的。激子吸收的光谱结构与氢原子的吸收谱线非常类似，激子谱线的产生是由于当固体吸收光子时，电子虽已从价带激发到导带，但仍因库仑作用而和价带中留下的空穴联系在一起，形成了激子态。以 Wannier 激子为例，由于电子与空穴之间的相互作用力可以由 $-e^2/\varepsilon r$ 决定，类似于氢原子中的 Rydberg 能级，激子的能量可以描述为

$$E=E_G-\frac{G}{n^2} \tag{7-3}$$

式中：E_G 为固体中分子的电离能，G 为激子结合能，在电子伏特(eV)单位制中，$G=13.6\mu/m_e\varepsilon$，此处 μ 是激子的约化质量，$\mu=m_em_h/m_e+m_h$，m_e，m_h 分别是电子与空穴的质量，而 ε 是材料的介电常数。

由式(7-3)得知，与氢原子一样，激子也具有相应的基态和激发态，如图 7-12 所示，其能量与固体中的介电常数和电子空穴的约化质量有关。由该类氢模型能够很好地估算出激子在带边下分立能级的能态和电离能。

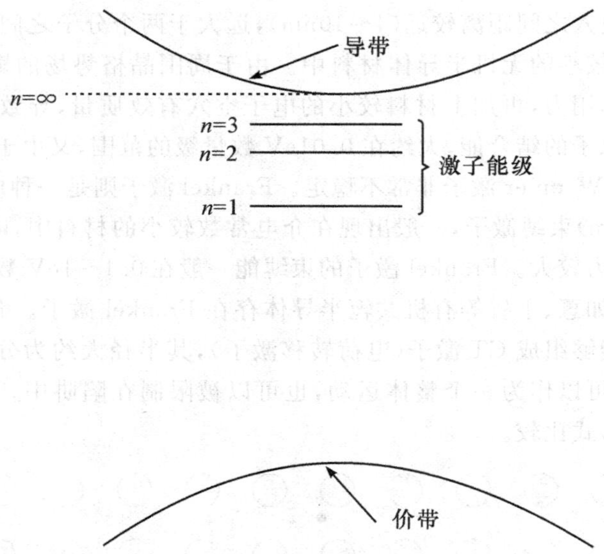

图 7-12 Wannier-Mott 激子能级的分布，能够看到激子能级位于导带的底部

7.1.3 有机材料的光学特性

1. 吸收

有机材料的光吸收指的是处于基态 S_0 的分子(电子填充至 HOMO)在激发光的作用下，电子被激发到反键轨道的过程。正如图 7-7 的雅布伦斯基图所示，当激发光的振动频率与分子的某个能级差一致时，会导致分子与光的共振，光的能量被分子所吸收，形成分子的激发态。而经由吸收所形成的激发态以单线态 S_n 为主(S_1，S_2，S_3，…)，而由单线基态 S_0 跃迁到三线激发态 T_n 的几率非常小，因为在激发过程中将会引起电子自旋的反转。一般位于更高激发态(S_2，S_3，…)的电子会很快通过内转换或弛豫振动回到最低能量的反键轨道 S_1(LUMO)。

当处于基态的分子吸收一个光子以后，处于 σ，π 等成键轨道以及 n 非键轨道的电子(n 轨道指的是由杂原子，如 O，N，P 等形成的非键轨道，占有 n 轨道的一对电子通常是原子的孤对电子)会进入高能态的 σ^*，π^* 等反键轨道。由于轨道能级的差异，一般来说，由 $n\to\pi^*$，$n\to\sigma^*$，$\pi\to\pi^*$，$\sigma\to\sigma^*$ 的跃迁是可行的，如图 7-13 所示。而当入射光子 $\lambda>200$nm 时，光吸收将会导致 n，π 的电子被允许跃迁，而 $\sigma\to\sigma^*$ 的吸收范围在 100～200nm，因此 σ 电子的跃迁将被禁戒。

一个有机分子吸收具有 $h\gamma$ 能量的光子需要满足以下两个前提条件：

(1)分子必须具有生色团(chromophore)，该生色团的吸收波长与光子能量一致，即

$$h\gamma=E_n-E_0 \tag{7-4}$$

式中：$h\gamma$ 为光子能量，E_n，E_0 分别为激发态与基态所对应的能量。有机材料中典型的生色团与其吸收波长列于表 7-4 中。

(2)在吸收过程中，只有当分子的跃迁偶极矩不为零时，该跃迁才能被允许。分子的偶极矩指的是其分子电荷的分布状态，包括振动、电子与自旋偶极矩。在跃迁前后，跃迁偶极矩可以表示为

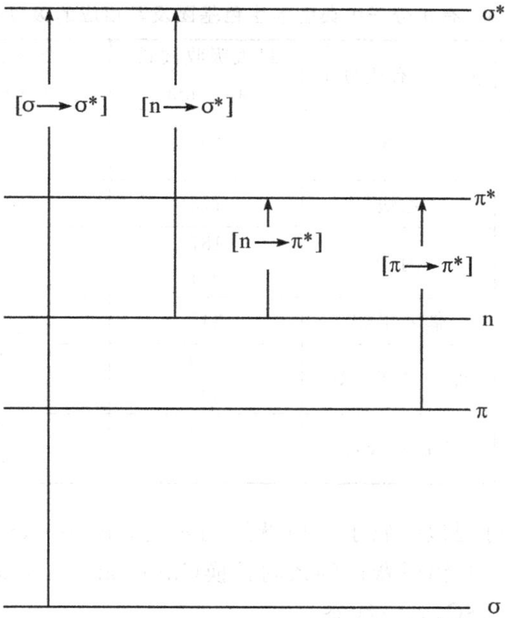

图 7-13　分子轨道和吸收一个光子后产生的电子跃迁

$$M = \int \Psi_v^* \Psi_v \mathrm{d}\tau_v \int \Psi_e^* \mu_{dp} \Psi_e \mathrm{d}\tau_e \int \Psi_s^* \Psi_s \mathrm{d}\tau_s \tag{7-5}$$

式中：Ψ_v，Ψ_e，Ψ_s 分别为吸收分子振动、电子、电子自旋的波函数。星号表示激发态，μ_{dp} 表示电偶极矩算子，$\mathrm{d}\tau_v$，$\mathrm{d}\tau_e$，$\mathrm{d}\tau_s$ 为各自在三维方向上的变化，且有：$\mathrm{d}\tau = \mathrm{d}x \times \mathrm{d}y \times \mathrm{d}z$。

式(7-5)的三个积分是跃迁是否被允许的选择定则，以决定哪一种跃迁是被允许的或禁绝的，其中$\left(\int \Psi_v^* \Psi_v \mathrm{d}\tau_v\right)^2$ 被称为 Franck-Condon 因子，$\int \Psi_s^* \Psi_s \mathrm{d}\tau_s$ 表示激发态与基态的自旋性质。如果三个积分中的任一个为零，则该跃迁即被禁绝。

电子跃迁发生的概率一般可以用谐振强度 f 来表征

$$f = 8.75 \times 10^{-2} \Delta E |M|^2 \tag{7-6}$$

f 是一个无量纲的值，其中 ΔE 是基态与激发态的能量差，可见电子跃迁的概率与跃迁偶极矩的平方成正比。同时谐振强度 f 与分子在给定波长的摩尔消光系数 ε 存在如下关系。

$$f = (2.3 \times 10^3 c^2 m / N e^2 \pi) F \int \varepsilon \mathrm{d}\gamma \tag{7-7}$$

式中：c 为光速，m 和 e 分别为电子的质量与电量，N 为阿伏伽德罗常数，F 因子接近于 1，反映了吸收介质的折射率，而$\int \varepsilon \mathrm{d}\gamma$ 是消光系数在一定的波数范围内的积分。表 7-4 同时给出了在最大吸收波长处的摩尔消光系数。

2. 激发态的失活

分子在吸收了一定的能量以后就处于激发态，这些激发态是不稳定的，激发态的寿命较短，会在非常短的时间内失去多余的能量回到稳定的基态。这一过程称为激发态的失活(deactivation)，可以通过不同途径完成。

表 7-4　有机分子中典型的生色基团及其相应的吸收特性

生色团	典型的有机分子	最大吸收波长 λ_{max}/nm	摩尔消光系数 ε_{max}/ L·mol^{-1}·cm^{-1}	电子跃迁模式
＞C═C＜	乙烯	193	10^4	$\pi\rightarrow\pi^*$
—C≡C—	乙炔	173	6×10^3	$n\rightarrow\pi^*$
＞C═O	丙酮	187 271	10^3 15	$\pi\rightarrow\pi^*$ $n—\pi^*$
—N═N—	偶氮甲烷	347	54	$n\rightarrow\pi^*$
—N═O	亚硝基新丁烷	300 665	100 20	$\pi\rightarrow\pi^*$ $n\rightarrow\pi^*$
＼O—N═O	亚硝酸戊酯	219 357	219 357	$\pi\rightarrow\pi^*$ $n\rightarrow\pi^*$

(1)分子内失活。该过程包括属于辐射跃迁的荧光(fluorescence，FL)、磷光(phosphorescence，Phos)，以及属于非辐射跃迁的系内转换(internal conversion，IC)到基态和系间窜越(intersystem crossing，ISC)到三线态。

如前所述，处于激发态的分子很快就会弛豫到能量较低的激发单线态 S_1，随后 S_1 的失活包括了辐射跃迁的荧光发射与非辐射跃迁的系内转换到基态或系间窜越到三线态 T_1，两者是相互竞争的。其中 S_1 到 T_1 的窜越涉及电子自旋的反转，即带有一对具有相反自旋电子的受激单线态分子转换成一对具有相同自旋电子的受激三线态分子，三线态由此而产生，由基态单线态 S_0 直接吸收光子转换成激发三线态 T_1 的跃迁是被自旋禁绝的。而类似地，$T_1\rightarrow S_0$ 的非辐射内转换也是由于自旋转换被禁绝，可以通过三线态的辐射失活，即发射磷光来实现能量的释放。图 7-14 给出了吸收、荧光以及磷光过程所涉及的各种跃迁，从图中得知，荧光和磷光的过程，分别覆盖了从 S_1 和 T_1 到达 S_0 的各个不同振动能级的跃迁方式，因此在光谱上得到的是谱带而非如图中标识的 0→0 跃迁对应的单谱线。

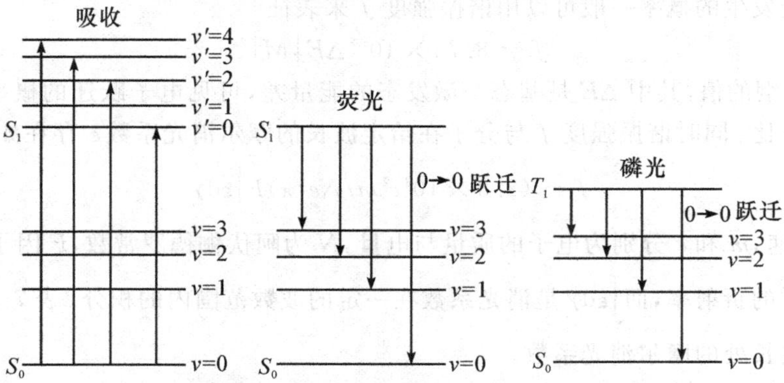

图 7-14　有机分子中吸收、荧光及磷光所对应的能级跃迁

影响有机分子荧光产生的主要因素包括，分子具有大的共轭 π 键结构，因为共轭体系越大，离域的 π 电子就越容易被激发，荧光也就越容易产生。一般来说共轭 π 键结构越大，其荧光峰越移向长波方向，且荧光强度得到增强，正如表 7-3 列出的多并苯分子的光发射性

能，随着芳香体系的增大，分子的量子效率、激发波长以及发射最大波长都呈现规律性的提高。另外增加分子的刚性平面结构也有利于荧光的产生。刚性分子指的是分子中含对位苯撑、强极性基团、高度可极化基团或氢键等用于"固定"分子的结构，以减少由于振动、转动等效应带来的非辐射内转换几率，从而提高荧光发射效率。分子中增加助色基团、减少杂原子、增加溶剂的极性以及降低体系的温度都会有利于荧光的发生。

(2)分子间失活。处于激发态的电子、空穴及由电子与空穴组成的激子能够将能量由一个分子(给体)传递给另外一个分子(受体)，在新的分子上形成新的激子，原来的给体分子变成更低电子能级的状态，相应地，受体分子变成更高的电子能态。这是分子间失活的一种重要形式，称为能量转移。一般来说，能量转移是按照表达式(7-8)，在激发态给体与基态受体之间进行。

$$D^* + A \rightarrow D + A^* \tag{7-8}$$

式中：D，A分别代表给体分子与受体分子，星号代表电子激发态。能量转移根据相互作用的距离以及方式分为Förster能量转移与Dexter能量转移。Förster能量转移是通过给体与受体分子之间存在的偶极子-偶极子耦合(dipole-dipole coupling)作用，能量转移的效率强烈地依赖于给体与受体分子之间的距离，且发生的几率也取决于给体分子的荧光光谱和受体分子的吸收光谱之间的交叠程度。Förster能量转移相互作用的距离较远，其最大距离能够达到5nm。Dexter能量转移则不是通过偶极耦合的方式进行的，而是以载流子直接交换的方式来传递能量，给体分子与受体分子距离很近(小于1nm)，以至于彼此的电子云产生交叠，处于激发态的给体分子的电子与空穴等载流子会直接迁移到处于基态的受体分子上，在载流子迁移的同时完成能量转移过程。一般来说，涉及单线态的激子会发生Förster能量转移，而涉及三线态激子的能量转移均为Dexter能量转移。

7.2 光学塑料

光学塑料(optical plastics)，又称光学树脂(optical resin)，是一种传统的光学材料。由于其具有优良的光学特性、机械特性、热性能和化学特性，并且由于合成工艺、加工成型工艺及制造成本的优势，因而成为能够与光学玻璃竞争的光学三大基本材料之一(光学玻璃、光学晶体与光学聚合物)。

塑料一般分为热塑性(thermoplastics)和热固性(thermosetting)塑料两种，其中热塑性塑料指能够被重复加热软化而不改变其化学组成的聚合物材料，即具有加热软化流动、冷却硬化特性的塑料。热塑性材料能够通过注射成型(injection molding)技术直接加工成型光学元件，也可以先浇铸成块(casting into blocks)，然后通过后续的加工及抛光技术得到光学元件。光学塑料中的大部分为热塑性塑料，常用的有聚甲基丙烯酸甲酯(PMMA)，聚苯乙烯(PS)，聚碳酸酯(PC)等。热固性塑料指的是加热初期可软化流动，加热到一定温度后，产生化学反应而变硬，但这种变化是不可逆的。常用的材料烯丙基二甘醇碳酸酯(CR-39)属于热固性塑料。

光学塑料的折射率范围一般在$n_D=1.42\sim1.69$，阿贝数$\gamma_D=65.3\sim18.8$，相对密度$d=0.83\sim1.46\text{g/cm}^3$，虽然折射率及色散的范围不如光学玻璃宽，且与光学玻璃相比，光学塑料具有相对较低的耐热性，吸湿率较高，热膨胀系数是玻璃的 10 倍以上，塑料更容易产生表面磨损，抗化学品侵蚀的能力弱。但塑料同样具有显著的优势，如加工成型方便、灵活，相对密度比玻璃小一半，耐冲击性能比玻璃高 10 倍左右，制造成本及元件加工成本只约为玻璃的 1/10～1/30，具有很高的应用价值。目前其主要应用于传统光学元件，如相机镜头用透镜、眼镜镜片、投影镜头用透镜，还能够应用于一般光学玻璃较难制造的光学元件，如菲涅尔透镜、非球面透镜。近年来，光学塑料被发现在光学波导、光纤等方面具有重要的应用前景，如光通讯、光网络、光互联用聚合物光波导(polymer based waveguide)器件，以及在光纤到户(fiber to the home, FTTH)、汽车工艺等领域广泛应用的塑料光纤(polymer optical fiber, POF)等。

7.2.1 光学塑料的性能

1. 折射率

与光学玻璃类似，光学塑料的折射率同样取决于聚集密度(packing density)及材料的极化程度(分子极化度，polarizability)。当然，考虑到吸收和色散的影响，折射率还与材料工作波长与材料最大吸收波长的距离有关。光学塑料由于在分子合成方面的优势，能够比玻璃更方便地通过成分控制(如掺杂、共聚)、结构调整(如物理陈化、分子排列)等方法调整聚集密度与分子极化度。

一般来说，芳香族(aromatic)聚合物具有比脂肪族(aliphatic)聚合物更高的折射率，主要是因为芳香族分子有更高的分子聚集密度与极化程度，如将具有高度 π 共轭的染料分子引入聚合物分子中能够有效地提高其折射率。而对聚合物分子进行的高温致密化操作能够导致分子内自由体积的减少，从而增加聚合物分子的折射率。目前应用广泛的氟化聚合物是将氟原子引入聚合物中，其对于折射率的影响有三种方式：其一是增加分子的自由体积，因为 F 原子比 H 原子有更大的空间体积；其二是 C—F 键与 C—H 键相比有更小的分子极化度；其三是由于 F 的取代，分子的最大吸收波长 λ_{max} 发生了蓝移，导致材料工作波长与 λ_{max} 的间距增加，所以聚合物的氟化过程能够导致材料的折射率降低。对于聚合物材料构成的波导结构而言，波导各层薄膜的折射率差可以方便地通过成分、结构控制而获得折射率差值达到 35%，这样的数值可以保证实现更加紧凑的波导结构，这对于大规模光子集成来说是非常显著的优点。

绝大多数的光学塑料具有各向同性的均匀结构，材料中双折射现象较弱。然而有些光学塑料可以通过分子设计与制造工艺调节双折射 n_{TE}-n_{TM}(即各向异性)的特性，如芳香族聚合物聚酰亚胺(polyimides)在成膜过程中沿着薄膜表面的方向具有强烈的分子择优取向生长的趋势，其光学双折射可以达到 0.24。而有些聚合物分子，特别是具有三维交联结构的聚合物，分子排列几乎没有取向，导致其双折射可以低至 10^{-5}～10^{-6} 的范围。

相比于其他的无机光学材料如光学玻璃，光学塑料的折射率随温度的变化更“快”，材料具有更大的热光效应(thermo-optic effect，即 dn/dT)，折射率随温度变化的速率，即热光系数可以达到 10^{-4}/℃，比无机玻璃要大一个数量级。由于光学塑料的热导率比玻璃更低，因此，采用聚合物作热光开关，功率消耗更低。另外，绝大多数聚合物材料的折射率温度系数是负的，而大多数无机玻璃的热光系数是正的，将两者结合，就可能实现折射率温度不敏感器件。如“温度不相关波导”(temperature independent waveguides)，是采用小的正热光系数的玻璃介质作为波导的芯层，其折射率温度效应能够被作为包层的负热光系数聚合物材料所抵消。

2. 光学损耗

总的来说，与光学玻璃相比，光学塑料在可见光波长范围内的透过率与传统光学玻璃接近，而在近紫外与红外区比光学玻璃的透过率要高，截止波长范围约为 0.3～2μm。而聚合物材料的光学损耗主要由吸收损耗、散射损耗、偏振相关损耗、反射损耗、辐射损耗等组成，光学塑料能够通过有效的分子设计与制造有效降低它的光学损耗。

与光学玻璃一样，吸收损耗包括位于短波长的基于电子跃迁的吸收和位于长波长的基于振动的吸收组成。由于电子的激发，聚合物中脂肪族氢原子的吸收主要位于深紫外(DUV，<200nm)，如果聚合物中有相当数量的芳香族氢原子，则其吸收主要集中在近紫外(200～400nm)，而部分或全部氟化的聚合物则趋向于电子跃迁吸收在更短的波长。由于分子结构中的振动效应，聚合物材料中存在红外波段的吸收。特别地，在 1300～1600nm 的光通讯波段，聚合物中的吸收主要来源于化学键振动的高次谐波。表 7-5 是在近红外区域一些化学键振动高次谐波的波长及相对吸收强度，表中以 C—H 键的基频振动(位于 3390nm 处)的吸收强度作为标准。可以看到，同一化学键振动的谐波级次越高，吸收强度就会以指数的形式下降。在光通讯波段，O—H，C—H 的谐波振动引起的吸收较大，而 C—F 键的谐波振动吸收很小，主要是 C—F 振动的谐波级次高的原因，因此部分或全部由 F 取代 H 的氟化聚合物能够保证在光通讯波段的超低吸收。目前，应用于光通讯波段的塑料光纤及聚合物波导材料高度透明，其吸收损耗可以低至 0.1dB/cm。

表 7-5　聚合物中一些振动高次谐波的对应波长及相对吸收强度值

化学键	振动谐波级次	波长/nm	相对吸收强度
C—H	1	3390	1
C—H	2	1729	7.2×10^{-2}
C—H	3	1176	6.8×10^{-3}
C—D	3	1541	1.6×10^{-3}
C—D	4	1174	1.3×10^{-4}
C—F	5	1621	6.4×10^{-6}
C—F	6	1361	1.9×10^{-7}
C—F	7	1171	6.4×10^{-9}
C═O	3	1836	1.2×10^{-2}
C═O	4	1382	4.3×10^{-4}
C═O	5	1113	1.8×10^{-5}
O—H	2	1438	7.2×10^{-2}

光学塑料中散射引起的光学损耗分别来源于聚合物材料中尺寸较大的内含物，如颗粒、孔洞、裂缝、气泡等物质导致的外致散射(extrinsic scattering)，以及来源于制造过程中引入的粗糙度、应力而引起的本征散射(intrinsic scattering)。其中外致散射的内含物直径大于 1μm，散射强度与波长无关。本征散射通常由材料内部的密度起伏及成分不均匀所致，发生在尺度小于 0.1μm 的不均匀范围，如在聚合物薄膜的旋涂制备过程中造成的表面粗糙度(roughness)小于 40nm 时，会引起聚合物波导的损耗达到 0.03dB/cm；而在聚合物制备过程中，热处理等步骤可能会引起材料中应力的存在，薄膜材料与衬底之间的热膨胀系数差也会造成应力，导致应力引发的散射损耗。由于聚合物中的散射往往由多种因素造成，因此经常

采用经验公式来描述材料的散射系数，即

$$\alpha_{\text{scatter}}=A+B/\lambda^2+D/\lambda^4 \tag{7-9}$$

式中：α_{scatter}为聚合物的散射损耗因子，A为较大尺寸粒子($\gg\lambda$)对于散射的贡献，B为在波长λ范围内的不均匀对散射的贡献，也称密(Mie)散射，D为在较小范围内($\ll\lambda$)的不均匀对散射的贡献，是瑞利(Rayleigh)散射。可见密散射及瑞利散射与波长存在紧密的关系。

为了有效地控制光学塑料内的散射损耗，在材料制备过程中应该采取以下措施：在聚合物合成阶段必须严格控制原料纯度，制备需在超净的环境下进行；在器件制造阶段，需避免像反应离子蚀刻等步骤引起的表面粗糙度增加，避免局部相变而带来的折射率突变，使得成膜在交联聚合物的玻璃化温度T_g以上进行，以避免内在应力的产生等。

3. 光学性能的热稳定性

光学塑料往往在受热情况下，会产生额外的光吸收，特别是在热处理过程中，光学塑料会产生黄化(yellowing)现象，原因在于加热使聚合物分子中产生了部分共轭的分子团，这些分子团在紫外区域有非常宽的吸收带，其吸收带尾延伸至可见光区域而导致光学塑料变黄，影响了其光学性能。黄化现象受聚合物的分子结构影响很大，一般来说，分子结构中如果存在未饱和双键，就易于在分子加热的过程中被氧化，从而产生黄化。而完全氟化，即分子中的氢均被氟取代的有机分子将具有很好的抗黄化能力，因为分子中氢的缺失可促使分子中不产生未饱和键，从而杜绝了在所有波长范围内黄化现象的产生。

7.2.2 典型光学塑料

目前被广泛应用的光学塑料包括聚甲基丙烯酸甲酯(PMMA)、聚苯乙烯(PS)、聚碳酸酯(PC)、烯丙基二甘醇碳酸酯(CR-39)、苯乙烯-丙烯腈共聚物(SAN)、苯乙烯-丙烯酸酯共聚物(NAS)、聚4-甲基戊烯-1(TPX)等材料，当然，还包括一些商业化的产品如 Optorez 1330，Zeonex E48R 等。表7-6给出了一些常用光学塑料的基本物理参数。

表7-6 几种重要光学塑料的物理性能

	PMMA	PS	PC	CR-39	SAN	NAS	TPX
光学透明区域/nm	390～1600	360～1600	395～1600			300～1600	
折射率 n_D	1.491	1.590	1.586	1.498	1.567	1.564	1.460
阿贝数 γ_D	57.2	30.8	34.0	57.8	34.7	35.0	56.2
折射率温度系数 $dn/dT/(\times10^{-5}/℃)$	−12.5	−12.0	−14.3			−14.0	
密度 $\rho/g\cdot cm^{-3}$	1.19	1.06	1.20	1.32	1.09	1.09	0.84
熔点/℃	160～200	240	220				235
玻璃化温度 T_g/℃	105	100	147		>100		
线膨胀系数(1/℃)	6.8×10^{-5}	7.0×10^{-5}	6.6×10^{-5}			7.0×10^{-5}	
热导率/$W\cdot m^{-1}\cdot K^{-1}$	0.1926	0.08	0.193				
比热/$J\cdot kg^{-1}\cdot K^{-1}$	1465	1300	1172				
抗磨损性(1～10)	10	4	2			6	
吸水率/%,23℃,24h	0.3	0.2	0.15			0.15	

由于资料来源不同，各项数据有一些较小的差别，本表的大多数数据来源于 *The Handbook of Plastic Optics*，2010版。

1. 聚甲基丙烯酸甲酯(PMMA)

聚甲基丙烯酸甲酯[Poly(methyl methacrylate),PMMA,又称亚克力玻璃]是目前应用最广泛的透明热塑性材料,它具有优异的光学特性,可以与光学玻璃媲美。由于折射率及阿贝数与冕牌玻璃相似,所以又被称为冕牌光学塑料。

PMMA是由脂肪族分子骨架与酯边链组成,其分子式如图7-15所示。

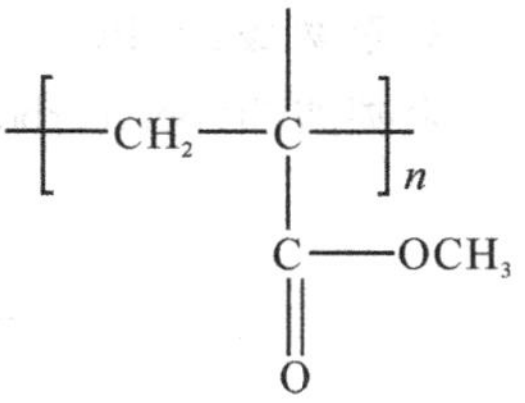

图 7-15 PMMA 的分子式

与光学玻璃相比,PMMA具有制造简易、成本低、重量轻、抗冲击(impact-resistance)性能好、抗风化与抗紫外辐射性能好的优点,虽然未经过改性的纯PMMA易碎、易划伤,但这些缺点完全能够通过成分的改性加以解决。PMMA的光学性能非常优异,3mm厚的样品可以透过92%以上的可见光,损耗主要来自于PMMA表面与空气界面折射率差导致的每一面约4%的反射。PMMA能够截止低于300nm的紫外光线,并能够透过低于2.8μm的红外光线,完全截止25μm以上的红外线,这些特性都能够与普通光学玻璃相比。

PMMA力学和电学性能一般,热膨胀系数是无机玻璃的8～10倍,长期使用温度仅为80℃,材料吸湿性偏高,水中浸泡24h后吸水率达到0.1%～0.4%。由于分子结构中含有易水解的酯类基团,PMMA在有机溶剂中能够膨胀并溶解,同时其抵御化学物质侵蚀的能力较差。然而,PMMA的环境稳定性优于其他大多数的有机聚合物材料,如聚苯乙烯和聚乙烯等,因此PMMA经常用于室外器件,其优良的耐气候性决定了它即使在热带气候下暴晒多年,透明度与色泽变化依然很小。

PMMA的光学性能以及塑料元件制造技术使得PMMA能够胜任80%以上透镜的光学应用。当然,PMMA透镜不适合工作于高温、溶剂接触等环境,也不能制备大折射率透镜。目前,各种光学仪器的透镜组、塑料光纤、医用接触眼镜、汽车大灯、飞行器窗口、光盘基板材料等领域都已经大量地应用了PMMA材料。

2. 聚苯乙烯(PS)

聚苯乙烯(polystyrene,PS)是由苯乙烯单体聚合而成的,是热塑性塑料,其分子式如图7-16所示。

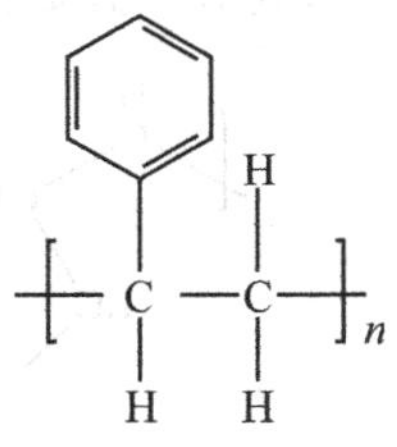

图 7-16 PS 的分子式

由于PS的阿贝数为30.9,相当于火石玻璃,因此被人们称为火石光学塑料。与PMMA相比,PS具有更大的折射率与色散,因此在光学设计上具有重要的应用价值,在光学系统中能够与PMMA配合组成消色差透镜组。

PS的光学性能比PMMA差,在透明区域的透过率达到88%～92%。PS材料中存在较明显的双折射效应,在白色偏振光下,能够看到虹的颜色。早期的PS由于容易引入杂质而会在光谱的高能端出现透过率的下降,从而使材料发黄。近年来,随着技术的进步使得黄化只出现于特别厚的样品中,PS透镜的透过率已经可以与PMMA透镜相比。相比于PMMA,PS的吸湿率较低,所以它在潮湿环境中能够保持光学元件的强度和尺寸。PS还具有非常低的导热系数,使得它能够用作良好的冷冻绝热材料。另外,PS材料的抗冲击性能比PMMA差,低温脆性明显,而且耐气候性较差,长期存放和受阳光照射会发黄变浊。

PS除了与冕牌光学塑料PMMA配对消色差以外，还在许多光学仪器零件、照明装饰、仪器面板等方面有重要的应用。为了改进PS的机械性能与光学性能，解决其强度小、耐热性差的问题，通过苯乙烯与其他单体共聚或与其均聚物共混，创造出一些性能优异的PS改性材料，如丙烯腈-苯乙烯的共聚物SAN，苯乙烯与丙烯酸酯的共聚物NAS等。

3. 聚碳酸酯(PC)

聚碳酸酯(polycarbonate，PC)是综合性能优良的透明工程塑料，其分子式如图7-17所示。

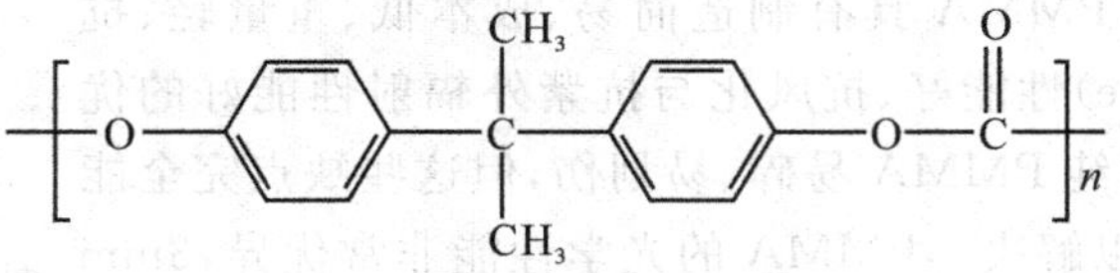

图7-17 PC的分子式

PC的光学性能仅低于PMMA，折射率及阿贝数与PS非常相似，但是透过率高于PS。PC具有非常优异的耐热耐寒性，在－135℃～120℃范围内能保持力学性能稳定，吸水率很低，在水中浸泡24h，仅增重0.13%。PC的另一个突出优点在于其具有非常高的抗冲击强度，这使得它能够用于室外路灯用透镜、施工警示灯以及其他需要持久性使用的透明光学元件。当然，PC材料也存在硬度低、耐磨性差、双折射系数大等缺点。又由于其应力较大，易开裂，所以PC材料不便于进行机械加工，而多采用注射成型的方法，但很难获得低成本、高成型精度的光学元件。

PC可以用来制作眼镜片，但是由于其抗刮伤能力较弱，所以需要表面镀硬膜进行保护。PC还能够应用于蓝光光碟的基质材料、汽车大灯透镜、照明镜头、潜水护目镜等多种光学元件。

4. 烯丙基二甘醇碳酸酯(ADC)

烯丙基二甘醇碳酸酯(allyl diglycol carbonate，ADC俗称哥伦比亚树脂39＃，CR-39)是PPG公司研制的一种热固型塑料，它可以浇铸成型，也能够采用玻璃的研磨、抛光工艺进行加工，其分子式如图7-18所示。

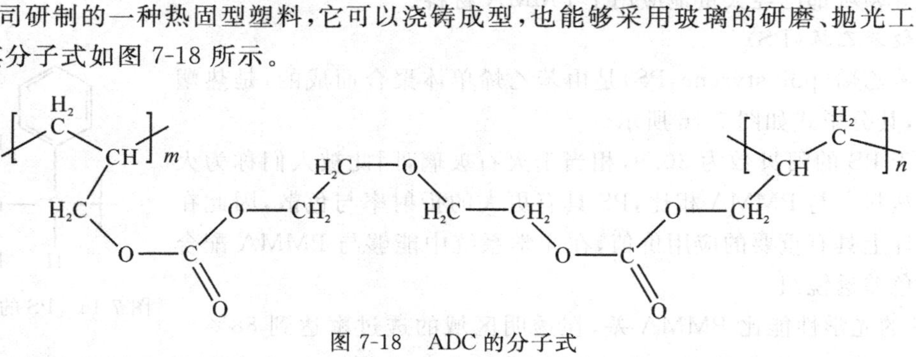

图7-18 ADC的分子式

CR-39具有非常出色的可见光区域透过率，而对于低于390nm的紫外线的截止能力却很强，其折射率比冕牌光学玻璃略小，而较高的阿贝数则保证了材料有较小的色差。CR-39具有非常高的材料抗冲击能力，其抗磨损以及刮伤的能力是未镀膜光学塑料中最强的，加上它只有光学玻璃一半大小的密度，CR-39目前成为低折射率眼镜镜片的首选材料。CR-39的另一个独特的性能是其抗溶剂和抗化学品侵蚀的能力强，能够承受较高的温度冲击，甚至能够抵御焊接火花所带来的剧烈温度变化，因此可以用于各种护具与防护头盔的制造。

CR-39 的缺点主要在于其聚合过程中将有 14%的收缩率，限制了材料在很多光学领域的应用。

5. 苯乙烯共聚物(SAN，NAS)

由于聚苯乙烯材料在机械性能、热性能方面的缺陷，人们通过苯乙烯与不同的单体共聚，形成一系列聚苯乙烯的改性塑料，如苯乙烯-丙烯腈树脂(styrene-acrylonitrile resin，SAN)及苯乙烯-丙烯酸酯共聚物(methyl methacrylate styrene copolymer，NAS)，这些共聚物均具有性能优异的光学、机械及热学特性。

SAN 是一种苯乙烯与丙烯腈的共聚物，其分子式如图 7-19 所示。

其中共聚物中苯乙烯与丙烯腈的重量百分比约为 70%～80%与 20%～30%。该共聚物是在分子链中引入了极性的氰基(—CN—)，增加了分子之间的吸引力，使得共聚物的软化点与玻璃化温度(T_g>100℃)得到了显著的提高，而同时其耐化学品侵蚀、耐气候性及耐应力开裂性能也得到改善。SAN 具有很高的抗冲击强度和抗弯强度，同时保持了 PS 的光学性能，能够用于光学透镜、塑料光纤以及包装材料、计算机外壳等。

NAS 是一种 70%苯乙烯与 30%丙烯酸酯的共聚物，其分子式如图 7-20 所示。

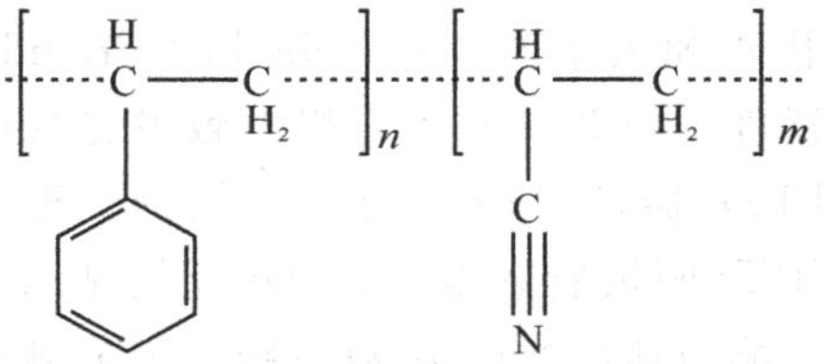

图 7-19　SAN 的分子式

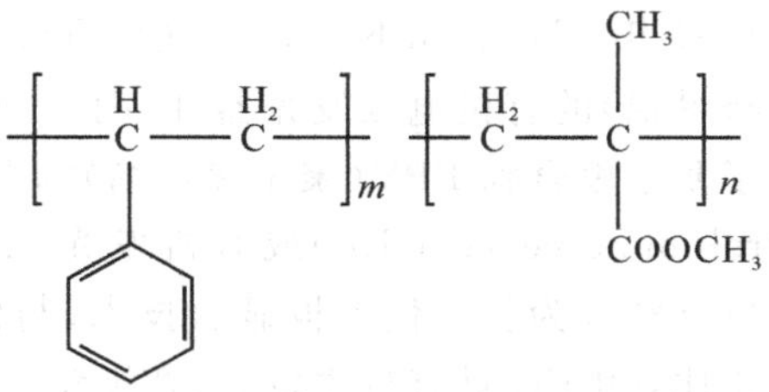

图 7-20　NAS 的分子式

NAS 具有比 PMMA 更低的成本以及比 PS 更高的抗刮伤能力与热变形温度。它的流动性较好，成型加工方便，透明区域透过率达 90%以上。与 PMMA 相比，由于 NAS 的雾度(haze level)较大，因此更适合用来制作薄透镜，而 PMMA 一般用来制作厚透镜。

6. 聚甲基戊烯(PMP)

聚甲基戊烯(polymethylpentene，PMP)是一种热塑性塑料，而 TPX 是三井化学公司购自 Imperial Chemical Industries，Ltd. 的 PMP 类光学塑料产品名称，其分子式如图 7-21 所示。

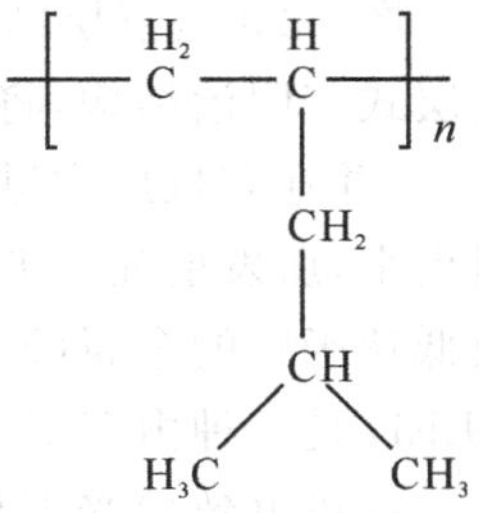

图 7-21　TPX 的分子式

TPX 具有非常低的密度(0.84g/cm^3)，其化学稳定性非常好，即使温度高达 160℃，多数化学品对它仍然不起作用，材料吸湿率很低。TPX 是一种太赫兹波段性能优异的塑料材料，在几乎整个太赫兹区域都有很高的透明度，因此可以应用于 CO_2 泵浦的分子激光器的光束输出窗口。TPX 的声学与电学性能也很优异，可以用于声纳、扬声器及超声换能器等器件。在光学波段，其折射率变化小，红外透过率高，再加上它的硬度大、熔点高、重量轻，因此在军工与红外产品中用得较多。

7. 环烯烃共聚物(TOPAS，APEL，ARTON，Zeonex 等)

环烯烃聚合物(cyclic olefin polymer，COP)或环烯烃共聚物(cyclic olefin copolymer，COC)是一类新型的热塑性光学塑料，近年来受到了人们的关注。COP 可以通过不同的环烯烃单体和不同的聚合方法得到，如德国 Topas 先进聚合物公司的 TOPAS，三井化学的

APEL，日本合成橡胶公司的 ARTON 以及 Zeon 化学公司的 Zeonex、Zeonor 等都是 COP 的产品。环烯烃共聚物的分子式如图 7-22 所示。

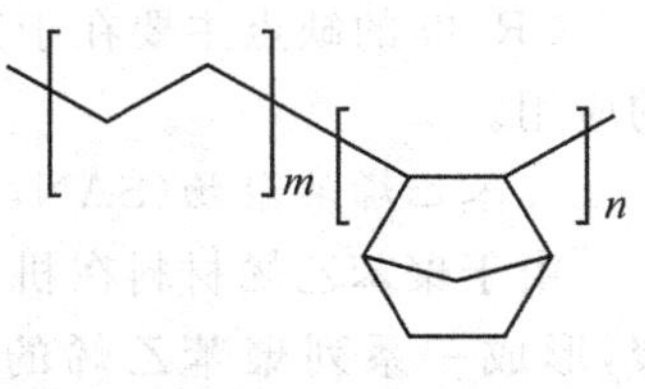

图 7-22 环烯烃共聚物的分子式

以 TOPAS 5013 为例，它是一种具有优异光学性能的透明非晶态共聚物，透明区域透过率高达 91%以上，D 线折射率为 1.53，阿贝数约为 56。TOPAS 具有非常小的光学双折射，其光学性能可以与 PMMA 相比。TOPAS 还具有低于 $1.02g/cm^3$ 的密度，有高至 178℃的玻璃化转变温度，因此材料具有优良的热性能，优于 PC 的耐热性。TOPAS 的吸湿率非常小，具有了很优异的尺寸稳定性，再加上其高机械强度，这些优良的物理特性使得 COC 材料在各类透镜、液晶显示导光板及光学薄膜等方面有重要的应用价值。

7.3 有机发光材料

1987 年，Eastman Kodak 公司的 Tang C. W. 报道了一种基于小分子有机材料 Alq_3（8-羟基喹啉铝）的有机电致发光器件；而 1990 年，美国加州大学圣芭芭拉分校的 Friend 等人报道了基于聚合物 PPV（聚苯撑乙烯）的电致发光器件。由此揭开了有机电致发光（organic electroluminescence，OEL）或有机发光二极管（OLED）器件的研究与开发热潮。近年来，OLED 已经成为新一代平板显示技术，与传统的 CRT（阴极管射线），LCD（液晶显示）显示技术相比，OLED 具有自主发光、宽视角（170°以上）、响应速度快（1μs 数量级）、发光效率高、工作电压低（3～10V）、面板厚度小（小于 2mm），可沉积于大尺寸及柔性衬底上以及制作成本低（比 TFT-LCD 成本低 20%以上）等优势。

7.3.1 电致发光器件结构与原理

1. 发光机理

图 7-23 是双层结构的电致发光器件的工作原理图。如图所示，有机发光器件一般采用夹层式三明治结构，将有机功能层材料夹在两侧的电极之间，电子与空穴分别从阴极及阳极注入，并在有机层中进行传输。电子与空穴相遇形成激子，激子复合后将能量以光的形式发射出来，所发射光的波长与发光层材料的性能紧密相关。透明导电薄膜（如氧化铟锡，ITO）及低功函数的金属（Mg，Li，Ca，Al）常分别被用作阳极与阴极，辐射光由透明阳极侧出射。OLED 是一种由多层功能薄膜构成的、以电流驱动方式发光的器件。

有机电致发光器件的材料包括载流子注入与传输层材料（金属阴极、ITO 阳极、电子注入层、空穴注入层、电子传输层、空穴传输层等），荧光发光层材料及磷光发光层材料等。有机电致发光要求各层材料均具有较高的热稳定性（高的玻璃化温度），高电化学和光化学稳定性，具有固态高荧光量子效率，有足够高的空穴、电子迁移率，具备较好的可处理特性。更重要的是每层材料之间需满足合理的能级匹配，以保证电子与空穴有效地注入有机材料，实现高效的复合发光。图 7-24 是一个三层 OLED 器件的材料能级分布图，可以看到阴极金属，ITO 的功函数以及有机材料的 LUMO、HOMO 能级之间的相互匹配关系，使得载流子注入的势垒降低，利于发光效率的提高。

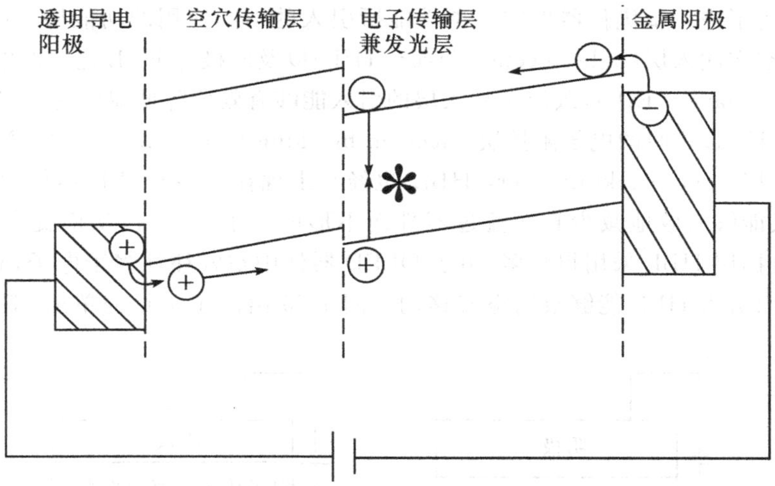

图 7-23　有机电致发光器件的工作原理

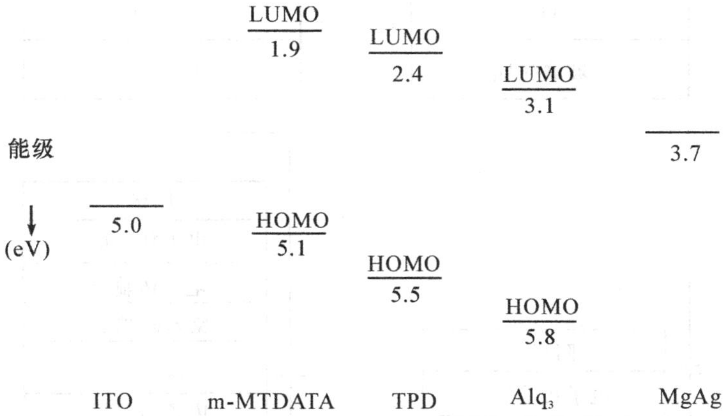

图 7-24　一种三层结构的 OLED 器件的材料能级分布，其中 m-MTDATA、TPD、Alq_3 为结构中各层有机材料

2. 器件结构

随着电致发光器件的发展，器件的结构越来越复杂，功能的区分也越来越细致，最为简单的是单层结构，即单层有机薄膜被夹在 ITO 阳极和金属阴极之间，有机层既作为发光层(electroluminescene layer, EML)，又同时兼作电子传输层(electron transport layer, ETL)和空穴传输层(hole transport layer, HTL)。由于有机材料的载流子迁移率存在较大的差别，所以单层器件的载流子注入会产生很大的不平衡，导致复合发光区容易靠近迁移率较小的载流子注入电极一侧，进而导致电极对发光的淬灭，从而使得器件效率降低。双层结构指的是在 OLED 结构中引入具有高空穴传输性能的薄膜作独立的 HTL，结合兼作 ETL 与 EML 的功能薄膜而构成，如 Tang C. W. 等人采用一种芳香族二胺(TPD)作为 HTL，用 8-羟基喹啉铝(Alq_3)兼作 ETL 和 EML，成功地解决了电子与空穴的不平衡注入的问题，改善了器件的 *I-V* 特性，提高了器件的发光效率。三层 OLED 器件是由各自独立的 HTL，ETL 和 EML 所组成，器件结构的优点在于三个功能层各司其职，便于器件结构及性能的优化。目前三层结构是被采用得最多的一种。多层结构是指除了以上提及的 HTL，ETL，EML 等

功能层之外，为了进一步优化器件的各项性能所引入的不同作用的功能层。如位于阳极与HTL之间的空穴注入层(hole injection layer，HIL)以及阴极与ETL之间的电子注入层(electron injection layer，EIL)，载流子注入层的引入能够有效地降低器件的开启与工作电压；位于EML与HTL之间的电子阻挡层(electron blocking layer，EBL)以及EML与ETL之间的空穴阻挡层(hole blocking layer，HBL)也经常出现在多层OLED器件的结构设计中，载流子阻挡层能够有效地减少直接流过器件而不形成激子的电流，从而提高器件的效率。特别是空穴阻挡层HBL采用得较多，由于OLED器件中空穴往往多于电子，有部分空穴会形成漏电流，而引入HBL能够限制空穴移动。图7-25给出了常见的单层、双层、三层及多层器件的结构。

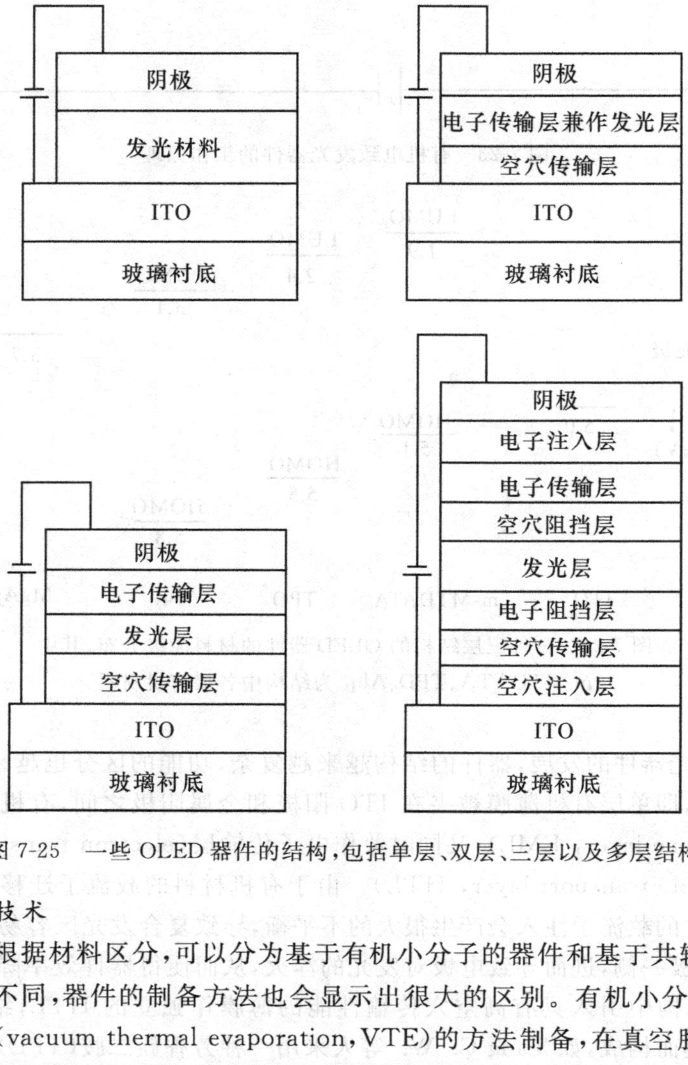

图7-25 一些OLED器件的结构，包括单层、双层、三层以及多层结构

3. 器件制备技术

OLED器件根据材料区分，可以分为基于有机小分子的器件和基于共轭高分子的器件，由于材料特性的不同，器件的制备方法也会显示出很大的区别。有机小分子发光器件通常采用真空热蒸发(vacuum thermal evaporation，VTE)的方法制备，在真空腔体内，有机材料被加热蒸发出来并沉积在衬底上形成薄膜，薄膜沉积的工艺条件与有机材料及衬底的物理化学特性密切相关。真空热蒸发技术的优点在于能够精确控制薄膜的厚度(误差在0.5nm以内)，可以生长多层不同功能的小分子薄膜，各层薄膜之间在物理上不会相互影响，能够利用VTE的方法结合可移动掩模版技术实现红、绿、蓝全色OLED显示。图7-26展示的是

VTE 技术的工作原理以及全色显示的实现方案。然而，VTE 还存在一些致命的缺点，如浪费材料，在沉积过程中，有大量的有机分子会被沉积到衬底以外的区域；由于材料导热性差，难以在沉积的过程中保持均匀的沉积速度等。

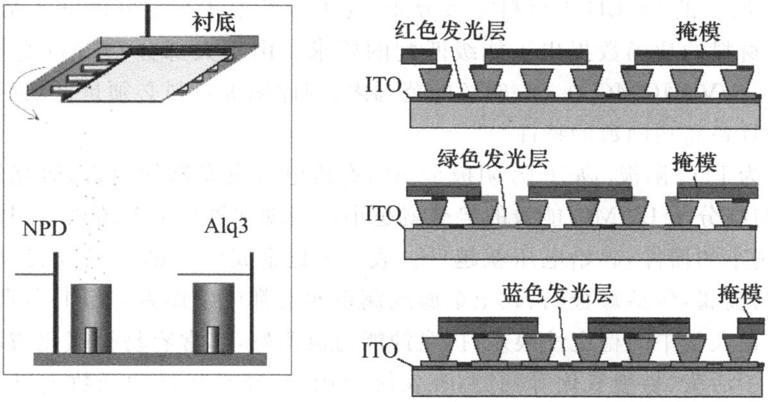

图 7-26　基于小分子材料的 OLED 薄膜真空热蒸发 VTE 沉积以及利用可移动掩模版实现红绿蓝全色显示

对于共轭高分子材料而言，其薄膜沉积方法主要依赖于旋涂(spin-coating)沉积与喷墨打印(ink-jet-printing)技术。旋涂沉积是将高分子材料溶解于一定的溶剂中，在衬底上进行旋转涂膜，高速(1000～6000rpm)旋转带来的离心力能够驱使溶液均匀地覆盖在衬底表面而形成薄膜。薄膜的质量由高分子材料及溶剂的性能(分子质量、浓度、黏度、挥发速率、表面张力)以及旋涂工艺(转速、加速度等)所决定。该技术的优点在于快捷、方便，可大面积涂覆，无需真空系统，对设备要求较低。但是存在三个主要的缺点：首先是该技术同样造成材料的浪费，在旋涂的过程中，大量溶液会被甩出衬底区域；其次，旋涂技术不适合制备多层膜，上层薄膜的溶剂很可能会破坏下层已涂覆的薄膜；再次是该技术不能进行薄膜的图形化制备，由于在整个衬底上一次只能沉积一种薄膜，因而无法实现有机发光薄膜器件的全色显示。

与旋涂法相比，喷墨打印技术能够有效地提高原材料的使用效率，方便地获得图案，实现全彩打印，该技术目前正受到人们的广泛关注。喷墨打印指的是将微米尺度的聚合物液滴通过改进的打印头喷射并扩散到衬底相应的区域，形成红蓝绿三色的像素，如图 7-27 所示。在喷墨打印的过程中，墨水的物理特性、液滴的定位精度、溶剂的挥发速率等均可能影响到像素点的质量。

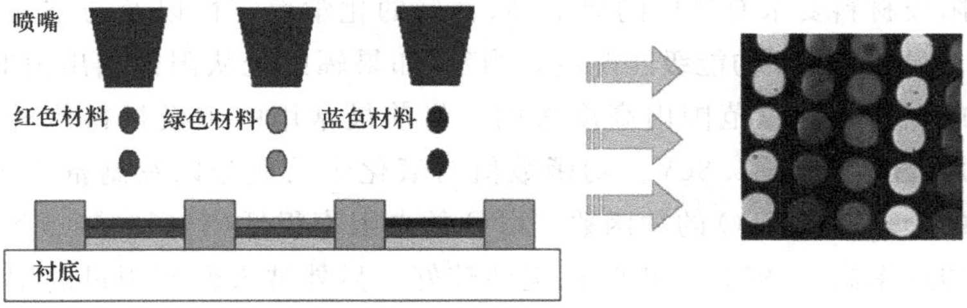

图 7-27　喷墨打印原理以及利用该技术制备的红绿蓝三色像素点阵列

7.3.2 载流子注入与传输材料

1. 阴极与阳极材料

如图 7-24 所示的 OLED 中材料能级分布，为了降低电子与空穴的注入势垒，对于器件的阴极和阳极材料的功函数提出了能级匹配的要求。由于大部分 OLED 有机材料的 LUMO 在 2.5～3.5eV，HOMO 在 5～6eV 的范围内，因此阴极材料必须是低功函数的金属，而阳极材料必须具备高功函数的特性。

对于结构为 ITO 阳极/高分子/阴极金属的有机电致发光器件而言，研究发现当金属功函数越小时，与高分子 LUMO 能级的势垒就越小。表现在器件的电流密度-电压（*J*-*V*）特性上，注入势垒越小的器件，起始电压就越低。表 7-7 是金属元素的功函数表，从表中可以看到，低功函数的金属，包括碱金属、碱土金属或镧系元素都可以作为 OLED 的阴极材料，然而低功函数金属在大气中的稳定性很差，抗腐蚀能力也不好，非常容易被氧化或剥离。为了克服低功函数过于活泼、易被氧化等问题，在实际应用中，经常将低功函数金属与抗腐蚀金属组成合金来作为阴极材料，新的合金材料具有较好的成膜性与稳定性，如体积比为10∶1的镁银合金既能改善镁电极的稳定性，又能够在蒸镀过程中提升阴极与下层有机材料如 Alq_3 的附着力，而且还能够有效避免 Mg 的扩散问题；将低功函数的 Li 金属与 Al 组成Li/Al合金也同样能大大提升器件的电子注入与工作寿命。

表 7-7 金属元素的功函数

2.9 Li	4.98 Be													
2.75 Na	3.66 Mg											4.28 Al		
2.3 K	2.87 Ca	3.5 Sc	4.33 Ti	4.3 V	4.5 Cr	4.1 Mn	4.7 Fe	5 Co	5.15 Ni	4.65 Cu	4.33 Zn	4.2 Ga		
2.16 Rb	2.59 Sr	3.1 Y	4.05 Zr	4.3 Nb	4.6 Mo	/ Tc	4.71 Ru	4.98 Rh	5.12 Pd	4.26 Ag	4.22 Cd	4.12 In	4.42 Sn	
2.14 Cs	2.7 Ba	3.3 Lu	3.9 Hf	4.25 Ta	4.55 W	4.96 Re	4.83 Os	5.27 Ir	5.65 Pt	5.1 Au	4.49 Hg	3.84 Tl	4.25 Pb	4.22 Bi
镧 系	3.5 La	2.84 Ce	2.7 Pr	3.2 Nd	/ Pm	2.7 Sm	2.5 Eu	3.1 Gd	3 Tb	/ Dy	/ Ho	/ Er	/ Tm	2.6 Yb

OLED 的阳极材料要求有良好的导电性、良好的化学稳定性以及与空穴注入层或空穴传输层材料的 HOMO 良好的能级匹配度。当然，如果辐射光从阳极侧出射时，阳极材料还必须在可见光或辐射光波长范围内高度透明。目前最常用的阳极材料是透明导电氧化物 ITO，ITO 的功函数在 4.5～4.8eV。功函数值与氧化物的成分以及制备工艺有关，且能够通过表面适当的处理增加 ITO 的功函数。ITO 的电阻率很低（$1\times10^{-3}\sim7\times10^{-5}\,\Omega\cdot cm$），对于可见光的透过率高（>90%），化学稳定性较好。另外被人们使用过的阳极材料还包括氧化铟锌（IZO）、氧化铝锌（AZO）以及薄的金属材料。

2. 空穴注入与传输材料

OLED 对于空穴传输材料的要求是在阳极与 HTL 的界面有较低的势垒，HTL 层具有较高的空穴迁移率，能够在高真空中被蒸发沉积(小分子材料)或被旋涂沉积(大分子)成为无针孔缺陷的薄膜，具有高的耐热稳定性等。一般来说，如果空穴传输材料具有高的玻璃化温度 T_g，则在器件制作过程中能够形成稳定的不易产生针孔的非晶态薄膜。联苯类的三芳香胺材料被证明具有优异的导空穴特性，如 NPB，TPD 等，分子式如图 7-28 所示。这类材料中氨基的 N 原子具有很强的供电子特性，容易氧化形成阳离子自由基(空穴)而显示出电正性，决定了材料的导空穴性能，是目前最为广泛应用的空穴传输材料。

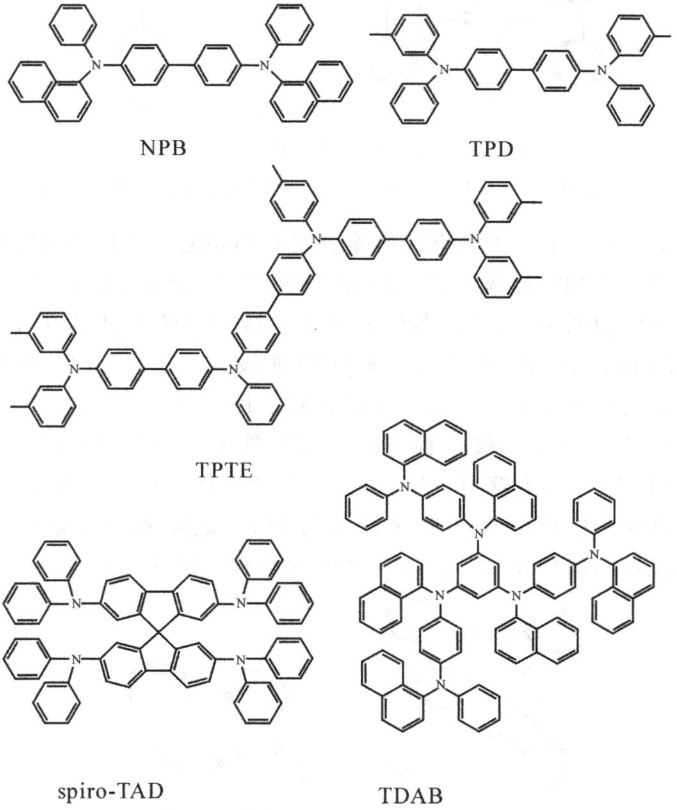

图 7-28　一些典型的小分子空穴传输材料的结构

三芳香胺空穴传输材料根据分子结构可以分成成对联偶(twin)的二胺类化合物(如图 7-27 的 NPB、TPD 等)，螺形(spiro-linked)结构化合物(如 spiro-TAD)以及星形(star-shaped)三苯胺化合物(如 TDAB)等不同类型，通过增加分子的分子质量，加入刚性基团如芴环以及引入 90°夹角的螺形分子结构等手段都能够有效提高材料的玻璃化温度 T_g。图 7-27 中，TPD 和 NPB 是人们应用最广泛的空穴传输材料，但是它们的 T_g 分别只有 78℃和 98℃，而通过增加分子量改性的 TPTE 的 T_g 能够达到 130℃，同样螺形结构的 spiro-TAD 以及星形结构的 TDAB 的 T_g 分别能够达到 133℃和 141℃。

除了三芳香胺以外，另一类重要的 HTL 材料是咔唑类分子，图 7-29(a)显示的是一种高分子的聚乙烯咔唑 PVK 分子结构，为了提高咔唑类分子的玻璃化转变温度，人们设计与合成了具有线性对称结构的成对偶联(b)与树枝状结构(c)的咔唑类空穴传输材料，这些分子都具有较高的空穴迁移率和 T_g。

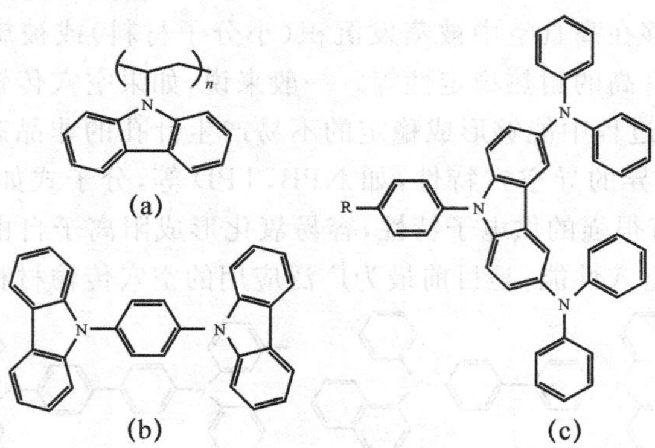

图 7-29 咔唑类的空穴传输分子结构

(a)是聚乙烯咔唑，(b)，(c)分别是对称状及树枝状咔唑分子

空穴注入层 HIL 是位于阳极与空穴传输层之间的功能层，引入 HIL 的目的在于改善阳极功函数与 HTL 的 HOMO 能级差，增加界面间的空穴注入；使得阳极表面平整，减少器件短路的几率，降低器件起始电压，延长器件寿命等。最常见的 HIL 材料是如图 7-30 所示的酞菁铜(CuPc)和 PEDOT:PSS。CuPc 的 HOMO 能级为 4.8eV，而 PEDOT:PSS 的 HOMO 能级是 5.0eV，它们同样可以充当空穴传输层材料。PEDOT:PSS 是一种聚合物，也是目前应用最多的 HIL 材料，它常作为聚合物电致发光器件中重要的阳极修饰层，也可以应用于小分子器件。有时在 ITO 层上蒸镀一层很薄(0.5～2nm)的绝缘物质，如 LiF，SiO_2，SiO_xN_y 等缓冲层材料，能够在一定程度有效调节 ITO 与 HTL 之间的注入势垒。该缓冲层材料存在一个最佳的厚度值，而最佳厚度与注入势垒的大小有一定的关系。

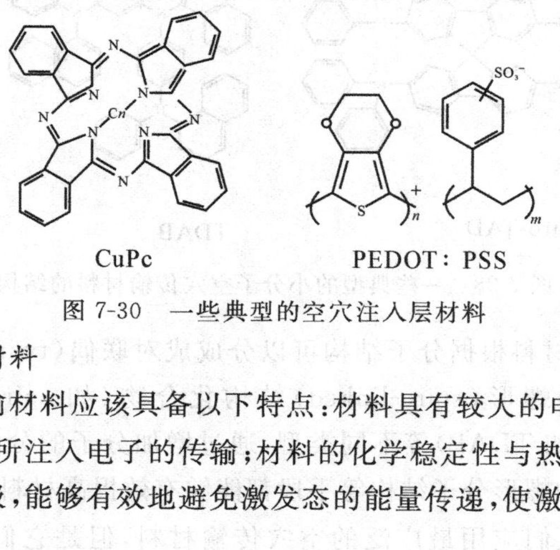

图 7-30 一些典型的空穴注入层材料

3.电子注入与传输材料

OLED 中的电子传输材料应该具备以下特点：材料具有较大的电子亲和势 E_A 和较高的电子迁移率，从而有利于所注入电子的传输；材料的化学稳定性与热稳定性好，成膜性能好；材料具有高的激发态能级，能够有效地避免激发态的能量传递，使激子复合发生在发光层而非电子传输层。

电子传输材料具有接受电子的能力，同时在一定的正向偏压下能够有效地传递电子。具有共轭大 π 结构的芳香族化合物，特别是存在 F，O，N，S 等吸引电子能力较强，即电负性较大元素的多取代化合物和杂环化合物一般具有电子传输的能力；由带正电荷的金属离子与有机配体所组成的金属配合物也是性能优异的电子传输材料；价态饱和的三取代硼化合物和四取代硅化合物也具有缺电子特性。目前，被人们广泛应用的 ETL 材料主要是 8-羟基喹啉铝（Alq_3）类金属配合物及噁二唑（oxadiazole）类化合物。

8-羟基喹啉铝（Alq_3）是被人们研究得最多的电子传输材料兼发光材料，其分子结构如图 7-31(a)所示，Alq_3 具有较高的 E_A(3.0eV)和 I_P(5.95eV)，并具有很高的玻璃化转变温度，能够通过真空蒸镀的方法获得高质量的无针孔薄膜，在 4×10^5 V/cm 的电场强度时，其电子迁移率可以达到 1.4×10^{-6} cm^2/V·s。当然，Alq_3 也存在诸多问题，包括阳离子基不稳定，易导致器件恶化，发光效率和电子迁移率还不够高等。但可以通过对 Alq_3 中配体分子的修饰进行性能的改进，如在喹啉环 5 位上接入羟甲基（CH_2OH）的 Alq_3 衍生物 AlOq[如图 7-31(b)分子式所示]在 ITO/PVK/AlOq/Al 的 OLED 结构中能够发出效率比 Alq_3 器件更高的绿光；还可以用其他金属离子与 8-羟基喹啉形成配合物，通过调节材料的 E_A 与 I_P 以及带隙值达到调节 ETL 材料的电子传输性能及发光性能的目的。图 7-31(c)是 Zn^{2+} 与 8-羟基喹啉形成的 Znq_2 分子，用该材料替代 Alq_3 能够使器件启动电压更低，且能够发射 556nm 的黄色荧光。

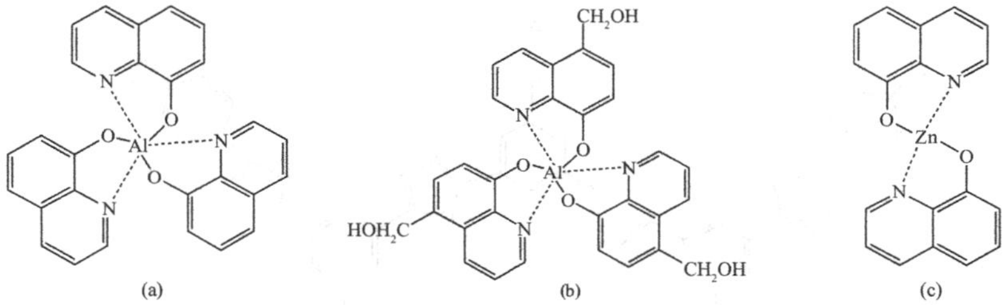

图 7-31 电子传输材料 Alq_3(a)，AlOq(b)和 Znq_2(c)的分子结构

噁二唑类化合物也是重要的电子传输材料，其中图 7-32(a)代表的分子是 PBD，为第一个被用于以三芳香胺衍生物作发光层的 OLED 电子传输材料，其 E_A 与 I_P 分别为 2.16eV 与 6.06eV。使用 PBD 的双层结构器件，其效率是未使用器件的 10000 倍，然而 PBD 存在玻璃化转变温度过低和易结晶等缺点，通过构建星状或树枝状的噁二唑衍生物[如图 7-32(c)，(d)所示的分子结构]，能够使得材料具有较高的玻璃化转变温度（T_g=125～222℃），增加材料的溶解性，提高电子迁移率，这些改性都与增加 π 电子的离域化有很大的关系。

噁二唑还能够作为共聚物的边链或主链功能团形成高分子的聚苯噁二唑[poly(phenyloxadiazole)s，PPOD]，该共聚物能够使用旋涂的方法成膜。图 7-33 是噁二唑作为丙烯酸边链及主链共聚物组成部分的结构。PPOD 具有电子传输与发光的双重功能，应用于聚合物多层薄膜器件能够有效提高器件的发光量子效率。

含硼原子的有机化合物也有可能成为优良的 ETL 材料，这是由于硼原子的缺电子性所致。图 7-34 显示的星状有机硼电子传输分子 TMB-TB 具有 160℃ 的玻璃化转变温度，星形结构同样能够有效提高材料的热稳定性，改善材料的 E_A 与 I_P 数值以及增加电子的传输能力。

与空穴注入材料类似，电子注入材料同样位于阴极与电子传输层之间，很薄的电子注入层材料能够使得从阴极注入的电子由于势垒降低而增加注入的电流密度，降低器件的驱动电压，同时能够保证阴极金属材料与有机材料更好的欧姆接触。常见的电子注入材料是碱金属化合物，包括碱金属氧化物及碱金属氟化物，如 Li_2O，K_2O，Cs_2O，LiF，NaF，KF，RbF，

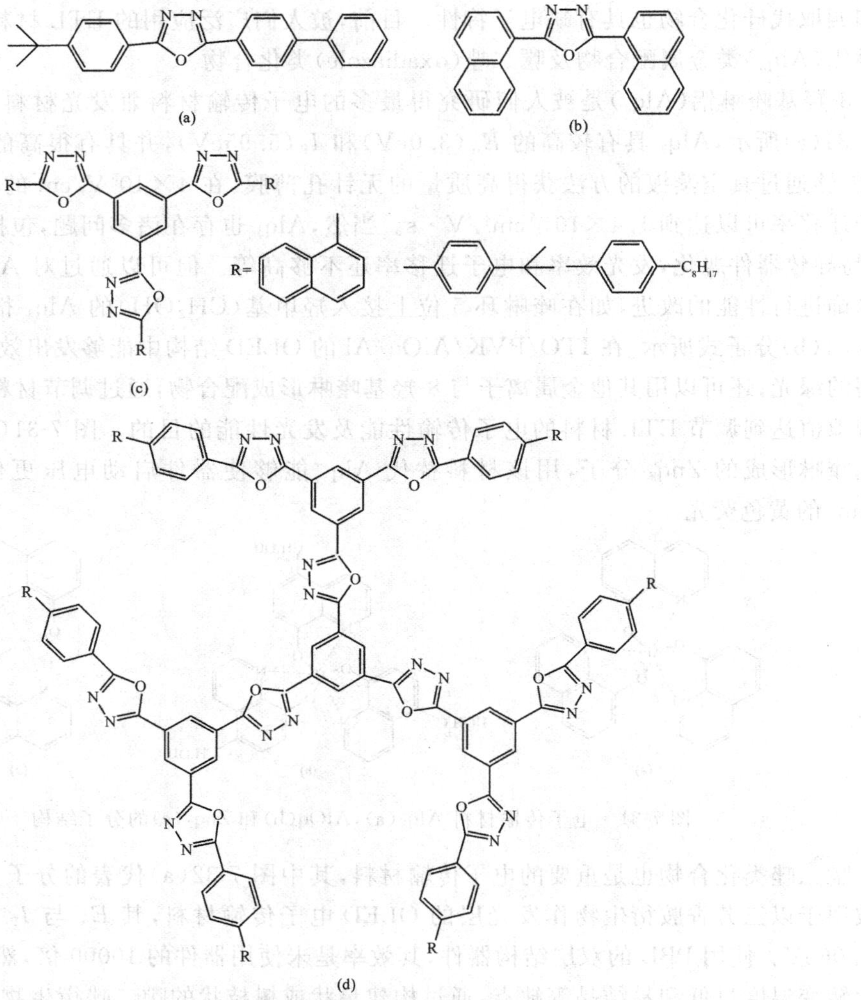

图 7-32 噁二唑类化合物的分子结构

(a),(b)属于小分子化合物 PBD 和 BND,(c)属于星状化合物,(d)属于树枝状化合物

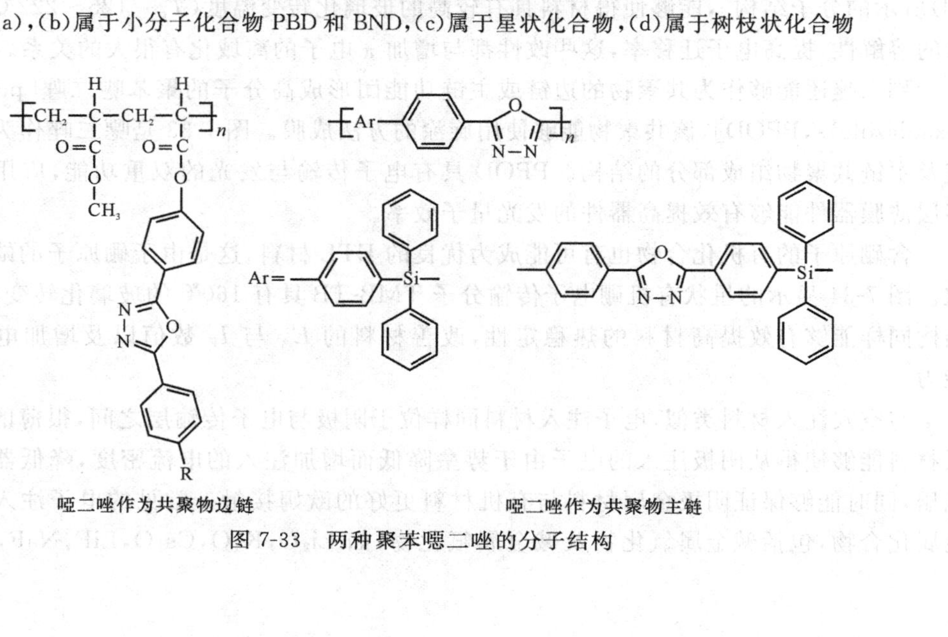

噁二唑作为共聚物边链　　噁二唑作为共聚物主链

图 7-33 两种聚苯噁二唑的分子结构

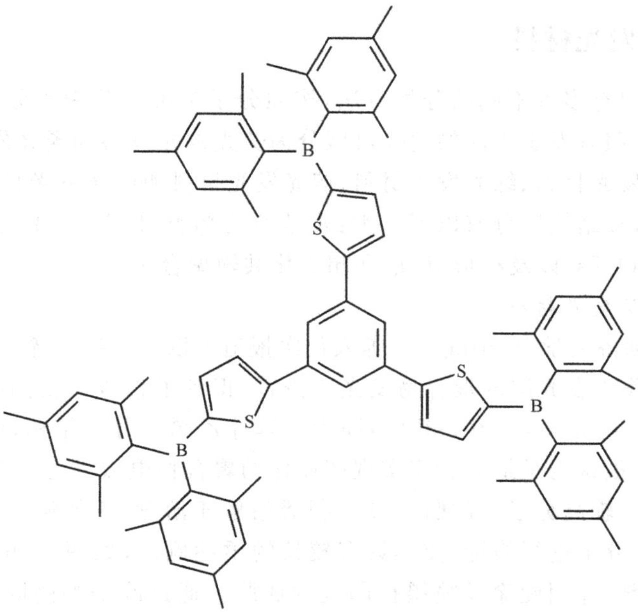

图7-34 具有星形结构的有机硼电子传输材料的分子结构

CsF等无机材料。针对阴极金属，如Al，Ca，Mg/Ag等，碱金属化合物电子注入层均存在一个小于1nm的最佳厚度，在此厚度下，制得的器件将能有效降低驱动电压，提升工作效率。如图7-35所示，以LiF(0.1～0.2nm)/Al与纯Al电极构成的器件进行比较，注入电流密度的提升效果非常明显，说明了极薄的LiF层对于电子注入的速率提升是很有效果的。对于材料的电子注入机理目前有多种解释，还未达到统一的认识。其中的一个解释是在Al/LiF/Alq_3结构的器件中，由于LiF的引入造成了电子直接隧穿过LiF层，由Al的费米能级与Alq_3的LUMO能级形成隧道贯穿效应，能够有效降低驱动电压；同时，小于1nm的LiF还能够隔离Al与Alq_3，避免两者的直接接触，有效地消除两者的界面造成的能级障碍。

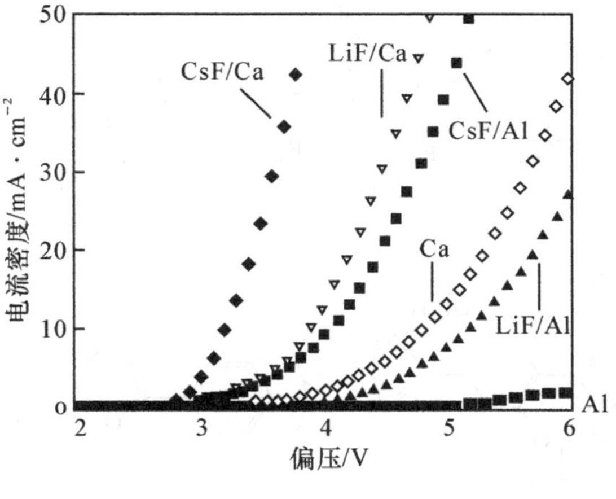

图7-35 多种金属及金属/碱金属氟化物电极构成的OLED器件的电流注入特性

7.3.3 荧光发光材料

OLED发光材料有多种不同的分类方法，按照分子量可区分为小分子发光材料与共轭聚合物发光材料；按照激发态失活的途径可区分为荧光发光材料和磷光发光材料；按照发光颜色可区分为红光发光材料、绿光发光材料、蓝光发光材料和白光发光材料等。对于共轭聚合物发光材料而言，按结构区分有以下几类：聚苯撑乙烯类(PPVs)、聚对苯类(PPPs)、聚芴类(PFs)、聚噻吩类(PTs)以及梯形、梳形和超支化共轭聚合物等。

1. 聚苯撑乙烯类发光材料

1990年，英国剑桥大学Burroughes等人首次报道了以聚苯撑乙烯[poly(paraphenylene vinylene)s,PPVs]作为发光层的聚合物发光二极管，得到了直流驱动偏压小于14V的绿光输出，量子效率达到了0.05%，图7-36(a)即为聚苯撑乙烯的分子结构，PPV及其衍生物是目前研究最广，也是被认为是最有希望实现产业化的聚合物电致发光材料。由于PPV是一种具有刚性杆状的共轭高分子，经典的PPV很难溶解于溶剂，不能满足发光器件制作的要求。因此对于PPV分子进行修饰，使其具有较长的柔性侧链，如图7-36(b)所示，这样的分子能溶解于公共溶剂，并用旋涂及喷墨打印技术成膜。通过改变侧链取代基还可以调整分子HOMO和LUMO之间的能隙，因而能调制发光的波长，如1991年Heeger等人报道了利用一种如图7-36(c)所示的分子结构的MEH-PPV{poly[2-methoxy-5-(2-ethylhexyloxy)-1,4-phenylene vinylene]，R_1=甲氧基，R_2=乙基已氧基，R_3=H}聚合物OLED器件的性能，发光中心波长从绿光红移至590nm的橙红色。

除了侧链修饰以外，在主链的苯环或乙烯基上接入给电子或吸电子的基团也能够对有机分子的光发射波长产生影响。一般来说，烷氧基(—OR)等给电子基团使HOMO能级升高，电离势降低，而对LUMO能级的影响较小；氰基(—CN)等吸电子基团能够使LUMO能级降低，电子亲和势增大，而对HOMO能级的影响较小。因此给电子和吸电子基团的引入

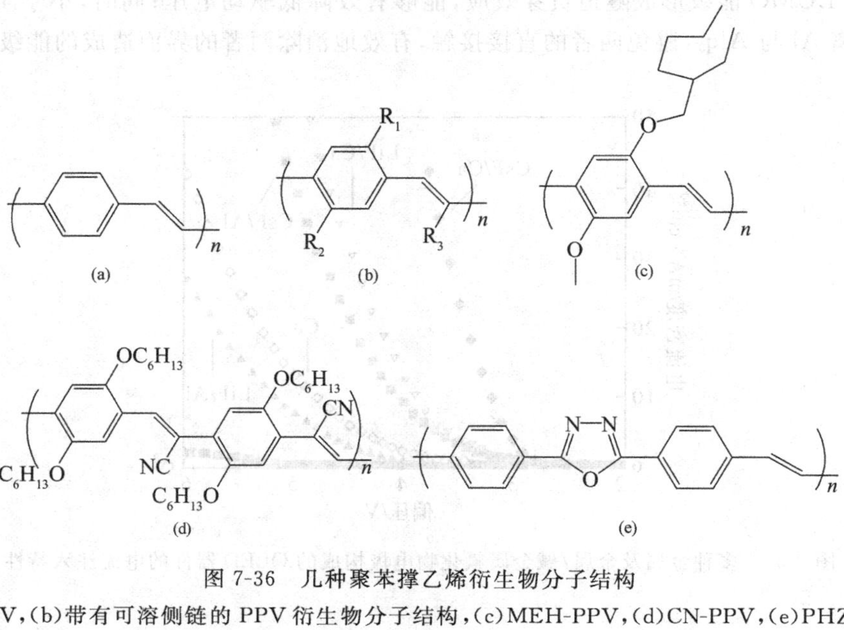

图7-36 几种聚苯撑乙烯衍生物分子结构

(a)PPV，(b)带有可溶侧链的PPV衍生物分子结构，(c)MEH-PPV，(d)CN-PPV，(e)PHZ-PPV

都能够使聚合物的带隙值降低，使 PPV 分子的光发射中心波长发生红移，如图 7-36(d)所示的分子主链接入烷氧基及氰基。图 7-36(e)分子主链接入吸电子的噁二唑片段，均能够有效地调节材料的发光特性、载流子传输特性及可溶性。PPV 类分子较难实现短波长的蓝光发射。

2. 聚对苯类发光材料

聚对苯[poly(paraphenylene)s，PPP]材料的一个显著特点是其带隙较宽，达到了 2.8～3.5eV，是有机发光材料中难得的可发蓝光材料。同样单纯的 PPP 分子[见图 7-37(a)]是刚性的，不易溶解于溶剂，也不能加热熔融，给薄膜制备造成很大的困难。所以，各种 PPP 的衍生物能解决材料制备的问题，如烷氧基取代 PPP($R_1 = R_2 =$ 烷氧基)可溶于公用溶剂，分子在 1%溶液中的光致发光量子效率能够达到 85%，发光中心波长 $\lambda_{max} = 420nm$，而其薄膜态量子效率可以达到 35%～46%。

对 PPP 的侧链引入取代基进行修饰，在改变其溶解性的同时，往往会改变分子的能隙，而且烷基和烷氧基在空间的立体排布(增加了相连苯环间的扭曲)会影响主链的共轭，给 PPP 的性能造成一定程度的影响。为了解决以上问题，人们合成了具有共轭平面结构的梯形 PPP(LPPP)衍生物，如图 7-37(c)所示，分子中的苯环能够被定位于同一平面内以保证 π 轨道发生最大程度的交叠。LPPP 分子能够发射蓝色至黄色光谱范围的光。

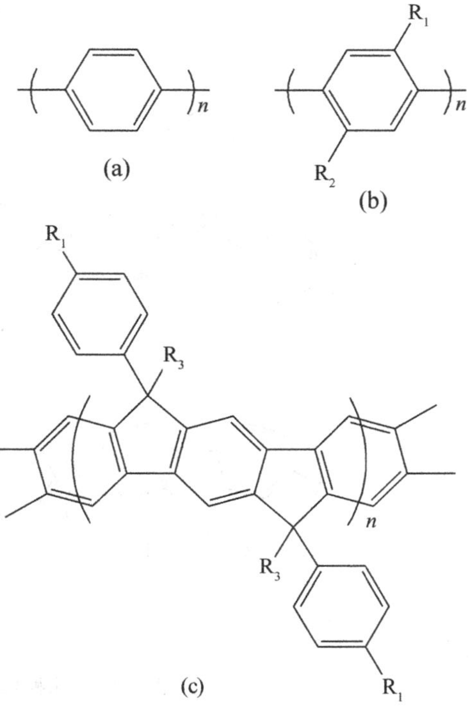

图 7-37　几种聚对苯类发光材料的分子结构

(a)PPP，(b)具有可溶性侧链的 PPP 分子结构，其中 R_1，R_2 可以是烷基、烷氧基等基团，(c)梯形 PPP

3. 聚芴类发光材料

聚芴[poly(fluorene)s，PFOs]的分子结构与 PPP，LPPP 非常类似[分子结构见图 7-38(a)]。与 PPP 类聚合物相比，PFO 分子更易修饰，具有更好的溶解性；荧光量子效率更高，热稳定性及化学稳定性也更好，在固态时芴的荧光量子效率可以高达 60%～80%，其带隙能大于 2.90eV。因此目前聚芴类分子被公认是最重要的蓝光聚合物发光材料，也是最有可能实现商业化的蓝色电致发光材料。图 7-38(b)是一种三芳香胺作为顶端基团的聚芴材料，在顶端引入给电子的三芳香胺基团能改进聚芴的发光特性，因为芳香胺基团能有效充当束缚中心，压制激基缔合物(excimer)在 520nm 处的绿光发射，保证了属于聚芴分子的蓝光发射。

聚芴的侧链取代基团 R_1，R_2 一般以烷基居多，如图 7-38(b)，(c)中的 C_6H_{13}，烷基能够增加刚性分子的溶解性，具有直烷基取代基团的 PFO 往往具有"半结晶"的有序性，表现出类似液晶分子的行为，特别是侧链碳数量超过 8 以后，PFO 分子在低于 270℃ 的温度范围内呈现稳定的液晶态，而这样的液晶态能够保证在成膜时高分子形成规则排列，在 OLED 中获得具有偏振特性的光发射，可用于传统液晶平板显示的背光源。

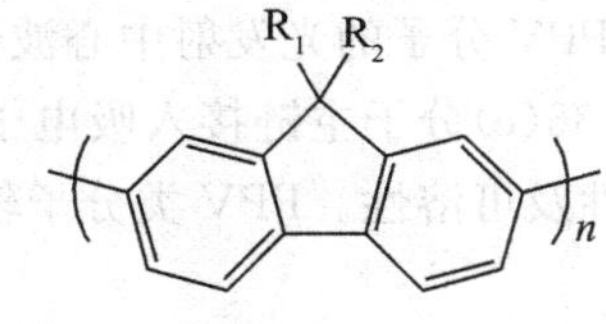

(a)

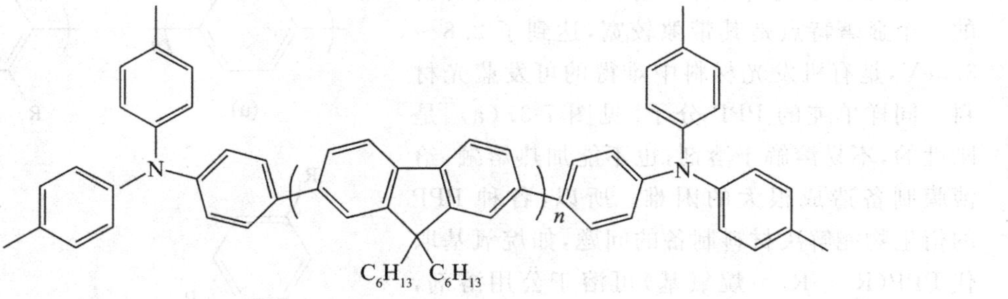

(b)

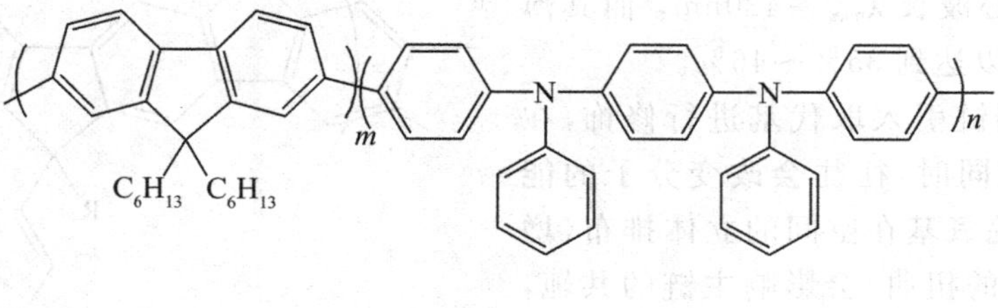

(c)

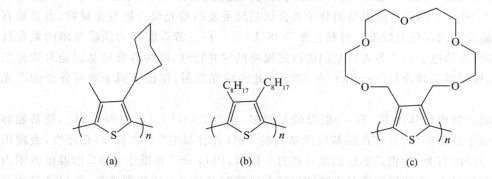

图 7-38 几种聚芴类发光材料的分子结构

(a)带有侧链取代基团的 PFO,(b),(c) PFO 与三芳香胺形成的共聚物

4. 聚噻吩类发光材料

聚噻吩(polythiophenes,PTs)类电致发光材料的优点在于聚噻吩及其衍生物的合成比较容易,稳定性非常好。聚噻吩及不同的衍生物能够发射从蓝光到近红外波长的光,发射的波长取决于噻吩分子上引入不同的取代基团,如图 7-39 所示。由于取代基团的空间位阻效应能够造成噻吩分子环共轭长度的变化,从而引起 π 电子离域程度的降低,结果会导致材料最大发光波长产生红移。图 7-39 中(a)分子 PCHMT 的发射波长在 460nm,而(b)分子 PDT 和(c)分子 PC10O5T 的发射波长均在 470nm。

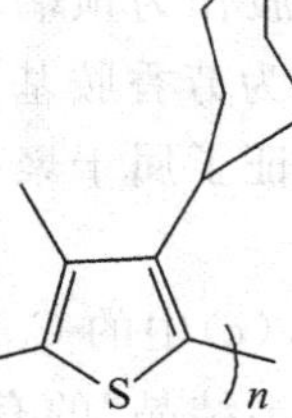

(a)

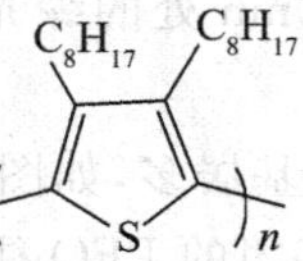

(b)

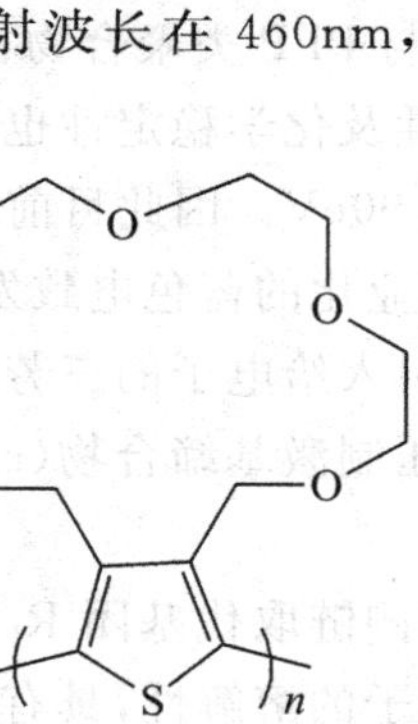

(c)

图 7-39 几种具有不同取代基团的聚噻吩类发光材料的分子结构

(a)PCHMT,(b)PDT,(c)PC10O5T

5. 小分子发光材料

与前述众多的聚合物荧光材料所不同的是，有机小分子荧光材料具有固定的分子量，更易于材料的提纯，能够采用真空蒸镀等方法制备薄膜。目前，基于小分子的 OLED 器件相比于聚合物器件有更加稳定的性能。在有机小分子发光材料中，金属配合物电致发光材料值得人们的关注，金属配合物的性能介于有机物与无机物之间，既具有有机材料的高荧光量子效率的优点，又具有无机材料性能稳定的特点，被人们认为是最有应用前景的一类发光材料。如 8-羟基喹啉铝(Alq_3)类配合物具有较高的玻璃化转变温度(T_g=175℃)，较高的电子迁移率，能兼作 ETL 与 EML 层材料，并能够在真空中蒸镀成高质量无针孔的致密薄膜。在已经报道的众多新材料、新结构小分子 OLED 器件中，Alq_3 成为应用最多的材料，特别是在主-客体发光材料中，经常将绿光、红光材料与 Alq_3 掺杂使用，利用 Förster 能量转移，将能量有效地从主体材料 Alq_3 转移到客体材料，如 Sanyo 公司采用结构如 ITO/NPB(150nm)/Alq_3：2%DCJTB+6%NPB+5%Rb(37.5nm)/Alq_3(37.5nm)/LiF/Al(200nm)的器件设计，利用 Alq_3 与著名的红光染料 DCJTB 及红荧烯 Rubrene 共掺，获得了满意的红光器件。由于红荧烯的能级在 Alq_3 主体与 DCJTB 客体之间，利用 Alq_3-Rubrene-DCJTB 之间的 Förster 共振能量转移获得高效率的红光输出。

表 7-8 总结了一些较为典型的小分子发光材料的结构、性能以及以此为基础构造的 OLED 器件的性能。

表 7-8　有机小分子荧光材料的结构、性能以及器件的发光性能

	材料类别	典型材料分子结构及名称	材料特性	器件结构及性能
蓝光材料	苝类 (pyrelene)	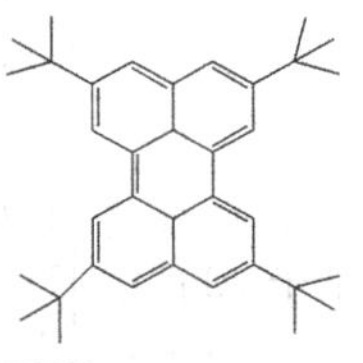 TBPe	由于与 Alq_3 能级的不匹配，经常掺杂于 Alq_3 衍生物中作为蓝光材料	ITO/CuPc/NPB/BAlq：TBPe/Alq_3/Mg:Ag CIE =（0.168，0.273） (TBPe=1%) CIE =（0.175，0.273） (TBPe=5%)
	蒽类 (anthracene)	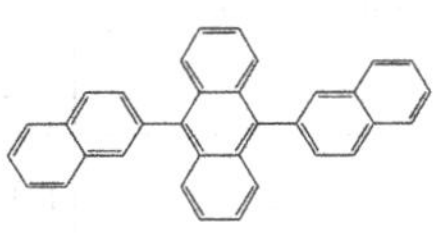 ADN	芳基取代的蒽有优异的蓝光发射性能，将 TBPe 掺杂于 ADN 能获得高亮度稳定的蓝光发射	ITO/CuPc/NPB/ADN：TBPe /Alq_3/Mg:Ag CIE=(0.15,0.23)
	芴类 (fluorene)	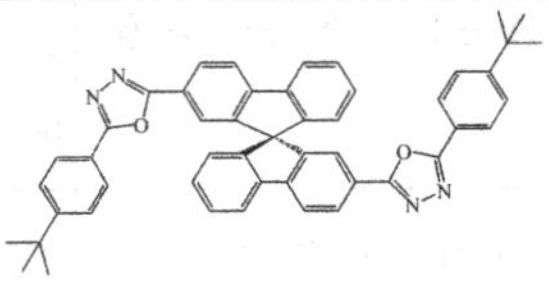 spiro-PBD	螺旋式芴衍生物，将缺电子基团噁二唑引入螺芴分子中，是 ETL 兼蓝光材料。螺旋结构增加空间位阻	
	二苯乙烯基芳基衍生物 (distyrylarylene, DSA)	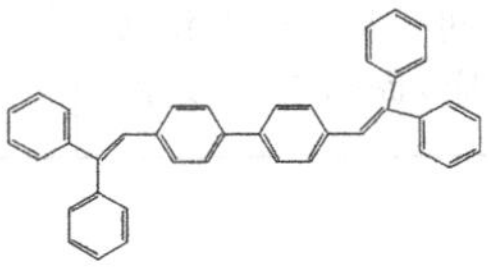 DPVBi	基本结构为：Ar_2C ═ CH—(Ar′)—CH ═CAr_2，Ar 为芳基。是目前最好的小分子蓝光材料	ITO/CuPc/TPB/DPV-Bi/Alq_3/Mg:Ag 13V 时亮度 6000cd/cm^2，效率 0.7lm/W

续表

	材料类别	典型材料分子结构及名称	材料特性	器件结构及性能
蓝光材料	芳胺类(arylamines)	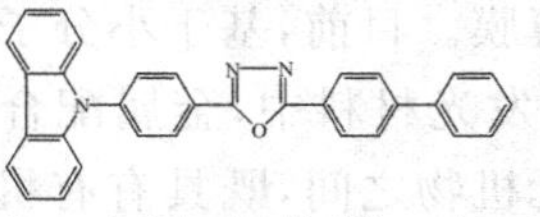 D-π-A(咔唑-苯-噁二唑) p-CzOxa	重要的载流子传输材料和蓝光材料，构成D-π，D-π-D，D-π-A等不同类型分子结构	ITO/TPD/p-CzOxa/Mg:Ag/Ag 启亮4V，亮度524cd/cm^2，效率1.35lm/W 亮度9200cd/cm^2@15V
绿光材料	香豆素类(coumarin)	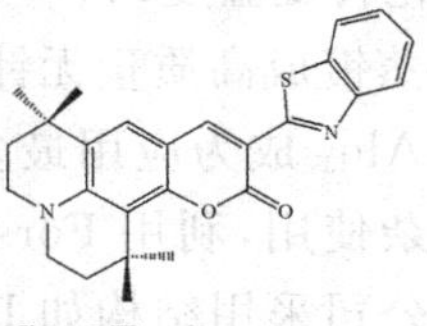 C545T	C545T是目前最好的绿光染料，其中的4个立体位置的甲基对于提升性能至关重要。掺杂于Alq_3中使用	ITO/CuPc/NPB/Alq_3：1% C545T/Alq_3 LiF/Al 发光效率10.4Cd/A @20mA/cm^2 CIE=(0.31，0.65)
	喹吖啶酮类(quinacridone，QA)	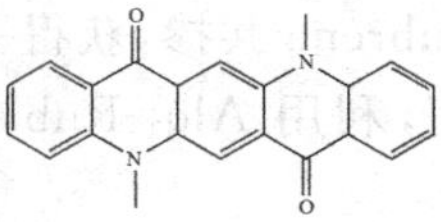 DMQA	作为掺杂材料分散于Alq_3中使用，荧光发射波长540nm	0.8%掺杂于Alq_3中时，构成的器件发光效率7.3Cd/A，半衰期7500h@20mA/cm^2，起始发光亮度1400cd/cm^2
	多环芳香族碳氢化合物(polycyclic aromatic hydrocarbon，PAH)	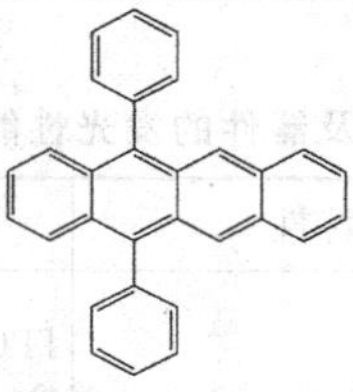 DPT	最大发光波长540nm，发光效率0.8%，掺杂于Alq_3中使用，但浓度不能超过2%	ITO/CuPc/NPB/Alq_3：1.6%DPT/ Mg:Ag 发光效率2.5lm/W@发光亮度1000cd/cm^2，CIE=(0.30，0.64)
红光材料	DCM类	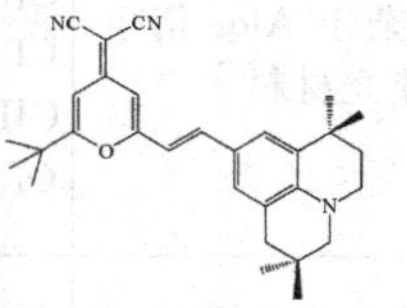 DCJTB	DCJTB是目前最有效的红光染料，掺杂于Alq_3中使用，分子含有立体位阻较大的4个甲基，防止分子之间靠得太近而发生浓度淬灭	ITO/NPB/Alq_3：0.5% DMQA：1% DCJTB/Alq_3 LiFAl λ_{max}=628nm，CIE=(0.62，0.38)，1200Cd/ cm^2@20mA/cm^2
	主体发光的非掺杂型红光材料	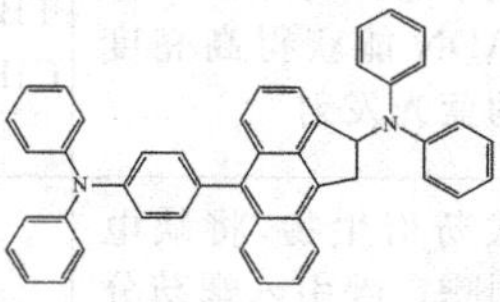 ACEN1	分成D-π-D型芳香胺类，D-π-A-π-D型芳香胺类等	ITO/ACEN1/TPB1/Mg:Ag λ_{max}=624nm，CIE=(0.64，0.34)，492Cd/cm^2@20mA/cm^2，5436Cd/cm^2@100mA/cm^2
	噻吩类齐聚物	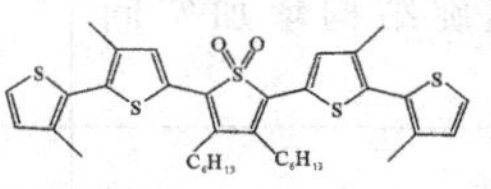 T5OMe	在联噻吩齐聚物T5*的分子中引入多个取代基以增加空间位阻，改进浓度淬灭效应，提高发光效率	ITO/T5OMe/Ca/Al 100Cd/cm^2，效率0.03Cd/A @7V驱动

7.3.4 磷光发光材料

如前所述，当分子激发态能级上的电子自旋方向一致时，分子中的电子总自旋为 $S=1$，分子的多重态 $2S+1=3$，则该分子处于激发三线态。OLED 是利用电子与空穴复合所产生的激子扩散到发光层而发光的，根据自旋统计理论，单线态激子与三线态激子的比例是 1:3，意味着有机材料中只有 25%的单线态激子可以通过辐射衰减而产生荧光。由于三线态激子的辐射衰减是被自旋禁绝的，因此电子停留在三线激发态的时间可以长达数毫秒以上，远远大于电子停留在单线激发态的时间(1～10ns)。占 75%的三线态激子将无辐射衰减，导致器件的发光效率较低，内量子效率的理论极限只有 25%。而且无辐射衰减的三线态激子将以热的形式释放能量，使得器件温度升高，对器件的稳定性与寿命带来极为不利的影响。

为了提升 OLED 的量子效率，有必要考虑将三线激发态的能量以光的形式发射出来，即实现磷光发射。近年来的研究发现，室温下有机分子磷光发射可以通过将重金属原子引入有机配体，利用重原子效应，产生强烈的自旋轨道耦合作用(spin-orbital coupling)，造成分子单线激发态与三线激发态的能级混合，使得原来的三线态增加某些单线态的特性，增加系间窜越能力，大大缩短电子在三线态的停留时间，导致原本被禁绝的 $T_1 \rightarrow S_0$ 的跃迁变为局部允许，使磷光得以发射。目前被人们关注的磷光重金属原子包括铱 Ir(Ⅲ)，铂 Pt(Ⅱ)，锇 Os(Ⅲ)，铼 Re(Ⅰ)和铜 Cu(Ⅰ)。

目前多数的磷光 OLED 器件的发光层均采用了主-客体结构，将 1%～10%的磷光发光物质掺杂到 90%以上的主体化合物中，一方面可以避免因激发三线态浓度过高而产生三线态-三线态湮灭，另一方面，可以利用能量转移的方式激发磷光物质，主体材料的单线与三线激发态的能量可以分别由 Förster 能量转移和 Dexter 能量转移传递到磷光客体材料的单线激发态与三线激发态，再经磷光客体材料的系间窜越将单线激发态能量转换到三线激发态，发射磷光，这样的过程可以使得内量子效率接近 100%。

1. 红色磷光体材料

铂的磷光配合物八乙基卟啉铂(PtOEP)是最早被发现的红色磷光体，将 PtOEP 掺杂到绿色主体材料 Alq_3 中作为电致发光器件的发光层，可以将无掺杂的荧光器件的外量子效率和内量子效率分别提高 4%和 23%。PtOEP 材料的磷光发射峰为 650nm，而荧光发射峰为 580nm，制作的器件结构为 ITO/CuPc/NPD/Alq_3：PtOEP/Mg：Ag/Ag，在 Alq_3：PtOEP 的主客体系统中，当 PtOEP 的掺杂浓度较大时(如大于 10%)，能够观察到明显的 650nm 的磷光峰，没有属于 Alq_3 的荧光峰(530nm)出现；但是如果 PtOEP 的掺杂浓度很低时(1%左右)，器件在低电流和高电流注入时均会出现 530nm 的 Alq_3 荧光峰。这是由于从单线态到三线态的能量传递 Dexter 过程与主体和客体的轨道重叠程度有关，属于短程过程。当掺杂浓度过低时，造成局部激发的 Alq_3 和 PtOEP 之间距离超过 Dexter 能量传递的长度，就会出现未传递能量的 Alq_3 分子直接辐射衰减的过程，因此磷光掺杂浓度一般均高于表 7-8 中显示的荧光掺杂浓度，因为荧光主客体掺杂过程中的能量转移属于长程的 Förster 能量转移。

另一种以铱为中心原子的红光磷光材料 $Btp_2Ir(acac)$ 近年来也逐渐被人们关注，分子式如图 7-40 所示。$Btp_2Ir(acac)$ 掺杂于蓝光主体材料 CBP 中，最大外量子效率可以达到(7.0±0.5)%。与铂基磷光材料 PtOEP 相比，$Btp_2Ir(acac)$ 具有更短的磷光寿命(4μs)，因而在高电流密度下，其外量子效率将会更高。$Btp_2Ir(acac)$ 的色度非常接近国际显示器标准的饱和红色。

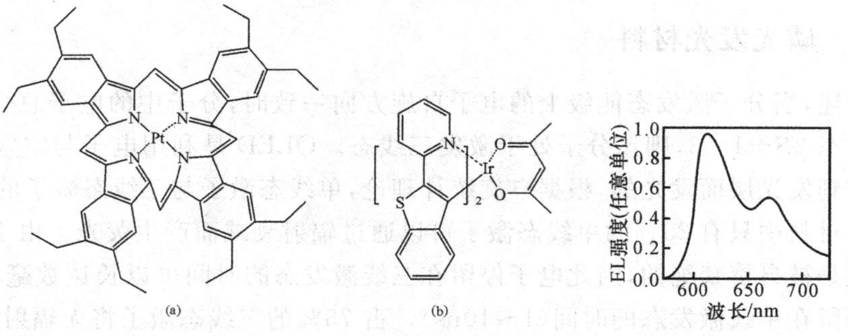

图 7-40　红光磷光材料 PtOEP(a)与 $Btp_2Ir(acac)$(b)的分子结构以及 $Btp_2Ir(acac)$材料的 EL 谱

2. 绿色磷光体材料

2-苯基吡啶铱配合物 $Ir(ppy)_3$ 是最早发现的绿色磷光材料之一，其最大发射波长为 510nm。将 $Ir(ppy)_3$ 掺入蓝光主体材料 CBP 中(见图 7-41)，当 $Ir(ppy)_3$ 的掺杂浓度达到 8.7%时，在 $100cd/m^2$ 的亮度下，器件的外量子效率与功率效率分别可以达到 14.9%和 43.4lm/W。$Ir(ppy)_3$ 材料不仅有较高的量子效率，而且其磷光寿命小于 1μs，使得磷光材料在高驱动电流下饱和几率下降。

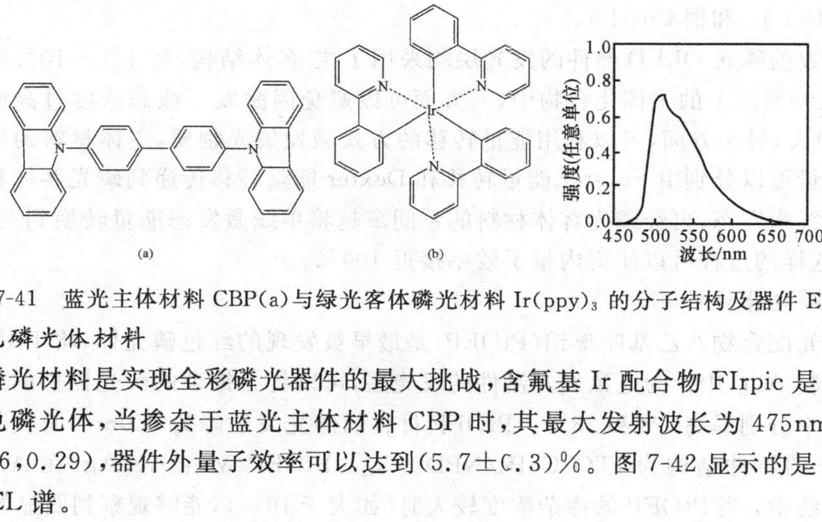

图 7-41　蓝光主体材料 CBP(a)与绿光客体磷光材料 $Ir(ppy)_3$ 的分子结构及器件 EL 谱

3. 蓝色磷光体材料

蓝色磷光材料是实现全彩磷光器件的最大挑战，含氟基 Ir 配合物 FIrpic 是目前商业化最好的蓝色磷光体，当掺杂于蓝光主体材料 CBP 时，其最大发射波长为 475nm，色度坐标 CIE=(0.16，0.29)，器件外量子效率可以达到(5.7±0.3)%。图 7-42 显示的是 FIrpic 的分子结构与 EL 谱。

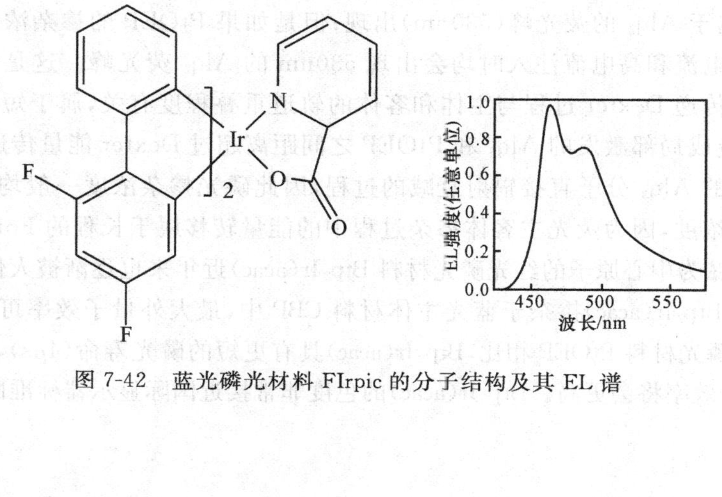

图 7-42　蓝光磷光材料 FIrpic 的分子结构及其 EL 谱

7.4　有机光伏材料

有机太阳能电池，或称有机光伏器件是有机分子，特别是具有离域 π 电子共轭系统的有机分子在光电子领域的另一个重要应用。相比于商用化的无机半导体光伏器件，如非晶硅太阳能电池有机材料，有机材料有许多独特的优势，如低廉的材料合成成本，可以通过真空蒸镀(小分子材料)、溶液旋涂及喷墨打印(聚合物)，甚至是卷轴式生产等方法大面积成膜，制造成本低，且能制成柔性器件。另外，有机薄膜的吸收系数大于 $10^5 cm^{-1}$，有机分子的 LUMO 与 HOMO 之间的能量间隙(类似于半导体带隙)能够通过分子设计、分子裁剪等方法加以调整与优化。虽然目前有机光伏器件的功率转换效率依然远低于无机半导体太阳能电池，且性能还不够稳定，但该领域发展非常迅速。2012 年，德国德累斯顿的 heliatek 公司报道的有机太阳能电池的功率效率已经达到了 10.7%，有机光伏器件将具有重要的应用前景。

7.4.1　有机光伏器件相关物理特性

1. 有机光伏器件的结构

有机太阳能电池的器件采用的是与 OLED 类似的三明治结构，将有机有源层材料夹在两层电极之间所构成，如图 7-43 所示。在玻璃或柔性塑料衬底上的透明导电薄膜作为电极，一般常用 ITO 薄膜，为了改善衬底电极 ITO 的表面质量，经常采用 PEDOT:PSS 对 ITO 进行电极的表面修饰。PEDOT:PSS 的分子结构如图 7-30 所示，在 OLED 结构中有效地充当空穴注入层材料，在有机光伏器件中，PEDOT:PSS 同样能够减少 ITO 表面粗糙度，降低因短路等原因带来的器件恶化概率，同时还能够通过 PEDOT 层的电化学氧化还原反应调整电极的功函数。PEDOT:PSS 是用水作为溶剂的，在多层膜旋涂的过程中不会受到上层材料非水溶剂的攻击。

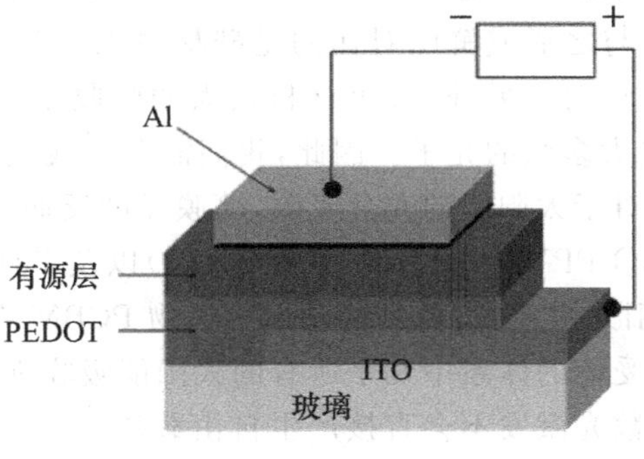

图 7-43　有机光伏器件的结构，其中的有源层可以是多层分立薄膜，也可能是本体异质结结构

有源层(active layer)材料包括电子给体与电子受体，它们可以分别分立成膜，构成双层(bilayers)有源层结构或混合在一起形成一层薄膜，构成本体异质结结构(bulk heterojunction)。根据材料类型，可以使用真空蒸镀或溶液旋涂等方法将有源层沉积在 PEDOT:PSS

层之上。器件最上层的电极采用低功函数的金属材料（如 Al），为了改进金属电极的性能，常常在有源层与上层电极之间蒸镀一层超薄（<1nm）的 LiF 薄膜。LiF 的作用机理目前尚不明确，因为小于 1nm 的最佳厚度往往不能保证 LiF 成连续薄膜，但由于 LiF 的加入，金属的功函数能够得到有效的降低。

目前被广泛使用的电子给体材料是共轭聚合物，如聚苯撑乙烯（PPV）的衍生物 MDMO-PPV，聚噻吩（PT）的衍生物 P3HT 等，而电子受体材料是小分子的富勒烯（buckminsterfullerene，C60）的可溶性衍生物，如 PCBM，聚合物/富勒烯构成的电子给体/电子受体的材料体系是当前有源材料的主流，当前这类太阳能电池文献报道的最高能量转换效率（PCE）为 5%～6%（在 AM1.5，100mW/cm² 模拟太阳光照条件下）。当然有机光伏器件的有源层材料还包括共轭聚合物/共轭聚合物体系与有机/无机复合太阳能电池材料体系等。图 7-44 显示的是最常见的 MDMO-PPV，P3HT 和 PCBM 的分子结构。

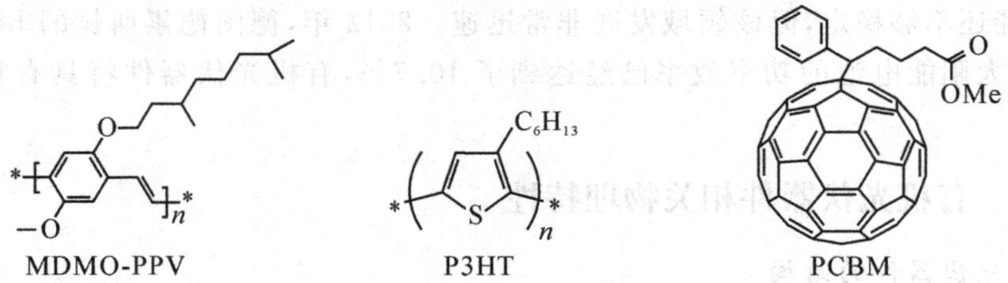

图 7-44 主要的聚合物/富勒烯型太阳能电池材料的分子结构 MDMO-PPV，P3HT 和 PCBM

2. 有机光伏器件的工作原理

有机太阳能电池将光能转化成电能主要包括以下的步骤：有机有源层材料吸收光子后形成激发态，从而产生被束缚的电子空穴对（激子），激子扩散到其被分离成电子与空穴载流子的区域（如电子给体与电子受体的界面处），在那里电子转移给电子受体材料的 LUMO 能级、空穴位于电子给体的 HOMO 能级上，从而实现电荷的分离，然后电子向金属负极传递并被负极所收集，而空穴向 ITO 正极传递并被正极所收集，形成光电流和光电压。

大部分的有机半导体的带隙较宽（>2.0eV，620nm），使得有机半导体材料只能利用整个太阳光谱 30%的能量。与之形成鲜明对比的是硅材料 1.1eV（1100nm）的较窄带隙使之能利用地球上 77%的太阳辐射。另外，有机材料较大的吸收系数（$10^5 cm^{-1}$）使有源层厚度达到 100nm 就能够吸收绝大多数的光子。因此，我们需要寻找较窄带隙的有机材料或者利用能量转移级联结构实现对于太阳能的充分吸收，薄膜厚度反而不是器件性能提高的瓶颈。图 7-45 是有机材料 MDMO-PPV，P3HT，酞菁锌（ZnPc）以及 P3HT 分子的吸收光谱，图中还给出了标准 AM1.5 太阳光谱曲线，可见富勒烯衍生物 PCBM 在可见区的吸收很小，在聚合物/富勒烯构成的给体/受体的体系中几乎所有的太阳能吸收都发生在给体材料中。

有机材料中的绝大多数光激发不会直接产生自由载流子（只有 10%的光激发会直接导致自由运动的电子与空穴），而是产生库仑力束缚的电子一空穴对——激子。而激子的分离需要克服一定的能量，这个能量可以通过外加电场施加，也可以通过给体/受体界面处的势能突变来实现（$E=-\mathrm{grad}\,U$）。由于激子存在一定的寿命，当激子在扩散到界面处实现分离的过程中经历的时间长于其寿命时，激子将在到达界面前通过辐射或非辐射的方式衰减，不能形成有效的光生自由载流子。因此激子“安全扩散”的长度将决定器件中给体与受体之间相分离的长度。由于有机材料中激子扩散长度在 10～20nm 以内，因此常规的电子给体/电

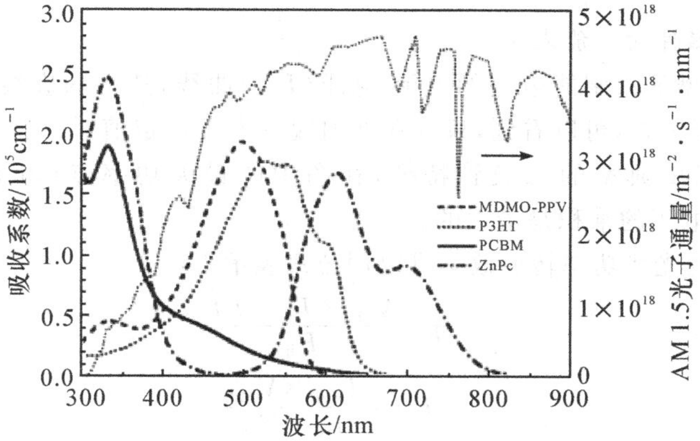

图 7-45　常用的有机太阳能电池材料的吸收光谱与 AM1.5 太阳光谱的对比

子受体双层有源层的膜层厚度将会被严格限制。这将会造成吸收光子数的减少，从而导致较低的量子效率。

近年来发展的本体异质结结构很好地解决了这一问题。所谓本体异质结结构指的是将给体与受体材料共混（blend）在单一层薄膜内，如图 7-46 所示的由链状 MDMO-PPV 分子与球状 PCBM 分子在纳米尺度上相互贯穿形成的网络，共混体系中均相区域的大小在 5～50nm，保证了给体-受体相分离的长度在 10～20nm 范围。同时，本体异质结结构极大地增加了给体与客体之间的界面面积，对于提高器件的效率无疑是非常有利的。

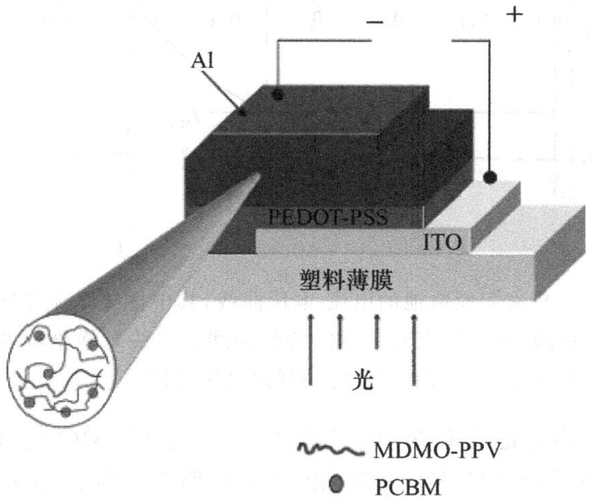

图 7-46　具有本体异质结结构的聚合物太阳能电池

经过界面处分离的电荷载流子需要在其寿命时间内以一定的驱动力到达各自的电极，而由给体材料的 HOMO 与受体材料的 LUMO 之间能量差形成的内建电场驱动了载流子的漂移，而载流子的浓度梯度则驱动了其扩散运动，同时载流子还可能在传输途中经历多种复合。以上因素都会对光生载流子向各自电极的输运产生重要的影响。

最后，电荷载流子还必须通过各自的电极从器件中被提取，ITO 能够匹配几乎所有的共轭聚合物给体材料的 HOMO，而蒸镀的铝电极具有 4.3eV 的功函数也与 PCBM 的 LUMO

能级匹配。

3. 有机光伏器件的性能表征

图 7-47 是典型的太阳能电池的电流-电压(I-V)曲线，其中的虚线代表了没有光照(暗态)时的电流-电压关系，可以看到，只有在外加偏置大于一定值时才会有电流出现。在光照下，I-V 曲线表现出典型的二极管特征，在图中的最大功率点(maximum power point, MPP)处，电流与电压的乘积是最大的。

太阳能电池的光伏功率转换效率可以用公式表示为

$$\eta_e = \frac{V_{OC} \times I_{SC} \times FF}{P_{in}} \tag{7-10}$$

$$FF = \frac{I_{MPP} \times V_{MPP}}{I_{SC} \times V_{OC}} \tag{7-11}$$

式中：V_{OC}为开路电压(opening circuit voltage)，I_{SC}为短路电流(short circuit current)，I_{MPP}和 V_{MPP}分别为最大功率点处的电流及电压值，FF 为填充因子(filling factor)，P_{in}为入射光的功率密度，光源具有标准的 AM1.5 光谱特性，相当于太阳在地球表面入射角为 48.2°时的强度光谱分布，光强归一化为 1000W/m^2。

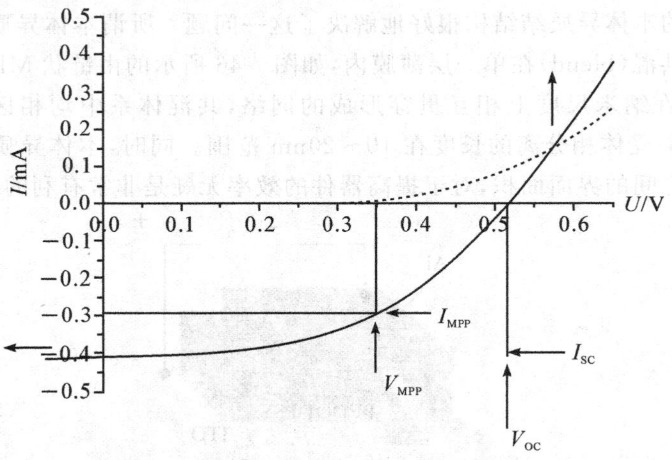

图 7-47　有机太阳能电池的电流-电压曲线，其中虚线是无光照时的特征曲线，实线是有光照时的特征曲线。实线与横坐标及纵坐标的交叉点分别代表了器件的开路电压和短路电流

研究发现，有机太阳能电池的开路电压与给体分子的 HOMO 能级(相当于 p 型半导体的准费米能级)及受体分子的 LUMO 能级(相当于 n 型半导体的准费米能级)差呈线性关系。通过 ITO/给体材料界面处和金属/受体材料界面处的修饰，可以更好地改进电极接触与有机材料之间的能级匹配，也有利于增加器件的开路电压。在本体异质结结构的器件中，V_{OC}还与有源层材料的纳米分散相形貌有很大的关系。

有机太阳能电池的短路电流由光生电荷载流子密度与载流子迁移率的乘积所决定，可表示为

$$I_{SC} = ne\mu E \tag{7-12}$$

式中：n 为电荷载流子密度，μ 为载流子迁移率，e 为电子电量，E 为电场强度。假设本体异质结的光生电荷载流子的产生效率为 100%，则 n 就是单位体积内吸收的光子数。从式(7-12)

得知，对于给定吸收特性的材料而言，器件的短路电流取决于载流子迁移率。载流子迁移率是器件特性而非材料特性，它与有机薄膜的纳米量级形貌有关，而薄膜形貌则取决于制备工艺，如溶剂类型、溶剂蒸发时间、衬底温度、沉积方法等。对于本体异质结结构而言，共混能够导致界面面积的增加，但是同时也会导致纳米形貌的复杂，难以对结构和形貌进行控制与优化。

外量子效率或称入射光子-电流转换效率(incident photon current efficiency，IPCE)是在短路情况下收集的电子数与入射光子数的比例。

$$IPCE=\frac{1240I_{SC}}{\lambda P_{in}} \tag{7-13}$$

器件的填充因子 FF 主要由到达电极的电荷载流子数目所决定，载流子在向电极漂移的过程中，有可能不断被复合，存在着传输与复合之间的竞争。在一定的电场作用下，载流子的寿命 τ 与其迁移率 μ 的乘积决定了该载流子能够无复合跃迁的距离 d。

$$d=\tau\times\mu\times E \tag{7-14}$$

为了获得高填充因子的器件，$\tau\times\mu$ 的值应该尽可能地大。另外，器件的串联电阻和并联电阻值会影响到填充因子，应该优化器件设计，以减小串联电阻，增大并联电阻。

7.4.2　共轭聚合物：富勒烯体系光伏器件

富勒烯(fullerene)是人类发现的除了金刚石与石墨以外的第三类稳定的碳同素异构体。富勒烯包括多种球形、洋葱形和管形全碳笼形分子，C60 是其中的代表物质，它是由 60 个碳原子组成的 32 面体，包含 12 个五边形和 20 个六边形，五边形彼此不连接，只与六边形相连。C60 具有高度对称的结构，所包含的空腔内可以容纳多种原子，是迄今发现的最具圆形的分子。C60 中所有的碳原子都是等效的，每个碳原子都以 sp^2 杂化轨道的形式与周围 3 个碳原子形成 σ 键，剩余的 p 电子轨道垂直于 C60 分子的外围和内腔以形成 π 键，具有独特的三维共轭电子结构。C60 分子以其完美的球形对称结构、三维共轭、活泼的化学反应性和很强的电子亲和势(2.56eV)及还原性而吸引着人们的注意。

在聚合物/C60 形成的混合体系中，C60 常常充当电子受体，其电子迁移率可以高达 $10^{-3}cm^2\cdot V^{-1}\cdot s^{-1}$。在 C60 分子中存在着快速光诱导电荷转移现象，即当共轭聚合物吸收与其带隙能量相当的光能时，产生 $\pi\rightarrow\pi^*$ 能级跃迁。由于聚合物的 LUMO 能级高于 C60 的 LUMO 能级，电子将会从聚合物转移到 C60 分子中，聚合物体系中由于 C60 分子的加入可以增加光电流，也可以对聚合物的荧光有强烈的抑制作用。研究发现，光诱导电荷转移所发生的时间非常快，达到了 1ps 的数量级，其速率比混合体系中激发态的辐射和非辐射跃迁的速率快 1000 倍以上。在由共轭聚合物：富勒烯构成的光伏体系中，C60 所具备的如此快速电荷转移特性将有利于激子的电荷分离，使得电荷分离的效率达到接近 100％的水平，且电荷分离态性能稳定，寿命长，对于减少电子一空穴的复合几率，提高太阳能电池的效率有着重要的意义。

1. PPV 衍生物：PCBM 本体异质结太阳能电池

采用烷氧基取代的可溶性聚苯撑乙烯材料 MDMO-PPV 和可溶性富勒烯衍生物 PCBM(分子结构均见图 7-44)形成互穿网络结构的本体异质结，在模拟太阳光条件下测得的功率转换效率达到了 3.3％以上，是目前得到的转换效率最高的材料体系之一。在 OLED 中重要的 MEH-PPV[见图 7-36(c)]也是重要的电子给体材料，由 MEH-PPV 与 PCBM 组成的本体异质结太阳能电池的能量效率与 MDMO-PPV:PCBM 本体异质结体系差不多。

对于 PPV 衍生物:PCBM 本体异质结太阳能电池的研究发现，电池的性能与共混物中给体和受体的组成、共混物的溶剂等因素有重要的关系。在 MDMO-PPV 与 PCBM 的重量百分比为 1∶4，溶剂为氯苯的混合体系中，AM1.5 测试条件下电池的能量转换效率能够达到 2.5%。当将溶剂替换成甲苯时，发现器件的效率会下降 3 个数量级。研究发现，效率与溶剂的关系是源于器件在纳米尺度上形貌产生了变化，当使用甲苯作为溶剂时，在电子显微镜下观察到旋涂在基板上的 MDMO-PPV:PCBM 混合薄膜表面具有较大的粗糙度，而以氯苯为溶剂的混合薄膜则具有更加光滑的表面，薄膜纳米量级形貌的改进有助于提高载流子的迁移率，从而对于器件的短路电流的提升有很大的帮助。共混物中电子给体与受体的成分比例也会影响到器件的效率，对于 MDMO-PPV:PCBM 体系而言，由于 PCBM 在可见至近红外范围的吸收很小(见图 7-45)，因此混合体系中增加 MDMO-PPV 的比例有助于提高对于太阳光的吸收，同样能够提高光伏器件的能量转换效率。

PPV 衍生物与 PCBM 构成的混合体系材料存在的最大问题在于共轭聚合物的 LUMO 与 HOMO 之间间隙(类似于带隙)太宽，最大吸收波长在 500nm 附近，对太阳光的能量利用率较低。因此，利用分子设计能带工程，合成窄带隙的 PPV 衍生物是这类材料发展的方向。如在分子主链引入交替共聚的电子给体-受体基团是常用的方法之一。将具有强吸电子特性的腈基引入 PPV 分子主链后发现，含腈基的 PPV 分子不仅其带隙变窄，吸收红移，而且无论其 LUMO 还是 HOMO 能级都有所降低，使得材料的抗氧化性和稳定性得到提高，有着调制吸收光谱能级的双重功能。如图 7-48 显示的是一系列分子主链含腈基的 PPV 衍生物的分子结构，其中的(b)分子的光学带隙从不含腈基分子的 1.94eV 降到了 1.55eV。在调整分子带隙与能级位置的同时，还必须兼顾材料体系中载流子的迁移率。因此，改进薄膜乃至器件制备工艺就变得非常重要。

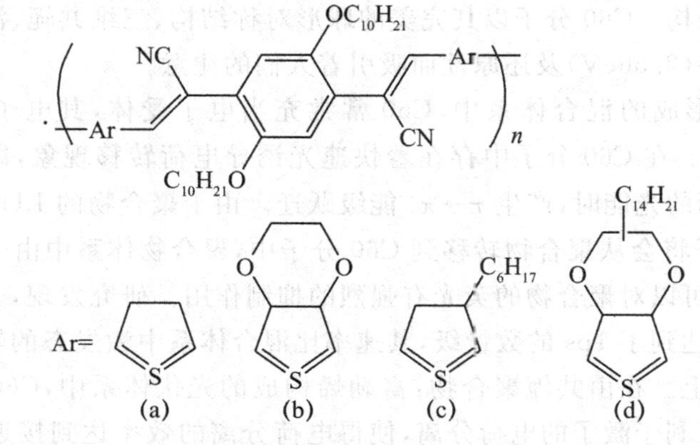

图 7-48　主链含有腈基的 PPV 衍生物的分子结构

2. PT 衍生物：PCBM 本体异质结太阳能电池

在 OLED 中，聚噻吩是重要的空穴传输材料兼荧光材料，同样，聚噻吩衍生物是共轭聚合物/富勒烯共混体系中重要的电子给体材料。具有烷基取代基团，尤其是侧链烷基长度大于 4 个碳原子的烷基取代聚 3-烷基噻吩[poly(3-alkylthiophenes)，P3AT]具有很好的溶解性与可加工特性。己基取代聚噻吩(即侧链碳原子数目为 6 个)P3HT(分子结构见图 7-44)

是目前已经报道的最广泛应用的高效聚合物光伏材料。已基取代聚噻吩 P3HT 分子根据分子主链上取代基的位置可以分成头尾(HT)、头头(HH)和尾尾(TT)结构,如图 7-49 所示,其中具有规整结构的 P3HT 分子(regioregular P3HT, RR-P3HT)具有自组装和结晶的特性,而 P3HT 分子自组装之后的器件其性能与转换效率均会大幅度提高。聚噻吩的区域规整性是器件性能的重要参数,而区域规整性指的是具有头尾(HT)结构的单元在聚合物中所占的比例。具有规整结构的聚噻吩由于重复单元之间的空间位阻(steric)较小,容易得到更好的平面性,因此其有效的共轭长度较非规整的聚噻吩有明显的提高,同时具有较高的载流子迁移率。利用规整 P3HT 作为电子给体,PCBM 作为电子受体构成的具有本体异质结结构的太阳能电池实现了外量子效率超过 75%,能量转换效率高于 5%的优异性能。

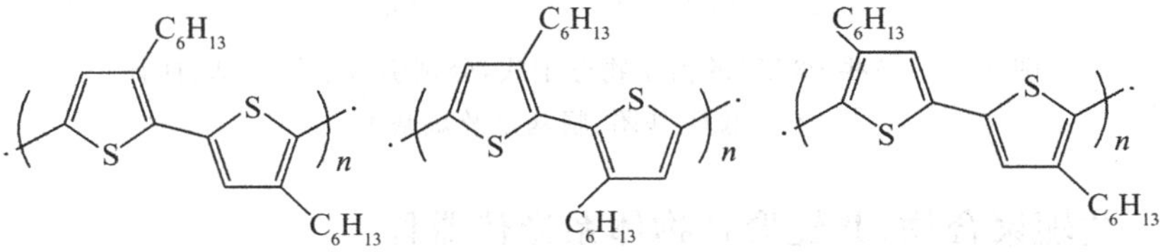

图 7-49　具有 HT,HH,TT 结构的聚噻吩的分子结构

P3HT 分子的分子量大小也与其迁移率有着密切的关系,分子量越大,迁移率则越高,以此分子构成的光伏器件的能量转换效率也越高。另外,在本体异质结结构中,P3HT 的分散度、薄膜制备时的退火工艺等参数都会对器件的性能产生重要的影响。以退火工艺为例,研究发现,将器件在一定的温度下进行退火并同时施加外电场能够有效提高器件的能量转换效率,如图 7-50 所示。外场作用下的退火不仅能够引起聚合物分子的重结晶,增加结构的有序性,而且可以使界面处的缺陷密度与缺陷体积减小,有助于增加体系的空穴迁移率。

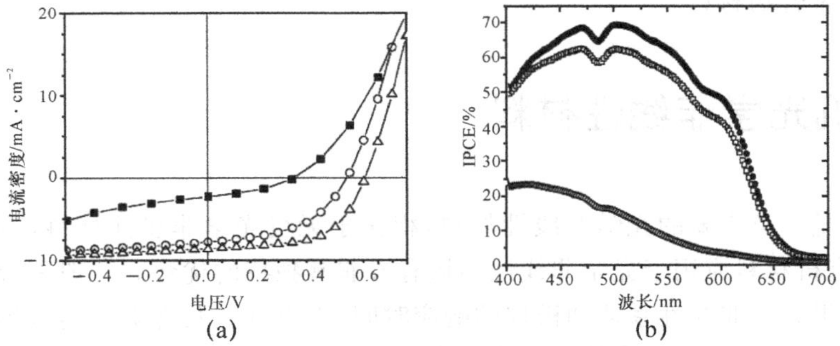

图 7-50　(a)P3HT:PCBM 体系的本体异质结太阳能电池在光照下的电流-电压特性,其中■表示未经热处理的电池,○表示经过退火的电池,而△表示在退火的同时施加电压的电池。(b)P3HT:PCBM 太阳能电池的光电转换效率(IPCE)比较,其中△表示未经热处理的电池,○表示经过退火的电池,●表示在退火的同时施加电压的电池

聚噻吩的性能同样容易受到取代基的影响。聚噻吩分子的带隙和电子能级位置均可以通过引入不同的取代基来进行调节,如边链取代基为烷氧基代替烷基时,其给电子能力会更强,吸收光谱相比于 P3HT 明显红移,但是光伏的能量转换效率变低。这主要是因为其 HOMO 能级过高,与 PCBM 的 LUMO 能级的差较小,直接导致了器件的开路电压过低,同

时，较高的 HOMO 能级能够导致材料的性能变得不够稳定。因此，在调节光谱红移的基础上，还要考虑满足给体-受体之间的能级匹配与稳定性的要求。另外，将具有空间位阻效应的取代基团、具有吸电子的腈基以及具有降低 HOMO/LUMO 能级的炔基等引入 P3AT 的分子中能够有效地调节聚合物的共轭程度，拓宽聚合物的吸收范围，增加聚合物的载流子迁移率，如图 7-51 所示。

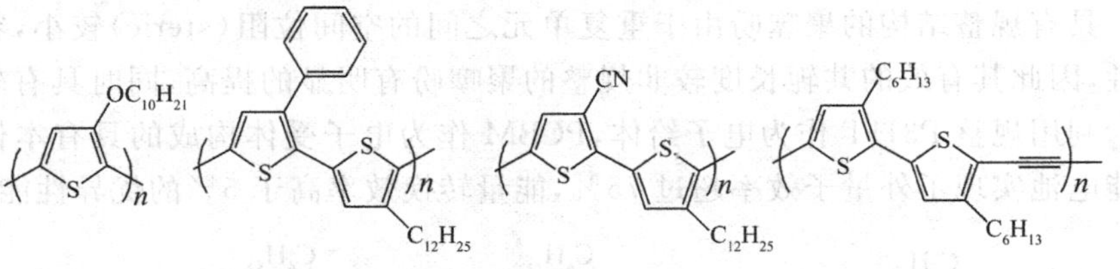

图 7-51　一些 P3AT 的衍生物分子式，分别引入了烷氧基、具有空间位阻基团、腈基以及炔基等

7.4.3　共轭聚合物:共轭聚合物体系光伏器件

与共轭聚合物:富勒烯体系的太阳能电池类似，近年来也报道了许多对于共轭聚合物:共轭体系的聚合物本体异质结太阳能电池的研究结果。到目前为止，在共轭聚合物:共轭聚合物体系的电池上还未取得较高的能量转换效率，但是该体系的一些特点值得人们的注意。首先，两种聚合物的共混体系能够利用两种材料高的光吸收系数和互补的吸收光谱区域来保证对太阳光的充分吸收。其次，可以通过分别调节两种聚合物的分子结构来优化电池的光吸收性能，载流子的传输性能，这比共轭聚合物:富勒烯体系的调节更容易。目前，共轭聚合物:共轭聚合物体系所面临的最大挑战在于要寻找到一种性能稳定的、电子传输效率高的电子受体共轭聚合物材料。

7.5　有机光学非线性材料

有机分子是一类重要的光学非线性材料，相比于无机光学非线性材料，如半导体晶体、硫系玻璃等，有机材料应用于光学非线性领域有着非常独特的优势。一般来说，有机光学非线性材料具有很大的非线性系数和极快的响应时间，由于具有共轭电子离域体系，在强光场作用下，电子云的非对称运动会导致强烈的非线性电子极化过程，与性能最好的无机材料相比，有机物的光学非线性极化率参数要高数个数量级且其瞬态非线性响应时间能够小于 ps（共振非线性），甚至是 fs（非共振非线性）。其次，有机材料的分子设计、结构优化的自由度非常大，能够方便地通过“分子裁剪”技术将所需要的推拉电子功能团接入分子结构中；而且，有机材料特别适合薄膜与波导制造工艺，材料可以是有机单晶、有机-无机单晶、客体生色团-主体聚合物复合体系、聚合物、LB(Langmuir-Blodgett)膜等多种形态。目前，基于有机非线性材料体系的应用已经包括光纤通讯、光计算、成像、动态全息、光开关及数据光存储等多个领域。

7.5.1　有机非线性材料相关物理特性

1. 分子超极化率

在强光场作用下，有机分子中的电荷分布被扰动，分子受到极化，类似于光学晶体部分的描述，在微观的分子尺度上，分子长轴方向的偶极矩 p_i 可以表示为

$$p_i = \mu_0 + \sum_j \alpha_{ij} E_j + \sum_{j,k} \beta_{ijk} E_j E_k + \sum_{j,k,l} \gamma_{ijkl} E_j E_k E_l + \cdots \tag{7-15}$$

式中：μ_0 为永久偶极矩，α_{ij} 为线性极化率，β_{ijk} 和 γ_{ijkl} 分别被称为一级和二级分子超极化率(hyperpolarizabilities)。可以看到 α_{ij}，β_{ijk} 和 γ_{ijkl} 都是张量，满足第 4 章描述的张量特征。微观的分子极化会导致宏观的本体材料的极化，可用式表示为

$$P_I = P_0 + \sum_J \chi_{IJ}^{(1)} E_J + \sum_{J,K} \chi_{IJK}^{(2)} E_J E_K + \sum_{J,K,L} \chi_{IJKL}^{(3)} E_J E_K E_L + \cdots \tag{7-16}$$

该式与晶体的极化强度表示式(5-67)非常类似，P_0 为永久极化强度，$\chi^{(1)}$，$\chi^{(2)}$，$\chi^{(3)}$ 分别为有机材料的宏观线性、二阶非线性、三阶非线性极化率张量。值得注意的是式(7-15)与式(7-16)分别使用了两套坐标体系，前者是微观的分子轴系坐标(x，y，z)，后者是宏观的材料体系的三维坐标(X，Y，Z)。

从张量的性质得知，有机分子如果要表现出二阶光学非线性的效应，即其一级分子超极化率 β_{ijk} 不为 0，由于 β_{ijk} 是一个三阶张量，所以，具有反演中心的对称分子结构中不会存在一级分子超极化率，而在宏观上如果构成材料的各有机分子的排列是无序的，则同样由于宏观结构的各向同性而使得$\chi^{(2)}=0$，二级光学非线性效应被禁绝。所以必须通过电场极化的方式(在 7.5.2 中会详细描述)使得 β_{ijk} 不为 0 的有机分子形成宏观的非中心对称。此时假设分子的永久偶极矩 μ_0 为 z 方向(微观坐标系)，而极化电场的方向为 Z 方向(宏观坐标系)，并假设给定体积的宏观极化率是该体积所有相关分子贡献的总和，则有

$$\begin{cases} \chi_{ZZZ}^{(2)} = N \cdot F \cdot \beta = \langle \cos^3\theta \rangle \\ \chi_{XXZ}^{(2)} = \chi_{YYZ}^{(2)} = \chi_{XZY}^{(2)} = \chi_{YZY}^{(2)} = \chi_{ZXX}^{(2)} = \chi_{ZYY}^{(2)} = \dfrac{1}{2} N \cdot F \cdot \beta \langle \cos\theta \sin^2\theta \rangle \end{cases} \tag{7-17}$$

式中：N 为单位体积内具有超级极化率的分子数目，F 为局域场效应的矫正因子，θ 为分子的永久偶极方向 z 和材料极化电场方向 Z 的夹角，括号表示了由取向分布函数获得的所有分子的平均取向。要获得较大光学非线性效应的有机材料，必须获得分子结构与一级、二级分子超极化率之间的关系，如 π 电子的离域化程度、取代基团的种类及推拉电子的能力，同时考虑分子的宏观排布和取向对结构对称性的影响。

2. 有机材料的非共振光学非线性效应

在光学非线性介质中，高强度的入射光改变了材料复折射率的实部与虚部，其中折射率实部的非线性响应能够有效地调制光的相位，而虚部的非线性响应能够对材料的吸收产生影响。根据入射光的频率与材料吸收的关系，可以将光学非线性效应分成共振响应(resonant response)及非共振响应(non-resonant response)。所谓共振响应的光学非线性效应，指的是入射光的频率落在光学非线性材料的吸收区域，而材料的吸收是源于带间跃迁过程或共轭链的振动模式所致。非共振响应的光学非线性效应，指的是入射光位于光学非线性材料的透明区域，在该区域不会产生对于入射光子的单光子吸收。由于在不同的光谱区域光学非线性的起源及机理不同，有机材料的光学非线性响应的方式也会表现出很大的差异，

与材料相关的器件应用范围也会不同。

非共振的光学非线性由于发生在有机材料的透明光谱区域，其光学非线性源于强光场作用下共轭离域体系电子云的扰动与非线性畸变，在 fs 的响应时间内会产生相比于共振响应较弱的非线性折射率变化及非线性吸收变化，而吸收的变化是由于体系中出现的多光子吸收效应。此时材料的复数折射率可以用上一章的式(6-75)来描述。

$$n=n_0+n_2I-\mathrm{i}\frac{\lambda}{4\pi}(\alpha_0+\alpha_2I) \tag{6-75}$$

其中非线性折射率及非线性吸收分别与 $\chi^{(3)}$ 的实部及虚部对应，即

$$\begin{cases} n_2=\dfrac{1}{cn_0^2\varepsilon_0}\dfrac{3}{4}\mathrm{Re}[\chi^{(3)}] \\ \alpha_2=\dfrac{-\omega}{c^2n_0^2\varepsilon_0}\dfrac{3}{2}\mathrm{Im}[\chi^{(3)}] \end{cases} \tag{6-76}$$

由于非共振的光学非线性响应时间非常快，通常也称为超快响应(ultrafast response)，经常应用于光信号处理器件等方面。对于超快响应应用的材料，有以下要求。

(1)材料非线性效应的激发时间必须比激励光的脉冲宽度短。

(2)材料被激发及弛豫的时间之和必须比脉冲间隔短。

(3)相比于非线性折射效应，材料的线性吸收效应必须足够弱，即

$$W=\frac{|\Delta n|}{\alpha_0\lambda}>1 \tag{7-18}$$

(4)相比于非线性折射效应，材料的非线性吸收效应必须足够弱，即

$$T=\frac{\alpha_2\lambda}{n_2}<1 \tag{7-19}$$

因此，综合了式(7-18)与式(7-19)，对于非共振光学非线性效应，定义了以下的优值作为材料在超快应用的依据。

$$F=\frac{|\Delta n|}{\alpha_{\mathrm{eff}}\cdot\lambda}>1 \tag{7-20}$$

式中：α_{eff} 为材料在给定光强的激励光作用下所引起的有效吸收系数。

3. 有机材料的共振光学非线性效应

如前所述，当激励光的频率落在有机材料的吸收区域时，就会产生共振的光学非线性效应，材料的有效吸收 α_{eff} 会产生很大的变化。当材料中的原子吸收光子后，会带间跃迁到激发态能级，而从激发态能级弛豫到初始能级需要一定的时间，在此时间间隔内，该原子无法继续吸收光子。如果激励光足够强，那么整个材料体系的吸收将会达到饱和，出现"饱和吸收"(saturable absorption)的现象。在非均匀展宽(inhomogeneously broadened)的介质中，饱和吸收效应会导致激励光频率处有效吸收的下降，从而产生的"烧孔"效应，在数据光存储领域有重要的应用。

饱和吸收效应会导致材料的有效吸收与激励光强度相关，即

$$\alpha_{\mathrm{eff}}(I)=\frac{\alpha_0}{1+I/I_s} \tag{7-21}$$

$$I_s=\frac{\Delta E}{\sigma\tau} \tag{7-22}$$

式中：I_s 为饱和光强，定义为在较低激励光强下使材料的线性吸收下降到一半时的激励光强

度，饱和光强和基态与激发态能量差 ΔE，基态吸收截面 σ，激发态寿命 τ 紧密相关。

除了吸收系数的巨大变化，在有机材料中共振的光学非线性效应还能够带来折射率的巨大变化，其中频率在材料吸收区及吸收边附近的光激励会导致分子结构产生变化，如属于光化学过程的光致顺式-反式异构化反应能够导致偶氮苯染料分散红 1(disperse red 1)在 $\lambda<590$nm时折射率变化达到了 0.1。如图 7-52 所示，在激励光作用下，分散红 1 分子中连接施主与受主基团的两个碳原子之间的距离由于结构的变化由反式的 0.9nm 减小到顺式的 0.55nm，从而造成分子偶极矩的剧烈变化，减少了材料的极化率，导致吸收区域负的折射率变化。

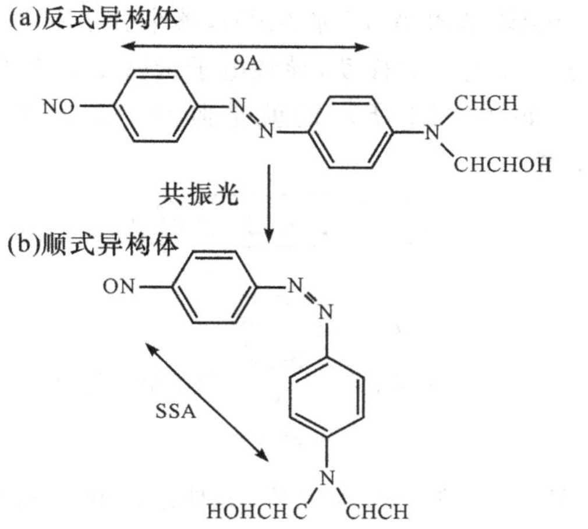

图 7-52　偶氮苯染料分散红 1 的光致反式-顺式异构化反应的结构变化，由于分子构型的变化，导致了较大的光学非线性效应

图 7-53 显示的是具有单一吸收共振区的有机材料在不同的光谱区域的光学非线性响应，包括折射率、线性吸收系数、非线性吸收系数以及非线性优值 F 的变化。在共振区域以及双光子吸收区域，材料表现出了非常大的折射率变化，尤其是吸收峰附近，折射率变化可

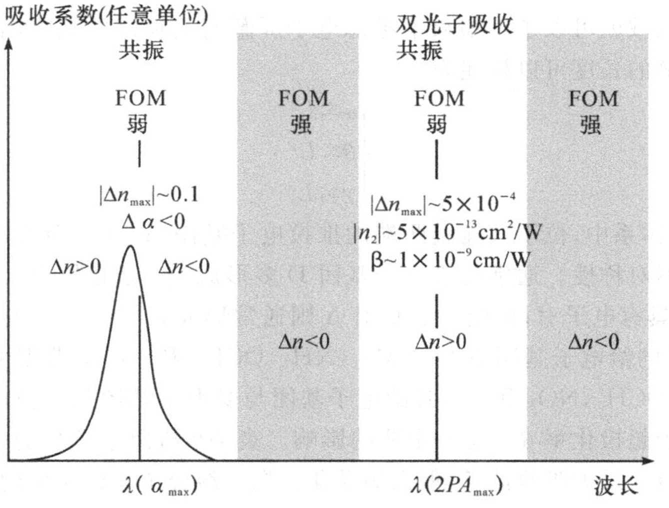

图 7-53　具有单一吸收共振区的有机材料的光学非线性效应与光子频率的关系

以达到 0.1 左右。在吸收峰附近，折射率的变化经历了符号的改变，由于存在线性吸收，因此共振区的材料优值较低；在双光子吸收区，由于存在较强的非线性吸收，材料在此频率范围内的优值也会较低；在透明的非共振区域，虽然折射率的变化较小，但是材料的优值较大，而且具有超快的非线性响应时间，所以获得了广泛的应用。

7.5.2 二阶有机光学非线性材料

1. 分子设计

要获得较大一级分子超极化率 β 的有机分子，需要分子结构中具有用共轭 π 系统连接的电子给体基团 D 和电子受体基团 A(简称 AπD)，整个分子在非共振波长激励光的作用下会造成几乎同步的整个分子 π 电子的移动，导致电子云密度呈现不对称的变化，以此产生强烈的和快速的极化效应。如图 7-54 所示的就是典型二阶光学非线性材料对-硝基苯胺(*p*-nitroaniline)的分子模型。

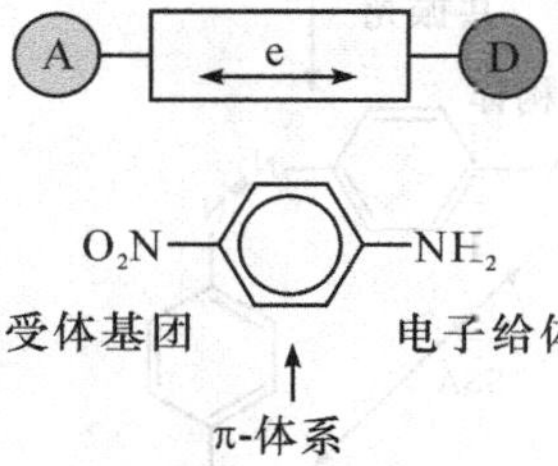

图 7-54 典型的二阶光学非线性分子的结构模型

在对-硝基苯胺的分子中，苯环分子构成了共轭 π 系统，氨基(—NH_2)是给电子基团，而硝基(—NO_2)是受电子基团。有机分子的 π 共轭链长度与光学非线性极化率有着紧密的联系，同时也与有机分子的光学透明波长范围密切相关。较长的共轭链会导致较大的一级分子超极化率 β，但同时可能会减少被允许的光学跃迁能量。因而在光学非线性系数与光学透明区域这两个重要的参数之间必须作出折中选择。长共轭链同时窄透明范围的有机分子往往不太适合应用于频率转换的场合，但对于电光调制的应用来说就不太受影响，只要入射光位于材料的透明区域就可以了。如果不考虑电子屏蔽与共轭链的缺陷，有机分子的分子超极化率与其共轭链的长度可以描述为

$$\begin{cases} \alpha \propto L^3 \\ \beta \propto L^3 \\ \gamma \propto L^5 \end{cases} \tag{7-23}$$

在 AπD 分子体系中，位于共轭链两端的推拉电子基团 A 和 D 会增加分子在基态与激发态电子分布的不对称性。通常的给电子基团 D 多形成 sp^3 杂化轨道，具有更多 p 轨道特征，p 轨道上通常具有电子对；而受电子基团 A 则通常形成 sp^2 或 sp 杂化轨道，具有更多的 s 轨道特征。常见的给电子基团有 O，NMe_2，NH_2，OCH_3 和 CH_3，典型的受电子基团包括 CN，CF_3，CHO，$COCH_3$，NO_2 和 N_2，各给电子基团与受电子基团的推拉电子力的大小对有机分子的一级分子超极化率 β 值有着重要的影响。表 7-9 给出了常见的一些溶于氯仿溶剂中的 AπD 分子结构、最大吸收波长，偶极矩及非共振一级分子超极化率的数据。

表 7-9　一些溶于氯仿中的有机分子的二阶光学非线性特性

分子结构	最大吸收波长 λ_{max}/nm	偶极矩 μ/Debye	一级分子超极化率 $\beta/10^{-30}$esu
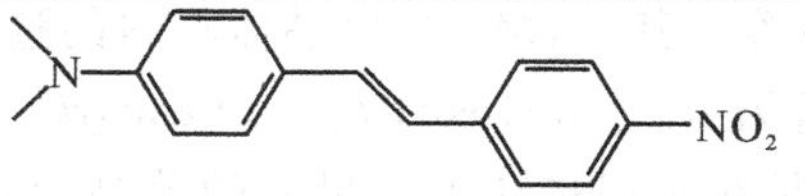	438	6.7	81.3
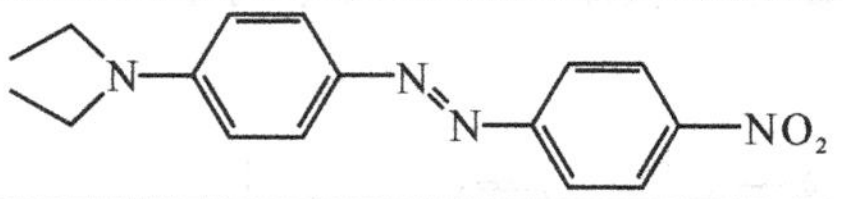	494	8.0	95.2
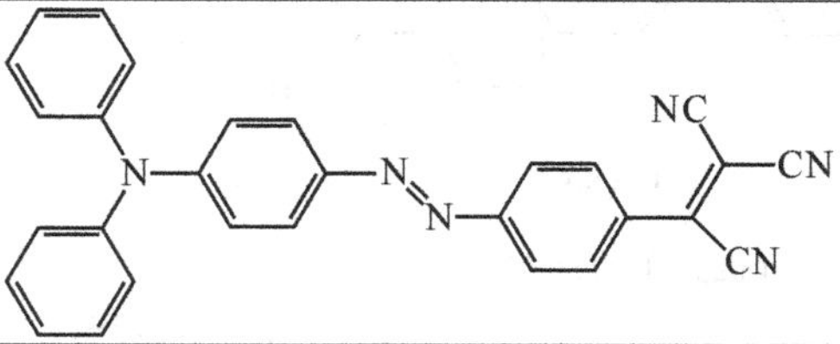	602	7.1	259
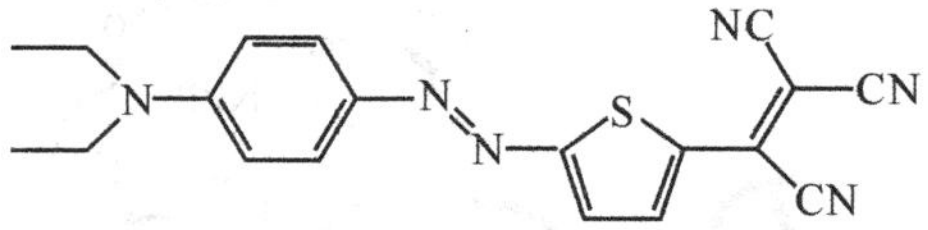	698	10.4	359
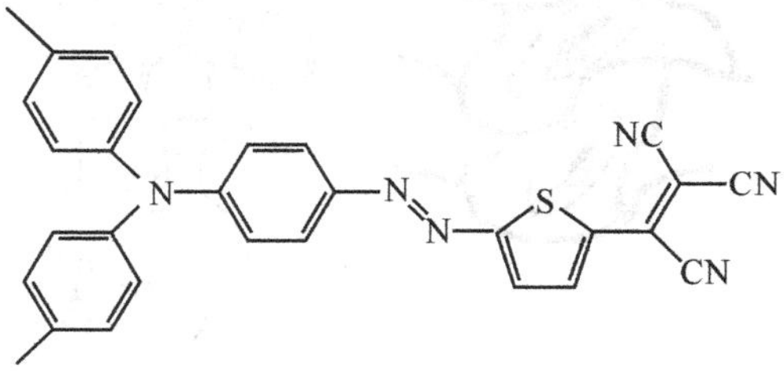	680	8.3	479

在众多的有机二阶光学非线性材料中，尿素[urea，$CO(NH_2)_2$]晶体显得非常特别，因为尿素分子是少数不含 π 共轭电子系统的有机非线性分子。虽然尿素的非线性系数不算很大，但是由于它在短波长光谱范围的高透明性(其透明区域可以延伸到 200nm)而成为具有潜在应用价值的紫外二阶非线性材料。另外，尿素晶体具有较大的双折射效应，该特性能够帮助尿素在倍频产生(SHG)以及混频的应用过程中具有优异的相位匹配(phase matching，PM)性能。

2. 有机材料的宏观取向

由于二阶光学非线性极化率是三阶张量，只能存在于一些宏观上不具有中心对称的材料内，因此，虽然构建的有机生色团具有非对称的 AπD 结构以及较大的一级分子超极化率 β 值，如果以这些生色团构成的材料在宏观上无法表现出非中心对称的有序结构，则仍然不具有二阶光学非线性效应。另外，满足实用需要的二阶光学非线性有机材料还必须具有易处理、易成膜，热稳定性与化学稳定性好等优点。

目前被人们广泛关注的有机二阶光学非线性材料包括：有机晶体，由 AπD 分子生色团分子与聚合物形成的主-客体结构，由主链或者侧基带有 AπD 基团的聚合物构成的单一聚合物体系。

有机单晶材料由于具有晶体结构，生色团分子排列紧密且长程有序，其宏观二阶非线性系数较大，材料有非常高的聚集密度及非常优良的光化学稳定性和光学质量。目前被人们关注的有机单晶包括图 7-55 所显示的分布芳香族（distributed aromatic molecules）的 2-甲基-4-硝基苯胺（MNA）、二苯乙烯族（the stilbene family）的 4-二甲基氨基-4′-硝基二苯乙烯（DANS）以及吡啶类（the pyridine family）有机晶体等。其中，MNA 单晶体材料的透明区域为 0.48～2.0μm，晶体的非线性极化率张量的分量为 $d_{11}=394$esu，$d_{12}=59$esu，$d_{31}=d_{13}=d_{33}=10^{-3}d_{11}$。有机单晶应用于实际的最大障碍还是在于很难获得大尺寸的单晶，晶体的可加工性以及机械性能还不容易达到实用的要求。

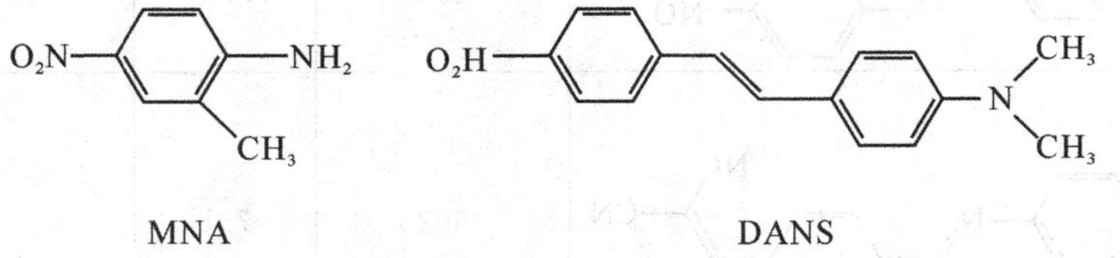

图 7-55 MNA 与 DANS 有机分子的结构

AπD 分子生色团也能够通过主客体的方式与主体材料形成固体溶液，此时分子生色团可以插入主体材料如沸石（zeolite）、环糊精（cyclodextrins）或二氧化硅（silicates）的空腔内，这些生色团分子通过利用主体分子内部存在的氢键或强烈的库仑相互作用力来形成头尾规则排列的宏观非线性材料，如图 7-56 所示，氢键诱导取向的 NPP[*N*-(4-nitrophenyl-(*L*)-prolinol]分子构成的材料在 1.06μm 处测得的非线性系数可以高达 $\chi^{(2)}=3\times10^{-8}$esu。

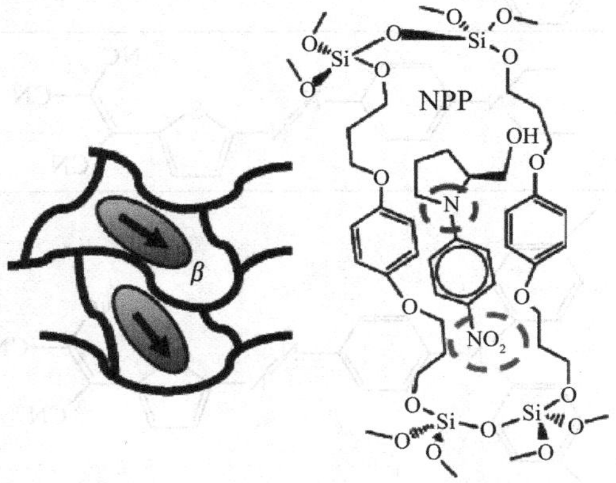

图 7-56 由氢键诱导头尾有序排列的插入型有机二阶非线性材料 NPP 主客体结构

Langmuir-Blodgett（LB）技术和分子自组装（self-assembly）技术均是有效制备单一取向、密堆积、可控厚度的薄膜制备技术，特别适合用以制备不具反演对称中心的有机非线性薄膜，如图 7-57 所示，将有机分子的头部或尾部带上亲水（hydrophilic）或疏水（hydrophobic）的特性。在 LB 制备薄膜的过程中，由于有机分子的头尾带有亲水或疏水的选择性，因此每一次都能在衬底上垂直组装单层有序均匀的薄膜，多次组装能够有效精确地控制厚度。当然，也可以直接利用分子共价键的相互作用，在衬底上直接进行分子自组装，而获得高度有序、机械性能优异的二阶非线性有机材料。

对于单一聚合物材料而言，材料的特点是将生色团直接接入聚合物分子的主链或侧链，由于分子设计的多样性、灵活性以及聚合物具有的可加工性、稳定性等突出的优点，聚合物二阶光学非线性材料在目前的应用是最广泛的。要将样品中的 AπD 基团以非中心对称的方式达到最佳取向，最普通的方式是将玻璃态的聚合物薄膜进行极化（poling）。极化过程是对于非线性分子施加定向的外部激励，如外加电场、磁场或光场。通过极化，可以使分子的偶极矩沿样品的宏观极化方向进行取向。极化通常在聚合物的玻璃化转变温度 T_g 的附近进行，此时聚合物链具有一定的活动性，电场极化可以通过电极极化或电晕极化获得，极化后的样品其非中心对称的宏观有序性可以在 T_g 温度以下保留很长的时间。

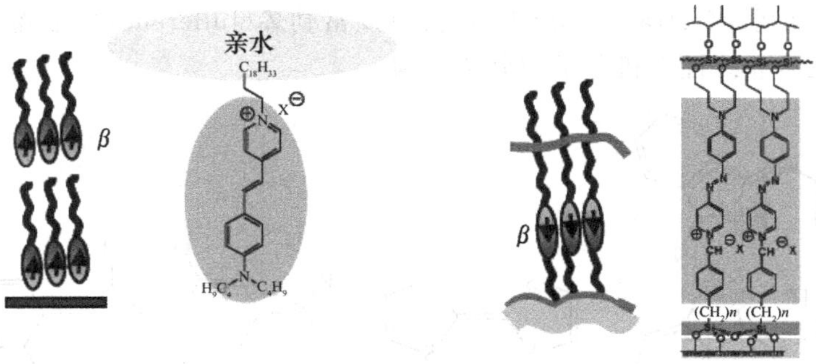

$\chi^{(2)}$: 50pm/V(1.06μm)　　$\chi^{(2)}$: 150pm/V(1.06 μm)

图 7-57 采用 Langmuir-Blodgett 与分子自组装技术获得的多层有序二阶光学非线性薄膜的过程

7.5.3 三阶有机光学非线性材料

1. 有机化合物

具有 π 电子离域体系的有机分子同样是性能优异的三阶光学非线性材料，与二阶非线性材料不同的是，无论是微观分子层面上的二级分子超极化率张量 γ_{ijkl} 还是宏观材料层面上的三阶非线性极化率张量$\chi_{ijkl}^{(3)}$都是四阶张量，对于有机分子没有非对称性的要求，对于材料也没有取向性的要求，能够存在所有的晶态及非晶态材料体系中。

与二阶光学非线性有机材料的分子设计要求类似，π 电子离域度、共轭链长度及功能团类型均会影响到有机分子的二级分子超极化率 γ 与分子的光学带隙。在一维分子构型的情况下，当更多芳香族单元接入 π 共轭的分子骨架(backbone)中时，一方面如式(7-23)描述的 γ 值随链长以五次方的形式迅速增加，另一方面分子的光学带隙会变窄，导致透明光谱区域的缩小。主链上的功能团对于 γ 值的影响也非常大，在分子骨架上引入双键或其他富含 π 电子的基团，如将含杂原子 S 的基团引入 π 共轭系统中有助于增加分子的电子离域度，因为 S 原子不仅具有空的 d 轨道，而且在分子结构中能够释放空间位阻，这两种因素对于增加分子 γ 值都有贡献。含 S 元素的芳香族分子如噻吩比含 O 或 N 的芳香族分子具有更大的三阶光学非线性极化率。有机分子的结构多维性同样对于提高非线性超分子极化率是有益的，如具有二维共轭结构的分子比一维结构分子能多增加三阶非线性效应，同时又不会缩小光学透明的区域。在三阶光学非线性有机化合物的设计过程中，分子的大非线性极化率与宽透明光谱区域是该材料在非共振领域应用的必要条件。

三阶光学非线性有机化合物的另一个重要应用是作为共振型的饱和吸收体，一些在可见光到近红外区有强烈单光子吸收的青色素染料(cyanine dyes)具有单线态与三线态能级体系，它们在激励光的作用下，基态粒子被激发到单线激发态，由于受到主体材料的环境影响，很有可能发生如图 7-10 显示的粒子带间窜越(intersystem crossing)至最低三线激发态。从三线激发态回到基态的时间由此激发态的寿命所决定，根据式(7-21)与式(7-22)，染料分子较长的三线态存在时间(甚至可以长至 0.1～1s)决定了材料的饱和吸收强度 I_s 较小，从而导致了非常大的强度相关吸收系数变化。饱和吸收体的这种性能，使之在光放大、激光系统的调 Q 以及光信息存储等方面得到很好的应用。

目前受到关注的三阶光学非线性有机分子包括酞菁(phthalocyanine)类、青色素染料

(cyanine)、四硫富瓦烯(tetrathiafulvalene)类以及富勒烯(fullerene)衍生物等，图 7-58 给出了一些典型的三阶非线性有机分子的分子结构。

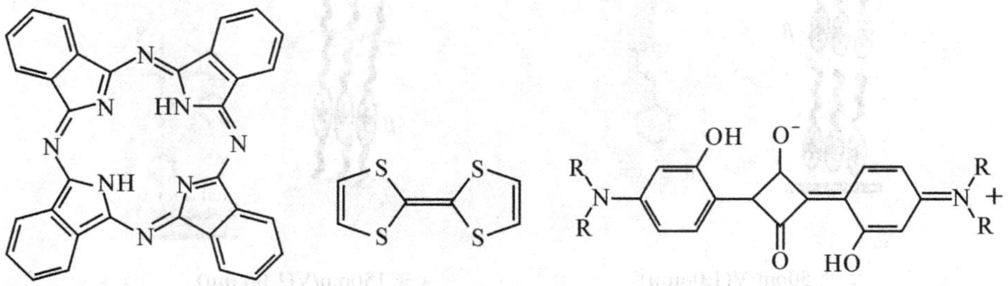

图 7-58　酞菁、四硫富瓦烯以及方酸(squarylium)染料的分子结构，这些有机分子溶于溶剂中或掺杂至聚合物内能够表现出优异的三阶光学非线性性能

2. 聚合物

三阶光学非线性聚合物材料包括 π 共轭的聚合物聚乙炔(polyacetylene，PA)、聚双炔(polydiacetylene，PDA)、聚芳撑乙烯(polyarylene Vinylene，PV)、聚噻吩(polythiophene，PT)和 σ 共轭的聚合物聚硅烷(polysilane)等。表 7-10 列出的是一些典型的聚合物三阶光学非线性材料的化学结构及用三次谐波方法测得的材料三阶非线性极化率数值。

表 7-10　用三次谐波的方法测试的聚合物材料的三阶光学非线性极化率

聚合物分子结构	名称及缩写	$\chi^{(3)}$ /esu	λ/nm	备注
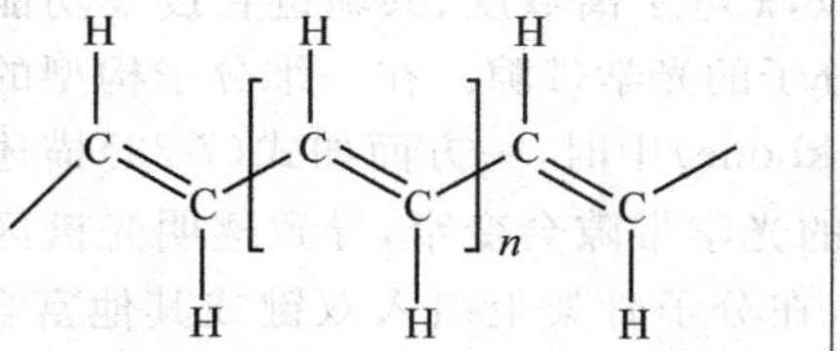	*trans*-PA：反式聚炔	5.6×10^{-9}	1907	非晶膜
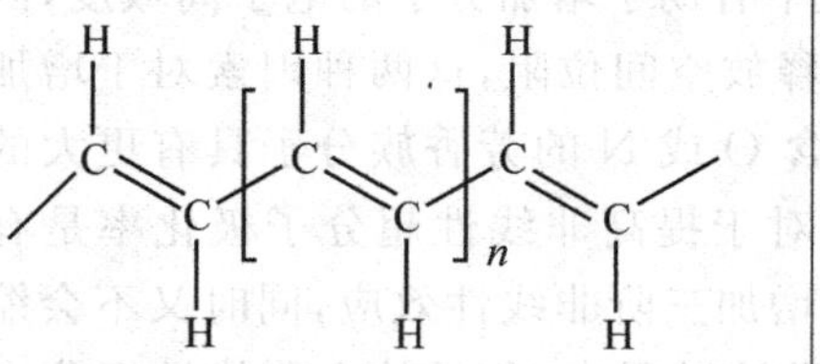	*trans*-PA：反式聚炔	2.7×10^{-8}	1907	取向膜
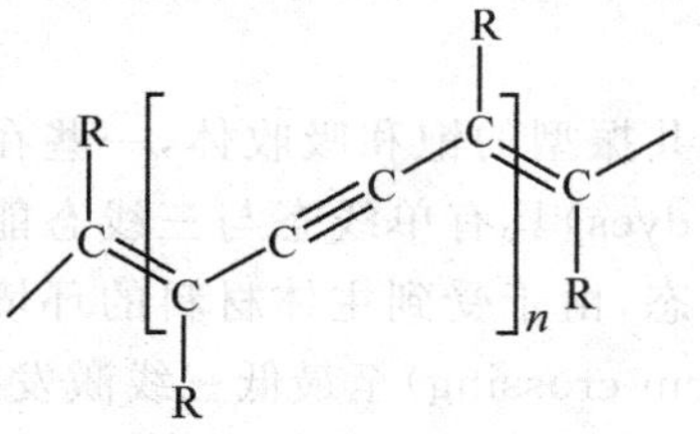 R：—$(CH_2)_4$—O—CO—NH—$(CH_2)_3$—CH_3	PDA-C_4UC$_4$：聚 5，7-十二烷二炔-1，12-二醇-二(正丁氧酰甲基氨基甲酸)	2.9×10^{-10}	1907	取向膜

续表

聚合物分子结构	名称及缩写	$\chi^{(3)}$/esu	λ/nm	备注
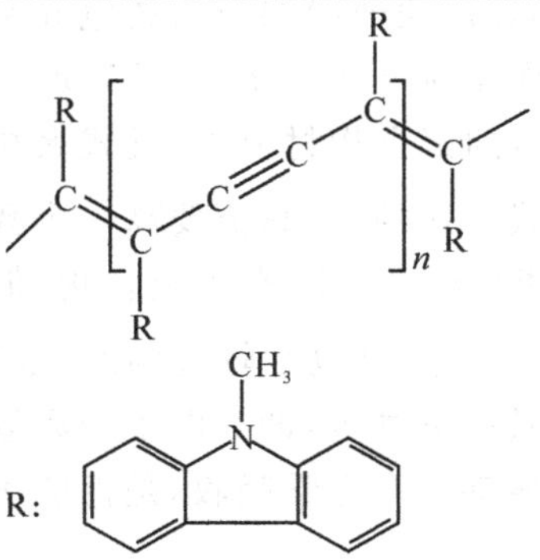	PDA-CH：聚 1，6-二-(N-咔唑基)-2,4-己二炔	1.0×10^{-10}	1907	
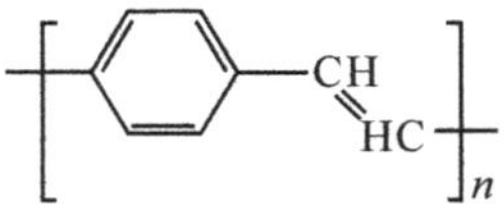	PPV：聚对苯基乙烯基	1.4×10^{-10}	1450	非晶膜
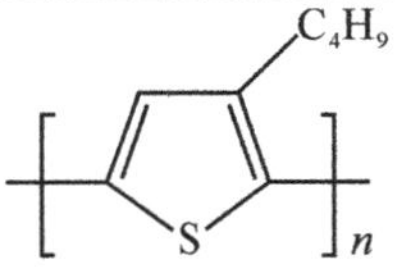	PBT：聚 3-丁基噻吩	2.9×10^{-11}	1907	纺成的膜
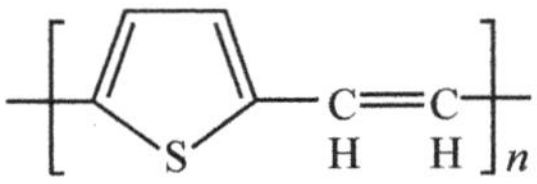	PTV：聚 2,5-亚噻吩亚乙烯基	3.2×10^{-11}	1850	
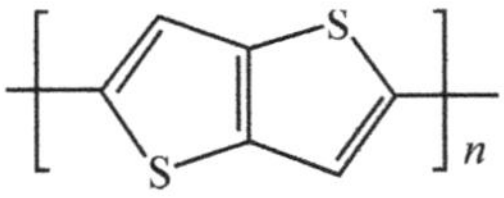	PTT：聚噻吩-3,2-并噻吩	2.0×10^{-11}	1907	非晶膜
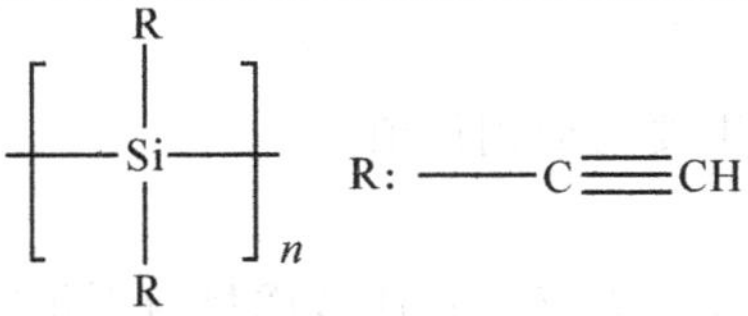	PDES：聚二乙炔基硅烷	3.0×10^{-9}	620	
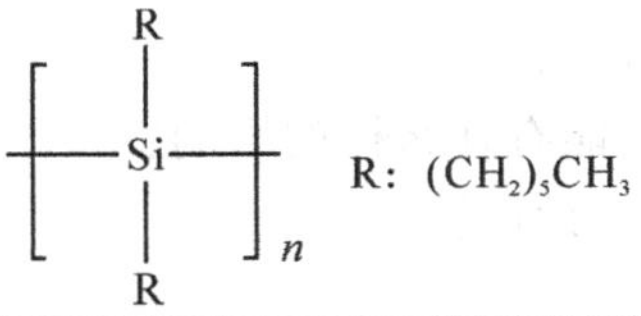	PDHS：聚二-正-己基硅烷	1.0×10^{-11}	1064	
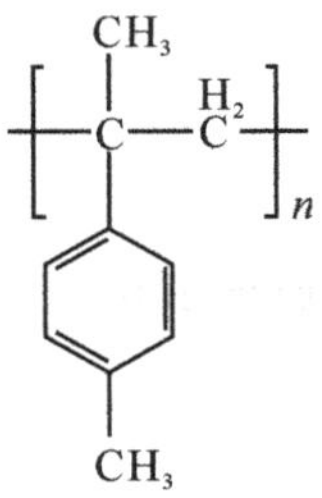	PVT：聚乙烯基甲苯	3.0×10^{-14}	1907	

聚炔是非常重要的聚合物三阶非线性材料，其结构式为$(C_2H_2)_n$，存在顺式聚炔（*cis*-polyacetylene）和反式聚炔（*trans*-polyacetylene）两种结构。聚炔以及聚双炔都是非常出色的导电聚合物，掺杂碘的聚炔被发现具有金属的特性，顺式的聚乙炔薄膜掺杂后的电导率可以高达10^5 S/cm，达到了金属的水平。聚双炔还是一种性能优异的导电高分子，图7-59是顺式、反式聚炔及聚双炔的分子结构。从表7-10可看出，在众多的聚合物材料中，反式聚炔与聚双炔具有最大的三阶光学非线性极化率，而反式聚炔比顺式聚炔的$\chi^{(3)}$数值要高一个数量级。聚对亚苯基、聚对亚苯基乙烯、聚噻吩的衍生物都是性能较好的三阶有机聚合物，但光学非线性活性不如聚炔与聚双炔。值得注意的是，聚硅烷及其衍生物也有较大的$\chi^{(3)}$数值，由于聚硅烷的分子结构中不存在π电子，其非线性来源于硅链的σ共轭，即σ电子的离域化所致。由于不存在π电子态，聚硅烷类材料在整个可见光区域都没有光学吸收，是性能优异的非共振型三阶光学非线性聚合物。

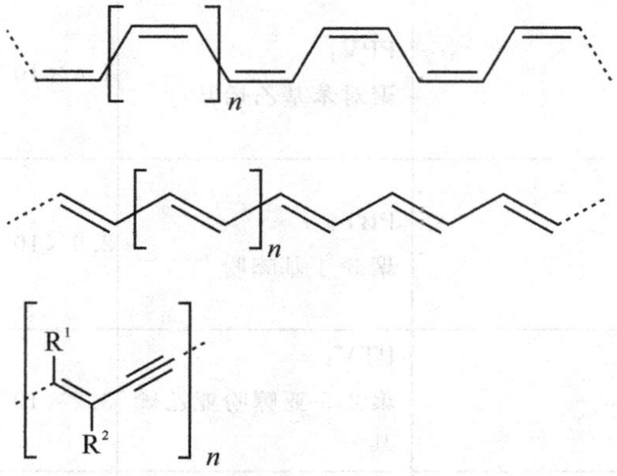

图7-59　顺式聚炔、反式聚炔以及聚双炔的分子结构

思考题

1. 具有共轭结构的有机分子为什么能够在光电子领域有重要的应用价值？
2. 有机光电材料的载流子运动有什么特点？
3. 与光学玻璃相比，光学塑料在光学性能、机械性能及热性能等方面有什么优势与不足？
4. OLED器件的各部分结构对材料有什么样的要求？试举例说明。
5. 什么是有机太阳能电池的本体异质结结构，该结构对器件性能有什么样的影响？
6. 什么是有机材料的非共振光学非线性效应与共振光学非线性效应？

参考文献

[1] 陈金鑫，黄孝文. OLED有机电致发光材料与器件. 北京：清华大学出版社，2007.
[2] 董建华. 有机光电材料研究进展. 自然科学进展，2000，10(7)：607－614.
[3] 费逸伟. 有机及高分子非线性光学材料合成结构与性能研究. 长沙：国防科技大学出版社，2010.
[4] 何有军，李永舫. 聚合物太阳电池光伏材料. 化学进展，2009，21(11)：2303－2318.
[5] 黄春辉，李富友，黄维. 有机电致发光材料与器件导论. 上海：复旦大学出版社，2005.
[6] 张正华，李陵岚，叶楚平，杨平华. 有机太阳能电池与塑料太阳能电池. 北京：化学工业出版社，2006.

[7] 郑武城，安连生，韩娅娟，等. 光学塑料及其应用. 北京：地质出版社，1993.

[8] 邹应萍，霍利军，李永舫. 共轭聚合物发光与光伏材料研究进展. 高分子通报，2008，2008(8)：146－173.

[9] Akcelrud L. Electroluminescent polymers. Prog. Polym. Sci.，2003，28：875－962.

[10] Bao Z. Printable organic and polymeric semiconducting materials and devices. J. Mater. Chem.，1999，9：1895－1904.

[11] Basu S. A review of nonlinear optical organic materials. Ind. Eng. Chem. Prod. Res. Dev.，1984，23：183－186.

[12] Baumer S. The handbook of plastic optics. 2[ed] edition. Weinheim：Wiley-VCH，2010.

[13] Brabec C. J.，*et al*. Plastic solar cells. Adv. Funct. Mater.，2001，11(1)：15－26.

[14] Bredas J. L.，Adant C.，Tackx P.，*et al*. Third－order nonlinear optical response in organic materials：Theoretical and experimental aspects. Chem. Rev.，1994，94(1)：243－278.

[15] Bredas J. L.，Silbey R. Conjugated polymers：The novel science and technology of highly conducting and nonlinear optically active materials. Amsterdam：Kluwer Academic Publishers，1991.

[16] Burroughes J. H.，Jones C. A.，Friend R. H. New semiconductor device physics in polymer diodes and transistors. Nature，1988，335：137－141.

[17] Burroughes J. H. *et al*. Light-emitting diodes based on conjugated polymers. Nature，1990，347：539－541.

[18] Cao Y.，*et al*. Improved quantum efficiency for electroluminescence in semiconducting polymers. Nature，1999，397：414－417.

[19] Cao Y.，Yu G.，Parker I. D.，*et al*. Ultrathin layer alkaline earth metals as stable electron-injecting electrodes for polymer light emitting diodes. J. Appl. Phys.，2000，88(6)：3618－3623.

[20] Chang M. C.，Meng H. F. Resonant optical nonlinearity of conjugated polymers. Phys. Rev. B，1997，56(19)：12277－12284.

[21] Chen H. Y，*et al*. Polymer solar cells with enhanced open－circuit voltage and efficiency. Nature Photon，2009，3：649－653.

[22] Cheng Y. J.，Yang S. H.，Hsu C. S. Synthesis of conjugated polymers for organic solar cell applications. Chem. Rev.，2009，109(11)：5868－5923.

[23] Coropceanu V. Charge transport in organic semiconductors. Chem. Rev.，2007，107(4)：926－952.

[24] Feringa B. L. Organic materials for reversible optical data storage. Tetrahedron，1993，49(37)：8267－8310.

[25] Friend R. H.，*et al*. Electroluminescence in conjugated polymers. Nature，1999，397：121－128.

[26] Glass A. M. Optical materials. Science，1987，235：1003－1009.

[27] Günes S.，Neugebauer H.，Sariciftci N. S. Conjugated polymer-based organic solar cells. Chem. Rev.，2007，107(4)：1324－1338.

[28] Halls J. J. M. Efficient photodiodes from interpenetrating polymer networks. Nature，2002，376：498－500.

[29] Heeger A. J. Light emitting from semiconducting polymers：Light-emitting diodes，light-emitting electrochemical cells，lasers and white light for the future. Solid State Communications，1998，107(11)：673－679.

[30] Heeger A. J. Semiconducting and metallic polymers：The fourth generation of polymeric materials (Nobel Lecture). Angew. Chem. Int. Ed.，2001，40：2591－2611.

[31] Huynh W. U.，Dittmer J. J.，Alivisatos A. P. Hybrid nanorod-polymer solar cells. Science，2002，295：2425－2427.

[32] Kasap S., Capper P. Springer handbook of electronic and photonic materials. Berlin: Springer, 2006, 1075－1089.

[33] Kasarova S. N., *et al*. Analysis of the dispersion of optical plastic materials. Opt. Mater., 2007, 29: 1481－1490.

[34] Kelley T. W. Recent progress in organic electronics: Materials, devices, and processes. Chem. Mater., 2004, 16(23): 4413－442.

[35] Kim J. Y. Efficient tandem polymer solar cells fabricated by all-solution processing. Science, 2007, 317: 222－225.

[36] Kozlov V. G., *et al*. Laser action in organic semiconductor waveguide and double-heterostructure devices. Nature, 1997, 389(25): 362－364.

[37] Kraft A., Andrew C. Grimsdale, Andrew B. Holmes. Electroluminescent conjugated polymers-seeing polymers in a new light. Angew. Chem. Int. Ed., 1998, 37(4): 402－428

[38] Kuzyk M. G., Paek U. C., Dirk C. W. Guest-host polymer fibers for nonlinear optics. Appl. Phys. Lett., 1991, 59(8): 902－904.

[39] Law K. Y. Organic photoconductive materials: Recent trends and developments. Chem. Rev., 1993, 93(1): 449－486.

[40] Lee K. S. Polymers for photonics applications I. Berlin: Springer-Verlag, 2002.

[41] Ma H., Jen A. K. Y., Dalton L. R. Polymer-based optical waveguides materials, processing, and devices. Adv. Mater., 2002, 14(19): 1339－1365.

[42] Ma W. L., *et al*. Thermally stable, efficient polymer solar cells with nanoscale control of the interpenetrating network morphology. Adv. Funct. Mater., 2005, 15(10): 1617－1622.

[43] Marder S. R., *et al*. Design and synthesis of chromophores and polymers for electro-optic and photorefractive applications. Nature, 1997, 388: 845－851.

[44] Marques M. B., *et al*. Large, nonresonant, intensity dependent refractive index of 4-diakylamino-4′-nitro-diphenyl-polyene side chain polymers in waveguides. Appl. Phys. Lett., 1991, 58(23): 2613－2615.

[45] Martin R. E., Geneste F. Synthesis of conjugated polymers for application in light-emitting diodes (PLEDs). Comptes Rendus de l'Académie des Sciences-Series IV-Physics-Astrophysics, 2000, 1(4): 447－470.

[46] Mitschke U., Bauerle P. The electroluminescence of organic materials. J. Mater. Chem., 2000, 10: 1471－1507.

[47] Nelson J. Organic photovoltaic lms, Current Opinion in Solid State and Materials. Science, 2002, 6: 87－95.

[48] Nie W. Optical nonlinearity: Phenomena, applications, and materials. Adv. Mater., 1993, 5(7/8): 520－545.

[49] Nunzi J. M. Organic photovoltaic materials and devices. C. R. Physique, 2002, 3(4): 523－542.

[50] Parkerand I. D., Cao Y., Yang C. Y. Lifetime and degradation effects in polymer light-emitting diodes. J. Appl. Phys., 1999, 85(4): 2441－2447.

[51] Pope M., Swenberg C. E. Electronic processes in organic crystals and polymers. 2nd. edition, New York: Oxford University Press, 1999.

[52] Ros M. B. Organic materials for nonlinear optics. In: Novoa J. J. *et al*. (eds.) Engineering of crystalline materials properties. Berlin: Springer, 2008, 375－390.

[53] Samuel I. D. W. Organic semiconducting lasers. Chem. Rev., 2007, 107(4): 1272－1295.

[54] Sariciftci N. S. Semiconducting polymer—buckminsterfullerene heterojunctions: Diodes, photodiodes, and photovoltaic cells. Appl. Phys. Lett., 1993, 62(6): 585—587.

[55] Sariciftci N. S., *et al*. Photoinduced electron transfer from a conducting polymer to buckminsterfullerene. Science, 1992, 258: 1474—1476.

[56] Schnabel W. Polymers and light, fundamentals and technical applications. Weinheim: Wiley-VCH, 2007;聚合物与光,基础和应用技术.张其锦译.北京:化学工业出版社,

[57] Schrader S. Organic light-emitting diode materials. Proc. SPIE, 2003, 4991: 45—61.

[58] Shaheen S. E., Ginley D. S., Jabbour G. E. Organic-based photovoltaics: Toward low-cost power generation. MRS Bulletin, 2005, 30(1): 10-19.

[59] Sheats J. R., *et al*. Organic electroluminescent devices. Science, 1996, 273: 884—888.

[60] Spangler C. W., *et al*. Recent development in the design of organic materials for opticalpower limiting. J. Mater. Chem., 1999, 9: 2013—2020. 2009.

[61] Sultanova N., Kasarova S., Nikolov I. Dispersion properties of optical polymers. Acta Physica Polonica, 2009, 116(4): 585—587.

[62] Tang C. W. Two layer organic photovoltaic cell. Appl. Phys. Lett., 1986, 48(2): 183—185.

[63] Tang C. W., *et al*. Organic electroluminescent diodes. Applied Physics Letters, 1987, 51: 913—915.

[64] Tessler N. Lasers based on semiconducting organic materials. Adv. Mater., 1999, 11(5): 363—370.

[65] Wu J., Cao Y. Development of novel conjugated donor polymers for high-efficiency bulk-heterojunction photovoltaic devices. Acc. Chem. Res., 2009, 42(11): 1709—1718.

[66] Yang S. C., *et al*. Measurements for the nonlinear refractive index of a new kind of polymer material doped with chlorophyll using nanosecond laser pulses. Opt. Lett., 11991, 6(8): 548—550.

[67] Yu G., *et al*. Polymer photovoltaic cells: Enhanced efficiencies via a network of internal donor—acceptor heterojunctions. Science, 1995, 270: 1789—1791.

第8章

光学零件基本加工工艺

光学零件含义很广，包括传统所指的透镜、棱镜、分划板、光楔、反射镜，到以光电子为基础的半导体激光器，进而发展到集成光学元件。本书所讲述的是传统意义上的光学零件，即单块材料制作的体积型元件。

8.1 光学零件的加工技术条件及工艺系统

8.1.1 光学零件图

光学零件技术条件是光学设计的技术要求和质量指标的表述，是选择光学材料，进行工艺规程设计的原始资料，也是加工和检测光学零件的依据。光学零件加工的技术条件是通过光学零件图表达的。在光学零件图中，不仅反映出零件的几何形状、结构参数和公差，而且还包括对光学材料的质量要求以及对光学零件加工精度和表面质量的要求。因此，光学零件图是选择光学材料、制定工艺规程和进行光学加工、检验的依据。

光学零件图的绘制应符合中华人民共和国国家标准光学制图(GB13323－91)和机械制图国家标准的规格要求。以典型的透镜零件图(见图 8-1)、棱镜零件图(见图 8-2)、双胶合透镜部件图(见图 8-3)为例，说明一般光学零件图的格式与内容。

光学零件图中，反映透镜形状和结构的主要尺寸有：表面曲率半径 R，透镜的中心厚度 d 和边缘厚度 t，透镜的外圆直径 D 和有效孔径 D_0，倒角的位置、角度和宽度等。反映棱镜形状和结构的主要尺寸有：棱镜各面间的夹角，棱镜的厚度和高度，倒角和成型截面的位置、角度和宽度等。

光学设计对光学材料质量指标和对光学零件加工的要求，填写在光学零件图的右上角的表格中。对光学材料质量指标的要求包括：折射率与标准值的允差以及同一批玻璃种折射率的一致性、色散系数与标准值的允差以及同一批玻璃中色散系数的一致性、光学均匀性、应力双折射、光吸收系数、条纹度和气泡度七项。

对透镜光学零件的要求主要包括五项：光圈数 N、局部光圈数 ΔN、中心偏差χ、样板精度 ΔR、表面瑕疵等级 B，此外还有光学零件的气泡度 q 等。

从典型的光学零部件图可看出，在光学制图中规定：光轴一般水平放置，用点划线表示，光线方向一般由左至右，零件先遇到光线的表面通常放在左边。光学零件的表面粗糙度、表面处理、镀膜及其他技术条件要求也需在光学零件上加以标注或说明。

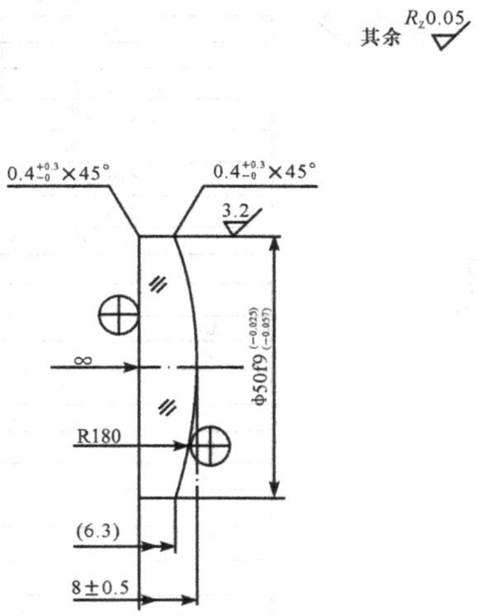

对材料的要求	
Δn_d	3C
$\Delta\nu_d$	3C
光学均匀性	3
光吸收系数	3
应力双折射	4
条纹度	1C
气泡度	2D

对零件的要求	
N	3
ΔN	0.5
ΔR	A
χ	1
B	3×0.063
θ_{I}	
θ_{II}	
d	
f	340
L_f	300
L_f'	300
倒二面角	
倒三面角	
D_0	φ48

技术要求：

⊕ GB1316/1.1，λ_0=520nm。

标记	处数	分区	更改文件号	签名	(年月日)			
设计		年月日	标准化	签名	(年月日)	阶段标记	重量	比例
制图								
审核								1×
工艺			批准					

图 8-1　透镜零件图

8.1.2　对光学玻璃的要求

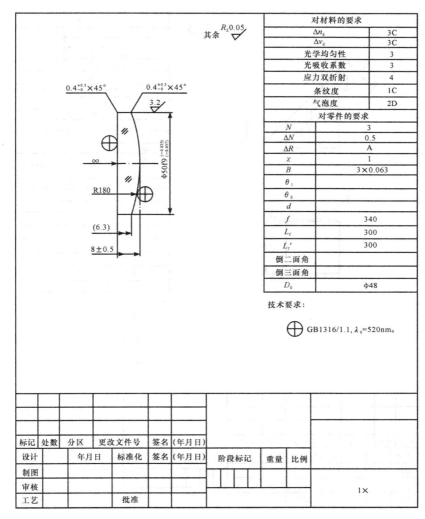

光学零件是光学仪器最重要的组成部分，而制造光学零件所用的光学材料的性能，对光学系统的像质有重大影响。由于各种零件在系统中的作用不同，它们对光学材料质量指标的要求差异也很大，因此对光学材料提出合理的要求也是非常必要的。

1. 对折射率和色散系数的要求

在进行光学设计时，是按折射率和中部色散的实际值对像差进行修正的。为了补偿由于折射率和中部色散偏差而引起的像差变化，可对透镜的空气隙、厚度等作一些改变。在这样的条件下，对于小批量生产的高级相机物镜和高倍的望远物镜，可选用 1～3 类玻璃和色散系数 $\Delta\nu_d$ 为 2～3 类玻璃。在大批量生产中，应选用 Δn_d 和 $\Delta\nu_d$ 均为 1～2 类玻璃。

对于望远物镜的第二组分和光焦度不大的透镜、目镜、会聚光路上的棱镜，可使用 Δn_d 和 $\Delta\nu_d$ 均为 3～4 类玻璃。而保护玻璃、分划板、毛玻璃、反射镜、聚光镜、场镜、平行光路中的棱镜及弯月透镜，对玻璃的 Δn_d 和 $\Delta\nu_d$ 不作规定。

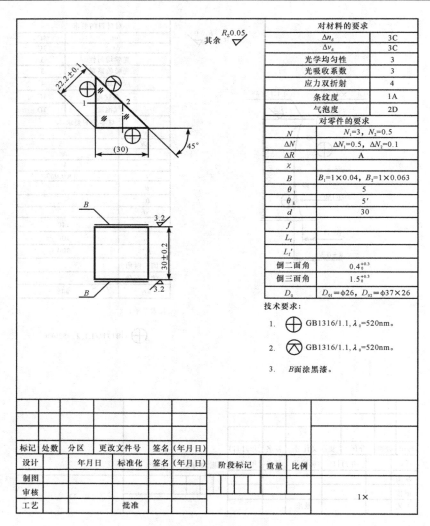

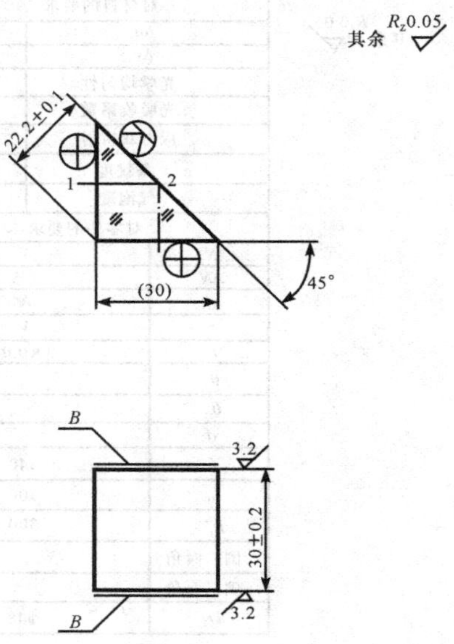

对材料的要求	
Δn_d	3C
$\Delta \nu_d$	3C
光学均匀性	3
光吸收系数	3
应力双折射	4
条纹度	1A
气泡度	2D

对零件的要求	
N	$N_1=3$, $N_2=0.5$
ΔN	$\Delta N_1=0.5$, $\Delta N_2=0.1$
ΔR	A
χ	
B	$B_1=1\times0.04$, $B_2=1\times0.063$
θ_1	5
θ_E	5′
d	30
f	
L_f	
L_f'	
倒二面角	$0.4^{+0.3}_{0}$
倒三面角	$1.5^{+0.3}_{0}$
D_0	$D_{01}=\phi26$, $D_{02}=\phi37\times26$

技术要求：

1. ⊕ GB1316/1.1, λ_0=520nm。
2. ⊗ GB1316/1.1, λ_0=520nm。
3. B面涂黑漆。

标记	处数	分区	更改文件号	签名	(年月日)			
设计		年月日	标准化	签名	(年月日)	阶段标记	重量	比例
制图								
审核								1×
工艺			批准					

图 8-2　直角棱镜图

2. 对玻璃光学均匀性的要求

对高分辨率和高像质观察仪器的物镜，如高精度干涉仪、天文仪器、测地仪、准直仪和显微镜等，应使用光学均匀性第 1 类的玻璃。而均匀性第 2～3 类的玻璃可用于制作精密的望远镜、瞄准镜、观察镜以及具有高分辨率和高像质的复制物镜。

对普通的照相物镜，应使用第 3～4 类玻璃；对于望远镜的第二组分，广角物镜的弯月透镜，位置靠近像平面的光学零件（场镜、分划板、棱镜），均可采用第 4 类玻璃；对于有一面为毛面的分划镜，均匀性不作规定；对于保护玻璃、棱镜和滤光镜，其玻璃的均匀性要求可与其位置靠近的零件的均匀性要求相同。

3. 对玻璃双折射的要求

干涉仪和天文仪器，只能使用双折射为第 1 类的玻璃，使得寻常光线与非常光线的光程差不超过瑞利极限，即波长的 1/4；对于高精度的望远镜、准直镜和复制显微镜的物镜以及反射镜，玻璃的应力双折射应该是第 2～3 类；照相物镜使用双折射第 3～4 类玻璃；聚光镜、普通仪器的目镜、放大镜采用双折射第 4～5 类玻璃。

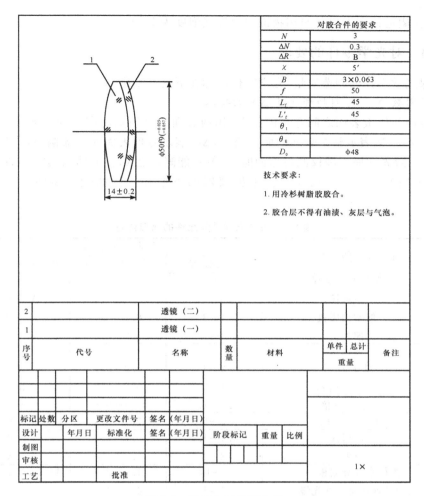

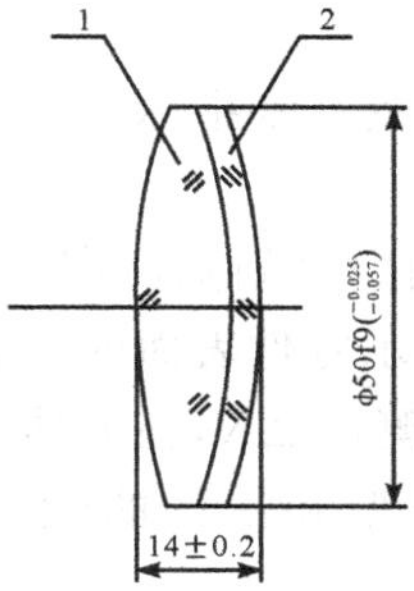

对胶合件的要求	
N	3
ΔN	0.3
ΔR	B
χ	5′
B	3×0.063
f	50
L_f	45
L'_f	45
θ_1	
θ_E	
D_0	φ48

技术要求：

1. 用冷杉树脂胶胶合。
2. 胶合层不得有油渍、灰层与气泡。

序号	代号	名称	数量	材料	单件重量	总计重量	备注
2		透镜（二）					
1		透镜（一）					

标记	处数	分区	更改文件号	签名	(年月日)			
设计		年月日	标准化	签名	(年月日)	阶段标记	重量	比例
制图								
审核								1×
工艺			批准					

图 8-3　双胶合透镜零件图

4. 对玻璃光吸收的要求

凡是与空气临界面较多，玻璃内光程长度较短(20～50mm)的复杂系统，光的主要损失是反射。因此，在这种系统中较薄的光学零件，应采用第 4～6 类玻璃；玻璃内的光程较长的零件(棱镜、天文和照相仪器的透镜)，光的透过系数的降低主要是光的吸收造成的。因此，这类零件应选用 00～3 类玻璃。

5. 对玻璃条纹度的要求

物镜的各个透镜以及其他距像平面较远的零件，其玻璃上具有清晰的线状或点状条纹是允许的，但是位于像平面或靠近像平面上的零件具有条纹则是不允许的；对于具有极限分辨率和高像质的干涉仪、天文仪器、平行光管以及显微镜的物镜，必须采用 C 级第 0 类玻璃；对于目镜、聚光镜、毛玻璃用的玻璃可选用条纹第 2 类的玻璃。

6. 对玻璃气泡的要求

对于位置靠近或处于像平面上的零件，其玻璃材料不允许有气泡，应使用第 0 级玻璃；大倍率观察仪器的分划板、分度盘、平行光管分辨率板，对玻璃气泡提出特别严格的要求，应采用 0 类和 1 类玻璃。照相物镜、双筒远镜和大地测量仪器的物镜，允许选用 2 类和 D、E 级玻璃材料；在望远镜和大口径照相物镜中允许气泡度为E级。

8.1.3 对光学零件的要求

为确保光学零件的制造质量，光学零件应标注下列技术指标。

1. 对光圈数 N 和光圈局部误差 ΔN 的要求

零件表面与样板表面之间存在的偏差，用两表面空气间隙所产生的干涉条纹（光圈）数 N 和 ΔN 表示。N 表示整个表面的面形偏差，ΔN 表示零件表面的局部偏差，称为光圈局部误差 ΔN。用激光球面干涉仪测量球面时，一般只能测出 ΔN，在最佳调焦时光圈数趋于零。一般情况下，$\Delta N=(0.1\sim0.5)N$。根据仪器的类型和零件的性质参照表8-1选用 N 和 ΔN。

表 8-1 各种光学零件允许的面形误差

光学零件的种类		光学表面的允差		
		光需数 N	局部光圈 ΔN	表面疵病等级 B
物镜	瞄准和天文仪	1～3	0.2～0.3	Ⅶ
	望远镜	3～5	0.3	Ⅳ～Ⅴ
	航空摄影机	1～3	0.1～0.5	Ⅴ～Ⅵ
	照相机	3～5	0.3～0.5	Ⅴ～Ⅵ
	显微镜			
	低于10倍	2～3	0.2～0.5	Ⅲ
	10～40倍	1～2	0.1～0.2	Ⅱ
	高于40倍	0.5～1.0	0.05～0.10	Ⅰ
按目镜、放大镜		3～6	0.5～0.8	Ⅱ～Ⅴ
棱镜	反射面	0.5～1.0	0.1～0.3	Ⅰ～Ⅱ
	折射面	2～4	0.5～1.0	Ⅱ～Ⅳ
光棱盘和分划板		5～10	1.0～2.0	1～10至1～30
保护玻璃物镜前滤光镜		3～5	0.3～0.5	Ⅴ
目镜前或后的滤光镜		5～10	0.8～2.0	Ⅰ～Ⅱ
中等精度的反射镜		0.5～1.5	0.1～0.3	Ⅱ～Ⅳ

2. 对光学样板的要求

在光学零件加工过程中，通常都是用光学样板来检验零件的面形偏差的。光学样板半径所允许的偏差 ΔR 对被检零件的面形精度有直接影响。标准样板的精度等级 ΔR 分为A、B两级。

3. 加工表面的表面质量

(1)表面疵病等级度B。光学零件的表面疵病B，是指抛光后的光学表面存在的麻点、划痕、开口气泡和破边等。

光学零件表面疵病的存在，会使得入射光发生散射，致使像面衬度降低。位于像平面的零件，其表面疵病会扰乱视场，影响观察和测量等。

(2)表面粗糙度。光学零件表面粗糙度是指整个加工表面的微观不平度或粗糙度，抛光表面的粗糙度一般为 $R_z0.025$ 和 $R_z0.1$。表面粗糙度较粗时产生光散射，影响像质。

4. 中心误差与角度误差

(1)透镜的中心偏差的要求。透镜中心偏差是指透镜外圈的几何轴与光轴在曲率中心处的偏离量，通常用χ表示。中心偏差会使轴上像点产生彗差、像散等像差。为了保证光学系统的成像质量，对各种零件必须规定允许的中心偏差。显微物镜、广角物镜、复制照相物镜和望远镜的第一组分的表面，其中心偏差应为 0.005～0.010mm，望远物镜中心偏差要求0.02～0.03mm，目镜的中心偏差为 0.03～0.05mm，放大镜和聚光镜中心偏差为 0.05～0.10mm。

(2)对角度的要求。

1)平行平板与光楔。平行平板的平行度 θ(即楔形差)按用途与精度可以参照表 8-2 选用。光楔角度公差按精度参照表 8-3 选用。

表 8-2　平行平板楔形差

平板零件类型		不平度 θ
滤光片 保护片	高精度	$3''$～$1'$
	一般精度	$1'$～$10'$
分划板		$10'$～$15'$
表面涂层的反射镜		$10'$～$15'$
背面涂层的反射镜		$2''$～$30''$

表 8-3　光楔角度公差

光契精度	公差 θ
高精度	$\pm 0.2''$～$\pm 10''$
中精度	$\pm 10''$～$\pm 30''$
一般精度	$\pm 30''$～$\pm 1'$

2)反射棱镜角度误差。反射棱镜的角度误差通常用第一光学平行差 θ_{I} 和第二光学平行差 θ_{II} 表示。反射棱镜展开成等效平板后，在等效平板的入射光轴截面内的楔形差称为第一光学平行差 θ_{I}，在等效平板内与入射光轴截面相垂直的平面内的楔形差，称第二光学平行差 θ_{II}。

在 DI-90°直角棱镜中，$\theta_{\text{I}}=\delta_{45}$，$\delta_{45}$为两个 45°角实际值之差。$\theta_{\text{II}}=1.4\gamma_A$。$\gamma_A$ 称 A 棱差或称尖塔差 π。图 8-4 所示即为在三个工作平面的棱镜中，某一指定棱与其所对的工作面之间夹角。等腰直角棱镜的棱差是直角棱对弦面之夹角。

对于 DI-180°直角棱镜，有

$$\theta_{\text{I}}=2\Delta 90° \tag{8-1}$$

$$\theta_{\text{II}}=2\gamma_A \tag{8-2}$$

同样，其他反射棱镜均可找到角度误差与第一光学平行差的对应关系，以及棱差(尖塔差)与第二光学平行差的对应关系。

3)屋脊棱镜的双像差。由于屋脊角的误差，入射屋脊棱镜的平行光束被分为两束平行光束，两束光之间的夹角称为双像差 S。当入射光束与屋脊棱法线的夹角为 β 时，双像差与屋脊角误差 δ 之间的关系为

$$S=4n\delta\cos\beta \tag{8-3}$$

式中：n 为玻璃折射率。

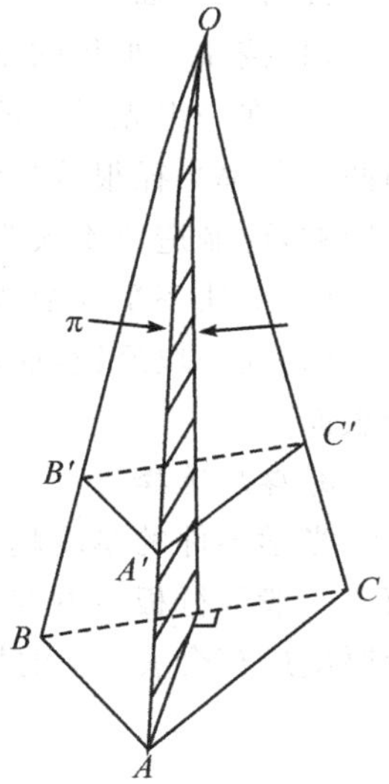

图 8-4　棱镜的尖塔差

5. 对透镜的厚度公差和空气间隙的要求

透镜的厚度偏差和空气间隙的偏差会改变像差，影响像质，破坏光学设计对系统的校正。各种零件的厚度偏差对像质影响不同，公差也不同。聚光镜的透镜厚度和空气间隙公差为±(0.2～0.5)mm，放大镜和普通目镜的厚度及空气间隙公差为±(0.1～0.2)mm；复杂目镜的厚度及空气间隙公差为±(0.05～0.10)mm；在望远镜中，物镜的厚度公差为±(0.1～0.3)mm；胶合物镜的空气间隙精度要高一些，为±(0.03～0.05)mm。

6. 对光学零件气泡度的要求

在光学零件的制造中，通常除了对玻璃材料提出气泡度的要求外，对加工完的零件也提出气泡度的规定。完工的光学零件也应符合气泡度的要求，若在光学零件图上未加规定，即不作检查。

8.1.4 光学零件的设计工艺性

光学零件的设计应该满足工艺合理性、经济性及先进性的要求，使零件既能满足设计的要求，同时又能使之制造方便和获得最大的经济效果。

1. 合理选用光学材料

以选用光学玻璃牌号为例，应注意以下问题：

(1)尽量选用大量生产的玻璃，如 K_9、F_2 等；

(2)尽量选用化学稳定性好的玻璃，慎用镧系玻璃；

(3)胶合玻璃对的折射率不要过于接近，而膨胀系数不要相差太多；

(4)蚀刻零件要注意选用腐蚀性能好的玻璃，如 BaK_7 等；

(5)一般用途的没有特定折射率要求的棱镜、平面镜、光楔、保护玻璃和聚光镜用价廉物美的 K_9 玻璃；

(6)高精度透射平面板多采用 QK_2、石英玻璃，高精度反射镜多采用 QK_2、微晶玻璃；

(7)高精度光学系统的玻璃光学常数，可以采用玻璃的某一炉号、退火后的实测数据。

2. 曲率半径设计

(1)按曲率半径的系列设计，按车间库存样板设计，以降低制造成本。

(2)在一组光学系统中，曲率半径数应该越少越好，同样曲率半径尽量多次重复使用。当两个曲率半径很接近时，如 $R_{52.34}$、$R_{52.35}$，应该设计成同一个曲率半径，这并不会对像质产生影响，而制造成本大为下降。

(3)对曲率半径数值的选取，一般以大曲率半径的工艺性为优，显然平面是最好的。

(4)同一块透镜，曲率半径不要过于接近，否则难以鉴别，也可以设计相同曲率半径的两个表面。

3. 厚度选择

光学零件的厚度越厚，表面变形越小，但是增加了仪器的重量，因而其间应有一个最小值。一般平行板厚度与其外径之比要大于 1∶10。负透镜的最小中心厚度与正透镜最小边缘厚度应符合表 8-4 的规定。

表 8-4　正透镜的最小边缘厚度和负透镜的最小中心厚度

透镜外径 Φ/mm	正透镜最小边缘厚度 t/mm	负透镜最小中心厚度 d/mm	透镜外径 Φ/mm	正透镜最小边缘厚度 t/mm	负透镜最小中心厚度 d/mm
3～6	0.4	0.6	30～50	1.8～2.4	2.2～3.5
6～10	0.6	0.8	50～80	2.4～3	3.5～5
10～18	0.8～1.2	1～1.5	80～120	3～4	5～8
18～30	1.2～1.8	1.5～2.2	120～150	4～6	8～12

4. 外径及倒角

光学零件的外径根据光学设计的通光口径，加上装配应放大的尺寸(见表 8-5)得到全直径，该全直径的数值也必须系列化、标准化。胶合透镜的外径名义值相同，但是在制定公差时要保证负透镜大一些，使之成为装配的倒角，不会引起正负透镜的错开现象。光学零件的直径公差配合见表 8-6。

表 8-5　光学零件的外径

通光口径 D_0/mm	透镜外径 Φ/mm		通光口径 D_0/mm	透镜外径 Φ/mm	
	辊边固定方式	压圈固定方式		辊边固定方式	压圈固定方式
<6	$D_0+0.6$	—	30～50	$D_0+2.0$	$D_0+2.5$
6～10	$D_0+0.8$	$D_0+1.0$	50～80	$D_0+2.5$	$D_0+3.0$
10～18	$D_0+1.0$	$D_0+1.5$	80～120	—	$D_0+3.5$
18～30	$D_0+1.5$	$D_0+2.0$	>120	—	$D_0+4.5$

表 8-6　光学零件直径的配合公差

零件性质		公差与配合	
		透镜	镜框
高倍显微物镜和较高精度望远镜的物镜、照相物镜	配合的	h11	H7
	非配合的	b11 或 c11	
低倍显微镜和高精度望远镜的物镜具有调节视度装置的高倍目镜	配合的	h9	H9
	非配合的	b11 或 c11	
一般望远镜的物镜和一般目镜，聚光镜、转像透镜，分划板	配合的	f9	H9
	非配合的	b11 或 c11	
滤光镜、反光镜		h11	H11

注：①对待高精度的配合，可用选配达到，不宜提高精度；

②在胶合透镜中，一般是以负透镜作为配合尺寸的。

分划板与保护玻璃胶合件也应采用使分划板作装配的基准的公差配合选择。光学零件都必须倒角，包括工艺性倒角与设计性倒角，以达到操作方便，利于装配与减轻重量的目的。一块透镜的两个面尽量采用同样的倒角角度，以利于批量生产。

8.2 光学零件毛坯及粗磨成型

8.2.1 光学零件毛坯的成型

随着我国光电仪器的生产批量不断加大，光学零件的毛坯需求量越来越大，对毛坯质量的要求也日益提高。毛坯成型制造，已经由原来光学零件生产中的一道工序逐渐分离出来，发展成为现代光学制造领域中一个新兴的行业，而且是该领域中不可缺少的行业。

目前，加工光学零件的毛坯有块料、型料和棒料三种。块料是通过锯切、滚圆等古典工艺加工而成的毛坯。这种方法工艺落后，生产效率低，原始材料消耗大，但是由于设备简单，至今仍普遍采用。型料有热压成型和液态成型两种，前者已推广使用，后者由于受光学玻璃池炉熔炼尚未普及的限制，仅限在眼镜行业中用得较多。棒料毛坯，材料利用率高，简化了毛坯生产的工艺过程，降低了成本，有利于半自动化生产，具有广泛的应用前景。

1. 块料毛坯的加工

加工块料毛坯的工序有锯切、整平、划割和磨外圆等。

(1)锯切。锯切的目的是将大块玻璃材料，按要求的尺寸和角度切割成小的材料。锯切的方法有两种：一是用散粒磨料锯切，二是用金刚石锯片锯切。

散粒磨料锯切（又称泥锯）是一种古老的加工方法，不需要复杂的工具和设备，只需要一台电动机，通过皮带驱动装有金属圆片的主轴，伴加磨料即可锯切玻璃。这种设备的锯片速度一般不高，其线速度在10m/s左右，送料为手推。该法的优点是简单易行，比较经济；缺点是锯口较宽（约2～3mm），且有楔度，精度差，效率不高，劳动强度大，逐渐被新工艺所代替。

金刚石锯片锯切是以固着有金刚石的锯片代替金属圆片，不加散粒磨料的方法对玻璃进行切割。该方法效率高，精度高，改善了劳动条件，有利于实现自动化加工。金刚石锯片开料机，按送料方式分为弹性送料和刚性送料。弹性送料的典型机构是重锤牵引装置。刚性送料结构是由丝杠传动代替重锤牵引的。比较复杂的开料机采用液压传动和射流控制，使之自动进料和退刀，操作简单，传动平稳，已广泛用于生产。按锯片特点又分为外圆锯切和内圆锯切机床。内圆锯切机床所用锯片为环形，金刚石固着环形锯片的内圆上，利用锯片的内圆刃口切割玻璃。外圆锯切是最早开发的锯切硅晶片的工艺，这种方法与砂轮磨削相似，把薄的金刚石锯片夹持在高速旋转的主轴上，用外径上的金刚石磨粒锯切工件。

金刚石锯片的线速度一般为20～40m/s。工件进给量的大小根据工件尺寸、锯片性能和机床结构参数来选择。玻璃工件的装夹方式，老式机床中常用木制卡钳、卡盘和角板；在结构复杂的开料机中用机械装夹和磁性装夹等结构。锯料常用的冷却液有苏打液、肥皂水和煤油加机油等，前两种冷却性能较好，但润滑性能不及后者。

(2)整平。整平的目的是将锯切后的表面不平的坯料磨平或修磨角度，为胶条工序创造条件。整平的方法一般采用在带有平盘的粗磨机上加散磨料的手工操作。

(3)划割和胶条。划割：使用平板玻璃制造小块坯料时，常用金刚石玻璃刀进行划割。锯切后的玻璃板料可用滚刀加工。胶条：为了便于坯料的滚圆和粗磨棱镜棱面，用黏结胶把零件坯料胶成长条，长条的长度取决于长条的强度，即当坯料直径或棱镜宽度较大时，长条长度可大些，一般取直径或宽度与长度之比为 1∶4～1∶10。

(4)磨外圆。散粒磨料滚圆：即在平磨盘上手搓滚外圆。一般先将长条磨成正四方(用角尺检查角度)，再磨成八方；对直径较大的零件，可再磨成十六方，然后滚圆。在批量生产时，磨四方一般用胶平模上盘，成盘加工；磨八方时可采用带 90°角槽夹角上盘，成盘加工。长条磨八方后，转胶成十六棱，即可在平磨盘上加散粒磨料手搓滚圆。磨床磨外圆：借用机械加工的外圆磨床磨光学工件，一般用普通外圆磨，工件直径较小时用无心外圆磨。这种方法的效率和精度都较高，外圆公差在 0.05mm 以内。

2. 型料毛坯工艺

型料毛坯工艺有热压成型和槽沉成型法等。光学零件热压型毛坯，是将玻璃切成一定重量(形状无要求，但应无棱角)的块料，经过加热软化，置于金属模内压制成型。光学零件热压成型毛坯主要的工艺过程有：备料、加热、压制成型及退火等工序。槽沉成型法是在利用玻璃坯料的塑性变形状态下，依靠自重变形(自由槽沉)或真空热吸(强制槽沉)，使其成为充满一定形状和尺寸的模具。

3. 棒料毛坯工艺

我国在 20 世纪 80 年代初才开始使用棒料毛坯，目前尚未得到广泛应用。用棒料生产毛坯的主要工艺过程分为：滚圆、切割、清洗和开球面。棒料的滚圆和开球面与块料毛坯相应工序的加工方式相同；而棒料切割与块料不同，它不仅要保证两个端面之间的尺寸，而且又有一定的平行差和粗糙度要求，因此棒料毛坯生产的关键是切割工序。切割方法有单锯多棒切割法和静压切割法。

8.2.2　研磨的机理

1. 散粒磨料的研磨

散粒磨料研磨，是指用磨料加水配成的悬浮液对玻璃进行研磨加工。散粒磨料研磨加工的示意图如图 8-5 所示。

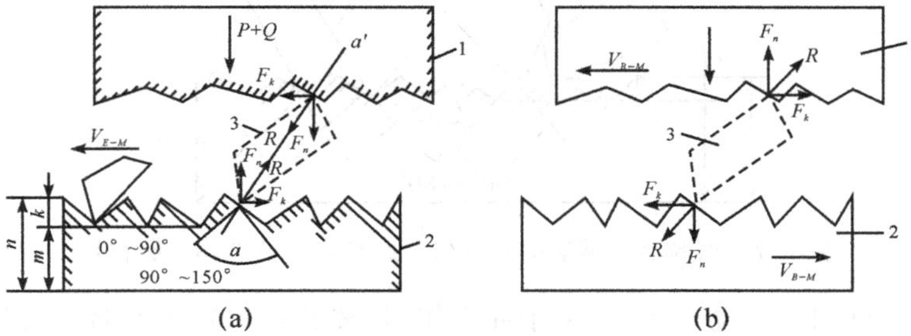

图 8-5　散粒磨料研磨

(a)研磨过程中受力情况，(b)研磨受力分析

(1—磨具；2—玻璃；3—磨粒)

分布在磨具 1 和玻璃 2 之间的磨料 3，借助磨盘的法向力和磨盘与工件的相对运动，首先使玻璃表面形成交错的裂纹，其裂纹角大约是 90°～150°，然后磨料继续滚动，再加上水渗入裂纹的水解作用，就加剧了玻璃的破碎[V_{B-M}为模具(如粗磨模)相对于玻璃的运动速度，V_{E-M}为切削磨粒相对于玻璃的运动速度]。由于切向冲击力的作用，磨料将玻璃进行微量破碎，形成破坏层 n，它由凹凸层和裂纹层组成(见图 8-6)，其中凹凸层的高度大约是磨粒平

均尺寸的 1/4～1/3，裂纹层 m 的深度比凹凸层 k 约大 1～3 倍。

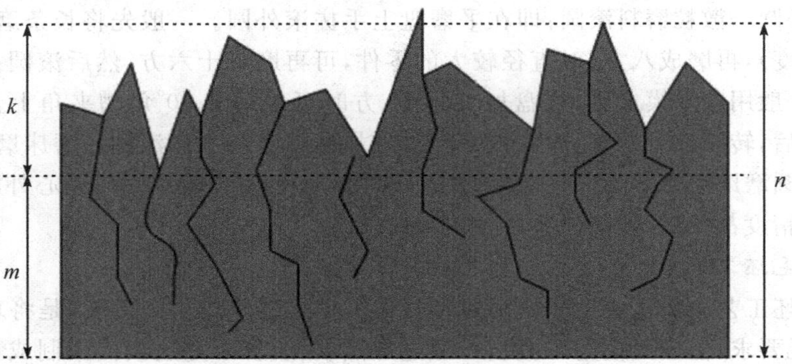

图 8-6　玻璃表面破坏层

下面分析研磨过程中受力情况。在图 8-5(a)中，磨粒在某一瞬间，上端顶在磨具上，下端作用在玻璃上，R 力的作用线 aa'。作用力 R 分解成水平力 F_k 和垂直力 F_n。在图 8-5(b)中，磨粒给予玻璃的力 F_n 的作用方向与相对速度 V_{B-M} 的方向垂直，因此不可能为磨掉玻璃而做功；但是 F_n 力能保证磨具、磨粒和玻璃之间的接触，并能引起玻璃表面出现裂纹和磨具的弹性变形。

磨粒给玻璃的作用力的分力 F_k 的方向与玻璃宏观表面相切，并与相对速度 V_{B-M} 的方向相反。分力 F_k 能引起玻璃表面凹凸层的顶部被磨掉及磨具表面的磨损。另外，每个磨粒所受的 F_k 力和 F_n 力构成两个力偶，其合力偶使磨粒滚动，这时产生的冲击力不仅使玻璃表层被去除，而且大颗粒磨粒可能被破碎，于是，又有另外的磨粒重复上述过程，如图 8-7 所示。

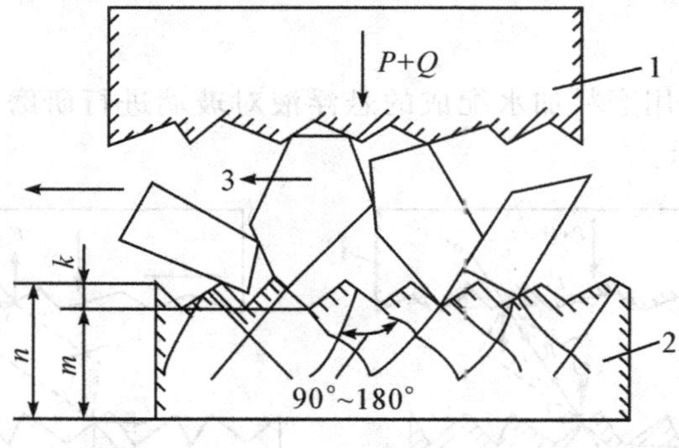

图 8-7　磨粒破坏玻璃的过程(1—磨具，2—玻璃，3—磨粒)

在图 8-7 中，磨料在滚动过程中，由于冲击作用，玻璃表面的凸出部分被敲掉，引起磨粒的滑动或磨粒处于大的凹陷处而不起作用。在研磨过程中，仅有 15％的磨粒在起研磨玻璃的作用，其余的磨料不参与有效研磨，它们可能被水冲走，也可能相互磨碎，最后与玻璃碎屑混在一起被水冲走。

在研磨过程中，玻璃表面产生划痕的原因主要有两点：其一，有个别的磨粒长时间黏固在磨具上，相当于一把刀在玻璃表面滑动，产生划痕；其二，若有 5％以上的磨粒尺寸大于基本尺寸的 3 倍时，它们在玻璃表面滑动或滚动留下的痕迹很深，不易被正常尺寸的磨粒去掉。通常磨料的最大尺寸与最小尺寸的比为 2∶1。一般研磨表面的凹凸层厚度与磨粒尺寸有关，所以磨粒愈小，表面粗糙度愈小。

研磨过程的化学作用，主要是水参与了玻璃表层的水解反应，在裂纹缝隙中形成硅酸凝胶膜。硅酸凝胶膜的体积膨胀，使玻璃裂缝加深变宽，促进了玻璃碎屑的脱落。由此可见，研磨的过程主要是尖硬的磨料颗粒对玻璃表面破坏的过程。水解作用虽然起一定的作用，但这是次要的。

2. 固着磨料的研磨

铣削加工，是采用固着磨料的金刚石磨具研磨玻璃，它与金属的加工很相似。在磨具表面上固着的金刚石颗粒，具有锋利的棱角，就像用扁铲錾削铸铁那样，又像车刀进行切削加工，如图 8-8 所示。

在铣削加工中，磨具和工件的相对运动的切削力 R 可分解成水平分力 F_k 和垂直分力 F_n。在垂直分力 F_n 的作用下，磨粒进入玻璃的深处破坏玻璃，形成互相交错的锥形裂纹，裂纹角度大约为 155°，它的大小不随玻璃牌号和磨料种类而改变。裂纹角的宽度比磨料宽度大，当金刚石棱尖深入玻璃时，将玻璃劈出碎片而脱落。玻璃破碎情况如图 8-9 所示。磨具的主要运动是旋转运动，但还存在工件与磨具的振动位移，致使划痕边缘不整齐，并且方向紊乱。

由于玻璃是典型的脆性材料，因此，磨具磨削的结果是使玻璃表面出现起伏的凹凸层和裂纹层。磨具给予玻璃表面的水平分力 F_k 与加工表面平行，它与玻璃相对磨具的速度 V_{E-M} 方向构成 180°角。F_k 实际上是切削力，因此，切削玻璃和产生热量所消耗的功与 F_k 大小成正比。在铣削过程中，玻璃表面和磨具结合剂基体之间有一定间隙，以保证充分供应冷却液，并避免结合剂与玻璃产生有害的摩擦。磨粒与玻璃相互作用的部分，不超过磨粒最大尺寸的 1/3。随着磨具使用时间的增加，固着磨料变钝，切削力增加，磨粒从结合剂中脱落，相邻的新颗粒开始起作用。这样的研磨过程反复继续下去，使玻璃表层不断被去除。

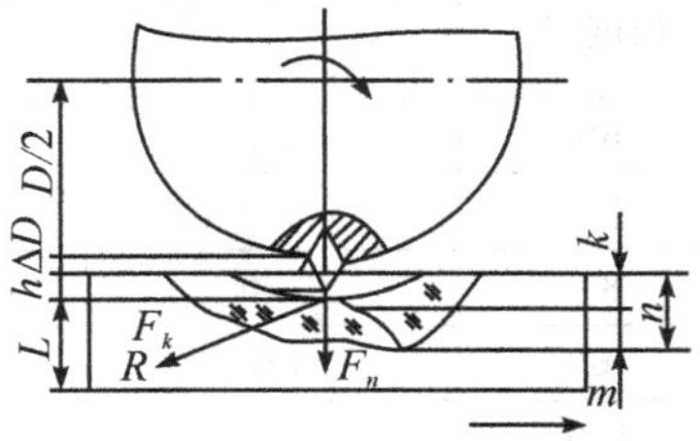

图 8-8　固着磨料的研磨

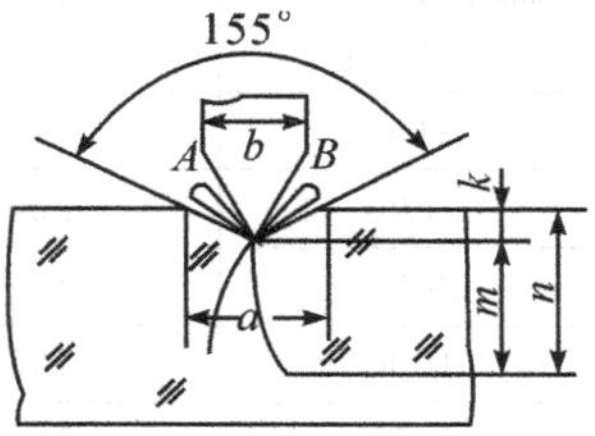

图 8-9　玻璃的破碎情况

在光学加工技术中，采用固着的金刚石磨具磨削玻璃，是提高生产效率最有效地加工方法。用固着磨料研磨玻璃效率最高的原因是：

(1)固着的磨料像无数把车刀，在玻璃加工表面留下相互交叉的、不间断的划痕；

(2)固着磨粒只作用于玻璃表面，直到表面被破坏，而不参与它们之间的互相磨碎；

(3)磨具的工作压力，仅仅作用于突出的为数不多的颗粒上，因此磨粒受力很大；

(4)切削速度很高，达到 15～25m/s。

(5)磨粒尺寸不均对研磨影响不大，因为参加有效研磨的只是从结合剂中突出的颗粒棱尖部分。

(6)冷却液充分供给，可以及时将玻璃碎屑和热量带走；

(7)在采用较大粒度的磨料时，可用小的进给量，则表面会形成小的微观不平度，因此对于同样粒度的磨料，采用散粒研磨和铣磨，其表面质量不一样，铣磨比散粒研磨的砂面要细，当磨轮粒度为 60# ～80#，其铣磨表面的凹凸层为 27～53μm，相当 180# ～240# 散粒磨料研磨的砂面。

由于固着磨料加工具有效率高等一系列优点，再加上人造金刚石的普及，因此金刚石磨具不仅用于研磨辅助表面和玻璃的粗加工，而且广泛应用于高速精磨中，并开始用微细的固着磨料抛光玻璃。

8.2.3　磨料和磨具

1.*磨料*

(1)磨料的种类。研磨光学玻璃所用的磨料有天然磨料和人造磨料两大类。主要的磨料有金刚石(C)、刚玉(Al_2O_3)、人造刚玉、人造碳化硅(SiC)和碳化硼(B_4C)等。在粗磨中，使用最多、效率最高的磨料是碳化硅。其莫氏硬度为9.5～9.75。精磨中最常用的磨料是刚玉，莫氏硬度为9，尤其是人造刚玉，价格便宜，使用广泛。金刚石的硬度最高，莫氏硬度为10，它多以固着磨具的形式用于研磨和其他工序中。碳化硼的硬度仅次于金刚石，它适用于精磨。

(2)磨料的粒度。磨料的粒度是以颗粒大小分类的。我国的磨料粒度号规定，对用筛选法获得的磨料，粒度号用一英寸长度上有多少个筛孔数来命名。如60#粒度是指一英寸上有60个孔，以此类推。而用“W××”表示的微粉粒度，是用水选法分级的，其粒度号表示磨粒的实际尺寸，如W20，表示该号微粉主要组成的粒度上限尺寸为20μm。散粒磨料的粒度尺寸见表8-7和表8-8。

表8-7　磨料的粒度尺寸

粒度/#	通过网孔公称尺寸/μm	不通过网孔公称尺寸/μm	粒度/#	通过网孔公称尺寸/μm	不通过网孔公称尺寸/μm
8	3150	2500	60	315	250
10	2500	2000	70	250	200
12	2000	1600	80	200	160
14	1600	1250	100	160	125
16	1250	1000	120	125	100
20	1000	800	150	100	80
24	800	630	180	80	63
30	630	500	240	63	50
36	500	400	280	50	40
46	400	315			

表8-8　微粉磨料的粒度尺寸

粒度	尺寸范围/μm	粒度	尺寸范围/μm	粒度	尺寸范围/μm
W40	40 ～ 28	W10	10 ～ 7	W2.5	2.5 ～ 1.5
W28	28 ～ 20	W7	7 ～ 5	W1.5	1.5 ～ 1
W20	20 ～ 14	W5	5 ～ 3.5	W1.0	1 ～ 0.5
W14	14 ～ 10	W3.5	3.5 ～ 2.5	W0.5	0.5 至更细

2. 磨具

目前，在粗磨工序中，通常采用的磨具有两种，一种是普通磨料制成的砂轮，另一种是用结合剂固着的金刚石磨具。由于金刚石磨具使用寿命长，生产效率高，它已成为粗磨机械化加工的主要工具。因此，深入了解、正确选择、合理使用金刚石磨具，对提高生产效率和改善加工质量具有重要意义。

(1)金刚石磨具的结构。金刚石磨具通常是由金刚石层、过渡层和基体三部分构成，如图 8-10 所示。

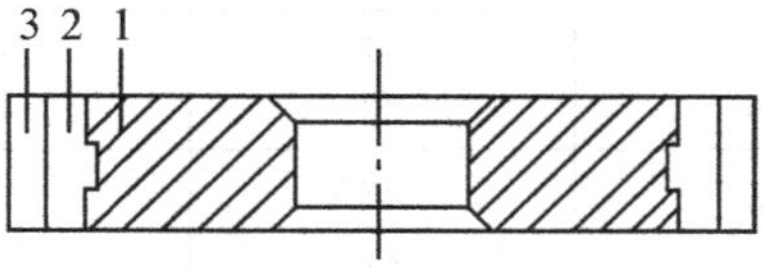

图 8-10 金刚石磨具的结构(1—基体，2—过渡层，3—金刚石层)

金刚石层：它是金刚石磨具的工作部分，由金刚石颗粒和结合剂组成。因为金刚石是一种稀有昂贵的材料，所以金刚石磨具只在金刚石层内含有金刚石。金刚石的厚度主要根据工件的磨削余量和磨削深度而定，粗磨铣磨机上用的磨轮，金刚石层厚度一般在 2～3mm 左右。

过渡层：它只含有结合剂，对金刚石和基体之间起着连接固结作用。过渡层厚度一般为 1～2mm。

基体：它用于承载金刚石层和过渡层，并在磨具使用时，牢固地将其固定在机床磨头轴上。一般金属结合剂的锯片和磨轮选用钢作基体，树脂结合剂磨轮选用铝、铜等作基体。

(2)金刚石磨具特性标志。金刚石磨具的特性由下述参数表示：金刚石种类、粒度、硬度、浓度、结合剂种类和磨具形状尺寸等。金刚石磨具的特性标志及书写顺序如下：

1)磨料：代号为 JT，JR－1，JR－2，JR－3；

2)粒度：常用 80# ～W5；

3)硬度：常用 Z(中)，ZY(中硬)，Y(硬)；

4)浓度：常用 25%，50%，75%，100%；

5)结合剂：树脂结合剂(S)，青铜结合剂(Q)，陶瓷结合剂(A)，电镀结合剂(D)；

6)形状：平行轮(P)，薄片轮(PB)，杯形轮(B)，碗形一号轮(BW_1)，碗形二号轮(BW_2)，碟形一号轮(D_1)，碟形二号轮(D_2)，单面凹轮(PDA)，双面凹轮(PSA)，筒形轮(NP，NH)，切割轮(PBG)等；

7)外径：代号 D；

8)厚度：代号 H；

9)孔径：代号 d；

10)金刚石破坏层：代号 b；

11)金刚石层层厚：代号 h；

12)金刚石角度：代号 α。

(3)金刚石磨具特性参数的选择。

1)粒度。金刚石磨具的粒度对磨削效率和表面粗糙度的影响正好相反，粒度越细，工件表面粗糙度愈小，效率越低。粒度对表面粗糙度的影响近似成直线关系。选择粒度的原则是:在保证工作粗糙度要求的前提下,尽可能采用粒度粗的磨轮加工,以提高磨削效率。但是,在浓度一定的情况下,粒度越大,粒数越少,每个颗粒上受到的压力加工会造成磨具磨耗增大。一般铣磨用的磨具粒度范围在 80#～120#。

金刚石粒度和浓度对加工表面粗糙度的影响见表 8-9。

表 8-9 金刚石粒度和浓度对粗糙度的影响

粒度（尺寸范围/μm）	金刚石浓度/%	表面每 1mm² 磨粒数目/个	切削深度/mm	不平度的平均高度/μm
63～50	50	84	0.010	2.0
100～80	50	33	0.011	3.3
125～100	75	27	0.024	4.1
125～100	50	21	0.024	6.1
160～125	100	21	0.028	6.2
160～125	50	13	0.028	7.9

2)结合剂。结合剂是把金刚石颗粒固结于磨具基体上的物质。结合剂对磨具的使用寿命和磨削能力影响很大。因此,合理地选择结合剂,对提高磨削效率和零件表面质量是很重要的。目前,国内外使用的结合剂共有四大类。耐磨性由弱到强的顺序为:树脂结合剂、陶瓷结合剂、金属结合剂和电镀结合剂。金属结合剂又分为铜基、硬质合金基和铁基三种。

青铜结合剂:青铜结合剂的磨具结合力强,耐磨性好,磨耗小,使用寿命长,可以承受较大的载荷磨削。但是,青铜结合剂磨具成本高,本身自锐性稍差,钝化的金刚石颗粒不能及时脱落,磨削过程中不便充分冷却,易堵塞发热,有时需修正。青铜磨合剂使用很广泛,通常用于开料锯片、磨外圆的平行磨轮、铣磨平面、球面的金刚石磨轮以及高速精磨磨具。

电镀结合剂:电镀金刚石磨具是用电沉积金属的方法,把金刚石颗粒“嵌接”在基体表面。这种磨具结合力很强,磨削效率高。电镀磨具与同一浓度的压制磨具相比,有近 10 倍的金刚石颗粒参加磨削。电镀结合剂磨具,目前仅用于制作特小、特薄和其他特殊形状的磨具,如套料筒、内圆切割锯片等。但由于电镀金刚石磨具独特的优点,它仍具有广泛的发展前景。

树脂结合剂:树脂结合剂的磨具,加工的表面粗糙度小,磨削中不易堵塞,容易修整,但其结合力小,耐磨性差,不适合于大负荷磨削。树脂结合剂磨具多用于精磨和初抛光。

陶瓷结合剂:陶瓷结合剂的金刚石磨具耐磨性强,磨削中不易堵塞和发热,耐磨性和磨削效率介于树脂结合剂和金属结合剂之间。同时,它具有良好的耐热性、化学稳定性和耐水性,不怕腐蚀和潮湿,因此,可以使用任何一种冷却液。但是由于这种磨具的脆性大,在光学加工中应用很少。

3)硬度。磨轮的硬度是指磨具表面的磨粒在外力作用下脱落的难易程度。磨粒易脱落则磨具软,反之则硬。磨轮硬度的选择,对磨削效率、加工质量和磨具寿命影响大。若磨具硬度过高,则结合剂把已经磨钝而失去磨削能力的磨粒牢牢把持住而不让其脱落,这样会造成磨具与工件之间摩擦力增大,发热量大,严重时会使零件炸裂。同时,硬度过高将大大降低磨削效率和表面质量。相反磨具硬度过低,磨粒还锋利时就掉下来,这样不但会影响效率,而且还会造成磨具不应有的损耗。磨具硬度等级由软到硬分为:超软(CR),软(R),中软(ZR),中(Z),中硬(ZY),硬(Y)和超硬(CY)。玻璃材料较软时,磨轮硬度可选择硬些;工件加工面积大，磨具硬度可选择软些。

4）浓度。金刚石磨具的浓度，是指在磨具金刚石层内每立方厘米的体积内含有金刚石的质量。规定每立方厘米中含有 4.4 克拉金刚石作为 100%浓度。“克拉”是金刚石的计量单位，1 克拉＝0.2g。浓度为 50%，其金刚石含量为 2.2 克拉/cm^3。浓度选择的原则：假如金刚石粒度比较粗，浓度相对地应高些，例如铣磨用的磨轮的金刚石浓度应该比金刚石精磨片的浓度高，100# 粒度的金刚石应选 100%的浓度，W28 粒度的精磨片选用 50%的浓度就够了。假如结合剂品种不同，则金刚石的浓度也应该不同，树脂结合剂选用 100%，而电镀结合剂选用 25%的浓度。表 8-10 为金刚石磨具的浓度。

表 8-10　金刚石磨具的浓度

浓度/%	金刚石含量/克拉·cm^{-3}	金刚石层内金刚石（占的体积分数）/%
25	1.10	6.25
50	2.20	12.50
75	3.30	18.75
100	4.40	25.00
150	6.60	37.50
200	8.80	50.00

8.2.4　散粒磨料粗磨工艺

散粒磨料粗磨的特点是设备简单，手工操作，如图 8-11 所示，但生产效率不高，只适合于生产量不大的零件加工。机床由电机通过皮带驱动主轴转动，主轴上端装有平模或球模，主轴转速可利用塔轮变速。研磨时可根据工件的加工余量向平模或球模添加磨料与水的悬浮液。玻璃的磨去量和表面凹凸层与磨料粒度、磨料种类、磨料供给量、机床速度及压力等工艺因素有关。

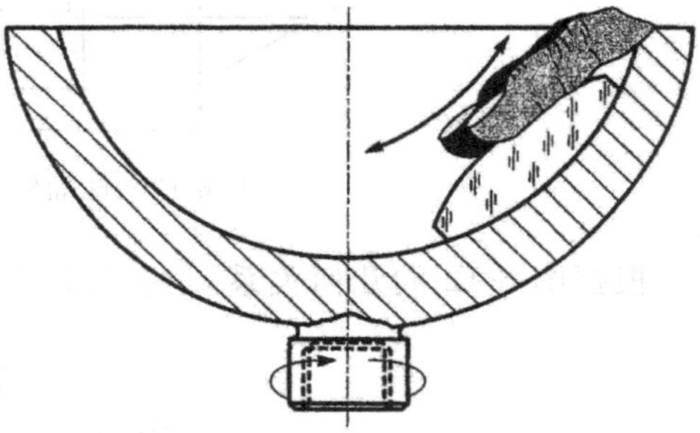

图 8-11　散粒磨料粗磨球面

加工时，平模或球模绕自身轴转动，工人师傅一只手握着工件沿平模或球模的径向摆动，另一只手不断地加入水和砂的混合液，俗称“一把水，一把砂”的加工方法。

8.2.5　固着磨料铣磨工艺

1. 铣磨机理

(1)球面铣磨的原理。球面零件的铣磨加工，要求达到一定的曲率半径和粗糙度。球面铣磨原理如图 8-12 所示，前者加工凸球面，后者加工凹球面。设磨轮轴与工件轴线相交于 O 点，两轴有一夹角 α。图中 1 为筒形金刚石磨轮绕自身轴线作高速旋转，工件 2 绕工件轴线转动。这种运动的铣磨轨迹为球面。磨轮端面在工件表面某一瞬间的切削轨迹是圆，它与工件轴倾斜一个角度，称为斜截圆。被加工表面的几何形状，实际上是某一加工周期内许多个斜截圆的包络面。利用磨轮端面斜截圆成型球面的方法又称范成法加工。球面铣磨机可用于单件加工，也可用于成盘加工。金刚石磨具中径 D 的选择，一般为被加工透镜（或镜盘）直径的四分之三。当透镜球表面特别陡峭时，如超半球工件，对磨轮中径的要求很严格。而球面很浅或平面工件时，则对磨轮中径的要求不严，只要工件直径一半即可。

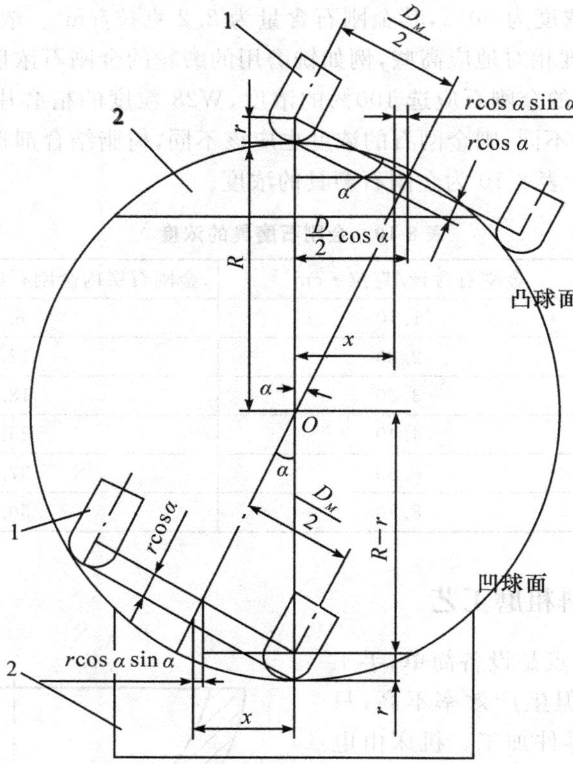

图 8-12 球面铣磨原理(1—磨轮，2—工件)

根据图 8-12 的几何关系，其磨头转角 α 的公式为

$$\sin\alpha=\begin{cases}\dfrac{D_M}{2(R+r)} & \text{(凸透镜)}\\[2ex] \dfrac{D_M}{2(R-r)} & \text{(凹透镜)}\end{cases}\tag{8-4}$$

或

$$R=\begin{cases}\dfrac{D_M}{2\sin\alpha}-r & \text{(凸透镜)}\\[2ex] \dfrac{D_M}{2\sin\alpha}+r & \text{(凹透镜)}\end{cases}\tag{8-5}$$

式中：α 为磨轮轴线倾角，D_M 为磨轮中径，R 为透镜曲率半径，r 为磨轮端面圆弧半径。

由式(8-4)可知，当磨轮选定后，D 与 r 皆为定值，调节不同的 α 角，可加工不同曲率半径的各种球面零件。

(2)斜截面圆成型球面的证明。斜截圆绕工件轴的回转面是否为球面，可用数学方法加以证明。图 8-13 表示两直角坐标系，xx' 轴重合，oz' 和 oy' 分别与 oz 和 oy 的夹角为 α，oz 代表工件轴线，oz' 代表磨轮轴线，坐标原点 o 为工件轴与磨轮轴的交点，o' 为斜截圆中心。

设 $oA=R$，$o'A=\rho$，则在 $ox'y'z'$ 坐标系中斜截圆的方程为

$$x'^2+y'^2=\rho^2 \quad (8\text{-}6)$$

$$z'=\sqrt{R^2-\rho^2} \quad (8\text{-}7)$$

经坐标转换，得

$$\begin{cases} y'=y\cos\alpha-z\sin\alpha \\ z'=y\sin\alpha+z\cos\alpha \\ x'=x \end{cases} \quad (8\text{-}8)$$

将此式代入式(8-6)和式(8-7)整理后，得

$$x^2+y^2+z^2=R^2 \quad (8\text{-}9)$$

这是半径为 R 的球面方程，说明斜截圆绕工件轴的包络面是球面。

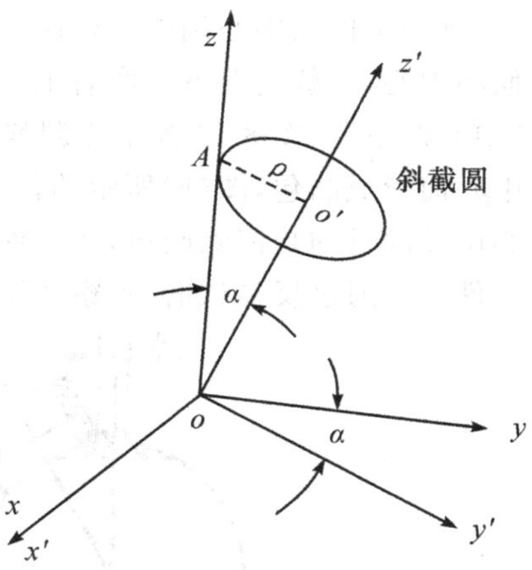

图 8-13　斜截圆成型球面解析

(3)平面铣磨原理。平面铣磨加工，是为获得有一定平面或平行度要求的平面零件。平面零件实际上是曲率半径为∞的球面零件。由式(8-4)，当 $R=\infty$时，$\alpha=0$。这就是说当磨轮轴与工件轴平行时，磨轮对工件的铣磨轨迹就是平面。

2. 铣磨机床设备及其调整

球面铣磨机分大、中、小三种机型。大型透镜铣磨机加工范围为 Φ60～300mm，中型为 Φ20～80mm，小型为 Φ5～30mm。铣磨机的主体结构有立式和卧式两种。立式铣磨机的优点是零件装夹方便，真空吸附零件可靠，冷却防护小。缺点是磨头振动大，磨头倾俯力矩大，调角不方便。卧式铣磨机的优点是磨头振动小，磨头转角方便、可靠，操作比较安全。缺点是零件装夹不方便，冷却防护装置不易处理好。铣磨机的主体结构主要有两部分，一是工件轴(主轴)，二是磨轮轴(高速轴)。一般工件线速度取 150～250mm/min 较合理。工件线速度低，表面粗糙度将变细，金刚石磨轮使用寿命长，但加工效率也低。金刚石磨轮线速度在 12～35m/s。

(1)铣磨机调整。磨轮转角 α 是根据铣磨原理式(8-4)计算的。由于磨轮端面圆弧半径 r 的精确值较难测定，同时在加工过程中 r 也会因磨损而变化，所以计算值 α 只能是近似值，通过调整加以修正。调整步骤如下：按照计算值 α 将磨轮轴调到此角度，然后开车试磨并测得试磨工件的 R_1，如果 R_1 与零件要求的 R 不一致，则根据曲率半径的差值 $\Delta R=|R-R_1|$ 再次调角试磨，反复调试，循环进行，直至达到零件要求的曲率半径 R 为止。机床的调角机构有粗调和微调装置，但调整过程中总会存在误差。微分式(8-5)，得

$$\mathrm{d}R=-\frac{D}{2}\frac{\cos\alpha}{\sin^2\alpha}\mathrm{d}\alpha\pm\mathrm{d}r+\frac{1}{2\sin\alpha}\mathrm{d}D \quad (8\text{-}10)$$

式中：第一项为磨轮端面圆弧半径的精度误差，如果工作时间不长，r 可认为不变，即 $r=$常数，则 $\mathrm{d}r=0$，磨轮选定后 D 也为常数，所以式(8-10)可写为

$$\mathrm{d}R=-\frac{D}{2}\frac{\cos\alpha}{\sin^2\alpha}\mathrm{d}\alpha \quad (8\text{-}11)$$

上式说明：①球面半径误差 $\mathrm{d}R$ 的绝对值随着调角误差 $\mathrm{d}\alpha$ 的增加而增大，当 $\mathrm{d}\alpha$ 为正时 $\mathrm{d}R$ 为负值，即 R 减小；反之 R 增大。② $|\mathrm{d}R|$ 随着磨轮轴转角 α 的减小而增大，所以加工小曲率半径的球面比加工大曲率半径的球面精度高一些。

(2)工件轴中心调整。机床经过初步的角度调整之后，磨轮端面不一定正好处在工件表面的中心，一般情况下试磨后工件表面中心出现一小凸包，消除该凸包的调整工作通常称为“中心调整”。图 8-14 为中心调整示意图，图(a)所示的位置为磨轮端面圆弧中心未到工件中心而形成凸包，图(b)所示的位置为磨轮端面圆弧中心超过工件中心，同样形成凸包。中心调整的目的是消除凸包，使工件轴平移。调整时，先试磨，再观察磨纹判别凸包，最后平移工件轴。通过反复试磨、观察和调整直到获得图 8-14(c)所示的正确位置。

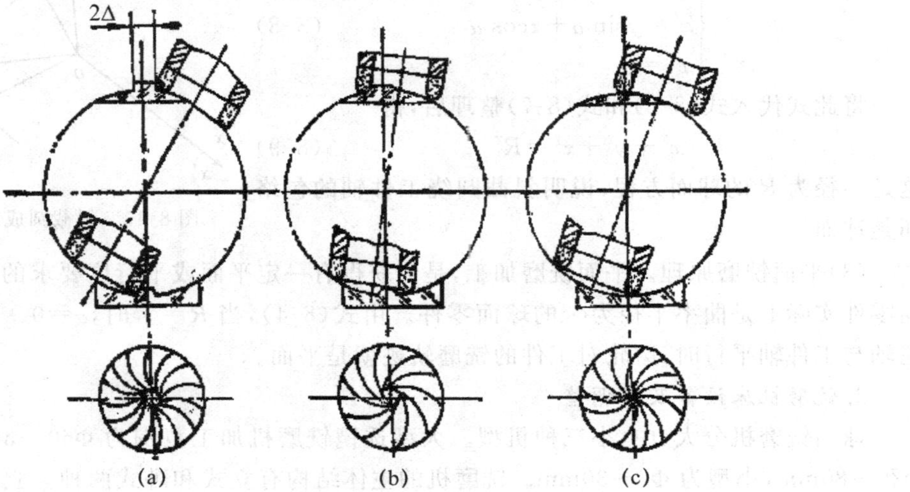

(a) (b) (c)

图 8-14 中心调整

(a)磨轮未到工件中心，(b)磨轮超过工件中心，(c)磨轮位于工件中心

由于中心调整与角度调整有关，中心调整前后的工件曲率半径有变化，即消除凸包后，又需要修正曲率半径，所以中心调整和角度调整需要交叉进行，反复试磨。

(3)透镜中心厚度的调整。透镜工件的中心厚度(包括平面镜)在机械化加工中是靠机床的结构精度来控制的。为了获得合乎要求的中心厚度，加工前必须对控制厚度的机构进行调整。被加工工件的中心厚度取决于机床的磨削总量和开始磨削的起始位置。磨削总量是指一个加工周期内的磨削量，即从开始铣磨到最后光刀时的距离。机床的磨削总量根据工件磨除量的大小来选择。如 QM08A 铣磨机备有四种凸轮，凸轮升程分别为 3mm，4mm，5mm 和 6mm。磨轮对工件开始磨削的起始位置，机床上都设有调整机构，可通过微调、试磨来确定。

(4)调整两轴线相交。两轴线相交的调整机构，多数机床是在磨轮轴上，通常在机床装配时校正。但在加工过程中由于机床振动和长期使用的影响，加工出来的工件表面会产生非球面。其原因往往是由于机床松动，两轴线的相交受到了破坏，这时需要对磨轮进行调整。调整机构是在磨轮轴外表面加一偏心套筒，用以调整磨轮轴高低(卧式)或前后(立式)的位置。两轴线是否相交，可通过砂轮与工件开始接触时间的磨削痕迹来判断，如图 8-15 所示。

(5)磨轮轴和工件轴转速的调整。磨轮轴转速调整：一般不调整铣磨机磨轮轴转速，只有加工范围较大的机床才设有调速装置，如 QM30 大型铣磨机，磨轮轴有两种转速，n_1 = 2940 转/min 和 n_2 = 5880 转/min。变速方式是皮带塔伦，手工调整，使用时可根据所选磨轮直径尺寸大小和合理的线速度范围加以调整。

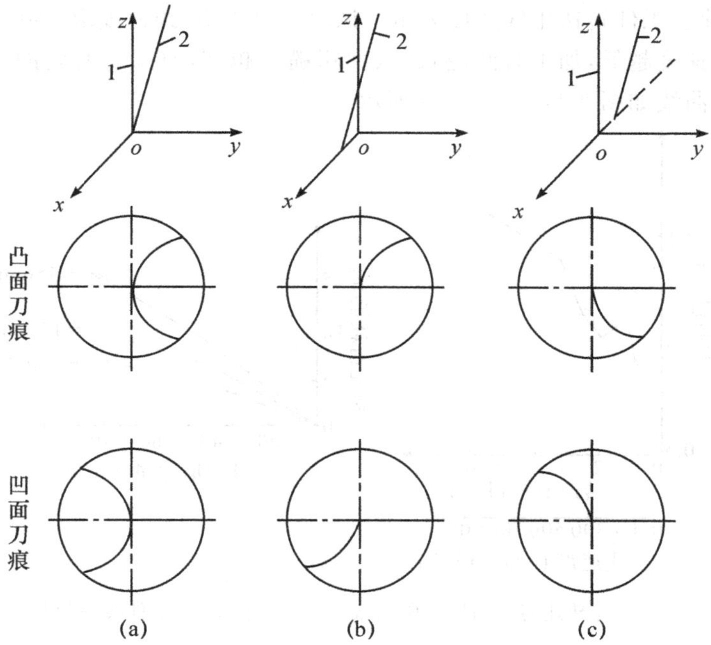

图 8-15　磨轮对工件的初始磨痕

(a)正常刀痕,(b)磨轮轴偏低(卧式)或偏前(立式),(c)磨轮轴偏高或偏后

(1—工件轴线,2—磨轮轴线)

工件轴转速调整:工件轴的转速,决定了工件的线速度,而工件的线速度影响磨削质量和磨削效率,所以铣磨机都设有工件轴的调速装置。调速手柄在机体之外,操作者需要随时进行调整。

3. 工艺因素的影响

影响铣磨质量和磨削效率的工艺因素是机床参数、磨具和冷却液等。

(1)磨头转速。磨头转速反映到磨具上就是磨轮的线速度。磨轮线速度(磨削速度)与工件表面凹凸层深度和磨削效率的试验特性曲线如图 8-16 所示。试验结果表明,磨削速度越快,磨削效率越高,表面粗糙度越细,在线速度 24m/s 以后,凹凸层较均匀。

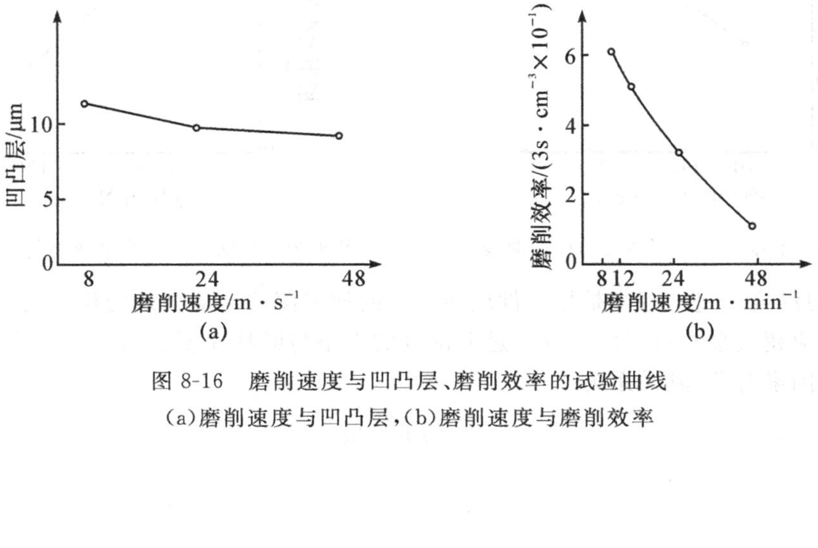

图 8-16　磨削速度与凹凸层、磨削效率的试验曲线

(a)磨削速度与凹凸层,(b)磨削速度与磨削效率

(2)工件转速。工件转速用线速度表示。试验结果表明,线速度取 150～250mm/min 较为合理。工件线速度越低,加工时间越长,表面粗糙度越细,对保持磨轮的锋利程度和寿命都有好处。试验曲线如图 8-17 和图 8-18 所示。

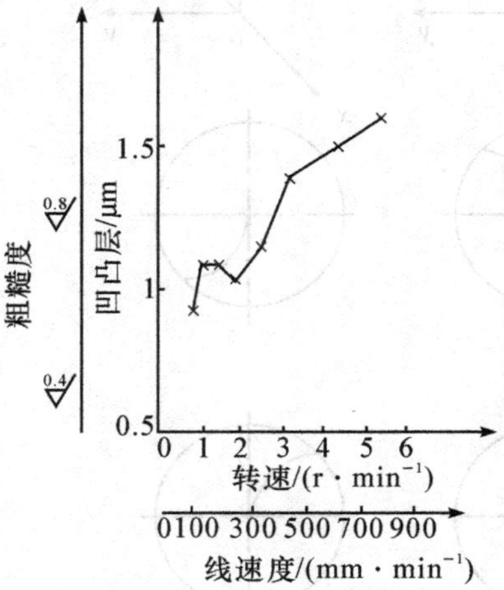

图 8-17 工件转速与凹凸层试验曲线

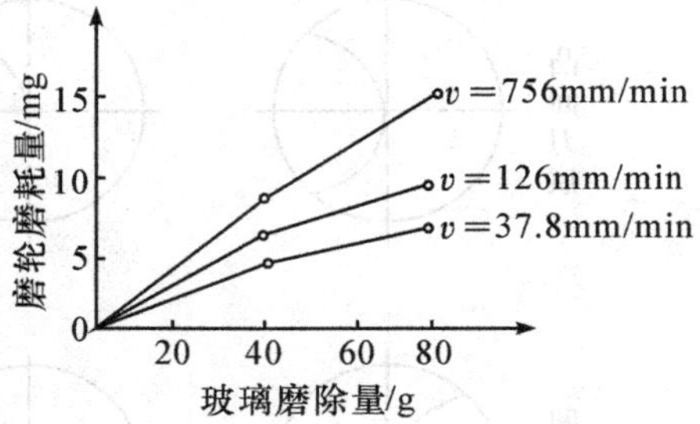

图 8-18 工件线速度与磨削比

由于工件表面凹凸层分布不均匀,所以工件表面凹凸层是指工件表面某部位而言。沿工件直径方向,中心部位凹凸层最小,边部次之,介于中心和边缘之间,约在距表面中心$\frac{\sqrt{2}}{2}D$(磨轮直径)的部位凹凸层最大。

(3)磨削压力。磨削压力是指磨轮传递给工件表面上单位面积的压力。磨削压力的大小根据生产效率、表面粗糙度要求和磨具性能等因素选择。粗磨铣削加工压力,一般取 20～40N/cm^2。在每次加工的行程中,磨削压力逐渐减小,光刀在无压力情况下进行。磨削压力与工件表面凹凸层的试验曲线如图 8-19 所示。磨削压力与磨削效率的关系曲线如图 8-20 所示。试验结果表明,增大磨削压力可提高磨削效率,但凹凸层深度将增加。

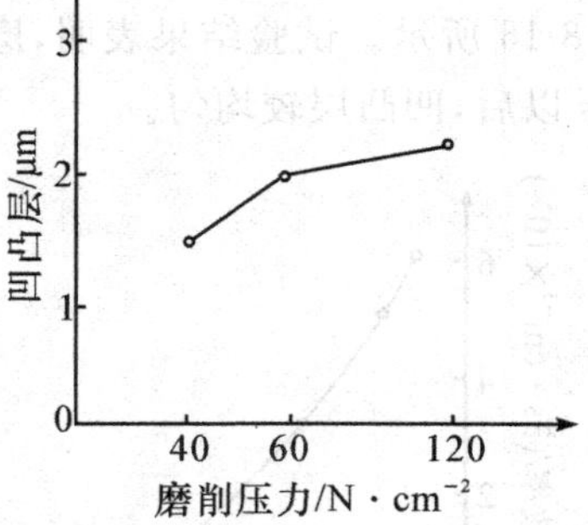

图 8-19 磨削压力与凹凸层的试验曲线

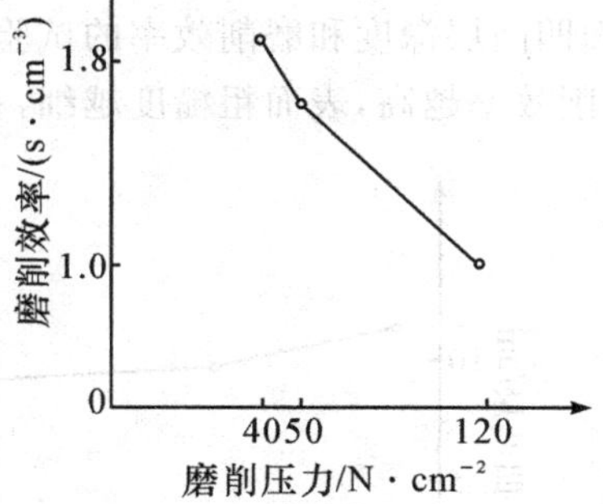

图 8-20 磨削压力与磨削效率的试验曲线

(4)进刀深度。进刀深度是指工件旋转一周的加工深度。从合理使用磨具的角度考虑,进刀深度不应超过金刚石层的高度。进刀深度的大小与磨具速度、工件速度、磨削压力及金刚石粒度等因素有关,其关系为

$$w \propto p\left(\frac{U}{u}\right)d \tag{8-12}$$

式中：U 为磨轮速度，u 为工件速度，p 为磨削压力，d 为金刚石粒度。

进刀深度加大，凹凸层深度也加大。

(5)金刚石磨具粒度的影响。金刚石磨具粒度是指组成磨具的金刚石颗粒度值。试验结果表明粒度越粗，凹凸层越深，磨削效率越高，其关系如图 8-21 和图 8-22 所示。

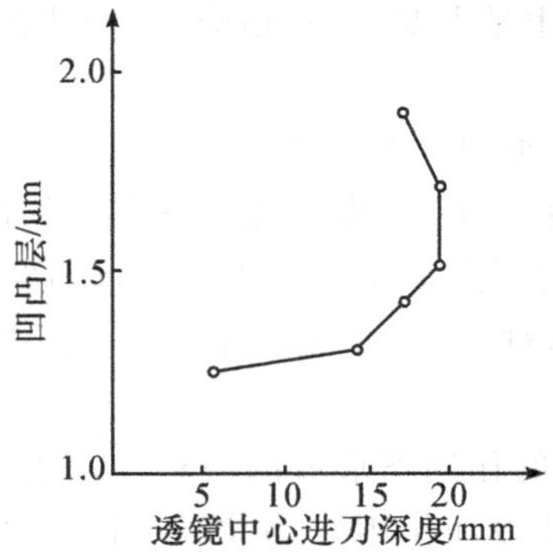

图 8-21　进刀深度与凹凸层的试验曲线

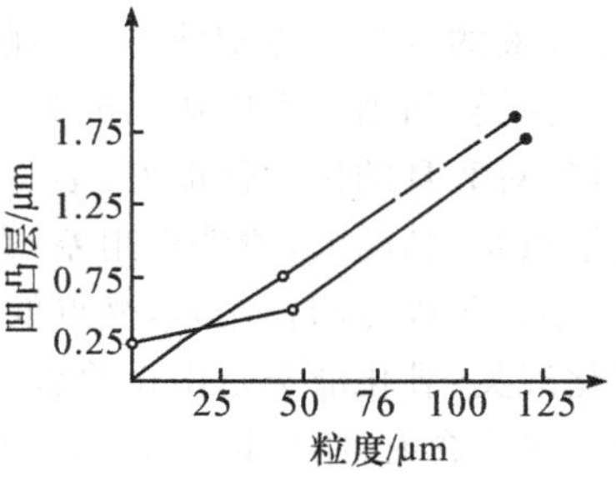

图 8-22　粒度与凹凸层的试验曲线

(6)磨具结合剂的影响。结合剂的作用是将磨料固结于磨具基体上。磨具结合剂分四类，耐磨性由弱到强顺序为树脂、陶瓷、金属和电镀结合剂等。金属结合剂又分为铜基、铁基和硬质合金等。光学零件铣磨大多用金属铜基结合剂，使用的磨料为金刚石。

(7)金刚石磨轮浓度的影响。磨轮浓度应以保持磨具良好的锐利性能、磨削效率高，磨轮损耗小以及被加工工件表面质量好为基础。

(8)冷却液的影响。冷却液有以下四种作用。

1)冷却作用：磨削玻璃时，磨削区产生大量的热，它将影响加工质量、磨具寿命，所以要及时降温，其方法一是减少摩擦，减少磨削热的产生；二是使产生的磨削热从磨削区迅速带走。冷却作用是指带走热量的能力。它与冷却液的导热性、比热、汽化热、汽化速度、液体流量、流速有关。磨削过程中，一部分热量靠冷却液的对流传出，另一部分靠冷却液的汽化而吸收。所以冷却液也可以使用喷雾冷却，使之容易汽化和吸收热量。

2)清洗作用：磨削过程中会产生许多细小的碎屑，其中最多的是玻璃碎屑，也有从磨具上磨削下来的金刚石和结合剂等细小颗粒。这些细小的碎屑会相互黏结，并且黏附在磨具、工件和机床上，从而堵塞磨具，影响磨削的正常进行，同时也影响工件的质量和机床寿命。冷却液的清洗性使之具有防止细小碎屑的黏结和将细屑冲走的能力，并吸附在细小碎屑及工件表面上形成吸附膜，从而阻止细小碎屑的黏结并易于冲走。

3)润滑作用：冷却液的润滑作用是指减少金刚石与工件、金刚石与碎屑接触面的摩擦能力，表现为减少磨削力和磨削热，提高表面质量，通常与冷却液的润湿性(渗透作用)、黏度、形成润滑膜的能力和强度有密切关系。润湿性好，才能使冷却液迅速渗透到金刚石与工件、金刚石与碎屑的接触表面，并在其表面上展开。黏度低的冷却液易于在瞬间流入磨削区的摩擦表面，冷却液进入磨削区的摩擦表面后，在摩擦表面上形成一层牢固的润滑膜，并有一定的强度。

4)化学作用：化学作用系指冷却液与玻璃和磨具结合剂作用，以及对机床的防锈作用。冷却液中的某些成分，如三乙醇胺对磨具结合剂中的铜有化学作用，使磨具产生化学自锐作用。为防止冷却液对机床的腐蚀作用,冷却液中通常含有防锈剂。

冷却、清洗、润滑和化学四种作用并不是完全孤立的。通常冷却性和清洗性是一致的,润滑性与防锈性是一致的,但是在某些情况下,润滑性和防锈性又有矛盾。水解作用与机床的防锈之间,化学自锐作用与机床的防锈之间也存在着一定的矛盾。因此,要根据具体情况加以考虑。在粗磨中加工余量大,冷却作用和清洗作用是主要的;在精磨中,清洗作用、润滑作用和化学作用是主要的。

(9)冷却液的分类。冷却液分为切削油类、乳化液类和水溶液类。

1)切削油类:切削油类以矿物油为主体,加入油性添加剂和防锈添加剂等。切削油类具有润滑性好,对磨具的保护性能好,表面张力小,渗透性好,易覆盖在工件上,防锈性能好的特点。其缺点是:黏度大,清洗作用差,磨屑不易沉淀,对冷却液的循环使用不利,比热、导热率、汽化热小。所以冷却作用差,燃点低易着火。

2)乳化液类:乳化液类是由矿物油与水在乳化剂的作用下形成的一种稳定乳化液。因为它既含有水也含有油,所以既有水冷却液的优点(如冷却作用好,清洗作用好),也有矿物油冷却液的优点(如润滑作用好,防锈性能好)。

乳化液分为两类,一类称水包油型,一类称油包水型。光学加工中主要用水包油型,首先配成乳化油,即母液,再将母液用水冲淡 20 倍至 50 倍后使用。乳化液根据配方不同,对冷却、清洗、润滑和防锈等性能往往各有不同。磨削用的乳化液要求清洗性能好,使用时磨屑不易粘住,便于清洗。因此,配置时加入矿物油要少,乳化剂要多,稀释倍数要大。

3)水溶液类:水溶液类冷却液是一种以水为主体的含有某些化学药品的真溶液。加入化学药品是为改善水作为冷却液时性能不足,如表面张力大,润湿、润滑、防锈性差等。加入的药品主要是表面活性剂与防锈剂。

在锯切、粗磨铣磨和定心磨边等工序中,普遍使用切削油类和乳化液类冷却液,铣磨以切削类为最好。所以常用煤油加机油作为冷却液,这对保持磨轮的锋利性能很有好处。配制比例:煤油占 50%～70%,机油(10#)占 30%～50%,室温升高,机油量应适当增加。

8.3 光学零件精磨工艺

8.3.1 散粒磨料精磨工艺

1.散粒磨料精磨用机床

散粒精磨用机床,其运动方式可归结为两种,即主轴的回转运动和摆架的摆动运动。两种运动由同一马达带动,分两路传动。传动方式大多是皮带轮和摩擦轮传动。图 8-23 所示为精磨机的传动示意图。图 8-23(a)为连杆机构所传动的摆动,摆架与上盘之间的连接,如图 8-23(b)所示,是通过顶针的球端对镜盘或磨盘加以压力,因此,顶针只能使上盘做摆动运动,而上盘的转动时在摩擦力的作用下,由下盘引起的从动传动。下盘的中心为 O_1,上盘的中心为 O_2,如图 8-23(a)所示。上盘的摆动轨迹为 $O_2'O_2''$,若为平面,以 $\overline{O_2'O_2''}$ 的弧长 l 与下盘直径 D 之比 l/D 为相对摆幅;若为球面,以 $O_2'O_2''$ 所对球心之张角 2ρ 与小盘张角 2γ 之比 ρ/γ 为相对摆幅。若上盘的摆动,通过下盘中心 o_1,则 $\overline{O_2'O_2''}$ 圆弧的中点偏离 O_1 点的距离 b

为平行位移，$\overline{O_2'O_2''}$的中点在垂直于$\overline{O_2'O_2''}$的方向偏离 O_1 点的距离 a 为垂直位移。l,a,b 可通过偏心距 EF 的大小和三角架沿箭头方向 A 或 B 的移动来调整。

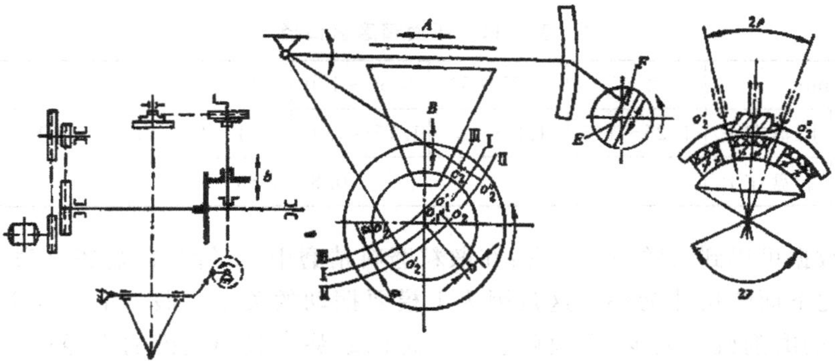

(a)　　(b)

图 8-23　散粒磨料精磨传动(a)，摆架的示意图及摆幅的调整(b)

2. 精磨模的修改

精磨模经球面车床加工后，其工作面曲率半径的精度还不能满足光学加工的要求，需要进行修改。修改时可用一对精磨模对磨，或者用废透镜所装的镜盘来修精磨模，以达到所要求的曲率半径。修改精磨模时，若精磨模为凹的，而且凹精磨模的曲率半径比要求大，此时，用样板检查这个精磨模所磨出来的凸透镜，光圈是低的，则应多磨削凹精磨模的中间部分；若凸凹精磨模对磨，应将凸盘放在下面，凹盘放在上面，摆幅要大，摆幅量约为凹模直径的 1/2。若凹精磨模的曲率半径比要求小，应磨削凹精磨模的边缘部分，将凹精磨模放在下面，凸精磨模放在上面，摆幅要大，摆幅量约为凸磨盘直径的 1/3。若精磨模为凸的，而且凸精磨模的曲率半径比要求大，此时，用样板检查盘这个精磨模所磨出来的凹透镜，光圈是高的，则应多磨削凸精磨模的边缘部分；若凸凹精磨模对磨，应将凸盘放在下面，凹盘放在上面，摆幅要大，摆幅量约为凹模盘直径的 1/2。若凸精磨模的曲率半径比要求小，应磨削凸精磨模的边缘部分，将凹盘放在下面，摆幅要大，摆幅量约为凸磨盘直径的 1/3。若开始修磨时，精磨模表面不是一个规则的球面，在修磨过程中，精磨模表面各处发黑的程度不一样，则可将黑的地方刮去，直到全部磨到为止。

平面精磨模的修改方法基本上与球面精磨模相同，也是两个平盘对磨。假如两个平模都低，应将摆幅减小，顶针放正，使边缘部分多磨；假如两个平模都高，应先用砂石或刮刀修低，再相互对磨，增加荷重，摆幅不要太大，顶针放正。平模平面度接近完工时，用废玻璃镜盘修磨，一般平面精磨模放在下面，如果精磨后，零件光圈高，则改在平模边部 1/3 的区域内进行修磨、三角架打偏、加大摆幅、增加荷重。精磨后，若零件光圈低，则在平模中部 2/5 区域内进行修磨，三角架打正、摆幅减小、减小荷重。精磨模修改好后，用刀口尺检验，边缘微弱透光；用玻璃直尺检验，应该在中部擦着 2/3；用 Φ80～100mm 的平面样板检验，应高 2～3 道光圈。

3. 如何在精磨中保持精磨模表面曲率半径的精度

精磨是采用精磨模与镜盘面接触的方式进行的，虽然，精磨模表面的曲率半径在开始使用时，是修改好的，但是随着零件的磨削，精磨模也在不断磨损，工件的加工精度会产生变化。如何使精磨模在磨损的过程中，保持其曲率半径不变或不少，就应采取一些措施。

(1)精磨模与镜盘的相对尺寸。精磨模与镜盘的相对尺寸是指其直径比(平模或大曲率半径的球模)或高度比(球模)。具体数据见表 8-11。

表 8-11 平面精磨盘口径

D_t/mm		≤25	>25~50	>50~120	>120~200	>200~300	>300
D_{fm}/D_t	磨盘在下	1.25~1.5	1.2~1.3	1.15~1.25	1.1~1.2	1.05~1.15	1.05~1.1
	磨盘在上	0.8~0.85					

从这些数据可得到这样一个概念:在散粒磨料精磨中,不管是镜盘还是磨盘,凡是位于上面的总要比下面的尺寸为小。这是因为上模要摆动的关系。假如上模与下模的尺寸相同,上盘边缘的磨削机会太少,上模就会有翘边的趋势。假如上模的直径比下模的直径为大,则在摆动时,下模边缘露出的机会又太少,下面边缘磨损过甚,下模就会有塌边的趋势。假如上模直径比下模直径小得太多,超过了规定的数据,上模在摆动过程中,其边缘露不出来,上模的边缘会磨削过甚,上模就会有塌边的趋势。

(2)摆幅的大小。摆幅越大,上模的中部与下模的边部磨削较多,所以摆幅的大小应当合适。一般来说,对于平模,上模摆动的直线距离为下模直径的 0.45~0.65 范围内。对于球模来说,上模摆动的角度 2ρ 约为下模张角 2γ 的 0.4~0.55,如图 8-23(b)所示。

(3)顶针的前后伸缩。顶针的前后伸缩是指上模中心偏离下模中心,向着垂直于摆幅方向的位移,此位移量对于平面可取摆幅大小的 0~0.1,对于球面可取摆幅大小的 0~0.4。

(4)主轴转速与上模摆速之比。实际上就是主轴转速与偏心轮转速之比。主轴转得越快,下模的边缘磨削较多,偏心轮转得越快,上模与下模的中心部分磨得快。对于平面来说,主轴转速为摆速的 0.4~0.8 倍,对于球面来说,为 1~1.25 倍。

4. *精磨中角度的控制*

(1)精磨前的角度手修。中等精度的角度,采用弹性上盘、石膏上盘时,若上盘前的角度精度不合要求,就应该进行角度手修;若采用立方体、长方体上盘,虽然是以光胶面为基准,但因角度精度在 $2''$左右,而且加工时,连同立方体、长方体一起加工,为了不过分地破坏立方体、长方体的精度,光胶前要把角度精修到 $0.5'$以内。

角度手修以屋脊角为例说明。

1)修改屋脊角时,用测角仪检查 90°,当 90°找不到像时,可由两屋脊面和棱镜侧面所形成的两夹角决定。若两夹角同时小,则修改压梗;两夹角同时大,则修改压脊。

2)在修改屋脊角的同时,也修改屋脊角与棱镜面的夹角,当棱镜面与屋脊面的两夹角同时大或同时小时,则将两数相加除 2,所得差数,在公差范围内,仍可修改屋脊角达到规定值。若超过公差,则需修改棱镜面。

(2)棱镜精磨抛光中的工序安排。

1)粗磨完工后的棱镜,一般先将粗磨时的基准面,即两侧面中的一个面,进行精磨或毛光,作为手修角度时测量或装夹用。

2)对于第二平行差要求高,而第一平行差要求一般的棱镜,如 DI-0 道威棱镜,尖塔差要求小于 $40''$,$\delta 45° < 5'$,$\Delta 90° < 10'$。对于这样的零件,可以先精磨并抛光侧面基准面,将此基准面作为光胶面,胶合到长方体上,依次精磨两个直角面与一个弦面。

3)采用一般的石膏上盘或弹性上盘时，一般小面先加工。例如 DI-90°和 DI-180°直角棱镜，都是先精磨抛光两个直角面，然后，精磨抛光弦面。对于 DI-90°精确控制 $\delta 45°$，而 DI-180°精确控制 $\Delta 90°$。

4)采用靠体上盘时，先精磨抛光大面，以大面为基准，胶到靠体上，然后精磨抛光两个小面。如果棱镜材料的化学稳定性不太好，则作为基准面的大面精磨后就胶到靠体上，以精磨面为基准，精磨抛光两小面，最后，从靠体上取下棱镜，以大面为基准，加工大面。

5)棱镜中把精度要求高的角度先加工，例如五角棱镜 WⅡ-90°先加工夹角 45°±2″的两个大面，再加工夹角为 90°±4″的两个小面。因为，假如把要求高的角度放在最后加工，则不但要控制这个角度的精度，而且要照顾到累计误差，这会造成加工困难。

6)屋脊角是先加工还是后加工，不同的厂并不一致。有的先加工，其理由与精度要求高的角度先加工是一致的。但有的后加工，这有两种情况：其一，把屋脊角放在最后加工，采用泰曼干涉仪检验，这样并不是单独控制 90°角，而是把角度误差、光圈误差、材料均匀性的误差综合起来，满足使用要求；其二，把屋脊角放在最后加工，是为了避免屋脊棱破边，因为屋脊棱在视场中看得很清楚，是不允许有破损的。

8.3.2　球面高速精磨工艺

高速精磨工艺是指利用金刚石精磨片为磨具，采用面接触的方法精磨光学零件。金刚石高速精磨工艺在国内是 20 世纪 70 年代发展起来的新工艺，具有生产效率高、表面粗糙度小等优越性。

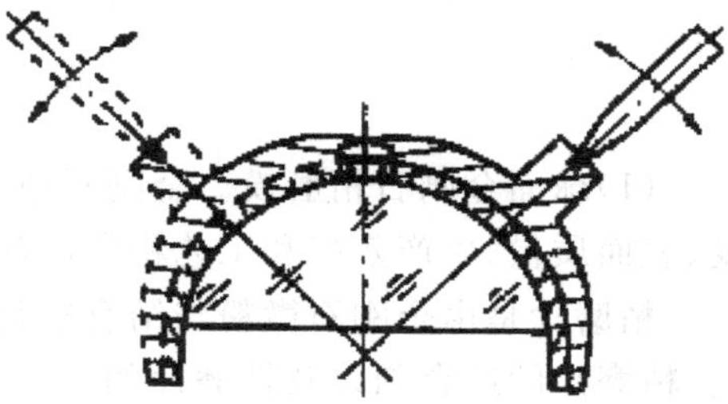

图 8-24　准球心法加工球面镜原理

1. 球面高速精磨原理

采用金刚石磨具的球面高速精磨设备有平摆式、准球心和范成法等几类。准球心法是用成型的磨具加工，零件的表面形状和精度依靠磨具的形状和精度来保证。范成法同球面铣磨原理相同，是磨具和零件各自做回转运动，其磨具刃口轨迹的包络面形成零件的表面形状。目前用得最多的球面精磨方法是准球心法。准球心高速精磨的原理是摆动轴线通过对应镜盘或磨具的曲率半径中心，如图 8-24 所示，压力的方向始终指向曲率中心，且在加工中为恒定值。这种方法较好地满足了均匀精磨。

2. 球面高速精磨机

准球心高速精磨有上摆高速精磨和下摆高速精磨。图 8-25 为上摆式高速精磨机，它是加工中小尺寸透镜的专用设备，由 4 个主轴及对应的压力头组成工作系统，采用气动加压，极大地提高了加工效率和工件面形精度。其中气动控制可实现压力连续调节，适用于不同直径光学元件的加工。

图 8-25　上摆式高速精磨机

图 8-26 为下摆式精磨抛光机，其机械部分包括主轴和主轴电机、工件轴、摆臂、摆幅电机和偏心轮；电路部分和气动部分由变频器、继电器等配合气动装置以实现半自动控制。气动装置主要实现工件轴和挡板的上下动作，加工中所需的压力来自弹簧和工件轴的自重。下摆机工作原理的重点是模具和零件围绕共同的球心旋转。主轴在旋转的同时又在摆幅电机的带动下前后摆动。零件的旋转则是靠模具的旋转带动起来的。模具的工作面和零件的加工面有着共同的球心，且这个球心位于摆臂摆动的中心线上。机床具有自动和手动两种控制方式，工件的加工时间按透镜曲率半径大小的不同要求而设置，在自动状态下，可以实现除装取工件外的自动化加工。

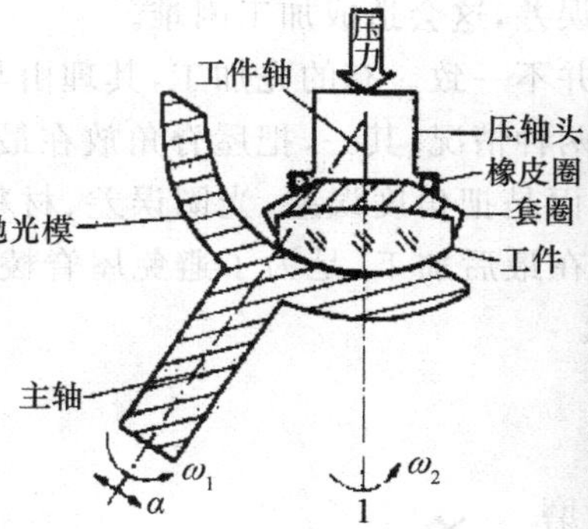

图 8-26 下摆式精磨原理

(1)球面金刚石精磨模。金刚石精磨模的性能、形状和尺寸精度等对高速精磨的加工精度、表面质量、生产效率和工艺稳定性都有重要影响。

精磨片是由金刚石微粉与结合剂烧结而成。金刚石精磨片的选择包括金刚石粒度、浓度、精磨片的结合剂以及精磨片的尺寸。粒度的选择：第一道精磨，主要使其尽快达到规定的尺寸及适当的表面粗糙度，所以一般选择较粗粒度的精磨片，如国产 W28、W14，进口 1000#、1200#、1500# 等；第二道精磨需加工较好的表面粗糙度并保证稳定性，所以其粒度的选择一般有国产 W10、W7，进口 1500#、1800# 2000# 等。浓度的选择：浓度过低或过高对精磨品质与效率都有较大影响，如果浓度过高，结合剂就相对减少，这样对金刚石颗粒的结合力减弱，金刚石颗粒会过早脱落；若浓度过低，金刚石颗粒相对减少，作用在每个金刚石颗粒上的切削力增大，也可能使金刚石颗粒过早脱落。

结合剂：金刚石精磨片的结合剂的主要作用是固定金刚石颗粒。结合剂的硬度直接影响钝化金刚石颗粒的磨钝速度，即影响磨削效率和工件表面质量，因此结合剂硬度要与金刚石颗粒的磨钝速度和玻璃的抗磨性相匹配，即结合剂磨损速度应与金刚石磨耗速度大致相同。一般结合剂的硬度与玻璃的硬度相当，较硬材质的玻璃要用较硬的结合剂；较软的玻璃要用较软的结合剂，以保证玻璃的表面质量，太硬会产生伤痕。结合剂的耐磨性由弱到强依次为树脂结合剂、金属结合剂、陶瓷结合剂和电镀结合剂四种，现在所使用的精磨片结合剂一般为金属结合剂和树脂结合剂。金属结合剂的结合力强，耐磨性好，磨耗小，使用寿命长，可以承受较大的载荷磨削；但成本高，自锐性差，钝化的金刚石颗粒不能及时脱落，磨削过程中不能充分冷却，易堵塞发热。树脂结合剂适合加工表面粗糙度小的工件，磨削中不易堵塞发热，耐磨性差，不适合大负荷磨削。

(2)球面金刚石精磨模的结构形式。球面金刚石精磨模如图 8-27 所示，由金刚石精磨片、黏结剂和精磨模基体所组成。精磨模可以直接黏结到基模上，且其黏膜面的曲率半径与基模的曲率半径相同，方向相反。也可在基模上加工出定位凹坑，将精磨片黏结在凹坑内。凹坑直径比精磨片直径大 0.05～0.1mm。有时在基体表面垫一层 0.5～0.8mm 的铝片，该垫层与基体有相同的曲率半径，然后按精磨片在基体上的坐标位置安放在每一孔内。另外，金刚石精磨模必须留有通冷却液的孔。

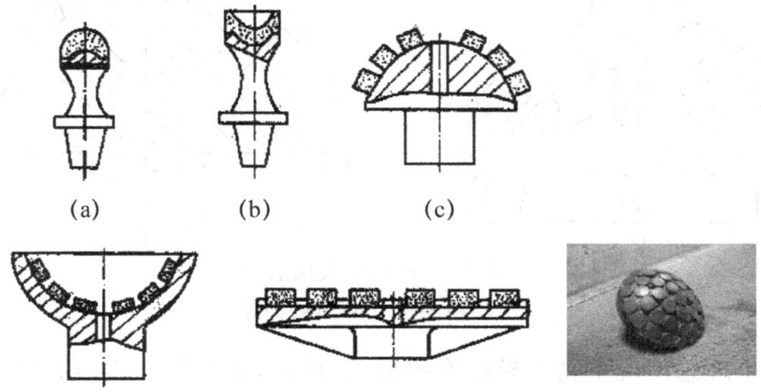

(a)　(b)　(c)

(d)　(e)　(f)

图 8-27　球面金刚石精磨模

(a),(b)用于小半径,(c),(d),(e)用于较大半径,(f)为金刚石精磨模照片

(3)精磨片的分布。在高速精磨时，工件是靠精磨模成型的，即工件的几何精度是靠精磨模的几何精度来保证的。为了保持精磨模具曲率半径的稳定，精磨片在球面精磨模上的分布必须遵循一定的原则：一个是满足一定的覆盖比，另一个是精磨模片表面要符合余弦磨损。覆盖比是指精磨片的表面积与精磨模球缺表面积之比，一般由精磨模表面的曲率半径决定。覆盖比越大，在相同条件下玻璃磨去量相对减少，因为覆盖比大，使玻璃表面所受压力减少，玻璃磨去量反而减少，磨削效率降低。一般小镜片，模子覆盖比要大，这样使磨具面形稳定性保持较好；而大镜片覆盖比需稍小，这样可以缩短加工时间，提高效率。

按照精磨模和精磨片的球缺面积、矢高和覆盖比算出精磨片数 N。

$$N=\frac{PS_{jm}}{S_{jp}}=\frac{PH_{jm}}{h_{jp}} \tag{8-13}$$

式中：S_{jm}，S_{jp} 分别为精磨模和精磨片的球却面积，H_{jm}，h_{jp} 分别为精磨模和精磨片的矢高，P 为覆盖比。精磨片覆盖比的选择请参阅表 8-12。

表 8-12　覆盖比与曲率半径

磨具半径/mm	<10	10～30	30～50	50～120	>120
精磨覆盖比/%	100～55	60～40	45～35	40～20	<25
超精磨覆盖比/%	100～60	65～45	50～40	45～25	<30

(4)余弦磨损。球面精磨模在使用过程中其加工面的曲率半径始终不变，而且被加工面的光圈稳定，这就是所谓的余弦磨损。如何保证余弦磨损是设计球面精磨模必须考虑的问题。如图 8-28 所示，精磨模原始表面是以 O 为圆心、曲率半径为 R_{jm} 的球面 EDF，经 T 时

间的磨损后，变化成以 O' 为圆心，曲率半径仍为 R_{jm} 的 $E'D'F'$。所以精磨模原始表面上任意一点在 Z 轴方向的磨损量在任何瞬间应该是相等的。以 A 点来说为 AC，此点在法线方向的磨损量为 AB，$AB \approx AC\cos\Psi = a\cos\Psi$，$\Psi$ 为 OAB 与精磨模轴线 OZ 间的夹角。这就是"余弦磨损"满足的条件。

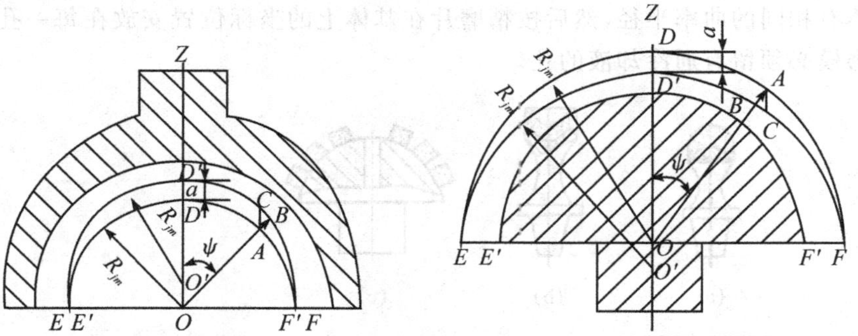

图 8-28 精磨模表面磨损

(a)凹精磨模，(b)凸精磨模

余弦磨损只是理想情况下精磨模的磨损情况，然而，能不能实现余弦磨损还要根据具体的工艺条件。具体地说，AC 是与给定速度和压力有关的值。但是如何设计出给定工艺条件下的具有余弦磨损的精磨模，是一个非常复杂和困难的问题。

(5)精磨片的黏结。精磨片的黏结方法对精磨质量的稳定性有重要的影响。最基本的应保证磨具的面形稳定性，冷却液流动，以利于散热排屑。精磨丸片排列的形状一般为同心圆，除此之外，还有纵横平行排列、螺旋状形(单头螺旋和多头螺旋)和射线排列等，但最外圈要尽可能保持圆形，如图 8-29 所示。无论采用哪种排列，最关键的一点是要保证曲率半径

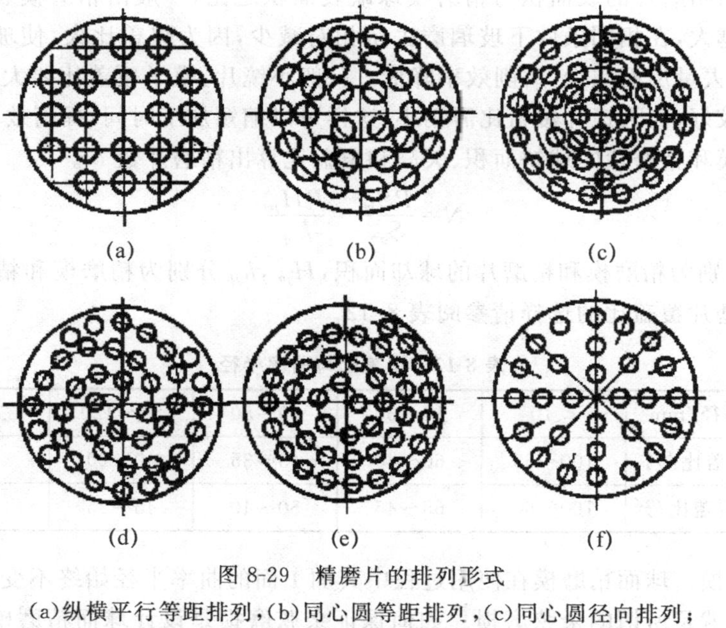

图 8-29 精磨片的排列形式

(a)纵横平行等距排列，(b)同心圆等距排列，(c)同心圆径向排列；

(d)多头螺旋线排列，(e)单头螺旋线排列，(f)射线排列。

稳定。一般来说，精磨片密些，面形就稳定，但是磨削能力下降；而间隔大，磨削能力较强，但面形不是很稳定，而且可能打破玻璃，损坏精磨模。

金刚石精磨模的修正：对刚做好的高速精磨模不能直接用于加工，都要进行修磨。修磨精磨模时保证精磨质量最是关键的步骤。首先选择符合被加工零件光圈要求的铜模，用表 8-13 所列的金刚砂号研磨精磨模，并不断用该精磨模加工废玻璃镜盘，检查镜盘的光圈，直到符合要求为止。

表 8-13　修改精磨模的砂号

精磨模种类	粗修		精修	
	修整模材料	砂号	修整模材料	砂号
精磨模	HT22～24 或 A3	240#～280#	HT22～24 或 A3	W40～W28
超精磨模	A3	W40	A3 或 H62	W28～W20

修磨精磨模的过程，是用同样曲率半径、凸凹相反的一对模子相互对磨的过程，因此，必须控制工艺参数和过程，以达到面形符合要求的模子改造面形不符合要求的模子的模子，这个过程被称为面形复制。面形复制时可用一堆凸凹精磨模对磨，或者用废透镜做成的镜盘来修精磨模，以达到所要求的曲率半径。精磨模修改好后，用样板检查光圈应为高光圈，见表 8-14。

表 8-14　精磨后零件的光圈数

抛光表面精度要求	每一镜盘上的透镜数	曲率半径/mm				
		<20	20～40	40～60	60～100	>100
		精磨后低光圈数				
$N=0.3\sim1$	1～15	4～2	3～2	3～2	2	2～1
$N=1\sim5$	1～15	7～4	6～4	6～3	5～3	4～2

3. 工艺参数对球面高速精磨的影响

高速精磨的工艺因素大致包括机床、精磨模、冷却液、玻璃和加工时间等几个方面，具体分析如下。

(1)机床的影响。无论精磨模相对工件的位置如何，磨削量随着主轴转速的提高而成线性增加，同时表面凹凸层的深度也随着磨削量的增加而有所增加。精磨模磨耗也随着主轴转速提高而成线性增加。其对应关系见表 8-15。

表 8-15　曲率半径与最大线速度的关系

曲率半径/mm	<10	10～50	50～120	>120
精磨最大线速度/$m\cdot s^{-1}$	1～4	3～8	5～10	5～15
超精磨最大线速度/$m\cdot s^{-1}$	1～3	2～7	4～8	6～12

当精磨模做主运动时，压强对玻璃磨削量的影响不一定呈直线关系(见表 8-16)。压强在 100kPa 以内，磨削量增加较大，并呈直线关系；当压强超过 100kPa 后，增长量逐渐变小。当镜盘做主运动时，压强与磨削量基本呈线性关系。

表 8-16 曲率半径与压强的关系

曲率半径/mm	<10	10~50	50~120	>120
精磨压强/10^4 P_a	10~15	5~15	3~10	2~7
超精磨压强/10^4 P_a	2~5	1.5~5	1~4	0.7~3

(2)精磨模的影响。精磨模的影响包括精磨片的覆盖比、金刚石粒度、金刚石浓度和精磨片的结合剂等。在研究精磨片覆盖比的影响时,假设精磨机摆架上所加外力相等,则玻璃的磨削量随着精磨盘覆盖比的加大而显著地减小;如果改变加工条件使精磨模单位面积所受的压强相等,则玻璃的磨削量受覆盖比的影响很小。金刚石粒度对精度也有影响,粒度越粗,玻璃的磨削效率越高,但玻璃表面的破坏随着金刚石粒度的增大而增大。在相同粒度情况下,固着磨料精磨的表面质量优于散粒磨料精磨的表面质量。精磨的表面质量不仅取决于金刚石的粒度和覆盖比,还与金刚石的浓度有关,而且粒度与浓度相互影响。尽管低浓度的金刚石精磨模生产效率高,但由于严重的磨损影响面形的稳定性,因此,浓度一般在25%~50%之间磨削效果最好。

(3)冷却液的影响。机械磨削是高速精磨的主要作用机理,而精磨时磨削产生的磨削热必须加以冷却。冷却液的作用是散发加工过程产生的热量,去除磨削碎屑和减少磨具与玻璃的摩擦,即起冷却、清洗、润滑作用及对玻璃和磨具的化学作用(即自锐作用)。冷却液的几个作用在精磨过程中是有条件的。如冷却液温度不能太低,否则与抛光时的光圈不匹配,容易造成玻璃破碎或划痕。如果把冷却液调整到清洗和润滑性能最好,则可能导致工件的磨削量增加和表面粗糙度变粗。若清洗和润滑的效果不好,则精磨片容易钝化,造成脱落或断裂。同样,冷却液的化学自锐性太强,会导致表面粗糙度变差。因此只有兼顾冷却液的各项作用才能满足精磨的要求。

(4)初始表面的参数对精磨的影响。初始表面的参数包括粗糙度、光圈和加工余量,它们直接影响到精磨的磨削效率、工件的表面质量、磨具的磨损和钝化等。如果工件初始表面粗糙度大,磨削效率会高,同时精磨模的磨损也会加重。而大量的玻璃屑容易附着在精磨模与玻璃接触的表面上,也会降低工件的表面质量。如果初始表面的粗糙度太小,则不利于金刚石精磨模的自锐作用,降低磨削效率。因此,初始表面的粗糙度应该与精磨片的粒度和结合剂硬度相匹配。铣磨加工中,通常采用100# 或 80# 金刚石磨轮,其得到的工件表面粗糙度 R_a 为 2.2μm,这时采用粒度为 W28 的金刚石精磨模可与铣磨后的表面相匹配。另外,玻璃的种类不同,磨削率也不相同,一般硬度大的磨削效率低。为了各道工序之间的光圈匹配,一般曲率半径较小的零件精磨后的光圈比完工后光圈低 4~6;曲率半径较大的零件精磨后的光圈比完工后低 2~4 较合适。零件的加工余量也影响精磨的效率,其具体要求见表 8-17。

表 8-17 表面粗糙度与加工余量的关系

玻璃的可磨性	分类	工序		
		粗精磨	精精磨	超精磨
差	表面粗糙度(R_a)/μm	~0.4	0.4~0.1	0.05~0.025
	加工余量/mm	0.04~0.06	0.01~0.02	0.005~0.01
好	表面粗糙度(R_a)/μm	~0.8	0.8~0.2	0.1~0.025
	加工余量/mm	0.06~0.08	0.015~0.03	0.01~0.02

(5)加工时间的影响。玻璃的磨削量随时间的增加而增加,但玻璃的磨削量与加工时间并不一定成正比关系,这与玻璃的种类和结合剂有关。另外,工件的表面粗糙度也不一定随加工时间的延长而变好,表 8-18 推荐了不同曲率半径的大致精磨时间。

表 8-18　参考精磨时间

曲率半径/mm	<10	10~50	50~120	>120
精磨时间/min	0.5~1	0.25~0.7	0.5~1	1~3
超精磨时间/min	0.3~0.7	0.7~1.5	1~2	1.5~3

(6)常见疵病产生原因及分析。精磨中因为各种原因会使加工零件产生疵病。最常用的外观检查方法有透射检查和反射检查。透射检查是将镜片拿到台灯 2~3cm 外,将镜片旋转观察,按照图纸要求和标准判定;反射检查是将镜片拿到台灯下方 10~15cm 处,旋转并倾斜镜片观察表面,按照图纸要求和标准判定。表 8-19 为各种常见的疵病及克服的方法。

表 8-19　精磨常见的疵病及克服方法

名称	产生原因	克服方法
划痕	金刚石精磨片质量不高;冷却不充分或冷却液有杂质;精磨片钝化;光圈不匹配	选用高质量的金刚石精磨片;冷却液流量及喷射位置适当,及时更换冷却液;选用适当的冷却液;确定上道工序的匹配光圈数
麻点	加工余量不够或初始表面粗糙度不匹配;光圈不匹配;局部磨削量不够;加工时间不够	预留适当的工序余量并达到适当的粗糙度;确定合适的匹配光圈;保证加工时间
光圈稳定性差	精磨片耐磨性差,或排列不合理,或光圈不匹配,或覆盖比太小	选用耐磨性好的的精磨片,合理排列精磨片,确定光圈匹配数;保证加工时间
光圈不规则	精磨模不规则或基体刚性差	修正精磨模,改善基体结构
表面粗糙度差	精磨偏离度太大,或磨料脱落太快,或冷却液浓度高致使化学自锐作用太强	选择适当粒度和自锐性的精磨片,控制冷却液的化学自锐作用
工件破边	上道工序光圈太低,或压力太大,或径向跳动	合理匹配光圈,减小压力,控制径向跳动量

8.4　光学零件抛光工艺

光学零件的抛光是获得光学表面最主要的工序。其目的:一是去除精磨的破坏层,达到规定的表面质量的要求;二是精修面形,达到图纸要求的光圈和局部光圈,最后形成透明规则的表面。

8.4.1　抛光机理

抛光的过程是十分复杂的。关于光学玻璃抛光的机理,到目前为止,还没有形成一个完整统一的理论,但大致可以归纳为以下几种理论。

1. 机械磨削理论

提出机械磨削理论的主要是汉逊(Hersehel)和瑞利(Rayleigh)。此理论认为:抛光是研磨的继续,抛光与研磨的本质是相同的,都是尖硬的磨料颗粒对玻璃表面进行微小切削作用的结果。但由于抛光是用较细颗粒的抛光剂,所以微小切削作用可以在分子大小范围内进行。由于抛光模与工件表面相当吻合,因此抛光时切向力特别大,从而使玻璃表面凹凸的微痕结构被切削掉,逐渐形成光滑的表面。

下面给出机械磨削理论的主要实验依据。

(1)抛光后的零件质量明显减轻。通过实验测得,被抛掉的玻璃颗粒尺寸平均为100～120nm。

(2)抛光表面有起伏现象。用氧化铈抛光时,零件表面凹凸层厚度为30～90nm;用氧化铁抛光时,凹凸层厚度为20～90nm。用电子显微镜观察玻璃表面发现:每平方厘米的抛光表面有3万至10万条深0.008～0.070μm的微痕,约占抛光总面积的10%～20%。综上说明,抛光是机械作用的过程。

(3)抛光剂颗粒直径在一定范围内,抛光效率与抛光剂颗粒大小呈直线关系

(4)磨料也能用抛光剂。当磨料很细且加工压力很小时,也能作为抛光剂。如碳化硼(B_4C)和刚玉(Al_2O_3)本属磨料,但其粒度直径为0.5μm左右时也能将玻璃抛光。

(5)在一定条件下,抛光效率与抛光速度、压力呈直线或近似直线关系。

2. 热的表面流动理论

提出热的表面流动理论的主要是克莱姆(Klemm)和斯梅格尔(Smekal)。此理论认为,玻璃表面由于高压和相对运动,摩擦生热致使表面产生塑性凸起的部分将凹陷填平,形成光滑的抛光表面。这种理论的依据为以下两点。

(1)在抛光过的玻璃表面上,用金刚石刻刀刻出图案划痕,再进行抛光,抛去图案划痕后,再用氢氟酸腐蚀,结果,原来的图案又明显地重现出来,这说明抛光过程并没有把图案完全抛出去,只是由于玻璃表面分子的流动而把划痕掩盖起来。

(2)在很多情况下,抛去玻璃的重量与抛去玻璃的厚度所对应的重量不相符合,往往是抛去玻璃的重量小于抛去厚度所对应的重量。这说明有的玻璃分子流动到研磨表面的凹凸层底部去了。

3. 化学作用理论

化学作用理论主要是由卡勒(Kaller)提出的。该理论认为,抛光过程是在玻璃表层抛光剂、抛光模和水的作用下,发生错综复杂的化学过程,主要是玻璃表面发生的水解过程。

(1)水在玻璃抛光过程中的水解作用。水对玻璃表面的作用,取决于玻璃的成分和温度。石英玻璃完全由SiO_2所组成,由于Si—O—Si键联系很强,因此其结构是很坚固的。而钠玻璃则不同,这种玻璃内除了Si—O—Si联系以外,还有许多Si—O—Na键,这种三度空间的连接键是不强的。

水在抛光过程中分离成H^+和OH^-,H^+取代了玻璃中的钠离子并把Na^+提取到表面上来,而H^+则扩散到表面里去,产生玻璃的水解反应。氢离子是通过氢键把水和玻璃联系起来的,使玻璃表层组织变得疏松,有更多的H^+得以继续扩散进去,从而在表面产生硅酸胶层。当抛光悬浮液不用水,而是干抛或用四氯化碳加煤油或纯粹用乙二醇抛光时则效率很低,但当乙醇含水的比率逐渐增加时,抛光率也随着提高。这证明水对玻璃表面存在着水

解作用。

(2)抛光模层的化学作用。对于沥青辅料,因为沥青主要由树脂酸、地沥青、各种脂类所组成,用 RCOOH 表示。在抛光过程中沥辅料与工件间产生光学接触,使 RCOOH 中的 H^+ 进入玻璃,而玻璃中的碱金属离子进入 RCOOH 中,便形成 RCOONa,RCOOK 等,与碱土金属离子作用生成 RCOOCa,RCOOMg 等。这说明沥青与玻璃间存在着化学作用。

对毛毡材料,可按动物性纤维和植物性纤维分别进行研究。结果是动物性纤维大大地超过植物性纤维的抛光量,植物性纤维几乎不起抛光作用。这是因为动物性纤维含有高分子的晶态蛋白质,加水分解后得到氨基酸(NH_2 和 COOH),两者一酸一碱,它不仅能与阴离子还能与阳离子起作用,因此抛光效果特别好。但植物性纤维没有蛋白质,而是碳水化合物,因此和阴阳离子都不起作用,当然抛光效率也就低了。这也说明抛光辅料与玻璃间有化学作用存在。

(3)抛光剂的作用。抛光剂的物理性能,如粒度大小、颗粒形状、硬度以及化学性能(如晶格结构、晶格活性大小)等在抛光过程中均起着很重要的作用。在抛光过程中,抛光剂具有两种作用,即机械作用与胶体化学作用,这两种作用是同时出现的。在抛光的初始阶段,是抛光剂去除表面凹凸层的过程,因而呈现出新的抛光面,这时机械作用起主要作用。但是呈现抛光面以后,抛光剂颗粒开始于玻璃表面进行分子接触,由于抛光剂具有一定的化学活性即具有强烈的晶格缺陷(实践证明具有晶格缺陷的抛光剂,其抛光效率是比较高的),晶格缺陷处的各质点的联系能量比较大,易于通过化学的吸附作用把玻璃表面分子吸附出来,因此在抛光剂与玻璃表面分子接触中玻璃材料即被去除。

以上几种说法都以一定的实践为依据,都能解释抛光过程中的一些实质,但又都有局限性。可以认为抛光过程是一个机械的、物理化学的、化学的综合过程,但是机械作用是基本的,化学作用是重要的,而流变现象是存在的。

8.4.2　抛光模材料及抛光粉

抛光模膜层材料和抛光粉都是抛光工序使用的主要材料。它们的性能以及与其他工艺条件的合理匹配,对抛光零件的加工效率和表面质量都有重要影响。

1. 抛光模材料

(1)对抛光模的要求。在抛光过程中,无论从机械磨削的观点,还是从化学作用的观点,抛光模均起重要作用。因此,对于高速抛光模除考虑上述两方面的作用外,还要求具有适应高速、高压以及伴随产生高温的特点,这样对高速抛光模的要求是多方面的。

1)微孔结构:抛光模能否均一地承载抛光粉,对机械磨削作用很重要。抛光模的微孔结构,可使磨粒在孔内自由滚动,以利于产生微小切削作用,同时,微孔结构能储存充分的水,有助于水解反应的进行,并有利于冷却和清洗。目前,有多种抛光模可使用,但有的尚无理想的微孔结构,通常利用均匀开槽方法弥补微孔的不足。

2)耐热性强:抛光模,特别是高速抛光模,处在高速和高压的工作条件下使用,会产生较高的摩擦热,易引起模具变形,因此,要求它具有良好的热稳定性。

3)耐磨性好,硬度适当:为了保证抛光模的尺寸精度,延长使用寿命,模具必须耐磨。另外硬度也必须适当,才能使工件和抛光模具有较好的吻合性,否则光圈难以控制。

4)具有较好的化学活性:根据抛光机理得知,抛光模的化学活性直接影响抛光的化学作用，化学活性好的抛光模具有较高的抛光速率。

5）抗老化：抛光模是在湿热的条件下工作的，这就加速了抛光模的老化，因此必须选择抗老化性能好的抛光材料，以延长抛光模的使用寿命。

6）收缩率小：为保证模具的面形精度，应选择收缩率小的抛光材料。在抛光过程中，影响工件面形精度的因素很多，但其中最关键的是模具形状。如果模具不合适，无论怎样调节运动条件，也得不到满意的加工精度。因此，要使抛光模保持长时间的形稳性，必须满足上述要求。

（2）几种常用的抛光材料。光学玻璃的抛光，经历了从古典抛光到高速抛光的发展过程。与此相适应的抛光材料也经历了由天然高分子材料到混合抛光材料及合成高分子材料的发展过程。如何把种类繁多的抛光材料加以适当的调配和组合，制造出性能比较满意的抛光模，这是高速抛光实现三定（定时、定光圈、定表面疵病等级）的关键问题。下面为国内几种常用的抛光材料。

1）柏油混合抛光材料。柏油混合模主要用于低速抛光，曾作为球面高速抛光的过渡性抛光模。柏油的主要成分是沥青。由柏油制成的抛光模，它的强度、刚性和硬度主要是由沥青决定的；抛光模的吻合性、黏性是由石油树脂决定的。该树脂系低分子固体树脂，易熔化，为热塑性物质，在一定温度下具有黏性。抛光模的流展性、柔韧性以及对填料的湿润性是由润滑油决定的。润滑油黏度大，不易挥发，具有良好的湿润性。柏油抛光模虽然具有良好的吻合性和一定的机械性能，但是它不能承受较大的压力和较高的转速，在高速抛光条件下易变形，因此必须改进柏油抛光模的配方。

2）古马隆混合抛光材料。古马隆又称香豆酮树脂，有的是黏稠状液体；有的是固体，硬而脆。它属热塑性物质，软化点为80～88℃。用古马隆作抛光模基体，可提高模层的耐温性、耐磨性和硬度。无论是柏油还是古马隆都是分子量不高的塑性物质，具有一定的柔韧性、润湿性，所制备的抛光模具有良好的吻合性，加工表面疵病等级高。合成树脂和填料的加入，又改善了模层的强度，并且制模简单。因此，柏油混合抛光材料曾是高速抛光过渡性模层材料。但它稳定性差，寿命短，不能很好地满足高速自动化生产的需要。

3）聚氨酯泡沫塑料抛光材料。聚氨酯泡沫塑料是20世纪50年代出现的一种新型合成材料。由于它具有一系列优异性能，因此，近些年在国内外得到迅速发展和广泛应用。采用聚氨酯泡沫塑料制成的抛光模，具有良好的微孔结构，强度高，变形小，耐磨性优良，抛光效率较高，寿命长。但是这种抛光模，制作困难，重复性不好，配料和制模工艺稍有差别，性能差异就很大。

4）聚四氟乙烯抛光材料。聚四氟乙烯具有优良的耐热性、耐化学腐蚀性和介电性，摩擦系数很小。它在180～250℃范围内长期使用性能不受任何影响。这种抛光模层材料，一般用于高精度平面零件抛光。

5）固着磨料抛光丸片。固体抛光丸片是用树脂作结合剂，将抛光粉固着在结合剂中，制成小片状，用以抛光光学零件。抛光时，不用再加抛光粉，只加清水或含有某些添加剂的液体。这种方法一般叫做固着磨料抛光。固着磨料抛光丸片的制作是将氧化铈或金刚石微粉加入树脂（基体）中，黏结在一起，制成不同形状和尺寸的小圆片。

2.抛光粉

抛光粉是抛光工艺中使用最多的辅料，它的作用是通过它在抛光模和抛光零件之间的吸附和磨削，提高被加工表面的粗糙度。抛光粉的基本成分是一些金属氧化物，如铁、铈、锆、钛、铬等金属氧化物。常用的抛光粉有氧化铈抛光粉、氧化铁抛光粉和氧化锆抛光粉等，它们都是经过精密加工的高纯度微粉。

(1)对抛光粉的基本要求：

1)微粒均匀度一致，在允许的范围之内；

2)有较高的纯度，不含机械杂质；

3)有良好的分散性和吸附性，以保证加工过程的均匀和高效；

4)粉末颗粒有一定的晶格形态，破碎时形成锐利的尖角，以提高抛光效率；

5)有合适的硬度和密度，和水有很好的浸润性和悬浮性，因此抛光粉需要与水混合。

(2)常用抛光粉的基本性能。常用的氧化铈抛光粉、氧化铁抛光粉和氧化锆抛光粉性能列于表 8-20。

表 8-20　常用抛光粉的基本性能

	三氧化二铁(Fe_2O_3)	氧化铈(CeO_2)	氧化锆(ZrO_2)
外观	深红色，褐红色	白色，黄色	白色，黄色，棕色
密度/$g \cdot cm^{-3}$	5.1～5.3	7～7.3	5.7～6.2
莫氏硬度	5～7	6～8	5.5～6.5
颗粒外形	近似球状，边缘有絮状物	多边形，边缘清晰	
颗粒大小/μm	0.2～1.0	0.5～4	0.25～0.7
晶系	斜方晶系	立方晶系	单斜晶系
点阵结构	刚玉点阵	萤石点阵	
熔点/℃	1560～1570	2600	2700～2715

氧化铈抛光粉与氧化铁抛光粉相比较，氧化铈的硬度高，颗粒较大，呈多边形，因此抛光能力较强；还由于氧化铈的熔点高，密度大，晶体点阵的能量大，同时立方系物质比单斜晶系物质对玻璃的擦刮力大，因而氧化铈的抛光能力强。一般来说，氧化铈的抛光效率比氧化铁高一倍以上，因而目前生产上大多数使用氧化铈。由于氧化铁颗粒较小，外形呈球状，硬度较低，因此，对表面粗糙度要求高的零件，使用氧化铁抛光效果较好。就抛光能力而言，氧化铈抛光粉最强，氧化锆次之，氧化铁最弱。

8.4.3　准球心法高速抛光

透镜抛光方法可大致分为古典法抛光和高速抛光。从运动形式看，高速抛光分传统的平面摆动抛光和准球心法高速抛光。准球心法高速抛光的实质，是提高机床主轴转速、增大抛光压力，以尽量高的抛光效率，抛光出符合质量要求的透镜。

抛光和精磨一样都是在同一种类型的设备上进行，这种设备既可以抛光也可以精磨，不同的是研磨模具和研磨剂不同。为了防止研磨剂的交叉感染，在车间的布局上，抛光和精磨的设备各自都是专用的。高速抛光是采用聚氨酯或固着磨抛光片做成的抛光模具来加工零件。在加工球面时，镜盘中心的径向作用力总是比边缘大，对镜盘磨削起作用的力主要是径向力。因此，平面摆动式机床不能保证镜盘得到均匀磨削。而准球心高速精磨克服了这一缺点，作用力始终指向球心，所以，将这种抛光方式称作弧线摆动或准球心高速抛光。准球心抛光机床主轴较平面摆动式有较高转速，压力根据机床大小不同，约为 10～45kg。与平面摆动式机床相比，准球心抛光具有较高的生产率，工艺稳定，可实现自动化操作。

1. 准球心法高速抛光的原理及优越性

(1)准球心法高速抛光的原理。根据抛光的机械磨削理论得知：在一定范围内，提高抛光的压力和速度，可使抛光速率呈线性增加。因此，增大抛光的压力和速度，是提高效率的有效途径。但是由于古典法抛光，压力方向不与球面各点的法线方向一致，因此，正压力 P_n 的分布随上下盘相对位置的不同而不同，如图 8-30(a)所示。

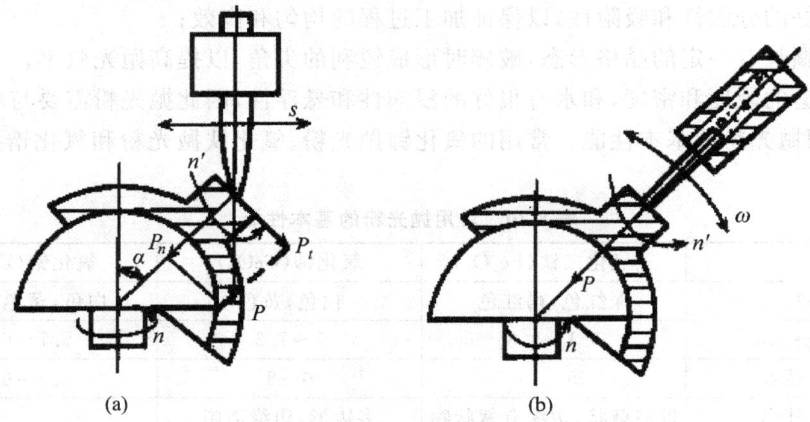

图 8-30 古典法和准球心法抛光原理

(a)古典法抛光，(b)准球心法高速抛光

当摇臂头从中心偏摆 α 角时，正压力 $P_n = P\cos\alpha$，呈规律变化。当 $\alpha=0$ 时，摇臂头在中心，此时正压力最大，即 $P_n = P_0$。当 α 增大时，正压力随 α 的增大而减小。目前，国产抛光机 $\alpha=\pm45°$。由此可以得出：古典法抛光，由于正压力是随 α 变化的，势必造成磨削不均匀，压力愈大，不均匀程度愈严重，因此不可能加载过大，而且也不能加工超半球。为了使正压力恒定，摇臂头必须对准工件球心，沿其表面弧线摆动这就是准球心法抛光的原理，如图 8-30(b)所示。

为了实现准球心抛光，摇臂头的摆动轴必须通过下模(镜盘或抛光模)的曲率中心，因此要求中心接头的高度必须保证尺寸精度，否则会破坏准球心。如图 8-31 所示。

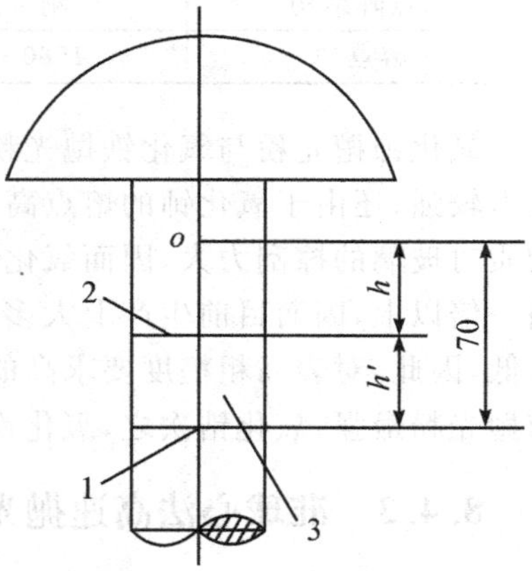

图 8-31 中间接头

1—主轴定位端面，2—模柄定位端面，3—中间接头

下摆式机床实际上加工原理与上摆式准球心高抛机床的原理完全一样，只是因为把摆动轴放在下面，带来了一些好处，从结构上能够使摆动球半径比较准确、工件与磨具对球心较好、摆角的大小可调，磨具在下面转动的同时还摆动，工件在上面只作随动转动但不摆动，去除量由上面的测头测出并限定，而且采用不胶盘装卸零件很方便，所以精磨和抛光的精度和效率都较高。

(2)准球心法抛光的优越性。准球心法高速抛光，在原理上克服了古典抛光的缺点，因此在实践中显示了一系列优越性。

1)生产效率高。准球心抛光剂主轴转速高，压力大，其最高线速度为古典抛光的 2 倍以上，压力为古典抛光的几倍，甚至十几倍，因此效率明显提高。中等尺寸的零件，用古典法单面抛光实践需 120～180min，而采用准球心法高速抛光只需 10～20min，甚至几分钟。

2)磨削均匀。准球心法抛光，压力不随上下盘相对位置的不同而改变(但抛光模各点相对速度仍不均匀)。

(3)减轻了劳动强度，因此，磨削较均匀。弹簧加压和抛光液的自动连续供给，减轻了劳动强度，并能多机看管。

(4)对室温要求不严。抛光液温度可自动调节，不受室温和外界条件的影响。

(5)机床体积小，操作简单，易于掌握。按照准球心抛光模材料不同，分聚氨酯模抛光和固着磨料抛光。

2. 准球心法聚氨酯模高速抛光

聚氨酯抛光模作为一种耐磨、抛光效率高、性变小、光圈稳定的抛光材料，已广泛应用于光学零件平面及球面的高效加工中。

(1)工艺参数和因素的选择。从抛光液和机床两个方面，考虑高速抛光工艺参数和因素的选择。

1)抛光液。抛光液温度的选择：在抛光过程中，控制抛光液的温度是非常重要的。如果抛光液的温度太低，工件与模具的吻合性差，零件表面易滑伤；太高，抛光模易变形，光圈难以控制。高速抛光，对环境温度要求不严格，抛光液的温度应根据模层材料确定。试验表明，对聚氨酯模，抛光液的温度在 30～35℃之间为宜。

抛光粉粒度：准球心法高速抛光，均采用氧化铈抛光粉，其粒度应根据表面疵病要求选择。一般表面疵病等级要求较高时，采用较细粒度抛光粉，反之则采用较粗粒度抛光粉。

抛光液浓度的选择：抛光液的浓度系数指抛光粉与水的质量比，用百分数表示，也可以用液固表示，即抛光粉与水的质量比例。浓度大小，视抛光粉的种类和性能不同而异，有的抛光粉悬浮性较好，切削力强，浓度可以低些。抛光液浓度从 0～15％逐渐增加时，抛光速率呈线性增加。当浓度增加到超过 30％时，抛光速率反而降低。这是由于水量不足，过多的抛光粉堆积在玻璃表面上，抛光压力不能有效发挥作用，故抛光速率降低。浓度太低时，降低了工件表面温度，同时也减少了抛光粉颗粒的微小切削作用。

在抛光液浓度一定时，总有最合适的供给量存在，流量过大或过小，抛光速率都降低。因为流量太小时，抛光剂供给不足，不利机械磨削作用和热量散发；流量太大时，工件表面温度低，不利于化学作用，同时，模具与工件之间吻合性差。供给量大小与抛光液的浓度和温度等参数有关。

抛光液的酸度，对抛光表面的质量和抛光速率有重要影响，尤其是对加工表面腐蚀影响甚大。通常抛光液的 pH 值应控制在 6～7 之间的弱酸性为好。

主轴转速和压力：在高速抛光中，速度和压力的增加抛光速率提高近似呈线性关系。但抛光速度和压力的增加，应根据抛光模层材料和黏结火漆的性能来选择，一般采用机床的中等转速和压力。

摆臂偏角和摆幅：摆臂作用的因素有两个，一是摆臂的偏角，二是摆臂的摆幅。这两个因素的选择对光圈影响很大。在一般情况下，凹镜盘在上时，若偏角大，摆幅大，则光圈易变低。

(2)聚氨酯抛光模的备制。聚氨酯抛光片分为不同直径的圆片和大张(使用时需裁剪)的片材两种，厚度在 0.5～2mm 不等，同一片材料厚薄均匀。聚氨酯抛光片加氧化铈抛光液抛光玻璃，尽管抛光片很薄，但能加工 2000 块以上的镜片。抛光片从表到里充满微孔，大大增加了磨削力，提高了抛光效率。又因为厚薄均匀，有一定弹性，所以基模与抛光片表面修正得好，应用时不但效率很高，而且光圈稳定。

聚氨酯抛光模的备制有两种方法：其一是压型法，其二是贴片法，后者使用较多。贴片形状如图 8-32 所示。贴片尺寸计算如下：抛光片的形状是由聚氨酯贴片半径 R_{tp} 和叶片半径 R_{yp} 确定的。

由图 8-33 可知，抛光模金属基体的半径 R_{jt} 为

$$R_{jt}=\frac{\overline{ABC}}{2}=\overline{AB}=\overline{BC}$$

$$R_{tp}=(R_{jt}+\frac{1}{2}b)\cdot\theta \tag{8-14}$$

式中：R_{jt} 为抛光模基体半径，b 为贴片厚度，R_{tp} 为贴片半径，θ 为抛光模张角之半，h 为抛光模的矢高。

由图 8-32 确定贴片上每个叶片的半径 R_{yp} 为

$$R_{yp}=\frac{R_{tp}}{2\cos\ (\omega+60^{\circ})} \tag{8-15}$$

其中，$\omega=\frac{\pi\tau}{6}\frac{1}{R_{tp}}=\frac{\pi(R_{jt}+\frac{1}{2}b)}{6R_{tp}}$。

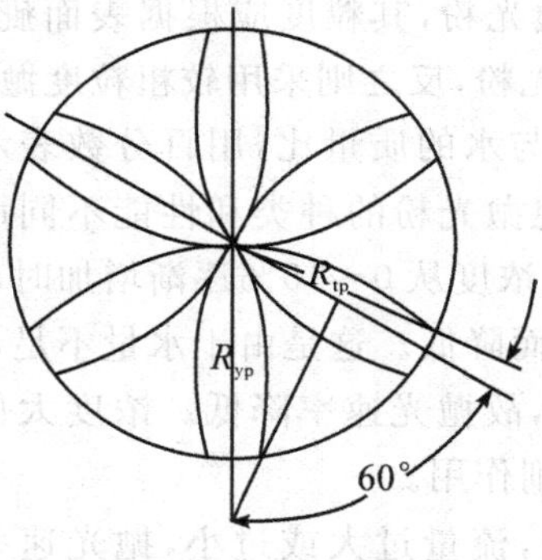

图 8-32 贴片形状

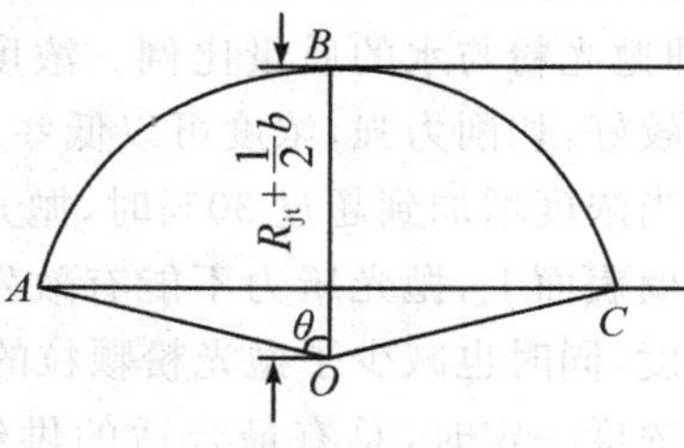

图 8-33 抛光模基体半径

在制作抛光模时，尽管当时尺寸修整合适，但经过几天，模具面形尺寸仍会改变。这是由于修模时，抛光材料没有达到吸水平衡时间，修模后继续吸水，从而引起尺寸变化，使模具和工件吻合性差。

正确的修模时间，应由抛光材料的吸水平衡时间决定，因此在修模前应把抛光模放在抛光液中浸泡，达到吸水平衡后再修模。另外，投入生产的抛光模，用后要浸泡在抛光液中；若抛光模置于干燥空气中，由于模层水分蒸发，其尺寸会有微量变化，所以再使用，开始时总有点不吻合，继续使用一会才能恢复原来尺寸。

(3)准球心法固着磨料的高速抛光。固着磨料加工采用成型固着磨料进行抛光。这种工艺加工余量少，要求前道工序提供的零件光圈、表面粗糙度要求较高，一般要经过超精磨。但由于抛光不用抛光粉，操作简单，环境干净，且加工出的镜片光圈规则，效率高，能定时、定光圈、定表面粗糙度。

固着磨料抛光方法的特点主要包括：不用在循环冷却液中加入抛光粉，减少抛光中不定因素的影响，工艺稳定，抛光后零件容易清洗；抛光模面稳定性好，为定时、定光圈、定表面粗糙度的抛光创造了条件；抛光液效率高，在相同条件下抛光效率比古典法大约高 10 倍；减少废抛光液的处理，对环境保护有积极意义；加工余量少，对精磨后的光圈和粗糙度要求较高。

固着磨料加工适用范围：对中软玻璃材料，中小镜盘最为合适，但对大镜盘和硬材料难度较大。固着磨料加工要求机床转速高，精度好，稳定可靠。一般来说，主轴转速要达到 1000r/min 以上，主轴跳动误差应＜0.02mm，冷却液最好要有过滤装置。如果镜盘在下，则同主轴连接的工装精度要求，最好能＜0.02mm。这种工艺要求采用刚性盘，如果采用弹性盘，则要求上盘时严格对中，否则极易打盘，无法加工。

抛光丸片的大小应根据镜盘的直径来决定。现在常用的丸片直径为 4mm、6mm、8mm 或 10mm。关键是保证覆盖比，这样考虑是保证磨具的均匀磨损，还要按照余弦磨损的原则，合理安排各层丸片的疏密程度。各行片数可参考公式为

$$Z=\frac{360^\circ}{2\arcsin\dfrac{2r}{d}+2\arcsin\dfrac{b}{d}} \tag{8-16}$$

式中：r 为抛光片半径，d 为抛光片中心所在各行的口径，b 为抛光片之间的间距，Z 为抛光片数。

覆盖比的选择，对于抛光来说，一般取 50%～70%。对大模具来说取较小的覆盖比，对小模具来说取大覆盖比。

抛光片的质量至关重要，一般应根据镜片材料的软硬情况选取不同的抛光片。如果抛光片质量不好或不匹配，抛光时不是抛不动就是表面粗糙度不好。所以购买抛光片时，要向厂家讲明所加工的材料牌号。

固着磨料加工工艺要求工装精度较高，刚性盘不仅要求同心度，而且要求各个镜片承孔定位面对球心的高度一致。这个指标若达不到，则镜片中心厚度合格率就很难提高。另外，贴丸片的基模同心度也不能马虎，否则基模自转不灵活，抛光很难顺利进行。抛光过程中，可以通过调整机床摆架的摆幅、摆位及压力来纠正光圈的变化。

8.4.4　光圈识别与样板检测

1. 样板检验原理

被检验光学表面相对于参考光学表面的偏差称为面形偏差。通常，在光学加工中，光学零件的面形偏差是通过与样板参考表面比较而鉴别出来的。若两者的面形（球面或平面）不一致，存在微小误差时，就形成一个楔形空气隙，类似一个薄膜，从而产生薄膜干涉现象，如图 8-34(a)所示。若用单色光源空气隙呈环形对称时，则产生明暗相间的同心圆干涉环，用白光照射则产生彩色圆环。这些圆环称作光圈，又叫牛顿环。光学零件面形偏差是在检验范围内，通过垂直位置所观察到的光圈数目、形状、变化和颜色来确定的，并且面形误差用光圈数表示，所以样板检验亦称“光圈检验”。

(1)光圈数 N 与空气隙厚度的关系。图 8-34(b)中的楔形空气层与图 8-34(a)中的空气隙相似。由一光源 S 发出的光线，以 i 角投射到 AA 表面上，反射光束为 S_1，折射光束投射到 BB 表面上，其一部分从 BB 面反射又经 AA 面折射成 S_2。S_1 和 S_2 是同一光源发出的两

束光，所以产生干涉。两束光的光程差 δ 表达式为：

$$\delta = 2\Delta h\cos i' + \frac{\lambda}{2} \tag{8-17}$$

式中：Δh 为与干涉条纹对应的空气隙厚度，i' 为折射角，λ 为入射光的波长。

当 $2\Delta h\cos i' + \frac{\lambda}{2} = 2k \cdot \frac{\lambda}{2}$ 时，产生第 k 级亮条纹。

当 $2\Delta h\cos i' + \frac{\lambda}{2} = 2(k+1) \cdot \frac{\lambda}{2}$ 时，产生第 k 级暗条纹。

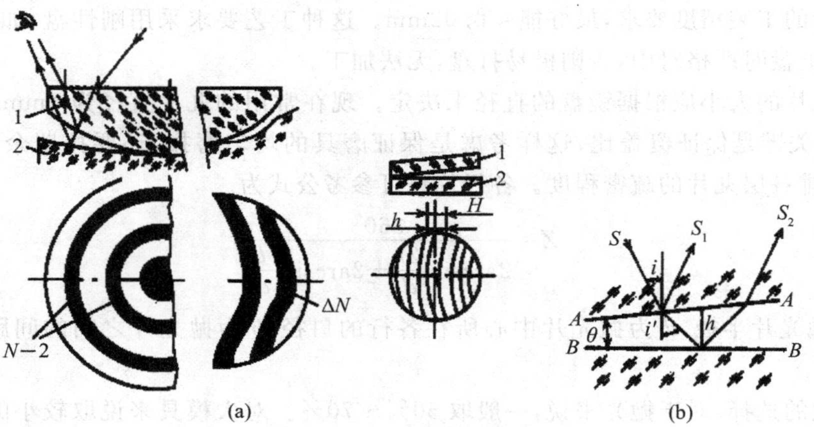

图 8-34　光圈检验原理

(a)薄膜干涉现象，(b)干涉原理(1—样板，2—工件)

第 k 级和 $k+1$ 级亮条纹，所对应的空气隙厚度为 Δh_k 和 Δh_{k+1}，可表示为

$$\Delta h_k = \frac{k\lambda - \lambda/2}{2\cos i_k'} \tag{8-18}$$

$$\Delta h_{k+1} = \frac{(k+1)\lambda - \lambda/2}{2\cos i_{k+1}'} \tag{8-19}$$

实际上，光线垂直照射 $\cos i \approx 1$，$i_k \approx i_{k+1}'$ 用 i' 代替，则相邻亮条纹空气隙厚度差近似为

$$\Delta h = h_{k+1} - h_k = \frac{\lambda}{2\cos i'} \approx \frac{\lambda}{2} \tag{8-20}$$

由此可知，相邻两道光圈之间的空气隙厚度 Δh 近似等于 $\frac{\lambda}{2}$，即一道光圈相当空气隙厚度为 $\frac{\lambda}{2}$。总的光圈数 N 与空气总厚度 Δh 之间的关系为

$$\Delta h = N \cdot \lambda/2 \tag{8-21}$$

光圈，即干涉条纹的形状是由空气隙等厚层的轨迹决定的，即同一级干涉条纹对应的空气隙厚度是相等的。因此，对于规则平面干涉条纹为直线，若有微小不平度，则干涉条纹出现弯曲，根据不直度的方向和弯曲程度，即可判定面形误差。对于规则球面，空气隙的等厚层是环形，所以干涉条纹为圆环状，利用干涉条纹的数量和不规则程度，可以判定球面的面形误差。

(2)光圈数 N 与曲率半径偏差 ΔR 的关系。光学零件曲率半径 R 与工作样板半径 R_0 之间的偏差 ΔR，以干涉条纹数，即光圈数 N 表示。ΔR 值不仅取决于光圈数 N、零件与样板

的接触口径 D(此口径范围内显示干涉环)和干涉光的波长,还取决于样板是沿边缘接触(低光圈),还是在中部接触(高光圈)。图 8-35 是样板与透镜边缘接触情况。

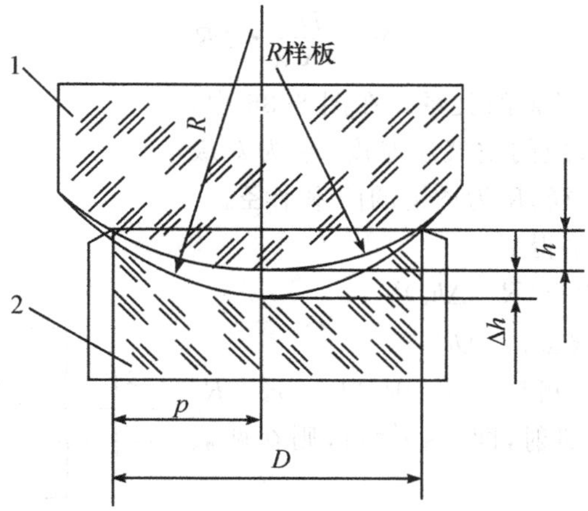

图 8-35　样板与透镜沿边缘接触情况(1—样板,2—透镜)

由图 8-35 得

$$R^2=(R-h)^2+p^2 \tag{8-22}$$

$$R=\frac{h}{2}+\frac{p^2}{2h} \tag{8-23}$$

将式(8-23)微分可得

$$\Delta R=\frac{1}{2}\Delta h-\frac{p^2}{2h^2}\cdot\Delta h=\left(\frac{1}{2}-\frac{p^2}{2h^2}\right)\cdot\Delta h \tag{8-24}$$

由式(8-23)得 $\frac{p^2}{2h}=R-\frac{h}{2}$,将此式代入式(8-24)得

$$\Delta R=\left[\frac{1}{2}-\frac{1}{h}\left(R-\frac{h}{2}\right)\right]\cdot\Delta R=-\frac{R-h}{h}\cdot\Delta h$$

由式(8-21)可知,$\Delta h=N\cdot\lambda/2$,代入上式得

$$\Delta R=-\frac{R-h}{h}\cdot\frac{N\lambda}{2} \tag{8-25}$$

对于小曲率半径,$R\geqslant p$,$R\geqslant h$,所以 $\Delta h/2$ 可忽略,则式(8-24)可写成

$$\Delta R=-\frac{p^2}{2h^2}\cdot\Delta h \tag{8-26}$$

由式(8-23)有

$$R=\frac{p^2+h^2}{2h}\approx\frac{p^2}{2h}=\frac{(D/2)}{2h}$$

$$h=\frac{D^2}{8R} \tag{8-27}$$

将式(8-21)和式(8-27)代入式(8-26)可得

$$\Delta R=\frac{(D/2)^2}{2(D^2/8R)^2}\cdot\frac{N\lambda}{2}=\frac{4R^2\cdot N\lambda}{D^2}=\frac{(2R)^2}{D^2}\cdot N\lambda \tag{8-28}$$

式中:ΔR 为透镜曲率半径偏差,R 为透镜曲率半径,p 为口径 D 之半,N 为光圈数,λ 为入射光波长。

由式(8-28)可知，半径的偏差 ΔR 与光圈数 N 成正比，与口径 D 的平方成反比，或者说，光圈数与半径偏差的关系为

$$N=\frac{D^2}{4R^2\lambda}\cdot\Delta R \tag{8-29}$$

(3)光圈半径 r_h 与波长 λ 的关系。在图 8-36 中，Δh_k 为第 k 级暗条纹所对应的空气层厚度，r_k 为 k 级暗条纹对应的干涉条纹半径，R 为透镜的曲率半径。

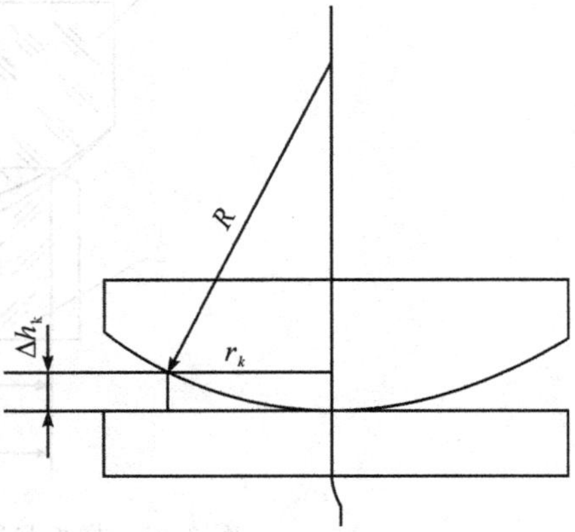

图 8-36　光圈半径

由图 8-36 的几何关系得

$$r_h^2=R^2-(R-\Delta h_k)^2$$

$$r_k^2=2R\Delta h_k-\Delta h_k^2$$

因为 $R\geqslant\Delta h_k$，故 Δh_k^2 可以舍去，则 $\Delta h_k=r_k^2/2R$。在样板检验中，光线垂直照射，即 $\cos i'\approx 1$，则在两表面产生的光程差可写为

$$\delta=2\Delta h_k+\lambda/2 \tag{8-30}$$

将 $\Delta h_k=r_k^2/2R$ 代入上式得

$$\delta=2\cdot\frac{r_k^2}{2R}+\frac{\lambda}{2}=\frac{r_k^2}{R}+\frac{\lambda}{2} \tag{8-31}$$

δ 满足暗条纹条件为

$$\frac{r_k^2}{R}+\frac{\lambda}{2}=(2k+1)\cdot\frac{\lambda}{2}$$

$$r_k=\sqrt{kR\lambda} \tag{8-32}$$

由此得出，光圈半径与波长的平方根成正比。因此，对于同一级的干涉环，波长愈长，干涉条纹离接触点愈远。

(4)相邻光圈的间隔 Δr 与干涉级的关系。由式(8-32)可得

$$\Delta r=r_k-r_{k+1}=\sqrt{R\lambda}(\sqrt{k+1}-\sqrt{k}) \quad (式\ 8.33)$$

当 $k=0$ 时，$\Delta r=\sqrt{R\lambda}$。

当 k 逐渐增大时，$(\sqrt{k+1}-\sqrt{k})$ 愈来愈小，即 Δr 逐渐减小，以致眼睛无法分辨。k 的极限可由物理光学得知

$$k=\lambda/\Delta\lambda \tag{8-34}$$

式中：$\Delta\lambda$ 为人眼所能分辨的波长范围，一般 $\Delta\lambda=10\text{nm}$，$\lambda$ 为入射光波长，用白光照射平均波长 $\lambda=0.5\mu\text{m}$，则

$$k_{\max}=\lambda/\Delta\lambda=500/10=50\ 条$$

由此得出，用白光检验时，干涉条纹超过 50 条就无法分辨了。将 $k=50$ 代入暗环光程差公式，得

$$2\Delta h+\frac{\lambda}{2}=2(k+1)\cdot\frac{\lambda}{2}$$

$$\Delta h=-\frac{k\lambda}{2}=0.5\times 50/2=12.5\mu\text{m}$$

由此可知，用白光检验时，与 $k=50$ 对应的最大空气隙厚度不能超过 $12.5\mu\text{m}$。

2. 光圈的识别与度量

在抛光加工中，正确地判断光圈的高低程度及局部误差的性质，对于修改工件面形误差是非常重要的。所谓高光圈，是指样板与工件加工中心接触，而低光圈则相反，是样板与工件边缘接触。检验时一般规定：高光圈（凸）为正偏差，低光圈（凹）负偏差。

(1)高低光圈的识别。

1)样板四周加压法：四周加压法是识别光圈高低最常用的方法。此方法适用于光圈 $N>1$ 的判断。低光圈：当空气隙缩小时，条纹从边缘向中心移动，如图 8-37(a)所示。图中 P 为加力方向，d 表示条纹移动方向。高光圈：当空气隙缩小时，条纹从中心向边缘移动，如图 8-37(b)所示。

2)一侧加压法：光圈数少时常用此法。低光圈：当空气隙缩小时，条纹弯曲方向和移动如图 8-38(a)所示。高光圈：当空气隙缩小时，条纹弯曲方向和移动方向如图 8-38(b)所示。

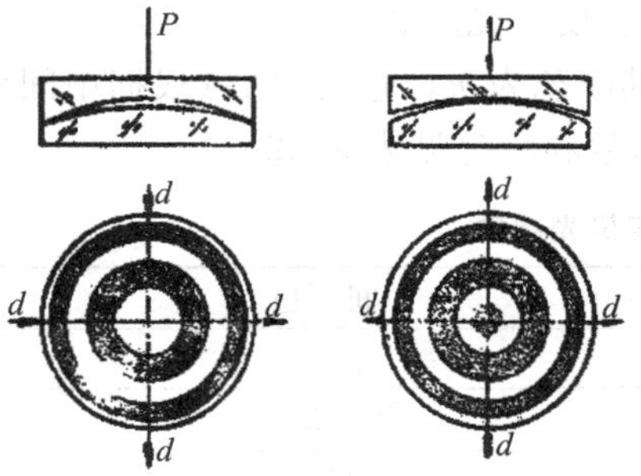

(a)　(b)

图 8-37　四周加压法识别光圈
(a)低光圈，(b)高光圈

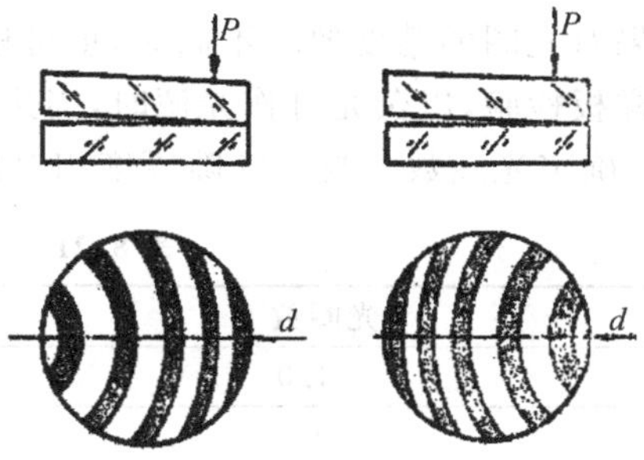

(a)　(b)

图 8-38　一侧加压法识别光圈
(a)低光圈，(b)高光圈

3)色序判断法：在白光中，各色光的波长从红光向紫光逐次减短。在同一个干涉级中，波长越大，产生干涉处的间隙也越大。因此，可根据光圈颜色的序列来识别高低光圈。低光圈：从中心到边缘的颜色序列为红、黄、蓝等。高光圈：从中心到边缘的颜色序列为蓝、黄、红等。色序法不仅适用 $N>1$ 时光圈高低的识别，而且也可用于 $N<1$ 时光圈的度量。

(2)光圈数的度量。光圈零件的面形偏差是用光圈数表示的。光圈的度量包括下列三项面形偏差。N：被检光学表面的曲率半径相对于参考光学表面曲率半径的偏差称半径偏差，此偏差所对应的光圈数用 N 表示。$\Delta_1 N$：被检光学表面与参考光学表面在两个相互垂直方向上产生的光圈数不等所对应的偏差称像散偏差，此偏差所对应的光圈数用 $\Delta_1 N$ 表示。$\Delta_2 N$：被检光学表面与参考光学表面在任意方向上产生的干涉条纹的局部不规则程度称局部偏差，此偏差所对应的光圈数用 $\Delta_2 N$ 表示。如果要求允许的最大像散光圈 $\Delta_1 N$ 和局部光圈数 $\Delta_2 N$ 相同时，可用 ΔN 同时表示两者的偏差。

1)光圈数 N 的度量。光圈数 $N>1$ 的情况：在光圈数多的情况下（$N>1$），以有效检验范围内，直径方向上最多条纹数的一半来度量，如图 8-39 所示（$N=3$）。

光圈数 $N<1$ 的情况：在光圈数少的情况下（$N<1$），以通过直径方向上干涉条纹的弯曲量（h）相对于条纹的间距（H）的比值（$N=h/H$）来度量，如图 8-40 所示。

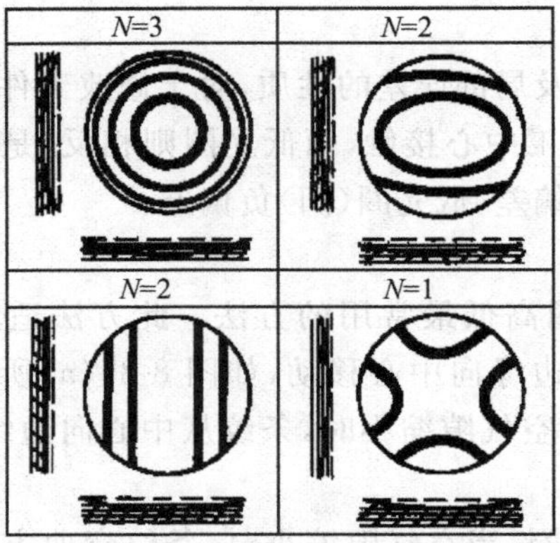

图 8-39 $N>1$ 的光圈数的度量

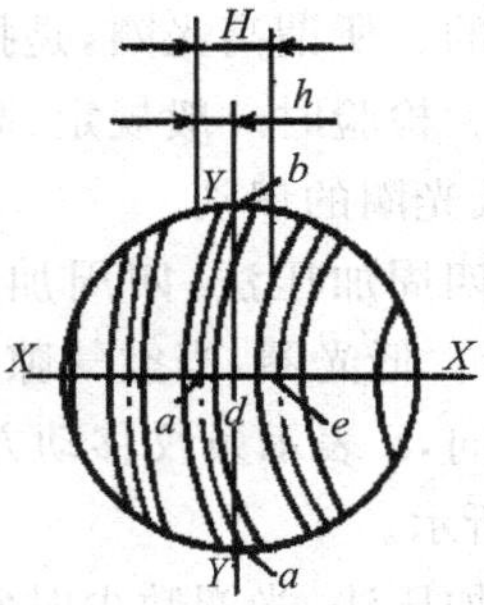

图 8-40 $N<1$ 的光圈数的度量

如果对光圈的精度要求不高时，也可根据干涉色度量光圈数。

用样板检验，以荧光灯作光源时，当边缘接触其颜色为灰白色时，则可根据中间颜色（见表 8-21）确定光圈数。与空气隙厚度相对应的光圈数和颜色见表 8-22。

表 8-21 用干涉色度量光圈数

光圈数 N	中间颜色
1.0	绿黄
0.9	淡黄绿
0.8	淡绿蓝
0.7	蓝
0.6	紫蓝
0.5	紫红
0.4	橙红
0.3	深黄
0.2	黄
0.1	淡黄

表 8-22 与空气隙厚度相对应的光圈数和颜色

空气隙厚度/nm	光圈数 N	颜色	空气隙厚度/nm	光圈数 N	颜色
27.3	0.1	黑灰	300.4	1.1	紫蓝
54.6	0.2	铁灰	327.7	1.2	蓝
81.9	0.3	草灰	355	1.3	淡绿蓝
109.2	0.4	灰	382.3	1.4	淡黄绿
136.5	0.5	灰白	409.6	1.5	绿黄
163.8	0.6	淡黄	436.9	1.6	黄
191.1	0.7	黄	464.2	1.7	深黄
218.4	0.8	深黄	491.5	1.8	玫瑰红
245.7	0.9	橙红	518.8	1.9	淡红紫
273.0	1.0	紫红	548.1	2.0	紫

2)像散光圈 $\Delta_1 N$ 的度量：$\Delta_1 N$ 以两个互相垂直方向上光圈 N 的最大代数差的绝对值来度量。椭圆形像散光圈数 $\Delta_1 N$ 的度量如图 8-41 所示。图 8-41 表示，被检光学表面在 X-X 和 Y-Y 方向上的光圈数 N_x 和 N_y 不等，偏差方向相同，图中的像散光圈数 $\Delta_1 N = |N_x - N_y| = |-2-(-3)| = 1$。马鞍形像散光圈数 $\Delta_1 N$ 的度量如图 8-42 所示。图 8-42表示被检光学表面在 $X-X$ 和 $Y-Y$ 方向上的偏差方向相反。图中的马鞍形像散光圈数 $\Delta_1 N = |N_x - N_y| = |-1-(+2)| = 3$。

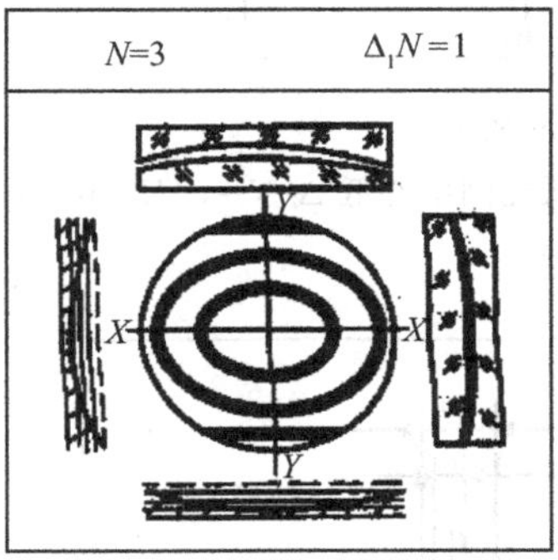

图 8-41　椭圆形像散光圈数 $\Delta_1 N$ 的度量

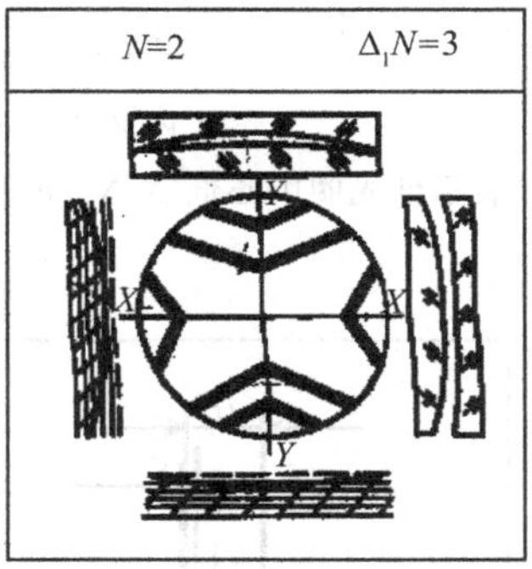

图 8-42　马鞍形像散光圈数 $\Delta_1 N$ 的度量

柱形像散光圈数 $\Delta_1 N$ 的度量如图 8-43 所示。图 8-43 表示，被检光学表面的 X-X 和 Y-Y 方向上的光圈数 N_x 和 N_y 不等。其中，某一方向上的光圈数 $N=0$. 图中的柱形像散光圈数 $\Delta_1 N = |N_x - N_y| = |-1-0| = 1$。在光圈数 $N<1$ 的情况下，$N<1$ 的像散光圈 $\Delta_1 N$ 的度量如图 8-48 所示。图 8-48 表示，N_x 和 N_y 都小于 1，这时可根据两个方向的干涉条纹的弯曲度来确定 N_x 和 N_y，而像散光圈数 $\Delta_1 N = |N_x - N_y|$。

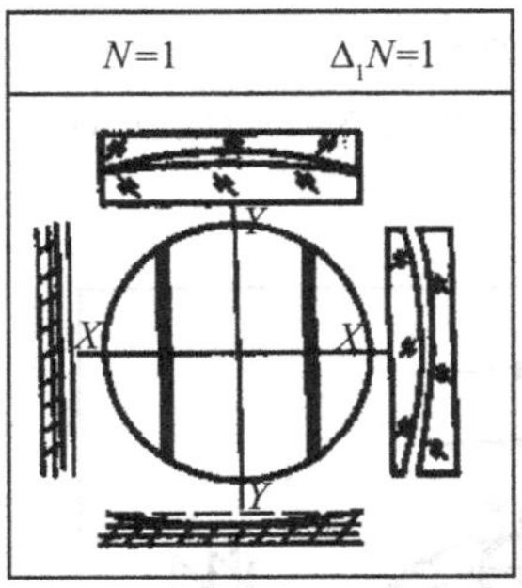

图 8-43　柱形像散光圈数 $\Delta_1 N$ 的度量

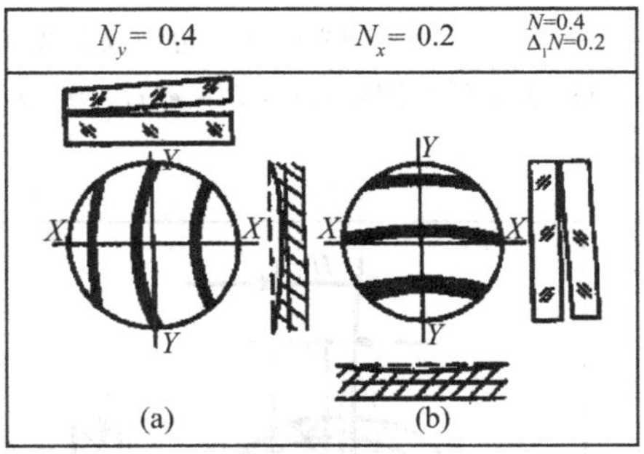

图 8-44　$N<1$ 的像散光圈 $\Delta_1 N$ 的度量
(a)表示 y 方向上的光圈数 $N_y=0.4$，
(b)表示 x 方向上的光圈数 $N_x=0.2$

3)局部光圈数 $\Delta_2 N$ 的度量。中心局部光圈数 $\Delta_2 N$，以局部不规则干涉条纹对理想平滑干涉条纹的偏离(e)与相邻条纹间距(H)的比值($\Delta_2 N = e/H$)来度量。中心局部光圈数 $\Delta_2 N$ 的度量如图 8-45 所示。

边缘局部光圈数的度量 $\Delta_2 N$ 的度量如图 8-46 所示。

中心与边缘均有局部偏差的局部光圈的度量 $\Delta_2 N$ 如图 8-47 所示。被检表面的局部光圈数 $\Delta_2 N$ 取两者(中心低、塌边)的最大值。

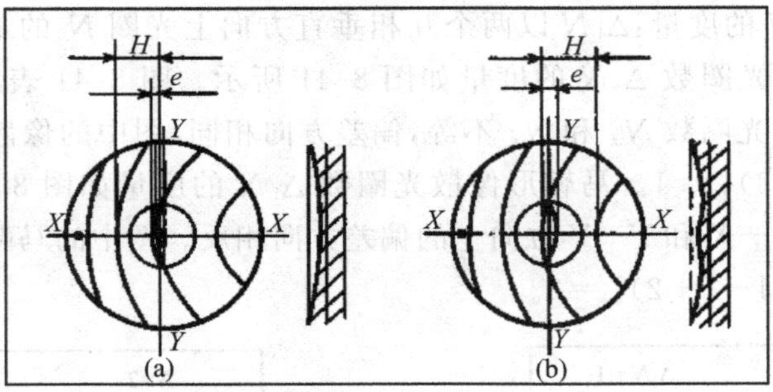

图 8-45　中心局部光圈数 $\Delta_2 N$ 的度量

(a)表示低光圈中心低 $\Delta_2 N=e/H=0.15$，(b)表示低光圈中心低 $\Delta_2 N=e/H=0.28$

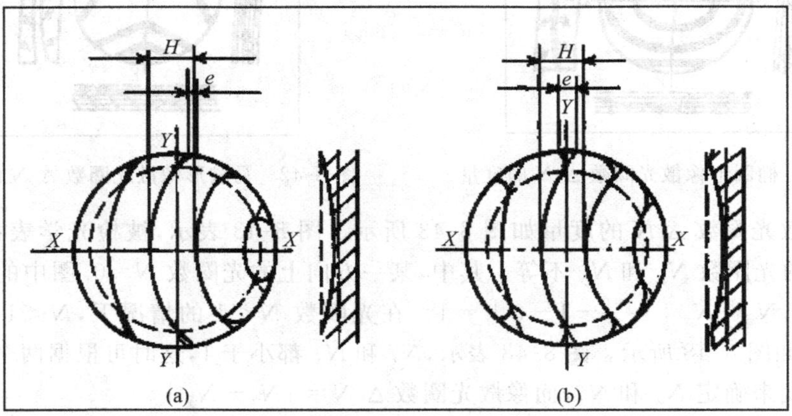

图 8-46　边缘局部光圈数的度量 $\Delta_2 N$ 的度量

(a)表示低光圈翘边($\Delta_2 N=e/H=0.2$)，(b)表示低光圈塌边($\Delta_2 N=e/H=0.3$)

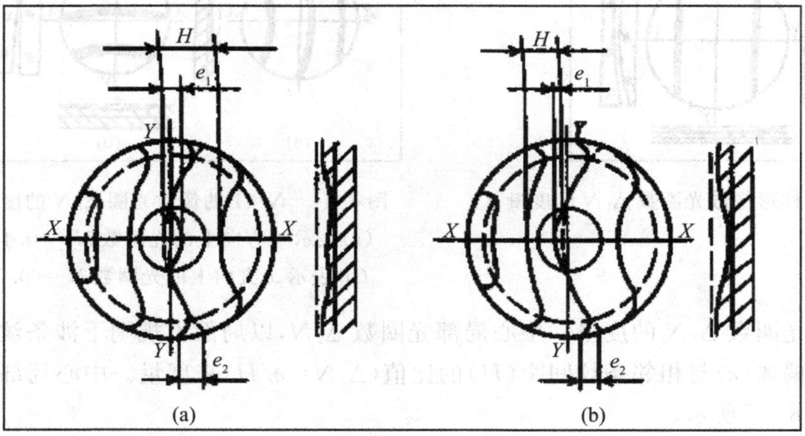

图 8-47　中心及边缘均有局部偏差的局部光圈数 $\Delta_2 N$ 的度量

(a)表示低光圈中心高，塌边，(b)表示低光圈中心低，塌边

弓形和 S 形光圈数 N 和局部光圈数 $\Delta_2 N$ 的度量如图 8-48 所示。

图 8-48(a)表示弓形光圈数 N 和局部光圈数 $\Delta_2 N$ 的度量。对被检测的光圈可能全因弓形光圈而对 N 的取值方向有争议，因此，规定根据 $\Delta_2 N$ 为最小的原则来取值 N 和 $\Delta_2 N$ 若被检面出现图 8-48(a)所示的干涉图形时，则对该被检面的 n 和 $\Delta_2 N$ 的判定可能引起争议，此时，可按下述方法加以确定：如以边缘部分的干涉条纹为基准引出延伸线，作为平滑干涉条纹考虑，则其中心对平滑干涉条纹的偏离量为 e_1，$\Delta_2 N'=e_1/H_1=3/7.5=0.4$；反之，如以中心部分的干涉条纹为基准引出延伸线，作为平滑干涉条纹考虑，则其边缘对平滑干涉条纹的偏差量为 e_2，$\Delta_2 N''=e_1/H_1=4.5/7.5=0.6$。比较 $\Delta_2 N'$ 和 $\Delta_2 N''$ 得 $\Delta_2 N''>\Delta_2 N'$，则被检光圈数 $N=h/H_1=4/7.5=0.53$，$\Delta_2 N=0.4$。在光圈数少时，而且对 $\Delta_1 N$ 和 $\Delta_2 N$ 没有要求，如图 8-48(b)所示，被检面的光圈数 $N=h/H_1=2/5=0.4$。

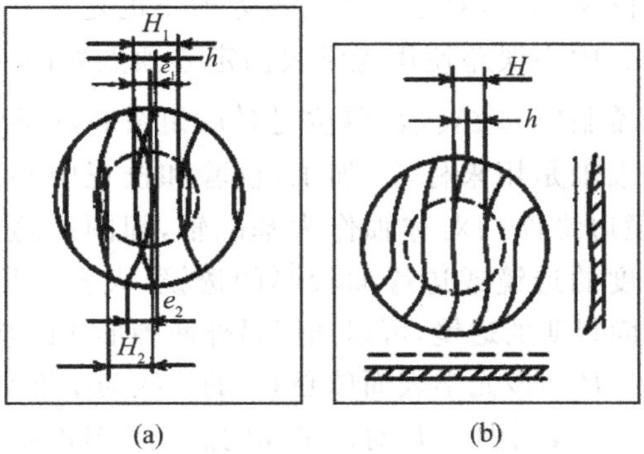

图 8-48 弓形和 S 形光圈数 N 和局部光圈数 $\Delta_2 N$ 的度量

(a)弓形光圈，(b)S形光圈

无规律性光圈数 N 的度量：光圈数多时，而且光圈的变换没有一定规律的情况下，规定光圈数 N 以半径范围内存在条纹最大数来度量，如图 8-49 所示，被检面的 $N=6$(对 $\Delta_1 N$ 和 $\Delta_2 N$ 没有要求)。

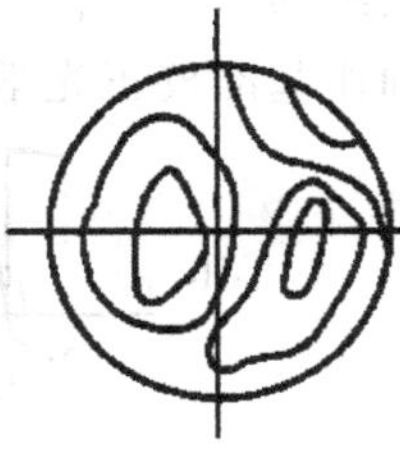

图 8-49 无规律性光圈数 N 的度量

(3)面形偏差归属的判定。用样板检验光学零件时，一般均以样板为标准面，如果出现偏差则认为是属于零件的。假如两块样板互检，出现局部偏差时，就存在面形偏差的归属问题。通常采用相对移动的方法来判断，即将上面一块样板拉开并移至一定的距离，如果局部偏差仍在原处不动，则表明偏差属于下面一块样板；反之，如果局部偏差随之移动，则表明局部误差属于上面一块样板。

(4)用小样板检验大零件。用小口径的样板检验大口径的零件时，根据式(8-29)，得小样板检验允许的光圈数为

$$N_2=N_1(D_2/D_1)^2 \tag{8-35}$$

式中：N_1 为图纸上对工件提出的光圈要求，N_2 为用小样板检验所允许的光圈数，D_1 为零件的直径，D_2 为样板的直径。

8.5 透镜的定心磨边

为了满足光学仪器成像的要求，必须保证光学系统光轴的一致性。在仪器的装校中，通常是靠透镜的外圆定位的，但外圆定位只能保证各透镜几何轴的共轴性，却不能保证光轴的一致性。如果要达到依靠外圆定位来实现光轴的共轴性，那么，透镜在装配前必须进行定心磨边，以消除或减小透镜的中心偏差。

8.5.1 透镜中心误差的定义

按我国透镜中心误差国家标准，对透镜中心误差所下的定义是：光学表面定心顶点处的法线与基准线的不重合度。中心误差使用光学表面定心顶点处的法线与基准轴的夹角来度量，此夹角称为面倾角，用希腊字母χ表示，单位是(′)，如图 8-50 所示。定心顶点 A 是光学表面与基准轴的交点。基准轴是用来标注、加工、校验和校正中心误差的一条选定的直线。对于单透镜，经常采用透镜边缘面的对称轴作为基准轴，即圆形透镜的圆柱面对称几何轴，亦称几何轴。对于中等精度的透镜或边缘面较厚的透镜，大多选用几何轴作为基准轴。对于精度要求较高或者边缘面很薄的透镜，可以选用另外两种形式的基准轴：一种是以透镜圆柱面与光学表面的圆交线中心 P 和该光学表面球心 C_1 的连线为基准轴，如图 8-50(b)所示；一种是以过透镜边缘面和端平面交线圆中心 P 对该平面的法线为基准轴，如图 8-50(c)所示。

基准轴在设计、加工、检验及装校时应该统一，尽量保持不变，以获得较高的透镜中心精度。光学表面的定心对基准轴的偏离破坏了光学系统的共轴性，引起彗差、色差等像差，降低系统的质量。在磨边前按透镜的基准轴将透镜装夹在磨边机的工件轴上，以工件轴的旋转轴作基准校正光学表面的球心，并对旋转轴磨出外圆。

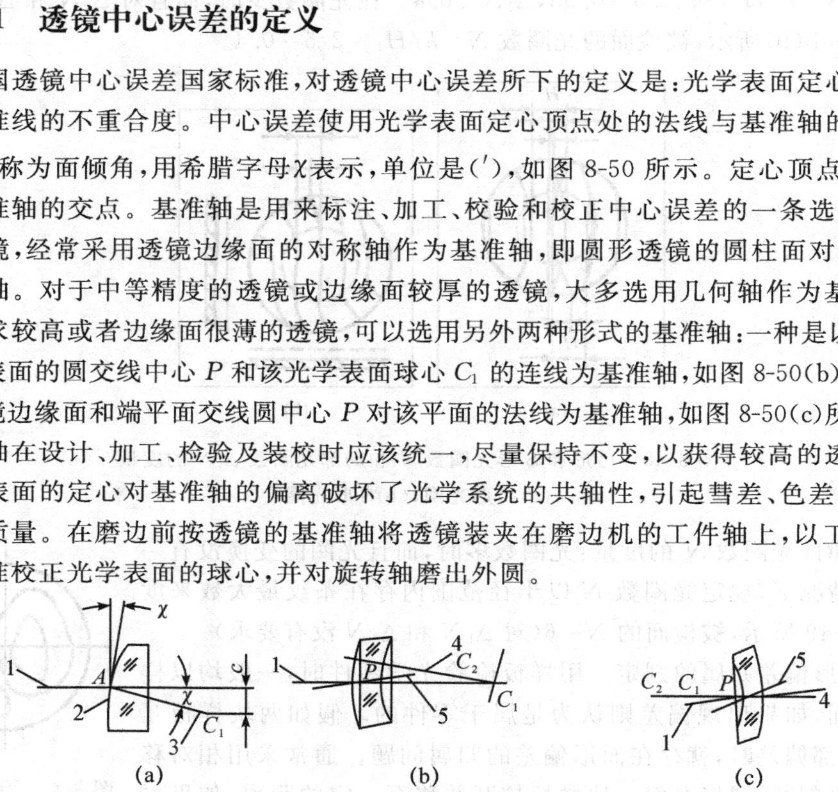

图 8-50 透镜的面倾角及基准轴

(a)圆柱面作基准，(b)球面作基准，(c)端平面作基准

(1—基准轴，2—定心表面，3—法线，4—光轴，5—几何轴)

8.5.2 光学法定心

光学法定心主要包括表面反射像定心法、球心自准反射像定心法、透镜像定心法和激光定心法等。

1. *表面反射像定心法*

图 8-51 表示双凹透镜的定心原理示意图。在保证定心接头轴线与机床的回转轴重合，且接头端面严格垂直于轴线的情况下，将透镜黏结在接头上，定心时，将一光源放在透镜前上方 A 处，转动接头，根据非黏结面的光源反射像的跳动来移动透镜，使其光轴与夹头轴线

重合。当像转到上面，则将透镜沿着夹头断面向下移动；像转到下面，则反之，直至像不移动或在允许的范围内，即完成定心。一般情况下，透镜黏结面的定心主要靠接头端面的修整精度来保证。

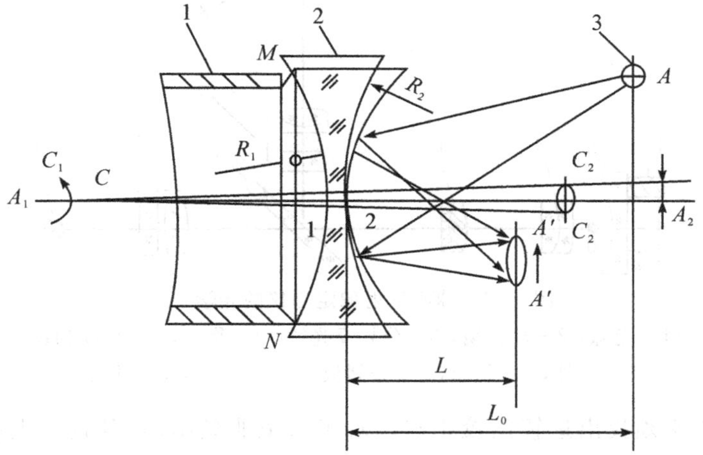

图 8-51　表面反射像定心
（1—接头，2—被定心透镜，3—光源）

这种定心是用肉眼直接观察像的跳动，与表示中心误差的各参量之间没有直接的关系，但它的大小反映出透镜中心误差的大小。这种定心法定心精度不高，一般为 0.05mm 左右。但所需的设备简单，操作方便，适用于单件或小批量生产。

2. 球心自准直反射像法

(1)定心原理。球心自准直反射像法定心原理如图 8-52 所示。从十字分划 A 发出的光线，由垂直放大率为 β 的光学系统对透镜的表面曲率中心成像，经被检面反射回来的十字像位于分划板上 A' 处。如果透镜的球心偏为 c，转动透镜，十字像 A' 亦随之跳动，像的跳动量为 $4c\beta$。若分划板的分划值为 b，则允许像 A' 的跳动格数为

$$m=\frac{4c\beta}{b} \tag{8-36}$$

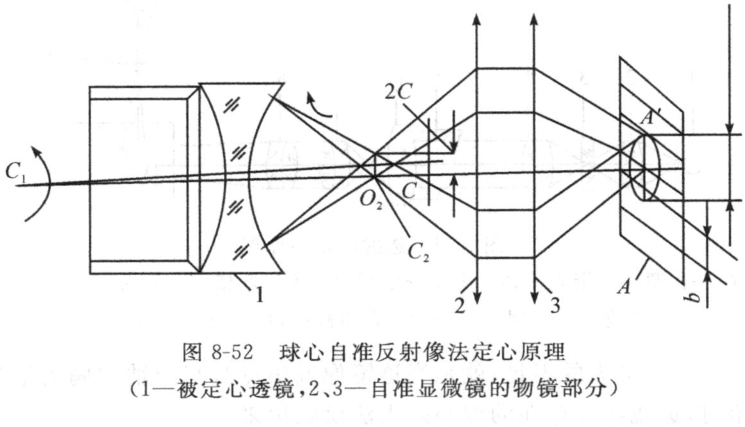

图 8-52　球心自准反射像法定心原理
（1—被定心透镜，2、3—自准显微镜的物镜部分）

如果像的跳动格数超过这个范围，就必须移动透镜，直至十字像不跳动或在允许的范围内跳动。图 8-53 给出了球心反射像定心仪的光学系统图。

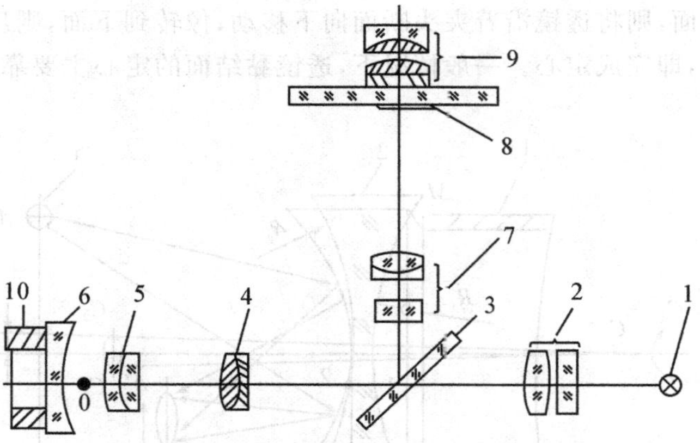

图 8-53　球心反射像定心仪的光学系统
（1—光源，2—聚光镜，3—分划反光镜，4—物镜，5—可换物镜，
6—工件，7—物镜，8—分划板，9—目镜组，10—接头）

定心时，首先必须找出透镜的校正点。对于透镜非黏结面，其校正点就是它的曲率中心，而黏结面的校正点位置可用近轴球面折射公式计算。然后根据校正点到透镜非黏结面的距离，选择合适的物镜。选择原则是：当物镜的物方焦点置于校正点之上时，物镜与透镜非黏结面的距离不小于 10mm，以便于操作。

球心自准反射像法具有较高的定心精度，主要用于直径小、曲率半径小的透镜定心。

3. 透镜像定心法

透镜像定心是通过观察透镜的透射像与几何轴的偏离来定心的。将透镜胶在接头上，接头的端面严格垂直于机床主轴，即几何轴。定心时，转动透镜，则通过透镜投射过来的十字分划像有跳动，其跳动量表示透镜像方焦点对基准轴的偏离量，反映出透镜几何轴与光轴在透镜光心处的偏离量。如图 8-54 所示，透镜偏心差 c 可表示为

$$c=bn/2\beta$$

式中：β 为物镜放大镜，b 为分划板实际格值，n 为跳动格数。

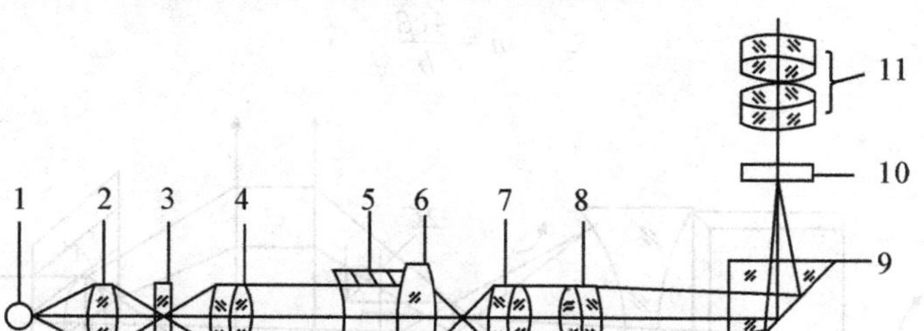

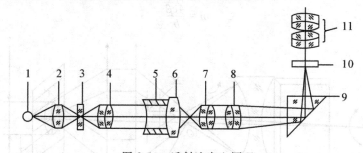

图 8-54　透射法定心原理
（1—光源，2—聚光镜，3—十字分划板，4—准直物镜，5—接头，6—工件，
7—可调物镜，8—固定物镜，9—直角棱镜，10—分划板，11—目镜）

透射像定心法有个最大的不足，就是当透镜像方焦点对基准轴的偏离量为零，而光轴与基准轴仍有交角时，透镜实际存在的偏心差无法反映出来。

4. 激光定心法

激光定心仪由三部分组成，即可调焦的激光器、二维的位置传感器、电子处理和显示部

分。其测量原理是:从激光发出的光经可调焦的光学系统通过定心透镜,在透镜后用带可调千分尺的光电晶体转换器接受光点像,然后将光点像显示在显示器上。透镜是夹在两个空心夹具之间的,激光可以通过,而且是通过透镜的中心。通过转动透镜可以从光点在感光片上的移动确定偏心差是多少。

激光定心仪广泛用于机械定心磨边机上,适合于小于 16°的透镜定心。激光定心操作简单,速度快,定心精度高,可以达到 10″的定心。

8.5.3 机械法定心

光学定心精度高,但是效率低,操作复杂,不适应中等精度大批量生产的要求,因此出现了机械定心法。

1. 定心原理

机械法定心是将透镜放在一对同轴精度高、端面精确垂直于轴线的接头之间,利用弹簧压力夹紧透镜,根据力的平衡来实现定心。其中一个接头可以转动,另一个既能转动又能沿轴向移动。当透镜光轴与机床主轴尚未重合时,如图 8-55 所示,假设接头与透镜在 A 点接触,则接头施加给透镜的压力 N,方向垂直于透镜表面。压力 N 可分解为垂直于接头端面的夹紧力 F 和垂直于轴线的定心力 P。定心力 P 将克服透镜与接头之间的摩擦力,使透镜沿垂直于轴线方向移动,夹紧力 F 将推动透镜沿轴线方向移动。当透镜光轴与机床主轴重合时,定心力达到平衡,即完成定心。

2. 定心系数

不是所有的透镜都采用机械方法定心,因此,光学镜片在定心之前,可计算定心系数 K 值来判断加工的难易程度,作为设计工艺与夹具的参考。

从图 8-56 可以看出,定心力的大小与接头和透镜之间的压力的大小和方向有关。压力的大小是由弹簧力决定的,而方向与透镜的曲率半径、接头直径大小有关系,也就是说由透镜的定心角决定,定心角是指在接头轴线平面内,透镜与接头接触点的切线间的夹角 α。设接头和透镜之间的定心角为 α,接头的直径为 D,透镜非黏结面的曲率半径为 R,则定心角的值为

$$\tan\alpha_i=\frac{D_i}{2\sqrt{R_i^2-(D_i^2/4)}} \tag{8-37}$$

当 $R_i \gg D_i$ 时,$\tan\alpha_i=D_i/2R_i$。

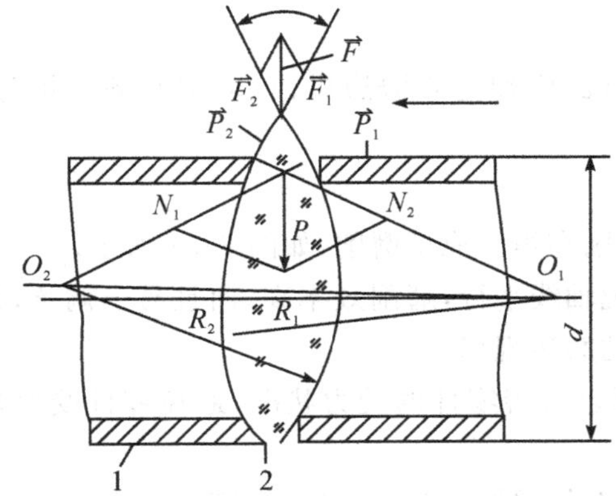

图 8-55　机械法定心(1—接头,2—工件)

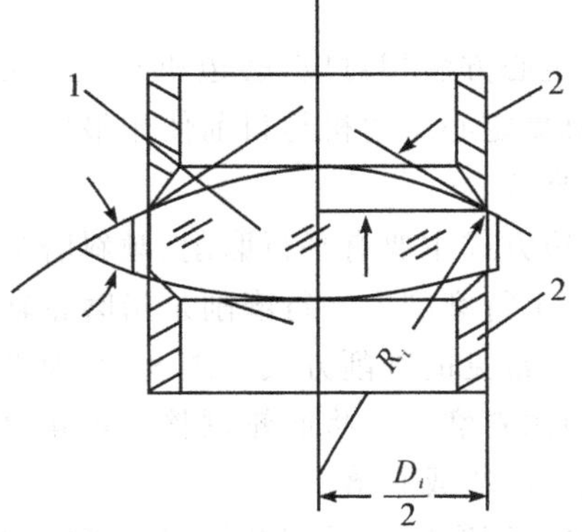

图 8-56　透镜的定心角(1—接头,2—工件)

透镜的定心角为其两个单面定心角的代数和，即 $\alpha=\alpha_1\pm\alpha_2$，双凸、双凹取“+”号，其余取“−”号。

若透镜与接头之间的摩擦系数两面分别为 μ_1,μ_2，对定心透镜两面有

定心力： $P_1=N_1\sin\alpha_1$，$P_2=N_2\sin\alpha_2$

摩擦力： $Q_1=N_1\mu_1$，$Q_2=N_2\mu_2$

摩擦力在垂直于夹具轴线方向的分力为

$$F_1=Q_1\cos\alpha_1=\mu_1 N_1\cos\alpha_1$$

$$F_2=Q_2\cos\alpha_2=\mu_2 N_2\cos\alpha_2$$

从定心原理可以看出，透镜的定心条件是定心力必须大于摩擦力，则应有

$$N_1\sin\alpha_1\geqslant\mu_1 N_1\cos\alpha_1,\quad N_2\sin\alpha_2\geqslant\mu_2 N_2\cos\alpha_2$$

即 $\tan\alpha_1\geqslant\mu_1$，$\tan\alpha_2\geqslant\mu_2$。

同时考虑透镜两面时，且令 $\mu_1\approx\mu_2=\mu$，则透镜的定心角为

$$\left|\frac{D_1}{2R_1}\pm\frac{D_2}{2R_2}\right|\geqslant 2\mu \tag{8-38}$$

将式(8-38)变换为如下形式，则称 K 为机械法定心系数。

$$K=\frac{1}{4}\left|\frac{D_1}{R_1}\pm\frac{D_2}{R_2}\right| \tag{8-39}$$

假设摩擦系数 $\mu=0.15$，则由式(8-39)计算得出的 $k\geqslant 0.15$，说明定心角 $\alpha=17°30'$，则定心可行；若 $0.1<K<0.15$，则相当于定心角为 $12°<\alpha<17°30'$，定心效果差；若 $K<0.1$，相当于 $\alpha<12°$，则不能定心。

由式(8-39)也可以看出，定心精度除与机床、接头精度有关外，还与透镜与接头之间的摩擦系数、透镜的曲率半径和接头的直径有关。摩擦系数越小，定心精度越高。在接头直径不变时，透镜的曲率半径越小，定心精度越高。另外，对于弯月透镜，可使曲率半径较小的球面对直径较大的接头，这样可提高定心精度。

为了解决定心角 $\alpha<14°$ 透镜的定心，进一步提高定心精度和效率，出现了激光定心装置，并在显示器上显示透镜的定心误差。

机械法定心操作简便、加工效率高，适用于中等尺寸、中等精度透镜的大批量生产。

8.5.4 磨边与倒角

与定心方法相对应，磨边机有光学定心磨边机、机械定心磨边机、自动定心磨边机等。其中，机械定心磨边机是目前使用最广泛的设备。

1. 磨边

磨边方式主要有平行磨削、倾斜磨削、垂直磨削和组合成型磨削，如图 8-57 所示。

(1)平行磨削。平行磨削是指磨轮轴线与透镜轴线平行，磨削效率高，而且易于调整，是一种最为常见的磨削方式。图 8-58 为平行磨削的磨边现场。

(2)倾斜磨削。将磨轮调整一定角度，这样可以改善零件的受力状况，避免零件受磨轮推力过大而造成脱落。

(3)端面磨削。采用磨轮端面磨削玻璃，不存在使零件脱落的作用力，磨削效率高；缺点是容易磨出锥面或非柱面。

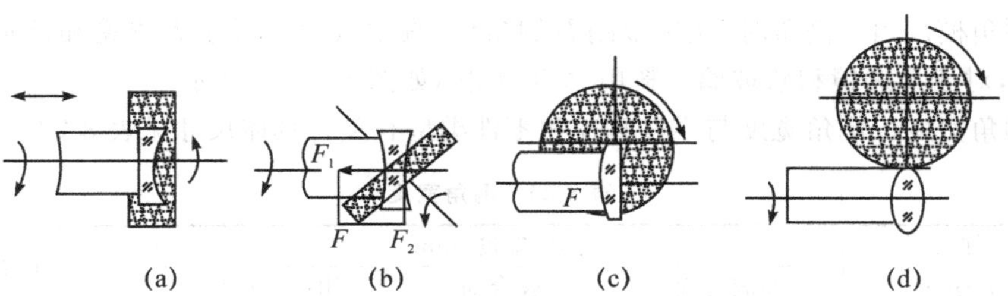

图 8-57　常见的透镜磨边方式

(a)平行磨边，(b)倾斜磨削，(c)端面磨削，(d)垂直磨削

(4)垂直磨削。这种磨削方式也不会使零件脱落，而且进刀比较容易。

图 8-58　磨边现场

2. 倒角

光学零件的倒角可以分为两大类，即保护性的倒角和设计性的倒角。保护性倒角是为了防止零件在装配时，尖锐的边缘被碰破，也防止划破工人的手。在透镜磨边时砂轮和透镜的接触不是十分均匀，因此磨边以后，总是发生大大小小的破边，而倒角可以去掉一部分的破边。

(1)成型金刚石磨轮倒角。利用成型金刚石磨轮磨边与倒角如图 8-59 所示。这种方法是先磨边，然后磨轮相对于透镜左右轴向移动一个小距离磨透镜的棱角。这种方法要求接头直径 D' 应比透镜直径 D 小，其关系为 $D'=D-(0.5+2\delta)$。其中 δ 为金刚石磨轮倒角部分的高度。

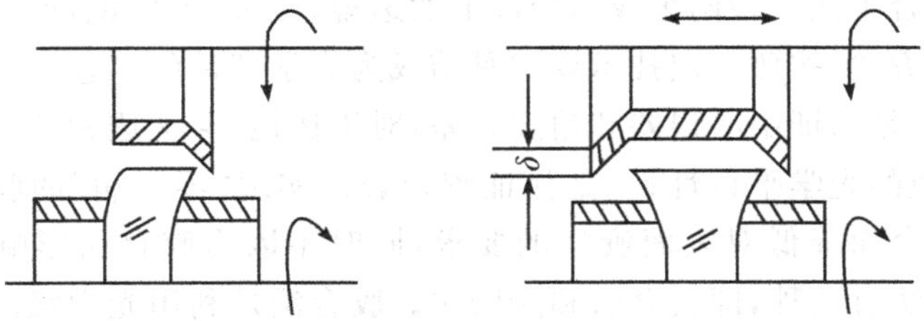

图 8-59　成型金刚石磨轮的磨边与倒角

(2)砂轮倒角。将砂轮倒或工件转动一定的角度，即可在磨边后接着倒角，如图 8-60(a)所示。

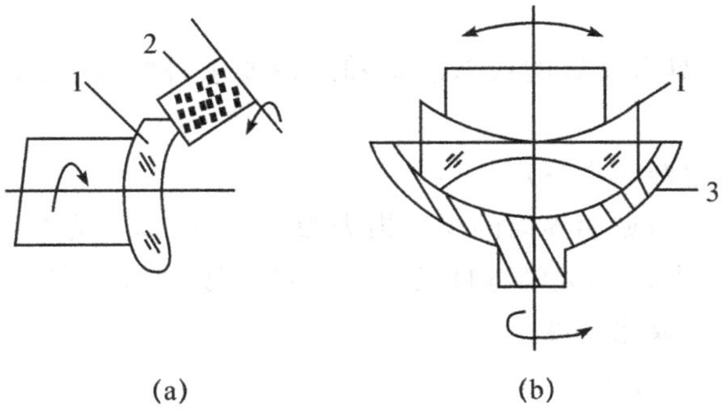

图 8-60　倒角方法

(a)砂轮倒角，(b)倒角模倒角(1—工件，2—砂轮，3—倒角模)

(3)倒角模倒角。倒角时，使用金刚石倒角模，真空吸附。对于大透镜和硬玻璃材料用 W40 磨料，对于小透镜和软玻璃材料用 W20 磨料，如图 8-60(b)所示。

(4)倒角宽度。倒角宽度与零件直径和零件类型有关。具体尺寸见表 8-23。

表 8-23　倒角宽度

零件直径 D/mm	倒角宽度/mm			倒角位置
	非胶合面	胶合面	用滚边固定	
3～6	$0.1^{+0.1}$	$0.1^{+0.1}$	$0.1^{+0.1}$	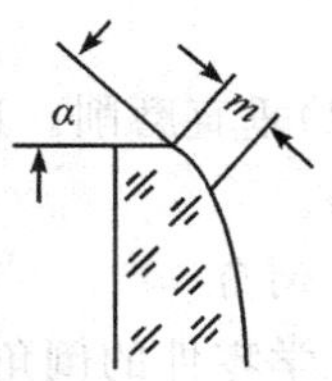
>6～10	$0.1^{+0.1}$	$0.1^{+0.1}$	$0.3^{+0.2}$	
>10～18	$0.3^{+0.2}$	$0.3^{+0.2}$	$0.4^{+0.2}$	
>18～30			$0.5^{+0.3}$	
>30～50	$0.4^{+0.3}$	$0.2^{+0.2}$	$0.7^{+0.3}$	
>50～80			$0.8^{+0.4}$	
>80～120	$0.5^{+0.4}$	$0.3^{+0.3}$		
>120～150	$0.6^{+0.5}$	—	—	

8.6　光学零件的胶合

8.6.1　概述

光学零件的胶合工艺是指两个或两个以上的透镜、棱镜、平面镜，彼此吻合的光学表面，用光学胶或光胶的方法，按照一定技术要求黏结成为光学部件的工艺。在实际生产中，胶合有两方面的要求：一是保证中心误差和角度误差，对于透镜，保证透镜的中心误差，对于棱镜或平面镜，保证棱镜的光学平行性；二是保证胶合表面实现"零疵病"的胶合，即保证胶合的抛光表面不因为胶合而降低对表面疵病的要求，同时不因为胶合而影响非胶合面的面形。光学零件的胶合方法有两种，即胶合法和光胶法。胶合法是利用光学级的透明胶，将若干个光学零件胶合成复杂的光学部件。而光胶法是依靠零件抛光表面之间分子的吸引力，将若干个光学零件结合成复杂的光学部件。

把光学零件结合在一起，这主要出于以下几种原因。

1. 改善像质

为了保证光电仪器具有良好的成像质量和成像要求，例如，正、负透镜的胶合可以消除球差、色差。

2. 减少光能损失，增加成像亮度

一般光学材料，空气与玻璃界面的反射损失为 5%－6%，而光学胶与玻璃界面的反射损失只有 0.1%或更小。因此，将光学零件胶合在一起，可以减少空气与玻璃的分界面个数，从而减少了光能损失，增加成像亮度。

3. 可以简化光学零件的加工

由于胶合能够补偿胶合面的曲率半径的微小差异，从而可以适当降低胶合面的精度要求。对于复杂形状的棱镜，则可以通过加工形状简单的棱镜胶合而成。

4. 保护光学零件表面

为了不损坏光学分划表面、偏振片或晶体零件表面，经常在零件表面胶合保护玻璃，用于保护这些表面。

8.6.2　胶合工艺

一般认为，光学零件的胶合机理是光学材料和光学胶之间发生机械结合、物理吸附、静电引力、互相扩散、形成化学键等作用，使光学零件和光学胶之间产生黏结力，从而将光学零件结合在一起。结合力的大小与胶合材料、光学材料等有关系。

1. 对胶合材料的要求

光学胶黏剂主要用于光学零件间的胶合，为了保证光学零件的胶合质量，其黏结胶必须满足如下要求：

(1)无色透明，高透过率，无荧光，与胶合零件的折射率相近；

(2)固化时，体积收缩率小，不使胶合表面产生内应力；

(3)机械强度好，不致因为受震动、冲击而引起胶层裂开；

(4)化学稳定性好，与光学材料不发生化学反应，长期使用不变形；

(5)环保性好，无毒无害；

(6)热稳定性好，能在－70～70℃的温度范围内工作，而不致胶层破裂、脱胶或造成零件错位；

(7)胶合工艺简单，容易拆胶。

2. 常用的胶合材料和性能

光学胶合中应用的胶黏剂多半属于有机高分子聚合物，它们大体可分为四个发展阶段：天然冷杉树脂胶→环氧树脂胶→甲醇胶→光学光敏胶。目前，光学光敏胶的发展较为迅速，常用的牌号有 GBN－501，GGJ－1，GGJ－2 等。

天然冷杉树脂胶胶合工艺性简便，高低温性能很差，常常引起脱胶，造成透镜中心、棱镜角度走动，使仪器失去了原设计的要求。

环氧树脂胶的收缩性小，光学像质好，但是固化时间长，工艺性复杂，毒性大，易引起人体皮肤过敏，这些使大批量生产受到一定限制。

甲醇胶胶合工艺较复杂，胶的收缩性很大，常常导致光学零件像质变坏。胶层耐老化性差，使用时间不长，容易变色或脱胶，致使透光率下降。

光敏胶使用较为方便、效率高(在紫外光照射下，12 分钟左右完全干固)，收缩性小，光学零件像质好，耐老化性好，长期使用胶层颜色不变，透光率仍然不小于 90%。牌号 GGJ－1，GBN－501 光敏胶黏剂，适用于自动对中心的透镜和棱镜胶合。GGJ－2 特黏稠、近固态，适用于仪器或手工对中心的光学零件的胶合。表 8-24 列出了几种胶的主要性能。

3. 胶合工艺

(1)胶合前的准备工作。

1)清洁胶合件，准备工装，调整水平工作台。

2)按图纸要求，检查零件的表面疵病和尺寸是否符合规定，然后进行几何尺寸选配和光圈配对，棱镜则选配角度。对三块以上的多块胶合，首先要分组配对胶合，然后根据总体要求，再进行组间配对胶合。

表 8-24 几种胶合材料

名称	型号	主要技术指标	备注
光学胶黏剂	环氧树脂胶	双组分，浅黄色流体，常温固化 高低温度范围：－60～70℃	光学零件胶合
光学胶黏剂	甲醇胶(冷胶)	单组分，无色透明，低黏度 高低温度范围：－60～60℃	大、中、小光学零件胶合
光学胶黏剂	热胶(冷杉树脂胶，加拿大树脂胶)	单组分，淡黄色固体 高低温度范围：－40～50℃	大、中、小光学零件胶合
光学光敏胶	GGJ－1	近无色透明，单组分，紫外线固化，低黏度流体	大尺寸光学零件胶合
光学光敏胶	GGJ－2	近无色透明，单组分，紫外线固化，半固态体 高低温度范围：－45～60℃	中小尺寸光学零件胶合
光学光敏胶	GBN－501	双组分，近无色至淡黄色流体，紫外线固化，低黏度流体 高低温度范围：－60～70℃	一般光学零件胶合

3)将正透镜放在已擦拭干净的负透镜上，使之能自由摆动并出现粗而圆的光圈即可。

4)在 60～100W 灯泡的透射光下，用 6 倍放大镜检查胶合面。

(2)胶合工艺。按照黏结胶的种类，胶合可以分为以下几种类型。

1)冷杉树脂胶合。将擦拭干净的零件放在垫板上，然后把垫板放在电热板上，并用玻璃罩盖上进行加热，不同牌号的胶加热温度不同。

零件加热后涂胶。当零件直径小于 6mm 时，涂胶在正透镜；零件直径大于 6mm 时，则涂在负透镜上。涂好胶后，轻压零件，排除多余胶和气泡，并严格控制胶层的厚度。然后用干擦布擦去边缘多余的胶，用放大镜检查胶合质量。最后将零件放在专用仪器上按图纸要求对中心。胶合好的零件放入 45～75℃的恒温箱中 2～4h。

2)甲醇胶胶合。甲醇胶的胶合工艺与冷杉胶的胶合基本相同。其最主要的区别在于胶合定心前，零件和胶不需要加热，而定心后，则需要加热到 60℃左右，保持 10～15min，然后再进行冷却和退火。

对于中心差 $C=0.01\sim0.03$mm 的零件，要放在 55～60℃的电热板上加热 15～20min，取下放入承座对中心，对好中心再放入电热板或向内加热(40～45℃)20min 左右，再放入承座中心检查。对于 $C>0.04$mm，直径大于 25mm，曲率半径小的零件可进行自动定中心，在常温下聚合。而棱镜则在专用夹具上用灯箱火电热板加热(55～60℃)15～20min 后，才能用仪器定角度，反复几次，直至合格。对于直径或边长大于 45mm 的零件，应自然静置 24h，而大于此尺寸的零件，应静置 48h 以上。

3)环氧树脂胶胶合。环氧胶的胶合工艺与冷胶基本相同，但在校正中心和角度时要在平台上用红外灯泡烘烤，同时检查其固化程度，当固化到能推动但不能滑动时，应迅速校正角度和中心。校正好的零件放在平台上，在常温下聚合 4～5h 后，再在 60℃下保持 5～6h，或在常温下放置 24h。

对于中心偏大于 0.05mm、口径小于 20mm，曲率大的零件可采用自动定心。

4)光学光敏胶。光敏胶的胶合工艺比较简单，即将涂好胶的胶合零件，用紫外线照射几十秒或数分钟即可固化。经检查合格后，再放入 60℃的烘箱内进行固化 6h 即可。

胶合平面零件时，胶的黏度应大些；胶合大尺寸零件，胶的黏度应小些。胶层厚度与零件尺寸有关。对于非圆形胶合件，应换算成等效直径。胶层厚度通常按表 8-25 选取。

表 8-25　胶合件胶层厚度

胶合件直径/mm	胶层厚度/mm
≤20	0.005～0.02
20～50	0.01～0.03
50～100	0.01～0.04

(3)胶合定中心方法。无论采用哪种黏结胶，都有仪器定中心胶合、自动定中心胶合和夹具定位胶合三种胶合方法可以使用。胶合时，首先用醇醚混合液擦洗干净胶接表面，然后把胶液适量地滴在胶接面上，并细心地进行胶接，同时挤出胶泡和多余的胶液，使胶层厚度适当，分布均匀。

1)仪器定中心胶合。将已胶合并合格的胶合件在常温下自行放在水平台上，室温 25℃避光放置时间约 10～20h；若自然光状态下，放置时间为 4～10h；如用紫外灯，照射时间约为 30s～2min。当达到一定的黏度时(即用手轻轻推移不能自行滑动)，即可定中心。定心后，再用紫外灯或高压汞灯照射进行初化。灯泡功率在 100～300W，照射距离为 10～20cm，照射时间为 10～30min。

2)自动定中心胶合。将胶合后经检查合格的透镜放置在已调好的水平台上，待一批零件胶合完全后即可用紫外灯进行照射初化，照射的距离、时间与仪器定中心相同。

3)夹具定位胶合。如胶合棱镜，则需要仪器与夹具相结合，根据胶合零部件的要求将胶合件放于仪器上调好并用专用夹具定好后，即可用紫外灯进行胶层的初固化。对已初固化好的胶合件再经过检查合格后，转入电烘箱内，在 60℃下恒温 6h 即可。如果没有烘箱，可在室温 25℃下放置 48h。对于多个透镜或棱镜的胶合，可采用适当的专用夹具。如果是三块透镜胶合，应先将曲率半径小的胶合面胶合，放在固定夹具中，再胶合第三块。

为了尽可能消去胶层的内应力和减小胶合件的变形，可将胶合透镜或棱镜放在烘箱内退火，不同的胶种有不同的退火温度和时间。退火前要清洗胶合件，刮净边缘的残胶，并擦洗胶合件的表面。

胶合零件的相对几何位置与光学性能，如偏心差、像倾斜、焦距、顶焦距、像质、分辨率和光圈等项目可在专用仪器上检验。胶层及表面质量可根据技术要求目视或借助放大镜检查。胶合时需要注意以下事项：在胶合件有效孔径内，胶层颜色应接近与无色；胶合件疵病等级根据图纸规定按两个胶合面疵病数量之和计算，见表 8-26，非胶合面的疵病按每一个面单独计算。其他疵病如开胶、霉斑、油污等不允许存在，有效孔径以外的非发展性疵病不予规定。

表 8-26　胶合件表面疵病增加量

疵病类型	天然树脂光学胶、甲醇胶		光学环氧树脂胶	
	胶合面	非胶合面	胶合面	非胶合面
麻点增加量/%		5		5
擦痕增加量/%	5	10	8	15

透镜胶层厚度一般需要用光学比较仪，测定胶合前后的厚度差。胶合透镜的中心误差用定心仪检验，胶合棱镜的角度用测角仪、光具仪等检验。胶合件的表面变形是由胶层固化或温度变化而产生的内应力引起的。通常用干涉法测得胶合件胶合前后的面形精度，然后根据干涉图案的畸变求出胶合所产生的变形；也可对胶合件做分辨率或星点检验；也可用光学传递函数仪检验。通常用光具座或焦距仪测量胶合透镜的焦距。对于胶合件的胶合层允许在反射光下看得见干涉条纹。此外，对于新产品试制，还要进行抗剪强度、抗震和耐高低温试验。

(4)拆胶。由于零件缺陷或胶合工艺过程中的问题，不可避免地会出现不符合技术要求的胶合件，因此需要拆胶返修。未经初固化的光学胶合件，经检查有问题时，可用力推开，或在电热板上稍加热推开或放在丙酮溶液中浸泡脱胶。浸泡时间视胶合件形状及大小而异，一般几小时至几十小时就可拆开；已经固化后的光学胶合件，若发现有问题，应立即拆胶返修，存放时间越长越难拆胶。固化后的拆胶一般氛围高温、常温和低温三种拆胶方法。

1)高温拆胶。高温拆胶分为直接加热法和间接加热法。直接加热法是将胶合件放到电炉上加热到一定温度，如天然树脂胶为80～120℃，光敏胶为180℃，当胶层出现花纹状条纹时，就可加力拆开。间接加热法，如光学环氧树脂的胶合件可放在蓖麻油中，加热到290℃，保温，胶合件自行开胶后再降到室温，取出擦净。或将光学胶合件放在甘油浴中，加热至220℃左右，即可自行脱开。注意不要与冷的物体接触或用冷风吹，以免玻璃炸裂。对光敏胶的胶合件可放在80％硫酸溶液中，加热到180.5℃，并保温，待胶层开裂后降到室温，取出擦净。

2)常温拆胶。将光学胶合件放在二氧甲烷、甲酸等混合液中，浸泡一个星期左右即可脱开。但对LaK、ZK等牌号的光学玻璃零件来说，在这种溶液中将引起玻璃表面的腐蚀。

3)低温拆较。将胶合件放入液态氧降温的低温箱内，降温到－120～－150℃，当胶层开裂后，即可取出拆胶。它不受胶合件形状和胶合时间长短的限制，对零件的精度和像质都没有影响，也不降低表面疵病等级，不破坏光学薄膜，但必须注意防火、防爆。

尽管目前可选用的拆胶方法很多，但可操作性不是很好。为了寻找比较理想的光学胶合件的拆胶方法，还要从理论上进一步探讨胶合件的剥离机理，以提高光学胶合件拆胶质量及可操作性。

(5)胶合常见的问题及分析。像其他工艺一样，胶合也会因操作不当出现一些问题，表8-27给出了一些常见问题及克服的方法。

表8-27 胶合常见的问题及克服的方法

疵病名称	产生原因	克服方法
偏心差超差	1.单件偏心差超差； 2.中心没有校正好； 3.工作台不平、胶层软、热处理或退火温度过高，导致零件走动	1.胶合前仔细检查单件中心； 2.胶合对中心要反复进行检查，直到符合要求为止； 3.校正工作台、保证固化时间、严格按规定进行胶合后的处理

续表

疵病名称	产生原因	克服方法
脱胶	1. 胶层未完全聚合； 2. 聚合时零件相对位置有较大移动； 3. 胶层太薄； 4. 胶层不干净或变质	1. 保证聚合温度和时间； 2. 校正中心时，控制温度和时间，注意勤校，直到推不动为止； 3. 控制胶层厚度； 4. 严格检查胶液的质量
胶层脏	1. 胶液不清洁； 2. 工作间灰尘大； 3. 零件不干净； 4. 使用工具不干净	1. 严格检查胶液； 2. 工作间相对密封； 3. 使用超净工作台； 4. 清洁工具
非胶合面光圈变形	1. 单件本来不合格； 2. 胶太厚，聚合温度太高； 3. 承座温度低； 4. 胶聚合时体积收缩率太大； 5. 对中心时用力不均匀	1. 事先严格检查单件； 2. 控制好胶的温度与工作间温度； 3. 控制承座与零件温度相近； 4. 选胶要合适，且聚合温度取下限； 5. 用力均匀，摆动要小
胶层变黄	1. 聚合或退火温度太高； 2. 高温聚合时间太长	正确控制温度和时间
尺寸或角度误差	1. 单件尺寸超差； 2. 尺寸选配不合适； 3. 角度校正不准确	1. 事先认真检查单件尺寸； 2. 仔细进行尺寸配对； 3. 调整仪器，保证测量精度
胶合面光洁度不好	1. 擦布不干净； 2. 零件胶合表面粗糙度不好或有水印	1. 清洗脱脂擦布； 2. 事先仔细检查胶合面粗糙度

8.6.3　光胶工艺

采用光胶法结合的复杂光学零件，由于结合面之间没有任何介质，所以光学性能不变。与胶层胶合比较，机械强度较高，性能稳定，可保持数十年变形小，耐寒性和耐热性好。

对胶合时表面要产生变形的零件，或因外形尺寸较大会产生脱胶的零件，或在高温和低温条件下工作的零件，或工作在光谱短波部分的零件（目前的光学胶在短波处有较大的光能损失）等，这些情况都可以考虑用光胶方法结合。但是，光胶工艺要求光胶面的制造精度很高。

1. 光胶机理

光胶是靠分子间的吸引力使两个表面紧密结合在一起的工艺。表面间分子的吸引力是个统计的物理现象，它不是在整个光胶面上起作用，而是在两表面微观的波峰或波谷之间起作用。由于波峰、波谷都是小而密集的，因此产生分子吸力的统计面积相当大，足以使两个表面光胶起来。另外，光胶是对光胶件边缘施加压力，使该部位先光胶上。在已光胶和未光胶接面附近的部位，由于分子吸力作用而发生变形，促使相互接触的未光胶表面达到分子吸力范围，因而光胶结合面逐渐扩大，直至整个结合面都光胶上。

分子间的作用力可表示为

$$F=\frac{\lambda}{r^s}-\frac{\mu}{r^t} \tag{8-40}$$

式中：F 为分子间的作用力，λ，μ 为系数，均为正数，r 为分子间的距离，s，t 为随物质而异的常数，通常 $s=9\sim15$，$t=4\sim7$。

式中右边第一项表示斥力，第二项表示引力。因为 $s>t$，所以引力大于斥力。由于 s,t 较大，所以 F 随 r 的减小而增大。

一般情况下，当 $r=10^{-3}\sim10^{-4}\mu m$ 时，表现出引力，也就是说两光胶表面之间的距离在 $0.0010\sim0.01\mu m$ 范围内，才能表现出分子引力作用。这时光胶表面的误差要求为

$$N=\frac{\Delta h}{\lambda/2}=\frac{0.001}{0.25}=\frac{1}{250} \tag{8-41}$$

显然加工出这样高精度的抛光表面是很难的，即使加工出来，也难以检测。因为周围介质的微小变化而使零件变形的量，都比这个误差大几个数量级。

2. 光胶工艺

(1)光胶前准备。检验所有的倒角面，清除抛光粉和沥青胶。根据技术要求，选配光胶零件的厚度、光圈配对、外径和角度。当零件直径大于 60mm 时，光胶面的光圈为低光圈，大小为 $N\leqslant0.2$，表面疵病要求不低于 GB 1185－89 国家标准规定的 $3\times0.16+$。光胶件应在 20℃±1℃下恒温放置若干小时，使其各部分的温度均匀。

(2)擦拭光胶面。先擦凹面，放好后再擦凸面，将凹凸透镜对合在一起，开始时出现均匀的干涉条纹，并逐渐变粗。

(3)光胶。透镜(棱镜)的光胶是在专用仪器或夹具上进行的。中心(或角度)校正好后，在零件的边缘处轻轻施加压力。如果光胶是理想的，则所有扩展后的条纹应呈灰色。

(4)退火。为增强光胶件的机械强度，要作退火处理，退火的温度和时间由零件的形状、大小来决定。零件胶合完工后，若不符合设计要求则需拆胶。对于光胶零件的拆胶，一般是利用热胀冷缩原理，使光胶件局部受热或受冷，即可将其拆开，但要防止光胶件因温度急剧变化而炸裂。

3. 影响光胶质量的因素

影响光胶质量的因素很多，这里假设零件面形和粗糙度均符合光胶条件的情况下，讨论影响光胶质量的其他因素。

(1)温度的影响。周围介质温度的变化能使零件内部形成温度梯度，使光胶面产生面形偏差，从而影响光胶强度。因此，胶合时应尽量减少手与零件的接触时间，以避免零件形成由中心到边缘的温度梯度。

(2)光胶面清洁度的影响。光胶面有脏点如尘埃、斑渍、油污等，会产生以脏点为核心的小面积脱胶。此外光胶面的表面疵病如麻点、擦痕也会引起脱胶。

4. 光胶法的特点

(1)光胶法的优点。由于光胶是两零件表面间分子引力使得零件结合的，因此，光胶法的优点很多。

1)机械强度高：光胶法的机械强度是树脂胶合法无法比拟的。

2)光学性能好：由于光胶件无胶层，不仅保证了零件的光学性能，而且也避免了胶层对光波的吸收，减少了光能损失。

3)耐温性强：对于光胶件，在 $t=50℃\pm10℃$ 的条件下，光胶层无变化。

4)性能稳定：用树脂胶胶合的零件，长时间使用后，胶层会变质，影响仪器性能，但光胶件一般可以使用几十年。

5)光胶变形小:用于树脂胶合法的任何一种黏结剂,胶合后均有不同程度的收缩,从而引起胶合件的变形,但光胶法则避免了收缩变形。

(2)光胶法的缺点:

1)光胶面的面形精度要求高,增加了加工成本;

2)对环境的温度、适度和清洁度要求高;

3)光胶面接触光滑,定中心较困难;

4)光胶面耐急冷性能差。

(3)光胶法的适用范围:

1)大口径零件胶合;

2)高温条件下工作的仪器;

3)零件较多的光学系统;

4)短波波段工作的仪器。

思考题

1. 光学零件粗磨后,表面留有一定的破坏层,破坏层、裂纹层和凹凸不平的粗糙面间有什么关系?
2. 若用调整主轴的前后位置来消除外凸包后,零件曲率半径 R 比调整前变大还是变小?此时 α 应如何调整?分别用凸零件和凹零件说明之。若要消除内凸包,应如何调整?
3. 使用球面铣磨机加工凹球面光学零件,磨轮轴与工件轴夹角为 20°,调角精度为 0.5°,所用磨轮参数为 $D_z=20\text{mm}$,$r=2\text{mm}$,计算被加工球面曲率半径 R 的误差值 δR(忽略 D_z,r 的变化影响)。
4. 为什么在细磨过程中,凸球面在下和凹球面在下对曲率半径的影响不同?细磨为什么需要用几种不同粒度的砂,而不能只用一种砂?
5. 如何理解金刚石磨轮的硬度概念?用于粗磨的金刚石磨轮常用什么结合剂?金刚石磨具的粒度、浓度对磨削性能有什么影响?
6. 球面光学零件的上盘方法分哪两大类?各以什么面为基准面?各有什么优缺点?各适用于什么情况?有什么特点?
7. 试述光学玻璃的抛光机理。在抛光加工中,对凹镜盘高光圈改低,常用哪些方法修改?影响光学零件抛光效率和表面质量的工艺因素有哪些?
8. 为什么说焦点像定心方法不能用于高精度物镜?高精度物镜的胶合定心为什么必须采用反射式球心像胶合定心仪或干涉法胶合定心仪?
9. 胶合时为什么负透镜的直径稍大于正透镜?定心时用卡盘夹持负透镜或使负透镜在承座中旋转,在定位轴分析中有何不同?

参考文献

[1] 蔡立主编.光学零件加工技术(第二版).北京:兵器工业出版社,2006.

[2] 曹天宁,周鹏飞.光学零件制造工艺学.北京:机械工业出版社,1987.

[3] 卢世标.光学零件制造技术.浙江大学信息学院光电系,2003.

[4] 舒朝濂.现代光学制造技术.北京:国防工业出版社,2008.

第9章

特殊光学零件加工工艺

光学零件的两个基本要素是面形和材料，在上一章中，我们主要是针对玻璃球面透镜为基础来讲的。玻璃球面透镜的两个基本要素为：面形为球面和所用的材料为玻璃材料。本章所讲的特殊光学零件加工工艺主要包括两个方面的内容；一是指特殊面形的光学元件，如平面（半径趋向于无穷大时）和非球面等的加工工艺；二是指特殊材料的光学零件，如塑料光学材料和晶体光学材料等的加工工艺。

9.1 平面和棱镜光学零件加工技术

9.1.1 概述

1.平面制造的特点

平板和棱镜是由平面组成的光学零件。把平面从一般的球面加工中分列出来，是由于平面加工具有特殊性。在国家标准光学制图（GB13323－91）中规定，透镜的表面为平面时，应标注 $R\rightarrow\infty$。众所周知，∞为数学术语，实际上，任何实际的平面，都是曲率半径极大的球面，所以在平面的形状误差中有球面度的指标。通常认为，光学零件的平面制造有如下特点。

（1）被加工的平面实际上是半径很大的球面。国家标准光学样板（GB1240－1976）规定，球面标准样板曲率半径 R 最大到 4000mm，而国家标准光学零件球面半径数值系列（GB3158－82）规定的球面曲率半径 R 最大到 10000mm，也就是说，R10000～4000mm 已经是极为罕见的球面了。R4000mm 以上可以视为平面。

（2）平面加工以成盘加工为主要形式。光学制造的发展，由于在加工机床上大量采用精密定位、真空吸附等技术，球面加工的主流已经从成盘加工转向单件加工了。但是平面加工，特别是精磨和抛光工序，依旧采用上盘的辅助技术，在机床上成盘地加工。为了提高加工的效率，上盘的直径一般都在 Φ250mm 以上。

（3）平面加工以传统工艺为主要加工技术。以高速抛光为核心的现代光学制造技术，对球面加工展现了极好的效果，但对平面加工始终没有突破性进展。因此，平面光学加工除了粗磨成型已经机械化，中等以下精度的平板精度、抛光大量采用双面加工以外，棱镜和高精度的平板仍然采用常规的传统工艺，以低速、平稳为主流加工特征。

（4）平面加工具有一般的形状位置误差。光学球面与光学非球面组成的光学透镜，其形状位置误差主要表现为中心偏差和胶合误差，它需要通过定中心来解决。而光学平面组成的平板和各种形式的反射棱镜、透射棱镜，不具备这种透镜所特有的误差，它具有一般机械零件所具有的形状位置误差，如角度误差；如果在平面上刻有分划图案，图案在平面上的位置应有位置误差。因此球面光学零件和平面光学零件的形状位置误差的检验仪器有很大的不同。

2. 高精加工的工艺因素

(1)材料的选择。制造高精度零件必须选择膨胀系数小，应力小，光学均匀性好，导热率高，杨氏模量高的材料，如石英玻璃、K4、微晶玻璃等。加工前对选用的光学玻璃毛坯的应力和光学均匀性必须进行复检。应力和均匀性不好的光学玻璃无论采用何种手段都无法加工出高精度零件。

热变形仍是高精度零件加工中值得关注的问题。抛光中及抛光后的一段时间，由于被加工件与磨盘的互相运动总要产生热量，这种热量必定影响被加工件本身上下表面的温度差异(温度梯度)，从而导致表面面形精度微量变化。这种微量变化对高精度光学零件是不可忽视的。也就说，抛光热使抛光表面产生凸状的形变，这种凸状经过一段放置时间后会渐渐变低，如图 9-1 所示。如果抛光表面温度上升 Δt，而在平行平面的垂直方向的温度分布是线性的，则抛光表面的微小变形量 Δx 可表示为

$$\Delta x = \Phi^2 \times \alpha \times \Delta t / 8d$$

式中：Φ 为零件口径，α 为玻璃的线膨胀系数，d 为零件的厚度。

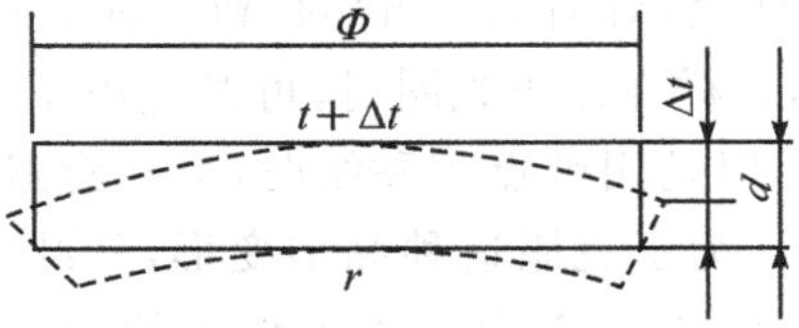

图 9-1　玻璃的热变形

以加工 Φ50mm 零件为例，比较 Bak7 玻璃与熔石英材料，当上下表面温度从 0.1～1℃ 变化时，Δx 的变化量见表 9-1。

表 9-1　上下表面温度从 0.1～1℃ 变化时 Δx 的变化量

材料	$\alpha \times 10^7$	Φ/mm	d/mm	Δx/mm		
				Δt=0.1℃	Δt=0.5℃	Δt=1℃
BaK7	65	50	5	0.041	0.203	0.41
			10	0.0203	0.102	0.203
熔石英	2.1	50	5	0.0013	0.0065	0.013
			10	0.0006	0.0032	0.0065

由表 9-1 不难看出，α 小的熔石英材料对制造高精度零件是非常有利的，同时可以看到，在不影响使用的条件下，尽量选择厚一点的玻璃为好，但因自重变形也会影响精度，所以口径与厚度比要选择适当。

(2)加工设备的要求。加工高精度光学零件，应在低转速(如以主轴转速为 1.5～15r/min，摆速为 2～20r/min 为宜)、无振动(微振动)条件下进行。机床主轴精度要高，主轴与摆轴单独驱动结构同主轴相分离的结构方式可减少振动。

(3)对工房的要求。在制造高精度光学零件时,对工房的要求也不可忽视,即使有良好的材料、优质的设备、先进的加工方法,也会因工房条件不好,而影响加工精度。

加工工作房间的清洁卫生直接影响高精度光学零件的表面瑕疵,所以应在可能条件下做到工作环境最佳,并且保证温度、湿度恒定,室温在 22℃±1℃,湿度在 60%~70%范围内。

目前高精度平面加工方法较多,例如,利用抛光方程,对抛光运动进行运动学和动力学的分析,求得均匀磨损条件;采用不断改进的分离器加工;采用塑料抛光模加工等。

9.1.2 平面光学零件加工的基本技术

1.上盘

平面光学零件需要上盘加工,主要是因为绝大多数平板和棱镜有效孔径都比较小;而且其形状常常比较奇特,平面间有一定的角度;从提高生产效率、零件质量角度考虑,需要将零件以一定的形式上盘、成盘对零件进行加工。光学零件高速加工技术普及之后,由于平面的通用性,它不像球面带有特定曲率半径,所以平面加工依然保持着上盘加工的特点。

零件上盘采用一般的黏结方法,如弹性胶、点子胶、浮胶、光胶等方法。对于不同形状和规格的零件,应选用不同的黏结方法。如果口径与厚度比为 10:2,则可不考虑黏结变形问题,用软点胶或胶条黏结均可,因为零件厚,强度大,不至于变形。用软胶上盘的好处是下盘方便,并能适应加工中温度的变化,对加工检测都有利。对于大口径或口径与厚度小于 10:2 的零件,应采用硬点胶黏结,这样在修正光圈时,可避免由于机头压力或线速度大,零件面形发生变化而增加加工困难。但是用硬点胶黏结时,应注意避免铁盘受热而导致的玻璃变形,这种变形冷却后不能恢复。为了克服这种黏结变形,黏结时将零件置于水盆中,使水比零件高出 2~3mm,并在零件周围边缘等分三点上放置约 3mm 厚的玻璃小片,以保持零件和黏盘贴置平行。水的作用使铁盘热量不至于传到零件上,如图 9-2 所示。

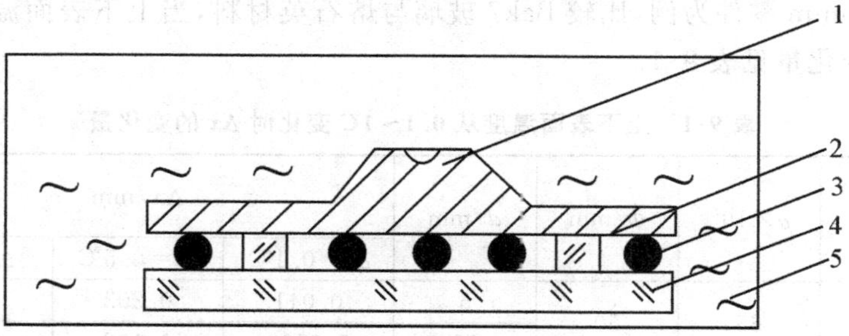

图 9-2 黏结上盘
(1—粘盘,2—玻璃片,3—点胶,4—零件,5—水)

光胶上盘法能较全面地克服胶结变形,且适合各种高精度零件加工的上盘,尤其是高精度零件的批量生产。光胶的原理在于光胶工具的工作面与零件贴置面之间的间隙小于零点几个纳米,空气完全被排除,分子的吸引力及大气压力将它们牢固结合在一起。

浮胶法也称假光胶法,多用于加工直径小、精度高的平面镜,或形状不对称而且薄的平面镜(如扇形镜),或多片上盘的零件。这种方法就是将一块表面平度为 1/2~1/4 光圈的平面玻璃垫板(直径与黏盘相同)粘到黏盘上,再将要加工的零件放到平面玻璃热板上,将熔化好的松香蜡(松香与蜡比例为 3∶1)涂到零件空隙中间，松香蜡凉后就把零件固定了。这种胶法对零件的正面没有拉力，但是侧面有拉力，所以要注意松香蜡温度不能高，刚熔化就行，各空隙间的蜡层的厚度以零件的厚度一半多一些为宜，而且蜡层要一样厚。零件和平面玻璃接触的一面要细磨得很平，中间没有夹杂灰尘。这种方法的黏结力不大，所以机器转速不能太高，也不能用冷水冲洗。

2. 铣磨

铣磨就是粗磨，这道工序的本质是将零件毛坯磨削成型，在留有精磨、抛光余量的基础上基本达到零件的尺寸要求。如今的平面铣磨，已经全部达到机械化和高速化，利用机床和金刚石磨轮，彻底抛弃了一把砂子一把水的人工操作。

(1)机床。平面铣磨机床由高速旋转运动的金刚石磨轮和缓慢相反方向旋转的电磁盘组成主运动，被加工零件上盘在垫板上，而垫板则被电磁盘紧紧吸住，从而实现零件在电磁盘上的固定。金刚石磨轮可以根据被加工零件的高度进行上下调整，机床采用光栅尺定位，数显表读数，具有简单的数控功能，磨轮的进给可以根据零件的厚薄、加工的余量预先设定，尺寸加工到位后可以设置光整加工，以提高表面粗糙度。

平面铣磨机床是专用于平面铣磨的机床。根据范成法成型原理，当磨轮轴与零件轴的夹角为零时，则 $R=\infty$，即运动轨迹的包络面形成平面。所以球面铣磨机床当调整上述夹角时，也可以铣磨平面。

(2)影响铣磨质量的工艺因素。衡量铣磨质量的好坏，主要考察铣磨效率、表面粗糙度，以及零件的平面度、平行度。影响铣磨效率的因素是：磨轮轴转速、电磁盘转速、磨削进给速度、金刚石磨轮粒度及电磁盘上垫板的排列。合理地提高转速和进给速度能提高铣磨效率，适当加粗金刚石磨轮的粒度、有序地在电磁盘上排列垫板也会提高铣磨效率。但是，转速的提高、进给速度的加大、磨轮粒度变粗都会使表面粗糙度变劣，因此需要在保证表面质量的基础上，兼顾铣磨效率。

为了提高表面质量，减小表面粗糙度值，首先应选择金刚石磨轮粒度，一般铣磨应选 120#～80# 的粒度为宜，在接近要求的尺寸时，要进行准确的测量，以便做到心中有数；其次铣磨最后的进给应当小，而且需要维持零进给铣磨一小段时间，这被称为光刀或光整加工。另外，冷却液喷射位置不当或流量控制不当也会使表面粗糙度遭到变坏。

影响零件平面度和平行度的因素主要是机床和夹具的精度，如果机床磨轮轴和电磁盘轴端面跳动大、平行度不好将会影响面形的平面度；垫板的平行度不好或电磁盘表面有附着物都会影响零件的平行度。因此，除了严格设计加工垫板等夹具外，当铣磨的零件出现批量废品后，应当检查机床的精度。

综上所述，合理的工艺，需要对上述影响铣磨质量的工艺因素进行综合平衡和统筹。图 9-3 所示是铣磨机成盘铣磨棱镜的现场，是铣磨完一道工序后正在测量的情况。

3. 精磨

平面加工的精磨有三个目的：一是形成较好的面形，理想的精磨面形应当与零件抛光后达到的面形一致；二是形成有利于抛光的表面粗糙度，使抛光时间最省；三是保证被加工零件的尺寸要求和平行差(塔差)要求。精磨的这些要求，除了表面粗糙度和抛光余量以外，都要按照零件完工的要求去控制加工。

由于精磨这种高要求，国内经过 30 多年反复地实践，平面精磨、抛光的高速化，效果都

图 9-3　铣磨机成盘铣磨棱镜的现场

不大理想，绝大多数的平面精磨、抛光还是在传统的机床上，只是适当地增加速度和压力。

精磨的机床和抛光的机床是一样的，使用最多的还是传统的二轴机、三轴机、四轴机、六轴机。国产的六轴机的外形如图 9-4 所示，每个轴的运动关系如图 9-5 所示。图中，曲柄连杆滑块机构带动的悬臂绕着转轴往复摆动，上盘的零件由固定在悬臂上的铁笔带动，既随悬臂摆动，又随着磨盘的转动而随动旋转。

图 9-4　国产的六轴机的外形

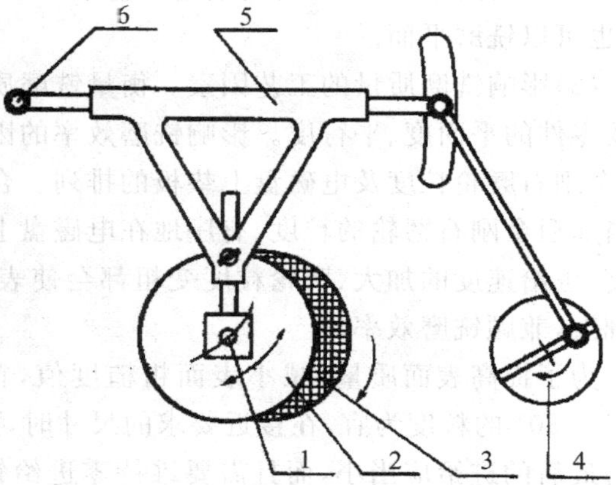

图 9-5　平面精磨、抛光机运动关系

（1—铁笔，2—工件盘，3—精磨盘，4—曲柄连杆滑块机构，5—悬臂，6—转轴）

摆动的行程可由曲柄的偏心调整，工件盘相对精磨盘的偏心可由铁笔在悬臂梁上的伸缩调节。可以根据被加工零件的需要选择工件盘在精磨盘的上面，或者精磨盘在工件盘的上面。在铁笔上，可以根据工艺需要串压若干钢铁块配重，以增加研磨过程中的压力，提高研磨效率。

这种精磨机主轴的转速一般不超过 120rpm，所以使用这种机床精磨，一般使用散粒磨料，使用粒度为 W28～W10，配制的散粒磨料，可以自动加料，定期过滤、处理，循环使用。

影响精磨质量的最主要、最决定性的因素是精磨模。精磨模的面形是精磨面形的直接传递，因此，要保证被加工零件的面形，必须将精磨模的面形修整合格。如果是新制的精磨模，需要选三个模子，用 W40～W28 的金刚砂彼此对磨，几个模子的整体部分都被磨成黑色，则可以测试彼此的面形，决定是否可以使用。测试面形的最有效方法是用一盘玻璃与其研磨，使用 W14～W10 的金刚砂，磨 10min 后，在抛光模上抛 3～5min，在保证整盘玻璃均匀抛亮的前提下，用直径 80～100mm 平面样板看光圈，以高 2～3 道光圈为宜，这时检测的精磨模面形则低 2～3 道光圈。如果精磨模光圈不符合，则需在单轴机上用废砂轮块或砂布修改，修改后再整盘玻璃试磨，再测试，直到达到要求为止。图 9-6 是精磨棱镜的现场。

图 9-6　精磨棱镜的现场

4. 抛光

抛光是平板和棱镜加工中最关键的工序，对零件的基本技术要求 N 和 ΔN、表面粗糙度、平行差或角度要求都要在这一道工序中得到保证。就平板和棱镜的加工工序而言，抛光是加工余量最小的工序，是典型的精加工工序；就成盘加工的平板和棱镜而言，零件各面铣磨完工以后，精磨和抛光两道工序是随着被加工面的上盘顺序进行的，也就是说上盘一面，精磨后抛光，下盘后，在上盘另一面，精磨后再抛光。平板有两面，需要两次上下盘；直角棱镜有三个平面，需要三次上下盘，如此等等。

抛光的机床，目前的主流仍然是二轴机、四轴机和六轴机，与精磨的机床相同。在生产线的组织中，精磨的机床和抛光的机床应该分开放置，便于环境的洁净和放置互不影响，也便于批量地组织研磨液和抛光液的回收循环使用。

抛光磨盘的直径应根据上盘的被加工零件的直径而定。如果抛光模在下，零件盘在上加工，抛光模盘直径应比零件直径小 5%～10%。做抛光模的辅料，要依据被加工的面性要求而定。高精度面形，目前还是用抛光柏油做抛光模；一般精度的面形，可以用聚氨酯做抛光模，也可以在抛光柏油上放置聚氨酯，抛光模层厚度以 4～8mm 为宜。

抛光液的选择和配方要考虑表面粗糙度要求，也与加工企业的工艺习惯有关。总的要求是抛光液有良好的化学活动性、分散性和吸附性，有较好的抛光效率。

抛光过程中，最难控制的是面形的变化。面形的稳定，往往是抛光时间长短的决定性因素，如果光圈与零件的要求有差距，则需要调整机床或修刮抛光模对光圈进行修正，具体的方法列于表 9-2。修正光圈时，应该遵循渐变的原则，不应操之过急，不要一次调整多项工艺因素，只能一次微量调整 1～2 项因素，逐步将光圈要求修正到位。

抛光表面检验合格以后，需用保护漆将其表面涂抹，以免在下盘和另外表面上盘的工序中，造成已抛光表面的破坏。图 9-7 所示为棱镜成盘抛光的现场。

表 9-2 平面抛光光圈修改方法

零件盘位置		零件盘在下		零件盘在上	
检查光圈情况		低	高	低	高
希望光圈变化趋势		由低变高	由高变低	由低变高	由高变低
抛光趋势		多抛边缘	多抛中部	多抛边缘	多抛中部
各工艺因素调整	摆幅	加大	减小	减小	加大
	铁笔位置	拉出来	放中心	放中心	拉出来
	主轴转速	加快	放慢	加快	放慢
	摆速	放慢	加快	放慢	加快
	压力	略加重	宜轻	略加重	宜轻
	抛光模	修刮中部	修刮边缘	修刮中部	修刮边缘

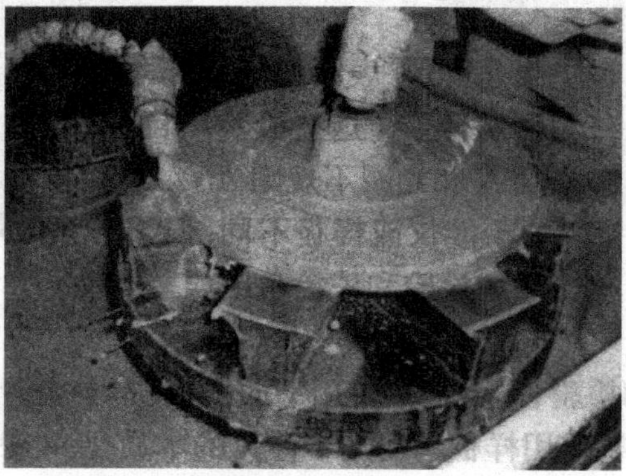

图 9-7 棱镜光胶上盘精磨后正在抛光

有的企业在平面精磨、抛光中也使用高速平面精磨抛光机，其外形如图 9-8 所示。这类机床，主轴的转速最高可以达到近 450rpm，最低也有 200rpm，因此精磨时，需要使用金刚石模具，它能有效地提高加工效率，适用于一般要求的平板和棱镜加工。

图 9-8 高速平面精磨抛光机外形

国外平面加工机床的研制起点较高，一般使用真空吸附装卡被加工零件，无需上盘工序，实行计算机控制的单件加工，停机装零件，开机自动进行精磨或抛光，再停机换装零件，如此循环，加工效率很高。典型的机床和零件加工的特写示于图 9-9(a)、(b)和(c)。

图 9-9　(a)计算机控制研磨抛光机，(b)单晶棱镜高速精磨，(c)单晶平面高速抛光

9.1.3　高精度棱镜加工技术

高精度棱镜一般指角度精度要求秒级的棱镜，此处以施密特屋脊棱镜的加工为例介绍高精度棱镜的高效制造技术。大规模制造高精度棱镜，采用传统的(单件手修角度或上石膏盘、槽盘加工等)加工方法已不适合。如何在保证高精度棱镜指标要求的前提下，实现大规模生产，降低制造成本，是光学制造行业的一个关键问题。

1. 高精度棱镜高效制造技术的组成及特点

直筒形望远镜中的施密特屋脊棱镜，其屋脊面的要求为光圈数 $N=0.5$，局部光圈 $\Delta N=0.2$，屋脊角误差 $\Delta 90°=\pm 5''$。这种精度的棱镜国内年产量的总和为 800 万～1000 万件，如图 9-10 所示。在图 9-10 中，第 1 面和第 2 面的光圈数 $N_1=N_2=1$，局部光圈 $\Delta N_1=\Delta N_2=0.4$；第 3 面的光圈数 $N_3=0.5$，局部光圈 $\Delta N_3=0.2$；第一光学平行差 $\theta_{\mathrm{I}}=8'$，第二光学平行差 $\theta_{\mathrm{II}}=8'$；表面疵病等级 B=V。

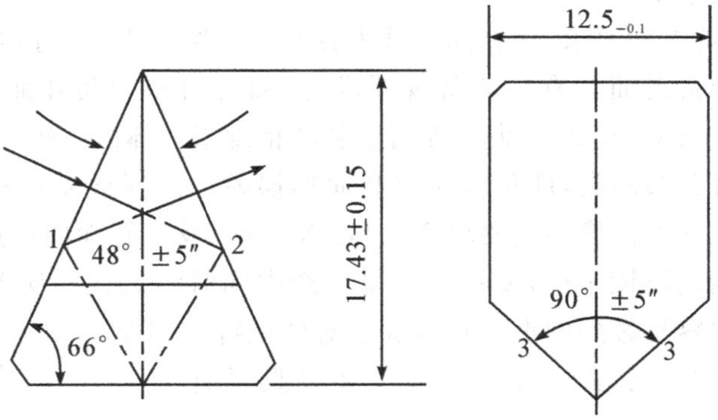

图 9-10　12.5mm 施密特屋脊棱镜

在保证棱镜技术要求的条件下，完成这样大的产量，不难看出，传统的加工方法是不可能做到的，必须依靠高效制造技术才能得以实现。

2. 高效制造技术的组成

(1)先进的工艺技术。一套先进的工艺技术不仅要适合高精度棱镜的大批量生产，同时还要保证棱镜的各项技术指标要求；加工工序和辅助工序少，操作方便易掌握；生产节奏快，效率高。

(2)高精度的工装夹具。高精度棱镜的高效制造是通过若干种工装夹具来保证的。工装夹具设计的合理性和制造的精密性是保证整个制造过程高效率生产和使产品保持高合格率的重要条件。所以，对工装夹具的设计要求为：①依靠工装夹具的精度来保证棱镜的技术要求；②依靠工装夹具设计的合理性来提高生产节奏，达到效率高的目的。

(3)高精度、高效率的生产线。高效率生产线是棱镜高效制造技术的基本保证条件。在高速条件下对光胶面的抛光，如果没有精度高、传动平稳的设备保证是难以体现出高效制造的特点的。

3. 高效制造技术的特点

能保证棱镜的各项技术指标要求；整个制造过程无传统加工方法中需对操作者具有很高的“手上功夫”的要求，没有“卡脖子”工序，工艺流畅，能满足大批量生产；加工工序和辅助工序少，生产节奏快，效率高，制造成本低。

4. 工艺总体方案的确定原则及步骤

(1)工艺总体方案的确定原则。我们选择某个棱镜来加工，其工艺方案最根本的是通过高效率的加工方法来获得最高的经济效益的。一旦工艺方案确定，加工设备的类型和数量、人员的投入量、生产用场地、周转资金及各种材辅料等就随之确定。工艺方案不仅涉及启动期各项投入，而且涉及长期生产的各项费用。一项有缺陷的工艺，一旦实施，将对企业带来长期的、巨大的经济损失。

确定棱镜工艺总体方案应当包括两个方面的内容：①加工技术方案的选择。技术方案是指根据棱镜的特点和要求，以及批量生产的大小和价格等因素，选择与之相适应的加工方式。其具体内容是根据棱镜的特点和要求，分析清楚其特点和难度及角度、θ_{I}、θ_{II} 之间的相互关系，根据结果，对棱镜加工工艺的方案进行选择。②加工方法和工装夹具的选择。这是指在技术方案确定之后，选择什么加工方法和设计什么形式的工装夹具来满足产量的要求和保证棱镜的各项技术要求。

(2)分析棱镜的特点和要求，选择加工技术方案。从图 9-10 中对零件的技术要求可知，该棱镜不仅对其两个折射面具有一般常规要求外，而且对屋脊角和面也有较高的要求，即 $\Delta 90°=\pm 5''$，$N=0.5$，$\Delta N=0.2$，是集中等精度和高精度于一体的棱镜。

该棱镜的误差可分为两类，即角度误差和面形误差。角度误差包括 $\Delta 90°$、$\Delta 48°$ 及 θ_{I} 和 θ_{II}；面形误差为两折射面的面形误差要求 $N=1$，$\Delta N=0.5$ 及屋脊面的面形误差要求 $N=0.5$，$\Delta N=0.2$。对于高精度棱镜来说，要在大批量生产中同时满足这些误差要求并保证有较高的合格率并不是一件容易做到的事。它取决于对棱镜特点和要求分析的正确性及加工方法的可行性和工装夹具设计的先进性。

由图 9-10 知道，$\Delta 90°$ 和 $\Delta 48°$ 分别是两屋脊面夹角误差和两折射面夹角误差，这两个误差比较直观，加工中对其影响因素也易于判断。我们再从棱镜的空间轴测图来看 θ_{I} 和 θ_{II} 的形成和相互关系，如图 9-11 所示。

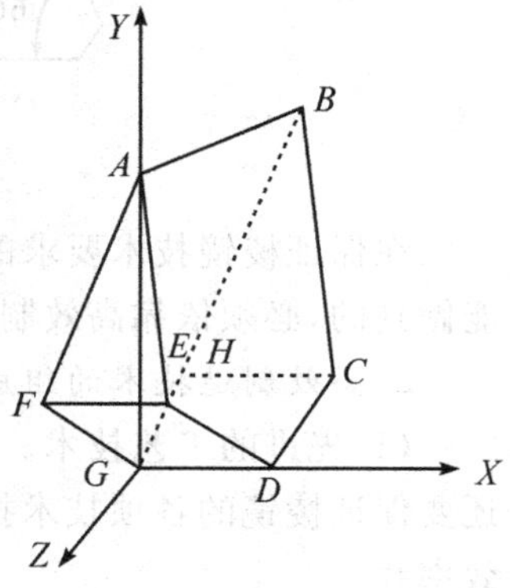

图 9-11 施密特屋脊棱镜轴测

假设两折射面 $ABCDE$ 和 $ABHGF$ 在空间位置固定不动，当两屋脊面 $FECD$ 和 $GDCH$ 作为一个刚体绕 X 轴转动时，将会使棱镜外形不对称，也就是我们通常所说的屋脊棱线不对称；当两屋脊面绕 Y 轴转动时，将会使两屋脊面相对两折射面的夹角(73°角)产生误差，即第二光学平行差 θ_{II}，也就是我们通常理解的第二光学平行差，这是因为屋脊棱 GD 相对基准棱 AB 产生了偏转所引起的；当两屋脊面绕 Z 轴转动时，将使两折射面与屋脊线的夹角(66°角)产生误差，即第一光学平行差 θ_{I}。

通过对棱镜特点和要求的分析，我们清楚了以下几个问题：

1)屋脊面和角的误差要求较高，是工艺设计和加工时重点考虑的问题；

2)θ_{I} 和 θ_{II} 误差是怎样形成的；

3)各项误差之间有什么关系及怎样相互影响；

(3)加工方法的选择。通过前面的分析，我们知道了对角度误差影响的因素及 θ_{I}、θ_{II} 的形成和相互变换所带来的影响。这就为寻找加工方法和工装夹具的设计提供了十分清晰的思路和依据。在选择加工方法和工装夹具时应考虑的重点有以下几方面。

1)对两折射面及夹角($N=0.5$，$\Delta N=0.5$，$\Delta 48°=\pm 5'$)的加工属中等精度棱镜的要求，采用中等精度高效加工技术即可满足其要求。但因屋脊面与折射面的相互转动，加上工装夹具的制造精度、胶合定位的正确性和加工中的平行差等因素，都会引起 θ_{I} 和 θ_{II} 的超差。所以，在考虑对折射面的加工方法时，必须考虑如何同时保证 θ_{I} 和 θ_{II}。

2)两屋脊面及夹角的要求($N=0.5$，$\Delta N=0.2$，$\Delta 90°=\pm 5'$)属对高精度棱镜加工的要求，采用光胶技术和柏油模抛光或面形高要求的聚氨酯模高抛都能达到要求。但因屋脊面与折射面的相互转动会产生 θ_{I} 和 θ_{II} 误差，则对屋脊面加工时应重点考虑的是先对 48°折射面加工，还是后对 48°折射面加工更能易于保证 θ_{I} 和 θ_{II}。

3)设计什么形式的工装夹具才能做到在加工折射面或屋脊面的过程中，同时保证 θ_{I} 和 θ_{II} 的要求；如何减少工序、加快节奏、提高效率，这是工装夹具设计最为重要的，因为它关系到对棱镜技术要求的可保证性和工艺整体方案对生产效率的影响。

9.1.4　高精度平面加工技术

高精度平面，即在大面积范围内，面形 N 达到(1/10～1/100)λ 的平面，由于 N 要求很高，通常 $\Delta N \leqslant 0.01$。因为平面是球面 $R \to \infty$ 的极限状态，但实际上的任一平面，都不可能是 $R \to \infty$ 的，都会存在一个实际球面度，存在一个实际的球面曲率半径 R。当平面光学零件的直径 D 和 R 的比值很小时，即 D/R 很小时，有

$$N=\left[\frac{D}{2R}\right]^2\frac{\Delta R}{\lambda} \tag{9-1}$$

式中：N 为该平面光学零件的面形，光圈数，ΔR 为光圈数为 N 时，造成的曲率半径差，λ 为测试光圈的波长，或平均波长。

将式(9-1)整理后有

$$R=\frac{D^2}{4N\lambda}\frac{\Delta R}{R} \tag{9-2}$$

式(9-2)表明：在使用样板测试高精度平面面形的情况下，可视测试的相对误差 $\Delta R/R$ 为确定的值，这时，如果平面的直径 D 比较大，其趋近于平面的 R 值会随 D^2 增大；若 N 为(1/10～1/100)λ，则趋向于平面的 R 值也会随 N 的变小而增大。也就是说，高精度平面的加工，加工零件的直径越大，在其范围内的光圈数 N 越小，其平面的平面度越好，R 趋近于∞的程度越高，加工和检验的技术就越难。

下面简单介绍几种主要的高精度平面加工的技术。

1.分离器法加工平面零件

分离器是一种具有不同心圆孔的玻璃圆盘，其材料的应力、膨胀系数要小，通常使用K9、K4、QK2等玻璃制作。分离器的基底平面度高，厚度和直径比在1∶8～1∶10范围，外径在200～400mm范围，孔的总面积占工作面积的1/3～1/4，孔的边缘离分离器边缘不小于200mm，孔的直径比被加工零件大5～10mm。

用分离器加工时，应先将被加工的零件用常规方法抛光到1～3道光圈，然后放入分离器孔内精加工，直到平面达到高精度。

这种抛光方法加工的零件等于加工大的零件时取其一部分，因为光圈数与加工零件直径平方成正比，即

$$\frac{N_1}{N_2}=\frac{D_1^2}{D_2^2} \tag{9-3}$$

式中：N_1 为直径为 D_1 的平面镜表面光圈数，N_2 为直径为 D_2 的平面镜表面光圈数。

例如：直径 $D_2=300\text{mm}$ 的分离器，工作表面光圈数 $N_2=3$，当加工直径 $D_1=60\text{mm}$ 的平面镜时，它的光圈数为

$$N_1=\left(\frac{D_1}{D_2}\right)^2 N_2=\left(\frac{60}{300}\right)^2\times 3=0.12$$

所以用大平面的分离器制造小的光学平面，可以大大提高面形精度。

分离器最重要的性能是底面的平面度，对它的加工，需要选择平面度很好的精磨模，精磨之后，在抛光模上修正光圈 N，精度要达到 $1/10\lambda$ 以上。

夹持分离器的摆架是如图9-12所示的蟹钳式摆架，它像螃蟹的两个钳子一样将分离器夹住，随着曲柄连杆滑块机构运动而往复摆动。分离器摆动的同时，还可以随抛光模的转动在蟹钳内转动，被加工零件在工作孔内，即可随分离器摆动，又可在孔内转动。这样复杂的复合运动，对保证高精度的平面性是有益的。同时蟹钳式摆架推动分离器的边缘，力的分布也较均匀，这样可以使被加工零件平稳地在抛光模上移动兼转动，使光圈较为规则，容易控制。

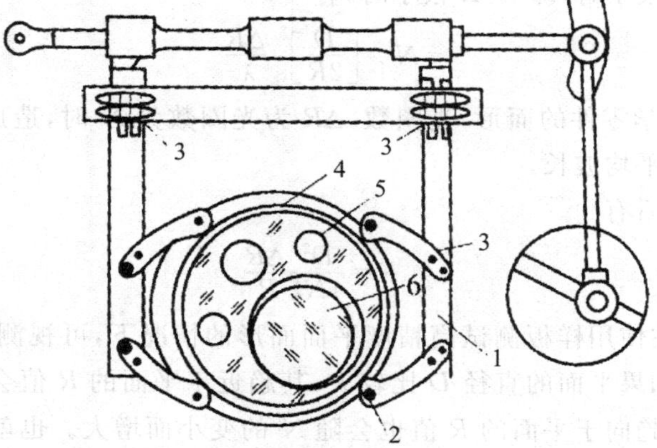

图9-12 俯视钳蟹式抛光机

(1—蟹钳式摆架，2—摆架钳子，3—调整梁，4—抛光模，5—分离器，6—被加工零件)

抛光模通常还是用抛光柏油制造，为了减少模子的流动性，柏油中可以加一些毛粘。抛光模的厚度需要薄一些；模子上开槽多为 10mm×10mm 的方格，开槽有益于抛光液均匀地敷于整个抛光模表面，并保持流通，也能使模子中间和边缘的温度接近一致。

被加工零件在工作孔内，可以根据加工的需要，在其上面压上配重，以利于光圈的修正。另外，被加工零件在工作孔内自由平动、转动，不像上盘那样，零件被胶结或夹持，因此也没有光圈变形的问题。

抛光机带动抛光模的主轴，转速较慢，一般为 2～20rpm，因此运动比较平稳，抛光的温度容易控制。通常 30min 左右看一次光圈，根据被加工零件的要求调整参数，进行光圈修正。

2. 环形抛光盘法加工

分离器法的缺点是需要有比被加工平面直径更大的分离器，比如加工直径 200mm 的平面，单孔分离器的直径起码要 400mm，做这样大、平面度又要求很高的分离器常常是件很困难的事。

环形抛光盘法就是利用抛光盘是环形的特点，最大线速度和最小线速度的差别有限；利用光圈数 N 很好的校正板改变抛光盘的面形，从而复制到被加工零件的面形上，使被加工零件的光圈数接近或达到校正板的光圈数的一种加工方法。

一般的机床均可以调整夹持轮体座和夹持轮安装板，实现不同直径的被加工零件在三个工作位置的抛光。图 9-13 为机床的俯视图，图 9-14 为大型环抛机实物图。

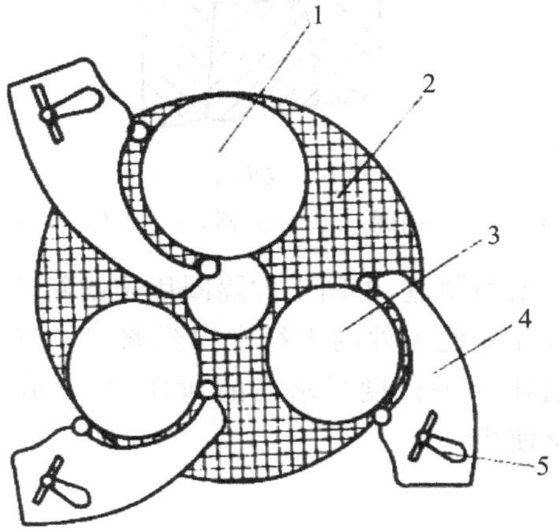

图 9-13 环形抛光盘法

（1—校正板，2—环形抛光盘，3—零件，4—加持轮体座，5—锁紧手柄）

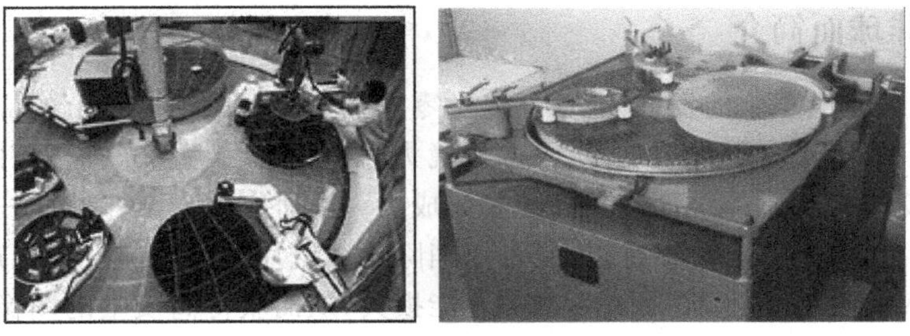

图 9-14 大型环抛机

环形抛光模环带宽度通常为抛光模直径的1/3左右，抛光模的厚度约为10mm，模面上刻有一些不通过模子中心的方格槽，以便抛光液均匀分布，有利于保持抛光的温度范围恒定。

校正板的作用相当于分离器法的分离器，它可以影响抛光模的面形，从而实现高精度平面从校正板到抛光模再到被加工零件的传递。相对分离器法，校正板不必做得像分离器那么大，比被加工零件稍大即可。

采用这种加工方法，制造直径300mm的平面，其面形精度可以达到1/20λ以上。

3. 双面抛光法

为满足平行度要求高的平面零件的生产需要，常采用双面抛光法。双面抛光法如图9-15所示。下模安装在机床主轴上转动，上模随动，又在摆架带动下摆动，工件置于分离器的孔内，抛光器运动轨迹复杂，磨损均匀，工件上下表面均得到抛光。

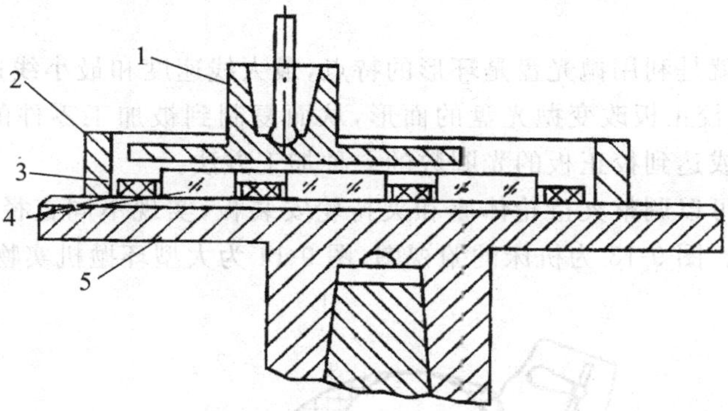

图 9-15 双面抛光法

(1—上模，2—挡圈，3—分离器，4—工件，5—下模)

通常上下抛光模均由聚氨酯制造，中间工件隔圈用聚四氟乙烯薄板或有机玻璃板制造。利用工件在分离器孔的位置互换使工件的平行度得到修正，工件的平面性主要是抛光模平面性的复制。双面抛光法适用于平行度要求高的薄片，如石英玻片、滤光片、平行平面等。目前双面研磨抛光机已广泛使用。

9.2 非球面光学零件加工工艺

9.2.1 非球面简介

近年来，随着光电子学的发展，非球面光学零件在军用和民用产品上的应用也越来越普及，如在电视摄像管、卫星红外望远镜、录像机镜头、激光视盘装置、光纤通信的接头、医疗仪器等中都有广泛的应用。非球面加工已经发展成为一个研究热点。非球面技术应用于光学零件，相对于球面而言，具有许多优点，它可以消除球面镜片在光传递过程中产生的球差、彗差、像散、场曲及畸变等诸多不利因素，减少光能损失，从而获得高质量的图像效果和高品质的光学特征。一般来说，在光学仪器上一块非球面透镜的作用相当于三块球面镜，因此，光学仪器设备采用非球面镜片具有重量轻、透光性能好、成本低，且使光学系统设计更具灵活性的优点。

在现代光学技术中，光学系统所应用的光学非球面多种多样，将这些非球面简单作一个分类，可分为回转对称非球面、非回转对称非球面和无对称中心非球面。回转对称非球面通常是一条二次曲线或高次曲线，绕曲线自己的对称轴旋转所形成的回转曲面。设一条直线 z 为回转轴，z 轴也是光轴，非球面上任意一点到光轴的距离为 r，非球面顶点在 $z=0$ 处，则回转对称非球面方程为

$$z=\frac{cr^2}{1+\sqrt{1-(1+k)c^2r^2}}+\beta_1 r^1+\beta_2 r^2+\beta_3 r^3+\cdots \tag{9-4}$$

式中：第一项是这个非球面的基面，它表达了一个二次曲面，后面各项是这个非球面的高次项，它是偏离二次曲面的表面特征，即非球面是在二次曲面的基础上作一些微小的表面变形，可以达到校正像差的目的。由于一个非球面有多个量可以选择，和球面仅有一个 c 量选择相比，非球面有很好的作用，可以由一个非球面产生几个球面结构的作用。

非回转对称非球面是将一个具有一定方程式的曲线，绕与曲线处于同一个平面内的其他轴旋转而得到的曲面，例如圆柱面、圆锥面、复曲面、环形曲面等。设一个在 yz 平面的曲线段，yz 平面的曲线段可表示为

$$z=\frac{cy^2}{1+\sqrt{1-(1+k)c^2y^2}}+\alpha_1 y^2+\alpha_2 y^4+\cdots+\alpha_7 y^{14} \tag{9-5}$$

将此曲线绕一条平行于 y 轴并与 z 轴相交的轴线旋转，该轴线离曲线段顶点距离为 R，距离 R 是旋转半径，可正也可负。当 R 为无穷大时，它在 x 方向上是一个平直面，这时表示了柱形面。当在 yz 面的曲线段的曲率半径为无穷大，R 为有限大小时，它表示了一个只在 x 方向上有光焦度、y 方向上没有光焦度的圆柱面，或圆锥面。如果式(9-5)表达了一个圆，其半径为 R_0 和 R 相等时，它表示了一个球形，或球缺形状；当半径 R_0 比 R 小时，它表示的是一个环形的曲面，如轮胎形状。

当非球面顶点与直角坐标系的原点重合(见图 9-16)，而旋转轴线与系统光轴(x 轴)重合时，我们可以得到常用的二次非球面的二次曲线方程。

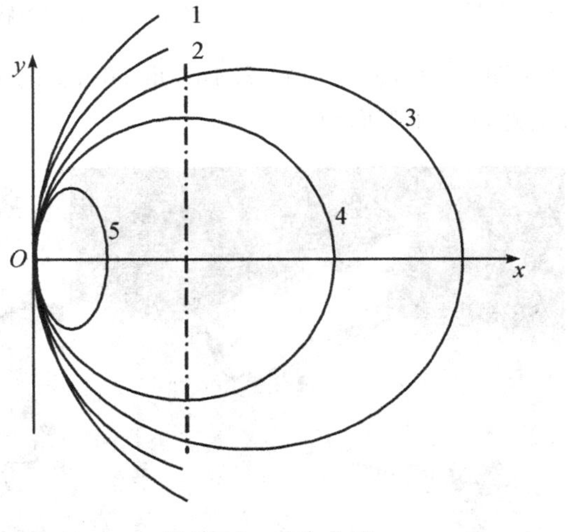

图 9-16　二次曲线

(1—双曲线，2—抛物线，3—椭圆，4—圆，5—扁椭圆)

$$y^2=2Rx+(e^2-1)x^2 \tag{9-6}$$

式中：e 为偏心率。

当 $e^2=0$ 时，上式为圆方程，绕旋转轴（x 轴）旋转所得表面为球面；

当 $e^2=1$ 时，上式为抛物线方程，绕旋转轴（x 轴）旋转所得表面为抛物面；

当 $0<e^2<1$ 时，上式为椭圆方程（长轴为 x 轴），绕旋转轴（x 轴）旋转所得表面为椭球面；

当 $e^2<0$ 时，上式为扁椭圆方程（长轴为 y 轴），绕旋转轴（x 轴）旋转所得表面为扁椭球面；

当 $e^2>1$ 时，上式为双曲面方程，绕旋转轴（x 轴）旋转所得表面为双曲面。

无对称中心非球面一般是没有对称轴或没有对称面，且无确定方程描述的非球面，一般的也称为自由曲面，它是基于点集或基于曲线生成的表面，由空间离散数据点通过样条拟合而成。无回转轴或无对称中心的复杂表面、自由曲面在光学系统的应用越来越多。

非球面按制造精度分为以下三级。

(1)低精度。制造精度 20～200μm，用于聚光镜、放大镜、眼镜片等。

(2)中精度。制作精度为 1～4μm，用于摄影物镜、目镜、反射镜等。

(3)高精度。制造精度小于 0.5μm，用于天文望远物镜、平行光管物镜等。

早在 300 多年前人们就开始对非球面进行研究，图 9-17 所示为 1683 年笛卡尔首次提出的由凸椭球面和凹球面构成的无球差齐明透镜，图 9-18 所示为 1671 年牛顿在皇家学会上介绍的抛物面反射式望远镜，其中主镜为抛物面。长期以来，由于大部分非球面光学零件加工困难，使它一直未能得到广泛应用。进入 20 世纪 60 年代以后，由于航天、航空、天文、电子、光通信、激光等技术的发展，非球面光学零件才得到广泛应用。

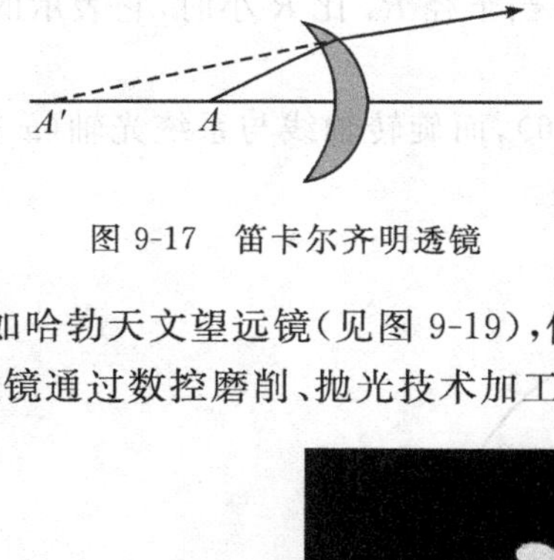

图 9-17 笛卡尔齐明透镜

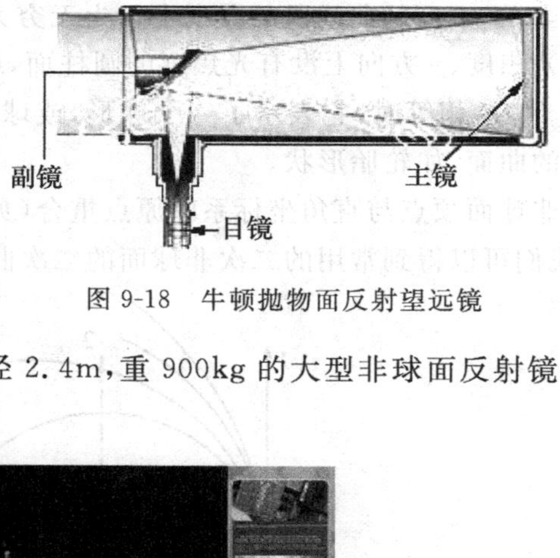

图 9-18 牛顿抛物面反射望远镜

如哈勃天文望远镜（见图 9-19），使用口径 2.4m，重 900kg 的大型非球面反射镜作为主镜，主镜通过数控磨削、抛光技术加工而成。

图 9-19 哈勃太空望远镜

9.2.2 常用的非球面加工技术

完整的非球面制造技术，应该包括非球面加工和检验两部分内容。非球面检验是非球面加工的前提和最终判别依据，而非球面加工则是非球面制造的最终实现手段。

非球面光学元件加工方法一般可以分为表面材料去除法、改变材料形状法、材料表面沉积法、改变材料性质法等。非球面光学元件在民用光学领域的应用，得益于今年来大批量、低成本的非球面制造技术不断成熟。其中主要的制造方法包括以下几种。

1. 玻璃模压成型技术

光学玻璃透镜模压成型技术是一种高精度光学元件加工技术，它是把软化的玻璃放入高精度的模具中，在加温加压和无氧的条件下，一次性直接模压成型出达到使用要求的光学零件(见图 9-20)。这项技术自 20 世纪 80 年代中期开发成功至今已有三十几年的历史了，现在已成为国际上最先进的光学零件制造技术方法之一，在许多国家已进入生产实用阶段。这项技术的普及推广应用是光学行业在光学玻璃零件加工方面的重大革命。由于此项技术能够直接压制成型精密的非球面光学零件，从此便开创了光学仪器可以广泛采用非球面玻璃光学零件的时代。因此，也给光电仪器的光学系统设计带来了新的变化和发展，不仅使光学仪器缩小了体积、减少了重量、节省了材料、减少了光学零件镀膜和工件装配的工作量、降低了成本，而且还改善了光学仪器的性能，提高了光学成像的质量。

图 9-20 玻璃模压成型技术

光学玻璃模压成型法制造光学零件有如下优点：①不需要传统的粗磨、精磨、抛光、磨边定中心等工序，就能使零件达到较高的尺寸精度、面形精度和表面粗糙度；②能够节省大量的生产设备、工装辅料、厂房面积和熟练的技术工人，使一个小型车间就可具备很高的生产力；③可很容易经济地实现精密非球面光学零件的批量生产；④只要精确地控制模压成型过程中的温度和压力等工艺参数，就能保证模压成型光学零件的尺寸精度和重复精度；⑤可以模压小型非球面透镜阵列；⑥光学零件和安装基准件可以制成一个整体。

2. 塑料成型技术

光学塑料成型技术是当前制造塑料非球面光学零件的先进技术，包括注射成型和压制成型等技术。注射成型是将加热成流体的定量的光学塑料注入不锈钢模具中，在加热加压条件下成型，冷却固化后打开模具，便可获得所需要的光学塑料零件(见图 9-21)。光学塑料注射成型的关键环节是模具，由于光学塑料模压成型的工作温度较低，所以对模具的要求要比对玻璃模压成型模具的要求低一些。光学塑料注射成型技术主要用来大量生产直径为

100mm 以下的非球面光学零件，也可制造微型透镜阵列。压制成型就是将光学塑料毛坯放入金属模具中模压成光学塑料零件的一种方法。压制成型主要用于制造直径为 100mm 以上的非球面透镜光学零件。

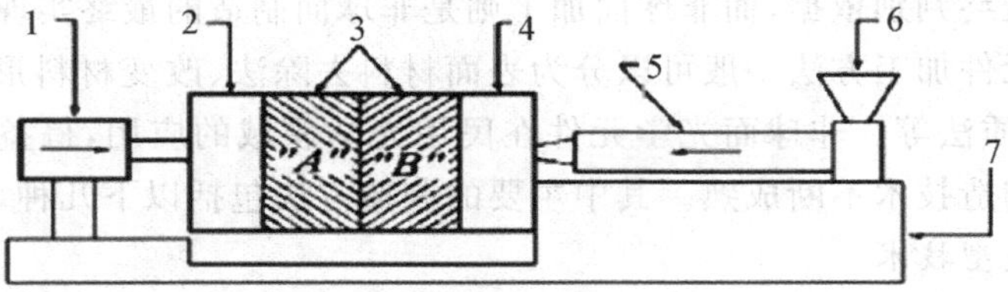

1－曲柄夹紧机构，2－活动模板，3－模具，4－定模板，
5－注射筒，6－料斗，7－油泵、电机、油箱、控制开关

(a)

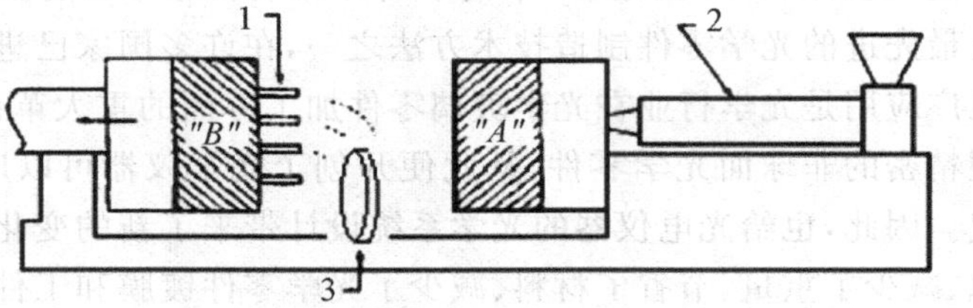

1－顶杆，2－注射筒，3－成型后的零件

(b)

图 9-21　注射塑料成型技术

(a)注塑成型装置，(b)非球面脱模

塑料非球面光学零件具有重量轻、成本低；光学零件和安装部件可以注塑成为一个整体，节省装配工作量；耐冲击性能好等优点。因此，在军事、摄影、医学、工业等领域有着非常好的应用前景。美国在 AN/AVS－6 型飞行员微光夜视眼镜中就采用了 9 块非球面塑料透镜（见图 9-22）。此外，在 AN/PVS－7 步兵微光夜视眼镜、HOT 夜视眼镜、“铜斑蛇”激光制导炮弹导引头和其他光电制导导引头、激光测距机、军用望远镜以及各种照相机的取景器中也都采用了非球面塑料透镜。

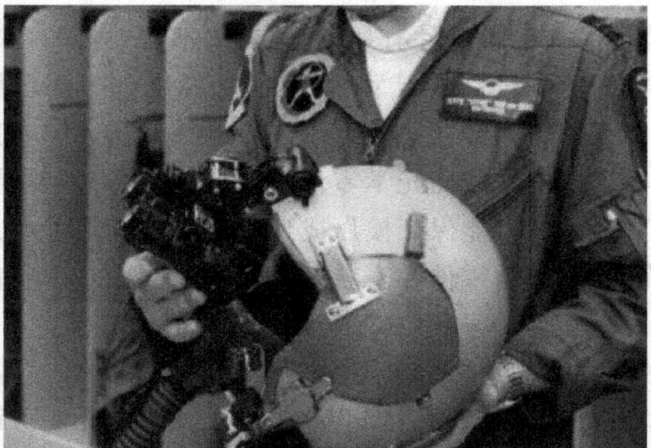

图 9-22　AN/AVS－6 型飞行员微光夜视眼镜

3. 传统光学加工法

使用传统的单轴机(多轴机)研磨抛光成型的办法,也可以加工中、小口径的非球面光学元件。使用这种方法抛光非球面时,先根据非球面与其最接近球面的偏差分布,将抛光盘的沥青(或其他材料)刻成梅花、三角等形状,使工件沿径向的去除率不等,经长时间的抛光后,可以产生相应的非球面面形。可见,这种加工方法的关键技术在于抛光盘的修整。这种方法的精度不高,加工周期较长,而且对操作工人技术水平的依赖性较强,因此正逐步被淘汰。然而,这种方法所需设备简单,成本相对较低,因此对于单件、小批量的中、低精度非球面元件的加工,该方法仍不失为一种有效的加工手段。

4. 快速精磨、抛光技术

快速精磨、抛光技术是中、小尺寸,中、高精度的非球面产业化制造方法。随着先进制造技术的迅猛发展,以美国、德国为代表的西方发达国家,相继开发出适用于中、小口径非球面光学元件加工的制造设备。这些设备一改传统的范成法光学加工,使用确定性磨削技术加工轴对称非球面光学表面。确定性光学加工的方法与传统方法相比,加工效率、精确度都有较大程度的提高,而对操作工人技术水平的依赖程度却大为降低。但是这种加工方法对设备的精度要求极为苛刻,因此目前只有美国、德国等少数国家掌握了这项技术。比较具有代表性的加工设备包括美国罗切斯特大学制造技术中心(COM)的 NanoTech 系列产品和德国 LOH 公司的系列产品(部分产品见图 9-23)。

图 9-23　LOH 公司的非球面铣磨、抛光设备

在精密铣磨方面,这两家公司的产品采取了类似的方案,但是在快速抛光方面,其产品策略则迥异。其中美国 COM 提供的解决方案在抛光阶段采取了"磁流变抛光"技术,这种技术是美国罗切斯特大学光学制造技术中心多年研究取得的一项突破性成果,不仅大幅度提高了抛光效率,而且提高了抛光的精度。德国 LOH 公司在抛光阶段的加工仍然使用了传统的抛光盘,但抛光盘的运动轨迹是根据确定性加工原理来规划的,因此也大幅度地提高了抛光效率。

非球面元件的确定性加工方法,是近年来随着先进制造技术和计算机控制技术的发展而产生的。目前这项技术已经达到了产业化的要求,而且具有较大的市场发展空间。我们有理由相信这种加工方法会日益成熟,并且必将会随着先进制造技术和计算机技术的继续发展而不断创新。

5. 金刚石车削

计算机数控单点金刚石车削技术,是由美国国防科研机构于 20 世纪 60 年代率先开发、80 年代得以推广应用的非球面光学零件加工技术。它是在超精密数控车床上,采用天然单晶金刚石刀具，在对机床和加工环境进行精确控制的条件下，直接利用金刚石刀具单点车削加工出符合光学质量要求的非球面光学零件。该技术主要用于加工中小尺寸、中等批量的红外晶体和金属材料的光学零件，其特点是生产效率高、加工精度高、重复性好、适合批量生产、加工成本比传统的加工技术明显降低。采用该项金刚石车削技术加工出来的直径在120mm以下的光学零件，面形精度达$\lambda/2\sim\lambda$，表面粗糙度的均方根值为0.01～0.05μm。

目前，采用金刚石车削技术可以加工的材料有：有色金属、锗、塑料、红外光学晶体（碲镉汞、锑化镉、多晶硅、硫化锌、硒化锌、氯化钠、氯化钾、氯化锶、氟化镁、氟化钙、铌酸锂、KDK晶体）、无电镍、铍铜、锗基硫族化合物玻璃等。此技术还可加工玻璃、钛、钨等材料，但是目前还不能直接达到光学表面质量要求，需要进一步研磨抛光。

计算机数控单点金刚石车削技术除了可以用来直接加工球面、非球面光学零件外，还可以用来加工各种光学零件的成型模具和光学零件机体，例如加工玻璃模压成型模具、复制模具、光学塑料注射成型模具和加工复制环氧树脂光学零件用的机体等。该技术与离子束抛光技术相结合，可以加工高精度非球面光学零件；与镀硬碳膜工艺和环氧树脂复制技术相结合，可生产较为便宜的精密非球面反射镜和透镜。假若在金刚石车床上增加磨削附件或采用陶瓷刀具、安装精密夹具和采用在－100℃低温进行金刚石切削等措施，此项技术的应用范围可进一步扩大。目前，美国亚利桑那大学光学中心已经使用该技术取代了传统的手工加工工艺，但加工玻璃光学零件时，还不能直接磨削成符合质量要求的光学镜面，仍然需要进行柔性抛光。

金刚石车削机床是金刚石车削工艺的关键技术，没有金刚石车削机床，就不可能实现金刚石车削加工光学零件新工艺。金刚石车削机床属于高精密机床，机床的主轴精度和溜板运动精度比一般的机床要高出几个数量级，主轴轴承和溜板导轨通常采用空气轴承和油压静力支承结构，机床运动部件的相对位置采用激光位移测量装置测定。在工件加工的整个过程中，采用激光干涉仪测量工件的面形误差。车床上装有反馈装置，可以补偿运动误差。

9.2.3 非球面检测

非球面检测是个古老而又极具生命力的问题，几百年来人们不懈努力，先后提出了多种检测非球面的方法。目前可以大致分为轮廓法、几何光线法、干涉检测法等。几何光线法包括哈特曼传感器法、光栅法和刀口法等。

1.轮廓法检测非球面

轮廓法即通过测头对被测面进行扫描从而得到被侧面的轮廓（见图9-24）。由于轮廓法仅能得到侧头扫描路径上的轮廓信息，需进行多次扫描才能得到整个面形信息，故效率较

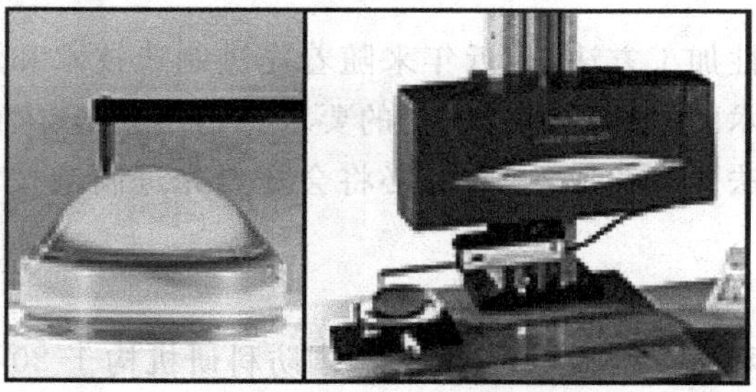

图9-24 英国Taylor-Hobson公司生产的轮廓仪

低。同时，虽然轮廓法可以得到亚微米的表面信息，但由于扫描需要较长时间，过程中容易受到外界振动等影响，所以很难得到高精度的检测结果。目前大部分轮廓法均采用接触式探头，这种接触式测量很容易划伤被测表面。

2. 刀口法检测非球面

我们以球面反射镜的测量来说明阴影法的测量原理。当球面 ABC 的中心置一点光源，则由表面反射回来的是以 O 为球心的球面波(见图 9-25)。眼镜放在 O 的后面，则可以接收全部孔径角($\angle AOC$)的光线，看到明亮的表面。刀口 N_2 在 O 处按 K 向切割时，整个表面立刻变暗(图中的 M_2)。刀口 N_1 切割时，眼镜看到表面的阴影 M_1 的移动方向与刀口切割方向相同(焦点前)。而刀口 N_3 切割时，看到阴影 M_3 移动的方向与切割方向相反(焦点后)。N_2 的刀口位置(焦点上)不存在阴影的移动，而是立刻变暗。这个位置称为“灵敏位置”，这里获得的图形称为阴影图。如果球面 ABC 上有一个凸起的局部误差 D，则在阴影图 M_2 上有一个对应的明暗阴影，明暗阴影的形成可以从几何光线得到解释。图 9-26 是刀口仪的结构图。

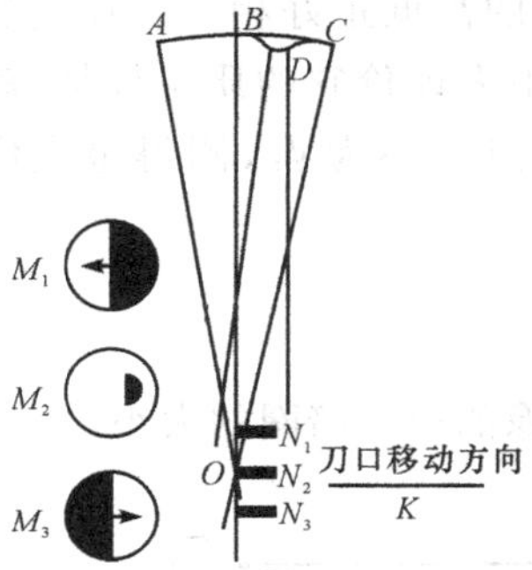

图 9-25　刀口法测量原理

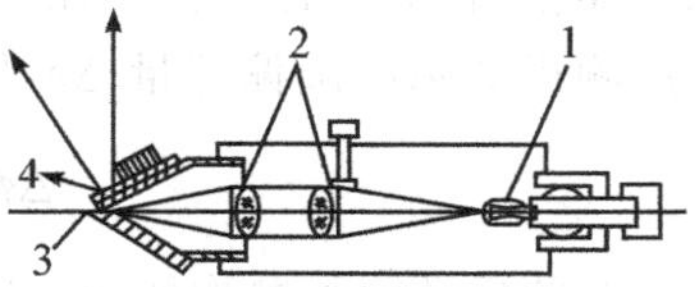

图 9-26　刀口仪结构
(1—可调光源，2—聚光镜，3—刀口，4—可调星点孔板)

应用透射光也可以测量表面的局部误差，阴影图也可以用眼镜直接观察，也可以用屏幕进行投影显示。图 9-27 就是用透射光测量非球面的检验装置。

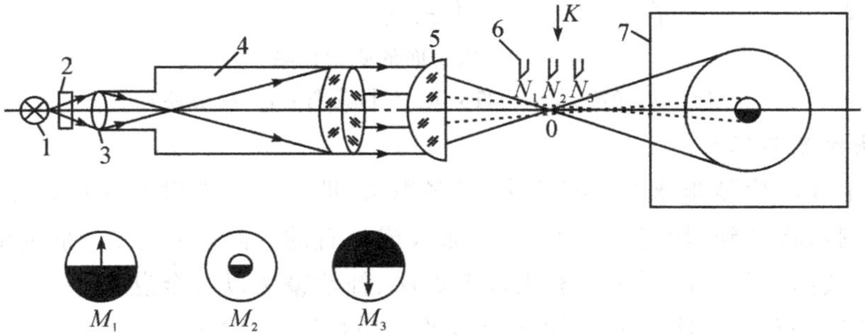

图 9-27　透射光检测非球面透镜
[1—白炽灯泡，2—滤光片，3—聚光镜，4—平行光管，5—非球面透镜(中间凹)，6—刀口，7—光屏]

根据各种非球面的光学特性，有的可以找到它的无像差点，如抛物面的焦点 F' 及椭球面、双曲面的焦点 F, F'，如图 9-28 所示。若在平行光管的焦点 F 放置星点光源，在抛物面的焦点 F' 用刀口观察抛物面的阴影图，如图 9-28(c)所示，借助标准球面镜可以实现双曲面的检验，椭球面则利用本身的两个焦点就可以实现阴影检验。

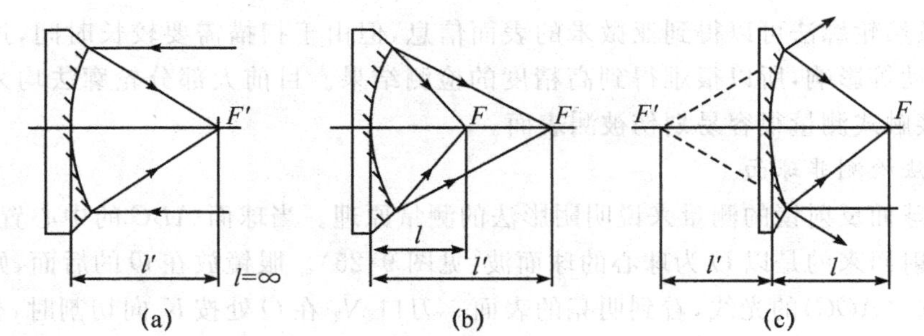

图 9-28 各种非球面无像差点位置

(a)抛物面，(b)椭球面，(c)双曲面

有的非球面，本身没有无像差点，可以设计专门的补偿系统。设计补偿系统的结构原则是：由物方轴上一点发出的同心光束经过非球面折射，然后通过补偿系统重新构成同心光束。

在用阴影法检验非球面时，透射情况同反射情况判断的高低正好相反。在制造过程中常用阴影法测量，而当非球面加工完毕时，常用弥散圆大小来评价它的质量好坏，就是用测量显微镜来测量点光源像的直径。在图 9-29 中，如果星点大小为 ϕ_F，测得星点像大小为 $\phi_{F'}$，则在 F' 点测得的弥散圆偏差量 $\Delta\phi$ 为

$$\Delta\phi=\phi_{F'}-\phi_F\frac{f_P{}'}{f_0{}'} \tag{9-7}$$

式中：$f_P{}'$，$f_0{}'$ 为平行光管和抛物面的焦距，$\phi_{F'}$ 为星点衍射像的第一暗圈的大小。

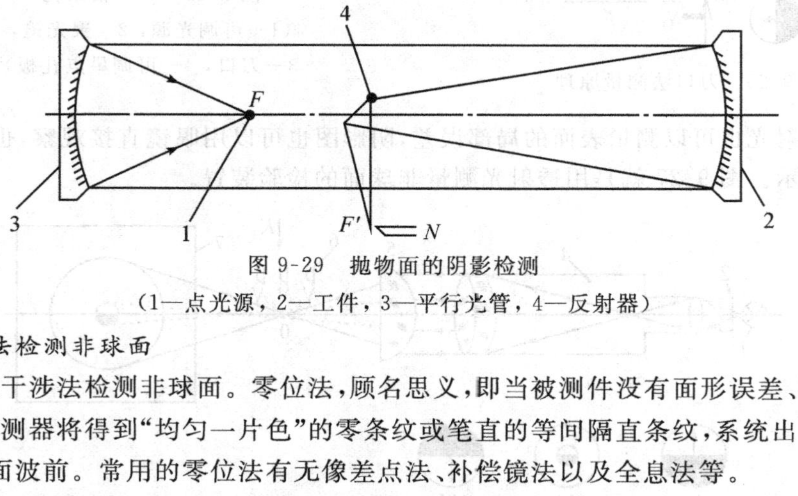

图 9-29 抛物面的阴影检测

(1—点光源，2—工件，3—平行光管，4—反射器)

3. 干涉法检测非球面

(1)零位干涉法检测非球面。零位法，顾名思义，即当被测件没有面形误差、检测系统理想装调时，探测器将得到“均匀一片色”的零条纹或笔直的等间隔直条纹，系统出瞳处为理想的平面或球面波前。常用的零位法有无像差点法、补偿镜法以及全息法等。

无像差点法是利用二次曲面光学共轭点的性质(即一个焦点可以完好成像于另一个焦点)来实现的。检测某抛物面的无像差点法检测光路如图 9-30 所示。抛物面焦点与无穷远为一对共轭点，由抛物面焦点发出的光可成像于无穷远处。此时若将一中间带孔的辅助平面镜相对于抛物面置于其焦点附近，则位于抛物面焦点的点光源发出的光被抛物面反射后便形成平行光；当该平行光到达辅助参考平面镜后即可原路返回，从而形成零位检测。由于该方法需要一块与被测非球面口径相同或比其更大的辅助参考镜，故检测结果极大地依赖于辅助镜的面形精度。同时，由于辅助镜中间需有孔，故无法一次完成全口径检测，非球面中间部分需要用其他方法测量。该方法一定程度上可实现二次曲面的通用化检测，但由于

光路布局的原因很难实现在线测量。

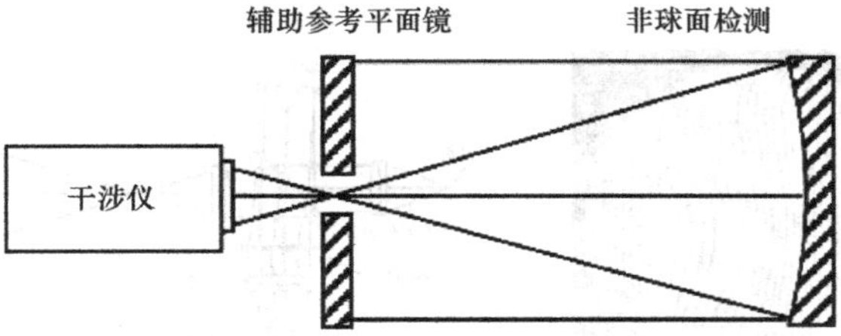

图 9-30　无像差点法检测抛物面的光路布局

补偿镜法是利用一种称为补偿镜的辅助光学装置进行非球面检测的方法。该补偿镜装置与非球面一起能形成一个点光源的无像差的像点，从而实现零位检测。补偿器的结构形式很多，常用的有 Dall 补偿器和 Offner 补偿器等。图 9-31 为 Dall 补偿器及 Offner 补偿器检测非球面的一种光路布局。补偿镜法的优点在于可以用一个口径相对于被测非球面小得多的补偿镜来消除非球面曲率中心处所成的点光源像的像差。由于补偿镜口径一般均较小，且大多为球面，容易加工至较高精度，这就可以更大程度上保证测量精度。然而，由于对于任一特定非球面均需要设计一个与之对应的补偿镜，不具有通用性，故较适合用于对专用非球面的检测。

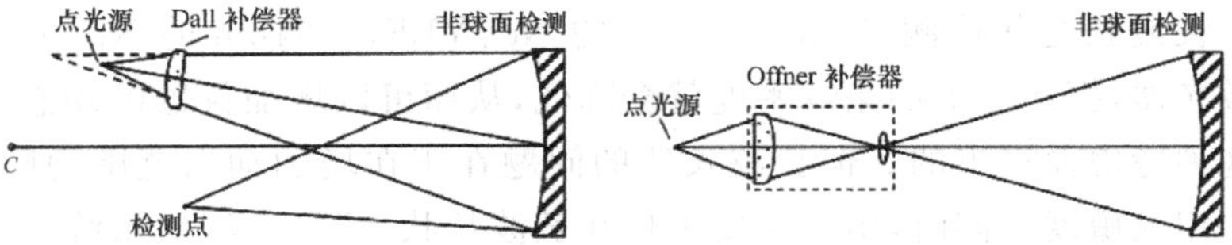

图 9-31　(a)Dall 补偿镜检测非球面的光路布局，(b) Offner 补偿镜检测非球面的光路布局

全息法主要包括光学全息法和计算全息法。由于光学全息法需要参考非球面实体来制作光学全息图，并且高精度、高分辨率全息图的制作也很困难，所以光学全息法在非球面检测中应用较少。鉴于光学全息法执行起来较困难，人们提出了计算全息法(computer generated-hologram)来检测非球面，即利用计算机直接产生理论上的全息图数据，再通过激光直写等方法制造出实际全息图以替代传统光学全息图。由于计算全息法克服了光学全息法中必须有参考非球面实体的难题，并且相对于补偿法来说原则上可以检测任意非球面，因此吸引着众多科学工作者加入这一研究行列。目前普遍认为，计算全息法配合移相式干涉仪是理想的高精度非球面检测的一种方案。然而，计算全息法的一个缺点是非工作衍射级以及杂散光的影响。通常的做法是给全息位相函数加上一个空间载频，使非工作衍射级和杂散光与工作衍射级次分离得足够开而被滤除。这样，由于全息图可以看作被测波面与参考波面具有较大倾斜的干涉图，因此全息法检测可以在普通干涉仪或参考臂与被测件之间具有较大倾角的装置上进行。图 9-32 示出了全息法检测非球面的原理，图(a)为含有空间载波的计算全息图，图(b)为利用全息法检测非球面的 Twyman-Green 干涉仪。当检测光被非球面反射后，经过计算全息图后成为零级光，参考波前经过计算全息图后成为一级光，通过分析两光干涉后的条纹即可得到被测非球面的面形。另外，虽然现代加工设备具有很高的加工精度，并且仍在提高，但加工后残余不确定度仍然存在，计算全息图的校准问题仍然是一

个难题。同时，计算全息法与补偿法具有一个共同缺点，就是均为一对一检测，难以实现通用化。

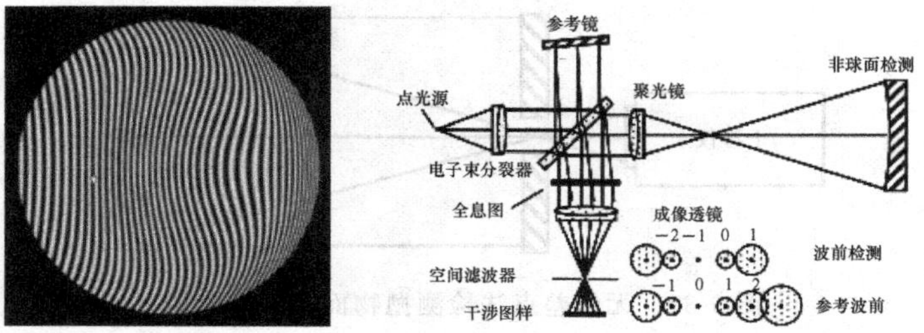

图 9-32 全息法检测非球面的原理

(a)计算全息图，(b)利用全息法检测非球面的 Twyman-Green 干涉仪

(2)非球面非零位干涉检测法。当采用非零位法检测非球面时，即使被测非球面没有面形误差，且检测系统也经过良好校准，干涉仪探测器仍得不到零位干涉条纹。通常，波前检测仪器的动态范围由被测波前位相的斜率决定，较大波前位相斜率将导致较密的干涉条纹。由于在非零位检测中，探测器平面上的波前位相常具有较大斜率值，所以各种非零位检测方法均围绕如何降低被测波前斜率或增加仪器动态范围等方面提出的。常用的非零位法主要有长波法、双波长法、剪切法、高密度探测器法等。

如果采用长波长光作检测光，如 1053nm 的 Nd:YLF，1064nm 的 Nd:YAG 或 1040nm 的二氧化碳激光器，探测器上的条纹密度就会降低，从而可以增加仪器的动态范围。长波长法就是基于这种考虑而提出的。但长波长法的问题在于在增加动态范围的同时，却降低了系统的波前位相灵敏度。同时，由于需要工作在长波长状态下，干涉仪系统需要有红外投射元件，如锗等，整体造价较高。

在双波长法中，当探测器上的干涉条纹没有超过其分辨率时，利用两个具有一定波长差的光作为检测光对被测件分别进行检测，并将不同波长的检测结构进行合成，可以得到更高精度和分辨率的检测结果。双波长法很好地消除了长波长法需要红外投射元件的缺点，然而由于需要工作在不同波长下，色差将对检测结果产生极大影响。

剪切法是将被测波前经过一定变换成为两个仍具有相干性的波前，并使其进行干涉，通过分析产生的干涉条纹从而得到被测波前的一种方法，常用的有径向剪切干涉法和横向剪切干涉法。在径向剪切干涉法中，两个彼此之间沿径向有一定错位的波前进行干涉从而在重叠区产生径向剪切干涉条纹；在横向剪切法中，两个彼此之间沿横向有一定错位的波前相干涉并在重叠区产生横向剪切干涉条纹。由于在剪切法中，被测波前与自身的变形波前进行干涉，产生的剪切波前的波前斜率可能比原波前斜率小，从而可以使相同探测器能够承受陡度更大的被测波前。通过调节剪切比可以调节两干涉波前的剪切量。通常，剪切量越小，波前斜率承载能力越大。但波前斜率承载能力的增加都是以牺牲波前位相灵敏度为代价的。另外，由于横向剪切法仅能检测一个方向上的波前斜率，欲得到全口径各方向的位相信息，则至少需在两个垂直方向上进行测量，系统相对复杂。

高密度探测器法是通过直接增加探测器密度的方法来增加仪器的动态范围。然而，高密度探测器造价往往较高，相应速度和信噪比也低于普通密度探测器。并且，当被测波前位相斜率过大时，被测波前在系统中传播而导致的误差将非常大，从而大大降低了仪器的检测精度。非零位法最大的优点在于可以实现通用化检测，而不是像补偿法或计算全息法的一对一检测。

(3)子孔径拼接法。除了上述可用于通用化检测的非零位法外，子孔径拼接法也是不错的可实现通用化检测的方法。虽然被测非球面在全孔径范围内具有较大的非球面度，但在单个小区域内却可以将非球面度大大降低。将整个非球面划分为若干子孔径，对单个子孔径分别进行检测，并按相应算法再将各子孔径检测结果进行拼接，从而得到全孔径面形信息的非球面检测方法称为子孔径拼接法。按照划分的子孔径形状的不同，子孔径拼接法可以分为环形子孔径拼接法和圆形子孔径拼接法等。环形子孔径拼接中，干涉仪沿非球面光轴方向移动，当干涉仪产生的球面波半径与非球面不同环带处半径相同时，便可以对该环带进行检测。图 9-33 示出了环形子孔径拼接法对某非球面检测时各子孔径产生的干涉图，图 9-33(a)～(d)为划分为四个子孔径时的子孔径干涉图。该种子孔径扫描时，由于干涉仪只需在沿光轴的一维方向移动，对移动扫描导轨的要求相对较低，同时拼接算法也相对较容易。在圆形子孔径拼接法中，干涉仪相对于被测非球面除了具有沿光轴方向的平动外，还有左右和俯仰的转动，相对来说移动扫描导轨的要求较高，同时拼接算法也较复杂。圆形子孔径拼接法子孔径分割如图 9-34 所示。需要注意的是，子孔径法中子孔径数目的划分是根据被测非球面特性、相位检测干涉仪参考镜的口径及相对口径来确定的。在环形子孔径拼接法中，当被测非球面度大到一定程度时，划分出的环形子孔径将很窄且数目众多，检测会遇到困难。而圆形子孔径拼接法相对来说，对非球面度的容限更大，可以检测范围更大的大口径和大相对口径的非球面。

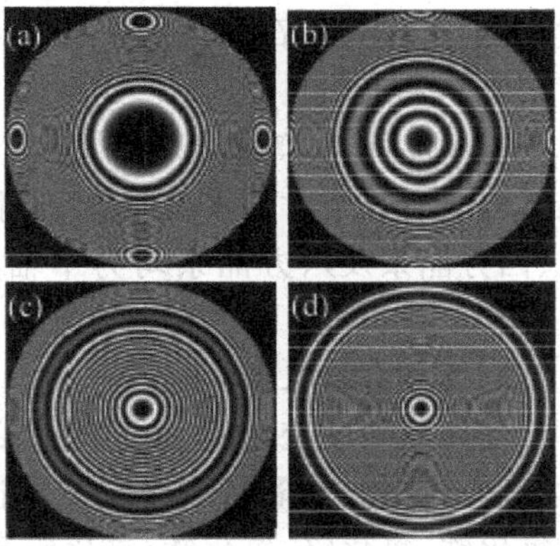

图 9-33　环形子孔径干涉

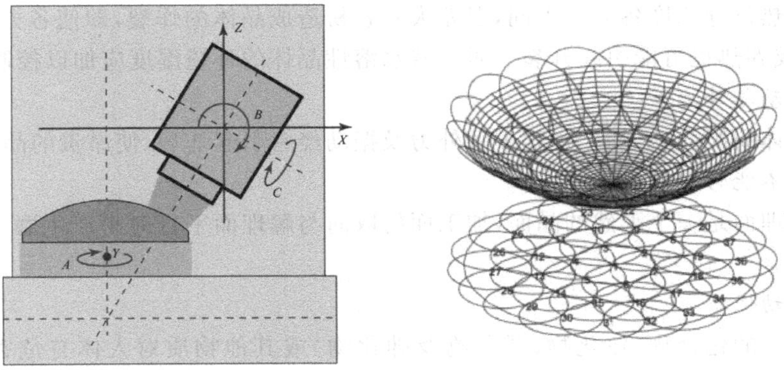

图 9-34　圆形子孔径拼接法测量原理及子孔径划分

9.3 光学晶体零件制造工艺

9.3.1 光学晶体零件制造的特点

由于晶体材料本身具有特殊的性质，其制造过程与一般的光学零件不完全相同，甚至完全不相同，并且制造方法因晶体种类而不同。晶体加工有如下一些共同的特点。

1. 材料的选用

晶体大部分来源于人造，也有来自于天然，但都存在不同程度的缺陷及疵病，如位错、杂质、节瘤、云雾、结石、夹层、双晶等，必须用强光观察检查、挑选或截取使用。

2. 确定光轴

有些晶体，如等轴晶系的晶体，在光学上是均匀的；而另一些晶体，则要产生双折射。在晶体内仅有一个方向不发生双折射，此方向称光轴方向，这类晶体称为单轴晶体。三方晶系、四方晶系及六方晶系均为单轴晶体，在加工时必须找正光轴，磨出一个与光轴垂直的表面。

3. 选择磨料及抛光粉

晶体的硬度变化很大，不同硬度的晶体选用不同硬度的磨料及抛光粉。比玻璃硬的晶体选用石英粉、玛瑙粉、碳化硅、白宝石、天然石榴石及金刚石粉等磨料。比玻璃软的晶体常用氧化铁、氧化铬、氧化钛、氧化锡和氧化镁等。常用的抛光液有水、无水酒精、煤油及盐的饱和溶液等。

4. 选择磨模及抛光膜

硬晶体使用的磨模有铁、铜和铝模。抛光时用硬抛光膜，机抛时用聚氨酯、酚醛胶布和硬木抛光膜，手抛时用铜、铁、钢、锡、石料和红宝石抛光膜。软晶体使用的磨模为铜、玻璃模，抛光时则用蜡、沥青蜂蜡和沥青松香抛光膜。

5. 控制温度和湿度

有的晶体热传导速度各方向不同，温差大时容易造成晶体的炸裂，即使各方向热传导速度相同，骤冷或骤热也可能引起开裂。对一些水溶性晶体的环境湿度应加以控制。

6. 控制振动与外力

大多数晶体质脆而软，加工过程中的外力及振动经常引起炸裂，使昂贵的晶体报废。

7. 加工面不能与解理面平行

晶体的解理面是一个天然的晶面，加工面的取向与解理面平行时易产生磨不平、抛不光的现象。

8. 注意劳动保护

很多晶体中的化合物（铊化物、磷化物及砷化物）或其他物质对人体有危害，应注意防护。如锗抛光中产生四氧化锗气体，毒性较大，应该做好排气工作。

9.3.2 晶体的定向

晶体材料在切割前要对晶体毛坯进行定向，也就是在晶体材料毛坯上找到一个与该晶体光轴成预定角度方向的基准面。晶体定向的常用方法有下列几种。

1. 根据完整晶体外形初步定向

某些晶体在生长结晶过程中，外形完整，可判断出大致光轴方向。如 KDP、ADP、钇铝石榴石棒等其生长方向即为其光轴方向，石英晶体根据其外形即可辨别出光轴方向以及左旋、右旋，方解石晶体的光轴就是三个 110°55′钝角的中心线。

2. 解理法定向

晶体在外力作用下容易沿解理面裂开，认定了解理面，即可由晶面指数大致确定晶体的光轴。常见晶体的解理面见表 9-3。

表 9-3　常见晶体的解理面

晶体名称	化学符号	解理面
白云母		(100)
单晶硅	Si	
氯化钠	NaCl	(100)
氯化钾	KCl	(100)
氟化锂	LiF	(100)
氟化钙	CaF_2	(111)
溴化钾	KBr	(100)
冰洲石	$CaCO_3$	(101)
石墨	C	(001)
金刚石	C	(111)
砷化镓	GaAs	(110)
锗	Ge	(111)

由于不是所有晶体都有解理性，而且在获得解理面过程中，对晶体有一定的破坏作用，所以只在个别情况下才采用解理面定向方法。

3. 用偏光光学仪器定向

用偏光仪或者偏光显微镜定向是常用的方法，可以达到±2′～5′的精度。

偏光仪的定向原理与方法：当单色自然光经起偏棱镜 1 后变成振幅为 A_1 的直线偏振光(见图 9-35)，然后通过厚度为 d 的晶体平行片 2，射到检偏棱镜 3 上。由于晶体的双折射现象，A_1 分为 A_o 与 A_e 两部分。如以 P 方向代表晶体的晶轴，则按图 9-36 分解，显然 A_o 与 A_e 通过检偏后则得到相同方向的振动 A_{oe} 与 A_{ee}。o 光与 e 光在晶体内造成的光程差 δ 引起偏振光的干涉。

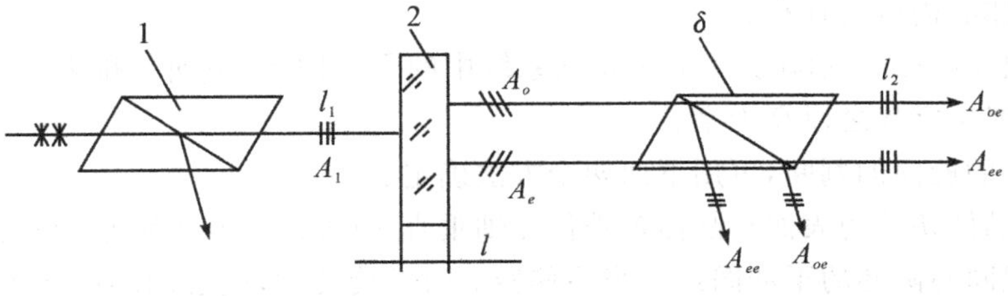

图 9-35　平行光晶体的定向

(1—起偏棱镜 N_1，2—平行晶片，3—检偏棱镜 N_2)

$$\delta = d(n_e - n_o) \tag{9-8}$$

因此不同的晶片厚度在白光照明下能看到不同的干涉颜色。当旋转晶片，干涉色不改变时，晶轴垂直晶片表面。当采用高汇聚光束时，将得到干涉环。偏光仪或偏光显微镜均是在会聚光下测试晶体的(见图 9-37)。当晶轴与仪器的光轴同轴时，得到的干涉条纹是以视场中心为圆心的同心彩色圆环，因为对应是一个光锥，有相同的光程差。

$$\delta = \left(\frac{n_e - n_o}{\cos\theta}\right) \cdot d \tag{9-9}$$

式中：θ 为光锥角的一半。

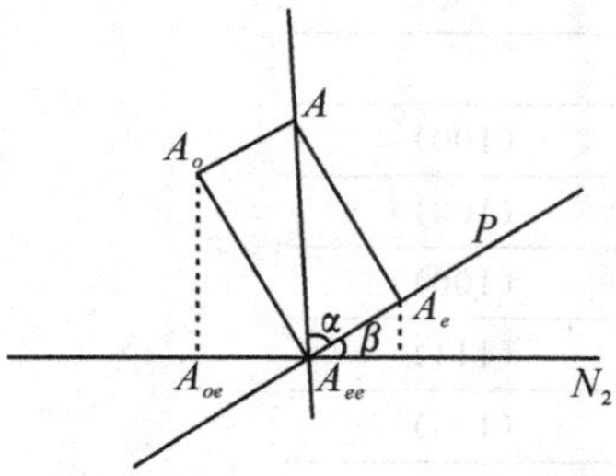

图 9-36 偏振光经过晶体后的干涉

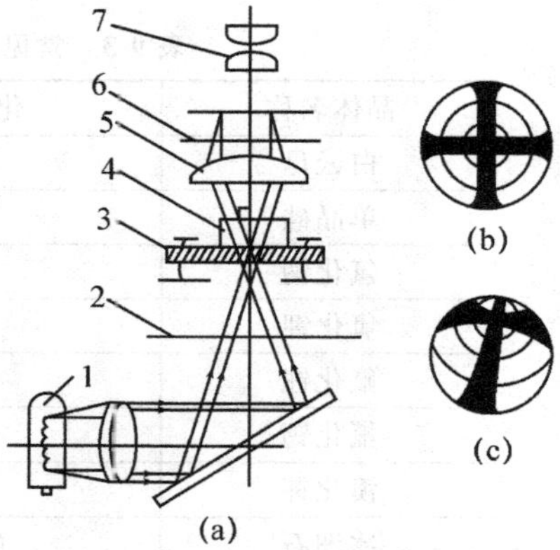

图 9-37　会聚光下晶体的定向

(a)晶体光轴定向仪，(b)光轴倾斜，(c)光轴已修正

(1—光源，2—起偏镜，3—工作台，4—晶片，5—物镜，6—检偏镜，7—目镜)

对不同光锥，不仅有不同的入射角，而且其折射率也不同。θ 越大，$(n_e - n_o)$ 越大，因为非常光线的折射率 n_e 按椭圆规律变化。$(n_o - n_e)$ 的近似计算公式为

$$n_e - n_o = \sin^2\theta(n_e - n_o)_{max} \tag{9-10}$$

对于石英晶体，$(n_e n_o)_{max}$ 为 0.009($\lambda = 643$nm 时)。显然，切片表面与晶轴平行，入射光线垂直于晶轴($\theta = 90°$)，这就是全波片、半波片和 1/4 波片的切割方向；切片表面与晶轴垂直，入射光线平行于晶轴($\theta = 0°$)，$n_e = n_o$，不产生双折射，这就是透镜的切割方向。

图 9-37(b)为晶轴不平行于偏光仪光轴时的干涉图形，黑十字偏离视场中心，当载物台旋转时，黑十字及干涉圆环绕轴打转。当载物台中心轴偏转一定角度使圆环对准视场中心，则可测出晶轴与偏光仪光轴偏离的角度。图 9-37(c)表示偏光仪光轴与晶轴平行的干涉图形，黑十字在视场中心，旋转载物台时，干涉圆环及黑十字保持不动。黑十字及干涉圆环变形时，说明晶体有内应力存在。

图 9-38 上面一排表示在会聚光下正交系统中的干涉图形，下面一排表示平行系统的干涉图形，它的黑十字代之以亮十字。

至于晶体的旋向的判断，可用下面两个方法确定。

(1)石英晶体切片的表面与晶体定轴仪光轴垂直时(即晶轴与光轴平行)，在会聚光的正交系统中出现同心圆环的干涉图形。当检偏器顺时针旋转时，同心圆环向四周扩散，则为右旋晶体；反之，则为左旋晶体。

(2)切片在会聚光正交系统中，当用白光照明时，检偏器顺时针旋转，视场中心颜色变化

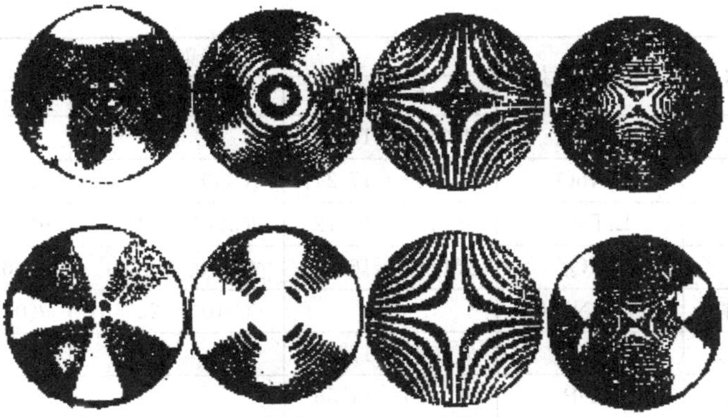

图 9-38　正交与平行系统的干涉

(a)方解石表面与晶轴垂直,(b)石英表面与晶轴垂直,(c)石英表面与晶轴平行,(d)双轴晶体

顺序是:红—黄—绿,则为右旋晶体;若按红—绿—黄变化,则为左旋晶体。

当旋转检偏器,使干涉环恢复原来形状所转的角度,则可测出旋光角的大小。每毫米厚度引起光波振动方向旋转的角度,即为旋光率。波长越长,旋光率越小;入射光线与晶轴的交角越大,旋光率越小。

4. 用 X 射线定向

当高速运动的带电粒子与金属靶内部电子相碰撞时产生一束单色 X 光射线。当 X 射线入射到晶体表面时,由于晶体晶格而发生衍射效应,而当 X 射线的入射角满足布拉格定律时则产生衍射强度的极大值。根据衍射线极大值出现时晶面的位置与理论上应该得到的位置来确定晶面的取向。这样确定的晶体光轴方向可达到 30″的定向精度。当 X 射线以 θ 角入射晶面时,按布拉格公式

$$2d\sin\theta = n\lambda \tag{9-11}$$

产生衍射的极大值。

式中:d 为晶面间距,因晶体而异,可以查有关表格,N 为正整数,衍射级次,$n=1$ 时为初级衍射,强度最大,λ 为 X 射线波长,因靶材料而异,铜靶时 $\lambda=1.5418$ 埃,θ 为 X 射线束与原子面夹角,即布拉格角。

θ 可以查表获得,也可以计算求出,当 $n=1$ 时,

$$\theta = \arcsin\frac{\lambda}{2d} \tag{9-12}$$

图 9-39 为 X 射线法定向原理图。表 9-4 所列为常用晶体典型晶面对铜靶的衍射角。

表 9-4　常用晶体典型晶面对铜靶的衍射角

晶体名称	化学符号	衍射角 θ		
		X 晶面	Y 晶面	Z 晶面
红宝石	Al_2O_3	$\theta(110)=18°55'$	$\theta(030)=34°11'$	$\theta(006)=20°50'$
石英	SiO_2	$\theta(110)=18°19'$	$\theta(010)=10°27'$	$\theta(003)=25°22'$
硅	Si	$\theta(400)=34°40'$		
锗	Ge	$\theta(400)=33°0'$		

续表

晶体名称	化学符号	衍射角 θ		
		X 晶面	Y 晶面	Z 晶面
冰洲石	$CaCO_3$	$\theta(006)=15°43'$		
铌酸锂	$LiNbO_3$	$\theta(110)=17°24'$	$\theta(030)=31°12'$	$\theta(006)=19°28'$
钽酸锂	$LiTaO_3$	$\theta(110)=17°12'$	$\theta(030)=31°09'$	$\theta(006)=19°36'$
碘酸锂	$LiIO_3$	$\theta(110)=16°20'$	$\theta(010)=9°20'$	$\theta(002)=17°20'$
铌酸钡钠	$Ba_2NaNb_5O_7$		$\theta(010)=25°56'$	$\theta(004)=22°51'$
磷酸二氢铵	ADP	$\theta(200)=11°51'$		
磷酸二氢钾	KDP	$\theta(200)=11°56'$		
钇铝石榴石	YAG	$\theta(400)=14°52'$		
钼酸铅	$PbMoO_4$	$\theta(200)=16°28'$		$\theta(004)=14°44'$
砷化镓	GaAs	$\theta(400)=33°07'$		
氟化钡	BaF_2	$\theta(200)=14°26'$		

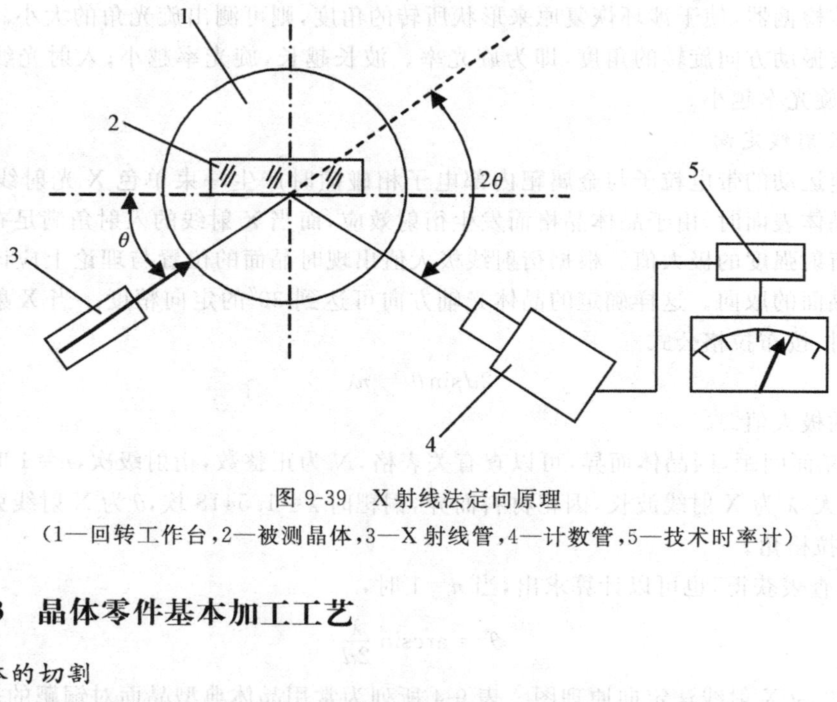

图 9-39　X 射线法定向原理

（1—回转工作台，2—被测晶体，3—X 射线管，4—计数管，5—技术时率计）

9.3.3　晶体零件基本加工工艺

1. 晶体的切割

晶体毛坯的切割除了采用与光学玻璃相同的切割方法外（例如水晶），尚有下列几种切割方法。

（1）劈裂法切割。劈裂法也称解理切割法，是利用晶体解理特性进行切割的一种方法。这种方法仅适用于解理性能强的云母、冰洲石、氟化钠（钾）等。此法简单方便，但最大缺点是会在刀口处产生局部应力。另外，若操作不当，有可能引起晶体整体开裂，故对于价格昂贵或尺寸余量小的材料不宜采用。图 9-40 所示为冰洲石劈裂法示意图。

（2）内圆切割法。这是在半导体行业中大量采用的切割锗、硅、石英等尺寸不大的晶体的方法。常用的内圆切割机的切割尺寸为 Φ45mm，Φ60mm，Φ90mm 三种。切缝仅为 0.2～

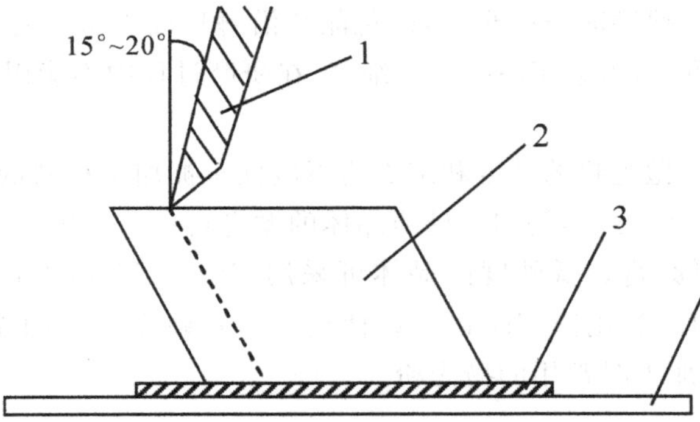

图 9-40　冰洲石劈裂法切割

(1—凿子,2—工件,3—色垫,4—工作台)

0.3mm 左右,切口表面平整度达 0.01mm,切片平行度达 0.02mm,因此这是一种损耗小,切割精度高的切割方法,对那些价格较贵、耐热性能好的材料,如锗、硅、宝石、水晶等尤为适用。但切割时,黏结胶温度较高,因此内圆切割法不宜用于耐热性差的材料如 KDP 等。

(3)水线切割。这是一种切割潮解晶体常用的方法,如 NaCl,KDP,ADP 等晶体的切割。切割原理如图 9-41 所示。切割时,在切割线上易凝结被切晶体以至于切割线逐渐变粗,容易扯断切割线或造成晶体胀裂。

(4)手锯切割。手锯切割也是切割潮解晶体常用的方法。对于 KDP、冰洲石、铌酸锂、碘酸锂及氟化物晶体常用钢丝锯加砂、水,以手工方式进行切割。手工切割的劳动强度大,但安全可靠,锯缝余量小。

(5)化学腐蚀法切割。这种方法是利用化学腐蚀剂顺着一根垂直绷紧的细金属丝(负极)流动而实现对晶体进行腐蚀切割。此法由于切割作用力小,特别适用于薄晶体的切割。

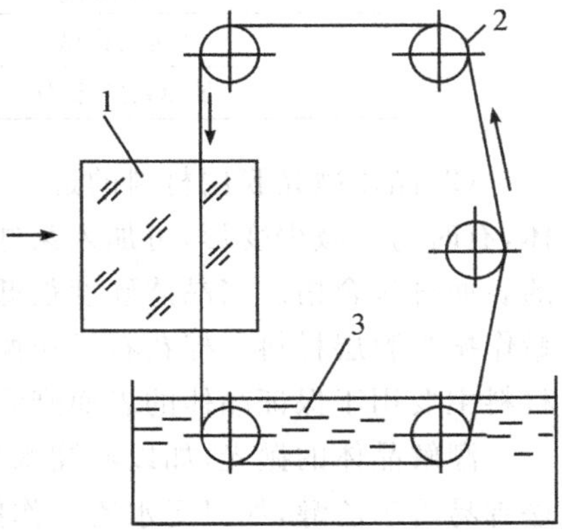

图 9-41　水线切割

(1—氯化钠晶体,2—滚轮,3—水)

(6)超声波切割。此法可以提高贵重晶体材料的利用率,还能够解决晶体其他切割手段所无法解决的一些加工难题,如小孔、深孔、异形孔的加工及晶体棒材的套料。

2. 晶体的研磨

(1)磨料的选择。硬质晶体常用的磨料主要有白刚玉、碳化硅、碳化硼等,低硬度的晶体可用天然金刚砂。

(2)磨盘材料的选择。硬质晶体常用由铸铁、铜、钢、优质石料和有机玻璃制成的磨盘,一半先用硬的磨盘材料,如铸铁,最后用稍软一些的有机玻璃磨盘,可使加工表面质量提高,从而减少抛光时间。

(3)研磨中应注意的问题。晶体一般来讲对温差反应敏感,容易开裂,因此宜用温水调磨料;潮解晶体宜用煤油或饱和溶液调磨料,清洗时也不要用冷水,以防开裂。在低温环境下研磨晶体时,金属磨盘最好用适当方法加温后使用;金属量具测量潮解晶体零件也要防止开裂,往往在测量面上垫一层均匀的薄电容纸。精磨后抛光前对晶体零件的最后清洗要选用对晶体没有腐蚀作用的溶剂。晶体研磨时必须注意加工面与解理面的相互位置。当加工面与解理面近似平行时，研磨时务必小心，以免晶片沿解理面剥落。对于潮解晶体如 KDP、ADP 等常用砂纸进行粗磨，用金相砂纸进行细磨，在研磨过程中不能用力过猛。

3. 晶体的抛光

(1)抛光粉的选择。抛光粉的硬度和熔点均不应低于被加工材料的硬度和熔点，并以接近为好。抛光粉的颗粒度要严格均匀。硬质晶体的抛光粉目前只限于宝石粉、玛瑙粉、金刚石粉及其制品金刚石研磨膏。低硬度的晶体可采用 Cr_2O_3、MgO、SnO_2、Al_2O_3、SiO_2、ZnO 和 TiO_2 等，低温红粉和白氧化铈有时也可以使用。个别硬度极低的晶体还可以用绘图墨汁。表 9-5 为几种晶体加工时常用的抛光粉。

表 9-5 晶体抛光常用抛光粉

晶体名称	抛光粉
KDP、KD*P、NaCl、ADP、冰洲石	氧化铈、氧化铁
硅、锗、砷化镓	刚玉粉、氧化铬、钻石研磨液
硒化锌	氧化铬
氟化物	氧化铈、氧化铬
水晶、铌酸锂	氧化铈、钻石研磨液
YAG、红宝石棒	钻石研磨液

(2)晶体抛光膜层材料的选择。对于中低硬度晶体的抛光膜层材料仍以沥青、松香为主体，有时为了减少变形，可加入某些填充材料。抛光膜层材料要保持高度纯洁，以保证工件的表面疵病合格。当晶体硬度很低、结构疏松又有较强的解理性时，可用棉花石蜡或沥青蜂蜡作抛光膜层材料。棉花石蜡作抛光膜层材料时须要用油酸作抛光介质。这两种抛光膜层材料主要用于保证晶体的表面疵病合格，但对控制光圈要困难一些。

潮解晶体的抛光，如以蒸馏水作为抛光介质，就用沥青、松香作为抛光膜层材料。因为松香易溶于乙醇，如以无水乙醇作抛光介质，则用沥青、蜂蜡作为抛光膜层材料。

硬质晶体的抛光使用聚氨酯、酚醛胶布和硬木作为抛光膜层材料；而手抛则多用开有密集圆槽的铜盘、钢盘和优质石料盘等作为抛光膜。

(3)环境对晶体抛光的影响。

1)硬质晶体对抛光时的恒温要求并不太严格；中、低硬度的晶体，由于表面疵病的需要，常常要在比普通室温稍高的环境温度下抛光，一般认为 25～28℃之间为宜。若室温在 20℃以下，即使换用软抛光盘也达不到预想的抛光效果；若室温过高，会使抛光盘软化，沟槽弯曲变形，不利于光圈修改。

2)一般晶体加工时相对湿度要求可以在 40%～60%之间。若低于 30%，工房容易产生灰尘，对抛光质量有影响，另外还会发生静电现象，使人产生不适感，甚至个别晶体在低湿度下会产生组分变化，如倍频晶体——一水甲酸锂脱水成无水甲酸锂。但对潮解晶体的加工，相对湿度应控制在 60%以下。

(4)晶体的几种抛光方法。

1)化学抛光。化学抛光是利用化学腐蚀液除去晶体机械研磨产生的表面损伤层，化学抛光虽然能得到无损伤的光学表面，但难以得到良好的面形精度。

化学抛光的关键是化学腐蚀液的配制和抛光时间的掌握。目前化学抛光已在许多晶体上试验成功。例如用热磷酸抛光 YIG(钇铁石榴石)，能很好地消除晶体表面的损伤层。又如霍尔元件加工中，只有用化学的方法才能将砷化铟(InAs)霍尔片减薄和抛光。因为单纯的机械研磨所能得到的片子厚度是有限的，当晶片太薄时，由于受研磨时的压力，即使不开裂，也会因产生机械损伤而破坏单晶结构，使载流子迁移率降低，影响器件的灵敏度。砷化铟的减薄与化学抛光可以采用发烟硝酸、氢氟酸、冰醋酸和溴水的混合液作腐蚀液。

2)化学机械抛光。化学机械抛光是在抛光盘上滴上预先精确配制的化学腐蚀液，然后对晶体进行机械抛光的过程。例如红外探测器上用的锑化铟(InSb)单晶片，为了消除晶片机械加工产生的再生缺陷，采用的抛光液为重量比 3∶1∶5 的 SiO_2 ∶ H_2O_2 ∶ H_2O 混合液，其中 H_2O_2 对晶片起化学腐蚀作用，SiO_2(白炭黑)对晶片起机械磨削作用。抛光盘可先用优质人造革完成粗抛，后换优质丝绒精抛。又如在抛光锗单晶时，采用加有重铬酸铵的氧化铬，不仅使表面质量提高，而且抛光效率也高。

3)水中浸没抛光。这种抛光方法是把抛光盘浸没在盛有水和抛光液的容器中进行抛光。水面比抛光盘表面高出 10～15mm。这样，由于抛光盘经常浸在水中，温度恒定，抛光盘表面不易变形。而且抛光粉越研越细，使表面粗糙度和表面疵病都得到改善。

4. 辅助工序

晶体零件在各道工序黏结上盘时，对于潮解软质晶体如 KDP、ADP、氯化钠，既不能用黏胶上盘，也不能用石膏上盘，应使用专业的夹具成盘加工。

对于某些耐热性差的晶体如氟化物、冰洲石等，不宜采用黏结上盘，可用石膏上盘。晶体零件的清洗与光学玻璃的清洗有所区别，例如对于耐热性差的材料不宜用冷水直接冲洗；对于潮解晶体不能用酒精、汽油进行清洗；对于软质晶体切忌揩擦。

9.3.4　常见晶体零件加工

1. 石英 1/4 波片的加工

石英晶体属于硬质晶体，常见的包括石英晶体(SiO_2)、红宝石(Al_2O_3)、钇铝石榴石(YAG)等，都属于硬质类晶体。

(1)定向。将石英晶体从晶种处剖开，然后在偏光仪上定光轴找到一个与光轴严格垂直的基准面。精确测定可用 X 光定向仪，精度可以达到 15″，其 X、Y、Z 面的衍射角分别为 18°17′，10°26′，25°26′。

(2)在该材料上切出一个与基准面平行的面，研磨该面，使该面到基准面的距离比 $\lambda/4$ 波片的外圆直径 D 小 0.2mm。

(3)切片。在内圆切割机上切出一片片与基准面垂直的平面。

(4)磨外圆。磨出外径为 D 的圆片，圆片的两顶端应保持尺寸相同的两平口。该两平口中心连接即标识了该圆片的 Z 轴方向。

(5)预抛。抛光一面达到了图纸的要求，光胶上盘抛光另一面。抛光厚度比理论值大 10μm 时，在应力仪上检验。厚度初测在立式光学计上进行。

当被检工件放入光路时，旋转检偏器，使检流器读数最小；当工件插入后，检偏器转过 45°，若检流器读数最小，则 $\lambda/4$ 波片已加工好。

2. 冰洲石晶体的加工

冰洲石由于具有良好的双折射性($n_o - n_e = 0.170$)而被用作偏振棱镜，它具有低的硬度和完全的解理性，给加工带来了困难。冰洲石属于软质晶体，包括萤石和铌酸锂晶体等都属于软质类晶体。

(1)选料。冰洲石晶体的选择必须满足光学均匀性和较高的光谱透射率。检验方法如下：

1)在暗室内用 He—Ne 激光器照射晶体，激光功率为 1～2mW，在通光口径内无散射体为合格品；

2)用光谱分析仪测定每块晶体材料的光谱透射率，透过波段必须满足 0.22～22μm；

3)用泰曼干涉仪检查晶体内部的光学均匀性，若干涉条纹越直、超平和等距或呈现一片色，则均匀性越好。

(2)定向。在冰洲石晶体中，将具有三个钝角偶棱镜磨成等边三角形，此平面的垂直方向就是光轴方向。同样将另一个相对三个钝角偶棱镜也磨成等边三角形，则光轴也垂直于这个三角形平面。然后，放到偏光显微镜或光轴定向仪上观察，修磨晶面，使这个等边三角形的面与光轴严格垂直。

(3)切割。将定好光轴的晶体按尺寸画线，切割应留有足够的加工余量。

(4)粗磨。为了保证两块棱镜角度的一致性，应以光轴面为基准面，先将一个直角和底面磨到相互垂直，再以底面为基准成盘粗磨，另一个面按图纸要求加工。下盘后，将两块棱镜黏成一条，以光轴为基准成型。

(5)精磨。精磨后表面达到无划痕即可。

(6)抛光。抛光时，用石膏黏上盘，先抛光光轴面，然后以光轴面为基准，顺序抛光直角面和斜面，达到要求后下盘。

软质晶体的抛光往往会引起表面“亮丝”或称微小划痕，须要精抛光，这时采用“水中抛光法”很有效。例如铌酸锂晶体用红粉或 W1 刚玉粉在软柏油模上初抛以后，出现亮丝(抛光硅片也有类似的情况)。如用氧化镁悬浮液，并在专用装置中抛光，如图 9-42 所示，工件和抛光模均浸入抛光液中，并有恒温控制，抛光摩擦热不致使抛光模温度升高，故可采用纯柏油模。抛光模旋转时，进入抛光模粒度均匀的细粒子的抛光剂使工件表面光滑度及精度均得到提高。为避免抛光液浓度发生变化，还有一个定量的供水装置，这种水中抛光法也是目前获得高光滑度表面的玻璃抛光方法之一。

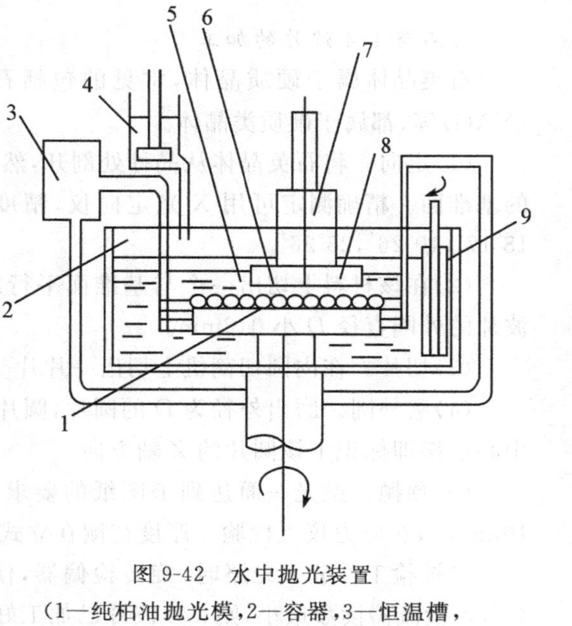

图 9-42　水中抛光装置
(1—纯柏油抛光模，2—容器，3—恒温槽，4—定量供水装置，5—抛光液，6—晶体，7—荷重，8—晶体夹具，9—搅拌板装置)

3. 氯化钠晶体的加工

氯化钠属于水溶性晶体。水溶性晶体中有一类是碱金属卤化物晶体，如氯化钠、氯化钾、氟化钾等，不仅具有软而脆、易于沿解理面破裂的特点，而且还有湿度大于 60% 时，容易潮解的特性。还有一类用作激光调制器的

KDP、ADP 晶体和用于激光倍频器的碘酸锂、铌酸锂等，不仅具有质软和水溶性，不利于加工的特性，而且还须要找正光轴。

现以常用于红外光谱仪的氯化钠棱镜的加工为例说明这类晶体的加工特点。由于晶体软而脆，所采用的措施多数适用于软质晶体。

(1)选料。

1)测定晶体材料在红外波段的透过率，挑选透过率较高的方向，当厚度为 80mm 时，在 1～12μm 波段内吸收峰不大于 20%，且透过率大于 85%，则晶体透过率满足要求。

2)晶体材料光学均匀性，在棱镜干涉仪上检查晶体内部的折射率变化情况。

3)晶体的内应力，在偏光仪上检查。

4)晶体内部杂质，包括气泡、膜层、灰雾点、亮点和其他夹杂物，在强光下用肉眼或显微镜观察。

5)晶体内部的滑移线，由晶体在生长过程中晶格错位引起，可在偏光仪或干涉仪上检查。

(2)晶体的切割。用外圆锯片在晶体上先切出 2mm 深的切口，再用刀子劈开。如果工件尺寸不大，可将刀片对准解理方向，用小槌敲击即可开裂，也可以用水线切割和内圆切割。

(3)晶体的粗磨。粗磨的磨模要平，机床要平稳，振动要小，主轴转速为 200～400rpm，磨料宜用较细的砂如 180#、240#、280#，粒度要均匀。由于晶体对温差敏感性强，温度突然变化几度，都会使棱镜产生裂纹或碎裂，因此，磨盘及磨料与盐的饱和溶液的温度应与棱镜温度一致。磨制棱镜时，手持工件不可用力过大，改角时可用手的压力及工件在磨盘上的位置来控制。为防止裂纹及掉棱，应先倒角，再改角和修改尺寸，清洗时不能用水，可用布揩干，或用无水酒精、四氯化碳和香蕉水清洗。

外圆可在外圆机上用砂轮和冷却油磨削，倒边在倒边模中，用 320# 金刚砂加冷却油倒边，倒边应宽一些。

(4)晶体的细磨。用 320#、W28 金刚砂加乙醇和少量水作磨料，在开有方槽的铜盘或者玻璃磨盘上加工，细磨好的，用乙醇清洗干净，放入干燥器中。

(5)晶体的抛光。晶体的抛光，要求工房温度在 23℃以上，相对湿度小于 60%，有时在抛光模旁边点上红外线灯，一方面可以调节抛光模的硬度，另一方面可以降低湿度。工房应严格防尘，以免尘埃划伤工件表面。

抛光膜层材料一般要求比晶体的硬度低，用沥青、松香、石蜡或蜂蜡、松节油配制。氯化钠晶体常用石油沥青与松香配制成的抛光膜材料。

抛光剂用 SnO_2、Cr_2O_3、CeO_2、Fe_2O_3、Al_2O_3、TiO_2 及 MgO 等。MgO 用于抛光最软的晶体，常用的抛光剂是低温红粉，粒度为 0.8～1.4μm。使用前经过煮开，沉淀，吸出上面特细的红粉使用。

先用尺寸和面形与晶体相同的玻璃板把抛光盘抛平，再抛光晶体。第一面光圈抛好后，再抛第二面，第二面抛光的过程中不仅要控制光圈还要控制平行差。改善表面疵病可用“拉盘”的方法，“拉盘”是当抛光液即将干时，手拿工件，平稳地在抛光盘上呈椭圆形轨迹拖动，然后平稳而迅速地把工件从抛光盘上拉下来，这样反复多次，便能保证表面质量。“拉盘”不能过早，否则零件表面会发雾；也不能太晚，否则抛光模变干并出现结晶颗粒，使工件表面拉毛，甚至使工件表面塌边。

9.4 光学塑料零件制造工艺

9.4.1 概述

1. 光学塑料零件的发展和应用

用光学塑料替代光学玻璃制造仪器在英、美等一些国家已经有几十年的历史了。由于当时这种材料自身存在的一些缺点，如耐磨性差，折射率不稳定，清晰度也欠佳，再加上当时的技术水平有限，导致塑料光学材料没有被广泛应用。但随着近些年新的光学塑料材料种类的增加和性能的不断改善，它的应用也越来越广泛。

国际上从事塑料光学零件开发和研究的公司有很多，美、日、英、德、法等国在这方面的开发和应用技术一直比较领先。美国休斯飞机公司采用塑料光学零件作为有线制导导弹的反射镜，在扫描式辐射计中也采用塑料光学零件作反射镜。日本用塑料光学零件作为电视摄影机和投影机的镜头。由于光学塑料易成型的特点，可以制造非球面和形状结构较复杂的特殊零件，从而使光学系统的质量减轻、成本降低，因此在光学系统中，光学塑料零件的应用范围越来越广泛。

塑料光学零件的一大特点是制造简单，容易实现大批量生产，尤其是一些难加工的光学零件的制造。通过模压成型制造的塑料光学零件具有高清晰度、像差畸变小、结构简化等优点。它在可见光的透过率和玻璃元件差不多，紫外和近红外透过率却优于玻璃。另外，塑料光学零件耐冲击性能强，不易破碎，采用塑压成型，省去了生产玻璃光学零件的下料、粗磨、精磨和抛光等工序，易于实现自动化大批量生产。

塑料光学零件固有的缺点：由于塑料材料硬度较低，塑料光学零件表面容易被划伤，易变形、线膨胀系数大、折射率随温度变化而产生比较大变化（相对于玻璃），化学稳定性差、不耐有机溶剂、易受潮、导电性能差等。光学塑料零件的这些缺点，可以通过改变塑料成分，改进工艺和表面处理等手段得到改善。现在已经能生产从光盘读写头上的超高精密物镜到电视投影镜头大型塑料透镜。随着加工技术的改进和材料性能的改善，塑料光学元件正得到越来越广泛的应用。

2. 光学塑料零件加工方法概述

光学塑料的特性决定了它的制造方法，一般用模具成型法制造。成型的方法有注射成型、铸造成型、压制成型和单点金刚石车床车削成型等。

注射成型又称注模成型或压铸成型，适用于大批量中小型零件的成型，是热塑性塑料的主要成型方法。为了保证注射成型的塑料光学零件的质量，必须制订最佳的注射周期及三个基本工艺参数。注射周期包括合模、注射、加料、保温及开模时间。三个基本工艺参数，包括注射压力、塑料的熔化温度与模具预热温度、注射的时间与保温的时间。这些工艺参数的确定，取决于注射机、模具及塑料的性质。

铸造成型又称浇铸成型、模铸成型或本型聚合成型。将液态塑料注入模型中，在模型中间加热固化成型的方法叫浇铸成型。这种方法主要适用于热固性塑料液状单体和热塑性塑料的熔融体。例如 CR-39 光学塑料的成型，其铸模大多用低膨胀系数玻璃制成，也可以用铜制造。

压制成型是利用塑料的热塑性，将加热的粉末、颗粒或塑料毛坯加压制成光学零件的方法。如用苯乙烯一丙烯腈共聚体压制光学零件时，先将称定的粉末加热到压制温度（约200℃），倒入预热至110～120℃的模腔中，进行加压和冷却，到30℃时取出零件。

单点金刚石车床车削成型是用天然单晶金刚石做刀具，采用超精密数控车削加工方法直接加工出高精度复杂面形的光学零件方法。由于塑料光学零件具有较低的硬度和良好的延展性，因此具有非常好的切削性能。采用单点金刚石车削加工技术可以直接切削成型获得高质量的塑料光学元件。

3. 光学塑料零件设计工艺性

塑料光学零件的成型工艺，特别是热塑性光学塑料的注塑成型工艺，完全不同于冷加工范畴的玻璃光学零件研磨抛光加工工艺。

光学塑料零件的设计在光学计算上和玻璃零件没有区别，重要的是必须考虑塑料本身固有的性能和缺点。

(1)折射率。塑料透镜的折射率随透镜形状和成型方法不同而有所改变。透镜成型后必须测量其折射率，并按所测得的折射率再进行光学设计。确定透镜形状时，应顾及模具加工、成型和测量的可行性和精度。

(2)温度变化。塑料的膨胀系数是玻璃的10倍，周围环境的温度变化会引起塑料透镜的焦点位移，解决措施是使塑料透镜不担负光焦度作用，即组成无光焦度光学系统，或者和玻璃透镜一起构成合成差动光学系统，让玻璃透镜承担主要光焦度。目前，照相机镜头使用塑料透镜时，几乎均采用这一措施来补偿温度变化带来的影响。

(3)湿度变化。和温度一样，湿度变化时，也会引起塑料透镜的折射率和曲率改变，导致焦点位移，性能下降。与温度变化不同的是，湿度变化很缓慢，时间很长。目前多数是尽量选用现有吸水性极小的材料，并在装配结构上采取密封措施，以把湿度变化的影响降到最低限度。当然，提高塑料材料的抗湿性能和开发新塑料，是追求的理想目标。

(4)双折射。双折射对稳定性能影响很大。一般来说，材料的色散越高，双折射就越大，选择塑料材料时应考虑这一重要因素。除材料因素外，由于模具结构和成型条件不同，塑料透镜的残余双折射大小也不一样。因此，设计合理的模具和确定合适的成型条件也是非常重要的。

9.4.2 光学塑料零件的注射成型

1. 注射成型工艺制造光学零件的特点

采用折射成型方式制造光学零件是使熔融的光学塑料在压力下注入模具的高精度模腔内的热加工过程。其完整的过程为加料、塑化、注射入模、稳压冷却和脱模等几个步骤。其特点如下。

(1)一次性获得合乎光学零件图纸要求的光学零件，包括高精度的面形和粗糙度要求。加工过程中，不能修正光学零件的质量缺陷，光学零件的加工精度和质量完全依靠高精度的模具和事先制定的工艺参数，其中最主要的是压力、温度、时间三大工艺参数。

(2)光学塑料的工艺性能很大程度上取决于聚合物的化学本性，加工时的流变性和化学稳定性。这是因为注射成型是塑料从玻璃态到高弹态再到黏流态注射入模，再从黏流态经高弹态返回玻璃态的一个完整的热过程。其间必然带来理化性质的变化，也就带来对光学零件光学性能的影响，如折射率、双折射、温度变化对曲率的改变等。

(3)光学塑料零件加工精度和质量与光学塑料零件设计的工艺性关系极大。因为光学塑料零件面形精度要求高，粗糙度要求高，出模时的收缩和变形，厚薄不匀的零件(光学零件总是厚薄不均匀的)产生的不均缩陷，残余应力产生的畸变等，不是依靠简单的模具设计中加大型腔、型芯尺寸可以解决尺寸收缩问题的，尤其是精度高的光学零件的制造。

2.光学塑料注射成型状态分析

注射成型是目前生产塑料光学零件的主要手段，注射模具的科学设计及注射工艺参数正确选择是保证塑料光学零件精度和质量的关键。光学塑料在模具型腔内流动、相变、固化和冷却的过程涉及三维流动，相迁移理论和不稳传热理论等，迄今为止尚无完整的数学模型对这一过程进行描述。目前正在进行的光学塑料加工，其工艺大多是根据实验及经验积累而摸索出来的。

(1)光学塑料在模具中的状态。导致光学塑料元件质量问题的关键往往在于注塑零件总是存在一定的产品收缩现象，就高精度的光学表面来说很可能就成为导致产品失败和品质不良的根结所在。对于光学塑料零件来说，其面形精度均在微米数量级上。常用的光学塑料聚甲基丙烯酸甲酯(PMMA)的常规收缩率为0.5%～0.7%。若按常规注塑方法，对于有2mm厚度差的光学产品，就会因不同的厚度收缩导致10～14μm的面形误差，这在光学元件中是不可出现的。

收缩现象的形成原因在于高分子聚合物的比容V是一个随温度变化的函数。当聚合物在模具腔内由熔融温度降低到模具温度乃至常温状态时，其比容会减少，由此而产生收缩现象。研究表明，熔融聚合物的比容同时也与外压力成一定的函数关系。由斯潘塞(Spencer)和吉尔摩(Gilmor)的状态方程可知，绝对温度T和聚合物外加压力p与聚合物比容之间可表达为

$$(p+\pi)(V-\omega)=R'T \tag{9-13}$$

式中：p为外加压力(N/cm^2)，π为内压力(N/cm^2)，V为比容(cm^3/g)，ω为在绝对温度时的比容(cm^3/g)，为修正的气体常数(N·cm^3/cm^2·g·k)，T为绝对温度(K)。表9-6为常见光学塑料的ω、π和值。

表9-6 常用光学塑料的ω、π和值

光学塑料	π/N·cm^{-2}	ω/cm^3·g^{-1}	R'/N·cm^3·cm^{-2}·g^{-1}·k^{-1}
聚苯乙烯(PS)	19010	0.522	8.16
有机玻璃(PMMA)	22040	0.734	8.49
聚碳酸酯(PC)	27560	0.728	9.60

当p恒定时，光学塑料的比容与温度T成正比，即温度的升高将导致比容的线性增长，而当温度T一定时，光学塑料的比容V与外加压力p成反比，即外加压力的增加将使比容减小。由此可以通过对光学塑料施加较大的外部压力来补偿由于温度变化而导致比容减小的方法。

以PMMA为例，当熔融光学塑料以220～240℃的温度进入并充满模具型腔时，应立即给熔融料施以高压，尽可能使其比容V_t接近常温常态时的比容V_0。理论上此时需要14500～

16000N/cm^2 的充模力(型腔压力)。随着熔融料在型腔内温度的降低,为保持比容的恒定,外部压力也随之降低。当温度降到接近 180℃时,在模具进料口处的熔融光学塑料将首先固结。当进料口固结以后,注塑机的注射压力将不能够传递到处于模具型腔中的光学塑料上。因此在进料口固结前以及固结过程中,必须使熔融塑料得到保压,使其比容稳定在 V_0 左右,此时需要的理论外部压力为 11500～12000N/cm^2。在温度降低的同时压力也同时降低以维持比容为 V_0。图 9-43 为 PMMA 的比容、外加压力、温度曲线关系。

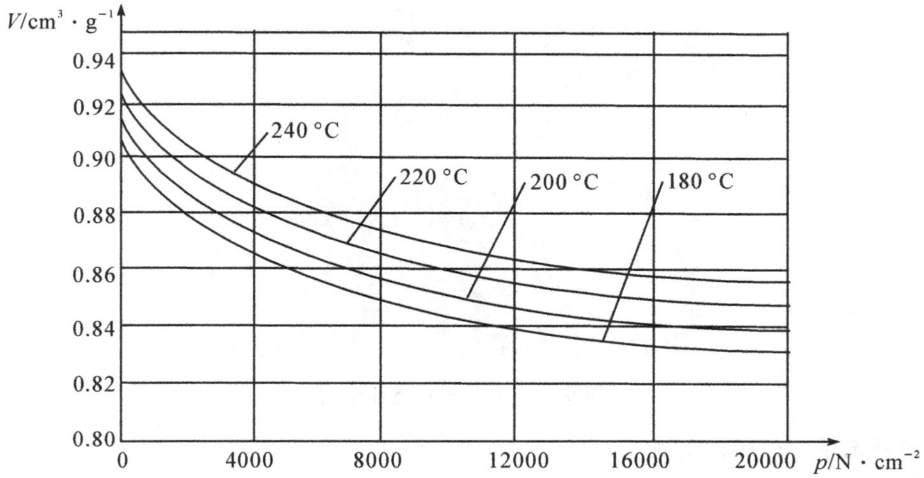

图 9-43　比容、外加压力、温度曲线关系(PMMA)

(2)注塑流道与压力损失。根据非牛顿体的流动理论,流道的比表面 γ(流道表面积与体积之比)与流道内熔融体的压力和能量的损耗存在一定的函数关系。比表面越小,对减少压力和热量的损失就越有利。图 9-44 表示了三种常用的流道形状。假设三种流道的横截面积相等,则存在关系 $D=\sqrt{2}d$,$t=\pi d/8$,三种流道的比表面分别为

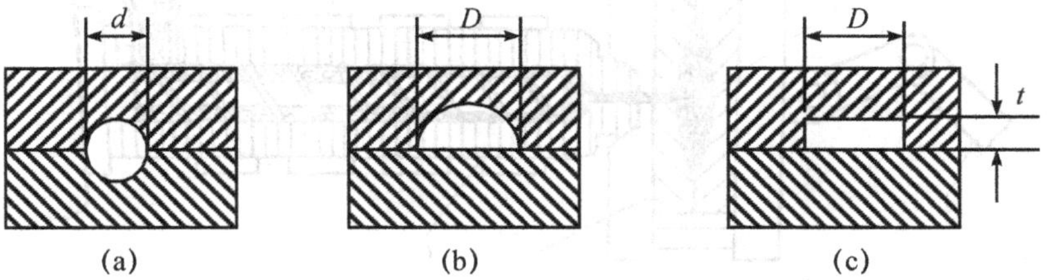

图 9-44　常用浇注流道

$$\gamma_a=\frac{S_a}{V_a}=\frac{L\cdot\pi d}{L\cdot\frac{\pi}{4}d^2}=\frac{4}{d}\tag{9-14}$$

$$\gamma_b=\frac{S_b}{V_b}=\frac{L\cdot(\frac{\pi}{2}D+D)}{L\cdot\frac{1}{2}(\frac{1}{4}D^2)}=\frac{4.62}{d}\tag{9-15}$$

$$\gamma_c==\frac{S_c}{V_c}=\frac{L\cdot 2(D+t)}{L\cdot D\cdot t}=\frac{5.02}{d}\tag{9-16}$$

由此可知，圆形的比表面最小，因而热散失及压力损失也最小，因此在塑料光学模具中必须采用圆形通道。

对于注射容量在100g以上的卧式注塑机来说，其注射最大压力通常可以达到14000～17000N/cm^3。怎样将注塑机的压力有效地传递到模具型腔内，是保证熔融光学塑料在型腔内比容的关键，这与模具浇铸系统的设计有着密切的关系。图9-45是光学塑料零件常用的浇注结构。

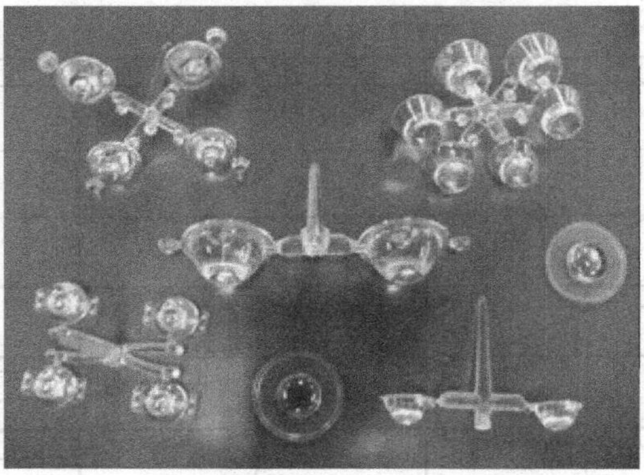

图9-45 光学塑料浇注结构

3. 塑料光学零件的注射成型

注射成型是热塑性塑料的主要成型方法，近年来也推广到热固性塑料成型。注射成型过程是借助螺杆或柱塞的推力，将已塑化好的塑料熔体射入闭合的模腔内，经冷却固化定型，然后开模取得成品。其工艺装置如图9-46所示。

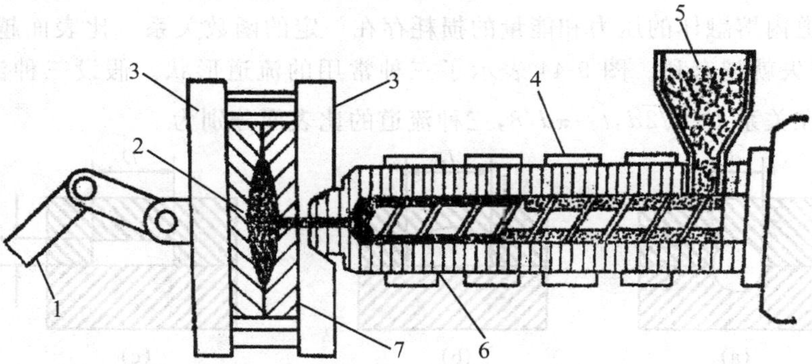

图9-46 注射成型工艺装置

(1—夹紧装置，2—透镜，3—压板，4—加热器，5—料筒，6—注射装置，7—模具)

注射成型有两个必要条件：一是塑料必须以熔融状态进入模具内；二是塑料熔体必须具有足够的压力和流速，以保证及时充满型腔。所以注射机应有三项基本功能，即塑化、注射和成型。因此注射机主要由两大部分组成：一是注射装置，它负责完成塑料的塑化和注射；二是合模装置，它完成成型。

(1)工艺准备。

1)模具。模具的设计与制造是注射成型工艺的关键问题之一。首先要考虑模具制造精度与制品尺寸的收缩关系；其次是模腔表面粗糙度要求；再次应考虑模温，一般模温为50～

80℃，采用大浇口和分流道，以减小热量与压力的损失，易于注满模腔。模具的结构和材料是由被加工的塑料光学零件的形状和精度来决定的。注射模具材料目前多数使用金属、硬质合金和陶瓷等。选用原则有以下三点：

①材料的熔黏性、脱模性、耐氧化性以及表面变质程度等；

②为保证模具表面的形状精度和粗糙度，应考虑材料的热膨胀、热传导、热强度、晶界和气孔率等性能；

③材料的可加工性及价格。

塑料光学零件注射模具型芯的加工方法通常分为光学加工与机械超精加工两种。

2)原料的预干燥。塑料粒料一般具有吸湿或黏附水分的性能，由于水分在成型工艺装置的高温料筒内挥发成气体，使塑料颗粒起泡，影响零件质量，所以在成型之前必须将原料进行干燥处理。水分含量小于 0.1%时才可以成型。塑料粒料干燥方法很多，包括循环热风干燥、红外线干燥及真空干燥等，一般干燥时间为 2～8h，温度为 80℃。

(2)注射成型。有了理想的注射机、模具和高质量的光学塑料后，还必须通过好的成型工艺，才能加工出好的塑料光学零件。注射成型的过程中，需要控制三大基本要素：温度、压力和时间。温度包括料筒的温度、喷嘴温度和模具温度，压力包括塑化压力、注射压力，时间包括注射时间、保压时间和冷却时间。

料筒温度：大多数塑料属于非晶结构聚合物，其软化—黏流是在一定的温度范围内进行的，因此，料筒的温度可在较宽的范围内进行选择和控制。过高的料筒温度对塑料光学零件的表面质量有不好的影响，使零件表面流痕、气泡化较严重。一般料筒的温度优先选择偏低的范围，由此引起的其他问题，可通过其他途径解决。

模具温度：模具温度是光学塑料件在模内冷却定型的重要工艺参数，模具温度选择不当，对塑料光学零件的透明度、内应力及表面疵病等都有影响。一般模具温度是选择在该种材料的软化点(热变形温度)以下 10～20℃为宜。模具的温度越高，注射加工总周期就越长。

注射压力：注射压力的作用是将料筒内的塑料熔体注入型腔，并通过浇注系统形成模内压力，使塑料熔体紧密贴合型腔表面。注射压力的选择主要根据零件的复杂程度、壁厚、浇注系统、塑料特性及料筒温度等因素确定。一般来说，注射压力在适当的范围内增加，对零件质量有改善；但超出一定范围，注射压力再增加时，对零件质量不再有更明显的改善。

注射时间：注射时间主要是指注射、保压和冷却时间。注射时间的选择也是一个比较复杂的问题。对塑料光学零件来说，"保压"与"冷却"时间的选择对零件表面质量影响较大。延长注射总时间，可以改善塑料光学零件的表面平直度、表面缩凹等指标，但是生产效率会下降。表 9-7 是几种常见光学塑料注射成型工艺参数。

(3)注射周期。一个完整的注射过程应包括加料、塑化、注射、保压、冷却、脱模等步骤。

塑化：使塑料在规定的时间内塑化足够量的熔融塑料，在进入模腔前达到成型温度。塑料特性、吸水率、料筒温度和注射机类型对塑化质量影响很大。螺杆式注射机塑化质量要比柱塞式好。

充模：螺杆向前移动，充模过程中，随着熔融体在模腔内迅速增加，模腔内的压力从零上升，直至最大值。充模时间对压力和温度均有影响，时间短即高速充模时，熔体经喷嘴、浇注系统产生大量摩擦热，使温度升高，充模所需要的压力较小；反之，慢速充模时，所需要的压力要大。且慢速充模时，塑料高分子定向程度大，塑料零件的各向异性显著。

表 9-7 几种常见光学塑料的注射成型工艺参数

工艺条件＼材料		聚甲基丙烯酸甲酯（PMMA）	聚苯乙烯（PS）	苯乙烯-丙烯腈共聚物（AS）	聚碳酸酯（PC）
注射机型式		柱塞式注射机	螺杆式注射机	螺杆式注射机	螺杆式注射机
料筒温度/℃	后部	150～190	160～250	180～240	300～340
	中部		180～270	200～260	300～330
	前部		200～300	210～280	290～300
	喷嘴		200～280	190～260	290～330
模具温度/℃		45～55	30～80	30～80	80～130
注射压力/Pa		$<10^8$	$(5\sim15)\times10^7$	$(10\sim18)\times10^7$	$(1\sim2)\times10^8$
注射总周期 s		40～60	10～60	15～80	25～60
干燥温度/℃×时间/h		(60～70)×(6～8)			
后处理温度/℃×时间/h		(60～65)×(3～5)			

压实：此时熔体因冷却而收缩，但由于螺杆继续慢慢向前移动，熔体继续进入腔内，补充收缩需要。

倒流：此时螺杆倒退，浇口冻结，由于腔内压力比浇注系统高，导致塑料熔体从型腔内倒流。如果螺杆后退时，浇口已经冻结或在喷嘴中装有止向阀，则倒流阶段不存在。浇口冻结时型腔内压力和温度是决定塑料平均收缩率的重要因素，故压实时间长短直接影响收缩率。

冷却：从浇口完全冻结到取模时为止。补缩倒流不再发生，型腔内塑料冷却，硬化，定型。由于温度下降，腔内塑料体积收缩、压力下降。开模时，压力不一定等于外界大气压力，其差值称残余压力。残余压力为正，脱模困难，塑料零件易破裂、刮伤；残余压力为负，塑料件会出现凹陷。通常情况下，残余压力接近零最好。

(4)工件的后处理。塑料光学零件，无论是厚壁还是薄壁，即使在注射成型时模具采取了预热措施，工件内部仍不可避免地存在残余应力。为了进一步消除或降低残余内应力，工件需进行退火处理。退火温度以低于塑料的软化温度 10～20°为宜。退火时间，按塑料品种及工件厚度而定，一般为 2～24h。

塑料光学零件成型以后还需要进行一些表面处理，以提高它的工作性能。为了提高表面硬度，需涂覆耐磨涂层；为了克服表面静电吸尘，需涂覆抗静电膜层；为了改变表面的反射特性，需镀制反射膜与增透膜。

9.4.3 典型塑料光学零件的加工

采用聚苯乙烯（PS）塑料，工件尺寸为 Φ53mm×2mm，注射机型号 XS-ZY-125，塑料温度 160～180℃，喷嘴电压 130～150V（250W），注射压力（40～45）×10^6Pa，塑化压力 5×10^6Pa，注射和保压时间为 30～40s，冷却时间为 10～15s，注射速度 10～14mm/s，模具通水冷却。

采用聚甲基丙烯酸甲酯（PMMA），工件为照相机取景器，尺寸为 17mm×13mm，厚度为 3mm，材料牌号为 G1000（日本产品），注射机为德国 Battenfeld BSKM300/100HK DS2000（60g）；物料干燥温度 80℃，干燥时间 4h；模具温度为 83℃±1℃，料筒温度为 170～270℃，喷嘴温度为 185℃；工件的退火温度为 85℃，退火时间为 2h。

思考题

1. 环形抛光机的抛光盘的面形变化与哪些工艺因素有关?
2. 高精度平面零件为什么常用石英玻璃材料制造? 大型天文反射镜为什么可用微晶玻璃制造? 微晶玻璃能否用于高精度的平面或球面的投射零件? 为什么?
3. 为什么说回转抛物面、回转椭圆面和回转双曲面反射镜最易实现刀口阴影检测? 什么类型的非球面易于实现刀口阴影检测?
4. 常用晶体中哪些需要在制造过程中定轴? 哪些不需要定轴? 为什么?
5. 石英晶体定向时如何区别左旋和右旋?
6. 水溶性晶体极易潮解,如何在研磨抛光过程中采取防水工艺?
7. 光学塑料透镜的注射成型工艺中如何选用注射模具的材料? 为什么注射成型不能制造出高精度的光学零件?

参考文献

[1] 白剑.剪切波面重建新方法的研究及在波像差评价中的应用[博士论文].杭州:浙江大学,1995.

[2] D. 马拉卡拉.光学车间检验.白国强等译.北京:机械工业出版社,1983.

[3] 刘东,杨甬英,夏佐堂等.近红外瞬态脉冲波前高精度干涉检测技术.光学学报,2006,26(9):1372—1376.

[4] 伍凡.非球面零检验的Dall补偿器设计.应用光学,1993(02):1—4.

[5] Chen S., Li S., Dai Y., *et al*. Experimental study on subaperture testing with interactive stitching algorithm. Opt. Express, 2008, 16: 4760—4765.

[6] Daniel M. Testing of aspheric wavefronts and surfaces. In Optical Shop Testing. 3rd Edition. Danial M. eds. New York: John Wiley & Sons, Inc., 2007.

[7] Fahnle O. W., *et al*. Loose abrasive line-contact matching of aspherical optical surfaces of revolution. Applied Optics, 1997, 36: 4483—4489.

[8] Golini D., Rupp W. J., Zimmerman J. Microgrinding: New technique for rapid fabrication of large mirrors. SPIE Proceedings, 1989, 1113: 204—210.

[9] Hou X., Wu F., Yang L., *et al*. Experimental study on measurement of aspheric surface shape with complementary annular subaperture interferometric method. Opt. Express, 2007, 15: 12890—12899.

[10] Hou X., Wu F., Yang L., *et al*. Stitching algorithm for annular subaperture interferometry. Chin. Opt. Lett., 2006, 4: 211—214.

[11] Jones R. A. Fabrication of a large, thin, off axis aspheric mirror. Optical Engineering, 1994, 33: 4067—4075.

[12] Kohno Tsuguo, Matsumoto Daiji, Yazawa Takanori, *et al*. Radial shearing interferometer for in-process measurement of diamond turning. Opt. Eng., 2000, 39: 2696.

[13] Kown O., Wyant J. C., Hayslett C. R. Rough surface interferometry at 10.6microns. Appl. Opt., 1980, 19: 1862—1869.

[14] Lam P., Gaskill J. D., Wyant J. C. Two-wavelength holographic interferometer. Appl. Opt., 1984, 23: 3079—3081.

[15] Liu D., Yang Y. Y, Shen Y. B. *et al*. System optimization of radial shearing interferometer for aspheric testing. Proc. SPIE, 2007, 6834, 68340U.

[16] Liu D. Yang Y. Y., Wang L., *et al*. Real time diagnose of transient pulse laser with high repetition by radial shearing interferometer. Appl. Opt., 2007, 46(35):8305—8314.

[17] Liu D., Yang Y. Y., Weng J. M. *et al*. Measurement of transient near-infrared laser pulse wavefront with high precision by radial shearing interferometer. Opt. Commum., 2007, 275(1): 173−178.

[18] Lubliner J. Stressed-lap polishing of 3.6m f/1.5 and f/1.0 mirror. SPIE, 1991, 1531: 260−269.

[19] Lubliner J., Nelson J. E. Stressed mirror polishing 1: A technique for producing nonaxisymmetric mirror. Applied Optics, 1980, 19(14): 2332−2340.

[20] Malacara-Hernandez D., Malacara-Doblado D. Testing of aspheric wavefronts. In Fabrication and Testing of Aspheres. Taylor J., Piscotty M., Lindquist A., eds. Vol. 24 of OSA Trends in Optics and Photonics (Optical Society of America),1999, 24: T1.

[21] Martin H. M., Anderson D. S., Angel J. R. P., *et al*. Progress in the stressed-lap polishing of 1.8 f/1 mirror. SPIE, 1990, 1236: 682−690.

[22] Martin H. M., *et al*. Fabrication and measured quality of the MMT primary mirror. SPIE, 1998, 3352: 194−204.

[23] Offner A. A null corrector for Paraboloidal mirrors. Appl. Opt., 1963, 2: 153−156.

[24] Paul S. Recent developments in the measurement of aspheric surfaces by contact stylus instrumentation. Proc. SPIE, 2002, 4927: 199.

[25] Rupp W. J. The development of optical surfaces during the grinding process. Applied Optics, 1965, 4(6): 743−748.

[26] Smith B. K., Burge J. H., Martin H. M. Fabrication of large secondary mirrors for astronomical telescopes. SPIE, 1997, 3134: 51−61.

[27] Stahl H. P. Aspheric surface testing techniques. SPIE, 1996, 1332: 66−76.

[28] www.loh-optical.com.

[29] www.opticsexcellence.org.

[30] www.rochester.edu.

[31] Wyant J. C., Creath K. Two-wavelength phase-shifting interferometer and method. U. S. Pattent No. 4, 1989, 832,489.

[32] Zhang X. j., *et al*. Manufacturing and testing of two off-axis aspherical mirrors. Pro. SPIE, 2001, 4451: 118−125.

第 10 章

先进光学制造技术

10.1 计算机数控加工技术

计算机控制光学加工技术是计算机控制技术和超精密加工技术发展并紧密结合的结果。它用超精密的机床控制刀具或者高能束去除表面材料，加工出一定精度的面形和很高要求表面粗糙度的表面。超精密光学加工技术基于计算机控制的超精密机床，其中，计算机数控系统是非常关键的技术。数控即应用数字计算机来控制系统实现单位运动合成的技术。

计算机数控系统通常有开环控制和闭环控制两种类型。开环控制是由计算机控制刀具的坐标位置和驻留时间；闭环控制是具有反馈的加工方法，它可以利用仪器测量得到的信息来调整和控制整个加工过程。为了使控制过程朝着要求的面形逐渐收敛，校正误差的方法就必须能使面形的修改产生预期的变化。显然，如果每一次面形修改后的表面误差能逐渐减小的话，表面就一定会收敛于要求的面形。这种方法的加工精度主要取决于测量的精度和所采用的误差校正方法。这样，机床精度对加工精度的影响，一般不会成为主要因素。

数控系统把刀具与工件的运动坐标分割成某一最小单位量，并按照使坐标移动多少个分割点来给出刀具与工件的相对运动。一般情况下，最小移动量在工件允许差内，并尽可能取小些。刀具由某一点移动到另一点时，分为两种情况。

(1)点位控制。把刀具从某一点移动到另一点，刀具移动的轨迹只与起始点和终点有关，称为点位控制。

(2)轮廓控制或连续轨迹控制。刀具从某一点移动到另一点，靠轨迹控制进行。在允许范围内，用沿曲线最小单位移动量合成的分段运动来代替任意的曲线运动，以得出所需要的运动轨迹。

10.1.1 单点金刚石飞刀铣削

使用单晶金刚石刀具“飞刀”铣削原理如图 10-1(a)所示，它是将金刚石刀具安装在主轴的圆周上，随主轴高速旋转进行铣削加工，同时随着主轴沿进给方向作直线运动，工件安装在工作台上，随着工作台向主轴方向进行直线进给，直到刀具与工件发生接触，则高速旋转的“飞刀”开始对工件加工；当一条刀具轨迹完成后，“飞刀“随着主轴沿切削间距方向移动一定的距离(切削间距的长度)转为另一条刀轨的加工。从图 10-1(b)中可以看出，“飞刀”不同于其他刀具之处在于：“飞刀”除了与刀尖半径 ρ 有关外，还与刀具的回转半径 R 有关。另外，由于单晶金刚石刀具的化学稳定性好、摩擦系数低以及表面极其光滑，加工时，切削不会黏附到刀刃上生成刀瘤，能加工出表面质量达到光学级的零件，不需要再进行抛光，可节省后续加工费用和时间。

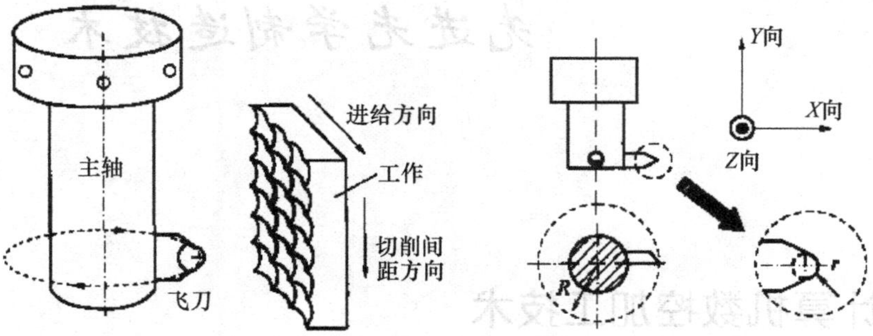

图 10-1　金刚石飞刀加工

(a)飞刀加工，(b)刀具结构

图 10-2(a)所示，金刚石切削刀具安装在旋转轴的端面上，用来加工平面零件，简单的反射镜、转动棱锥和多面体扫描反射镜。

图 10-2(b)所示为哈工大研制的 KDP 晶体超精密加工机床。机床的综合精度指标：飞刀盘直径(两刀尖之间)Φ630mm，工作台行程≥600mm，主轴跳动量 0.016μm，主轴轴向刚度≥525N/μm，角刚度 40Nm/角秒，工作台导轨运动直线度误差 0.1μm/450mm，0.2μm/600mm，工作台导轨刚度≥2000N/μm。

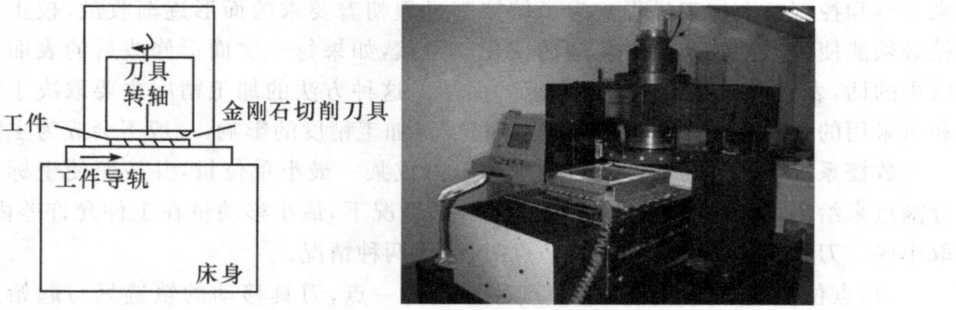

(a)　　(b)

图 10-2　金刚石飞刀车削

10.1.2　计算机控制光学表面成型法

计算机控制光学表面成型技术(computer controlled optical surfacing，CCOS)的加工原理是根据定量的面形检测数据，基于加工过程控制模型，用计算机控制一个小磨头(直径通常小于工件直径的 1/4)对光学零件进行研磨或抛光，通过控制磨头在工件表面的驻留时间及磨头与工件间的相对压力来控制材料的去除量，所以也将其称为计算机控制小磨头研磨抛光法(见图 10-3)。

计算机控制小磨头研磨抛光法分为纵向扫描和光栅扫描两种方式。纵向扫描方式是：被加工的工件以一定的速度旋转，抛光器则沿着贯穿工件轴心的断面进行摇动。纵向扫描方式对工件轴心附近的形状控制和非旋转对称部分的形状误差的修正研磨抛光比较困难，但是研磨时间可以缩短，设备比较简单。光栅扫描方式则是：被加工的工件不旋转，抛光器在工件的表面移动研磨抛光。这种方式不仅容易进行非旋转对称部分的修正研磨抛光，而且还可以进行离轴光学零件的研磨抛光加工。但是，此种方式的设备组成较为复杂，成本比较高。

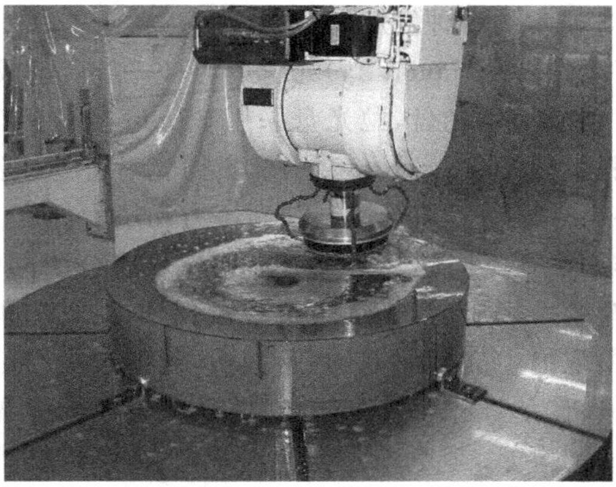

图 10-3　计算机控制小磨头抛光

为了提高加工精度，小型磨床加工系统必须具备很高的精度和反复再现性，研磨去除量不随时间变化而变化，高精度的模拟计算与实际研磨的一致性等条件。小型磨床研磨抛光加工的工艺流程大致如下：首先由三维测试机、激光干涉仪测出加工面的形状精度，求出面形误差。工作站根据面形误差计算出需要研磨抛光的轨迹，并将该研磨抛光轨迹转换成数控编码传送给磨床进行加工，加工完后再进行面形精度测试。面形精度若没有达到要求，再反复地进行计算、加工。通过这样反复地进行面形测试、计算、修正研磨抛光，即可达到提高面形精度的目的。

计算机控制光学表面成型法最初是由美国 Itek 公司的 Rupp W. J. 在 20 世纪 70 年代初提出的，最初的目的是加工高精度大口径的平面。限于当时的计算机技术和数控技术发展水平，该技术直到 80 年代中前期仍未达到实用化阶段。80 年代中后期，随着计算机技术的迅猛发展，才为这项技术的发展提供了可能。此外，在这项技术的开发过程中，人们发现这种方法特别适用于非球面的加工。因此世界上以美国为首的一些发达国家相继投入了大量的人力、物力和财力进行了深入研究。比较有代表性的有美国 Arizona 大学光学中心(OSC)，Rochester 大学光学制造中心(COM)，Itek 公司，Tinsley 公司，Lawrence-Livermore 国家实验室(LLNL)，法国的 REOSC 空间光学制造中心，俄罗斯的瓦维洛夫国家光学研究所等。美国 Itek 公司对其原有的 9 台 CCOS 设备的数控单元进行了改造，采用直流伺服加位置反馈控制，其前台操作采用 VAX-II 小型机联网管理并配有与 CAD 系统的接口。改造后，CCOS 过程的计算速度及精度都得到了大幅度提高。这标志着 CCOS 技术步入成熟和实用化阶段。在此期间，法国、俄罗斯等国也相继开发出了各自的 CCOS 设备，这些设备的加工精度达到了 0.1μm RMS 左右的数量级。

10.1.3　应力盘抛光技术

与球面、平面光学元件相比，使用研磨、抛光法加工非球面光学元件的主要难度体现在非球面光学表面在不同的坐标位置，其面形曲率半径不同，因此无法找到合适的工具使之与面形吻合。CCOS 技术使用小磨头加工大表面，就是利用小磨头能够相对较好地与非球面表面不同坐标位置的面形形状相吻合的特点。应力盘抛光采用主动变形技术，使之在不同的坐标下能够与非球面相应位置的面形较好地吻合。因此，应力盘抛光技术（stress lap polishing）实质上是对 CCOS 技术的一种发展和补充。

美国亚利桑那大学（Arizona University）光学中心（OSC）已经成功利用应力抛光技术制造出直径为 0.3m 及 1m 的应力抛光盘，抛光盘采用 25mm 厚的铝合金材料，基本形状为球面，利用边缘的 12 个伺服促动器（actuator）牵引横贯抛光盘背部的钢丝产生应力，进而实现抛光盘的低阶变形，另外 3 个促动器用于控制抛光压力和压力梯度。在计算机的控制下，抛光盘在 12 个促动器的作用下在不同的空间位置上抛光盘符合不同的局部非球面面形，3 个促动器根据变形误差值改变抛光压力，经计算机控制完成非球面的加工过程。这种应力抛光技术解决了光学表面出现的中高频误差问题，减少了因表面存在中高频误差而造成的能量损失。图 10-4 为亚利桑那大学光学中心（OSC）1m 直径应力抛光盘的实物照片，图 10-5 为应力盘结构原理图。1996 年底，亚利桑那大学光学中心（OSC）的 Mirror Lab 应用该项技术为墨西哥制造一块口径为 8.3m 的非球面主镜，面形精度 $1/6\lambda p-V(\lambda=632.8\text{nm})$。

图 10-4　亚利桑那大学应力盘抛光

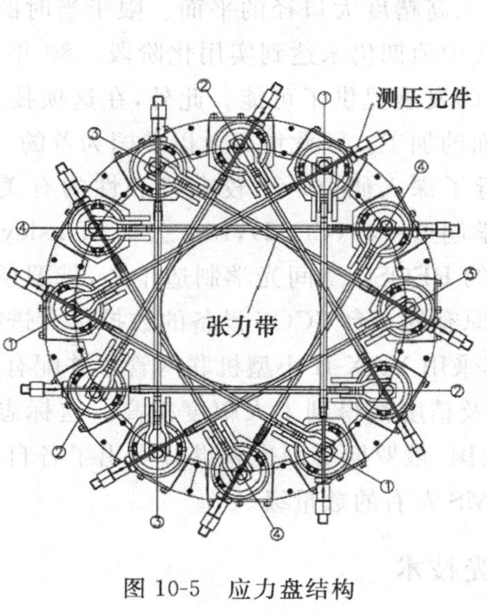

图 10-5　应力盘结构

10.2　离子束抛光技术

离子束抛光技术是在 1965 年发现并研制成功的。当时美国亚利桑那大学的工作人员，在调整离子加速器时，偶然发现离子束将一块直径为 10cm 的玻璃平晶抛光，经干涉仪检验发现，平晶被离子束照射后，其表面平直度和光洁度都很好。于是他们提出用离子束抛光玻璃的建议，并建成简单的离子束抛光非球面的装置，取得了良好的结果，从此这种抛光的新技术引起了人们的重视。

10.2.1　离子束抛光的原理和特点

与传统的机械抛光方法不同，离子束抛光采用被加速的高能原子或离子(离子的质量较原子质量更大，因而可获得更大的动能)，在真空状态下由离子枪射向工件，当带有很高能量的离子撞击工件表面时，在撞击点上材料以原子量级实现去除。材料的去除量取决于离子束在该点的溅射时间。由于离子束抛光是在原子量级上实现材料的去除，因而材料的去除率较低，为此在采用该方法前，工件要经过传统方法的预抛光，在基本达到精度要求后再采用离子束抛光对工件表面面形(如球面、非球面、非对称的自由曲面等)实现很高精度的修正。虽然离子束抛光制造所需要的设备投资较大，运行成本较高，但对于某些具有特殊高精度要求的光学大型镜面还是必须采用离子束抛光方法。

与传统的光学加工方法相比，离子束抛光方法具有以下几个特点：

(1)可在原子量级上实现材料确定性的超精密加工；

(2)通过一次加工过程即可实现对面形误差的完全修正；

(3)对外界环境的振动、温度变化以及装卡稳定性不敏感；

(4)由于离子束抛光需在真空中进行，故可将抛光与镀膜过程在同一真空罐中进行；

(5)工件不会出现塌、翘边的边缘效应；

(6)工艺性能广泛，不受加工零件表面和材料的限制；

(7)成本昂贵，操作性复杂，同时，离子抛光去除的玻璃深度很小，一般只有几个微米，并且，抛光速度很慢，所以离子抛光只加工微型零件、偏离球面较小的非球面和初抛光后的高精度平面。

10.2.2　离子抛光的工艺过程

离子抛光就是要控制离子束，使其从固体表面每个单位面积上精密地去除不同数量的材料。为了使所去除的材料量随位置不同而不同，离子取聚焦点的大小应该和计算机运算时所用的最小单位面积的直径相一致。从一个确定单位面积所去除的材料量应通过控制入射到那部分面积上的离子总量来实现。在加工过程中，离子种类、离子能量及离子束入射角都须按所要求的值保持不变。

离子束抛光的工艺过程可以分为以下六个步骤。

(1)光学设计人员用光学设计程序所要求的光学表面以精密的数学形式表示出来。

(2)根据所得到的数学形式，用计算机求出与此表面最接近的球面或非球面。

(3)用普通的研磨抛光方法加工出最接近的球面或非球面,以便减少离子束抛光所需的时间。

(4)将干涉仪测得的表面面形的数据与用数学形式表达的精密光学表面形状进行比较,通过计算机处理,得到表面误差矩阵。这个矩阵确定了从每一单位面积上应去除的材料的数量。

(5)把表面误差矩阵数据送入微型计算机,然后它驱动离子束在光学表面上的位置和停留时间。此外,计算机在操作过程中,用来监视离子束,并对离子束参数的微小变化进行校正。离子束在光学表面某一面积上停留的时间同步骤(4)确定的哪个面积上应去除的材料量成正比。

(6)把经过加工成最接近球面的光学零件放入真空度约为 $1.33\times10^{-3}\sim1\times10^{-4}$ Pa 的真空靶室内,在计算机的控制下,用离子束轰击工件表面使其达到所需的面形。由于材料去除的精度很高,因此有可能在成型加工的开始到结束,不必进行多次面形测量。

10.2.3 各种工艺因素的影响

离子抛光的工艺因素包括溅射率、离子能量、溅射深度、离子束的入射角及加工变质层等。

1. 溅射率

离子抛光的溅射率是指被置换的原子数与轰击的离子数之比,用 η 表示。它是由离子的能量、材料性质和质量等决定的。其溅射率的表达式为

$$Q=It=e\rho AdNZ/(\eta M)$$

$$\eta=egAdNZ/(QM) \tag{10-1}$$

式中:Q 为总电荷(C),I 为离子束电流(A),A 为离子束有效横截面积(cm^2),d 为加工深度(cm),Z 为每个分子的原子数,M 为材料的相对分子质量,N 为阿伏伽德罗常数,ρ 为材料的密度,e 为静电荷,η 为溅射率。

溅射率与以下因素有关。

(1)离子的质量。一般采用质量较大的氩(Ar)、氪(Kr)或氙(Xe)离子。图 10-6 给出了这三种离子对熔融石英进行抛光时,能量与溅射之间的关系。

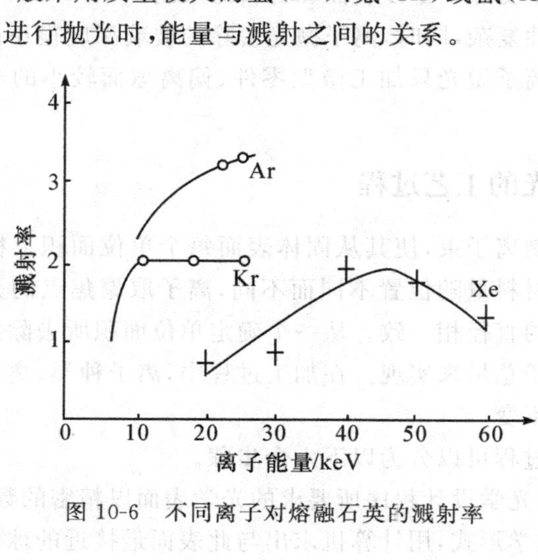

图 10-6 不同离子对熔融石英的溅射率

（2）离子束的入射角。溅射率随入射角（离子束与溅射表面组成的角度）增大而增大，如图 10-7 所示。垂直入射的溅射率最高，但粗糙度最大，所以要根据要求选用合适的入射角。

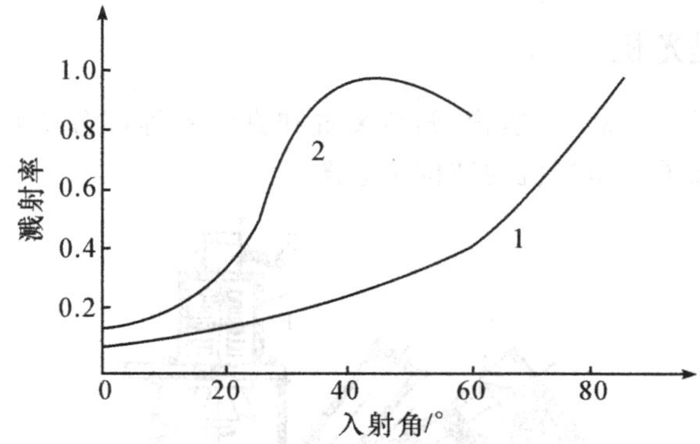

图 10-7　溅射率与入射角的关系

（3）离子束的能量。离子束的能量以加速电压（eV）来表示。溅射率与离子束能量的关系因加工材料的不同而不全相同。加工熔融石英、玻璃时溅射率和离子能量之间的关系如图 10-8 所示。

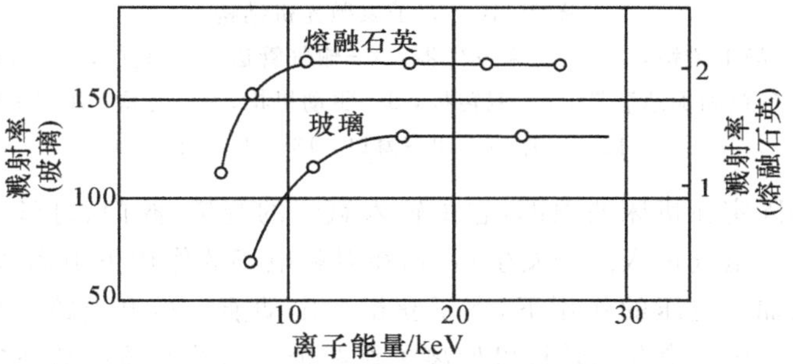

图 10-8　溅射率随氪离子能量的变化

2. 溅射深度

溅射深度指抛光离子射入工件表面的最大深度。一般最大为 10～20μm，也就是能在此深度范围内进行加工，亦称加工深度。

溅射深度，在离子能量一定时，不仅与溅射率有关，而且与工件温度和离子束入射角有关。融石英表面，当工件温度为 100℃时，溅射深度约为 1μm；当工件温度为 600℃时，约为 4μm。当入射角增大时，溅射深度也会变深，如图 10-9 所示。

3. 加工变质层

用高能量的正离子抛光的光学玻璃表面，划痕比用普通方法抛光的表面要少，但用离子抛光会使表面产生加工变质层和残余应力，在被加工的表层中会有离子注入和引起的折射率变化。

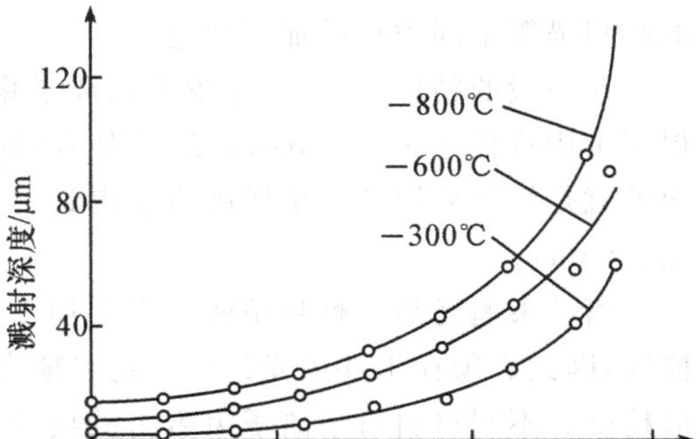

图 10-9　溅射深度和入射角的关系

用直径为 2mm、电流为 5mA、47keV 的氩离子束轰击钠玻璃时，根据折射率的变化而测出的变质层大约为 0.1μm。加工变质层中还会有残余应力存在。

10.2.4 离子抛光机

离子抛光机由离子发生器、加速管、偏转装置和真空室等部分所组成。图 10-10 是科尔斯曼仪器公司生产的离子束抛光机的结构示意图。

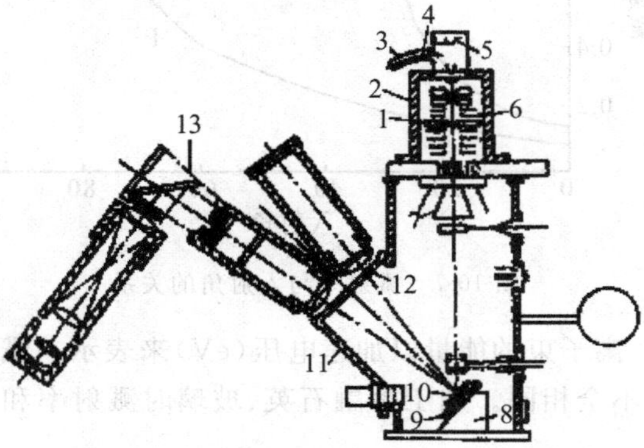

图 10-10 离子束抛光机结构

（1—静电透镜，2—离子束发生器，3—输气管道，4—阀门，5—灯丝，6—焦距和加速装置，7—偏转板，8—驱动机构，9—夹具，10—工件，11—工作室，12—窗口，13—干涉仪）

离子束发生器固定在机床的顶部，它由输入氩气的管道、阀门、灯丝和具有聚焦与加速功能的装置所组成。氩气进入离子发生器后，在射频电场的作用下电离成带正电荷的离子，进入加速装置后在加速电压的作用下，离子获得一定动能。静电透镜使离子束聚焦。离子束直径一般为 1～5mm。静电偏转板可使离子作两个方向的偏转运动，实现对工件的扫描。

控制装置可通过改变电子透镜、离子引出装置和加速器的电压实现离子束的动态聚焦，以便使离子束的电流密度保持不变，并使它总在被加工零件表面聚焦。

干涉仪通过窗口监控工件表面的加工质量。在工作室中，被加工零件安装在夹具中，夹具安装在驱动机构的表面，夹具可以改变倾斜角度，以改变离子束入射到工件表面的入射角。工件由可以无级变速的直流电机驱动。在工件表面可以产生连续的螺旋线、同心圆或电视扫描等不同类型的加工轨迹。

在一般的精度要求下，很少采用离子束抛光。但对于某些特殊高精度要求的镜面则不得不采用这种办法，如 Kodak 公司为 Wyko 公司提供的，用于 600mm 口径干涉仪的参考平面镜就是最终采用离子束研磨方法得到的，在 600mm 口径内面形误差 pv 值小于 $\lambda/15$（$\lambda=632.8$nm）。

离子束抛光是一种超精密的光学加工技术，但是这种加工方法不能降低工件表面的粗糙度，因此必须在工件抛光达到一定粗糙度水平以后，才可以使用这种方法来进一步提高面形精度。不同材料对于离子束轰击的反应有所不同，一些材料经离子束研磨后可依然保持光滑表面，而有些材料在离子束研磨后表面很快变得粗糙。

10.3　磁流变抛光技术

10.3.1　磁流变技术的产生和发展

20 世纪 90 年代初，Kordonski W. I.，Prokhorov I. 及合作者将电磁学、流体动力学理论、分析化学结合于光学加工中，发明了磁流变抛光(MRF)技术。这种方法是利用磁流变抛光液在磁场中的流变性进行抛光的。在高强度的梯度磁场中，磁流变抛光液变硬，成为具有黏塑性的 Bingham 介质。当这种介质通过工件与运动盘形成的很小空隙时，对工件表面与之接触的区域产生很大的剪切力，从而使工件表面材料被去除。1995 年，Rochester 大学的光学加工中心(COM)利用 MRF 方法对一批直径小于 50mm 的球面和非球面光学元件进行了加工。结果材料为熔石英的球面元件表面粗糙度降到 0.8nm(rms)，面形误差为 0.09μm。材料为 BK7 的非球面元件表面粗糙度降到 1nm(rms)，面形误差为 0.86μm。1997 年，COM 的研究人员对初始面形精度为 30nm(rms)左右的熔石英及其他六种玻璃材料光学元件进行试验，经过 5～10min 的抛光，面形精度达到了 1nm 左右。同时，他们又对磁流变抛光液成分进行了化学分析，通过以氧化铝或金刚石微粉等非磁性抛光粉代替原磁流变抛光液中的非磁性抛光粉氧化铈，较为成功地对一些红外材料进行了抛光。

10.3.2　磁流变抛光技术的抛光机理及特点

磁流变抛光就是在磁流变液中加入抛光粉，利用磁流变液固化现象来对工件进行抛光。在强磁场的作用下，使磁流变液在加工区域形成一个有一定硬度和弹性、能承受较大剪切应力的可控的点状区域的抛光工具。

在外加磁场的作用下，磁流变液的黏度会迅速变化(见图 10-11)，流体的流动屈服应力增大，从而改变其流变特性，当去掉外加磁场时，流体又恢复到原来的状态，这种现象即为磁流变效应。图 10-12 为磁流变液在磁场作用下的变化。

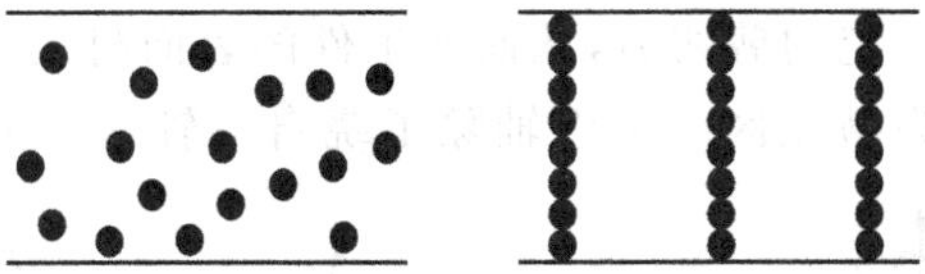

零磁场作用下　　外加磁场作用下

图 10-11　磁流变效应

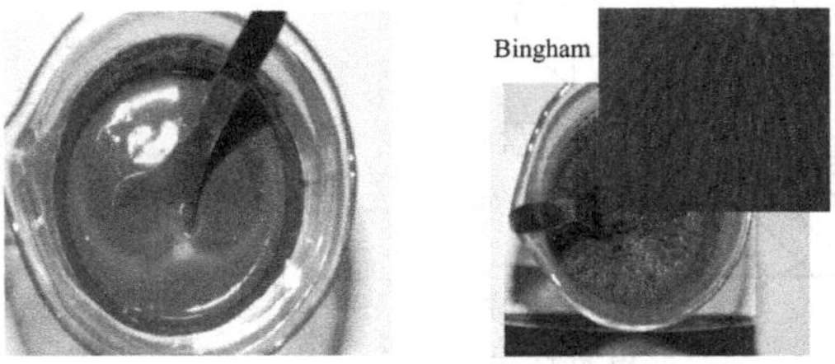

自然状态　　在磁场的作用下

图 10-12　磁流变液在磁场作用下的变化

磁流变液的组成及成分主要包括三部分。

(1)磁性微粒(微米级)。高磁导性,磁矫顽力小,不产生剩磁;常用:球形羟基铁。

(2)基载液。高沸点、低凝固点,适宜的黏度;常用:硅油。

(3)表面活性剂。降低不相容两相间界面能,防止沉淀分层,增加耐用性,延长寿命。常用:油酸、乙二醇。

Bingham 模型:

$$\tau=\tau_{y,d}(B)+\eta D \tag{10-2}$$

式中:τ 为剪切应力,$\tau_{y,d}(B)$ 为与磁场强度 B 有关的动态剪切屈服应力,η 为流体的弹性黏度,D 为剪切应变率(也称剪切速率,$D=\mathrm{d}v/\mathrm{d}y$)。其中,

$$\tau_{y,d}(B)=\alpha\times B^{n} \tag{10-3}$$

式中:α 为常数,n 的数值在 1 到 2 之间,依赖于不同的流变材料。图 10-13 为磁流变抛光原理图,磁流变液在抛光盘和被加工的工件之间流动,在外加的强磁场作用下,磁流变液变为具有一定剪切屈服力的介质与工件表面产生摩擦从而达到对工件表面抛光的目的。

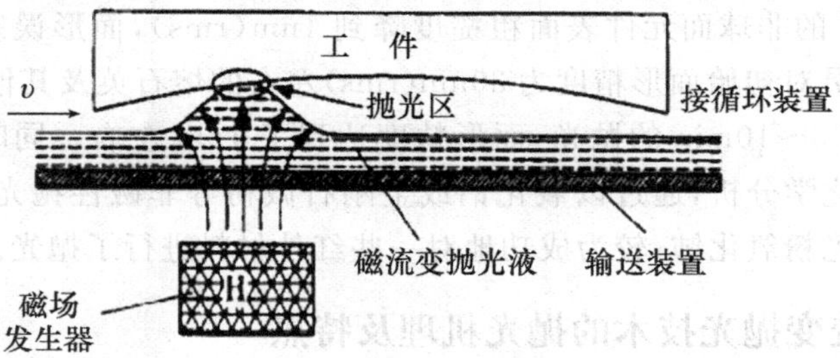

图 10-13　磁流变抛光原理

下面以加工凸球面为例简述磁流变抛光原理,如图 10-14 所示。被加工工件位于抛光盘上方,于是被加工的工件与抛光盘之间形成了一个凹形空隙。抛光盘的下方布置一强度可调的电磁铁磁极,在工件与抛光盘所形成的狭小空隙处形成一个梯度磁场。当磁流变液随抛光盘运动到工件与抛光盘形成的空隙附近时,梯度磁场使之凝聚、变硬,形成一带状凸起,成为粘塑性的 Bingham 介质。这样具有较高黏度的 Bingham 介质通过狭小空隙时,对工件表面与之接触的区域产生一定的剪切力,从而使工件的表面材料被去除,达到微量去除的目的。工件被抛光的区域称为抛光区。工件轴除了绕自身轴线作回转运动外,还可以作以轴

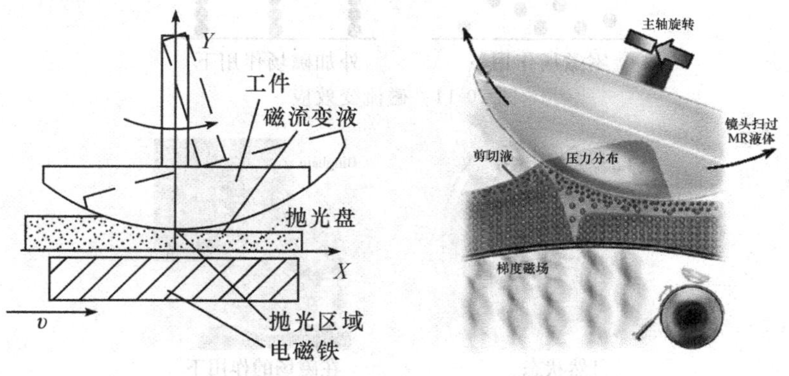

图 10-14　磁流变抛光加工过程原理

上某点为中心、以工件曲率半径为半径的摆动。于是工件表面的各个带区都可以经过抛光区，从而实现对工件整个表面的材料去除。抛光区的大小和形状取决于很多因素，如磁流变液的成分，被抛光工件表面的形状，工件浸入磁流变液的深度，抛光区磁场强度分布以及工件自身的材料性能等。在磁流变抛光过程中，应对这些因素加以控制，以便确保抛光过程的稳定性。

与传统光学精密抛光方法相比较，磁流变抛光主要具有以下特点。

(1)能够获得质量很高的光学表面。在磁流变研抛过程中，由于磁流变流体的可控制性，可以调节磁流变液固相状态下的屈服应力的大小，这样就有利于产生微小切削作用，而且工件表面层和亚表面层不会产生压应力，因而工件表层不会造成损伤，易得到较高的表面质量。

(2)易于实现计算机控制，能够得到比较复杂的面形。通过控制磁场，可以控制刀具(磁流变液在磁场中形成的“凸起缎带”的大小、形状及强度，因此能够实现各种面形的加工，并且由于磁场的可控制性，易于实现计算机控制和数控加工。

(3)去除效率高。由于在磁流变液中加入了微细磨料，在可控磁场的作用下，磁流变液相当于形成一个个微型“磨头”对工件材料进行去除。同时磁流变液中存储有足够的水分有利于水解反应的进行。

(4)不会存在刀具磨损、堵塞现象。加工过程中，磨屑随着磁流变液的循环被带走、过滤，而且磁流变液中介质为水和有机盐，不会划伤工件的加工表面，并起到了清洗和冷却的作用。

图 10-15 显示的是一口径为 32mm 的 FPL 51 玻璃非球面经过磁流变抛光过程后的面形测量结果。从测量结果可以看出，经过磁流变抛光后，面形精度和粗糙度都得到很大提高。

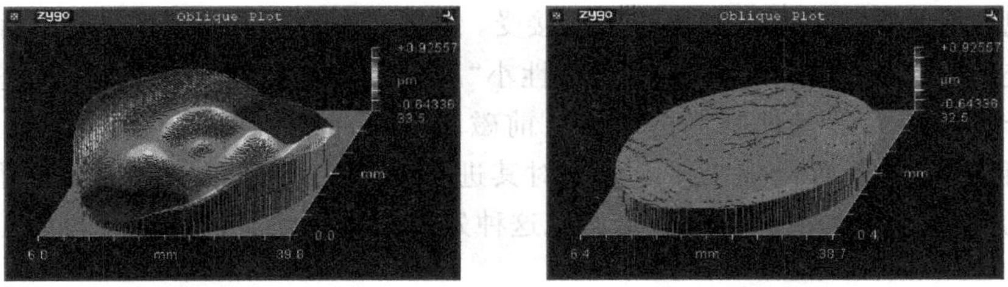

1.188 λ *p-v*, 0.224 λ rm　　　0.261 λ *p-v*, 0.040 λ rms

图 10-15　磁流变抛光前后面形的对比

10.3.3　磁流变抛光关键技术研究

为了实现对工件表面材料去除的精确控制，建立准确的去除率模型是十分必要的。当前，通常为人们所接受的 Preston 方程表达式为

$$MRR = kp^{\alpha}v^{\beta} \tag{10-4}$$

其中的 α 和 β 取决于具体的抛光条件，可以通过实验拟合得到。式中 p 为接触压力，v 为相对运动速度。

磁流变抛光过程可以认为是在外加磁场的作用下，磁流变液在抛光区内变硬成为类固体的“小磨头”代替散粒磨料抛光过程中的抛光盘，这个“小磨头”的形状和硬度可以通过控制磁场强度来实时控制。当磁场强度与抛光间隙等都保持恒定不变时，对材料的去除过程就只与小磨头的驻留时间有关。因此，可以采用数控的方法对工件表面进行有选择性的去除，从而对光学元件进行确定性加工。

磁流变抛光具有选择性去除透镜表面任何位置材料的能力。利用改变暴露给磁流变流体的时间来实现透镜表面的材料去除。简单地说，磁流变流体抛光透镜表面任何一个区域的时间越长，该部分材料就去除得也越多。利用改变透镜通过磁流变流体的扫过速率（或停留时间）来实现选择性透镜表面材料去除。

合理的检测手段是保证工件面形与表面精度的必要条件，实现加工中的在位检测，才可能最大限度地减少重复装卡所造成的误差。

图 10-16 QED 公司的 Q22-750P2 磁流变抛光机

QED Technologies 公司是国际上著名的磁流变抛光设备供应商。图 10-16 为该公司的 Q22-750P2 磁流变抛光机，该设备可以加工出来的面形峰谷精度优于 30nm，表面粗糙度 RMS 小于 0.5nm，它可以对光学玻璃、单晶体、玻璃陶瓷等材料进行加工，加工出的面形包括平面、球面、非球面、棱镜等，并且适用于多种形状的孔径。MRF 技术在最近几年里取得了长足的发展，其加工效率和精度，以及可加工工件尺寸均有了较大的提高，在可以预见的将来，这种方法将会用于大尺寸非球面光学表面的加工。

10.3.4 磁流变加工技术的未来展望

磁流变抛光这种新兴的光学加工方法以其加工速度快，效率较高，不产生下表面破坏层及易于实现微机数控等优点已渐为人们所接受。另外，磁流变抛光还有一个显著的优点：可利用磁流变抛光液在磁场作用下形成的柔性小“磨头”对工件表面各个环带区进行加工，因此特别适合非球面光学元件的制造。但目前磁流变抛光还只局限于对中小口径（直径在 100mm 以下）的光学元件的加工。因此应对其进一步研究，使之也能对大中口径的光学元件的加工也行之有效。到那时，磁流变抛光这种先进的光学加工方法必将更受人们的青睐。

10.4 单点金刚石车削加工技术

10.4.1 单点金刚石车削加工技术的产生和发展背景

早在 1962 年，美国就开发出以单点金刚石车刀切削铝合金和无氧铜的超精密半球车床，其主轴回转精度为 0.125μm，加工直径为 Φ100mm 的半球，尺寸精度为±0.6μm，粗糙度为 R_a0.025μm。1984 年又研制成功大型光学金刚石车床，可加工重 1350kg，Φ1625mm 的大型零件，工件的圆度和平面度达 0.025μm，表面粗糙度为 R_a0.042μm。在该机床上采用多项新技术，如多光路激光测量反馈控制，用静电电容测微仪测量工件变形，32 位机的 CNC 系统，用摩擦式驱动进给和热交换器控制温度等。美国利用自己已有的成熟单元技术，只用两周的时间便组装成了一台小型的超精密加工车床(BODTM 型),用刀尖半径为5～10nm的单晶金刚石刀具,实现切削厚度为 1nm 的加工。

计算机数控单点金刚石技术(SPDT)是美国国防科研机构于 20 世纪 60 年代率先开发、80 年代得以推广应用的一项非球面光学零件加工技术,它是在超精密数控车床上,采用天然单晶金刚石刀具,在对机床和加工环境进行精确控制的条件下,直接利用天然金刚石刀具单点车削加工出符合光学质量要求的非球面光学零件。该技术主要用于加工中小尺寸、中等批量的红外晶体和软金属材料的光学零件,其特点是生产效率高、加工硬度较低、重复性好、适合批量生产、加工成本比传统的加工技术明显降低。目前采用单点金刚石技术可以加工的材料有:有色金属、锗、塑料、红外光学晶体、无电镍等。上述材料均可直接达到光学表面质量要求。此技术还可用来加工玻璃、钛、钨等材料,但是目前还不能直接达到光学表面质量要求,还要进一步研磨抛光。该技术与离子束抛光技术相结合,可以加工高精度非球面光学零件;与镀硬钛膜工艺和环氧树脂技术相结合,可以生产高精度非球面光学零件,且价格相对低廉。单点金刚石车削光学零件技术经济效果非常明显,例如加工一个直径为100mm 的 90°离轴抛物面镜,若用传统的研磨抛光工艺方法加工,面形精度最高达到 3mm,加工时间需要 12 个月,加工成本为 5 万美元,而采用金刚石单点车削技术,3 个星期即可完成,成本仅需 0.4 万美元,面形精度高达 0.5μm。

10.4.2　单点金刚石车削技术的原理和特点

金刚石车削的基本原理是:在金刚石车削加工时,由于单晶天然金刚石非常坚硬与尖锐,可以认为材料去除是一个很薄的区域内的剪切过程。在实际超精密切削金属时,主切削刃和前刀面的主要任务是去除金属,切削层在前刀面的挤压作用下发生剪切滑移和塑性变形,然后形成切屑沿前刀面流出,如图 10-17 所示。前刀面的形状直接影响塑性变形的程度,切削的卷曲形式和切削刀具之间的摩擦特性,并直接对切削力、切削温度、切削的折断方式和加工表面质量发生显著影响。主切削刃是前刀面和后刀面的交线。实际上前刀面和后刀面的交线不可能为理想直线,而是一个微观具有平均曲率半径的交接曲线,即尖点微观上不是一个点,该平均曲率半径称其为刃口半径 ρ。刃口半径越小,应力越集中,变形越容易,切削力越小,加工表面质量越好。即刃口半径对切削过程有较大的影响,同时对切削力、切削温度和切削变形系数都有不同程度的影响。另外,金属切削屑被该分流线分流为两部分,分流线以上的材料沿前刀面流出,分流线以下的塑性变形层被 O 点以下的刀刃熨压后成为已加工表面。经过熨压以后,刀刃下方的材料产生严重的压缩变形,对已加工表面质量产生直接的影响。

从图 10-17 可得出,超精密金刚石切削剪切角 φ 与前角 α 的关系为

$$\tan\varphi=\frac{\cos\alpha}{\xi-\sin\alpha} \tag{10-5}$$

式中:α 为刀具前角,ξ 为切削屑变形系数,定义为:$\xi=\frac{t_c}{t_0}$,式中:t_c 为切削深度,t_0 为切削厚度。

实验证明,剪切角随着切削深度和工件结晶面变化而变化,这说明在切削单晶体材料时,材料晶向对剪切角、切削变形进而对切削力的影响是比较大的。

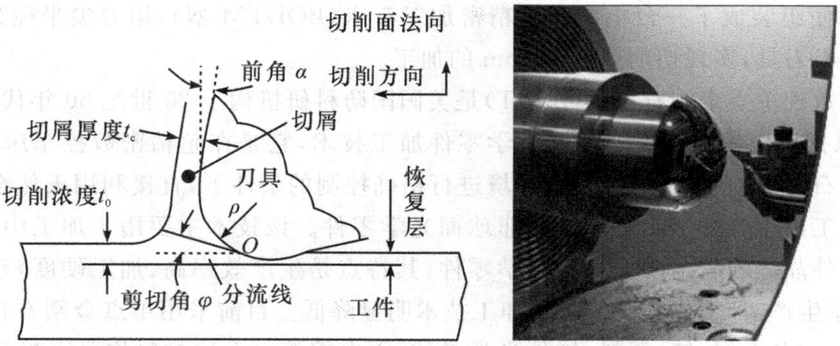

图 10-17 切削机理

超精密微量切削切削深度可达到 0.075μm，相当于从材料晶格上逐个去除原子，目前只有天然金刚石刀具才能实现这一切削过程，并具有较高的耐用性。超精密加工采用微量切削可以获得光滑而加工变质层较小的表面，吃刀量主要取决于刀尖刃口半径 ρ 的大小。金刚石刀尖刃口半径 ρ 理论上可以达到 3nm。目前，我国生产中使用的金刚石刀具，刃口半径 ρ 约为 0.2～0.5μm，特殊精心研磨可以达到 ρ=0.1μm。对加工表面质量有特殊要求时，特别是在要求残余应力和变形量很小时，必须进一步减小刀尖刃口半径。

图 10-18 是在刀具运动的垂直方向上，金刚石车削表面的轮廓图。

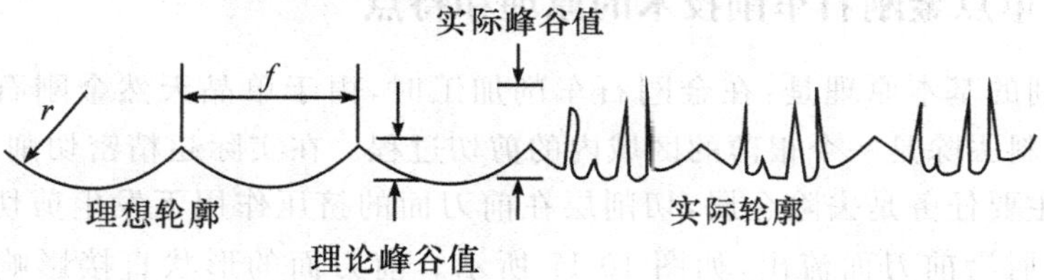

图 10-18 金刚石车削表面的轮廓

左边是理想的情况，右边是刀具具有小缺口时实际的表面轮廓。根据金刚石切削刃的几何形状和刀具每转的进给量，可以计算理论的表面的粗糙度为

$$h=\frac{f^2}{8r} \tag{10-6}$$

式中：f 为刀具每转的切削进给量，r 为金刚石刀尖的半径。

由此，可以知道金刚石刀尖应该具有精确的特性参数（包括前角、后角、刀刃半径等），见表 10-1 和图 10-19。制造超精密切削刀具用的金刚石需要大颗粒（0.5～1.5 克拉）优质的单晶金刚石，单晶金刚石的性质见表 10-2。

表 10-1 单点金刚石刀尖几何参数

刃尖形状	轮廓精度/μm						圆弧半径/mm	刃尖角 θ/°	刃宽 w/mm	后角 α/°	前角 β/°
	≤90°		≤120°		≤150°						
	超精级	精级	超精级	精级	超精级	精级					
图 10-19(a)	0.05	0.5	0.15	1.0	0.20	2.0	0.03～3	15	—	0～20	30～10
图 10-19(b)	0.05	0.5	0.15	1.0	0.20	2.0	0.10～200	—	0.5～5.0	0～20	30～10

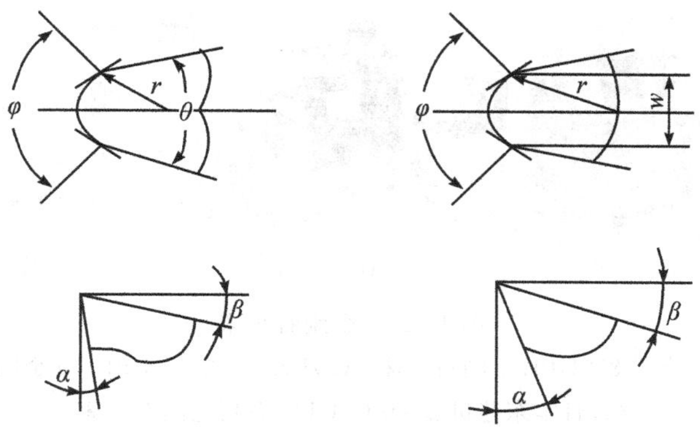

(a)　　(b)

图 10-19　金刚石刀尖的参数

表 10-2　单晶金刚石的性质

性质	实测值	备注
密度	3.52×10^3 kg/m^3	
压痕硬度	60000～100000N/mm^3	随方位和温度而变化
杨氏模量	10.5×10^{10} N/m^2	各方向大致相同
拉伸强度	$(3\sim20)\times10^9$ N/m^2	
开始氧化温度	900～1000K	
开始石墨化温度	1800K(不活拨气氛中),900K(铁粉中)	
比热容	0.516×10^3 J/kg·K(常温)	
热导率	600～1000W/m·K(含氟) 2000～2100W/m·K(不含氟)	
线膨胀系数	0.8×10^{-6}(常温) $(1.5\sim4.8)\times10^{-6}$(400～1200K)	
表面能	5.5J/m^2(111)面	

图 10-20 和图 10-21 是一种具体金刚石刀具的参数和照片实例。

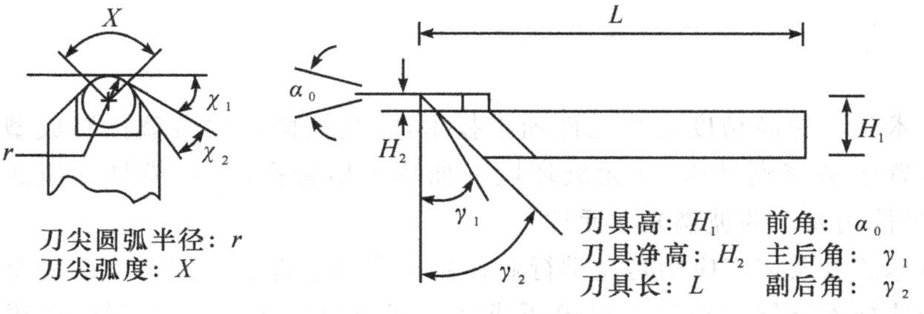

图 10-20　金刚石刀具的参数

图 10-21　金刚石刀具

金刚石车床的主要生产厂家是美国的 Moore 公司(MooreNanotech)[见图 10-22(a)]和 Precitech 公司[见图 10-22(b)]。进入 20 世纪 90 年代后,日本东芝机械公司也开始生产这种车床[见图 10-22(c)]。

对超精密切削刀具的设计、制作和选择来说,有以下几条衡量的标准。

(1)刃尖的锋利程度和它的稳定性。刃尖越锋利(刃尖的圆弧半径小)、切削厚度(加工厚度)越小,排屑就越稳定。目前,金刚石刀具的最小切削厚度可达 1nm 的程度,但从强度

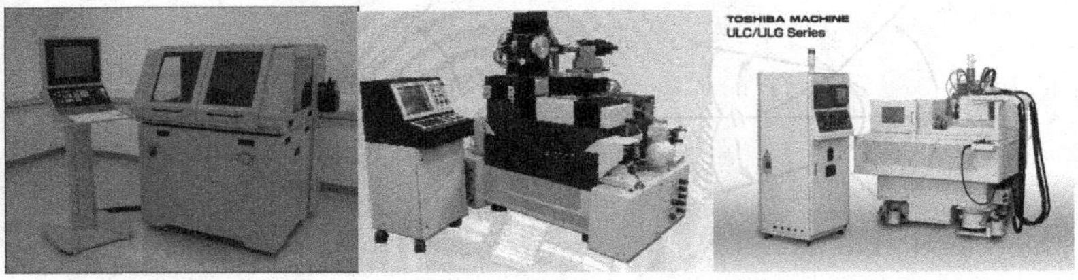

(a) (b) (c)

图 10-22 金刚石车床

(a)Moore 公司 250UPL 金刚石车床，(b)Precitech 公司 FF750 金刚石车床，

(c)日本东芝机械 ULC/ULG 系列金刚石车床

和热容量来说锐利的刀尖很容易被磨损。为了保持刃尖的稳定性，它应有适当的圆弧。

(2)切削刃棱的光滑程度。如果刀具轮廓能完全复制到完工表面的话，切削刃棱的光滑程度就决定了完工表面的极限光滑程度。用抛光方法可以使金刚石表面达到几个纳米的程度。

(3)被加工材料和它的亲和性。切削加工的理想状态是:具有光滑抛光表面的切削刃的轮廓完全地复制到加工工件的表面。实际上，在刀具的后面与被加工材料的界面处会产生黏附等物质移动、形成游离粒子等相互作用或化学反应，这些都可能破坏复制性。

(4)刃尖强度。对于精密切削刀具来说，除了耐磨性以外，必须特别注意刀尖的崩刃。刀具的损坏往往不是由于磨损而是由于产生了崩刃。用崩刃的刀具加工，就会出现表面缺陷。

(5)热化学性。包括热分解性、氧化性和被切削材料之间的溶解性、扩散性和化学反应性等。要对这些性质进行定量分析是很困难的。

10.5 精密玻璃模压制造技术

10.5.1 简介

精密玻璃模压制造技术是一种高精度光学元件加工技术，它是把抛光的玻璃预制成型体(简称预型体，preform)置于精密模具内，在无氧环境下加热到熔融态，通过模具施压成型，一次性直接制造出满足使用要求的玻璃光学元件。

精密玻璃模压制造技术的普及推广应用是光学行业在光学玻璃零件加工制造方面的重大革命。精密玻璃模压制造技术能够大批量直接模压成型出精密的非球面光学元件，使得非球面玻璃光学零件被广泛使用成为可能。而非球面透镜有助于简化光学系统结构、缩小体积、减轻重量、节省材料、减少了光学零件镀膜和工件装配的工作量从而降低成本，而且有助于提高光学仪器性能，使光学系统的成像质量得到改善。

光学玻璃透镜模压成型技术，已经广泛地用于生产大批量精密的球面和非球面透镜。一般除了生产制造直径为15mm左右的透镜外，还能生产制造直径为50mm的大口径透镜、微型透镜阵列等。现在也能制造直径为100μm的微型透镜阵列。如今，光电通讯、光电精密测量仪、汽车光电、生物工程、航空航天等产业发展迅速，非球面玻璃透镜因其较高的成像质量而被广泛应用于数码相机、照相手机、车用摄像装置、CCD 摄像镜头、DVD 读取头显微及望远镜头、武器瞄准系统、内窥镜、航空航天装置等产品中。其主要的产品包括：

(1)军用和民用光学仪器中使用的球面和非球面光学零件，如各种透镜以及滤光片、棱镜等；

(2)光通信中的光纤耦合器用非球面透镜；

(3)光盘用的聚光非球面透镜，使用一块模压成型法制造的非球面透镜，可代替光盘读出器光学镜头内使用的三块球面透镜，同时模压成型非球面透镜的精度高，能够控制和校正大数值孔径的轴向像差，可使原来的光学镜头的重量减轻、成本降低 30%～50%。

(4)照相机摄像头用非球面透镜、电影放映机和照相机镜头等非球面透镜，美国仅柯达公司每年就需要模压加工数百万个非球面光学元件。

与传统的光学冷加工工艺相比，精密玻璃模压技术具有如下优点：

(1)一般只需一道模压工序即可得到最终的光学元件，不需要传统的粗磨、精磨、抛光、磨边定中心等工序，即可使光学元件达到较高的尺寸精度、面形精度和表面粗糙度；

(2)能够节省大量的生产设备、工装辅料、厂房面积和熟练的技术工人，使一个小型车间就可具备很高的生产力；

(3)可很容易经济地实现精密非球面或自由曲面光学元件的批量生产；

(4)只要精确控制模压成型过程中的温度和压力等工艺参数，就能保证模压成型光学元件的外形精度和重复精度；

(5)光学元件和安装基准件可制成一个整体，结构更加紧凑；

(6)因为不使用研磨液和抛光粉等颗粒材料，且玻璃型料不会产生加工去除废料，所以是一种环保技术。

不同于传统的材料去除型加工方式，精密玻璃模压制造技术采用热压成型方法将模具面形直接转移到光学元件表面，具有精度高、一致性好、生产效率快的特点，特别适用于机械研磨抛光方法难以实现规模制造的中小口径、具有特殊面形结构的高精度玻璃光学元件，如高次非球面透镜、微透镜及阵列、衍射光学元件和自由曲面光学元件以及材料价格昂贵的红外光学元件等。

目前世界上已掌握这项先进玻璃光学零件制造技术的厂家有美国的康宁、柯达、莱特巴斯等，日本的东芝、松下、大原、保谷、奥林巴斯等，荷兰的菲利浦和德国的蔡司等。美、日、德在模压成型领域走在了世界前列，该技术已经成熟。中国台湾地区以及大陆的台资企业在大规模精密玻璃模压制造技术领域具备较强的竞争实力和市场能力，中国大陆一些厂商也在逐渐尝试进入该领域。目前批量生产的模压成型非球面光学元件的规格范围通常是：

(1)直径 1～50mm，直径公差为±0.01mm；

(2)厚度为 0.4～25mm，厚度公差为±0.01mm；

(3)最小顶点曲率半径可达 0.5mm；

(4)面形精度为 1λ(1 个波长)，表面粗糙度符合美国军标为 60/40；

(5)折射率可控制到 5×10^{-4}，折射均匀性可以控制到 $<5\times10^{-6}$，双折射小于 0.01λ/cm。

精密玻璃模压制造技术是一项综合技术，专用的模压设备、高质量的模具、具有良好特性和精度的玻璃型料，以及设置合理的模压工艺参数都是玻璃光学元件精密热压成型技术的关键。

10.5.2 玻璃材料和预型体

1.模压玻璃材料

通常适合精密模压制造的玻璃被称作 Low Tg(转变点温度,temperature of glassing transition)玻璃(或俗称为低熔点玻璃)。Low Tg 玻璃是一种新型的光学玻璃,一般其 T_g 温度小于 550℃,但随着新型模压玻璃的不断研发,出现了一些具有较高 T_g 温度,经过热压成型后仍具有良好光学性质的模压玻璃(例如 Schott N-LASF45 的 T_g 温度约为 647℃),因此 Low Tg 玻璃已经成为广义上的精密模压光学玻璃的代称。

在不同的折射率和 T_g 温度范围,Low Tg 玻璃的成分结构主要分为以下几类。

(1)n_d:1.45～1.635;T_g<400℃。主要是磷酸盐玻璃(phosphate glass),氟磷酸盐玻璃(fluorophosphates glass),锌磷酸盐玻璃(phosphate-Zn glass)。

(2)n_d>1.78;T_g<550℃。主要是含铅玻璃(Pb glass),镧-锌-硼玻璃(La-Zn-B glass),铌-磷(铋)玻璃[Nb-P(B)i glass],铋-硼玻璃(Bi-B glass),碲-锌玻璃(Te-Zn glass)。

(3)n_d:1.635～1.78;T_g<500℃。主要是含硼与镧的磷酸盐玻璃(phosphate glass with B and La),含铅玻璃(Pb glass),硅-钛碱玻璃(Si-Ti glass with alkali)。

理论上讲,大部分的光学玻璃都可以用于模压制造,但实际情况并非如此。

首先,精密玻璃模压制造在高温环境下进行,过高的模压温度容易使模具表面氧化、腐蚀,发生黏连,脱模损伤模具或模压透镜,影响产品良率。因此,较低的模压温度有助于延长模具寿命,提高生产效率。精密模压制造工艺还对玻璃的耐酸、耐水等化学稳定性提出了更高的要求。其次,玻璃材料中的某些组分对其热压成型的性能有较大的影响,需要重新调整配比。例如,硅酸盐玻璃中的 SiO_2 可改善玻璃的热稳定性,提高玻璃耐失透性和稳定性,但含量增大会导致 T_g 值升高;WO_3 和 TiO_2 具有提高玻璃折射率和色散的作用,与 Bi_2O_3 同时使用对改善玻璃耐失透性具有一定作用,但当 TiO_2 质量分数超过 4%,WO_3 质量分数超过 8%,会使玻璃的透过率恶化,在高温下会与模具产生反应,致使模具的使用寿命很短且零件表面质量差。另外,光学玻璃的膨胀系数越高,在加热和冷却过程中更容易破损,需要更准确的模压工艺参数控制,从而影响模压制造效率。

Low T_g 玻璃的开发不单纯是玻璃组分的配比已达到所需的光学位置和转变温度。从光学应用,光学玻璃的生产一直到精密模压工艺都对 Low T_g 玻璃提出了新的要求。

(1)光学应用方面对玻璃的要求有:高透过率,高折射率,低色散,高的异常部分色散,高耐光致老化性与高化学稳定性。

(2)光学玻璃生产对低熔点玻璃的要求有:低熔炼温度,低腐蚀,晶化温度区间较短,无挥发,低成本原料。

(3)精密热压成型工艺对玻璃的要求有:低转化点温度,玻璃与模具(界面)之间不反应,玻璃挥发组分少,热膨胀系数 CTE 小,在热应力下不开裂,黏黏度曲线陡峭,化学抵抗性高。

Low T_g 玻璃的供应形式也有别于传统光学玻璃。其中一种是滴型料(Gob),其特点是表面抛光的预制品,可清洗处理后直接用于精密模压。另一种是玻璃棒料,直径通常在 1～3mm,一般大批量加工成小球透镜,用于小口径非球面透镜模压,可以有效提高材料的利用率。

此外,Low T_g 玻璃需要满足环保要求。

Low T_g 玻璃的供应商主要有：德国 SCHOTT，日本 HOYA、OHARA、SUMITA，中国成都光明、湖北新华光等。各玻璃材料供应商所能提供的性能极值 Low T_g 玻璃见表 10-3。

表 10-3　性能极值 Low T_g 玻璃

	成都光明	湖北新华光	HOYA	OHARA	SUMITA	SCHOTT
品种数量	16	15	27	21	41	27
n_d>1.8 的品种数量	4	5	9	9	13	7
最高折射率材料型号	D-ZLAF85L	D-ZLAF85L	M-FDS2	L-BBH1	K-PSF215	P-SF68
代码	854406	851401	002193	102168	154172	005210
T_g/℃	497	495	384	498	431	464
最低折射率材料型号	D-K59	D-K9	M-FCD1	L-BSL7	K-CaFK95	N-FK51A
代码	518635	516641	497816	516641	434950	487845
T_g/℃	497	495	384	498	431	464
最低 T_g 值材料型号	D-LaF79	D-LaF731、D-K9	M-FCD1	L-PHL1	K-PG325	N-PK53
代码	731405	731405、516641	497816	565608	507705	527662
T_g/℃	496	495	384	347	288	383

不同的组分配比使 Low T_g 玻璃具有不同的光学常数和 T_g 温度，在进行应用时需要综合考虑玻璃材料的性能。

2. Low T_g 玻璃黏度与温度特性

黏度是玻璃的重要特性之一，它通常被作为控制和衡量玻璃工艺性能的标志。在形态转变过程中，玻璃黏度随温度上升而逐渐下降。玻璃的黏度决定了玻璃在形变过程中的应力-应变行为。影响玻璃黏度的主要因素是其化学组成和温度（在转变区范围还与时间有关）。不同牌号的玻璃对应于某一特征黏度值的温度不同。

低转化点玻璃的模压工艺参数主要体现在模压温度范围和精密退火速率，这两项参数对玻璃材料的折射率和色散系数有较大影响，正确合理的温度过程设置对于 Low T_g 玻璃精密模压制造技术至关重要。

对于相同的模压工艺条件和同一种玻璃材料，通常认为玻璃的黏度特性只与它的体温度分布有关。根据定义，黏度可以表示为作用在流体上的剪切力和流动速率的比值，即

$$\eta(T) = \frac{f_s}{D \times v} \tag{10-7}$$

式中：$\eta(t)$ 表示与温度有关的黏度，单位是 Pa·s，f_s 表示作用在流体上的剪切力，v 表示流体流动速率。

玻璃转变温度区间内的黏度与温度的关系可以通过广为接受的 VFT 公式获得。根据测量出的不同温度下的黏度值，即可得到转变温度区间内的黏度与温度的关系曲线。

$$\log(\eta) = A + \frac{B}{t - T_0} \tag{10-8}$$

式中：A 和 B 为常数，T_0 为特征温度。图 10-23 所示的是三条典型曲线的示意图，用来说明玻璃的材料热力学特性：玻璃黏度、弹性模量和热膨胀系数与温度的关系。

在 A 区，温度较高，玻璃表现为典型的黏性液体，它的弹性性质近于消失。在这一温度区间，黏度仅决定于玻璃的组成和温度。

温度进入 B 区，即转变区，黏度随温度下降而迅速增大，熔融态的玻璃开始出现弹性特征，弹性模量也随着温度下降迅速增大。另外，转变区玻璃的黏度还与时间有关。此时，玻璃的热膨胀系数与温度的关系表现为非线性，峰值对应的温度值为玻璃的屈服点（At，yielding point）。

当温度进入 C 区，温度继续下降，弹性模量进一步增大，黏滞流动变得非常小。玻璃黏度又与时间无关。在这一过程中，玻璃的热膨胀系数与温度的关系变为近似的线性变化，其延长线和 B 区热膨胀系数的延长线的交点所对应的温度值为玻璃材料的转变点温度 T_g。

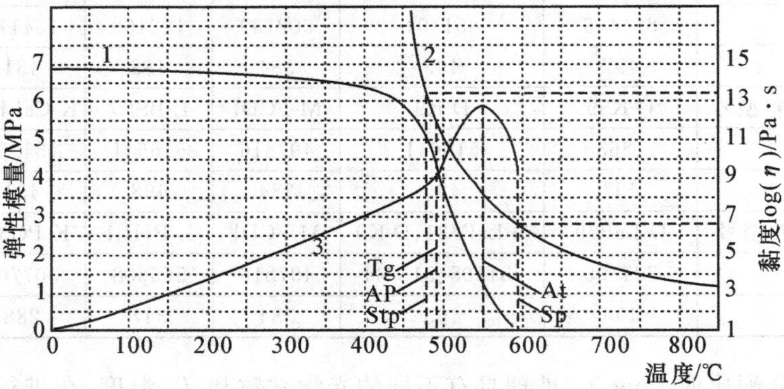

图 10-23 弹性模量(1)、黏度(2)、热膨胀系数(3)与温度的关系

玻璃的热处理温度取决于玻璃的黏度，尽管不同牌号玻璃的热处理温度各不相同，但所对应的黏度一致。值得重点指出的是一些特征黏度所对应的温度值，其中：

软化点(Sp)——对应的玻璃黏度约为 $10^{6.6}$ Pa·s。在此温度下，玻璃因自重而形变，表现出液体特性；弹性模量快速下降，甚至失去其表示的物理意义。一般情况下，模压温度不应超过玻璃材料的 Sp 值。

屈服点(At)——对应的玻璃热膨胀曲线最大值的温度。此时，玻璃开始随着温度改变而发生收缩现象。

转变温度(T_g)——对应的是低热膨胀率曲线和高热膨胀率曲线的延长线交点的温度。此时，玻璃的黏度约为 10^{12} Pa·s。通常，模压温度总是高于玻璃材料的 Tg 值。在 Tg 和 Sp 区间，玻璃可以看做一种与温度紧密相关的黏弹性材料。

退火点温度(AP)——对应的是玻璃黏度为 10^{12} Pa·s 的温度。此时玻璃材料的内应力可以在数秒钟内消除，因此玻璃材料的 AP 值通常被作为模压退火温度的上限。

应变点温度(StP)——对应的是玻璃黏度为 $10^{13.5}$ Pa·s 的温度。它是退火温度的下限，通常作为快速冷却的起点。

在玻璃热压成型过程中，除了几个关键的温度参考点外，还应考虑黏度的温度系数（因黏度范围而异）、黏度变化的速度 $d\eta/dt$（t 为时间）、降温速度 dT/dt、热传导速度、玻璃表面张力、比热、密度和热膨胀等因素影响。

精密模压的温度参数设计同样取决于玻璃的黏度。以图 10-24 所示的 N-PK53 玻璃的温度黏度曲线图为例，纵轴为玻璃黏度的对数，横轴为玻璃温度。当温度由低到高，所经历的温度点分别为玻璃转变点(T_g)，精密模压结束点，屈服点(At)，精密模压开始点，玻璃软化点(Sp)，压坯温度区域，玻璃雾化最低温度点(OEG)，玻璃雾化最高温度点(UEG)。

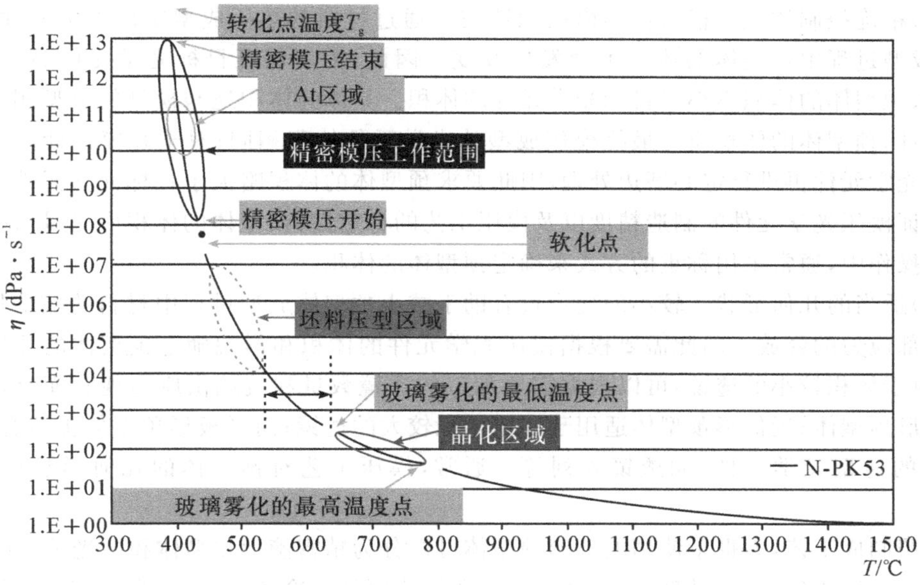

图 10-24　N-PK53 玻璃温度黏度曲线

通常最高模压温度设定为 T_g+90℃，但具体要看玻璃黏度，一般在黏度在 10^8 mPa·s 到 10^{13} mPa·s 之间。有的玻璃牌号的温度一黏度曲线非常陡，这样模压温度的窗口就很小。另外由于在模压时模压机温度控制精度的问题，玻璃的温度有可能会达到晶化温度区间，这样玻璃就会产生结晶和失透现象。所以在精密模压试验温度参数设计时，需要充分考虑各种玻璃的温度黏度曲线，找到适合的模压温度和压力范围。

3. 预型体

采用精密玻璃模压技术制造光学元件前，需要把光学玻璃材料加工成适合热压成型的具有一定形状和体积的坯料，称之为预制成型体(简称预型体)。

玻璃预型体的制备对于精密玻璃模压制造的质量有着重要的影响。首先，预型体的表面光洁度直接影响压型后的目标光学元件的表面质量；其次，预型体的体积和形状取决于模具设计和目标光学元件的结构。

精密玻璃模压制造技术对预型体的要求主要有以下几方面。

(1)玻璃材料等级一致。热压成型过程不会消除预型体玻璃材料内部的缺陷，如气泡、裂纹、结晶等，因此在选择制作预型体的材料时，需要根据目标光学元件的材料等级要求确定合适的玻璃。

(2)表面光洁度良好。不考虑模具表面质量的影响，预型体经过热压成型后，得到的光学元件基本上会保持预型体原有的表面光洁度，热压成型过程不会消除预型体的表面缺陷。因此，在热压成型前须对预型体进行表面抛光处理，预型体的表面质量应不低于对目标元件的要求。

(3)洁净度符合要求。如果没有经过彻底清洗，附着在预型体表面上的杂质，如油脂、灰尘、残余的抛光粉等，在模压过程中不仅会影响目标光学元件的表面质量，也会腐蚀模具表面，甚至导致玻璃与模具表面黏连，有可能会造成模具破损。因此，在模压制造前须对预型体进行充分的清洗。

(4)精确控制体积。精密玻璃模压制造技术通过材料的热压成型实现光学元件的面形制造,成型过程中预型体的体积不会发生改变。因此,为了保证目标光学元件面形的完整性,要求预型体的体积不小于目标光学元件的体积。具体的体积还与模具的类型相关,对于闭模设计,预型体的体积应与最终模压成型的光学元件体积相同;对于开模设计,需要对压型后的光学元件再进行定心磨边处理,因此要求预型体的体积略大于目标光学元件的体积。为了保证模压光学元件的制造精度以及模压工艺的稳定性,预型体的体积应尽量保持一致。在实际操作中,通常采用称重的方式来确定预型体的体积。

(5)适当的几何形状。较小的变形量有助于减小预型体成型过程中材料的蠕变量,便于材料内部应力的释放。因此需要根据模压光学元件的体积和形貌确定预型体的几何形状。例如,对于体积较小的透镜,可以根据需要加工的透镜数量和玻璃供应商现有库存,选择球形或滴形预型体;近似形预型体适用于制造体积较大的透镜;而平板形预型体更适合加工较大尺寸的薄型光学元件,如透镜阵列等。通常,模压工艺对预型体的几何形状精度要求不高。

按照制成工艺,大批量使用的玻璃预型体可以分为精密滴形预型体和抛光预型体两种。

滴形预型体(gobs)是熔融的玻璃直接滴在气垫模具上冷却成型,在自重变形作用下,预型体形状呈滴形。由于不需研抛加工,因此是最节省玻璃材料的预型体。滴形预型体在熔融状态不经过任何表面处理直接制成,由于熔融状态下的表面张力作用,滴形预型体的表面质量十分优良,表面光洁度极高(Ra 达到 0.2nm),适合用于材料成本较高的低熔点玻璃。

滴形预型体的体积公差相对于球形预型体略大,所以压型模具要采用开放式设计,非球面透镜成型后要经过定心磨边工艺。另一个缺点是并非所有的 Low Tg 玻璃都可以制成精密滴型预型体,比如在高温时易挥发的氟磷酸盐玻璃。滴形预型体的技术门槛较高,目前世界上只有少数几家光学玻璃厂可以生产。滴形预型体一般由材料供应商直接提供,无需额外的加工工艺即可用于精密模压,能够节约材料,价格较低,可以降低大批量模压制造光学元件的成本;但可供直接使用的体积种类不多,因此需要在光学设计之初根据滴形预型体的体积确定光学元件的面形与厚度等结构参量,或者向供应商提出新的生产要求,订购和设计光学元件体积相同的滴形预型体,生产周期较长,批量大,相应的交付周期会延长。

抛光预型体是采用传统热成型或研磨抛光工艺加工的球形(ball),盘形(plate or cylinder)或近似形(near shape)的预型体,表面需作抛光处理,表面质量不低于对目标光学元件的要求。

球形预型体主要用于制作小尺寸的高精度光学元件,是精密模压生产中用量最大的一种预型体,主要用于手机镜头和数码相机镜头。球形预型体直径控制灵活,具有很高的体积精度;且因其球形的几何结构,球形预型体具有自定中特性,放入模芯中自动定位容易;批量冷加工成本较低,原材料供应形式多样,包括玻璃块料、棒料或者外观不良的滴型料。但不足之处是在研磨抛光制造的过程中,材料损耗大;也由于球形的关系,热压成型时变形量较大,需要更长的模压时间以保证面形精度,更慢的退火速率以释放变形引起的内部应力,确保模压光学元件的质量。一般不适合大口径光学元件的模压制造。

盘形预型体的制造工艺简单,价格低廉,适合制造中小尺寸的凹面非球面透镜或具有表面微结构的光学元件;但在模芯中的定位需要特别注意,否则容易出现模压形变不均匀的现象。如果用于生产凸面光学元件时,需要真空环境,确保模芯与盘形预型体之间不会因为残存气体的无法排出而形成表面气泡影响面形精度。抛光碟片的应用范围很窄，比如用于中心厚度和边缘厚度近似的弯月透镜等。

近似形预型体一般都为球面透镜，顾名思义，其几何形貌与目标光学元件相似，体积精度高，在热压成型过程中预型体变形量小，有利于加快退火速率消除材料内部应力；但球面透镜的研磨抛光需要更高的加工成本，因此只适合小批量或高精度的模压制造。由于小口径的近似形预型体加工与检测难度较大，所以更适合制作中大尺寸的光学元件，例如工业镜头或单反相机镜头等。

以上介绍的四种预型体的图片如图 10-25 所示。

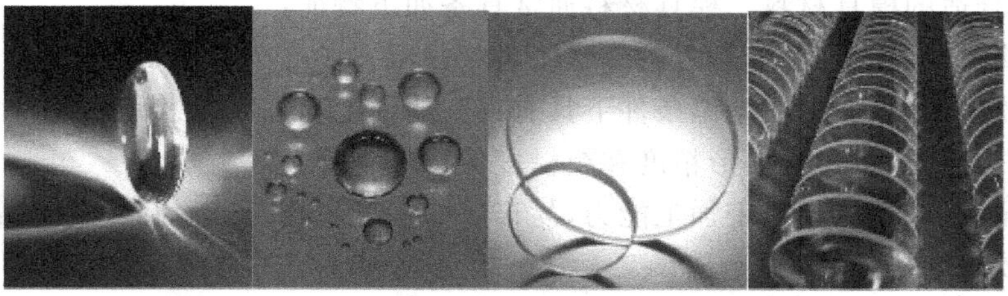

(a)　(b)　(c)　(d)

图 10-25　预型体种类

(a)滴形，(b)球形，(c)盘形，(d)近似形

表 10-4 总结了上面几种预型体的优势与不足。

表 10-4　预型体的比较

	优势	不足
滴型预型体 (gobs)	供应商直接提供，无需再加工；表面质量高；省材料，价格低；存货交期短	定位精度不高；体积精度相对较低；存货种类少；定制交期长，少量价格高
球形预型体 (polished ball)	体积精度高；自动定中；价格较低	不适合大口径光学元件
盘形预型体 (polished plate/cylinder)	制造工艺简单；价格低；适合模压微光学元件	定中较难；模压凸面需真空环境
近似形预型体 (polished near-net Sshape)	体积精度高；易于去除内部应力；适合大口径透镜模压	成本高

以上几种形式的玻璃预型体由于加工工艺的限制，它们的规格范围各不相同，见表 10-5。

表 10-5　玻璃预型体的常用尺度范围

预型体种类	球透镜	近似形状透镜	抛光碟片	精密滴型料
直径范围/mm	0.8～6.0	5～40	5～40	4～21
体积范围/mm^3	1～110	60～5000	60～5000	33～5000
玻璃种类	所有玻璃牌号	所有玻璃牌号	所有玻璃牌号	非所有玻璃牌号

10.5.3　精密模具

模具是成型高精度光学元件的关键，其质量直接影响到最终得到的元件质量。模具的构造具有能够保证镜片光轴精度、面形精度以及高效生产的能力。

(1)模具的设计。一套完整的模具有上、下模，通过定位销使两个模精密对准。每个模分别由模仁、模核(模仁座)、模板及相应的连接定位螺钉组成。其中，模核、模板面有很多定位螺孔及开槽，开槽部分可方便氮气流动，从而使冷却气体在模具中均匀流动并缩短冷却时间。

(2)选用合适的模具材料。模具材料通常具备如下特征：

1)与玻璃材料具有相同或相近的热膨胀系数；

2)具有较高的耐热性，在高温条件下具有很高的硬度和强度以及耐氧化性能，而且结构不发生变化，表面质量稳定，面形精度和粗糙度保持不变等；

3)表面无疵病，具有超精密加工能力，易于研磨成无气孔、光滑的光学镜面；

4)具有较高的热传导性。

玻璃透镜模压成型可用的模具材料为耐高温的超硬合金、金属陶瓷及碳化硅等。

(3)精密加工。由于所用的模具材料一般为超硬合金，要想把这些材料精密加工成模具，必须使用超精密的计算机控制加工机床，用金刚石砻轮进行磨削或采用特种刀具车削加工，其中磨削加工只能获得所期盼的形状精度，还需抛光为光学镜面。

另外，由于模具和毛坯材料的热胀冷缩特性，模仁面形往往不能完全一致。此时可采用修正模仁面形的方法，使工件面形达到最优。具体方案是：

1)首先按设计面形制造模仁；

2)测量模压后的工件面形；

3)计算模仁面形和工件面形的差异；

4)计算面形补偿数据；

5)修正模仁面形，再次模压成型。

(4)镀膜。对于超硬合金和金属陶瓷材料模具，由于模压过程中毛坯材料与模具材料可能发生黏连或反应，因此模具寿命很短(一般只能使用几十次)。为延长模具寿命，通常在模具材料表面镀有特殊的膜层。膜层材料和模具材料密切相关，最有代表性的模具材料是：以超硬合金作基体，表面镀有贵重金属合金和氮化钛等薄膜；以碳化硅和超硬质合金作基体，表面镀有硬质碳、类金刚石碳等碳系薄膜以及 Cr_2O-ZrO_2-TiO_2 系新型陶瓷等。

(5)模具的安放。模具的安放是保证得到高精度元件非常重要的一环，可采用如下过程：先将模具的上下两个部分紧闭，将其放在机床模具的下支架上，拧上螺钉，有定位销的一半置于上面。将上模具的支架以手动方式向下移动，到距离模具大约 5mm 时用螺钉将模具和上模具支架连接。当上模具支架继续向下移动接触到上半个模具时，紧固螺钉。安放模具之前，上下两个支撑架内都要放入氮气过滤器。连接模具和模具支架的螺钉为耐热螺钉，上紧时不能太用力。调节上下模具支架上的热电偶，并将其分别插入向下两个模具内，紧固热电偶以免移出，同时紧固热电偶的密封螺钉，以免氮气溢出。

模压用的模具材料，都是硬脆材料，要想把这些模具材料加工成精密模具，必须使用分辨率能达到 0.01μm 的高分辨率、超精密计算机数控机床，用金刚石磨轮磨削成所期盼的形状精度，再抛光成光学镜面。

因此，对模具材料有以下要求：高温环境下具有很高的耐氧化性能，结构不发生变化，面形精度和表面粗糙度稳定；不与玻璃起反应，不发生黏连现象，脱模性能好；在高温环境下具有很好的刚性、耐机械冲击，有足够的硬度；在反复和快速地加热冷却的热冲击下，模具不产生裂纹和变形；成本低，加工性能好。

主要的模具材料有碳化硅(SiC)和氮化硅(Si_3N_4)，这种材料的优点是在高温时与玻璃的化学反应小，不渗透气体、水蒸气和液体，不黏连玻璃，抗氧化，改善了高温下的抗弯曲和冲击强度，提高了表面的硬度，有较高的导热系数。其缺点是表面硬度大，难以加工成高精度的光滑表面。

通常的做法是在模具基体的模压面上附着一层薄膜，使模具既有足够的强度又具有良好的表面性能。最常用的是在超硬合金或金属陶瓷的基体上镀贵重金属合金膜层。模具基体材料主要有：以碳化钨(WC)为主要成分的超硬合金，以碳化铬(Cr_2C_2)为主要成分的金属陶瓷，以氧化铝(Al_2O_3)为主要成分的金属陶瓷。膜层材料有：铂(Pt)合金，纯铱(Ir)或铱合金，纯钌(Ru)或钌合金，类金刚石等。

模具基体通常用电火花或金刚石车削加工型腔；镀制膜层材料通常使用阴极溅射的方法，镀层厚度 50μm 左右，然后再用单点金刚石车床将镀层车削成非球面并进行必要的后续抛光。

被模压玻璃的转化温度越低，模具材料就越容易选择，模具的成本也就越低。WC 一般用于 550℃以下的温度，SiC 一般用于 550℃以上的温度。

目前，玻璃透镜模压模具材料一般选用高硬度的 WC 硬质合金，以满足玻璃透镜模具所需具备的各种性能。WC 模具材料物理特性见表 10-6。

表 10-6　WC 模具材料参数

WC 模具物理特性	数值
弹性模量 $E/10^3$ MPa	5700
泊松比 σ	0.22
密度 $\rho/\mathrm{kg\cdot m^{-3}}$	14650
热导率 $K/\mathrm{W\cdot m^{-1}\cdot ℃^{-1}}$	63
比热 $C_p/\mathrm{J\cdot Kg^{-1}℃^{-1}}$	314
热膨胀系数 $\alpha/10^{-7}$℃	49

10.5.4　模压工艺

光学玻璃元件的模压成型技术是一项综合技术，需要设计专用的模压机床，采用高质量的模具和选用合理的工艺参数。早期的玻璃元件模压成型法，是将熔融状态的光学玻璃毛坯倒入高于玻璃转化点 50℃以上的低温模具中加压成型。这种方法不仅容易发生玻璃黏连在模具模面上，而且容易产生气孔和冷模痕迹(皱纹)，不易获得理想的形状和面形精度。目前采用的方法是直接将固体毛坯料在无氧条件下加温到材料的屈服点以上将材料压制成型。由于热压成型工艺特别是退火速率对玻璃材料的折射率和色散系数有较大影响。因此，对玻璃光学性能有较高要求的模压透镜，需要在设计之前初步确定热压成型工艺。通过预估或试验来获得玻璃折射率和色散系数的变化量，优化光学设计，从而保证模压后透镜材料特性的实际值满足设计公差要求。然后根据最终的透镜设计完成精密模具和玻璃预型体的设计与制作。如果模压后的透镜无法通过改变热压成型工艺实现光学精度要求，则需要对模具表面面形进行相应的修正。具体工艺流程以及各阶段工艺参数分别如图 10-26 和图 10-27 所示。

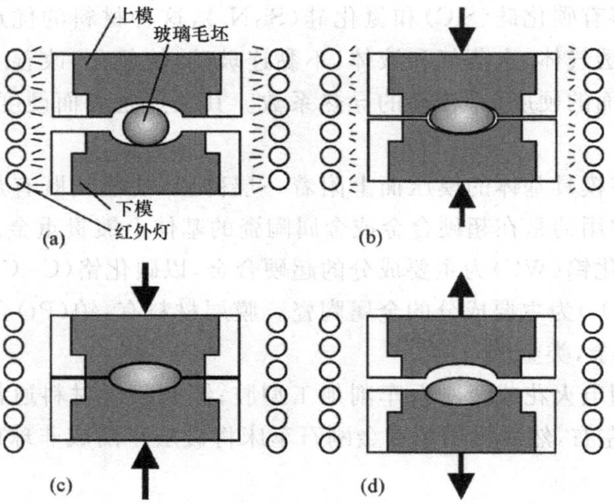

图 10-26　工艺流程

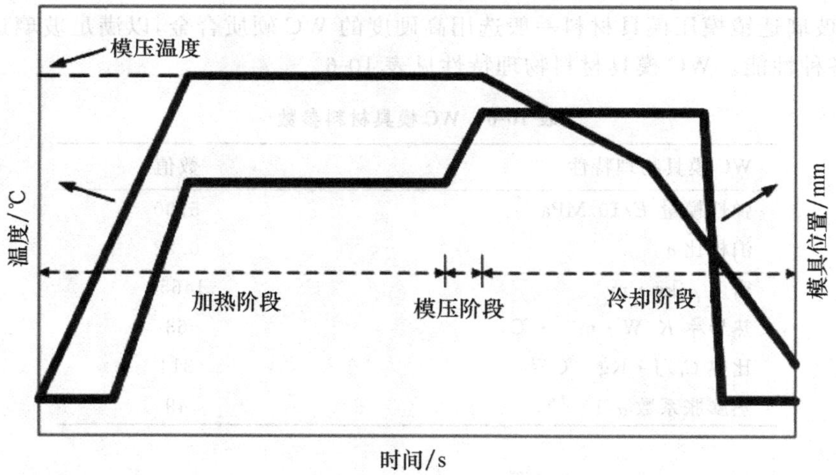

图 10-27　完整加工过程中温度和模具位置变化的原理

(1)将设计好的毛坯材料清洗干净并置于模压模具的中心位置，关闭模压室，打开真空阀门充入氮气，排出空气，同时下模上升到靠近上模的设定位置。

(2)利用红外灯加热，将玻璃和模具一起升温至玻璃的屈服点以上温度处并保持稳定。

(3)在玻璃和模具处于相同温度下，将毛坯材料压制成型。压制成型过程中一般采用两次加压法，首先是在温度处，采用等温加压法，利用模具对熔融玻璃毛坯材料施压，使其初步成型，并进行保压，保压所用压力要低于成型压力，在保压过程中将模具与工件一起慢慢冷却；待玻璃毛坯及模具温度降低至玻璃转化点(glass transition point)附近时，再次对初步成型的元件施压，以消除由于材料的收缩而产生的变形；之后在保持一定压力的情况下，将玻璃与模具一起实施冷却，该过程是一快速冷却过程。采用该方法比较容易精密地将模具形状表面复制下来，易于获得高精度元件。

(4)当温度降至适宜的温度时，移去上模具，取出成型元件。

需要注意的是：模压过程中要保持适度真空，并需要充入低浓度的氮气，防止模具氧化及工件产生气泡。

氮气的充入共分四个阶段：

1)PG，加热前充氮气；

2)A 加温区，充氮为防止模具氧化，第一次加压成型；

3)B 冷却区，第二次加压成型，并充氮气缓慢降温；

4)C 快速冷却区，充氮急冷。

除了在氮气保护下，也可以在真空条件下完成模压工艺，实现透镜的热压成型。这有利于避免玻璃预型体和模具之间被封存气体，影响表面质量。此外，在不同的模压温度阶段有针对性地施加压力可以减少玻璃热收缩对镜片面形精度的影响。

温度和模压速度是重要的加工参数，很大程度上影响着成型镜片的内应力分布。压缩阶段产生的内应力分布，又是选择其后退火加工参数的重要依据，因此获得精确的成型镜片内应力数据非常重要。在转变温度区域内，玻璃属于黏弹性体。在模压过程中，影响透镜成型质量最重要的因素是模压后的残余应力，研究应力松弛模型是预测模压过程中残余应力的关键。借助于有限元仿真可以预测玻璃模压后的残余应力，且可以研究应力松弛模型的性质。

采用有限元方法模拟镜片模压成型过程，旨在研究玻璃的高温成型机理和某些模压参数对于非球面镜片内残余应力分布的影响，进而达到优化加工参数，指导后续加工的目的。使用有限元分析软件对玻璃透镜模压成型应力状态及成型形状数值模拟与仿真，可以实现以下分析。

(1)对玻璃模压成型应力松弛模型进行研究，确定玻璃在模压过程中的材料模型。

(2)分析不同模压温度下玻璃材质的充型情况。研究确定模压成型加热过程中最小加热时间，分析模压温度对玻璃残余应力的影响，优化加热过程参数。

(3)基于应力松弛理论，借助于有限元软件分析加压速率、模压温度、摩擦系数对非球面透镜残余应力的影响，为选择合适的加工参数提供依据。

(4)介绍结构松弛理论，确定玻璃结构松弛参数，通过有限元仿真研究加压速率、模压温度、退火保持力、退火速率及摩擦系数对非球面玻璃透镜残余应力及最终成品非球面形状的影响，从而得出加工参数与残余应力的关系，分析加工参数对成型形状的影响，为模具补偿提供参考，最终得到合适的加工参数，模具材料及形状的确定，玻璃毛坯材料的选择及尺寸大小的确定。既降低了成本，又能大大降低了生产周期。

1. 模压过程热量传递

玻璃透镜模压过程属于热机耦合问题，这主要因为：

(1)在模压过程中既有热量的传递，也有机械力的作用；

(2)玻璃的物理性质随温度的变化而变化。

如图 10-28 所示，在模压过程中玻璃的热量来源主要有：

(1)模具的热传导；

(2)氮气的热对流；

(3)红外热源的辐射。

由于玻璃是透明体，因此红外辐射的热量小到可以忽略。在加热阶段，玻璃毛坯放在底模上，热量主要来自底模，次之来自氮气的热对流。在加压过程中，玻璃的温度保持恒定，热量多来自与其接触的上下模具。直接测量玻璃内部的温度是非常困难的，借助于有限元仿真可以模拟加热过程，将玻璃和模具内部温度可视化。

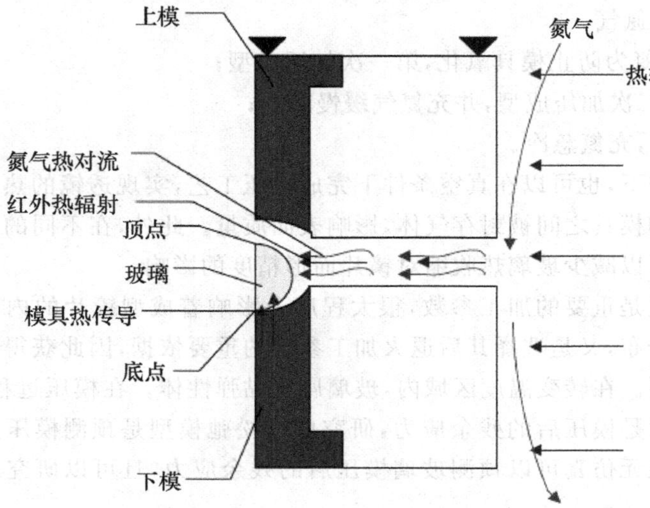

图 10-28　模压系统热传导模型

2. 模具与玻璃摩擦力

模具和玻璃之间的摩擦力影响透镜的成型质量和模具的寿命，主要体现在以下几点：

(1)摩擦力是影响模压过程中玻璃残余应力分布的主要因素之一；

(2)摩擦力影响高温黏弹性玻璃的流动性，进而影响透镜的成型形状；

(3)摩擦力增大了模压力，使得模压系统的能量损耗增大，增长了模压周期，降低了模压效率；

(4)摩擦力加速了镀膜的磨损，进而影响透镜表面粗糙度和形状精度。

模压摩擦力的形成机制及物理模型是模压成型技术的重点之一。目前大多数文献都是将模具和玻璃之间视为黏着状态，即摩擦系数为 1，少数假设模具和玻璃之间的摩擦力是恒剪切，摩擦系数是定值。

3. 模压温度及加热时间的选择

选择模压温度应该考虑三个因素：

(1)应该能够保证熔融状态的玻璃充满模具型腔；

(2)模压过程后残余应力应足够小；

(3)在保证前两个条件下模压温度要足够低。模压温度过低会造成充不满型腔，残余应力过大，模压力过大；而模压温度过高又会造成模具在模压过程中温度变化较大，模具寿命低。

确定最小加热时间，最小加热时间指在加热阶段，玻璃温度达到了预定模压温度且分布均匀所需的最小时间。玻璃在加热过程中热量多来自底模，且玻璃的热量总是由底端向上部传播，所以玻璃的底点（见图 10-27）最先达到预定加热温度，顶点（见图 10-27）最迟达到预定温度。只要能保证玻璃顶点和底点的温度达到了共同的预定温度，就可以认为玻璃已经加热到了预定模压温度。

4. 玻璃模压成型形状预测

非球面玻璃光学透镜不但要满足相应的机械、光学、化学性能等，还对其面形精度及形状稳定性有严格的要求。但是，长期以来，制造商们以直觉知识为理论基础、以经验设计为技术手段，用试错法来调整加工参数，试图解决模具补偿问题。一套模具往往要经过反复的补偿与修正才能形成现实的生产能力。试错法和物理模拟导致产品开发周期长、成本高、面形精度和稳定性难以保证。随着光电子行业的迅速发展和市场竞争的日趋激烈，要求生产企业必须研发和采用新成型工艺和模具设计制造新技术，缩短开发周期，优化工艺过程，提高产品质量，降低生产成本。在这种背景下，利用计算机数值模拟（CAE）技术进行非球面玻璃透镜成型工艺、模具的计算机数值模拟和优化日益成为研究的热点。

透镜模压成型技术加工后透镜形状偏差如图 10-29 所示。实线的非球面曲线是标准设计曲线，虚线代表模压成型后的非球面曲线。由于热胀冷缩，透镜在模压成型后有形状偏差。假设 X 方向为径向，Z 方向为轴向。

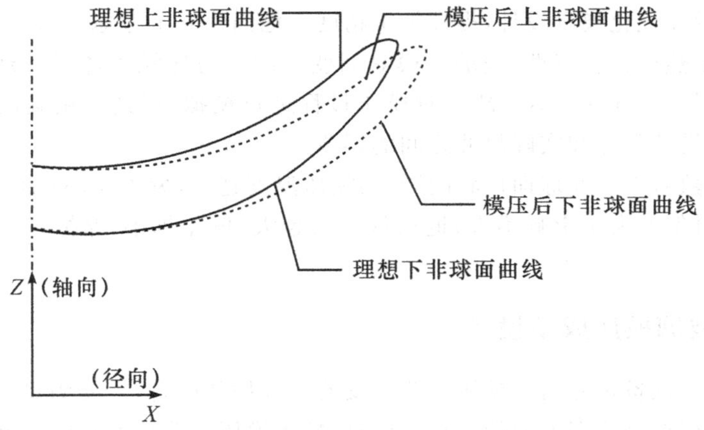

图 10-29　非球面透镜模压成型形状偏差

造成上下非球面形状偏差的原因有很多，主要有：

（1）玻璃预制件形状的影响；

（2）玻璃、模具在加热过程中的热膨胀行为；

（3）玻璃在退火阶段的结构松弛行为及模具的热收缩；

（4）玻璃与模具在加工过程中的摩擦力；

（5）黏弹性玻璃的时间效应等。

而造成面形偏差不稳定的因素主要有：

（1）加工参数的不稳定性；

（2）玻璃材料的不均一性；

（3）模具的磨损；

(4)加热阶段玻璃内部温度是否达到均一等；

(5)加压速率、退火速率、模压保持力等加工参数对玻璃应力状态的影响。

非球面玻璃透镜成型过程是一个非常复杂的热力耦合黏弹性变形过程，具有材料非线性和几何非线性的大变形特征，因此对其进行解析求解一般来说是很困难的。借助于数值模拟方法能够准确、详细地了解玻璃成型的过程。其中，有限元分析方法是一种很有效的手段。以非球面玻璃透镜模压生产中出现的面形精度不稳定的现象为例，我们可以通过几何建模、添加材料参数特性、定义工艺边界条件等步骤，对成型过程进行仿真，分析面形精度不稳定原因，研究解决方案。一般地，小口径非球面透镜模压成型形状偏差要在 1μm 内。模压成型技术透镜形状预测及偏差分析的意义在于通过预测模压成型后透镜的偏差，进而根据偏差大小补偿模具，重新设计模具进行加工。目前采用有限元仿真手段解决形状偏差的单位主要集中在美国、日本、德国等发达国家。Allen Y. Y. 等人，用实验方法测定了玻璃的弹性模量和黏度，并将其作为有限元仿真的输入，对比了 BK7 和 SK5 两种玻璃在不同温度下的应力松弛现象，并将仿真出的应力松弛曲线和基于单个 Maxwell 模型的计算结果进行对比，结果显示出很好的一致性。基于材料实验数据，采用结构松弛理论成功地预测了玻璃形状，并和试验结果进行了对比。结果表明能采用有限元仿真手段解决形状预测问题，并能进行产生偏差机理探讨。但由于其材料模型选得过于简单，预测结果和试验结果一致性不是很理想。德国的 Sellier M. 等人和佛朗霍夫研究所的 Siedow N. 等人提出了一套计算机辅助优化算法，旨在优化模具设计，提高加工精度。他们建立了考虑多重加工条件的仿真模型，该模型包含了热机耦合特性，玻璃－模具间变化的应力接触条件，复杂的玻璃流变特性等，然后运用有限元程序包 ABAQUS 对模压过程进行模拟，得到了精确的热收缩补偿量，有效减少了镜片设计尺寸和实际尺寸之间的误差。

不同加工参数对上下非球面形状的影响：模压温度越高，偏差越小；加压速率越大，偏差越大；退火速率对偏差大小影响不大；退火保持力越大，偏差越小；摩擦系数越小，形状偏差也越大。

10.5.5 玻璃模压成型设备

玻璃模压成型设备是专门为模压工艺开发的一种特殊设备，需要满足温度控制、压力控制、时间控制、环境控制等多方面的要求，是玻璃精密模压制造技术发展的重要标志。

早在 20 世纪 40 年代，玻璃光学元件模压制造技术已初见原形，但受当时条件限制，该技术思想只停留在概念阶段。1974 年，美国 Estman Kodak 研发的模压设备采用类玻璃碳(glass-like carbon)材料为模芯，设备结构相对简单，对玻璃预型体的形状和体积不需严格要求，无法精确控制模压温度、压力等工艺参数，而是直接将玻璃放入模具中，使用氮气作保护气体，加热到玻璃软化后压制，虽然成功实现了玻璃透镜的模压制造，但模压透镜的面形精度较低，一致性较差，模具寿命也很有限，不能满足正常的使用要求。

随后的 80 年代，日本在玻璃精密模压制造技术领域投入大量的人力物力进行研发，经过近 40 年的技术积累，构建了较为成熟的技术体系并进入市场化阶段，以技术专利为标志的知识产权数量世界第一，其技术水平处于国际领先地位。日本的模压设备供应商主要有 Toshiba、SYS 等。欧美在该领域研发虽早，但发展较为缓慢，技术市场化程度不高，模压设备通常自产自用，如 Schott，Zeiss，LightPath，Kodak 等，美国 Moore 公司目前有模压设备出售。现在的玻璃模压成型设备均可实现工艺参量的精确控制。

通常，玻璃模压成型设备包含以下七个功能组成部件。

(1)模具的开合系统。用气动、液压或机械的方式打开和闭合模具，以便放入玻璃预型体和取出模压透镜。

(2)成型室。成型室有透明的玻璃外罩或有透明窗口的金属外罩的密闭空间，提供真空空间或充保护性气体的空间。成型室既要便于模具的安装，又要能保证保护性气体的进出。

(3)模具组及其固定装置。提供机械接口方便在模压设备上安装模具。

(4)动力源、传动机构和压力监控系统。通过动力源和传动机构实现对模具的加压，同时监控压力的大小。

(5)加热装置和温度控制系统。这是对模具和玻璃预型体的加热装置和温度控制系统。加热方法一般采用电阻加热、感应加热或红外加热，采用热电偶、光学测高温计或其他温控装置进行温控。

(6)抽真空系统，惰性气体进入和排出系统。用于产生无氧环境，防止模压透镜和模具在高温下氧化腐蚀。

(7)过程控制及显示系统。为用户提供良好的操作流程界面。

热压成型机按照工作模式可以分成两类，分别是一模多穴单站式和一模一穴连续式，如图 10-30 和图 10-31 所示(以 Toshiba 公司模压机为例)。通过优化模具设计，可以在一模一穴连续式设备上实现一模多穴连续式的工作模式，从而进一步提高生产效率。表 10-7 为两种工作模式的模压成型设备的特点。

图 10-30　一模多穴单站式模压机(GMP-310V)

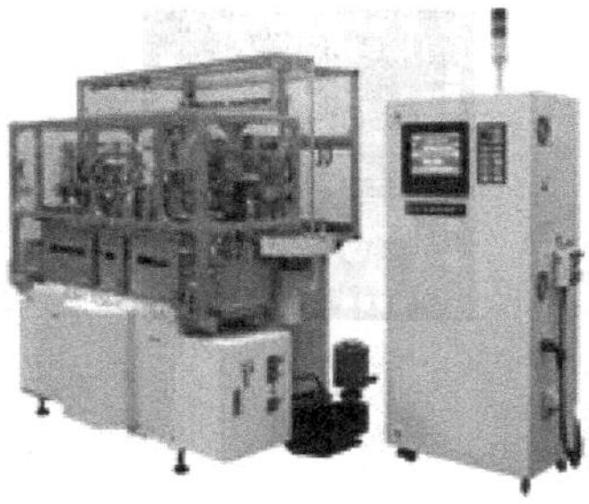

图 10-31　一模一穴连续式模压机(GMP-54)

表 10-7　两种工作模式的模压成型设备的特点

	一模一穴连续式	一模多穴单站式
最高模压温度	800℃	800℃(最高 1500℃)
最大模具直径	40mm	150mm
最大压力	5kN	30kN
真空模压	一般不可以	可以
温度监控	下模	上模、下模
模具位置	无	闭环精密定位
自动化	设备本身	需增配自动装卸机
生产效率	高	相对较低

10.6 微光学零件加工工艺

10.6.1 发展现状和趋势

当前，世界微电子器件正朝着高集成化、高功能化和高可靠性的理想境界发展，不断缩小图形线宽，增大晶片尺寸，采用新的设计结构，从而促使微细加工设备不断发展更新。将半导体微细加工设备和技术应用于加工微小尺度光学元件正引发光学技术新的革命性的发展。微光学元件指尺度在微米量级的光学元件，比如微透镜阵列、微反射镜阵列等（见图 10-32）。随着微细加工工艺的进步，将微细加工技术应用于加工微小尺度的光学元器件促进了光学技术在微、纳尺度的巨大发展，使光学微细加工技术成为当代既古老又年轻，既成熟又充满活力的前沿技术。

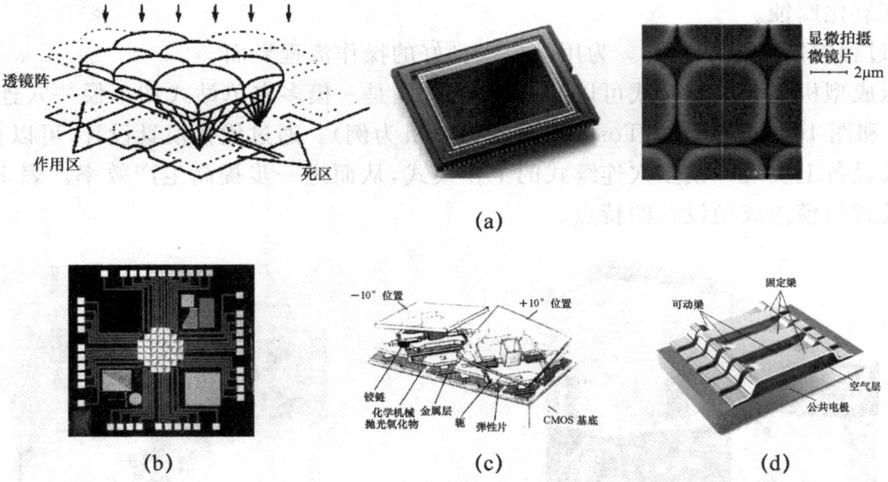

图 10-32　典型微光学元件

(a)微透镜阵列，(b)微反射镜阵列，(c)DMD 单元，(d)GLV 单元

10.6.2 光刻技术

光刻工艺是利用成像和光致抗蚀剂在基底上图形化。光刻主要用来作掩模版、体硅工艺的空腔腐蚀、表面工艺中的牺牲层薄膜的沉积和腐蚀等。光刻的一般步骤用图 10-33 表示。

光学光刻技术可以分为接触式曝光、接近式曝光和投影曝光。接触式曝光技术如同复印照片的方式，把掩模图形复印到基底材料表面，实现图像转移。根据掩模版与基片间的间隙区分接触式和接近式光刻。投影成像曝光如同照相方式，通过光学物镜等倍投影或缩小投影方式，把中间掩模版上的图形成像在基片上。

1. 接触式和接近式光刻技术

接触式光刻是传统的光刻方式，是将掩模直接和涂有光致抗蚀剂的基片表面接触，通过抽真空的方法调节接触压力，用波长 300～450nm 的紫外光源进行曝光。接触式光刻具有

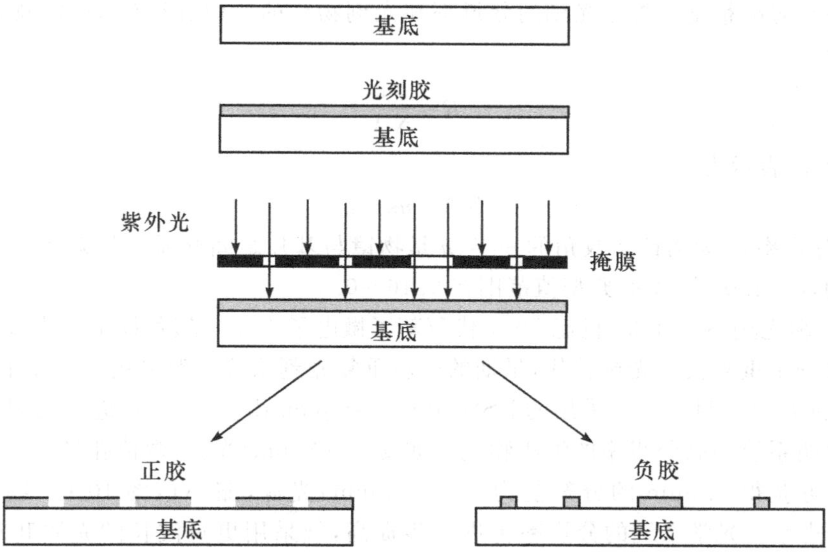

图 10-33　光刻的一般步骤

高分辨率、设备简单、操作方便和成本低等优点，缺点是因机械接触容易损伤掩模。此外，由于光的衍射效应，要进一步提高分辨率和对准精度有困难。

接近式光刻是掩模和片基表面之间保持微小的距离（5～50μm），利用高度平行光束进行曝光。这种曝光方式可以避免玷污和损伤掩模，但衍射效应影响分辨率。当曝光的特征线宽小到与光波的波长相近时，则光通过掩模窗口产生的衍射效应将成为提高光刻分辨率的主要限制因素，同时光在基片表面台阶上的散射及光在基片与掩模间的多次反射都将导致光致抗蚀剂曝光图形吸收能量的分布横向扩展，而垂直反射光与入射光相干涉在抗蚀剂层内产生的驻波效应也将造成纵向曝光的不均匀。图 10-34(a)所示为接触式光刻，图 10-34(b)所示为接近式光刻。

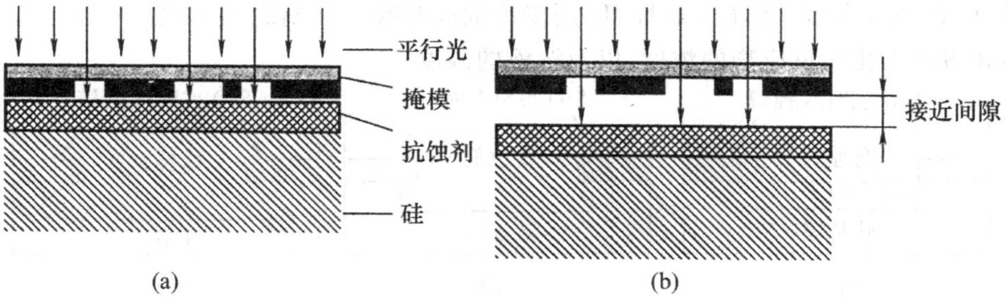

图 10-34
(a)接触式光刻，(b)接近式光刻

2. 光学投影成像光刻技术

光学投影成像光刻技术使用光学投影的方法将掩模版图形的影像（以等倍的方式或缩小的方式）投影在基片表面上，这是掩模版作为成像系统的物方，基片表面上的光致抗蚀剂层为像方。投影光刻可分为 1∶1 投影曝光和投影分步重复曝光。由于投影成像光刻是把掩模图像的像投影到基片的光致抗蚀剂层上，从而有效地克服了光衍射效应的影响，提高了

光刻分辨率与对准精度。投影光刻的分辨率和光刻物镜的数值孔径（NA）以及光波波长的关系定义为

$$R=\frac{k\lambda}{NA} \tag{10-9}$$

其中，NA 可以表示为

$$NA=n\sin\alpha \tag{10-10}$$

式中：R 为分辨率，α 为物镜接收角的一半，n 是物镜与基片之间介质的折射率。曝光是在空气中进行的，$n=1.0$。NA 的典型值范围在 0.16～0.8。

1∶1 投影光刻系统在 20 世纪 70 年代革新了微电子工业。随着技术的进步，1∶1 光刻系统正在被分步重复投影光刻替代，早期的分步重复光刻系统一般采用 10∶1 缩小物镜，后改为 5∶1 和 4∶1。目前广泛采用的 DSW(direct-step on the wafer)步进式光刻机具有高能量均匀的照明系统和高分辨率的缩小物镜。如 g 线(436nm)光源，数值孔径 0.43、缩小倍率 5∶1 物镜，可获得 0.8μm 的分辨能力；i 线(365nm)光源，缩小倍率 10∶1 物镜，可获得 0.6μm的分辨率。光学系统的分辨率再进一步提高，须采用更短波长的光源和对深紫外区透过率高、数值孔径大的光学物镜，以及能够适应物镜景深更小的器件表面平坦优化技术、可减少表面反射光影像的多层抗蚀剂技术、移相掩模等新技术。目前以 KrF 准分子激光器(波长为 248nm)为光源的分步重复光刻机的分辨率可以达到 0.18～0.13μm。

10.6.3 蚀刻工艺技术

对微结构和光学微结构深度加工和控制的方法称为蚀刻技术(etching techniques)。蚀刻技术是微加工中利用平面工艺实现三维图形，即浮雕结构的关键工艺。蚀刻技术从原理上大体分为两类：①湿法蚀刻，主要利用化学方法的腐蚀来实现蚀刻；②干法蚀刻，主要利用离子源的能量来剥离材料的分子而实现蚀刻。

1. 湿法蚀刻

湿法蚀刻指用稀释的化学溶液来蚀刻基底，如图 10-35 所示。如利用稀释的 HF 溶液来溶解 SiO_2、Si_3N_4，和多晶体硅，而 KOH 用来蚀刻硅基底。蚀刻的速率取决于基底上被俘时的材料和溶液中化学反应物的浓度，以及溶液的温度。

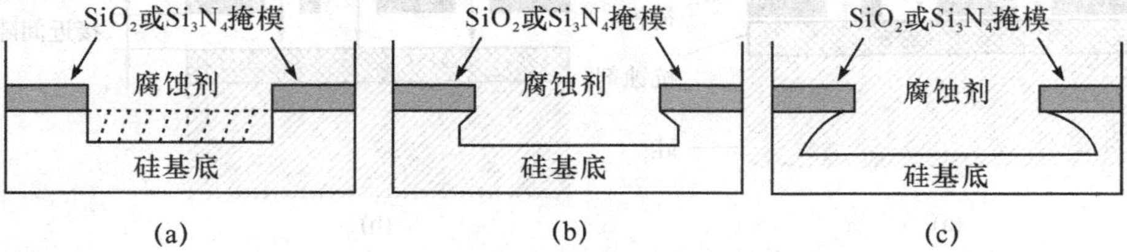

图 10-35 湿法蚀刻

(a)理想腐蚀，(b)欠腐蚀，(c)侧腐蚀

一般有两种可用于微机电系统(micro electro-mechanical system, MEMS)几何成型的蚀刻方法：各向同性蚀刻和各向异性蚀刻。各向同性蚀刻是指蚀刻沿基底的各个方向以同一速率发生；而各向异性蚀刻则在优先的方向上以较快的速率蚀刻。

蚀刻剂中的化学溶液是蚀刻基底中没有被掩膜所保护的部分。微机械中应用的掩膜可采用光刻胶，也可采用 SiO_2 以及一些其他的金属材料。

湿法蚀刻容易应用，并且不需要太昂贵的装置和设备，同时比干法蚀刻快。对于各向同性蚀刻，在湿法蚀刻中的蚀刻效率为每分钟几微米到几十微米之间；对于各向同性蚀刻，大约在 1μm/min。而对于典型的干法蚀刻，蚀刻速率一般都小于 0.1μm/min。但是，湿法蚀刻有几个无法避免的缺点：由于溶液的沸腾和流动常常导致蚀刻的表面质量很低；对于一些材料的衬底，例如硅的氮化物，没有相应的湿法蚀刻方法。

2. 干法蚀刻

干法蚀刻是利用有一定动能的惰性气体来轰击基片材料表面而形成的一种干法蚀刻效应。

按蚀刻工艺原理干法蚀刻可分为以下几种。

(1)离子束蚀刻(ion beam etching,IBE)。IBE 是利用方向性极好的宽束等离子体形成的离子束轰击材料表面。这与离子的物理溅射效应不同，溅射是使表面疏松的结构变得致密，而 IBE 蚀刻是使表面剥离，保证蚀刻过程有高度各向异性，获得高分辨和大深宽比的微细图形。由于 IBE 的离子能量、束流密度、离子入射条件都可在大范围内独立控制，且不受材料种类限制及可防止蚀刻损伤，因此，是微细加工工艺干法蚀刻中比较灵活而有效的主要方法，比等离子体蚀刻(plasma etching, PE)、反应离子蚀刻(reactive ion etching, RIE)更有优点。

(2)反应离子束蚀刻(reactive ion beam etching, RIBE)。将化学反应与离子束蚀刻结合就形成 RIBE，如图 10-36 所示。引入化学反应后，大大提高了蚀刻速率和增加了蚀刻的选择性。RIBE 的化学反应是根据蚀刻材料而选择气体或混合气体进入离子源放电室离化，经离子成像系统后成为方向性良好的离子束轰击表面，同时产生化学反应，吸附气体与表面材料的化学反应使蚀刻速率成倍提高，因而有可能实现薄掩模加工出大深宽比的微图形。

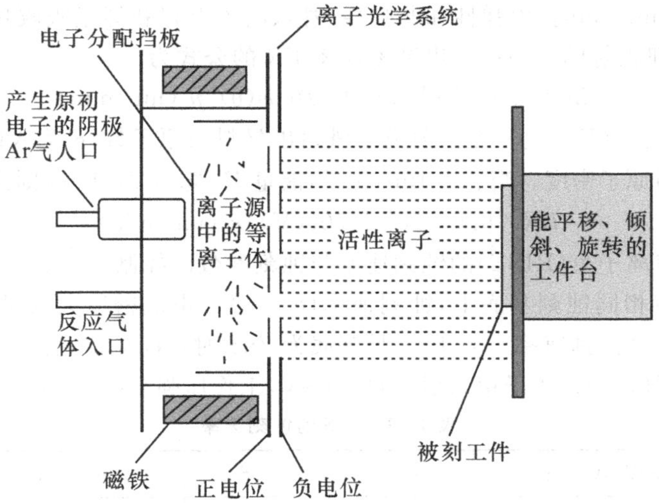

图 10-36　反应离子束蚀刻

(3)化学辅助离子束蚀刻(chemically assisted ion beam etching, CAIBE)。这是一种新的离子蚀方法，离子束仍用惰性气体，反应气体从另一通道直接喷向材料表面，这样惰性气体离子束和反应气体的通量可独立控制，从而获得最佳蚀刻工艺参量。最近出现的冷源反应离子束蚀刻就是 CAIBE 的例子。

一般离子蚀刻均采用 13.56MHz 射频电源激励两平板间气体放电，产生活性粒子和活性基因来蚀刻样品，工作压强＞10Pa，样品放在平板电极接地阳极上的称为等离子体蚀刻(PE)。这时由于蚀刻室工作压强高，粒子碰撞频繁，平均自由程短，离化率低，蚀刻主要是活性基团的化学反应。由于活性基团作用于样品的方向无法控制，蚀刻是各向同性的，因此产生钻蚀现象。当工作压强低于10Pa时，一般为1Pa左右，样品放在射频电源电极(阴极)上的称为反应离子蚀刻(RIE)。RIE由于工作压强低一个数量级，放电自由程增大，离化率高，而且离子在自身阴极偏置电压作用下轰击样品，蚀刻以物理效应为主，但蚀刻参数仍不能独立控制。另外上述两种工艺都存在工件表面温升快，长时间蚀刻导致图形变形和破损。而冷源离子蚀刻从原理上有以下三个特点：

1)工作压强比反应离子蚀刻(RIE)更低一个数量级并采用离子成像束，方向性好；

2)反应气体直接通入离子源，离化率高，经静电场加速，准直性好；

3)离子源与样品工作台分开，蚀刻参数可在宽范围内独立控制。

冷源离子束蚀刻系统的性能可达到的指标见表10-8。

表10-8 冷源离子束蚀刻系统可达到的性能指标

性能	指标	性能	指标
1.离子束有效直径	Φ150～200mm	4.离子束均匀性	±5% ±2%(工件旋转)
2.束流密度	0.1～1mA/cm^2	5.蚀刻温度	＜80℃
3.束能稳定度	±2%/h	6.反应气体	四路同时充入

蚀刻速率与蚀刻参数控制。蚀刻速率(etching rate，ER)是单位时间内材料表面蚀刻去除的厚度，单位是nm/min。由弹性和非弹性碰撞、离子射程和能量吸收理论，Somekh S.在1976年从建立物理溅射模型中推导出蚀刻速率ER的公式为

$$ER=9.6\times10^{24}J_b\,y(E,\theta)\cos(\theta)/n\ (\text{nm/min}) \tag{10-11}$$

式中：J_b为束流密度，$y(E,\theta)$为一个入射离子溅射出材料的原子数，E为入射离子能量，θ为离子入射角，n为材料原子密度。当$J_b=1\text{mA/cm}^2$，能量$E=500\text{eV}$，$\theta=0$，则式(10-11)可写为

$$ER=9.6\times10^{24}y(500\text{eV})/n\ (\text{nm/min}) \tag{10-12}$$

实践证明反应离子束(RIBE)的蚀刻速率与蚀刻参数的控制有关。

束流密度。在相同蚀刻基底上，蚀刻速率($\theta=0°$)与束流密度大致呈线性正比关系，即增大束流密度可提高蚀刻速率。表10-9是基底为ZnS时不同束流密度下的蚀刻速率，这时蚀刻条件为：工作气体Ar，离子束入射能量400eV，工作压强6×10^{-2}Pa。

表10-9 ZnS的蚀刻速率

束流密度/A·cm^{-2}	0.4	0.5	0.6	0.8
蚀刻速率/Å/min^{-1}	462	525	592	649

入射能量。溅射时原子脱离材料表面的过程可视为材料的气化过程，即与材料的升华热U_0有关，可表示为

$$y(E)=CE_i^{0.4\sim0.6}$$

式中：$y(E)$为溅射出的原子数，E_i为入射离子能量，C为与材料有关的常数。

一般溅射所需入射离子能量应大于$10U_0$，即$E_i=20\sim400\text{eV}$。因此对一种材料，蚀刻

速率与入射能量约成 0.5 次方关系。图 10-37 是 BaF_2 在不同入射能量下的蚀刻速度。

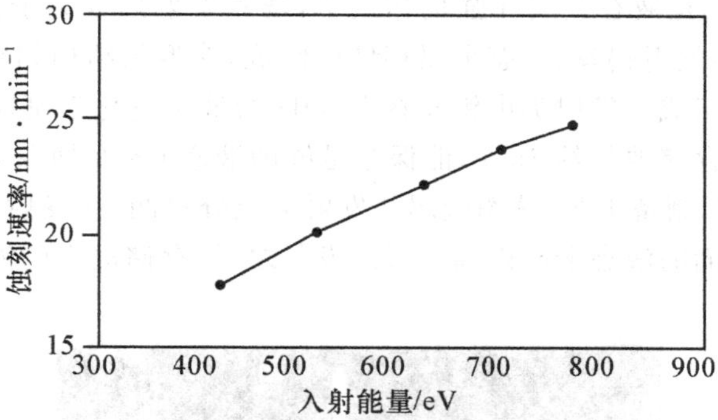

图 10-37　BaF_2 蚀刻速率

这时蚀刻的条件为：工作气体 Ar，离子束流密度 $0.5A/cm^2$，工作压强 6×10^{-2}Pa。

离子入射角度。离子小角度入射时，能量主要消耗于材料晶格点阵内部，因而蚀刻速率较低，呈 $J_b\cos\theta$ 的关系。实践证明对硅基底作微透镜面形传递时，0～20°的离子入射角为较好，如图 10-38 所示。

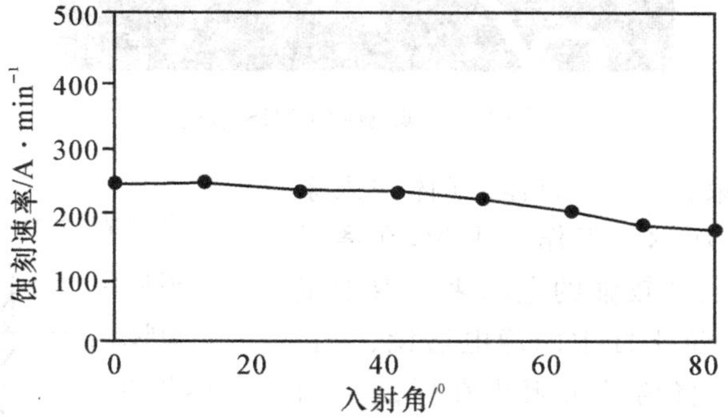

图 10-38　硅的蚀刻速率与离子入射角关系

蚀刻用气体。在蚀刻时引入气体，主要是强化化学反应，增大蚀刻速度，利用蚀刻化学生成物的气化点可以判定所选用的气体是否合适。凡是含硅的基底可选用含 F 和 Cl 的气体，蚀刻 As 可选 AsF_5，蚀刻 Mo 或 W 可用 MoF_6 或 WF_6，蚀刻 Al 或 Ar 可用含 Cl 的气体，蚀刻 BaF_2 通入 H_2 可明显提高蚀刻速率。

(4)聚焦离子束(focused ion beam，FIB)加工

聚焦离子束就是在电场和磁场作用下，将离子束聚焦到亚微米量级，通过偏转系统和加速系统控制离子源，实现微纳米结构的无掩模加工。

聚焦离子束的主要特点是离子束可在几个平方微米到 $1mm^2$ 的区域内进行数字光栅扫描，可实现：①通过微通道板或电子倍频器收集二次带电粒子来采集图像；②通过高能或化学增强溅射来去除不想要的材料；③淀积金属、碳或类电介质薄膜的亚微米图形。

1)聚焦离子束原理。离子束的“心脏”是离子源，目前技术较成熟、应用较广泛的离子源是液态金属离子源(liquid metal ion source，LMIS)，其源的尺寸小，亮度高，发射稳定，要求的工作条件低(工作压强小于 10^{-5}Pa，可在常温下工作，能提供 Al、As、Au、B、Be、Bi、Cs、Cu、Ga、Ge、Fe、In、Li、P、Pb、Pd、Si、Sn 和 Zn 等多种离子。因为 Ga 具有熔点低，低蒸气压级

良好的抗氧化力，成为目前商用的离子源。

LMIS 的发射机理是液态金属在强场作用下，场致发射形成离子流。离子源的结构有多种形式，大多数是由发射钨丝、液态金属存储池组成，典型的结构如图 10-39 所示，是由一个钨针和螺旋存储池组成。发射尖由钨丝在 NaOH 溶液中电化学腐蚀而成，尖端曲率半径为几十纳米。图中的存储池长约 3mm，能保存足够的液态 Ga 在抽取电流 3μA 的条件下持续工作 1000h。经过源制备工艺，液态金属与发射尖充分浸润，在发射尖表面形成连续的液态金属膜。发射尖表面的液态金属以离子形式发射之后，存储池中的液态金属会自动供给，从而保证稳定发射。

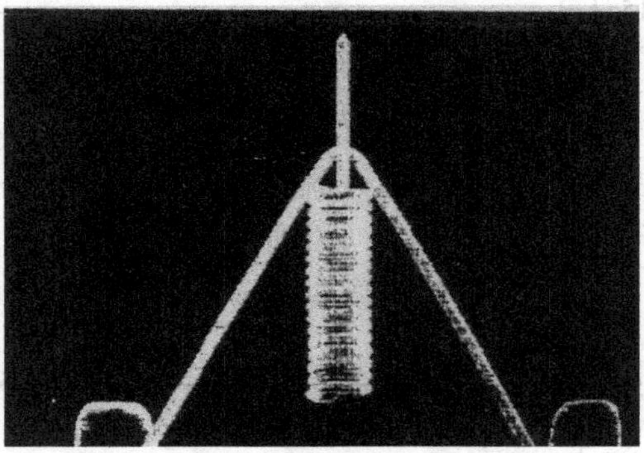

图 10-39 典型的 LMIS 结构

FIB 系统由离子束柱、工作腔体、气体注入系统等组成，如图 10-40 所示。工作原理为，在离子柱顶端的液态离子源上加较强的电场来抽取带正电荷的离子，通过同样位于柱中的静电透镜、一套可控的上限偏转装置，将离子束聚焦在样品上扫描，离子束轰击样品后产生的二次电子和二次离子被收集并成像。为了得到高分辨率的离子束，柱体中光学部件设计采用不对称的三元透镜，将由于很高电流使得离子束产生的能量色散（磁透镜色散）控制到最小限度。离子束控制系统包括限束、束消隐、四极控制、八极偏转等部件，通过软件自动控制可调光阑，对离子束直径进行调整，使得精细的离子束用于试样的高精度成像，大离子束用于快速粗糙的离子铣。LMIS 人工定位后和一级透镜的光轴校准，上下八极控制电极同二级透镜一起控制离子束的定位、扫描，多通道板（MCP）用于收集成像的二次粒子。

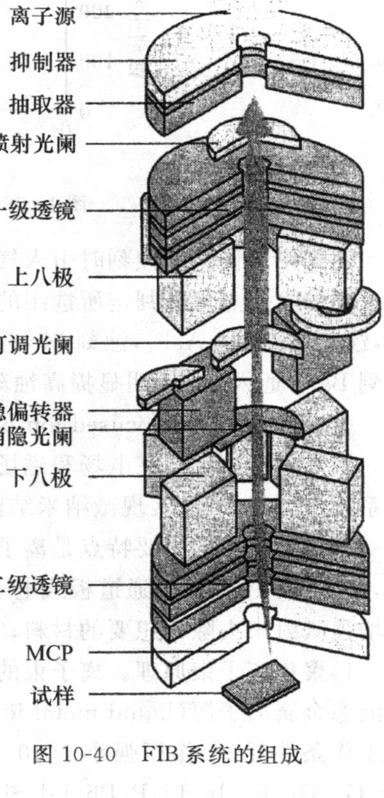

图 10-40 FIB 系统的组成

2）聚焦离子束工艺。当高能离子撞击固态样品的表面时，会将能量传递给固体中的电子和原子。入射离子对基底最重要的物理效应是：中性或电离的基底原子的溅射(离子铣的基础)、电子发射(成像的基础)、固体中的原子位移(导致损伤)和电子发射(加热)。化学反应包括化学键的破坏,从而引起分子分裂,可用于FIB淀积。

3)聚焦离子束的应用。离子铣。采用高电流离子束可以实现对样品材料的去除,如图10-41所示,是物理溅射的结果。离子束在基底上的扫描可以蚀刻出任意形状,离子铣工艺的分辨率约为几十纳米,最大的深宽比为10~20。为了加速离子铣的速率,或者增加不同材料的蚀刻选择性,在样品室内充入蚀刻气体,这种技术成为气体辅助蚀刻技术。

淀积。FIB能够局部无掩模淀积金属和绝缘材料,甚至可以在非平坦表面上很方便地淀积材料。如图10-42所示,发生的反应类似于激光诱导CVD,两者的主要差别在于FIB具有更高的分辨率和更低的淀积率。可积淀的主要金属是铂和钨,绝缘材料是SiO_2。淀积的过程是,先通过一精细喷嘴将预反应气体喷射到待淀积的表面上,然后入射离子束将能量传递给样品表面,使这些不稳定的气体分子发生分解,释放出的挥发性反应物通过真空系统抽走,同时留下希望的反应物作为淀积薄膜。但是这种淀积材料不是特别纯,因为包含有机沾污和Ga^+离子。在淀积作用的同时,由于离子束流的溅射,样品表面的基底淀积物质又有损失,FIB淀积正是这两种效应共同作用的结果。最近开发出的聚焦离子束一电子双束纳米加工系统,可以用高强度聚焦离子束对材料进行纳米加工和扫描电子显微镜实时观察,开辟了在大面积材料上制造纳米器件、进行纳米加工的新途径。

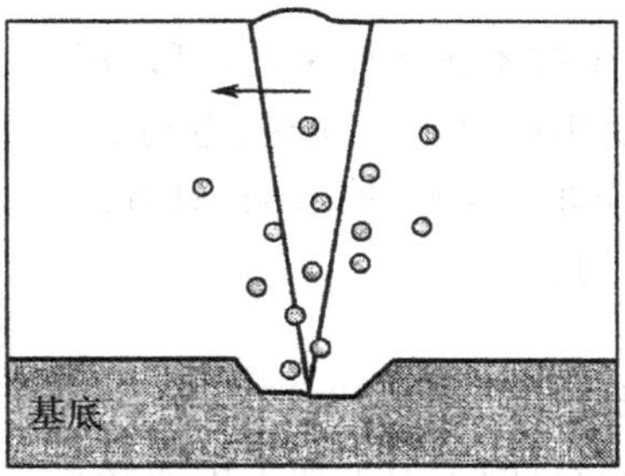

图10-41 离子铣

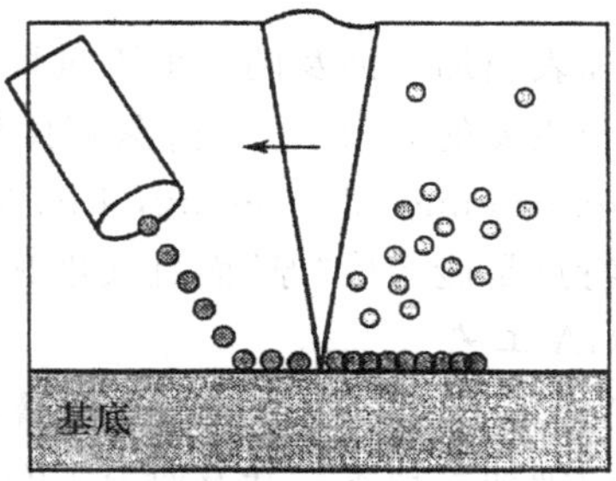

图10-42 淀积

FIB的主要优点是以很高的精度实现复杂的微结构,但是结构的尺寸受限于加工时间,较低的加工速度是FIB技术最大的缺点。因此,FIB技术主要用于尺寸相对较小,耗时相对较少的结构加工,并且最适合小尺度结构的后加工和原形制备。随着FIB技术的进一步发展,必将对纳米器件的研究产生更加深远的影响和积极的推动作用。

(5)激光蚀刻。激光辅助蚀刻是蚀刻技术中的新方法,其原理如图10-43所示。蚀刻用激光主要是Ar^+激光($\lambda=488$nm,0.9W)或准分子激光,功率密度20~30MW/cm^2,经显微镜系统将光束缩小,一般为10μm左右。3D蚀刻的原理有两种,图中是一般方法,即一边扫描一边改变光束的会聚高度,从而形成连续的浮雕形状;还有一种是重复扫描时改变激光脉冲的重复频率(pulse recurrence frequency, PRF)而获得所需的3D形状。

当蚀刻时引入HCl或Cl_2气体,可加速蚀刻速度,一边激光照射掩模下的硅片可产生90μm/s的蚀刻速度,效率高。特别是直接控制激光束,像激光直写系统一样,调节控制激光在基底材料上的驻留时间,就可以直接制作任意三维微图形,所用Ar^+激光($\lambda=488$nm),功率为0.9W,光斑尺寸0.5μm,X-Y方向曝光速度100μm/s,可以在300μm×300μm上做成各种三维结构。其还包括对SiO_2或Si_3N_4的热熔,对SiO_xN_y/Si基底的钨扩散等工艺。也

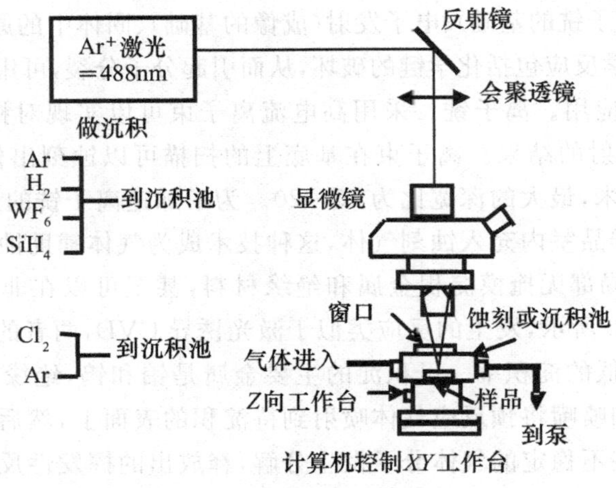

图 10-43 激光蚀刻系统

就是激光蚀刻在各种气体辅助下，不仅可以进行蚀刻还可以完成扩散、热熔，以及衍射光学元件的工艺，是微光学、微机械工艺的近代新方向之一。

10.6.4 LIGA 技术和软光刻技术

体硅和表面加工涉及的微加工过程都是从微电子技术演变而来的，可以用于系统加工，但是有两个主要的欠缺：①几何深宽比低；②必须使用硅材料。光刻、电铸、注塑(lithographie，galanoformung，abformung，LIGA)工艺在制作非硅基底的微结构具有巨大的潜力，一个重要的特点是能产生“厚”而且又极其扁平的微结构。

1. LIGA 工艺

LIGA 技术首先是由德国卡尔斯鲁厄核物理研究中心研究出来的，被公认为是一种全新的三维微细加工技术。开发研究 LIGA 技术的初始目的是为了加工出能够将铀同位素进行分离的特别微小的管嘴。LIGA 技术是深度 X 射线曝光、微电铸和微复制工艺的完美结合。它能够制造平面尺寸在微米级、结构高度达几百微米的微结构。其工艺流程如图 10-44 所示，主要工艺过程如图 10-45 所示。

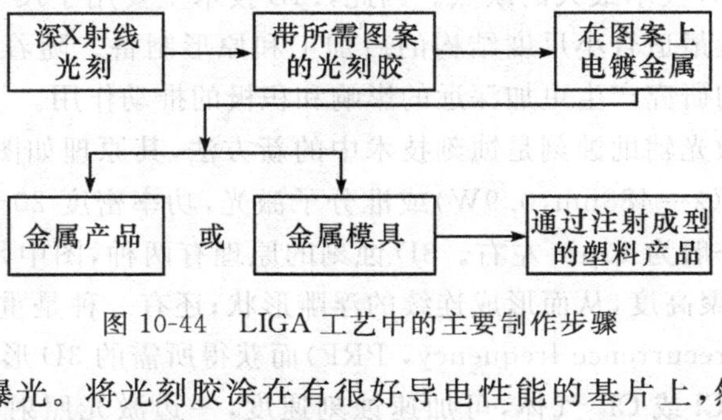

图 10-44 LIGA 工艺中的主要制作步骤

(1)深度 X 射线曝光。将光刻胶涂在有很好导电性能的基片上，然后利用同步 X 射线将 X 光掩模上的二维图形转移到数百微米厚的光刻胶上，X 射线的短波可以获得 0.2μm 蚀刻出深宽比可达几百的光刻胶图形。X 光在光刻胶中的蚀刻深度受到波长的制约，若光刻胶厚度在 10～1000μm，应选用典型波长为 0.1～1nm 的同步辐射源。通常选用的光致抗蚀剂是有机玻璃(PMMA)，因为 PMMA 对 X 射线是透过的，因此有必要在图形胶膜上再镀一层厚度为 1～1.5μm 的 Si_3N_4 薄膜。

(2)显影。将曝光后的光刻胶放到显影液中进行显影处理。曝光后的光刻胶(如 PMMA)分子长键断裂,发生降解,降解后的分子可溶于显影液中,而未曝光的光刻胶显影后依然存在,这样就形成了一个与掩模图形相同的三维光刻胶微结构。

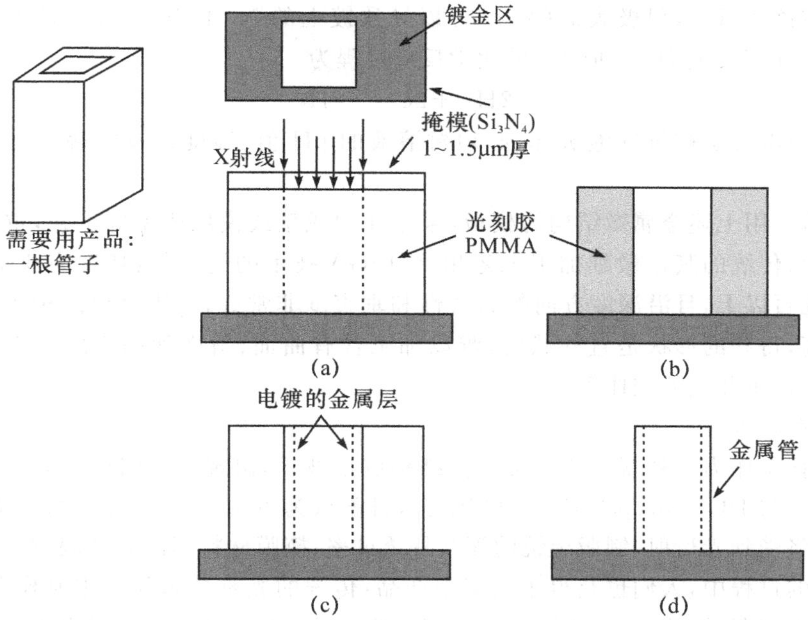

图 10-45　LIGA 的主要工艺步骤

(a)X 射线,(b)光刻显影后的光刻胶,(c)电镀后,(d)去胶后

(3)微电铸。利用光刻胶层下面的金属薄层作为阴极对显影后的三维光刻胶微结构进行电镀,将金属填充到光刻胶三维结构的空隙中,直到金属层将光刻胶浮雕完全覆盖住,形成一个稳定的、与光刻胶结构互补的密闭金属结构。此金属结构可以作为最终的微结构产品,也可以作为批量复制的模具。图 10-46 所示为在光刻胶腔内表面上镀一层金属薄膜的过程。镍是在光刻胶上电镀的常用材料,其他金属或金属化合物,如 Cu、Au、NiFe 和 NiW

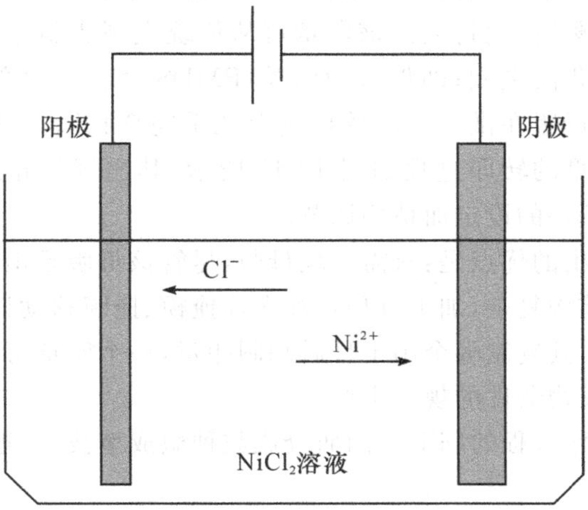

图 10-46　电镀镍工艺

也可以用作电镀材料。图 10-46 表示出了在电镀过程中所形成的导电基底和涂有光刻胶的阴极。

电镀的工作原理是 $NiCl_2$ 中的 Ni^{2+} 与阴极上的电子反应形成 Ni，其过程为

$$Ni^{2+}+2e^{-}\longrightarrow Ni$$

但是，应该注意到，阴极表面的 H_2 可以导致镀上的 Ni 不均匀。H_2 是由溶液电解的 H^+ 产生的。在阴极上 H^+ 生成 H_2 的化学反应过程为

$$2H^{+}+2e^{-}\longrightarrow H_2$$

为了避免电镀层被氢气泡破坏，必须对溶液的 pH 值、温度以及电解的电流密度加以控制。

(4)模铸。用上述金属微结构为模板，采用注塑成型或模压成型等工艺，重复制造所需的微结构。与传统的其他微细加工工艺相比，LIGA 技术的优点是：精度为亚微米级，深宽比大，可达几百以上，且沿深度方向的直线性和垂直度非常好，可用材料的种类较多。缺点则是：成本高，得到的形状是直柱状的，难以加工含有曲面、斜面和高密度微尖阵列的微器件，不能生成口小肚大的腔体等。

2. 软光刻技术

软光刻技术作为一种新颖的高聚物微结构成型技术，出现于 20 世纪 90 年代中期。通常的光刻技术与 DUV(deep UV)光源相结合，目前认为可制作出 100nm 的结构，而尺度的进一步缩小将受到光衍射、制版透镜的深紫外透过率、掩膜材料等因素的限制。在寻找能突破这些障碍的过程中，人们也获得了很多副产品：传统的光刻技术如用来制作非平面(non-planar)或三维微结构，即使在微米尺度，并不是唯一或最好的方法，略微弯曲的表面由于成像景深的限制而不能实施光刻。由于光刻设备和工艺成本的制约，通常无法以较低的成本进行批量复制高精度的微纳米尺度的部件，并在产生三维结构时效率低下。在不断探索替代技术时人们发现：使用光学透明的硅酮弹性体(elastomeric polydimethylsiloxane，简称为 PDMS)可制成微结构的转印用"印章"(stamps)，如将印章的结构设计为可脱离型，即无开口小，内部体积大的空腔形(cavity，capture)，则结合热固化或紫外固化光学树脂，在此印章上填充光学高聚物，通过光固化或热固化过程可将微结构极为方便地转印至一个光滑表面，可用来"印制"大量的、形状相同的微结构零件。总体来看，由于在转印过程中都采用了一个柔性的模具，"软光刻"由此得名。该印章可从传统光刻法制作的金属或非金属母版上采用紫外光固化或热固化法翻制；即母版为阳模，PMDS 翻制的印章为阴模，进而用该印章转印制成的微结构则与母版在微观尺度的比例上几乎完全相同，且转印的结构尺度上细微程度可达数十纳米。典型的转印过程如图 10-47 所示，其比例差异通常仅与高聚物的固化收缩相关，可通过固化条件的设定而精确调节。

软光刻工艺最为突出的优点是：只需一块母版，尽管该母版是由传统微加工如电子或离子束加工而成，即使其结构复杂，加工过程牵涉多片掩模、掩膜移动以及表面抛光等，但获得一个合格的母版后，可由其复制多个用于日后翻制印章，一个印章可印制数十至数百个微结构零件，形成微光学高聚物器件的规模生产。

软光刻工艺就其翻印过程的细节不同而分成数种微成型技术，通称为软光刻工艺，包括以下几种。

(1)近场相移光刻(near-field phase shift lithography)。采用一个透明的 PDMS 相位掩

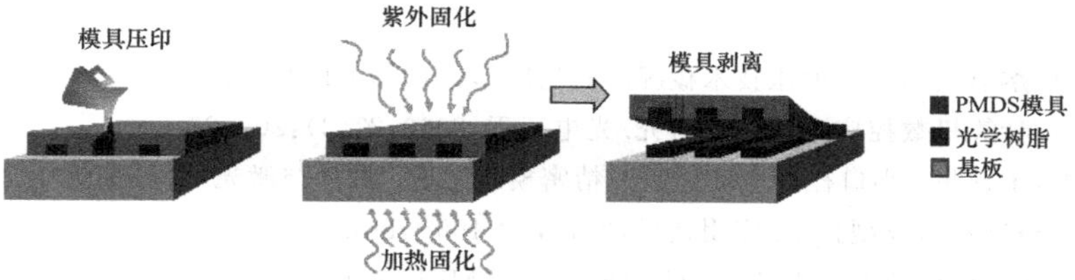

图 10-47　软光刻微结构转印工艺

模(印章)与光刻胶层相贴,通过该印章凹凸部的光束在近场被调制,部分光束的相位被移动了波长的奇数倍,因而在光敏胶上产生干涉条纹,用此方法可在每个相位段形成 40～100nm 的结构。该方法与生产 0.13μm 以下集成电路的相移掩模技术相仿。

(2)复制成型(replica molding, 或 REM)。在传统法制成的母版上首先翻制一个 PDMS 模版(印章),然后采用该印章来复制聚亚安脂(polyurethane)的母版复制件,这样多次复制不会损害原母版。此方法可复制小至 30nm 的微结构。

(3)毛细管微成型法(micromolding in capillaries,或 MIMIC)。在 PDMS 印章与成型基面接触处构筑一些毛细通道与印章上需填充区域相联通,成型时将高聚物置于这些毛细通道入口处,通过毛细效应高聚物进入印章填充区,然后固化高聚物并移除印章获得微结构。该方法可省略在安放印章前填充高聚物的步骤,并可产生小至 1 μm 的结构。

(4)微转移成型(microtransfer molding,μTM)。将一个 PDMS 印章以高聚物或陶瓷原料填充,并安放于一基板上。原料通过特定过程固化后将印章移除。该技术可转印小至 250nm 的微结构并可产生多层系统。

(5)溶剂协助微接触成型(solvent-assisted microcontact molding, SAMIM)。将一个敷有少量溶剂的 PDMS 印章安放于一高聚物表面,如光刻胶。溶剂将高聚物吸收后膨胀填充于印章的凹陷部分而成型。小至 60nm 的结构曾用该法制成。

(6)微接触印刷(microcontact printing, μCP)。将硫烷作为印刷用墨敷于印章上,然后转印于基板上。其基板可以是制币金属或氧化层。硫化墨水在此基板上会形成一抗腐蚀的自组装单层。可用该方法生产 300nm 左右的微结构。

思考题

1. 试列举常见的微光学元件并简单叙述其工作原理和加工方法。
2. 比较微光学元件加工工艺与常规光学冷加工工艺的区别。
3. 采用单点金刚石切削(SPDT)来加工非电解镍时,如果金刚石刀具的进给量为每转 4.0m,刀尖的圆弧半径为 0.75mm,试计算加工出来的光学元件表面的粗糙度(峰谷)理论值为多少?
4. 采用单点金刚石切削可以加工所有的材料吗?哪一些材料适合采用单点金刚石车削技术加工?
5. 简述磁流变加工技术的基本原理。磁流变液的主要成分是什么?磁流变抛光技术对加工的材料有选择性吗?试阐述磁流变加工技术的特点。

参考文献

[1] 陈璠,王伟,低熔点玻璃精密模压技术概况.信息技术,2010,9:109—110.

[2] 堪桂平,杨力.计算机数控应力盘面形研究.光电工程,2000,27(3):20—23.

[3] 马韬,余景池,王钦华. 小口径薄型玻璃透镜精密模压制造. 红外与激光工程, 2011, 40(1): 87—90.

[4] 王丽荣.光学玻璃模压成型技术.应用技术,2012,4:105—115.

[5] 王丽荣.用于精密模压的低熔点玻璃. GLASS&ENAMEL,2012,6:30—34.

[6] 吴澄.精密模压技术用于光学玻璃的制造研究.信息技术,2012,2:110—114.

[7] 杨国光等.微光学与系统.杭州:浙江大学出版社,2008.

[8] 杨力.先进光学制造技术.北京:科学技术出版社,2001.

[9] 尹韶辉,王玉方,朱科军,等.微小非球面玻璃透镜超精密模压成型数值模拟.光子学报,2010,39(11):2020—2024.

[10] Allen L. N. Final surface error correction of an off-axis aspheric petal by ion figuring. SPIE, 1992, 1543: 190—200.

[11] Brown M. Computer simulation of the glass pressing process: A review. International Journal of Materials and Product Technology, 2008, 33(4): 335—48.

[12] Cao T. N. Computer-controlled polishing of parabolic surfaces. Chinese Journal of Scientific Instrument, 1993, 11(40): 402—407.

[13] Jacbos S. D., *et al*. Magnetorheological finishing: A deterministic process for optics manufacturing. SPIE, 1995, 2576: 372—382.

[14] Jain A., Allen Y. Y.. Viscoelastic stress analysis of precision aspherical glass lens forming process using finite element method. In: 19th Annual ASPE Conference on Precision Engineering. Orlando, 2004: 121—125.

[15] Jerrold Z. M. Continuous process improvement: Manufacturing optics in the twenty—first century. Proc. SPIE, 1994, 1994: 176—182.

[16] Jones R. A. Computer-controlled optical surfacing with orbital tool motion. Optical Engineering, 1986, 25(6): 785—790.

[17] Jones R. A. Computer simulation of smoothing during computer-controlled optical polishing. Applied Optics, 1995, 34(7): 1162—1169.

[18] Masahide KATSUKI-Toshiba Machine Co., Ltd. Transferability of glass lens molding. Advanced Optical Manufacturing Technologies, 2006, 8.

[19] Prokhorov I. V., Kordonsky W. I., *et al*. New high-precision magnetorheological instrument-based method of polishing optics. OSA OF&T Workshop Digest, 1992, 24: 134—136.

[20] Roland G., *et al*. Large optics ion figuring. SPIE, 1999, 3739: 161—166.

[21] Tsai YC., Hung C.H., Hung J. C. Glass material mold for the forming stage of the glass molding process. Journal of Materials Processing Technology, 2008, 201: 751—754.

[22] Vishnevskaya L. V. Ionic aspherization of optical surfaces. Sov. J. Opt. Technol., 1985, 52(6): 355—357.

[23] Yi A. Y. Optical fabrication, the optics encyclopedia. Berlin: Wiley VCH Verlag GmbH & Co., 2004: 1945—1959.

[24] Yi A. Y., Jain A. Compression molding of aspherical glass lenses— a combined experiment and numerical analysis. Journal of the American Ceramic Society, 2005: 88(3): 579—586.

[25] Zhang X. J. Edge control in computer controlled optical polishing. Pro. SPIE, 1995, 2536: 239—242.

[26] Zhang X. j. Optimization of polishing parameters in computer controlled optical polishing process. Pro. SPIE, 1996, 2861: 296—298.

附 录

附录 1 点群熊夫利斯符号的定义以及各点群包含的对称操作要素

1. 点群熊夫利斯符号的定义

熊夫利斯符号是用一个大写的英文字母打头，然后使用一些数字及小写的英文字母作为下标，其意义表示如下所述。

点群熊夫利斯符号中打头的大写英文字母分别为：C，D，T，O，S，用来表示该点群中存在的旋转轴的情况。其中 C 表示在此点群中只存在一个旋转轴；D 表示存在不止一个旋转轴，但是高次（n 次，也可以是二次）轴只有一个，其余的均为与高次轴垂直并位于同一平面内的 n 个二次轴；T 表示该点群中存在 4 个指向立方体体对角线方向的三次轴，以及 3 个指向立方体三对表面的中垂线方向的二次轴，由定义可知 T 轴系的晶体均属于立方晶系；O 表示点群中有 3 个四次轴，4 个三次轴和 6 个二次轴，四次轴位于立方面三对表面中垂线方向，三次轴指向立方体的 4 个对角线方向，而二次轴位于立方体对角棱边中点连线方向，由定义也能够知道 O 轴系的晶体均属于立方晶系；S 表示该点群晶体的对称要素中含有独立的反演轴，由于对称要素中独立的反演轴只有四次反演轴 $\bar{4}$，所以只有一种点群“S_4”属于 S 轴系。

点群熊夫利斯符号中的数字 n 下标代表了旋转轴的轴次，如 C_2 表示该点群的晶体中只存在 1 个二次轴，而 D_3 则表示该点群的晶体中具有三次轴与 3 个相互垂直，且均匀该三次轴垂直的二次轴。只有 C 群与 D 群的符号中才会有数字 n 下标。

点群熊夫利斯符号中的小写英文字母下标代表了点群中存在对称面的情况。字母 h 表示垂直于高次轴必定有一个对称面 m 的存在，如 C_{4h} 表示了垂直于四次轴存在一个对称面，而 D_{4h} 则代表存在一个垂直四次轴的对称面，且该对称面必定通过 D 中所有的 4 个二次轴。且根据对称元素组合的原理，通过每一个二次轴均有另一个对称面，且与前对称面垂直，这些对称面必相交于前述四次轴。T 和 O 群中也存在 h，如 T_h 和 O_h。字母 v 表示晶体中有对称面通过高次轴，如 C_{6v} 表示了晶体的对称要素中只包含了一种旋转轴，即六次轴，当然根据对称要素组合的原理，晶体中还包含了通过该六次轴的 6 个对称面，各面之间呈 30°夹角。对于轴系 D，如有对称面通过高次轴，则该面要么通过垂直于高次轴的二次轴，要么平分两个相邻二次轴的夹角。对于前者而言，必定会有通过二次轴且垂直于高次轴的对称面存在，事实上这种情况与 D_{nh} 是一样的，因此对于轴系 D 不会有下标 v。如果晶体中存在对称面通过高次轴，但平分二次轴的夹角，这种情况用小写英文字母 d 表示，如 D_{2d}，D_{3d}，T_d。当然轴系 C 中由于不存在垂直高次轴的二次轴，也就没有 d 的存在。另外小写字母 i 表示晶体中有对称中心存在，如 C_{3i}。C_i，C_s 则分别表示晶体中只有一个对称中心和只有一个对称面。

综上所述，C，D，T，O，S 轴系所包含的点群分别为

C_n：在此点群中只存在一种旋转轴，下标 n 表示旋转轴的轴次。（C_1，C_i，C_s，C_2，C_{2h}，C_{2v}，C_3，C_{3i}，C_{3v}，C_4，C_{4h}，C_{4v}，C_{3h}，C_6，C_{6h}，C_{6v}）

D_n：点群中存在不止一个旋转轴，但高次轴只有一个，下标 n 代表高次轴的轴次，其他均为二次轴，有 n 个，各二次轴必定在一个平面内，均与高次轴垂直，相交 $360°/2n$。（D_2，D_{2h}，D_3，D_{3d}，D_{2d}，D_4，D_{4h}，D_{3h}，D_6，D_{6h}）

T：点群中有 4 个三次轴，3 个二次轴，三次轴指向立方体的 4 个对角线，二次轴为立方体 3 对表面的中垂线，相互垂直。（T，T_h，T_d）

O：点群中有 3 个四次轴，4 个三次轴，6 个二次轴，四次轴位于立方面 3 对表面中垂线方向，三次轴指向立方体的 4 个对角线，二次轴位于立方体对角棱边中点连线方向。（O，O_h）

S：点群中具有反演轴，即为 4 次反演轴。（S_4）

2. 各点群包含的对称操作要素组合图

晶系	点群符号		对称元素	重复次数	点群中心	极射赤面投影图
	熊夫利斯符号	国际符号				
三斜晶系	C_1	1	G_1	1	空间中任意点	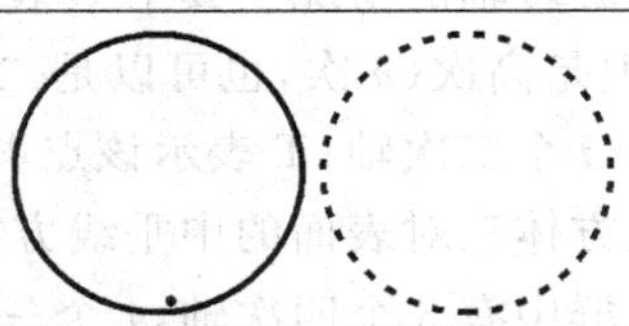
	C_1	$\bar{1}$	G_1C	2	倒反中心	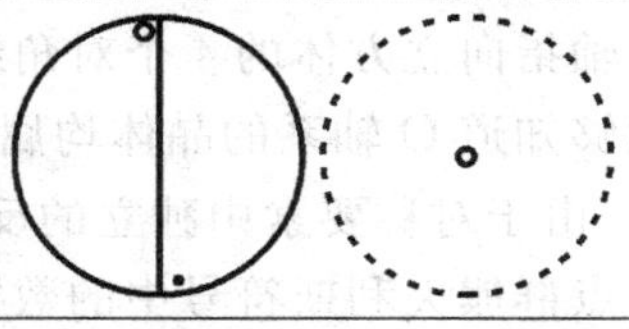
单斜晶系	C_2	2	G_2	2	旋转轴上任意点	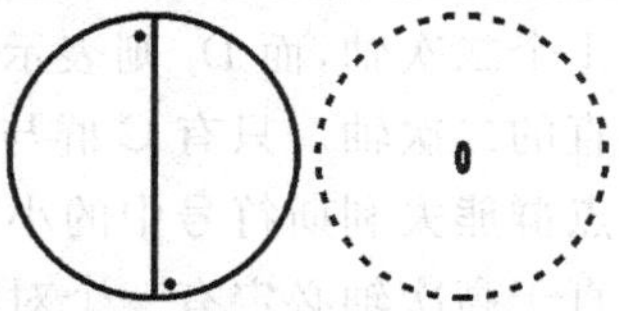
	C_s	m	P	2	反映面上任意点	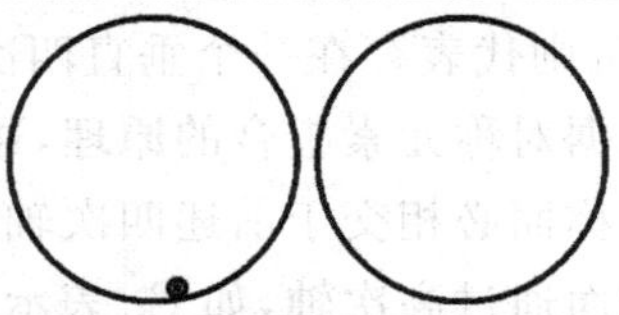
	C_{2h}	$2/m$	G_2PC	4	倒反中心	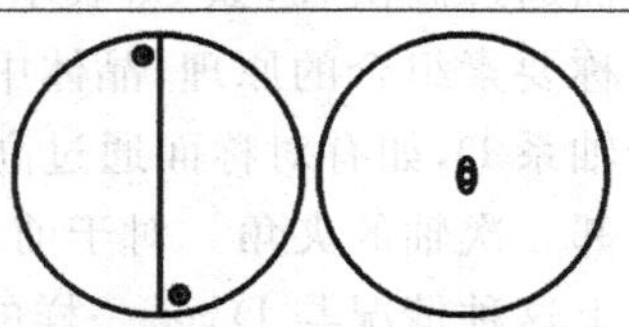

续表

晶系	点群符号		对称元素	重复次数	点群中心	极射赤面投影图
	熊夫利斯符号	国际符号				
正交晶系	C_{2v}	$mm2$	$G_2 2P$	4	旋转轴上任意点	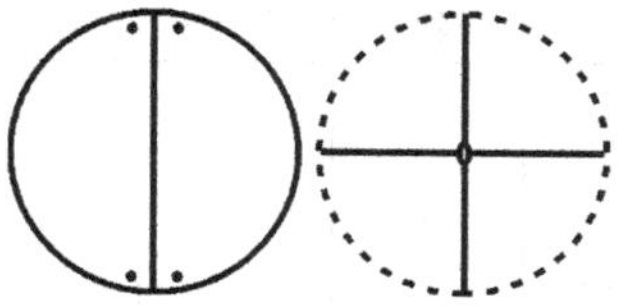
	$D_2=V$	222	$3G_2$	4	旋转轴的交点	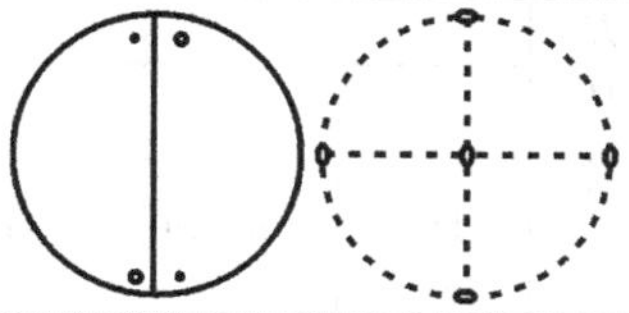
	$D_{2h}=V_h$	mmm	$3G_2 3PC$	8	倒反中心	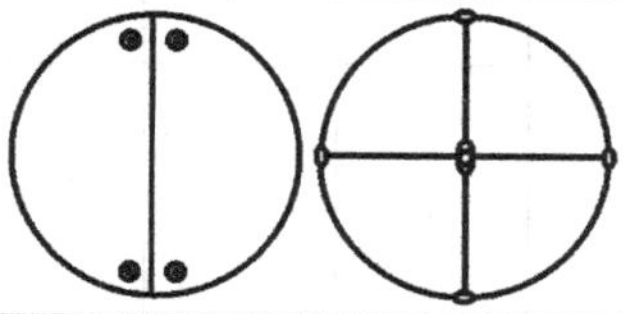
四方晶系	S_4	$\bar{4}$	G_{i4}	4	反转轴上任意点	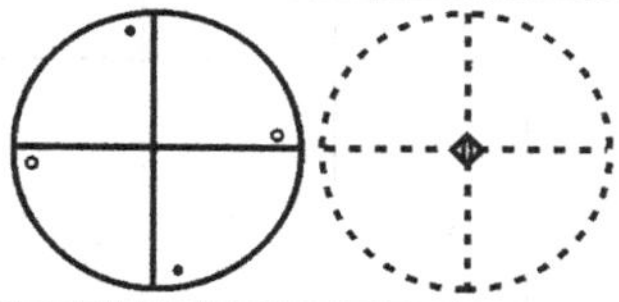
	C_4	4	G_4	4	旋转轴上任意点	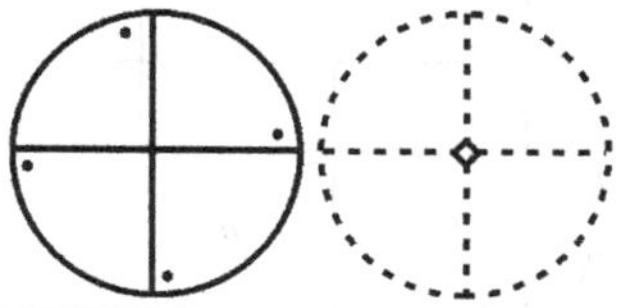
	C_{4h}	$4/m$	$G_4 PC$	8	倒反中心	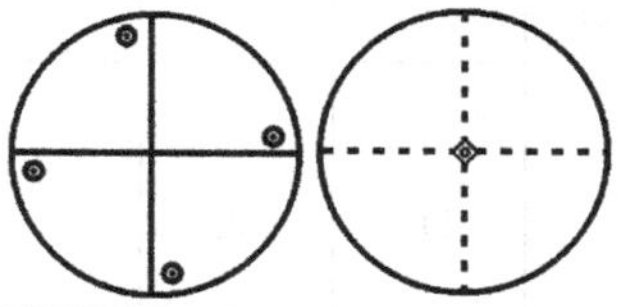
	$D_{2d}=V_d$	$\bar{4}2m$	$G_{i4} 2G_2 2P$	8	反转轴上任意点	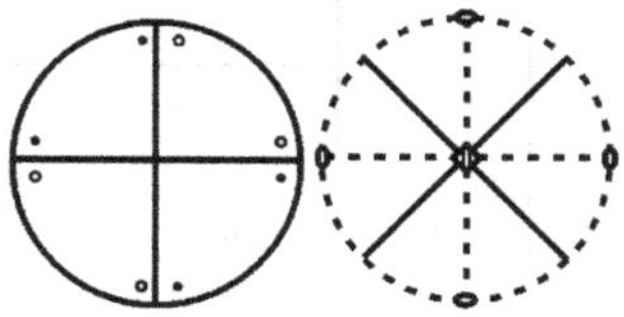
	C_{4v}	$4mm$	$G_4 4P$	8	旋转轴上任意点	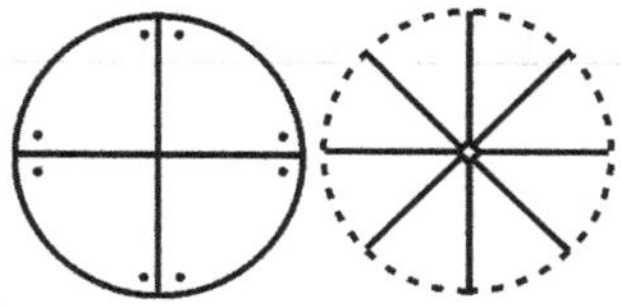

续表

晶系	点群符号		对称元素	重复次数	点群中心	极射赤面投影图
	熊夫利斯符号	国际符号				
四方晶系	D_4	422	$G_4 4G_2$		旋转轴的交点	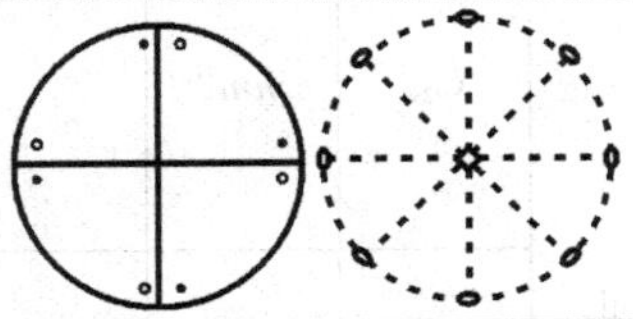
	D_{4h}	$4/mmm$	$G_4 4G_2 5PC$	16	倒反中心	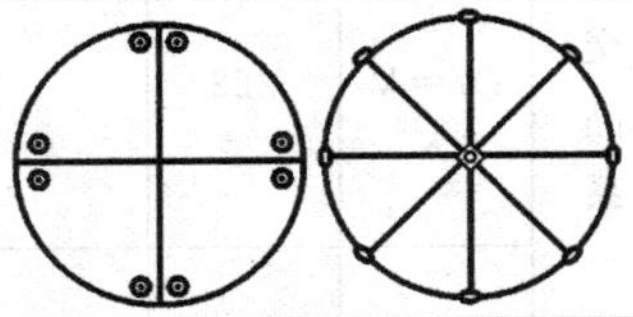
三方晶系	C_3	3	G_3	3	旋转轴上任意点	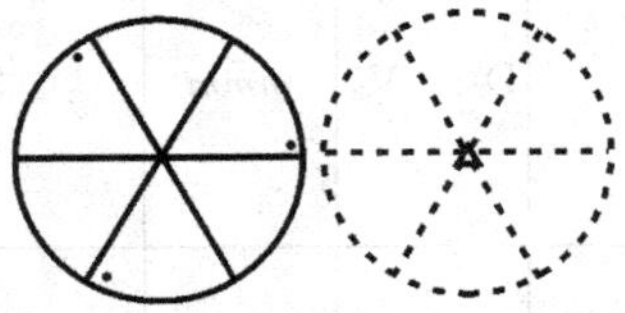
	C_{3i}	$\overline{3}$	$G_3 C$	6	倒反中心	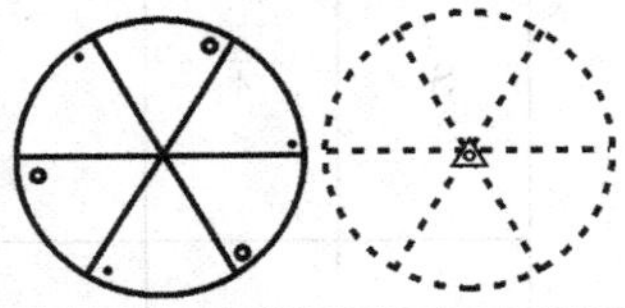
	C_{3v}	$3m$	$G_3 3P$	6	旋转轴上任意点	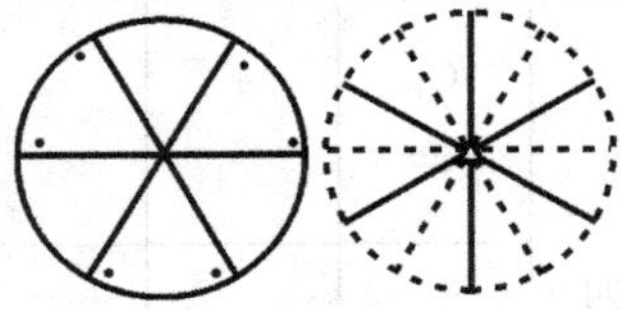
	D_3	32	$G_3 3G_2$	6	旋转轴上任意点	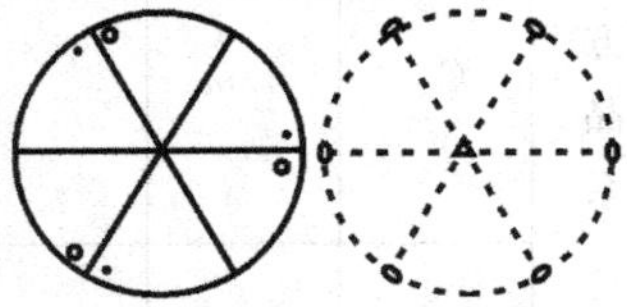
	D_{3d}	$\overline{3}m$	$G_3 3G_2 3PC$	12	倒反中心	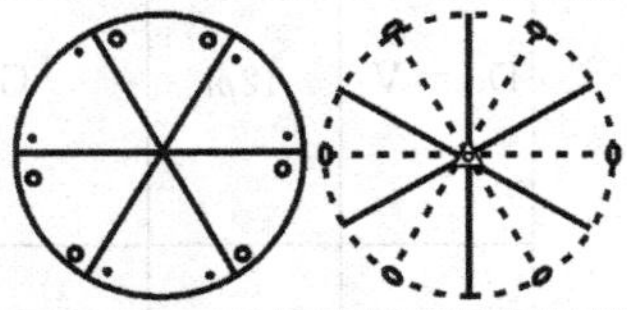

续表

晶系	点群符号		对称元素	重复次数	点群中心	极射赤面投影图
	熊夫利斯符号	国际符号				
六方晶系	C_{3h}	$\bar{6}$	G_{i6}	6	旋转轴上任意点	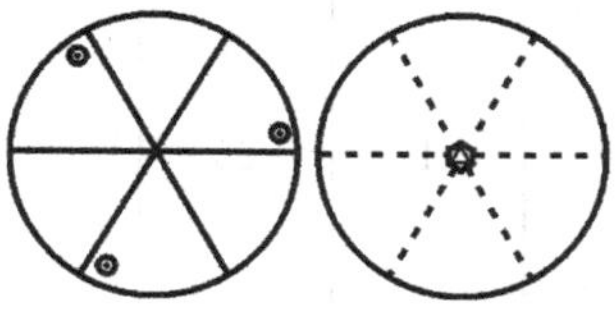
	C_6	6	G_6	6	旋转轴上任意点	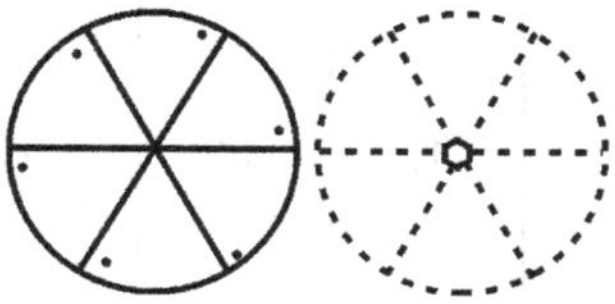
	C_{6h}	$6/m$	G_6PC	12	倒反中心	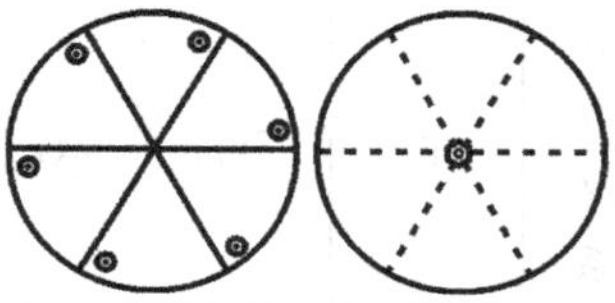
	D_{3h}	$\bar{6}2m$	$G_{i6}3G_23P$	12	反转轴上任意点	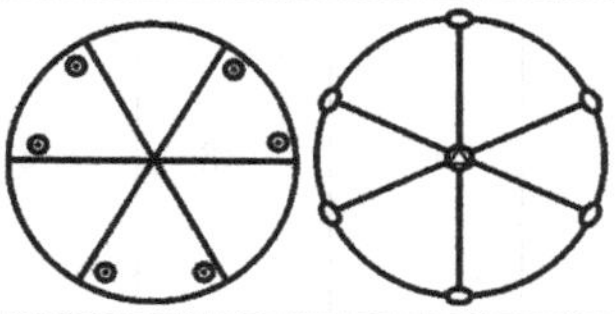
	C_{6v}	$6mm$	G_66P	12	旋转轴上任意点	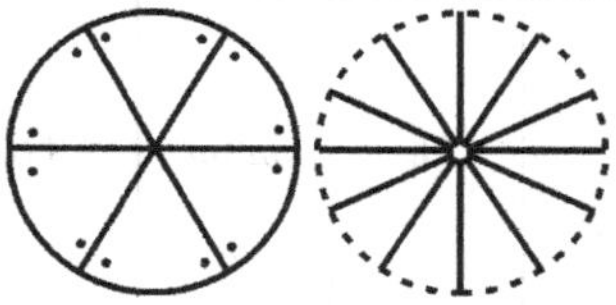
	D_6	622	G_66G_2	12	旋转轴的交点	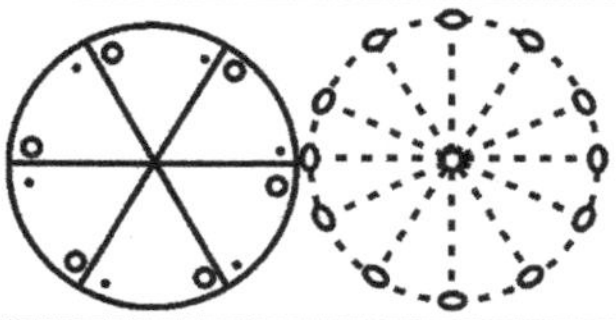
	D_{6h}	$6/mmm$	G_66G_27PC	24	倒反中心	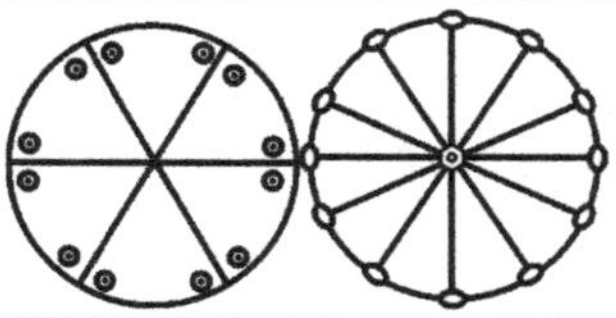

续表

晶系	点群符号		对称元素	重复次数	点群中心	极射赤面投影图
	熊夫利斯符号	国际符号				
立方晶系	T	23	$4G_3 3G_2$	12	旋转轴的交点	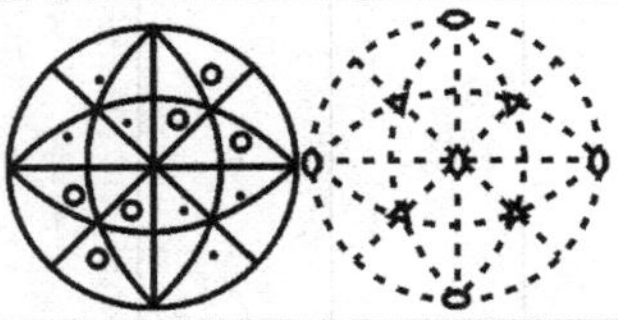
	T_h	$m3$	$4G_3 3G_2 3PC$	24	倒反中心	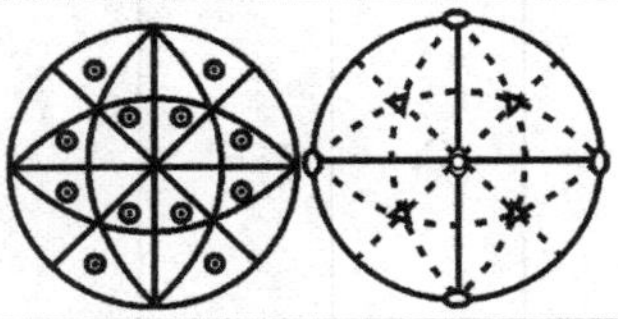
	T_d	$\overline{4}3m$	$4G_3 3G_2 (3G_{i4}) 6P$	24	旋转轴的交点	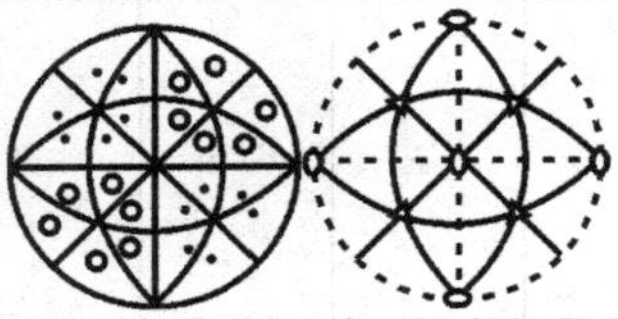
	O	432	$3G_4 4G_3 6G_2$	24	旋转轴的交点	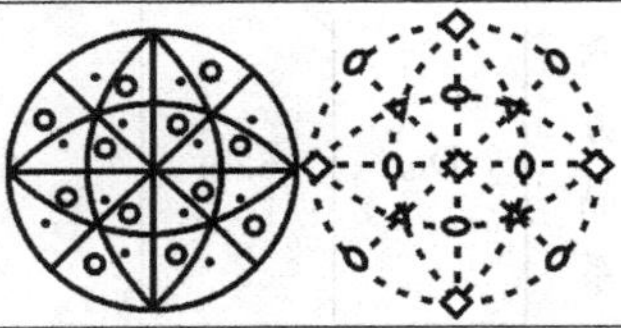
	O_h	$m3m$	$3G_4 4G_3 6G_2 9PC$	48	倒反中心	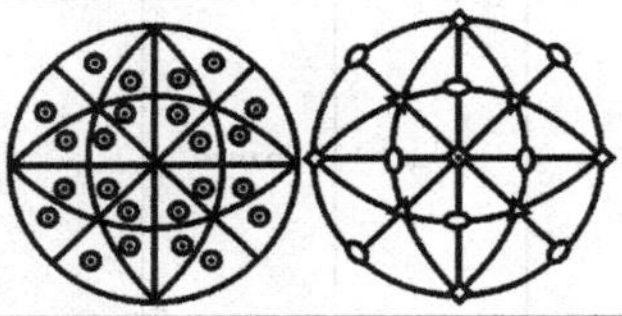

附录 2 对称操作对应的坐标轴变换矩阵

1. 对称中心 i

$$(\bar{1})=\begin{bmatrix}-1 & 0 & 0\\ 0 & -1 & 0\\ 0 & 0 & -1\end{bmatrix}$$

2. 对称面 m

$$(\bar{2})=\begin{bmatrix}-1 & 0 & 0\\ 0 & 1 & 0\\ 0 & 0 & 1\end{bmatrix}(m\perp x_1\text{ 轴})$$

$$(\bar{2})=\begin{bmatrix}1 & 0 & 0\\ 0 & -1 & 0\\ 0 & 0 & 1\end{bmatrix}(m\perp x_2\text{ 轴})$$

$$(\bar{2})=\begin{bmatrix}1 & 0 & 0\\ 0 & 1 & 0\\ 0 & 0 & -1\end{bmatrix}(m\perp x_3\text{ 轴})$$

3. n 次旋转轴

$$(n)=\begin{bmatrix}\cos(\frac{2\pi}{n}) & \sin(\frac{2\pi}{n}) & 0\\ -\sin(\frac{2\pi}{n}) & \cos(\frac{2\pi}{n}) & 0\\ 0 & 0 & 1\end{bmatrix}(n/\!/x_3)$$

4. n 次反演对称轴

$$(\bar{n})=\begin{bmatrix}\cos(\frac{2\pi}{n}) & \sin(\frac{2\pi}{n}) & 0\\ -\sin(\frac{2\pi}{n}) & \cos(\frac{2\pi}{n}) & 0\\ 0 & 0 & 1\end{bmatrix}\begin{bmatrix}-1 & 0 & 0\\ 0 & -1 & 0\\ 0 & 0 & -1\end{bmatrix}=\begin{bmatrix}-\cos(\frac{2\pi}{n}) & -\sin(\frac{2\pi}{n}) & 0\\ \sin(\frac{2\pi}{n}) & -\cos(\frac{2\pi}{n}) & 0\\ 0 & 0 & -1\end{bmatrix}(n/\!/x_3)$$

各对称操作对应的坐标轴变换矩阵表

	x_1	x_2	x_3	特殊方向
对称中心 $i(\bar{1})$	$\begin{bmatrix}-1&0&0\\0&-1&0\\0&0&-1\end{bmatrix}$			
对称面 $m(\bar{2})$	$\begin{bmatrix}-1&0&0\\0&1&0\\0&0&1\end{bmatrix}$	$\begin{bmatrix}1&0&0\\0&-1&0\\0&0&1\end{bmatrix}$	$\begin{bmatrix}1&0&0\\0&1&0\\0&0&-1\end{bmatrix}$	$m/\!/[110]$ $\begin{bmatrix}0&-1&0\\-1&0&0\\0&0&1\end{bmatrix}$
二次轴(2)	$\begin{bmatrix}1&0&0\\0&-1&0\\0&0&-1\end{bmatrix}$	$\begin{bmatrix}-1&0&0\\0&1&0\\0&0&-1\end{bmatrix}$	$\begin{bmatrix}-1&0&0\\0&-1&0\\0&0&-1\end{bmatrix}$	$2/\!/[110]$ $\begin{bmatrix}0&1&0\\1&0&0\\0&0&1\end{bmatrix}$
三次轴(3)	$\begin{bmatrix}1&0&0\\0&-\frac{1}{2}&\frac{\sqrt{3}}{2}\\0&-\frac{\sqrt{3}}{2}&-\frac{1}{2}\end{bmatrix}$	$\begin{bmatrix}-\frac{1}{2}&0&-\frac{\sqrt{3}}{2}\\0&1&0\\\frac{\sqrt{3}}{2}&0&-\frac{1}{2}\end{bmatrix}$	$\begin{bmatrix}-\frac{1}{2}&\frac{\sqrt{3}}{2}&0\\-\frac{\sqrt{3}}{2}&-\frac{1}{2}&0\\0&0&1\end{bmatrix}$	$3/\!/[111]$ $\begin{bmatrix}0&1&0\\0&0&1\\1&0&0\end{bmatrix}$
四次轴(4)	$\begin{bmatrix}1&0&0\\0&0&1\\0&-1&0\end{bmatrix}$	$\begin{bmatrix}0&0&-1\\0&1&0\\1&0&0\end{bmatrix}$	$\begin{bmatrix}0&1&0\\-1&0&0\\0&0&1\end{bmatrix}$	
六次轴(6)	$\begin{bmatrix}1&0&0\\0&\frac{1}{2}&\frac{\sqrt{3}}{2}\\0&-\frac{\sqrt{3}}{2}&\frac{1}{2}\end{bmatrix}$	$\begin{bmatrix}\frac{1}{2}&0&-\frac{\sqrt{3}}{2}\\0&1&0\\\frac{\sqrt{3}}{2}&0&\frac{1}{2}\end{bmatrix}$	$\begin{bmatrix}\frac{1}{2}&\frac{\sqrt{3}}{2}&0\\-\frac{\sqrt{3}}{2}&\frac{1}{2}&0\\0&0&1\end{bmatrix}$	
三次反演对称轴 $(\bar{3})$	$\begin{bmatrix}-1&0&0\\0&\frac{1}{2}&-\frac{\sqrt{3}}{2}\\0&\frac{\sqrt{3}}{2}&\frac{1}{2}\end{bmatrix}$	$\begin{bmatrix}\frac{1}{2}&0&\frac{\sqrt{3}}{2}\\0&-1&0\\-\frac{\sqrt{3}}{2}&0&\frac{1}{2}\end{bmatrix}$	$\begin{bmatrix}\frac{1}{2}&-\frac{\sqrt{3}}{2}&0\\\frac{\sqrt{3}}{2}&\frac{1}{2}&0\\0&0&-1\end{bmatrix}$	
四次反演对称轴 $(\bar{4})$	$\begin{bmatrix}-1&0&0\\0&0&-1\\0&1&0\end{bmatrix}$	$\begin{bmatrix}0&0&1\\0&-1&0\\-1&0&0\end{bmatrix}$	$\begin{bmatrix}0&-1&0\\1&0&0\\0&0&-1\end{bmatrix}$	
六次反演对称轴 $(\bar{6})$	$\begin{bmatrix}-1&0&0\\0&-\frac{1}{2}&-\frac{\sqrt{3}}{2}\\0&\frac{\sqrt{3}}{2}&-\frac{1}{2}\end{bmatrix}$	$\begin{bmatrix}-\frac{1}{2}&0&\frac{\sqrt{3}}{2}\\0&-1&0\\-\frac{\sqrt{3}}{2}&0&-\frac{1}{2}\end{bmatrix}$	$\begin{bmatrix}-\frac{1}{2}&-\frac{\sqrt{3}}{2}&0\\\frac{\sqrt{3}}{2}&-\frac{1}{2}&0\\0&0&-1\end{bmatrix}$	

附录 3 电光系数矩阵

晶系	点群	电光系数张量矩阵	典型晶体
中心对称系	$2/m,mmm,4/mmm,6/m,6/mmm,m3,4/m,m3m,\bar{3}$ $\bar{3}m,\bar{1}$	$\begin{bmatrix} 0 & 0 & 0 \\ 0 & 0 & 0 \\ 0 & 0 & 0 \\ 0 & 0 & 0 \\ 0 & 0 & 0 \\ 0 & 0 & 0 \end{bmatrix}$	
三斜晶体	1	$\begin{bmatrix} \gamma_{11} & \gamma_{12} & \gamma_{13} \\ \gamma_{21} & \gamma_{22} & \gamma_{23} \\ \gamma_{31} & \gamma_{32} & \gamma_{33} \\ \gamma_{41} & \gamma_{42} & \gamma_{43} \\ \gamma_{51} & \gamma_{52} & \gamma_{53} \\ \gamma_{61} & \gamma_{62} & \gamma_{63} \end{bmatrix}$	$CaS_2O_3 \cdot 6H_2O$ $SrH_2(C_4H_4O_6)_2 \cdot 4H_2O$
单斜晶系	$2(2 /\!/ x_2)$	$\begin{bmatrix} 0 & \gamma_{12} & 0 \\ 0 & \gamma_{22} & 0 \\ 0 & \gamma_{32} & 0 \\ \gamma_{41} & 0 & \gamma_{43} \\ 0 & \gamma_{52} & 0 \\ \gamma_{61} & 0 & \gamma_{63} \end{bmatrix}$	
	$2(2 /\!/ x_3)$	$\begin{bmatrix} 0 & 0 & \gamma_{13} \\ 0 & 0 & \gamma_{23} \\ 0 & 0 & \gamma_{33} \\ \gamma_{41} & \gamma_{42} & 0 \\ \gamma_{51} & \gamma_{52} & 0 \\ 0 & 0 & \gamma_{63} \end{bmatrix}$	$LiSO_4 \cdot H_2O$
	$m(m \perp x_2)$	$\begin{bmatrix} \gamma_{11} & 0 & \gamma_{13} \\ \gamma_{21} & 0 & \gamma_{23} \\ \gamma_{31} & 0 & \gamma_{33} \\ 0 & \gamma_{42} & 0 \\ \gamma_{51} & 0 & \gamma_{53} \\ 0 & \gamma_{62} & 0 \end{bmatrix}$	
	$m(m \perp x_3)$	$\begin{bmatrix} \gamma_{11} & \gamma_{12} & 0 \\ \gamma_{21} & \gamma_{22} & 0 \\ \gamma_{31} & \gamma_{32} & 0 \\ 0 & 0 & \gamma_{43} \\ 0 & 0 & \gamma_{53} \\ \gamma_{61} & \gamma_{62} & 0 \end{bmatrix}$	KNO_2

续表

晶系	点群	电光系数张量矩阵	典型晶体
正交晶系	222	$\begin{bmatrix} 0 & 0 & 0 \\ 0 & 0 & 0 \\ 0 & 0 & 0 \\ \gamma_{41} & 0 & 0 \\ 0 & \gamma_{52} & 0 \\ 0 & 0 & \gamma_{63} \end{bmatrix}$	α-HIO_3 $MgSO_4 \cdot 7H_2O$ $KNaC_4H_4O_6 \cdot 4H_2O$
	2*mm*	$\begin{bmatrix} 0 & 0 & \gamma_{13} \\ 0 & 0 & \gamma_{23} \\ 0 & 0 & \gamma_{33} \\ 0 & \gamma_{42} & 0 \\ \gamma_{51} & 0 & 0 \\ 0 & 0 & 0 \end{bmatrix}$	$Ba_2NaNb_5O_{15}$ PVF $(CH_2CF_2)_n$
四方晶系	4	$\begin{bmatrix} 0 & 0 & \gamma_{13} \\ 0 & 0 & \gamma_{23} \\ 0 & 0 & \gamma_{33} \\ \gamma_{41} & \gamma_{51} & 0 \\ \gamma_{51} & -\gamma_{41} & 0 \\ 0 & 0 & 0 \end{bmatrix}$	$(CH_2CO)_2NI$
	$\bar{4}$	$\begin{bmatrix} 0 & 0 & \gamma_{13} \\ 0 & 0 & -\gamma_{13} \\ 0 & 0 & 0 \\ \gamma_{41} & -\gamma_{51} & 0 \\ \gamma_{51} & \gamma_{41} & 0 \\ 0 & 0 & \gamma_{63} \end{bmatrix}$	$C(CH_2OH)_4$ $Ca_4B_2As_2O_{12} \cdot 4H_2O$
	422	$\begin{bmatrix} 0 & 0 & 0 \\ 0 & 0 & 0 \\ 0 & 0 & 0 \\ \gamma_{41} & 0 & 0 \\ 0 & -\gamma_{41} & 0 \\ 0 & 0 & 0 \end{bmatrix}$	$NiSO_4 \cdot 6H_2O$
	4*mm*	$\begin{bmatrix} 0 & 0 & \gamma_{13} \\ 0 & 0 & \gamma_{13} \\ 0 & 0 & \gamma_{33} \\ 0 & \gamma_{51} & 0 \\ \gamma_{51} & 0 & 0 \\ 0 & 0 & 0 \end{bmatrix}$	$BaTiO_3$

续表

晶系	点群	电光系数张量矩阵	典型晶体
四方晶系	$\bar{4}2m(2 /\!/ x_2)$	$\begin{bmatrix} 0 & 0 & 0 \\ 0 & 0 & 0 \\ 0 & 0 & 0 \\ \gamma_{41} & 0 & 0 \\ 0 & \gamma_{41} & 0 \\ 0 & 0 & \gamma_{63} \end{bmatrix}$	KDP，ADP，$CdGeAs_2$ $AgGaSe_2$，$AgGaS_2$
三方晶系	3	$\begin{bmatrix} \gamma_{11} & -\gamma_{22} & \gamma_{13} \\ -\gamma_{11} & \gamma_{22} & \gamma_{13} \\ 0 & 0 & \gamma_{33} \\ \gamma_{41} & \gamma_{51} & 0 \\ \gamma_{51} & -\gamma_{41} & 0 \\ -\gamma_{22} & -\gamma_{11} & 0 \end{bmatrix}$	$NaIO_4 \cdot 3H_2O$
	32	$\begin{bmatrix} \gamma_{11} & 0 & 0 \\ -\gamma_{11} & 0 & 0 \\ 0 & 0 & 0 \\ \gamma_{41} & 0 & 0 \\ 0 & -\gamma_{41} & 0 \\ 0 & -\gamma_{11} & 0 \end{bmatrix}$	α-HgS
	$3m(m \perp x_1)$	$\begin{bmatrix} 0 & -\gamma_{22} & \gamma_{13} \\ 0 & \gamma_{22} & \gamma_{13} \\ 0 & 0 & \gamma_{33} \\ 0 & \gamma_{51} & 0 \\ \gamma_{51} & 0 & 0 \\ -\gamma_{22} & 0 & 0 \end{bmatrix}$	
	$3m(m \perp x_2)$	$\begin{bmatrix} \gamma_{11} & 0 & \gamma_{13} \\ -\gamma_{11} & 0 & \gamma_{13} \\ 0 & 0 & \gamma_{33} \\ 0 & \gamma_{51} & 0 \\ \gamma_{51} & 0 & 0 \\ 0 & -\gamma_{11} & 0 \end{bmatrix}$	$LiNbO_3$，$LiTaO_3$， Ag_3AsS_3，Ag_3SbS_3
六方晶系	6	$\begin{bmatrix} 0 & 0 & \gamma_{13} \\ 0 & 0 & \gamma_{13} \\ 0 & 0 & \gamma_{33} \\ \gamma_{41} & \gamma_{51} & 0 \\ \gamma_{51} & -\gamma_{41} & 0 \\ 0 & 0 & 0 \end{bmatrix}$	$LiIO_3$，CHI_3

续表

晶系	点群	电光系数张量矩阵	典型晶体
六方晶系	$\bar{6}m2(m\perp x_1)$	$\begin{bmatrix} 0 & -\gamma_{22} & 0 \\ 0 & \gamma_{22} & 0 \\ 0 & 0 & 0 \\ 0 & 0 & 0 \\ 0 & 0 & 0 \\ -\gamma_{22} & 0 & 0 \end{bmatrix}$	$BaTiSi_3O_9$
	$\bar{6}m2(m\perp x_2)$	$\begin{bmatrix} \gamma_{11} & 0 & 0 \\ -\gamma_{11} & 0 & 0 \\ 0 & 0 & 0 \\ 0 & 0 & 0 \\ 0 & 0 & 0 \\ 0 & -\gamma_{11} & 0 \end{bmatrix}$	
	$\bar{6}$	$\begin{bmatrix} \gamma_{11} & -\gamma_{22} & 0 \\ -\gamma_{11} & \gamma_{22} & 0 \\ 0 & 0 & 0 \\ 0 & 0 & 0 \\ 0 & 0 & 0 \\ -\gamma_{22} & -\gamma_{11} & 0 \end{bmatrix}$	
	$6mm$	$\begin{bmatrix} 0 & 0 & \gamma_{13} \\ 0 & 0 & \gamma_{13} \\ 0 & 0 & \gamma_{33} \\ 0 & \gamma_{51} & 0 \\ \gamma_{51} & 0 & 0 \\ 0 & 0 & 0 \end{bmatrix}$	CdS,CdSe, ZnS,ZnO
	622	$\begin{bmatrix} 0 & 0 & 0 \\ 0 & 0 & 0 \\ 0 & 0 & 0 \\ \gamma_{41} & 0 & 0 \\ 0 & -\gamma_{41} & 0 \\ 0 & 0 & 0 \end{bmatrix}$	$BaAl_2O_4$,$KAlSiO_4$
立方晶系	$\bar{4}3m$,23	$\begin{bmatrix} 0 & 0 & 0 \\ 0 & 0 & 0 \\ 0 & 0 & 0 \\ \gamma_{41} & 0 & 0 \\ 0 & \gamma_{41} & 0 \\ 0 & 0 & \gamma_{41} \end{bmatrix}$	$\bar{4}3m$：GaAs,InAs,GaP, ZnSe,CdTe,InSb 23：$NaClO_3$,$NaBrO_3$
	432	$\begin{bmatrix} 0 & 0 & 0 \\ 0 & 0 & 0 \\ 0 & 0 & 0 \\ 0 & 0 & 0 \\ 0 & 0 & 0 \\ 0 & 0 & 0 \end{bmatrix}$	

附录4 无色光学玻璃的质量指标

无色光学玻璃的质量指标主要用于生产企业控制光学玻璃的质量，同时也为光学玻璃的使用者提供经济适用的选择依据。国家标准无色玻璃规定，其质量指标有以下7种。

1. 折射率和色散系数

根据无色光学玻璃折射率及色散系数与标准数值的允许差值，玻璃可按表1和表2各分为6个类别。

表1 光学玻璃折射率与标准数值的允许差值

类别	折射率 n_d 的允许差值	类别	折射率 n_d 的允许差值
00	$\pm 2\times10^{-4}$	2	$\pm 7\times10^{-4}$
0	$\pm 3\times10^{-4}$	3	$\pm 10\times10^{-4}$
1	$\pm 5\times10^{-4}$	4	$\pm 20\times10^{-4}$

表2 光学玻璃色散系数与标准数值的允许差值

类别	色散系数 ν_d 的允许差值	类别	色散系数 ν_d 的允许差值
00	±0.2%	2	±0.7%
0	±0.3%	3	±0.9%
1	±0.5%	4	±1.5%

2. 折射率及色散系数的一致性

在同一批玻璃中，折射率及色散系数的一致性按国家标准分为四级，见表3。

表3 同一批玻璃中折射率与色散系数的最大差值

级别	同一批无色光学玻璃中的最大差值	
	折射率	色散系数
A	0.5×10^{-4}	0.15%
B	1×10^{-4}	
C	2×10^{-4}	
D	在所定类别内	在所定类别内

3. 光学均匀性

光学玻璃的光学均匀性是指同一块玻璃中各个部分折射率的渐变性差异，主要是由于光学玻璃精密退火时退火炉内各处炉温不均匀所引起的。将被测玻璃端面细磨抛光后，置于平行光管与望远镜之间测其最小鉴别角 φ，再将 φ 与平行光管理论鉴别角 φ_0 相比。依据的比值分为四类，见表 4。

表 4　光学玻璃均匀性类别

类别	1	2	3	4
φ/φ_0	1.0	1.0	1.1	1.2
星点图	中央是一个明亮的圆斑，外面是同心的圆环，但不出现断裂、尾翘、畸角及扁圆变形等	中央是一个明亮的圆斑，外面是些变形的同心圆环，所有圆环趋向一致，大致保持圆形，两环之间的间隔大体相等，每个环的宽度允许有变化，但不应有断裂、尾翘、畸角等		

4. 应力双折射

光学玻璃在没有应力时是各向同性的，光学玻璃如果存在较大的内应力，就破坏了各向同性，从而产生双折射现象。内应力的检测是通过双折射现象的观察来判断的。一种是通过玻璃最长边中部，用单位长度上的光程差 δ(nm/cm)表示，简称中部应力双折射表示法；另一种是通过玻璃边缘 5%直径或边长处，用单位厚度上最大光程差 δ_{max}（nm/cm）表示，简称边缘应力双折射表示法。光学玻璃应力双折射的分类见表 5。

表 5　光学玻璃应力双折射的分类

按玻璃中部光程差分类		按玻璃边缘 5%边缘或边长处光程差分类	
类别	光程差 δ/nm・cm	类别	最大光程差 δ_{max}/nm・cm
1	2	s_1	3
1a	4	s_2	5
2	6	s_3	10
3	10	s_4	20

5. 光吸收系数

光线通过光学零件时要产生反射和吸收，使光强降低，视场变暗，影响仪器的鉴别率。光吸收系数用白光通过玻璃中每厘米路程的内透过率的自然对数的负值表示，分为 8 类，见表 6。

表 6　无色光学玻璃光吸收系数的分类

类别	光吸收系数的最大值/cm	类别	光吸收系数的最大值/cm
00	0.001	3	0.008
0	0.002	4	0.010
1	0.004	5	0.015
2	0.006	6	0.030

6. 条纹度

条纹是玻璃内部丝状或层状的化学不均匀区，其折射率与主体不同，光学上的作用相当于细微的柱面透镜，从而形成光的散射和异样折射。条纹度是表征无色光学玻璃均匀性的指标之一，也是表征光学玻璃透过率、透明度、光散射的性能之一。条纹度的质量指标是在规定检验条件的前提下，证明相应的观测结果，当用投影条纹仪以规定方向观测时，条纹度可分为 4 类，见表 7。

表 7 无色光学玻璃的条纹度分类

类别	光阑孔径/mm	玻璃与投影屏间的距离/mm	光阑与投影屏间的距离/mm	在屏上观测的结果
00	1	650630	20002100	无任何条纹影像
0	2	650630	20002100	无任何条纹影像
1	3	250230	750730	无任何条纹影像
2	4	250230	750730	每 300cm^3 玻璃中允许有长度小于 12mm 的条纹影像 10 根，但彼此相距不得小于 10mm

7. 气泡度

玻璃中的气泡是在熔炼的过程中气体来不及逸出所致，气泡的光学作用相当于一个细微的凹透镜，会引起光的散射和折射。气泡度根据每 100cm^3 玻璃内允许含有气泡的总截面积(mm^2)的大小，分为 7 级；也可以根据 100cm^3 玻璃中，气泡的数量规定分为 7 级，见表 8。

表 8 光学玻璃气泡度分级

级别	直径 $\Phi \geqslant 0.05$mm 气泡的总截面积/(mm^2/100cm^3)	级别	在 100cm^3 玻璃中，直径 $\Phi \geqslant 0.05$mm 的气泡平均数/个
A00	≥0.003～0.03	a00	1
A0	>0.03～0.10	a0	2
A	>0.10～0.25	a	3.3
B	>0.25～0.50	b	10
C	>0.5～1.0	c	30
D	>1.0～2.0	d	90
E	>2.0～4.0	e	180

附录5　光学零件的表面粗糙度等级与标注

参照国家标准 GB1031—83 所规定表面粗糙度级别代替国家标准 GB1031—68 所规定的表面光洁度级别，给出光学零件的表面粗糙度的级别、R_a(R_z)值，状态及相应的加工方法。为了有利于新国家标准的贯彻执行，在表1中列出了新旧标准的对照。

表1　光学零件表面粗糙度等级及标注符号

粗糙度① GB1031—83		光洁度② GB1031—68		零件表面	加工方法
R_a,R_z/μm	代号	R_a,R_z/μm	代号		
—	∽	—	∽	压制或铸造毛坯表面，玻璃板和玻璃管等零件不需继续加工的表面	压制，铸造，吹制，拉制，轧制
50(R_z)	R_z √	>40～80(R_z)	▽3	粗加工表面	用金刚石铣刀或锯片，金刚砂，精度由60号～150号的磨料或由30号～80号砂轮加工
3.2	3.2 √	>2.5～3.3	▽5	零件粗磨后的毛面，大型棱镜，平面镜和保护玻璃的侧表面与倒角。直径大于18毫米和配合不高于4级精度的透镜滤光镜，分划板，保护玻璃及其他零件的圆柱表面和倒角	用粒度240号～W28的磨料或由10号～180号砂轮加工，喷细沙。用金刚石铣刀或锯片细加工
1.60	1.6 √	>1.25～2.5	▽6	零件精磨后的毛面。中等尺寸的棱镜，平面镜和保护玻璃侧面和倒角。毛玻璃表面，直径到18毫米的4级配合与直径大于18毫米的3级配合精度的透镜，滤光镜，分划板，保护玻璃及其他零件的圆柱表面和倒角	用粒度W28～W14的磨料或180号～240号砂轮磨削
0.80	0.8 √	>0.63～1.25	▽7	零件精磨后的毛面。直径小于18毫米的3级配合精度的透镜和分划板的圆柱面。毛玻璃表面	用W14～W10的磨料或由240号～280号的砂轮加工
0.40	0.4 √	>0.32～0.63	▽8	零件精磨后的毛面，3级以上配合精度的圆柱面	用W10～W7的磨料或280号～320号砂轮加工
0.100(R_z)	0.1 R_z √	>0.05～0.1	▽13	平面镜，保护镜的抛光面，圆形水准泡盖片外表面和其他不在光学系统中的零件的工作面。在这些面上允许有不显著地未完全抛光的痕迹	用抛光粉在柏油呢绒或其他抛光面上抛光

续表

粗糙度①		光洁度②		零件表面	加工方法
GB1031—83		GB1031—68			
R_a,R_z/μm	代号	R_a,R_z/μm	代号		
0.025(R_z)	0.025 R_z ▽	>0.05(R_z)	▽14	透镜,分划板,棱镜,反射镜(包括金属反射镜)等光学零件的抛光面,在这些面上不允许有未完全抛光的痕迹	用抛光粉在柏油呢绒或其他抛光面上抛光

注:①1983 年制定的新国家标准。R_a,R_z 内未加注(R_z)者,即为 R_a 值。
②1968 年制定的旧国家标准。R_a,Rz 内未加注(R_z)者,即为 R_a 值。

在光学零件表面粗糙度中,常用 R_z 值来表征表面微观不平度的特征。不平度平均高度 R_z 是基本长度 L 内,从平行于轮廓中线的任意一条线起,到被测轮廓的五个最高点(峰)五个最低点(谷)之间的平均距离见图 1。

$$R_z=[(h_2+h_4+\cdots h_{10})-(h_1+h_3+\cdots+h_9)]/5$$

式中:$h_2+h_4+\cdots h_{10}$ 为峰值,$h_1+h_3+\cdots+h_9$ 为谷值。

峰值与谷值在测量长度 L(见图 1)中测出,它包含一个或数个基本长度。

在光学零件表面,粗糙度还常用轮廓的平均算术偏差 R_a 来表征。即在基本长度内被测轮廓上各点至轮廓中线距离($Y_1,Y_2,\cdots,Y_n$ 取绝对值)的总和的平均值,即

$$Ra=\sum_{t=1}^{n}|Y|/n$$

式中:n 为测量点数。

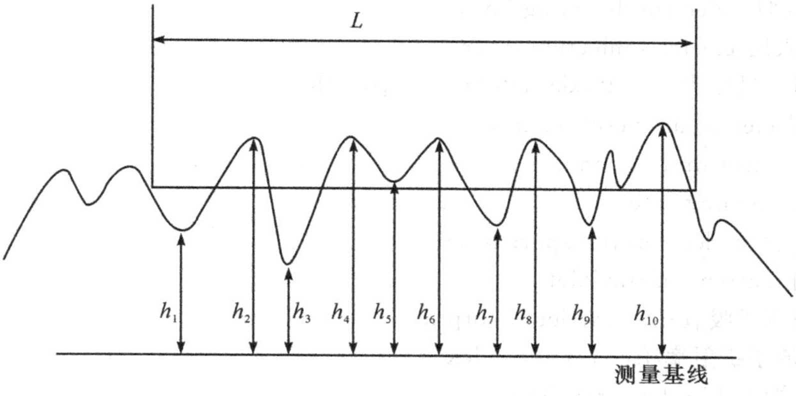

图 1　微观不平度十点高度 R_z

缩略语

Abs:吸收 absorption
ADC:聚丙基二甘醇碳酸酯 allyl diglycol carbonate
APD:雪崩光电二极管 avalanche photo diode
C60:富勒烯 buckminsterfullerene
CAIBE:化学辅助离子束蚀刻 chemically assisted ion beam etching
CCOS:计算机控制光学表面成形技术 computer controlled optical surfacing
COC:环烯烃共聚物 cyclic olefin copolymer
COP:环烯烃聚合物 cyclic olefin polymer
CR-39:哥伦比亚树脂 39# Columbia resin #39
CW:连续波 continuous wave
DBR-LD:分布布拉格反射式激光二极管 distributed Bragg reflector laser diode
DFB:分布反馈 distributed feedback
DFB-LD:分布反馈式激光二极管 distributed feedback laser diode
DH:双异质结 double heterojunction
DRAM:动态随机存取存储器 dynamic random access memories
DUV:深紫外 deep ultraviolet
EA:电致吸收 electroabsorption
EBL:电子阻挡层 electron blocking layer
EIL:电子注入层 electron injection layer
ELO:外延横向过度生长 epitaxial lateral overgrowth
EML:发光层 electroluminescence layer
ER:电致折射 electrorefraction
ER:蚀刻速率 etching rate
ETL:电子传输层 electron transport layer
EUV:极紫外 extreme ultraviolet
FCA:自由载流子吸收 free carrier absorption
FCI:自由载流子折射率 free carrier index
FET:场效应管 field effect transistor
FF:填充因子 filling factor
FIB:聚焦离子束 focused ion beam
F-K:弗兰兹-卡文迪许效应 Franz-Keldysh effect
FL:荧光 fluorescence
FOM:优值 figure of merit
F-P:法布里-珀罗 Fabry-Perot
FRAM:非挥发性铁电随机存储器 ferroelectric random access memories
FTTH:光纤到户 fiber to the home
FWM:四波混频 four wave mixing

HBL:空穴阻挡层 hole blocking layer
HIL:空穴注入层 hole injection layer
HOMO:最高已占据分子轨道 highest occupied molecular orbit
HTL:空穴传输层 hole transport layer
IBE:离子束蚀刻 ion beam etching
IC:系内转换 internal conversion
ICF:惯性约束聚变 inertial confinement fusion
IPCE:入射光子-电流转换效率 incident photon current efficiency
I_{SC}:短路电流 short circuit current
ISC:系间窜越 inter-system crossing
LD:激光二极管 laser diode
LED:发光二极管 light emitting diode
LIGA:光刻、电铸、注塑(德文 lithographie, galanoformung, abformung)
LMIS:液态金属离子源 liquid metal ion source
LUMO:最低未占据分子轨道 lowest unoccupied molecular orbit
LWIR:长波红外 long-wave infrared
MBE:分子束外延 molecule beam epitaxy
MEMS:微机电系统 micro-electro-mechanical systems
MIMIC:毛细管微成型法 micromolding in capillaries
MOCVD:金属有机物化学气相沉积 metal organic chemical vapor deposition
MOVPE:金属有机物气相外延 metal organic vapor phase epitaxy
MPP:最大功率点 maximum power point
MQW:多量子阱 multiple quantum well
MRF:磁流变抛光技术 magnetorheological finishing
MSM:金属-半导体-金属 metal-semiconductor-metal
MWIR:中波红外 middle-wave infrared
MZI:马赫-曾德干涉仪 Mach-Zehnder interferometer
NAS:苯乙烯-丙烯酸酯共聚物 Methyl methacrylate styrene copolymer
Nd∶YAG:掺钕钇铝石榴石 neodymium-doped yttrium aluminium garnet
Nd∶YLF:掺钕氟化钇锂 Nd∶YiLF4
NHG∶n 次谐波产生 nth harmonic generation
NLO:非线性光学 nonlinear optics
OEL:有机电致发光 organic electroluminescence
OKE:光学克尔效应 optical kerr effect
OPO:光学参量振荡 optical parametric oscillation
P3AT:聚 3-烷基噻吩 poly(3-alkylthiophenes)
PA:聚乙炔 polyacetylene
PC:聚碳酸酯 polycarbonate
PD:光电二极管 photo diode
PDA:聚双炔 polydiacetylene
PDMS:硅酮弹性体 elastomeric polydimethylsiloxane

PE:等离子体蚀刻 plasma etching
PFO:聚芴 poly(fluorene)s
Phos:磷光 phosphorescence
pin-PD: p-i-n 光电二极管 p-i-n photo diode
PM:相位匹配 phase matching
PMMA:聚甲基丙烯酸甲酯 poly(methyl methacrylate)
PMP:聚甲基戊烯 polymethylpentene
POF:塑料光纤 polymer optical fiber
PPOD:聚苯噁二唑 poly(phenyloxadiazole)s
PPP:聚对苯 poly(paraphenylene)s
PPV:聚苯撑乙烯 poly(p-phenylene vinylene)
PRF:脉冲重复频率 pulse recurrence frequency
PS:聚苯乙烯 polystyrene
PT:聚噻吩 polythiophenes
PV:聚芳撑乙烯 polyarylene vinylene
QCE:量子限制效应 quantum confinement effect
QPM:准位相匹配 quasi phase matching
REM:复制成型 replica molding
RIBE:反应离子束蚀刻 reactive ion beam etching
RIE:反应离子蚀刻 reactive ion etching
SAMIM:溶剂协助微接触成型 solvent-assisted microcontact molding
SAN:苯乙烯-丙烯腈树脂 Styrene-acrylonitrile resin
SHG:二次谐波产生 second harmonic generation
SOI:绝缘体上的硅 silicon on isolator
SPDT:单点金刚石技术 simple point diamond turning
SPM:自相位调制 self phase modulation
SRS:受激拉曼散射 stimulated Raman scattering
SWIR:短波红外 short-wave infrared
TCO:透明导电氧化物 transparent conducting oxide
TFT:薄膜晶体管 thin film transistor
T_g:(玻璃化)转变温度 transformation temperature
THG:三次谐波产生 third harmonic generation
TPA:双光子吸收 two photon absorption
TTFT:透明薄膜晶体管 transparent thin film transistor
μCP:微接触印刷 microcontact printing
μTM:微转移成形 microtransfer molding
VCSEL:垂直腔面发射激光器 vertical cavity surface emitting laser
VLS:气-液-固相 vapor-liquid-solid
V_{OC}:开路电压 opening circuit voltage
VTE:真空热蒸发 vacuum thermal evaporation
XPM:交叉相位调制 cross phase modulation